홀로공부

전기 기사·산업기사 필기 2권

박운서

예문사

차 례

차 례

회로이론

차 례

PART 4

제어공학

기출 및 예상문제

PART 03

회로이론

ENGINEER & INDUSTRIAL ENGINEER ELECTRICITY

회로이론 개요

첫째, 국가기술자격시험 출제범위

국가기술자격시험 전기기사 · 산업기사의 시험과목은 아래의 총 6과목입니다.

① 회로이론
② 제어공학
③ 전기자기학
④ 전기기기
⑤ 전력공학
⑥ 전기설비규정(KEC)

하지만 필기시험에서 회로이론 과목과 제어공학 과목은 한 과목으로 묶어서 출제되므로, 필기시험과목 수는 아래와 같이 총 5과목이 됩니다.

① 회로이론과 제어공학
② 전기자기학
③ 전기기기
④ 전력공학
⑤ 전기설비규정(KEC)

여기서 필기시험의 '회로이론과 제어공학' 과목은 전기기사와 전기산업기사 필기시험의 시험범위가 다릅니다.

① 전기기사 회로이론 범위 : 2권 회로이론의 모든 단원(16단원)
전기기사 제어공학 범위 : 2권 제어공학의 모든 단원(8단원)
② 전기산업기사 회로이론 범위 : 2권 회로이론의 1장~12장 총 12단원(13장 불포함)
전기산업기사 제어공학 범위 : 2권 회로이론의 14장, 15장, 16장 총 3단원
- 제어공학 과목의 라플라스 변환, 전달함수, 과도현상(본 회로이론 과목 14장, 15장, 16장에 해당함)

이런 사실을 유의하시고 본인이 치르려는 국가기술자격시험을 준비하시기 바랍니다.

회로이론 과목은 기술자격시험뿐만 아니라 이공계 고등학교 전기과, 공무원 및 국공립기관에서 전기 관련 직렬에 대한 필기시험을 진행할 때도 포함됩니다.
본 회로이론 과목은 우리나라의 고등학교 과정을 졸업한 일반인들이 그리고 전기를 공부하지 않는 비전공자들이 이해하기 쉽게 배경설명을 풍부하게 넣어 기술하였습니다. 아울러 공식 위주로 기술되어 있는 시중의 전기 관련 전문서적들은 학원강의 또는 온라인 동영상강의를 곁들여 공부해야 하는 한계가 있습니다. 그러한 전문서적의 한계를 뛰어넘어 보고자, 본서만으로도 비전공자나 전기공부가 어려운 분들을 위해 이해하기 쉽게 내용을 풀어 기술하였습니다. 때문에 전기(산업)기사에서 요구하는 회로이론 지식을 이해하고 정리하는 데 어느 수험서보다도 큰 도움이 될 거라고 생각합니다.

둘째, 회로이론 과목 구성과 개요

본 회로이론 과목은 총 16장으로 구성되어 있습니다. 16개 단원의 내용을 압축적으로 7가지로 설명할 수 있습니다.

① 1장, 2장에서는 전기의 근원과 기본법칙에 대해서 설명합니다. 이 기본법칙은 직류, 교류 구분 없이 그리고 기능사에서 기술사까지 또는 학사에서 박사에 이르기까지 공통적으로 적용되고 사용되는 전기의 근원과 기본법칙들입니다.

② 2장, 3장에서는 직류회로(직류전원이 공급되는 전기회로)를 해석하는 방법에 대해 다룹니다. 설사 교류전원이 공급된다 하더라도 직류회로처럼 쉽게 해석하는 방법을 알려드립니다. 여기서 해석이란 말은 전기회로는 전압(V), 전류(I), 전력(P) 저항(R, Z)이 반드시 존재하는데, 전기회로에서 각 요소들의 값이 얼마인지 전기법칙을 통해 알아내는 것을 의미합니다.

③ 4장, 5장, 6장, 8장, 9장에서는 교류회로(교류전원이 공급되는 전기회로)를 해석하는 방법에 대해 다룹니다. 직류회로와 같이 교류전원이 공급되는 전기회로의 전압(V), 전류(I), 전력(P) 저항(R, Z)값을 전기법칙을 이용하여 알아내는 것입니다.

④ 7장에서는 인덕턴스 소자가 들어간 전기회로 해석을 다룹니다. 인덕턴스(L)는 솔레노이드 코일에 전류가 흐름으로 인해서 나타나는 코일의 전기적 · 자기적 능력을 수치로 나타낸 것입니다. 인덕턴스(L)는 발전기가 전기를 만들 때, 변압기가 **강압** 또는 **승압**할 때, 전동기가 회전할 때 반드시 필요한 전기요소입니다. 만약 인덕턴스가 없다면 발전기, 변압기, 전동기는 제 기능을 전혀 할 수 없습니다. 이러한 인덕턴스는 직류 · 교류를 가리지 않고 사용합니다.

✠ 강압
변압기의 1차에 입력된 전압을 2차에서 1차의 전압보다 낮은 전압으로 낮추는 것을 의미한다.

✠ 승압
변압기의 1차에 입력된 전압을 2차에서 1차의 전압보다 높은 전압으로 높이는 것을 의미한다.

⑤ 10장에서는 우리가 교류전력을 사용하는 데 송 · 배전계통에서 전기사고가 발생했을 때의 사고방향, 사고전류의 크기, 사고 난 교류의 속성을 어떻게 해석하는지에 대해 다룹니다. 전기는 눈에 보이지 않기 때문에 이론에 의해 해석하지 않고서는 사고를 해석할 방법이 없습니다.

⑥ 11장, 12장, 13장에서는 전력계통을 해석하는 방법을 다룹니다. 다시 말하면, 전력계통도 전기회로이지만 10장까지 다룬 전기회로 해석은 전기소자(R, L, C)들로 구성된 매우 작은 규모의 미시적인 전기회로 해석이었고, 11장~13장은 전기회로의 규모가 광범위한 도시 또는 전기회로의 길이가 수십, 수백 km인 거시적인 전기회로를 해석하므로 해석방법을 달리합니다.
예를 들어 우리나라 전력의 90% 이상을 원자력과 화력발전소가 만들어내는데, 원자력발전소와 화력발전소는 주로 강원도 해안, 부산 해안, 전라남도 해안, 충청남도 해안에 위치합니다. 바닷가에 위치한 발전소에서 만든 전기를 대구, 대전, 수도권 등의 큰 도시로 보내려면 전선로 길이가 길어질 수밖에 없습니다. 또한 그렇게 도시로 전달된 전력은 도시 전체에 복잡하게 얽히고설킨 하나의 네트워크로 구성되어 있습니다. 이런 네트워크 회로망에서 전압(V), 전류(I), 저항(Z)을 해석하기란 전기소자 단위로 해석할 때와 다른 차원의 해석입니다. 이를 간단하게 계산하기 위해, 입출력 2단자 회로망 해석(11장), 행렬 해석(12장), 전자파를 이용한 회로해석(13장)을 하게 됩니다.

⑦ 14장, 15장, 16장은 회로이론과 제어공학 내용이 겹치는 내용입니다. 그래서 다른 수험서에서는 제어공학 과목으로 소개되는 내용입니다. 14장~16장에서는 다시 직류회로를 다룹니다. 2장, 3장에서 다룬 직류회로는 실제 직류회로의 99%를 해석한 것이고 여기서 해석하지 않았던 직류회로의 나머지 1%를 다루게 됩니다.

본 회로이론 과목은 위와 같이 구성돼 있습니다. 전반적인 내용을 미리 염두에 두고 본론을 시작하면 전기공부의 체계와 개념을 잡는 데 많은 도움이 될 것입니다.

CHAPTER 01

원자와 전기현상

TIP

본 1장에서는 여러분이 전기를 이해하는 데 조금이라도 보탬이 되고자 전기현상의 근원에 대해서 설명합니다. 하지만 본 1장 내용이 공무원 · 공기업 전기직렬 필기시험 또는 국가기술자격 전기기사 · 산업기사의 필기시험에 출제되는 단원이 아니므로, 2장부터 시작하셔도 됩니다.

회로이론 과목에서는 전기회로를 해석하는 이론에 대해 다룹니다. 여기서 전기회로란 '전류가 흐를 수 있는 길'이고, 그 길은 전류가 출발했던 곳으로 다시 되돌아올 수 있는 길이여야 합니다. 이렇게 전류가 출발해서 다시 되돌아오는 길을 '폐회로' 또는 '닫힌 회로'라고 합니다. 그러므로 전기회로란 전기가 순환하는 닫힌 전기 길을 해석하는 것입니다.

- 사전적인 의미의 '회로' : 어디로 갔다가 돌아오는 길
- 전기회로의 영어표현 : Electric Circuit(전기회로)
  (circuit : 돌고 돌아 순환한다)

반대로, 전류가 순환하지 않는 열린 전기 길(폐회로가 되지 않는 회로, 전류가 출발한 곳으로 되돌아오지 않는 길)은 전기회로가 아니므로 해석하지 않습니다.
'전기'라는 말은 추상적인 단어입니다. 구체적으로 전기는 전류(I)와 전압(V)을 의미합니다. 전류(I)와 전압(V)은 각각 독립된 별개의 존재가 아니라 항상 동시에 존재합니다. 그래서 전압(V)이 없으면 전류(I)도 없고 또는 회로에 전류(I)가 존재하는데 전압(V)이 없을 수 없습니다. 전류와 전압을 합쳐서 전력(P)이란 하나의 용어를 사용합니다.
전압, 전류는 비유적으로 물(Water)의 수압과 **수류**(흐르는 물)에 비유할 수 있습니다. 수압은 물의 압력인데 근원이 되는 물이 있기 때문에 수압이 있고, 물을 관으로 이동시킬 때 압력이 없으면 물은 이동하지 않습니다. 압력에 의해서 물이 이동하는 현상을 수류라고 합니다. 여기서 전하(Q)는 물에 비유할 수 있고, 전압(V)은 수압, 전류(I)는 수류에 비유할 수 있습니다.
수압과 수류의 근원이 물이듯, 전기(전압, 전류)의 근원은 전하(Q)입니다. 회로이론 2장을 시작하기 전에 전하(Q)에 대해 살펴보겠습니다.

✠ 수류
물의 흐름 또는 흐르는 물

01 원자

전하(Q)란 원자(Atom)가 대전[전기적으로 (+) 혹은 (−) 상태가 되는 것]상태일 때 원자를 부르는 이름입니다. 여기서 원자(Atom)가 전기적 상태를 갖는다는 말은 원자

구조는 원자 중심에 원자핵이 있고, 핵 주위를 전자(e)가 빛의 속도로 돌고 있습니다. 원자핵의 양성자(+) 수보다 원자 외부의 전자(e) 수가 많으면 음전하($-Q$)가 되고, 양성자(+) 수보다 전자(e) 수가 적으면 그 원자는 양전하($+Q$)가 됩니다. 원자(Atom)가 전기적 상태를 갖게 되어 부르는 다른 이름이 전하(Q)입니다. 그리고 원자가 전기적으로 (+)도 (−)도 아닌 상태를 '하전'이라고 하며, 이때 원자는 전하가 아니라 그냥 원자(Atom)일 뿐이고 전기적으로는 중성상태입니다.

02 원자의 대전과 하전

1. 원자의 대전

원자는 원자 중심에 무거운 원자핵이 미세하게 진동하며 자리를 차지하고, 핵 주변을 전자(e)가 빛의 속도로 도는 구조입니다. 원자핵 내부를 이루는 물질은 양성자(+)라는 물질과 중성자(N) 물질입니다. 이 두 물질은 절대적으로 변하지 않습니다. 전자(e)는 존재 자체가 빛의 속도로 움직이는 것이고, 원자핵 주위를 회전하며 외부의 미약한 물리적 충격에 쉽게 다른 원자로 이동합니다. 이러한 전자(e)의 이동이 원자의 전기적 상태를 결정하게 되므로, 원자의 전기적 상태는 가변적입니다. 그리고 전자(e)의 이동으로 원자가 전기적으로 양 혹은 음의 상태가 될 때를 '대전', 전기적 상태를 잃은 때를 '하전'이라고 부릅니다.

만약 전자가 어느 한 원자 주변을 돌다가 외부의 영향(마찰, 외부 전기, 열, 빛 등)으로 다른 곳으로 이동하였는데, 이동한 곳이 또 다른 원자가 아니라면 그 전자는 자유공간(대기 중)에서 빛에너지로 발산한 경우입니다.

2. 원자의 하전

어떤 원자가 전기적으로 양(+) 혹은 음(−)의 상태를 갖게 되어 전하(Q)로 불리다가 일정량의 전자(e)가 다른 곳으로 이동하여 전하로 불리던 원자가 더 이상 전기적 상태를 띠지 않게 되는 것을 '하전'이라고 합니다.

원자핵의 양성자 수는 언제나 변함없이 같은 양을 유지합니다. 변하는 것은 원자핵 주변을 돌던 전자(e)의 이동뿐입니다. 전자의 움직임이 원자의 전하(Electric Charge) 유무를 결정합니다.

3. 원자의 구조

이미 앞에서 언급했지만, 원자는 구조가 있습니다. 원자와 원자의 구조를 구구절절하게 설명하기보다는 몇몇 과학자들의 원자에 대한 말과 그림을 보겠습니다.

미국을 대표하는 과학자 중 물리학자 리처드 파인만(Richard Feynman)이 쓴 《일반인을 위한 물리학 강의》에서 다음과 같은 문장을 남겼습니다.

PART 03

> 모든 과학자들이 엄청난 잘못을 해서 후대에게 물려줄 것이 아무것도 없고, 단 한 문장만 전해 줄 수 있다면 그 문장은 무엇이 되겠는가?
> 바로 **"이 세상을 구성하는 최소 단위가 있다. 바로 '원자'이다."**

사람이든 사물이든 동물이든 식물이든 지구와 태양과 같은 우주의 어떤 행성, 항성도 물질로 되어 있고, 물질은 그 자신을 구성하는 하위 요소들이 있는데, 그 최하위 요소가 원자입니다.
20세기 수많은 과학자들이 '원자'가 어떤 모양이고 어떤 특징을 갖고 있는지 실험과 연구를 하였습니다. 하지만 원자는 너무 작고 원자의 무언가가 움직이는 데 인간의 눈으로 관찰할 수 없을 정도로 빠른 속도로 움직이기 때문에 원자에 대해 알기 매우 어려웠습니다. 하지만 원자의 구조 정도는 확인할 수 있습니다. 아래 원자의 모형은 20세기 전반에 걸쳐 가장 보편적으로 사용했던 '원자의 구조'입니다.

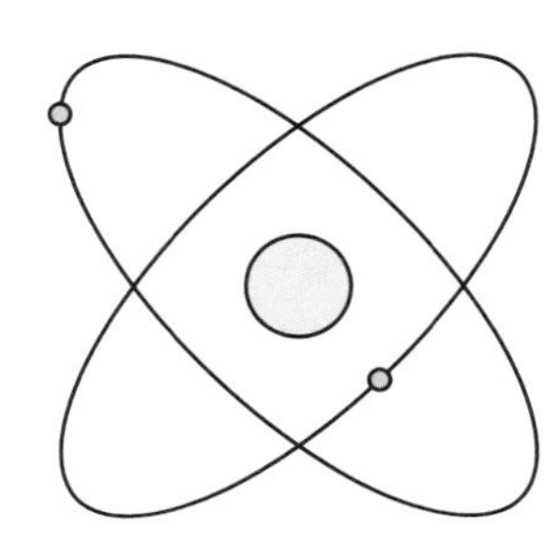
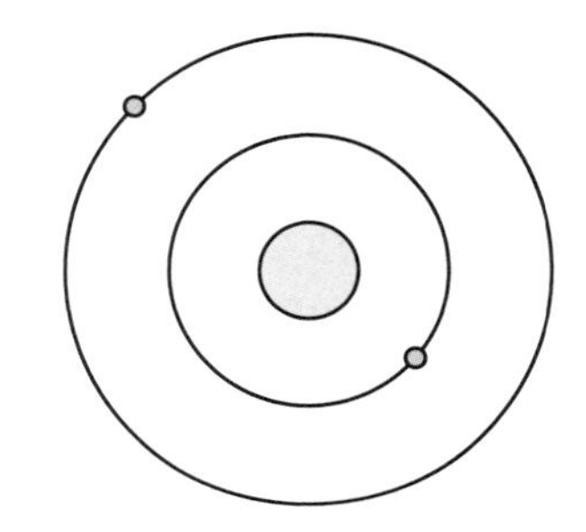

〖 러더퍼드의 원자모형(왼쪽)과 보어의 원자모형(오른쪽) 〗

✠ 러더퍼드(E. Rutherford 1871～1937)
원자핵의 존재와 함께 원자 정체를 연구한 과학자로, 원자핵은 원자 내에 퍼져 있는 것이 아니라 원자 중심에 작은 단일 크기로 존재한다는 것을 밝혀냈다.

✠ 닐스 보어(Niels Bohr 1885～1962)
원자를 연구한 과학자로, 20세기 후반까지 그가 제시한 원자의 구조가 학교 교재와 과학서적에 가장 대중적으로 사용됐다.

러더퍼드의 원자모형 그리고 **보어**의 원자모형을 보면, 원자 속 중심에 원자핵이 위치하고, 핵 주변으로 전자(e)가 일정한 궤도를 그리며 빛의 속도 $C_0 = 3 \times 10^8$ $[\mathrm{m/s}]$로 운동하고 있는 구조를 제시했습니다. 그리고 지금도 많은 사람들은 위와 같은 구조로 원자를 알고 있습니다. 하지만 위 러더퍼드와 보어의 원자구조는 20세기 말 현대 과학에서 조금 맞지 않은 구조가 됐습니다.
현재의 과학계에서 말하는 원자의 구조는 다음 그림과 같은 전자구름의 형태입니다.

〖 전자구름 이론에 의한 원자 모습 〗

전자구름 이론에서 말하는 원자구조는 원자의 중심에 원자핵이 진동하고 있으며, 핵 주변에 전자(e)는 일정한 궤도, 궤적도 없이 빛의 속도로 무질서하게 움직일 뿐입니다. 그 모습이 마치 구름층을 이루고 있는 것처럼 보입니다.

✠ **전자구름**
과학계에서 원자의 구조를 설명하는 가장 정확한 이론이며, 과학자 하이젠베르크(1901~1976)를 시작으로 수많은 과학자들의 검증 과정을 거쳐 증명됐다.

4. 원자의 성질

우리가 사는 지구에 자연적으로 존재하는 원자(또는 원소)의 종류는 모두 92개(인간이 인위적으로 만들어낸 원자를 제외한 자연에 존재하는 원자 종류는 92개이다)입니다. 그리고 원자의 종류 92개를 중 · 고등학교 물리 또는 화학시간에 **원소주기율표**로 배웁니다.

✠ **원소주기율표**
자연계에 존재하는 모든 원소를 양성자 수에 따라 그리고 금속 · 비금속으로 구분하여 한 장으로 정리한 표이다.

원자 내부를 화학적 측면에서 볼 수도 있고 물리적인 측면에서 볼 수도 있는데, 우리는 전기적인 측면에서만 원자를 보겠습니다.

전기적인 측면에서 원자는 원자 중심에 원자핵이 전기적으로 (+) 성질을 지니고 있고, 핵 주변을 도는 전자(e)는 (−) 성질을 지닙니다. 92개의 원자 종류는 각각의 원자핵에 양성자 수로 종류로 분류합니다. 예를 들어, 헬륨(He) 원자의 경우 원자핵 속의 양성자가 2개이고, 그런 원자 구조를 가진 원소를 모두 헬륨(He)이라고 부릅니다.

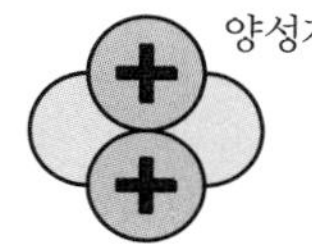

〖 **헬륨원자**(He) 〗

여기서 어떤 원자든 종류를 떠나서 원자핵 속의 양성자(+)와 핵 주변의 전자(e)는 다음과 같은 전기적인 성질을 갖고 있습니다.

- 같은 전기적 성질(+와 + 또는 −와 −) 사이는 서로를 밀어낸다.
- 다른 전기적 성질(+와 − 또는 −와 +) 사이는 서로를 끌어당긴다.

이 성질이 전하(Q)에도 똑같이 적용됩니다.

- 양전하($+Q$)와 양전하($+Q$) 사이는 서로 밀어내고,
- 음전하($-Q$)와 음전하($-Q$) 사이도 서로 밀어내고,
- 양전하($+Q$)와 음전하($-Q$) 사이는 서로 끌어당긴다.

이러한 원자의 성질은 지구와 우주 또는 어느 행성과 별에서 모두 동일하게 적용할 수 있습니다.

5. 일상에서 체감하는 원자와 전자

(1) 일상에서 체감하는 원자

원자핵은 곧 양성자이고, 양성자의 수는 원자의 종류를 결정합니다. 그래서 중·고등학교 때, 누구나 한 번쯤은 봤을 '원소주기율표'를 보면 원자 종류마다 원자번호를 기입해 놓았습니다. 그것이 곧 원자핵의 양성자 수를 의미합니다.

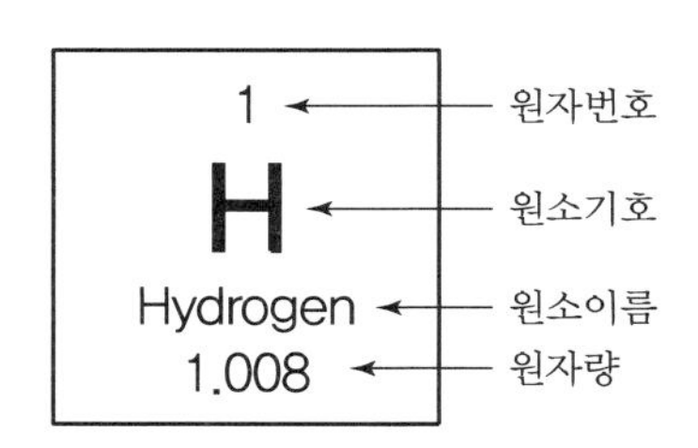

그래서 지구에 자연적으로 존재하는 원자는 총 92개가 됩니다. 그 92개의 원자가 혼합되어 고유한 구성을 하면 나무, 사람, 따뜻한 밥과 군침 도는 음식, 신선한 생선, 현대인에게 없어서는 안 될 핸드폰이 됩니다. 우리 인간의 경우 92개의 원자 중 약 28개(산소, 수소, 탄소 등)의 원자가 혼합되어, 70[kg] 체중의 사람을 기준으로 총 원자 10^{28}개가 뭉쳐서 인간을 구성한다고 말할 수 있습니다.

(2) 일상에서 체감하는 전자

원자핵 주변을 돌며 항상 운동하는 전자(e)는 총 개수에 따라 물질의 화학적인 성질을 결정합니다. 그리고 우리는 그 화학적인 성질을 감각으로 느낄 수 있습니다.

① 창문을 열고 외부에서 바람이 들어오면 얼굴에서 시원함이 느껴지는 것
② 시각으로 알루미늄, 은, 구리 등의 금속 재질이 광택으로 보이는 것
③ 손으로 철을 만질 때 딱딱함과 금속의 찬 감촉
④ 잘 때 머리를 베개에 대면 볼에 느껴지는 부드러운 느낌
⑤ 빵, 떡, 치즈를 입에 물고 씹을 때 느끼는 오물거림
⑥ 향수를 뿌리면 코에서 향기로움이 느껴지는 것
⑦ 지금 우리가 앉아 있는 의자가 푹신하고, 손이 닿아 있는 책상과 책이 딱딱하게 느껴지는 것

시각, 촉각, 후각으로 저마다 다르게 느끼는 모든 것은, 원자핵 주변에 '전자의 상태'가 고유하고 다르기 때문입니다.
우리가 세상에 태어나 죽을 때까지 어떤 대상이나 사물에 대해서 물리적으로 느끼는 감각들은 모두 '전자의 상태'에 따른 것입니다.
이와 같이 원자와 전자는 다른 세상에 존재하는 것이 아니라 일상에서 우리는 매일 시시각각 원자를 볼 수 있고, 전자를 눈, 코, 입, 피부로 느낄 수 있습니다.

6. 원자(Atomic)의 근원

전기적 성질이 같고 다름에 따라서 서로 밀거나 당기는 힘은 우리 일상에서 체험할 수 있습니다. 우리가 의자에 앉을 때, 엉덩이가 의자 아래로 빠지지 않고 의자에 걸터앉을 수 있는 이유는 의자를 구성하는 수많은 전자(− e)와 우리 엉덩이를 구성하는 수많은 전자(− e)들이 같은 음(−)의 성질이므로 서로 밀어내고 있기 때문입니다. 전자(e)의 에너지는 약하지만 모이면 그러한 힘을 냅니다. 수량만 충분히 많으면 전하와 전하가 서로 밀어내거나 당기는 힘도 매우 강하게 작용합니다.

하지만, 여기서 아이러니한 사실은 +와 +는 서로 밀어내야 함에도 원자핵 속에서 양성자는 서로 붙어 있습니다. 그림의 헬륨(He) 원자도 같은 두 개의 양성자(+) 두 개가 서로 붙어 있습니다. 여기서 우리는 원자의 근원에 대해서 생각할 수 있습니다.

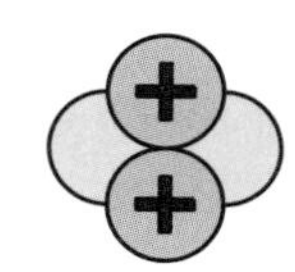

〖 **헬륨원자**(He) 〗

원자의 근원은 '강한 핵력' 그리고 '약한 핵력'과 관련이 있습니다.

(1) 강한 핵력

'강한 핵력'이란 양성자(+)와 양성자(+)를 전자기력보다 훨씬 강한 힘으로 근접시킬 때, 두 양성자는 전자기력을 초월하여 붙어 있으려는 강한 힘이 생깁니다. 위 헬륨원자(He)도 그런 이유에서 가까이 붙어 있을 수 있습니다. 여기서 그 '강한 힘'이란 일반적인 힘이나 핵폭발보다도 강한 힘으로, 태양 내부에 초고온의 열과 시시각각 핵융합폭발을 일어나는 공간에서 받는 힘을 말합니다. 그런 힘을 받으면 두 개의 양성자는 전자기력을 이겨내고 위 헬륨원자(He)처럼 붙어 있을 수 있습니다.

이런 '강한 힘'은 우리가 사는 지구에서 일어나지 않고, 우주에서 별이 폭발할 때 그 내부 또는 별이 생길 때 그 내부에서 일어나는 힘입니다. 지구 자연계에 존재하는 92개의 원자는 오랜 시간 동안 우주에서 수많은 별이 폭발과 생성을 반복하며 생겨난 원자들이고, 그 원자들 중 일부가 지금 현재 우리가 사는 지구를 구성하고 있습니다.

두 개의 양성자로 구성된 헬륨원자(He)부터 92개의 양성자로 구성된 우라늄원자(U_{92})까지 원자들에 작용한 '강한 핵력'은 이미 아주 오래 전에 작용하였습니다. 그리고 이미 형성된 원자의 약한 핵력과 전자(e)의 잉여와 부족으로 나타나는 원자의 전자기력만이 우리가 관찰 가능한 영역입니다.

(2) 약한 핵력

'약한 핵력'이란 '강한 핵력'이 힘을 잃어가는 상태를 말합니다. 자연계에 존재하는 92개의 모든 원자는 양성자 결합상태가 자연적으로 약해지며 서서히 분해되고 있습니다. 원자가 분해되며 방출하는 에너지가 바로 자연방사능입니다. 다만, 원자의 분해되는 속도가 매우 느릴 뿐입니다. 생물을 포함하여 우리 주변의 모든 물질들은 자연방사능을 방출하며 자연 분해되고 있습니다.

원자 중 '강한 핵력'의 힘을 잃는 속도가 가장 빠른 것이 우라늄원자(U_{92})입니다. 우라늄원자(U_{92})는 방출되는 자연방사능도 많습니다. 때문에 소량이더라도 우라늄 물질을 몸에 지니고 있는 것만으로도 몸은 방사능에 오염되어 암에 걸립니다. 동시에 우라늄 물질의 빠른 분해를 이용하여 원자폭탄이나 원자력발전소에서 핵원료로 사용합니다. 우라늄(U_{92})과 같은 자연 분해가 빨라 방사능 유출이 상대적으로 많은 몇몇 원소들만 인체에 가까이 두지 않는다면, 나머지 원소들의 방출되는 자연방사능은 우리가 상상하는 것 이상으로 매우 극소량이기 때문에 인체에 유해하다고 말할 수 없습니다.

이런 이유의 연장선에서, 전문가들은 다음과 같이 말합니다. 사람이 인공구조물 안에 오래 머물면 구조물의 시멘트, 벽돌, 인테리어 내장재에서 나오는 자연방사능으로 인해 무기력과 피로함이 생기고 심하면 피부병을 유발할 수 있으므로, 주기적으로 환기하여 외부 공기를 안으로 순환시키고 사람은 건물 밖으로 바람을 쐬러 나가는 것이 좋다고 권합니다.

원자, 양성자, 전자에 대해서 이 정도로 설명하고, 마지막으로 인간이 어떻게 전기를 인지하게 됐는지 전기현상 발견에 대한 간단한 역사를 살펴보는 것으로 본 단원을 마치겠습니다.

7. 전기현상

전기(電氣 : Electricity)를 직역하면 '번개의 에너지'입니다. 그림은 미국화폐 중 가장 큰 단위인 100달러 지폐이고, 거기에 그려진 인물은 벤자민 프랭클린(Benjamin Franklin, 1706~1790)입니다.

벤자민 프랭클린이 살았던 18세기까지 사람들은 하늘에서 번쩍이는 번개의 섬광과 천둥소리가 날 때면, 종교적 관점에서만 이해를 했습니다. 어느 누구도 번쩍이는 번개를 보고 자연현상이라고 생각하지 못했습니다.
벤자민 프랭클린은 번개는 자연현상이라는 가설을 세우고, 번개 칠 가능성이 있는 날을 골라 연을 날려서 번개가 연에 유도되는지 그리고 일관된 법칙성이 있는지를 실험하였습니다. 벤자민은 그의 연을 이용한 번개시험을 통해 번개가 전기라는 자연현상이라는 결론을 내렸습니다. 벤자민의 연을 이용한 번개 유도시험은 신문을 통해 미국 대도시에 알려졌고, 유럽까지 그 소식이 전해졌습니다. 유럽의 많은 과학자들도 번개를 자연현상으로 시험하기 시작했고, 그중 19세기 초 영국의 마이클 패러데이는 30년이 넘는 실험을 통해 전기를 인위적으로 발생시키는 방법을 발견하였습니다. 이것이 패러데이의 전자유도법칙 ($e = L\frac{d\phi}{dt}$)입니다.
패러데이의 전자유도실험은 '자연적으로 하늘에서 번개가 내려치지 않더라도 인간이 지상에서 번개와 동일한 전기현상을 인위적으로 원할 때마다 만들어 낼 수 있다.'는 의미에서 대사건이자 현대문명에 지대한 영향을 끼친 실험입니다.
패러데이와 동시대에 이탈리아에서 알레산드로 볼타가 전압(V)에 대한 이론을, 프랑스에서 앙드레 앙페르가 전류(I)에 대한 이론을 발표하면서, 전기현상은 오늘날처럼 전류(I), 전압(V), 전력(P)으로 구체화되었습니다.
이제 2장에서 전기의 기본법칙에 대해서 살펴보겠습니다.

PART 03

CHAPTER 02

전기 기본법칙과 직류회로

01 전기의 기본법칙

전기의 기본법칙은 전기영역의 초급기술자에서 고급기술자 또는 전기기능사에서 발송배전기술사까지 모두에게 일관성 있게 중요한 법칙들이라는 의미에서 기본법칙이라고 말할 수 있습니다.
전기가 발생하는 전기현상의 근원은 전자(e)가 움직이므로 전기가 시작됩니다. 전자의 이동으로 원자가 대전되어 양전하($+Q$) 또는 음전하($-Q$)가 되고, 이런 전하(Q)의 이동현상을 전류(I)라고 정의합니다. 그래서 전선으로 전류(I)가 흐른다고 말하는 것의 실체는 전하가 이동하고 있는 것입니다.
아무 금속물질에나 곳에서나 전하가 쉽게 대전되어 이동하는 것은 아닙니다. 전자(e)의 이동이 자유롭고, 원자가 잘 대전될 수 있는 물질은 구리재질의 전선입니다. 회로이론에서 다루는 전기회로는 도선으로 폐회로를 만들어 도선으로 전하가 이동하는 전기회로를 의미합니다. 도선으로 전하(Q)가 이동하므로 전류(I)현상이 생기고, 회로 양단에 전압(V), 전원(E)과 부하(R)의 전력을 해석할 수 있습니다.

- 전도전류 $I=\dfrac{Q}{t}$ [A]

전도전류는 구리도선을 이용하여 닫힌 회로(폐회로)를 만들고 도선으로 전하(Q)가 전압(V)에 의해 이동하는 직류를 말합니다. 회로이론, 전기기기 과목에서 전도전류에 의한 전기를 배웁니다.

- 변위전류 $i=\dfrac{dq}{dt}$ [A] (또는 교류전류)

변위전류는 전하(Q)가 폐회로 도선을 통해 이동하는 것이 아닌, 전하가 정지상태에서 밀도의 증가 · 감소할 때, 발생하는 전기장(E_p)이 진동하며 자유공간이나 유전체를 통해 전류가 흐르는 경우입니다. 전기자기학, 회로이론의 「13장 장거리 송전선로 해석」에서 이러한 변위전류에 의한 전기를 배웁니다.
회로이론에서는 자유공간으로 이동하는 변위전류는 다루지 않고 도선을 통해 전하가 이동하는 직류와 교류에 대해서만 다룹니다.

TIP
전류와 전압이 동시에 존재하는 것처럼 전하가 변화량($i=\frac{dq}{dt}$)을 가지면, 전기장(E_p)과 자기장(H_p)은 진동하며 동시에 존재한다.

1. 전하(Q) : 도선을 통해 이동하는 전하

전자(e)의 이동이 곧 전하(Q)를 만듭니다. 부피를 가진 전선 내부를 이동하는 전하는 체적 내에서 전기량(전하의 량)을 갖습니다.

① **전기량** : $Q = e\,n\,[\mathrm{C}]$

여기서, e : 전자 1개의 전기량 [C]

n : 이동하는 전자 수

[C] : 단위 쿨롱

② **전자 한 개의 전기량** : $e = |-1.60219 \times 10^{-19}|\,[\mathrm{C}]$

단일 전자 한 개의 전기적 성질은 (−)이지만, 크기만으로 표현함

③ 1 [C] 에 해당하는 전자의 수 $n = \dfrac{1}{1.60219 \times 10^{-19}} = 6.24 \times 10^{18}$ [개]

④ **양성자(+)의 질량** : $1.6726 \times 10^{-27}\,[\mathrm{kg}]$

⑤ **중성자(Nu)의 질량** : $1.675 \times 10^{-27}\,[\mathrm{kg}]$

⑥ **전자(e)의 질량** : $9.109 \times 10^{-31}\,[\mathrm{kg}]$

⑦ **전자 1개와 전하 1개의 전기적 크기 비교** : $e \ll q$(전하가 훨씬 큼)

2. 전류(I) : 도선을 통해 전하가 이동하는 현상

도선으로 전하가 이동할 때 초 [sec] 당 흐른 전하의 양(Q)을 전류(I)로 정의합니다. 동시에 전류는 전기회로를 구성하는 3요소(전류, 전압, 저항)의 기준이 됩니다.

① **전류** $I = \dfrac{Q}{t}\,[\mathrm{A}]$

도선 단면적에 초당 흐르는 전하량이 곧 전류이다.

② **전류** $I = \dfrac{Q}{t} = \dfrac{e\,n}{t}\,[\mathrm{A}]$

전하량은 도선 단면적을 통과한 전자(e)의 총수(n)이다.

- 전류의 적분형 표현 : $Q = I\,t\,[\mathrm{C}] \rightarrow Q = It = \int_{t1}^{t2} i(t)\,dt\,[\mathrm{C}]$
- 전류의 미분형 표현 : $I = \dfrac{Q}{t}\,[\mathrm{A}] \rightarrow I = \dfrac{dq}{dt}\,[\mathrm{A}]$

가정집의 차단기는 30[A]이고, 만약 사람이 1[A]의 전류에 20초 이상 감전되면 심장이 멎어 죽습니다.

핵심기출문제

$i = 3000(2t + 3t^2)$ [A]의 전류가 어떤 도선을 2[s] 동안 흘렀다. 통과한 전체 전기량은 몇 [Ah]인가?

① 1.33 ② 10
③ 13.3 ④ 36

해설

$$Q = \int_0^t i\,dt = \int_0^2 3000(2t + 3t^2)dt = \left[3000(t^2 + t^3)\right]_0^2 = 36000\,[\mathrm{A \cdot sec}] = 10\,[\mathrm{Ah}]$$

정답 ②

PART 03

3. 전압(V) : 전압이 전하를 이동시킴

전기적 압력인 전압(V)이 있기 때문에 도선으로 전하(Q)가 이동합니다. 전압은 수압에 비유하여 설명할 수 있습니다.

물이 이동하려면 수도관이 있어야 합니다. 그리고 수도관에 압력을 가하지 않으면 물은 이동하지 않습니다. 우리가 집에서 수도꼭지를 열 때, 언제나 물이 나오는 것은 수도관에 물이 있고, 수도관에 항상 일정한 수압이 유지되기 때문입니다. 물을 공급하는 수도사업소의 수압이 높고, 물을 사용하는 가정집 수도꼭지의 밸브 바깥에 수압이 낮기 때문에 수압 차(수도사업소로부터 가정집으로 이동한 물)에 의해 소비자는 물을 쓸 수 있습니다. 이것이 수압입니다.

전기도 전기를 공급하는 한국전력(실제로는 발전소)에 전기압력이 높고, 전기를 소비하는 가정집의 콘센트에 전기압이 낮기 때문에 전기는 발전소에서부터 가정집 콘센트로 이동하여, 콘센트에 가전 플러그코드를 꼽으면 전기압에 의한 전하가 흘러나오고 가전제품은 동작합니다. 이것이 전압입니다.

전압, 전위, **기전력**, 전원(Power), 볼트 모두 전압의 의미로 통용됩니다.

> ✠ 기전력
> (Electromotive Force)
> 일정한 전기적 압력을 지속적으로 공급해주는 에너지원을 의미한다. 전압과 별개로 기전력이란 용어를 사용하는 이유는, 회로이론은 일정한 크기의 이상적인 전원이 공급되고 있다는 전제에서 회로를 해석하기 때문이다. 일정하지 않은 전압이 공급되거나 일순간만 지속되고 사라질 전압으로 해석될 가능성을 없애기 위해서이다.
>
> ✠ 일(Work)
> 전기에서 일(W)은 전등의 불빛, 모터의 회전, 전열기구의 열, 컴퓨터 작동, TV 작동 등이 전기가 일한 결과이다.

- 전압 $V = \frac{W}{Q}$ [V] : 흘러간 전기량(Q)이 가서 한 **일**(W)은 전압 때문이다.

  전압이란, 전선을 통해 초당 이동하는 전하($I = \frac{Q}{t}$)가 콘센트에 도착하여 콘센트에 연결된 부하(전기 소비기기)에서 일(W)을 하는데, 그 일은 전압에 의해서 일을 합니다.
- 전기에너지(일) : $W = Q\,V$ [J] → 일(적분형) $w = \int v\, dq$ [J]
- 전기에너지(일) : $W = Q\,V = V(It) = Pt$ [J] 또는 $W = e\,V$ [J]

  $e\,V = 1.60219 \times 10^{-19}$ [J] : 전자 1개로 전위 1[V]를 올리는 데 필요한 에너지량
- 전압기호 : 전압을 전기회로에서 다음과 같은 기호로 표시합니다.

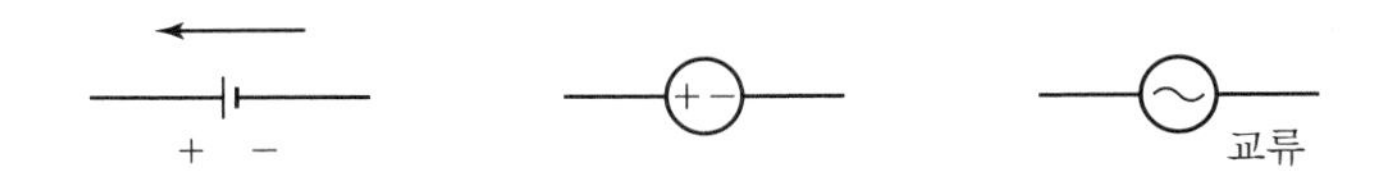

4. 전력(P) : 전기의 힘

부하에 도착하여 일하는 전압(V)과 전류(I)를 통틀어 전력(P)으로 표현합니다. 전압 없이 전류가 흐를 수 없고, 전류가 없으면 전압도 없습니다. 전류와 전압은 항상 동시에 존재하며, 이 둘을 묶어서 전력으로 나타냅니다.

- 전력 $P = V\,I$ [W] : 소비전력, 전체전력
- 전력량 $W = P\,t$ [W·sec]

• 소비전력 $P = VI = V\left(\frac{V_0}{R_0}\right) = \frac{V^2}{R}$ [W] : 소비전력을 전압으로 표현

• 소비전력 $P = VI = (IR)I = I^2 R$ [W] : 소비전력을 전류로 표현

전력(P)을 사용한 총 시간(t)을 전력량(W)으로 나타낼 수 있습니다. 여기서 전력량(W)의 기본 단위는 [W·sec] 입니다. 이론적 공식 또는 수식에서 전력량 단위는 [W·sec] 이지만, 현실적인 이유에서 산업현장과 실생활에서 전력량은 [W·sec] 단위가 아닌 [Wh] 로 사용합니다. 때문에 형광등에 40와트는 40[Wh], 에어컨에 1500와트는 1500[Wh], 헤어드라이기에 2000와트는 2000[Wh] 로 읽어야 합니다. 가전제품에서부터 공장의 산업용 기기에 이르기까지 전력량 와트의 기본 단위는 [Wh] 입니다.

참고 MKS 단위계

물리에서는 CGS 단위계를 사용하고, 전기에서는 MKS 단위계를 사용한다.

- CGS 단위계(물리) : 물리법칙 및 공식들은 길이는 [cm], 무게는 [g], 시간은 [sec]를 기본 단위로 하여 만들어지므로 CGS 단위가 아닌 단위는 CGS 단위로 변환해야 한다.
- MKS 단위계(전기) : 전기법칙 및 공식들은 길이는 [m], 무게는 [kg], 시간은 [sec]를 기본 단위로 하여 만들어지므로 MKS 단위가 아닌 단위는 MKS 단위로 변환해야 한다.

02 옴의 법칙(Ohm's Law)과 저항(R)

1. 저항(R)의 회로식 : 옴의 법칙

도선으로 폐회로를 만들고 전원이 인가되면 도선에는 전류 흐름을 방해하는 저항이 있습니다. 회로에 나타나는 전압(V), 전류(I), 저항(R)의 관계는 다음과 같습니다.

저항(회로식) $R = \frac{V}{I}$ [Ω] : 전류의 흐름을 방해하여 감소시키는 저항

도선에서 전하가 이동할 때 저항은 전압－전류의 비율$\left(\frac{V}{I}\right)$로 나타내고, (도선이 아닌) 자유공간에서 전하가 이동할 수 없는 때의 저항은 전기장과 자기장 비율 $\left(\frac{E_p}{H_p}\right)$로 나타낸다.

- (직류회로) 옴의 법칙 : $R = \frac{V}{I}$ [Ω] : 직류회로에 전하가 이동할 때 저항
- (교류회로) 옴의 법칙 : $Z = \frac{v}{i}$ [Ω] : 교류회로에 전하가 이동할 때 저항
- (자유공간) 저항 $Z = \frac{[V]}{[I]} = \frac{\int_l E_p\,dl}{\int_l H_p\,dl} = \frac{E_p}{H_p} = Z$ [Ω]

PART 03

2. 저항(R)의 구조식과 구조

(1) 저항 구조식

부피를 가진 도선의 구조로 저항(R)을 나타내면 다음과 같습니다.

저항 (구조식) $R = \rho \dfrac{l}{A}$ $[\Omega]$

여기서, ρ : 고유저항, 저항률 $[\Omega \cdot \text{m}]$

A : 전선 단면적 $[\text{m}^2]$

모든 물질은 고유전위가 있고, 물질의 고유전위는 전기적으로 전하의 이동을 방해하는 고유저항(ρ)이 존재합니다.

> **전선 종류에 따른 고유저항 ρ 값**
>
> - 연동 전선의 ρ : $\dfrac{1}{58} \times 10^{-6}$ $[\Omega \cdot \text{m}]$, $[\Omega \cdot \text{mm}^2/\text{m}]$
> - 경동 전선의 ρ : $\dfrac{1}{55} \times 10^{-6}$ $[\Omega \cdot \text{m}]$, $[\Omega \cdot \text{mm}^2/\text{m}]$
> - 알루미늄 전선의 ρ : $\dfrac{1}{35} \times 10^{-6}$ $[\Omega \cdot \text{m}]$, $[\Omega \cdot \text{mm}^2/\text{m}]$
>
> **전선의 전도율 k, σ**
>
> - 전선에 전류를 잘 흘려주는 정도를 수치로 나타낸 것이 전도율(도전율) k 이다.
> - 전도율 k, $\sigma = \dfrac{1}{\rho}$ $[\Omega^{-1}/\text{m}]$, $[℧/\text{m}]$, $[1/\Omega \cdot \text{m}]$
> - 국제표준 연동선의 전도율을 100%로 놓고, 우리나라 연동선의 전도율은 $\dfrac{100}{97}$ 이다.

(2) 저항소자의 구조

〖 저항의 기호 〗

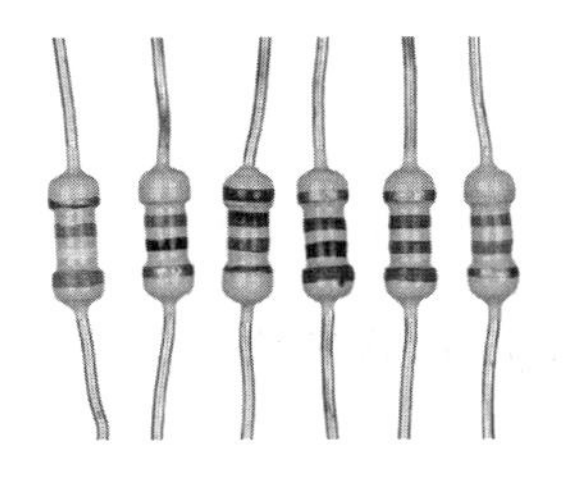

〖 저항소자(띠저항) 〗

저항은 제품으로서 저항과 이론으로서 저항이 있습니다.

① 제품으로서 저항은 저항소자를 말하며, 전기회로에서 전류 크기를 감소시키기 위한 목적으로 만들어진 소자(제품)입니다.

② 이론적으로 저항은 도선, 전선을 포함하여 전기적으로 모든 물질에는 저항이 존재합니다. 그리고 전류를 소비하는 가전제품, 전기설비들은 전류를 소비하기 때

핵심기출문제

굵기가 일정한 도체가 체적 $v[\text{m}^3]$은 변화시키지 않으면서 지름만을 $\dfrac{1}{n}$로 줄이면 저항 R은 어떻게 되는가?

① n배 ② n^2배
③ n^4배 ④ $\dfrac{1}{n^2}$배

해설

저항의 구조식 $R = \rho \dfrac{l}{A} [\Omega]$에서

단면적 $A = \pi r^2 = \pi \left(\dfrac{d}{2}\right)^2 [\text{m}^2]$의 지름 d이 변하면 전선 길이도 변하게 된다. 여기서 지름이 $\dfrac{1}{n}$배일 경우 단면적 A과 길이 l를 보면,

- 단면적 A는

체적 $v = \pi \dfrac{\left(\dfrac{1}{n}d\right)^2}{4} \cdot l$

$= \pi \dfrac{d^2}{4} \cdot l \times \dfrac{1}{n^2}$배

- 지름이 $\dfrac{1}{n}$배면 $A \propto \dfrac{1}{n^2}$배
- 길이 l는 $v = \pi \dfrac{\left(\dfrac{1}{n}d\right)^2}{4} \cdot l$

$l = \dfrac{4n^2}{\pi d^2} \cdot v \rightarrow l = \dfrac{4v}{\pi d^2} \times n^2$

- 지름이 $\dfrac{1}{n}$배면 $l \propto n^2$배

그러므로, 전선의 지름이 $\dfrac{1}{n}$배이면, 저항

$R = \rho \dfrac{l}{A} \times \dfrac{n^2}{\left(\dfrac{1}{n^2}\right)} = \rho \dfrac{l}{A} \cdot n^4$

이므로, n^4배가 된다.

정답 ③

문에 전류를 소비하는 기기에서 전류 크기는 감소합니다. 전자의 물질에서 전류 감소나 후자의 가전제품, 전기설비에서 전류 감소나 모두 전류 크기가 감소한다는 측면에서 저항(R)입니다. 그래서 전류를 소비하는 전기제품, 전기설비를 저항(R)으로 간주하고 전기회로에서도 R로 표기합니다. 저항을 다른 말로 '부하'로 부릅니다.

가전제품, 전기설비가 전류를 소비한다고 말할 때, 소비의 의미는 다음과 같습니다. 전선에 고유저항이 존재하므로 폐회로로 구성된 회로에 전원을 인가하면, 저항에 의해 전류 크기가 감소합니다. 감소된 전류는 전선 안팎으로 열이나 빛에너지로 사라집니다. 설사 전류가 가전제품이나 전기설비(전등의 불빛, 모터의 회전, 전열기구의 열, 컴퓨터 작동, TV, 전기레인지 등)에 흐른다고 해도 기기에서 열과 빛에너지로 사라지는 것은 똑같습니다. 단지 전선에서 사리지는 열과 빛에너지는 사람이 이용하는 에너지가 아니므로 '손실'로 말하고, 전류가 가전제품이나 전기설비에 도착하여 열과 빛에너지로 사라지는 것은 사람이 열, 빛, 전자력, 전자유도, 에너지 변환 등으로 이용하기 때문에 '소비한다'라로 말할 뿐입니다. 전류가 '소비'로 사용될 때의 열과 빛 에너지를 일($W = Pt$) 또는 와트시 $[\mathrm{Wh}]$라고 합니다.

3. 컨덕턴스(G)

전선은 전류를 잘 흐르게 할 목적으로 제조된 일종의 전기설비입니다. 이런 전선으로 전류가 흐를 때 전류 흐름을 감소시키고 방해하는 작용을 저항 $R\,[\Omega]$로 나타냈습니다.

반면, 전류가 흐르면 안 되는 곳(절연체)으로 전류가 흘렀을 때, 전류를 흐르게 작용하는 정도를 컨덕턴스(G)로 나타냅니다.

$$\text{컨덕턴스 } G = \frac{1}{R}\,[\mho],\ [\Omega^{-1}],\ \left[\frac{1}{\Omega}\right],\ [\mathrm{S}]$$

03 전기소자의 직렬접속과 병렬접속

우리가 전기를 쓸 수 있는 것은 발전소의 발전기가 전기를 생산하기 때문입니다. 발전소가 전기를 만드는 목적은 **수용가**에 전기를 보내기 위해서입니다. 그리고 수용가에서 각 기기들이 전류(I)를 소비합니다.

수용가에서 소비하는 전류는 다양한 일을 합니다. 건물의 승강기와 전등설비, 인도와 차도의 가로등, 가전제품의 모터, 공장의 각종 모터, 에어컨 실외기 모터가 작동하여 집 안에 시원한 바람이 들어오는 것 모두가 전류(I)를 소비하여 하게 되는 일들입니다. 그리고 전류(I)가 발전소에서부터 수용가까지 전달된 이유는 전압(V) 때문입니다.

✠ 수용가
가정집, 공장, 빌딩, 공공기관 등 전기를 사용하는 곳을 말한다. 발전소, 변전소 역시 전기를 만들어내는 곳인 동시에 전기를 사용하는 수용가이다.

전류를 소비하는 모든 전기기기는 전기적으로 저항입니다. 하지만 전기기기가 전류를 소비하는 특성이 조금씩 다르므로 전류를 소비하는 기기의 특성에 따라 저항을 크게 네 가지로 분류할 수 있습니다.

- 전열기, 전등과 같이 열과 빛을 내는 기기의 저항 : R
- 변압기, 전동기, 발전기와 같이 솔레노이드 코일에 의한 L 기기의 저항 : X_L
- 전자기기의 콘덴서와 같이 축적 기능을 하는 C 기기의 저항 : X_C
- 위에 나열한 R, L, C 작용을 모두 하는 기기의 저항 : Z

그래서 우리는 다양한 가전제품, 전기설비의 다양한 기기를 전기등가회로로 변환하여 해석할 때, 부하를 크게 네 가지(R, L, C, Z)로 대신하여 나타내고, 기본 전기법칙들을 이용하여 전기회로를 해석하게 됩니다. 그리고 전류를 소비하는 다양한 전기기기의 패턴 네 가지(R, L, C, Z)를 **전기소자**라고 부릅니다.
전기회로를 해석할 때, 반드시 필요한 요소는 전압, 전류, 부하입니다. 부하(전기소자 R, L, C, Z)가 없으면 우리는 전기회로를 해석할 수 없습니다. 예를 들어, 콘센트 220[V] 전원에 핸드폰 충전기를 꼽는다고 하면, 충전기는 전류를 소비하기 때문에 콘센트 전선에 전류가 흘러 충전기로 유입될 것입니다. 핸드폰 충전기를 충전하는 과정만 보더라도 전기회로에 필요한 전압, 전류, 부하(충전기) 모든 요소가 나타나는 것을 알 수 있습니다.
전기회로를 해석하기에 앞서서 마지막으로 중요한 것이 부하의 접속(Connection)입니다. 부하가 단일한 전기소자일 수도 있지만, 여러 전기소자 2개, 3개, 4개, … 그 이상이 복합적으로 연결된 상태일 수 있습니다. 여러 전기소자가 아무리 복잡하게 얽히고 설켜 접속된다 하더라도 접속방법은 두 가지 입니다. 바로 **직렬접속**과 **병렬접속**입니다.

1. 전기소자 저항(R)의 직렬접속

전기소자가 그림처럼 일렬로 접속된 상태를 '직렬접속' 그리고 직렬접속된 전기회로를 '직렬회로'라고 합니다. 전기소자가 '직렬접속'됐을 경우, 키르히호프 법칙을 적용하여 저항(R)의 직렬회로 특징을 다음과 같이 정리할 수 있습니다.

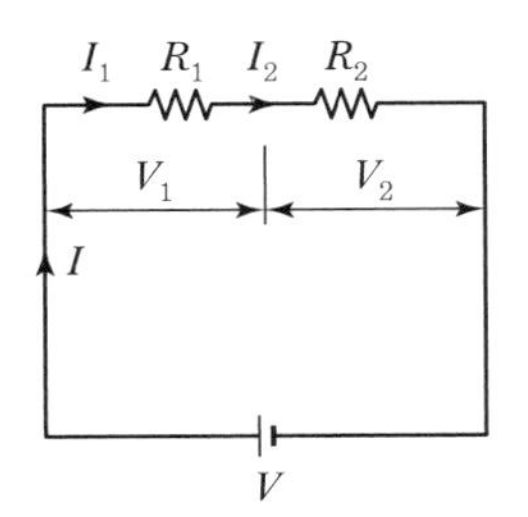

직렬회로에서 키르히호프 법칙(전류 일정 · 전압 분배)

- 전류법칙(KCL) : $I = I_1 = I_2 = I_n$

  직렬회로의 전류는 일정하다. 회로 내에 분기점이 없으므로 모든 구간에 흐르는 전류는 같다.
- 전압법칙(KVL) : $V = V_1 + V_2 + \cdots V_n$

  직렬회로의 전압은 분배된다. 회로 내에 존재하는 저항마다 저항 크기에 비례한 전압이 분배되어 걸린다.

여기서 전류는 일정하므로 해석할 필요가 없고, 직렬회로에서 분배되는 전압에 대해 다음과 같이 해석할 수 있습니다.

- KVL에 의한 전압 $V = V_1 + V_2$ 에 옴의 법칙($V = IR$)을 적용하면,
- $V = V_1 + V_2 = I_1R_1 + I_2R_2$ 여기서 직렬회로 모든 전류는 같으므로 $\rightarrow I = I_1 = I_2$
- $V = I(R_1 + R_2)$이 되고, 옴의 법칙에 의해 $I(R_1 + R_2) = IR$ 서로 같아야 한다. 그러므로 $R = R_1 + R_2\,[\Omega]$ (직렬회로에서 합성저항)

직렬회로에서 저항이 여러 개 존재할 경우 저항 계산은 $R = R_1 + R_2 + \cdots R_n$ 이처럼 계산됩니다.
직렬회로는 각 저항마다 전압이 분배되므로, 각 저항에 걸리는 전압은 다음과 같이 계산됩니다.

- $V_1 = I \cdot R_1 = \left(\dfrac{\text{전체전압 } V_0}{\text{전체저항 } R_0}\right)R_1 = \dfrac{V_0}{R_1 + R_2}R_1 = \dfrac{R_1}{R_1 + R_2}V_0\ [\text{V}]$
- $V_2 = I \cdot R_2 = \left(\dfrac{\text{전체전압 } V_0}{\text{전체저항 } R_0}\right)R_2 = \dfrac{V_0}{R_1 + R_2}R_2 = \dfrac{R_2}{R_1 + R_2}V_0\ [\text{V}]$

- 직렬회로에서 합성저항 $R = R_1 + R_2 + \cdots R_n\ [\Omega]$
- $V_1 = \dfrac{R_1}{R_1 + R_2}V_0[\text{V}]$, $V_2 = \dfrac{R_2}{R_1 + R_2}V_0[\text{V}]$

2. 전기소자 저항(R)의 병렬접속

전기소자가 그림처럼 분기되어 접속된 상태를 '병렬접속' 그리고 병렬접속된 전기회로를 '병렬회로'라고 합니다. 전기소자가 '병렬접속'됐을 경우, 키르히호프 법칙을 적용하여 저항(R)의 병렬회로 특징을 다음과 같이 정리할 수 있습니다.

핵심기출문제

그림과 같은 회로에서 R_2 양단의 전압 E_2[V]는?

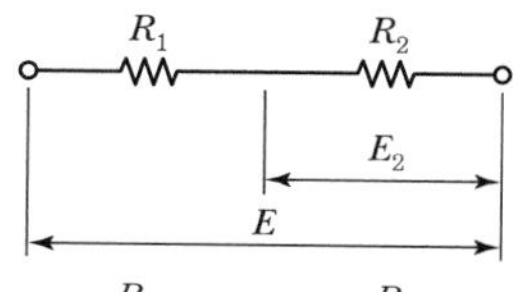

① $\dfrac{R_1}{R_1 + R_2}E$ ② $\dfrac{R_2}{R_1 + R_2}E$
③ $\dfrac{R_1R_2}{R_1 + R_2}E$ ④ $\dfrac{R_1 + R_2}{R_1 \cdot R_2}E$

해설

저항의 직렬접속에서 전압의 분배법칙을 적용하면 저항 R_2 양단의 전압은

$\therefore E_2 = \dfrac{R_2}{R_1 + R_2} \times E[\text{V}]$

정답 ②

PART 03

핵심기출문제

기전력 2[V], 내부저항 0.5[Ω]의 전지 9개가 있다. 이것을 3개씩 직렬로 하여 3조 병렬접속한 것에 부하 저항 1.5[Ω]을 접속하면 부하전류[A]는?

① 1.5 ② 3
③ 4.5 ④ 5

해설

부하전류

$$I=\frac{E_0}{R_0}=\frac{nE}{\frac{n}{m}r+R}$$

$$=\frac{3\times 2}{\frac{3}{3}\times 0.5+1.5}=3[A]$$

정답 ②

추가설명

문제에서 말하는 회로

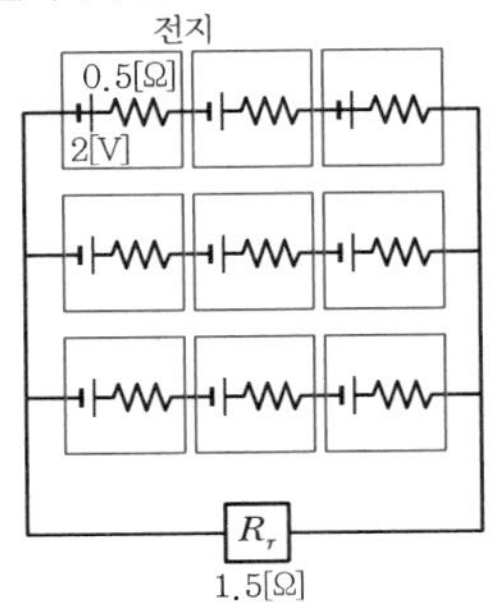

- 직렬 저항 $R_0=R_1+R_2+R_3$
  $=0.5\times 3$
  $=1.5[\Omega]$
- 직렬 기전력 $E_0=E_1+E_2+E_3$
  $=2\times 3=6[V]$
- 병렬은 전압이 일정하다(키르히호프 전압 법칙). → 옆 회로의 전체 기전력은 6[V]이다.
- 전체 저항은

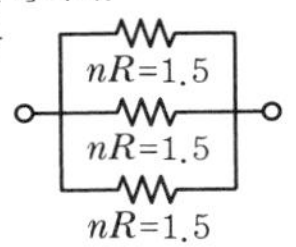

병렬에서 모든 저항의 크기가 같으면 $\left(\frac{\text{한개저항}}{\text{개수}}\right)$으로 구할 수 있다.

$$R_0=\frac{nR}{m}=\frac{1.5}{3}=0.5[\Omega]$$

그래서 교재의 수식과 같은 꼴이 됨

$$I=\frac{V}{R}=\frac{E}{R}$$

여기서, V : 전압, E : 기전력
(※ 전압 = 기전력 같은 의미)

$$I=\frac{E_0}{R_0}=\frac{nE}{R+R_r}$$

$$=\frac{nE}{\frac{n}{m}R+R_r}[A]$$

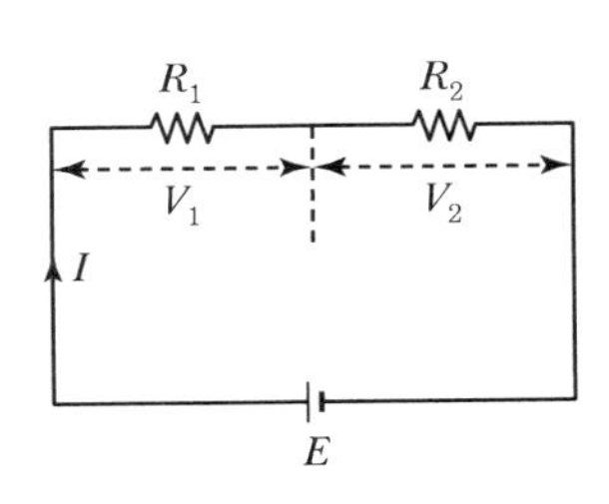

〖 직렬회로(전압법칙 설명) 〗

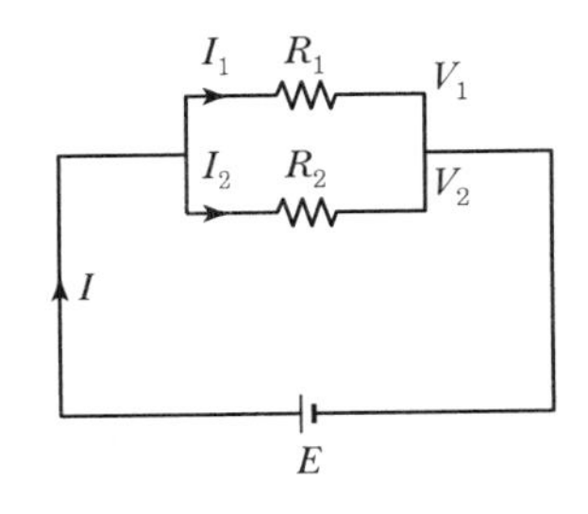

〖 병렬회로(전류법칙 설명) 〗

병렬회로에서 키르히호프 법칙(전류 분배 · 전압 일정)

- 전류법칙(KCL) : $I=I_1+I_2+\cdots I_n$
  병렬회로의 전류는 분배되고, 전압은 일정하다. 회로 내에 분기점이 생기면 전류는 분배되고 이후 분기점에서 합쳐지므로 전체 전류는 유입전류와 유출전류의 합이다.
- 전압법칙(KVL) : $V=V_1+V_2+\cdots V_n$
  병렬회로의 전압은 일정하고, 전류는 분배된다. 반면 직렬회로에서 전압강하는 저항마다 발생하므로 전체 전압은 분배된 각각의 전압을 합한다.

여기서 전압은 일정하므로 해석할 필요가 없고, 병렬회로에서 분배되는 전류에 대해 다음과 같이 해석할 수 있습니다.

- KCL에 의한 전류 $I=I_1+I_2$ 에 옴의 법칙($I=\frac{V}{R}$)을 적용하면,
- $I=I_1+I_2=\frac{V_1}{R_1}+\frac{V_2}{R_2}$ 여기서 회로에 모든 전압은 같으므로
  → $V=V_1=V_2$
- $I=\frac{V}{R_1}+\frac{V}{R_2}=V\left(\frac{1}{R_1}+\frac{1}{R_2}\right)$ → 옴의 법칙에 의해 $V\left(\frac{1}{R_1}+\frac{1}{R_2}\right)=V\frac{1}{R}$
  같아야 한다. 그러므로 $\frac{1}{R}=\frac{1}{R_1}+\frac{1}{R_2}$(병렬회로에서 합성저항)

병렬회로에서 저항이 여러 개 존재할 경우 저항 계산은 $\frac{1}{R}=\frac{1}{R_1}+\frac{1}{R_2}+\cdots\frac{1}{R_n}$

이처럼 계산됩니다.

- $\frac{1}{R}=\frac{1}{R_1}+\frac{1}{R_2}\rightarrow R=\frac{R_1R_2}{R_1+R_2}[\Omega]$
- $\frac{1}{R}=\frac{1}{R_1}+\frac{1}{R_2}+\frac{1}{R_3}\rightarrow R=\frac{R_1R_2R_3}{R_1R_2+R_2R_3+R_3R_1}[\Omega]$

병렬회로는 각 저항마다 전류가 분배되므로, 각 저항에 흐르는 전류는 다음과 같이 계산됩니다.

- $I_1 = \dfrac{V_0}{R_1} = \dfrac{IR}{R_1} = I\dfrac{\left(\dfrac{R_1R_2}{R_1+R_2}\right)}{R_1} = I\dfrac{R_1R_2}{R_1(R_1+R_2)} = \dfrac{R_2}{R_1+R_2}I\,[\mathrm{A}]$
- $I_2 = \dfrac{V_0}{R_2} = \dfrac{IR}{R_2} = I\dfrac{\left(\dfrac{R_1R_2}{R_1+R_2}\right)}{R_2} = I\dfrac{R_1R_2}{R_2(R_1+R_2)} = \dfrac{R_1}{R_1+R_2}I\,[\mathrm{A}]$

> - 병렬회로에서 합성저항 $R = \dfrac{R_1R_2}{R_1+R_2}\,[\Omega]$, $R = \dfrac{R_1R_2R_3}{R_1R_2+R_2R_3+R_3R_1}\,[\Omega]$
> - 모든 저항값이 동일할 경우 합성저항 $R = \dfrac{\text{하나의 저항}}{\text{저항의 개수}} = \dfrac{R_1}{n}\,[\Omega]$
> - 분기회로마다 흐르는 전류 $I_1 = \dfrac{R_2}{R_1+R_2}I\,[\mathrm{A}]$, $I_2 = \dfrac{R_1}{R_1+R_2}I\,[\mathrm{A}]$

04 키르히호프의 법칙(Kirchoff's Law)

1. 키르히호프의 전류법칙(KCL)

"폐회로 내 임의의 분기점에서 유입전류(i_1, i_2, i_3)와 유출전류(i_4)는 같고, 유입전류와 유출전류의 합은 0이 된다."는 것을 의미합니다.

- KCL : $i_1 + i_2 + i_3 = i_4$ 또는 $i_1 + i_2 + i_3 + i_4 = 0$
- KCL의 미분형 표현 : $div\ i = 0$

(1) 분기점이 있는 병렬회로에서 KCL

왼쪽 그림에서 한줄기의 물(A구간)이 분기점에서 세 갈래(B, C, D구간)로 나뉩니다. 이 그림은 키르히호프의 전류법칙을 잘 설명하고 있습니다. 흐르는 한줄기 물처럼 병렬회로에서 흐르는 전류는 분기점에서 전류의 양이 분기됩니다. 분기된 전류량을 다시 모두 더하면 분기되기 전의 총 전류량과 같습니다.

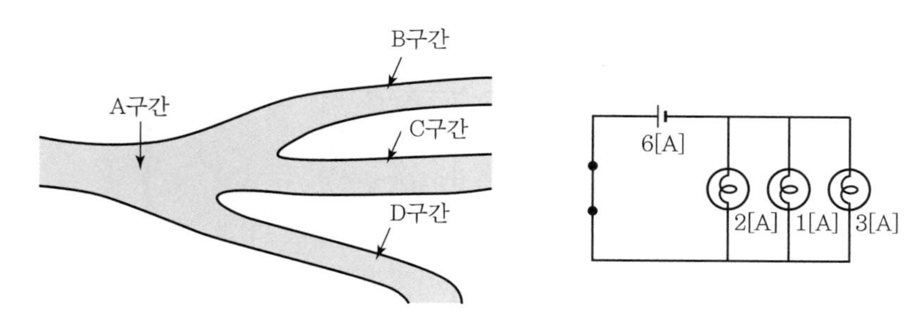

〖 병렬회로에서 키르히호프의 전류법칙(KCL) 〗

핵심기출문제

그림에서 a, b 단자에 200[V]를 가할 때 저항 2[Ω]에 흐르는 전류 I_1[A]는?

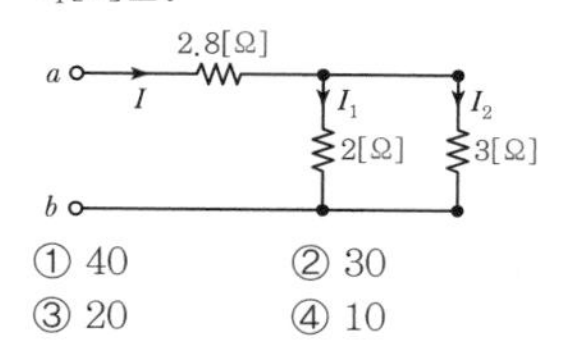

① 40 ② 30
③ 20 ④ 10

해설

- 회로의 합성저항

$R = 2.8 + \dfrac{2\times 3}{2+3} = 4\,[\Omega]$

- 전체 전류

$I = \dfrac{V}{R} = \dfrac{200}{4} = 50\,[\mathrm{A}]$

그러므로, 2[Ω]의 저항에 흐르는 전류는 전류분배의 법칙에 의해

$\therefore\ I_1 = \dfrac{R_2}{R_1+R_2}\times I$

$= \dfrac{3}{2+3}\times 50 = 30\,[\mathrm{A}]$

정답 ②

핵심기출문제

다음 그림에서 전류 i_5의 값을 구하시오.

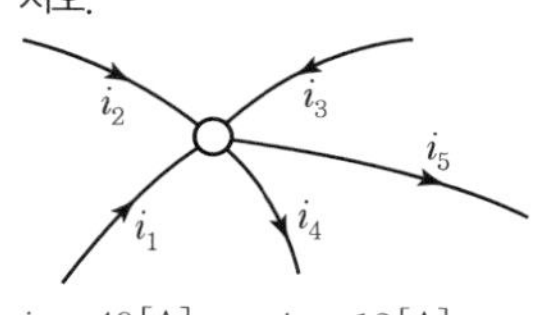

$i_1 = 40[\mathrm{A}]$ $i_2 = 12[\mathrm{A}]$
$i_3 = 15[\mathrm{A}]$ $i_4 = 10[\mathrm{A}]$

① 37[A] ② 47[A]
③ 57[A] ④ 67[A]

해설

키르히호프의 제1법칙(KCL) 정의에 의해, $\Sigma I_{유입} = \Sigma I_{유출}$

→ $i_1 + i_2 + i_3 - i_4 - i_5 = 0$

이므로 구하려는 전류 i_5는

$\therefore\ i_5 = i_1 + i_2 + i_3 - i_4$
$= 40 + 12 + 15 - 10$
$= 57[\mathrm{A}]$

정답 ③

(2) 분기점이 없는 직렬회로에서 KCL

그림에서 한줄기의 물(A구간)이 분기되는 곳 없이 그대로 B구간으로 흐르고 있습니다. 분기점이 없는 직렬회로의 특성상, 직렬회로의 전류는 일정합니다(분기점은 병렬회로에만 존재하며 직렬회로는 분기점이 없다).

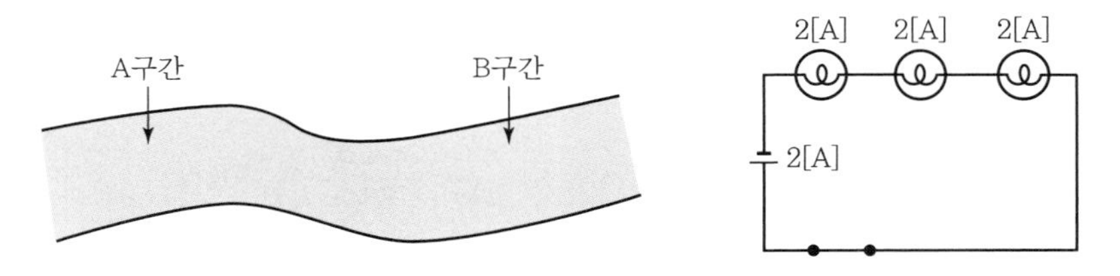

〘 직렬회로에서 키르히호프의 전류법칙(KCL) 〙

키르히호프의 전류법칙(KCL)은 직렬에서 전류 일정, 병렬에서 전류 분배로 압축적으로 표현할 수 있습니다.

2. 키르히호프의 전압법칙(KVL)

"폐회로 내에 모든 기전력의 합(ΣE)은 그 회로에서 발생하는 모든 전압강하의 합(ΣIR)과 같다."는 것을 의미합니다.

- KVL : $\sum_{A}^{B}(\text{기전력})E = \sum_{A}^{B}(\text{전압강하})IR$

  $\sum_{A}^{B}E - \sum_{A}^{B}IR = 0$

- KVL 적분형 표현 : $\int_{A}^{B} E\, dl = 0$

(1) 병렬회로에서 KVL

5[V]의 기전력 전원으로부터 전압을 공급받는 각 분기회로 양단에는 전원 5[V]와 동일한 5[V]가 걸립니다(병렬회로에 모든 병렬라인은 전원과 동일한 전기압력을 받는다).

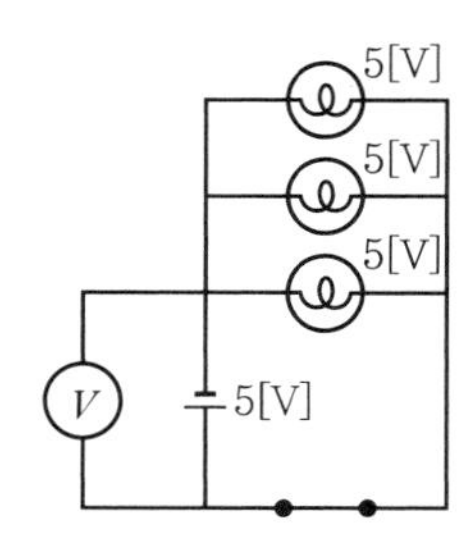

〘 병렬회로에서 키르히호프의 전압법칙(KVL) 〙

(2) 직렬회로에서 KVL

아래 직렬회로 그림에서 저항 3개가 직렬접속되고, 기전력으로부터 10[V]의 전원을 공급받는다면, 각각의 저항 양단에 걸리는 전압은 기전력 10[V]가 나뉘어 압력을 받습니다(직렬회로에서 전류는 일정하지만, 전압은 저항 크기에 비례하여 나뉜다).

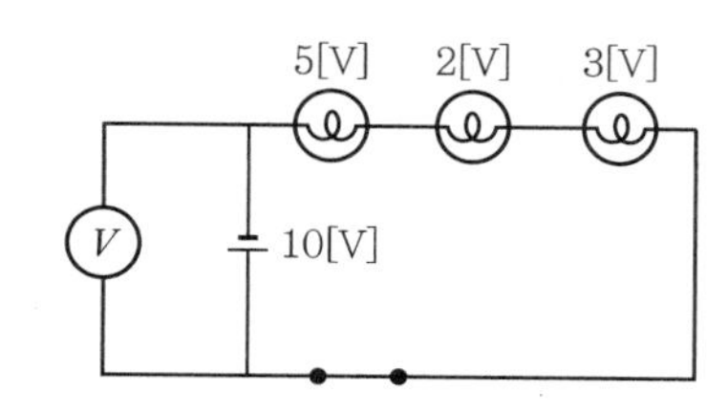

〖 직렬회로에서 키르히호프의 전압법칙(KVL) 〗

05 직류회로와 교류회로의 특징

직류회로는 직류(DC)로부터 전원을 공급받는 회로이고, 교류회로는 교류(AC)로부터 전원을 공급받는 회로입니다. 그래서 직류(DC)와 교류(AC) 각각의 특징을 알아야 합니다. 하지만 직류(DC)와 교류(AC) 이전에 전압, 전류의 전기현상은 원자보다 작은 전자(e)에 의해서 일어나는 현상으로, 전자, 직류, 교류 모두 사람 눈으로는 볼 수 없습니다. 그래서 전기를 측정할 수 있는 장치(오실로스코프)를 통해 오실로스코프 화면(Display)이 보여주는 영상으로 전압, 전류를 확인할 수 있습니다.

오실로스코프 측정장치를 통해 알 수 있는 직류와 교류의 특징은 다음과 같습니다.

1. 직류회로의 직류 특징

① 직류의 약호는 DC(Direct Current)로, 진동하지 않는 일방향 전류이다. Direct는 +와 −가 교차하지 않는 하나의 성분만으로 구성된 파형이고, 파형은 전류파형(Current)을 기준으로 한다.

② 전기적으로 (+) 혹은 (−) 둘 중 한쪽 성분만 나타나고 유지된다.

③ 직류파형의 주파수 f[Hz]는 0[Hz]이다. → $f = 0$

2. 교류회로의 교류 특징

① 교류의 약호는 AC(Alternating Current)로, 진동하는 전류이다. Alternating은 +와 −가 교차하며 두 성분 모두로 구성된 파형이고, 파형은 전류파형(Current)을 기준으로 한다.

② 전기적으로 (+) 와 (−) 두 성질이 모두 나타나고 일정하게 유지된다.

핵심기출문제

그림과 같은 회로에서 a, b 단자에서 본 합성저항은 몇 [Ω]인가?

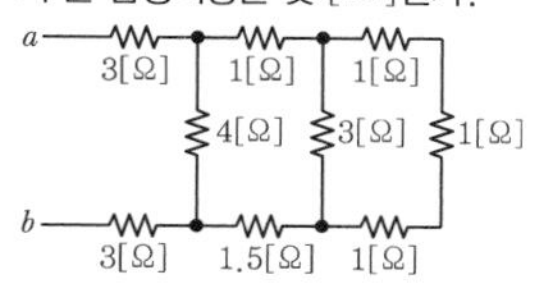

① 6 ② 6.3
③ 8.3 ④ 8

해설

우측부터 저항의 직렬접속과 병렬접속을 차례로 계산하면 등가회로가 간단해진다.

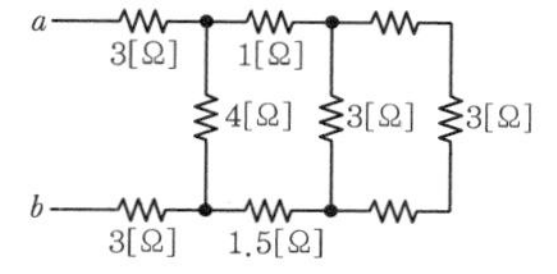

• 우측 직렬저항 계산
$R_0 = 1 + 1 + 1 = 3$[Ω]

• 우측 병렬저항 계산
$R_0 = \frac{3}{2} = 1.5$[Ω]

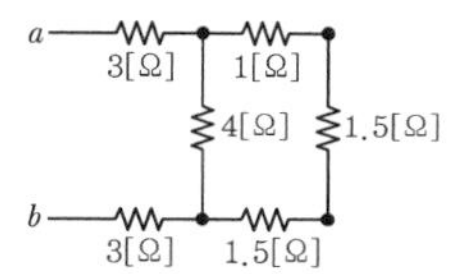

• 우측 직렬저항 계산
$R_0 = 1 + 1.5 + 1.5 = 4$[Ω]

• 우측 병렬저항 계산
$R_0 = \frac{3}{2} = 1.5$[Ω]

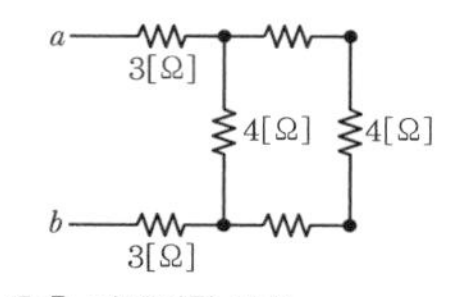

• 우측 직렬저항 계산
$R_0 = 1 + 1.5 + 1.5 = 4$[Ω]

• 우측 병렬저항 계산
$R_0 = \frac{4}{2} = 2$[Ω]

• 최종 직렬저항 계산
$R_0 = 3 + 2 + 3 = 8$[Ω]

정답 ④

③ 교류파형은 일정한 시간차로 $+$와 $-$ 두 성분이 정현파형(sin 파형) 형태로 무한히 반복된다.

④ 교류파형의 주파수 $f\,[\mathrm{Hz}]$는 $1\,[\mathrm{Hz}]$ 이상이다. → $f \neq 0$, $f > 0$ 한국의 상용주파수는 $f = 60\,[\mathrm{Hz}]$이다.

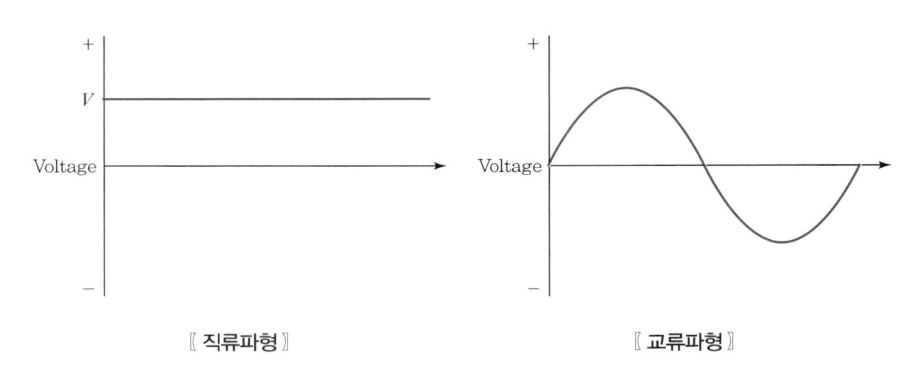

〖직류파형〗 〖교류파형〗

3. 직류와 교류의 직관적인 차이점

직류는 아래 그림처럼, 전류파형이 한 사분면에만 나타납니다. 때문에 직선을 그린 직류파형은 시간 t축과 전류 I축을 직사각형 면적(가로×세로)을 계산하듯이 연산하여 나타낼 수 있습니다. → $Q = I \times t\,[\mathrm{C}]$

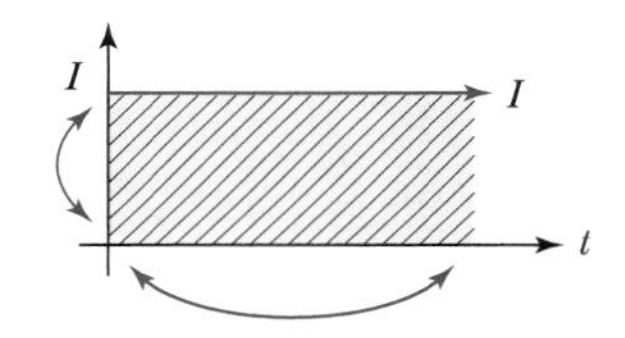

교류는 아래 그림처럼, 전류파형이 최소 두 사분면을 교차하며 무한 진동합니다. 때문에 시간에 대해 무한히 진동하는 파형은 적분하여 나타낼 수 있습니다.

교류파형은 시간 t에 대해서 전류 $i_{(t)}$를 적분합니다. → $q = \int_{t1}^{t2} i(t)\,dt\,[\mathrm{C}]$

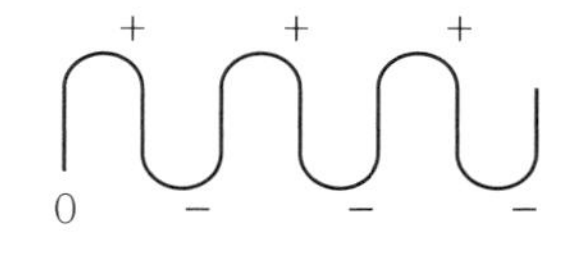

06 전기 테스터기의 전압측정과 전류측정원리

전압과 전류를 측정할 수 있는 전기테스터기는 아날로그 테스터기와 디지털 테스터기로 나뉘는데, 아날로그 테스터기의 측정원리에 대해서 다루겠습니다.

아날로그 테스터기의 전압측정범위는 약 0~1000[V], 전류측정범위는 약 0~600[A]입니다. 테스터기 내부에 여러 크기의 저항을 직렬로 접속하여 측정하려는 높은 전압을 분배시켜 다양한 범위의 전압측정이 가능합니다. 또 테스터기 내부에 또 다른 여러 크기의 저항을 병렬로 접속하여 측정하려는 전류를 분배시켜 다양한 범위의 전류측정이 가능합니다.

1. 배율기를 이용한 전압계측기의 원리

배율기는 그림과 같이 스위치를 통하여, 전압계 본체와 순차적인 크기의 저항(R_1, R_2, R_3, R_4, …)을 직렬접속되도록 회로를 구성합니다. 전압계 본체가 감당할 측정전압은 스위치를 통해 연결된 저항과 직렬접속되므로 저항 크기에 비례하여 분배된 전압만 측정하면 되므로 다양한 범위(Range)의 전압을 잴 수 있습니다.

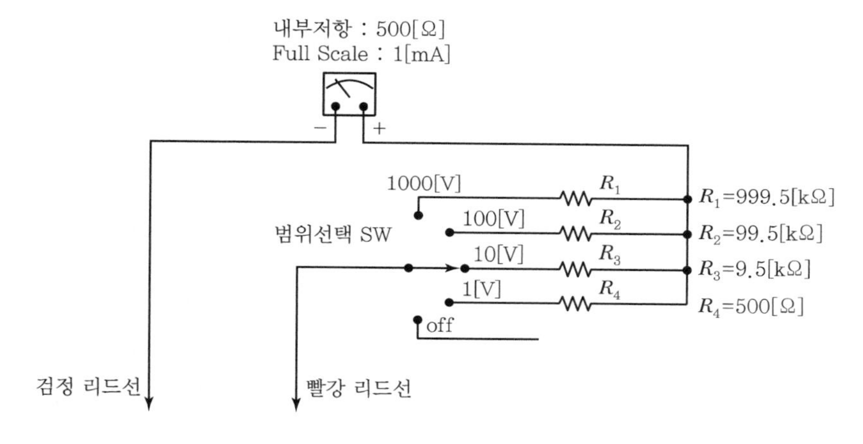

〚 배율기 저항(R_1, R_2, R_3, R_4)을 이용한 전압계 원리 〛

- 배율기 저항값 : $R_m = R_v(m-1)$ [Ω]
  여기서, m : 배율기 배율, R_v : 전압계 내부저항
- 전압계의 전압측정범위보다 m배 높은 전압을 측정하려면, 전압계 내부저항값(R_v)의 $(m-1)$배 되는 저항(R_m)을 전압계와 직렬로 접속한다.

  예 전압계의 측정범위가 0~100[V], 전압계 내부저항이 0.5[Ω]이다. 이 전압계로 500[V]의 전압을 재려면, 배율기(R_m)를 이용해 측정할 수 있다. 전압계와 직렬로 연결할 배율기 값은 $R_m = 0.5(5-1) = 2$ [Ω]이다.

2. 분류기를 이용한 전류계측기 원리

분류기는 그림과 같이 스위치를 통하여, 전류계 본체와 순차적인 크기의 저항(R_1, R_2, R_3, R_4, …)을 병렬접속되도록 회로를 구성합니다. 전류계 본체가 감당할 측

핵심기출문제

최대눈금이 50[V]인 직류 전압계가 있다. 이 전압계를 사용하여 150[V]의 전압을 측정하려면 배율기의 저항은 몇 [Ω]을 사용하여야 하는가?(단, 전압계의 내부저항은 5000[Ω]이다.)

① 1000 ② 2500
③ 5000 ④ 10000

해설

배율기의 배율

$$m = \frac{V}{V_0} = \frac{150}{50} = 3$$

∴ 배율기의 저항

$$R_m = (m-1) \cdot R_V = (3-1) \times 5000 = 10000[\Omega]$$

정답 ④

PART 03

정전압은 스위치를 통해 연결된 저항과 병렬접속되므로 저항 크기에 반비례하여 분배된 전류만 측정하면 되므로 다양한 범위(Range)의 전류를 잴 수 있습니다.

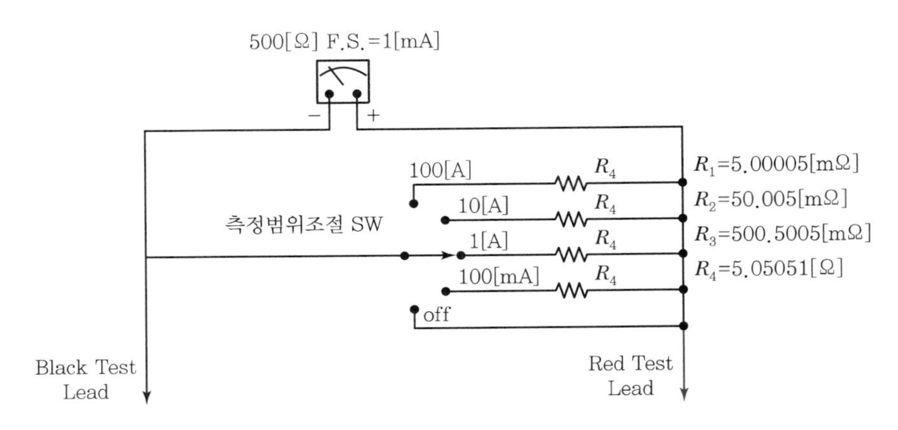

〚 분류기 저항(R_1, R_2, R_3, R_4)을 이용한 전류계 원리 〛

- 분류기 저항값 : $R_m = \dfrac{R_a}{n-1}$ [Ω]

  여기서, n : 분류기 배율, R_a : 전류계 내부저항
- 전류계의 전류측정범위보다 n배 높은 전류를 측정하려면, 전류계 내부저항값 (R_a)의 $\left(\dfrac{1}{n-1}\right)$배 되는 저항($R_m$)을 전류계와 병렬로 접속한다.

  예 전류계의 측정범위가 0~10[A], 내부저항이 0.5[Ω]이다. 이 전류계로 500[A]의 전류를 재려면, 분류기(R_m)를 이용해 측정할 수 있다. 전류계와 병렬로 연결할 분류기 값은 $R_m = \dfrac{0.5}{50-1} \fallingdotseq 0.01$ [Ω]이다.

핵심기출문제

그림과 같은 회로에서 절점 a와 절점 b의 전압이 같을 조건은?

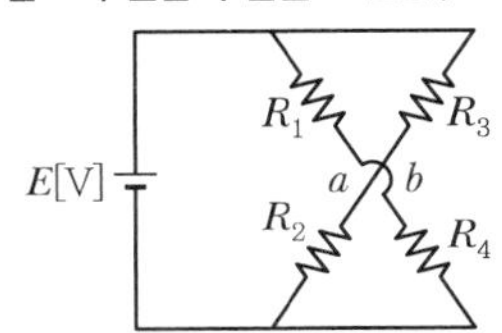

① $R_1R_2 = R_3R_4$
② $R_1 + R_3 = R_2R_4$
③ $R_1R_3 = R_2R_4$
④ $R_1R_2 = R_3 + R_4$

해설

문제에서 절점 a, b 사이의 전압이 같기 위해서 브릿지가 평형상태가 되려면 $R_1 \times R_2 = R_3 \times R_4$이다.

정답 ①

07 휘스톤브릿지(Wheatstone Bridge) 원리를 이용한 회로 해석

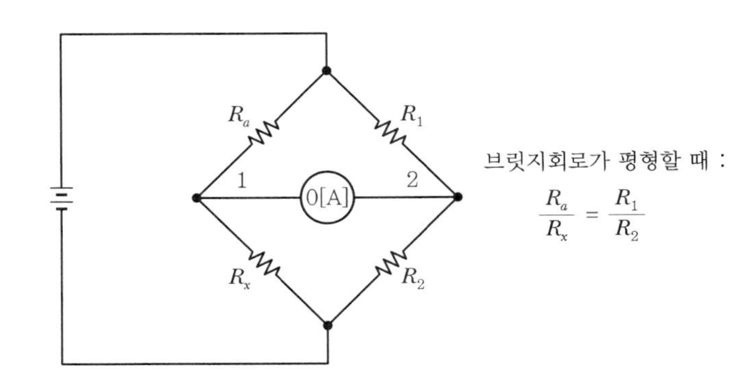

브릿지회로가 평형할 때 : $\dfrac{R_a}{R_x} = \dfrac{R_1}{R_2}$

① **휘스톤브릿지 원리**

그림과 같은 회로를 꾸미고, $R_a R_2 = R_1 R_x$ 조건을 만족하면 회로의 $1-2$ 구간에 전류가 흐르지 않습니다.

휘스톤브릿지 원리를 이용하여 보이지 않는 지중전선로 또는 건물 벽에 가설된 전선의 전기고장(단선, 지락 등)이 생기면 그 사고지점을 찾을 수 있습니다.

② **휘스톤브릿지 원리를 적용한 대표적인 경우**

- 검류계의 내부저항값을 측정할 때
- 휘스톤브릿지법과 머레이 루프(Murray Loop)법을 이용하여 지중전선로에서 1선 지락사고 또는 선간 단락사고가 났을 때 고장지점을 찾을 수 있다.

08 전기단위의 변환

수식을 가지고 연산을 할 때, 한 수식 내에서 '단위'가 다르면 수학적으로 연산할 수 없고, 사람이 이해할 수 없습니다. 그래서 '단위'를 통일해야 합니다.

1. 마력[Hp]

마력을 전기단위로 변환하면, 1마력은 746[W]에 해당합니다.

$1[\text{Hp}] = 746[\text{W}]$

2. 열량

열과 빛을 내는 물질이나 에너지를 나타내는 단위로 열량[cal]이 있습니다. 전기도 열과 빛을 내기 때문에 단위를 변환합니다. [cal] → [W]

- $1[\text{cal}] = 4.186[\text{J}]$
- $1[\text{J}] = 0.24[\text{cal}]$

$$\left\{ 1[\text{J}] = \frac{1}{4.186} = 0.24[\text{cal}] \right\}$$

- $1[\text{Wh}] = 864[\text{cal}]$
- $1[\text{kWh}] = 864[\text{kcal}]$

$$\left\{ W = Pt[\text{W}\cdot\text{sec}] \rightarrow 1[\text{W}\cdot\text{sec}] = \frac{1}{3600}[\text{Wh}] = 0.24[\text{cal}] \right.$$
$$\left. \rightarrow 1[\text{Wh}] = 860[\text{cal}] \right\}$$

저항이 있는 도선에 전류가 흐르면 열이 발생합니다. 도선에 발생하는 열에너지는 다음과 같습니다.

$$W = H = I^2Rt[\text{J}] = 0.24I^2Rt[\text{cal}]$$

핵심기출문제

지중전선로 전체 구간 3.45×2[km]의 전체 저항이 1.65[Ω]일 때, 휘스톤브릿지 원리로 지중전선로의 사고지점과 사고구간의 거리를 구한 것 중 옳은 것은?

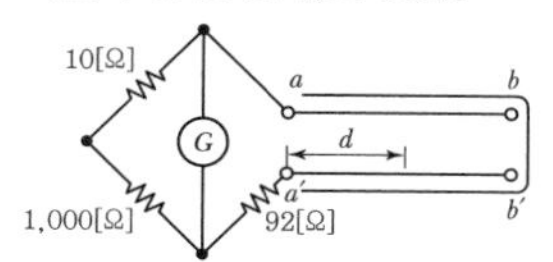

① $a-a'$의 약 7[km] 구간에서 사고가 났다.
② $a-b$의 3.45[km] 구간에서 사고가 났다.
③ a' 지점으로부터 3.02[km] 지점에서 사고가 났다.
④ a' 지점으로부터 3.1[km] 지점에서 사고가 났다.

해설

그림의 회로에서 대각의 저항 곱이 같아야 검류계(G)가 0(평형)이 된다.

- 평형조건 $10\times(92+R_d) = 1000\times(1.65-R_d)$
- $920+10R_d = 1650-1000R_d$
- $10R_d+1000R_d = 1650-920$
- $R_d = \frac{730}{1010} = 0.723[\Omega]$

: d 구간의 저항은 0.723[Ω]이다.

0.723[Ω]에 해당하는 거리는 비율공식을 통해 유도할 수 있다.

- $[1.65:(3.45\times2) = 0.723:d]$
- $d = \frac{0.723}{1.65}(3.45\times2) = 3.02[\text{km}]$

∴ a' 지점으로부터 3.02[km] 떨어진 지점에 전기사고가 났다.

정답 ③

PART 03

1. 전기의 기본법칙

① **전자 1개로 1[V] 올리는 데 드는 에너지** : $eV = 1.60219 \times 10^{-19}$ [J]

② **전자(e) 한 개의 전기량** : $e = |-1.60219 \times 10^{-19}|$ [C]

③ **양성자의 질량** : 1.6726×10^{-27} [kg]

④ **중성자의 질량** : 1.675×10^{-27} [kg]

⑤ **전자의 질량** : 9.109×10^{-31} [kg]

⑥ **전기량** $Q = en$ [C]

⑦ **전류** $I = \dfrac{Q}{t} = \dfrac{en}{t}$ [A] : 도선 단면적으로 1초 동안 이동한 전기량이 전류이다.

⑧ **전압** $V = \dfrac{W}{Q}$ [V] : 흘러간 전기량이 가서 한 일(W)은 전압에 의해서다.

$W = QV = IVt = Pt$ [J] 또는 $W = eV$ [J]

⑨ **전력** $P = VI$ [W]

- 소비전력을 전압으로 표현 : $P = VI = V\left(\dfrac{V_0}{R_0}\right) = \dfrac{V^2}{R}$ [W]
- 소비전력을 전류로 표현 : $P = VI = (IR)I = I^2R$ [W]

⑩ **전류(적분형)** : $Q = It$ [C] $\rightarrow$ $Q = \int_{t1}^{t2} i(t)\,dt$ [C]

⑪ **전류(미분형)** : $I = \dfrac{Q}{t}$ [A] $\rightarrow$ $I = \dfrac{dq}{dt}$ [A]

2. 옴의 법칙

① **저항(회로식)** : $R = \dfrac{V}{I}$ [Ω]

② **저항(구조식)** : $R = \rho\dfrac{l}{A}$ [Ω]

3. 저항의 직렬접속과 병렬접속

① **(직렬회로) 합성저항** $R = R_1 + R_2$ [Ω]

② **(직렬회로)** $V_1 = \dfrac{R_1}{R_1 + R_2}V_0$[V], $V_2 = \dfrac{R_2}{R_1 + R_2}V_0$[V]

③ **(병렬회로) 합성저항** $R = \dfrac{R_1 R_2}{R_1 + R_2}$ [Ω] 또는 $R = \dfrac{R_1}{n}$ [Ω]

④ **(병렬회로)** $I_1 = \dfrac{R_2}{R_1 + R_2} I$ [A], $I_2 = \dfrac{R_1}{R_1 + R_2} I$ [A]

4. 키르히호프의 법칙

① **KCL** : $i_1 + i_2 + i_3 + i_4 = 0$

② **KCL(미분형)** : $div\ i = 0$

③ **KVL** : $\sum_A^B E - \sum_A^B IR = 0$

④ **KVL(적분형)** : $\int_A^B E\ dl = 0$

5. 전압계측기의 배율기와 전류계측기의 분류기

① **배율기의 저항값** : $R_m = R_v(m-1)$ [Ω]

② **분류기의 저항값** : $R_m = \dfrac{R_a}{n-1}$ [Ω]

6. 전기단위의 변환

① **열에너지** : $H = I^2Rt$ [J] $= 0.24\,I^2Rt$ [cal]

② **열량** : 1[cal] =4.186[J]

③ **마력** : 1[Hp] =746[W]

④ 1[J] =0.24[cal]

⑤ 1[Wh] =860[cal]

⑥ 1[kWh] =864[kcal]

PART 03

CHAPTER

03 이상적인 회로 해석(선형 회로망 해석)

우리가 해석하는 전기회로는 전압(V), 전류(I), 저항(R)으로 구성된 폐회로입니다. 이러한 조건의 회로가 아닌 것은 해석하지 않습니다. 전기회로를 해석하는 데 회로 내에 여러 개의 전원들이 섞여 있는 경우, 최종적인 전압값 혹은 최종적인 전류값을 파악하기 어렵습니다. 그럼에도 전기기술인은 회로를 해석해야 합니다.

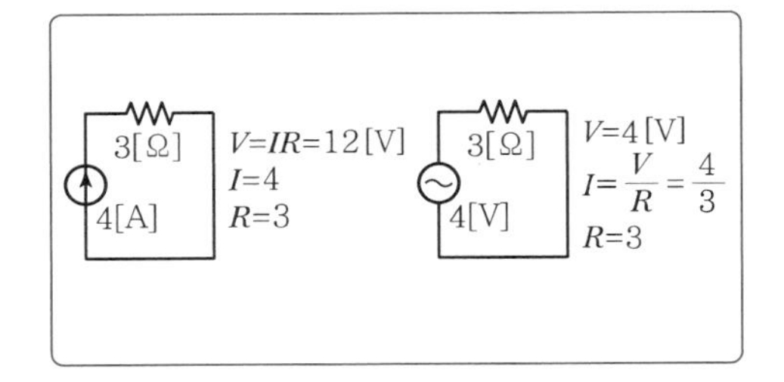

〖 전기회로 성립 〗

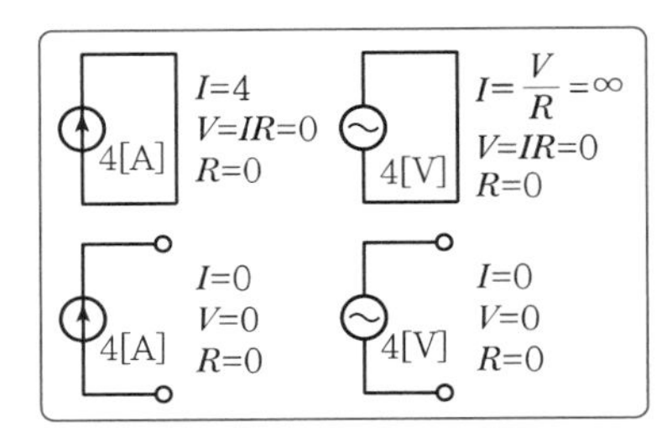

〖 전기회로 미성립 〗

이런 여러 전원(전압원과 전류원)이 섞인 회로(전자회로, 도시의 네트워크 전력망)를 해석하기 위해 여러 공학자들이 제시한 해석방법 중에서 대표적인 네 가지 방법을 다룹니다. 이 방법들은 전원이 복잡하게 얽히고설킨 회로를 100[%] 정확하게 해석하는 것은 아니지만 대략 80[%]의 정확도로 회로를 해석할 수 있습니다. 복잡하다는 이유로 회로를 전혀 해석하지 못하는 것보다는 80[%]라도 회로의 상태를 해석할 수 있는 장점이 있습니다. 이것이 「이상적인 회로 해석」의 내용입니다.
먼저 이상적인 회로 해석과 관련하여 선형성과 비선형성의 개념부터 보겠습니다.

01 선형 회로망(Linear Circuit)과 비선형 회로망(Non-linear Circuit)

앞에서 개략적으로 설명한 바와 같이, 복잡하게 얽히고설킨 전원의 회로를 중첩의 원리 그리고 테브난, 노턴, 밀만 등이 제시한 이상적인 전원의 전압(V), 전류(I)가 있다는 전제에서 회로를 해석합니다.

하지만 이런 해석방법을 적용하기 전에 적용할 수 있는 조건은 회로가 **선형성**을 지닌 회로라는 전제에서 회로해석을 할 수 있습니다.
회로이론뿐만 아니라, 전기기기, 전력공학, 제어공학 등에서 해석하는 모든 회로 또는 회로망은 R, L, C의 특성을 지닌 소자의 부하가 들어갑니다. 여기서 우리는 선형 회로와 비선형 회로로 나눌 수 있습니다.

1. 선형 회로

전기회로는 일종의 제어계입니다. R, L, C 전기소자로 구성된 회로는 제어계의 입력값에 대한 출력값이 함수관계가 성립되는 회로입니다.
다시 말해, 입력에 대한 출력이 함수관계가 성립되면, 4칙 연산을 이용한 회로 해석이 가능한 회로입니다.

예 $2+2=4$

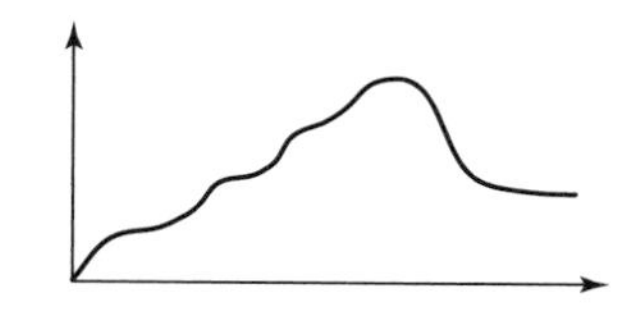

2. 비선형 회로

반도체소자(SCR, Diode, Tr 등)로 구성된 회로는 제어계의 입력값에 대한 출력값이 함수관계가 성립하지 않는 회로입니다. 다시 말해, 입력에 대한 출력이 함수관계가 성립되지 않으므로 4칙 연산을 이용한 회로 해석이 불가능합니다.

예 $2+2=?\,(\neq 4)$

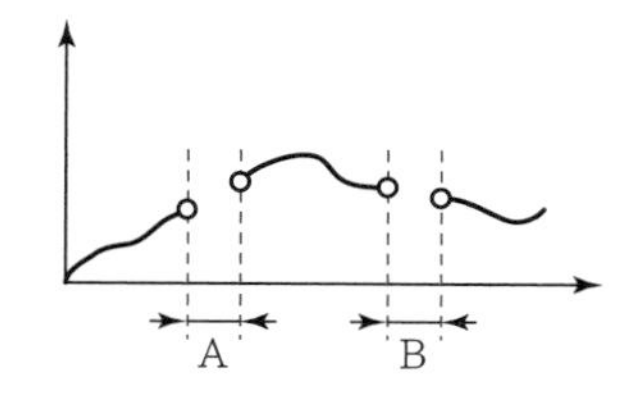

본 3장은 선형 회로망이라는 전제에서 이상적인 회로 해석을 합니다. 때문에 이상적인 회로에 사용되는 부하는 전기소자 R, L, C를 사용하는 회로를 의미합니다. 또한 선형 회로망은 이상적인 전원(Perfect/Ideal Power Source)의 관점에서 복잡하게 얽히고설킨 복잡한 전기회로를 해석합니다. 반면 반도체소자를 사용하는 비선형 회로망은 선형성이 유지되지 않는 속성 때문에 본 회로이론 과목에서 다루지 않습니다(비선형 회로망은 전자공학 영역에서 다룹니다).

02 이상적인 전원(Ideal Power Source)

전원(Power)은 곧 전력(P)이며 전력(P)은 전압(V)과 전류(I)로 구성됩니다. 이상적인 회로 해석은 전원을 전력(P)이 아닌 '전압원'과 '전류원'으로만 상정하여 회로를 해석합니다.

〖 전압원 기호 〗 〖 전류원 기호 〗

1. 이상적인 전류원

이상적인 전류원은 전류원의 내부저항이 무한대(∞ : 개방상태)인 전원을 말합니다. 실제의 전류는,

① 전류가 부하로 흐를 때, 전선의 고유저항 · 허용전류 · 전압강하로 인한 전류 크기가 감소한다.

② KCL(키르히호프의 전류법칙)에 의해서 직렬회로의 전류는 일정하고, 병렬회로의 전류는 분배되고, 전원도 내부에 내부저항이 있으므로 전류원과 전류원 내부저항은 병렬회로가 된다.

여기서 이상적인 전류원(전류공급원)이 되려면, 전류원의 전류가 부하로 100[%] 전달돼야 합니다. 때문에 전원 내부에서 전류원과 병렬연결된 내부저항으로 전류가 분배되어 새는 전류가 없어야 하므로 전류원의 병렬 내부저항은 무한대 ∞[Ω]가 되어야 합니다.
그래서 이상적인 전류원 조건은 전류원 내부의 임피던스가 무한대(∞)가 되어 전류원으로부터 부하까지 손실 없이 전달하고, 전류를 무한히 공급할 수 있는 정전류원으로 정의합니다. 이상적인 회로에서 전류원의 내부저항이 무한대(∞)라면, 전원의 전압은 무한대가 됩니다. → $V = I \cdot Z = I \cdot \infty = \infty$[V]

핵심기출문제

선형 회로망 소자가 아닌 것을 고르시오.

① 철심이 있는 코일
② 철심이 없는 코일
③ 저항기
④ 콘덴서

해설
저항 R, 인덕터 L, 커패시터 C 소자는 전기회로 소자를 대표하며, 전원(전압, 전류) 변화에 따른 그 소자의 본래 값이 변화하지 않는 선형 소자라 불린다. 이런 선형 소자로 구성된 전기회로를 선형 회로망이라고 한다.

정답 ①

핵심기출문제

키르히호프의 전압법칙(KVL) 적용에 관한 서술 내용 중 옳지 않은 것을 찾으시오.

① 이 법칙은 집중정수회로에 적용된다.
② 이 법칙은 회로소자의 선형, 비선형에는 관계를 받지 않고 적용한다.
③ 이 법칙은 회로소자의 시변, 시불변성에 구애를 받지 않는다.
④ 이 법칙은 선형 소자로만 이루어진 회로에 적용된다.

해설
KVL이든 KCL이든 키르히호프 법칙은 집중정수회로에서 선형, 비선형과 무관하게 항상 성립한다.

정답 ④

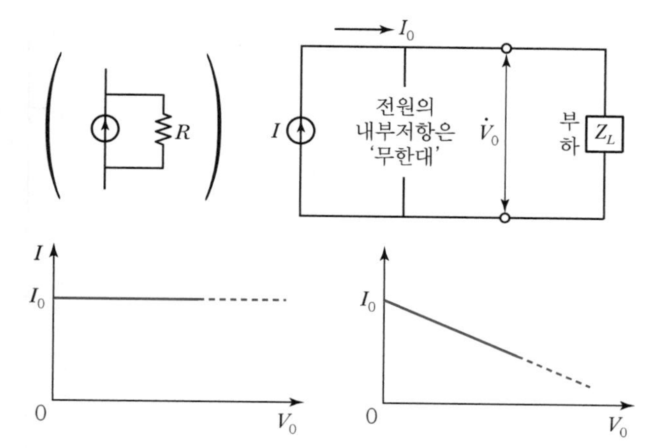

(a) 실제 전류원 : 부하 전압의 변화에 따라 공급하는 전류량이 변화하는 전원이다.

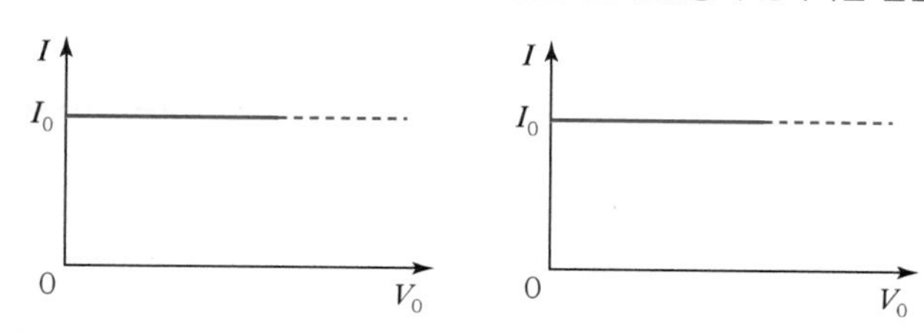

(b) 이상적인 전류원 : 부하의 상태와 관계없이 일정한 전류를 무한히 공급할 수 있는 정전류원을 이상적인 전류원이라고 정의한다. 이상적인 전류원의 내부의 임피던스도 역시 무한대이다.

〖 **실제 전류원과 이상적인 전류원 비교** 〗

2. 이상적인 전압원

이상적인 전압원은 전압원의 내부저항이 0(단락상태)인 전원을 말합니다.
구체적으로, 전원의 전압은 KVL(키르히호프의 전압법칙)에 의해서 직렬회로의 전압은 분배되고 병렬회로의 전압은 일정합니다. 전원도 내부에 내부저항이 있으므로 전압원과 전압원 내부저항은 직렬회로가 됩니다.
여기서 이상적인 전압원(전압공급원)은 전원의 전압이 손실 없이 항상 일정하게 부하에도 100[%] 걸려야 하므로, 전원 내부저항이 0[Ω]이 되어야 합니다. 이것이 이상적인 전압원입니다. 만약 전압원(정전압원)을 단락(내부저항 0[Ω])시키면, 전류는 무한대가 됩니다. → $I=\dfrac{V}{Z}=\dfrac{V}{0}=\infty\,[\mathrm{A}]$

핵심기출문제

이상적인 전압원-전류원에 관하여 옳게 설명한 것을 찾으시오.

① 전압원의 내부저항은 ∞이고 전류원의 내부저항은 0이다.
② 전압원의 내부저항은 0이고 전류원의 내부저항은 ∞이다.
③ 전압원, 전류원의 내부저항은 흐르는 전류에 따라 변한다.
④ 전압원의 내부저항은 일정하고 전류원의 내부저항은 일정하지 않다.

해설

이상적인 전압원은 내부저항이 0[Ω]이므로 단락상태이고, 이상적인 전류원은 내부저항이 ∞[Ω]이므로 개방상태와 같다.

정답 ②

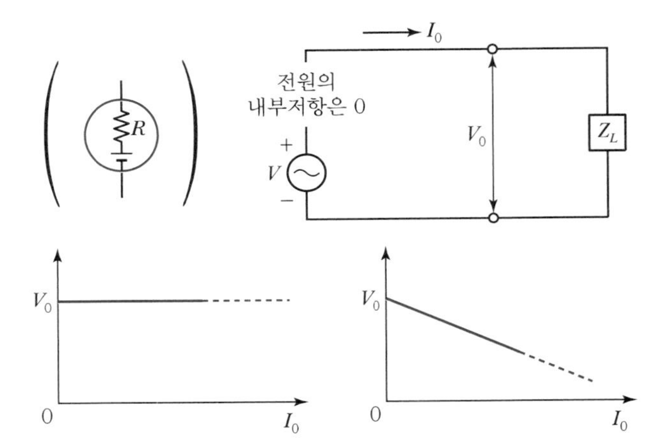

(a) 실제 전압원 : 부하전류의 변화에 따라서 전원의 단자전압이 감소하는 전압원이다.

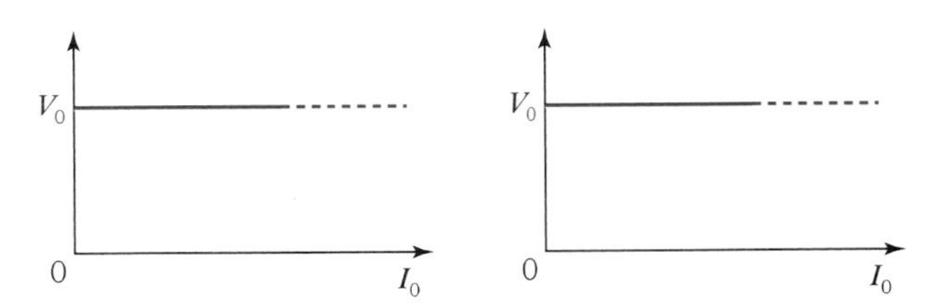

(b) 이상적인 전압원 : 부하에 흐르는 전류와 관계없이 전원의 단자전압이 변하지 않는 전압원이다.

〖 **실제 전압원과 이상적인 전압원 비교** 〗

지금까지 내용을 간략히 정리하면,

① 이상적인 전원은 전압변동률(ε)이 없고, 전류를 무한대로 공급할 수 있으며,
② 이상적인 전압원은 전원을 단락(선과 선이 붙음)시켜 해석하고,
③ 이상적인 전류원은 전원을 개방(선과 선이 단선)시켜 해석한다.

이런 해석 개념을 다음 4가지 해석 방법(중첩의 원리, 테브난, 노턴, 밀만)에 적용하여, 여러 전원이 복잡하게 얽히고설킨 회로를 간단하게 해석 가능합니다.

03 중첩의 원리(Superposition Theory)

중첩의 원리는 전압 · 전류가 여러 개 혼합 또는 중복되었을 때 적용하는 방법입니다.

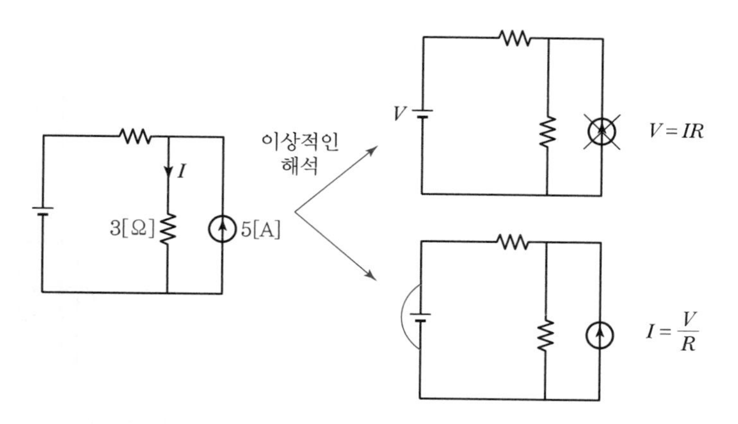

〚중첩의 원리를 적용하여 회로를 해석한 전압(V) 혹은 전류(I)〛

여러 전원 중 하나의 전원만 남기고, 나머지 전압원은 단락, 전류원은 개방시켜 단일한 전원에 의한 전압 혹은 전류를 구합니다. 이때,

① 전압은 $V = IR$[V]과 $V = V_1 + V_2 + V_3 \cdots$[V]를 이용하여,

② 전류는 $I = \dfrac{V}{R}$[A]와 $I = I_1 + I_2 + I_3 \cdots$[A]를 이용하여 회로를 해석할 수 있습니다.

04 테브난의 정리(Thevenin's Theorem)

테브난 정리는 복잡한 회로를 전압 한 개(테브난 전압)와 임피던스 한 개(테브난 저항)의 단순한 직렬 등가회로로 만들어 회로를 해석하는 방법입니다.

테브난 등가회로로 변환했을 때의 단일 전압을 테브난 전압(V_{th}), 단일 임피던스를 테브난 저항(R_{th})으로 부릅니다.

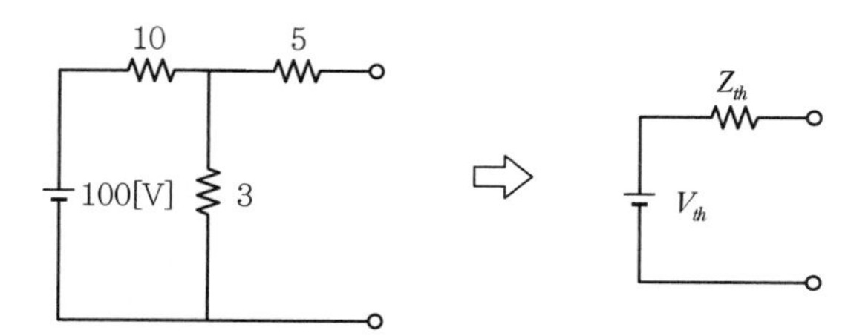

• 테브난 전압 V_{th} =

• 테브난 저항 R_{th} =

〚테브난 정리를 적용한 회로 해석〛

핵심기출문제

회로에서 저항 15[Ω]에 흐르는 전류 I는 몇 [A]인지 구하시오.

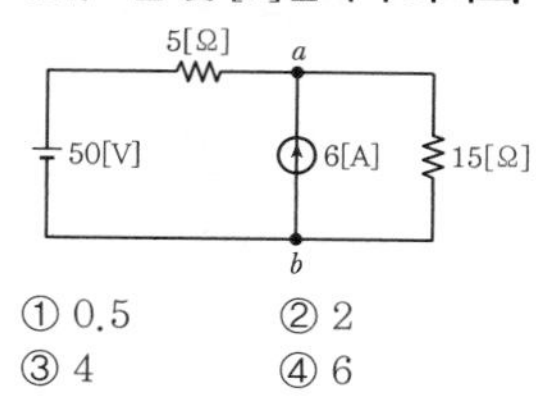

① 0.5 ② 2
③ 4 ④ 6

해설

서로 다른 전원이 2개이므로, 중첩의 원리에 의해,

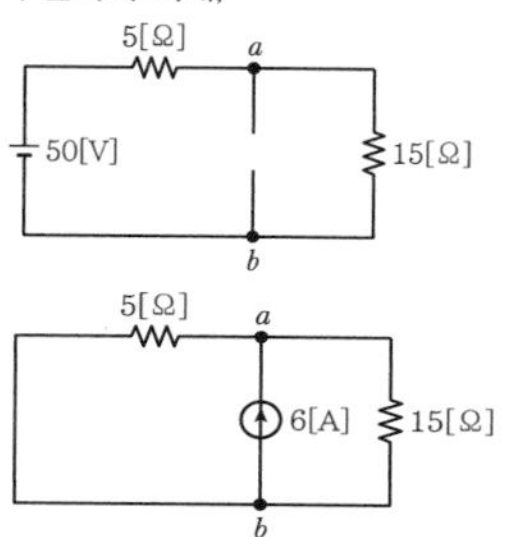

• 50[V] 전압원에 의한 15[Ω]에 흐르는 전류

$I = \dfrac{V}{R}$

$= \dfrac{50}{5+15} = \dfrac{50}{20} = 2.5$[A]

• 6[A] 전류원에 의한 150[Ω]에 흐르는 전류

$I_{15\Omega} = \dfrac{R_{5\Omega}}{R_{5\Omega} + R_{15\Omega}} I$

$= \dfrac{5}{5+15} \times 6 = \dfrac{30}{20}$

$= 1.5$[A]

∴ 15[Ω]에 흐르는 전류

$I = I_1 + I_2 = 2.5 + 1.5 = 4$[A]

정답 ③

PART 03

05 노턴의 정리(Norton's Theorem)

노턴의 정리는 복잡한 회로를 전류 한 개와 어드미턴스 한 개의 단순한 병렬 등가회로로 만들어 해석하는 방법입니다.

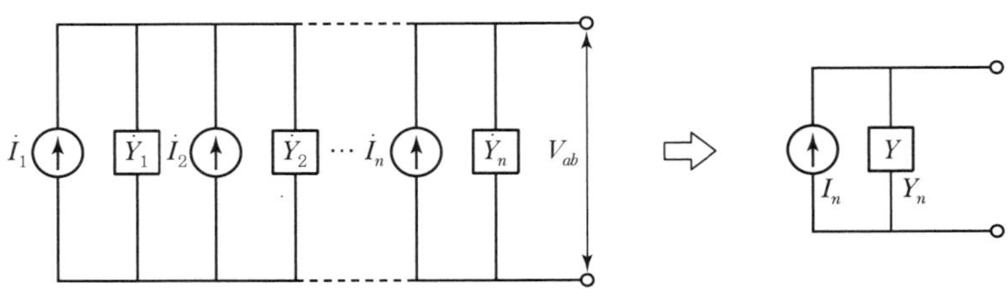

〖 노턴의 정리를 적용한 회로 해석 〗

06 밀만의 정리(Millman's Theorem)

밀만의 정리는 여러 개의 전원이 존재하는 회로에서 단일 합성 출력전압을 구할 때 적용하는 해석방법입니다. [그림 a]와 [그림 b]는 복잡한 전류원 그리고 복잡한 전압원을 갖고 있으므로 '밀만의 정리'를 적용할 수 있는 회로입니다.

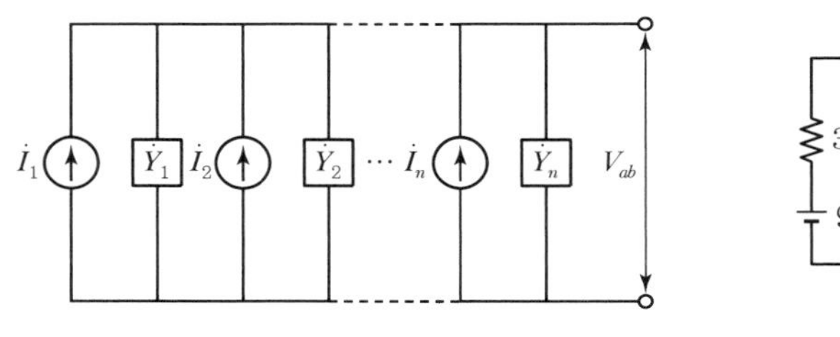

〖 a. 전류원과 어드미턴스 〗

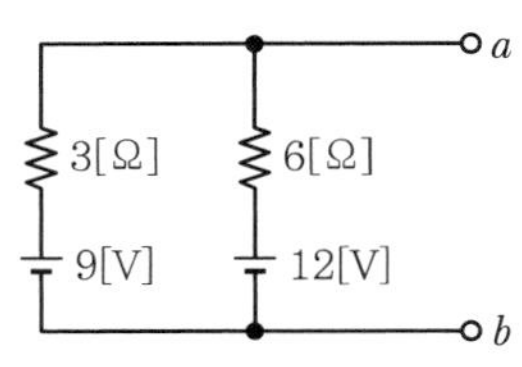

〖 b. 전압원과 임피던스 〗

(밀만의 정리) 출력전압 :

$$V = IZ = \frac{I}{Y} = \frac{I_1 + I_2 + I_3 + \dots}{Y_1 + Y_2 + Y_3 + \dots}[\mathrm{V}] = \frac{\frac{V}{Z_1} + \frac{V}{Z_2} + \frac{V}{Z_3} + \dots}{\frac{1}{Z_1} + \frac{1}{Z_2} + \frac{1}{Z_3} + \dots}[\mathrm{V}]$$

07 쌍대회로

'쌍대회로'란 서로 다른 두 개의 특성이 상반되어 대응되는 관계, '짝'으로 묶을 수 있는 관계를 말합니다.

핵심기출문제

그림 (a)를 그림 (b)와 같은 등가 전류원으로 변환하고자 한다. 등가변환된 회로의 전류 I[A]와 저항 R[Ω]을 구하시오.

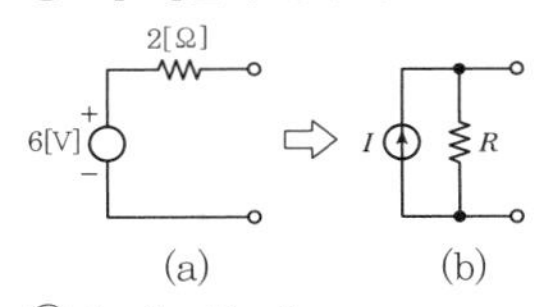

① $I=6,\ R=2$
② $I=3,\ R=5$
③ $I=4,\ R=0.5$
④ $I=3,\ R=2$

해설

정리된 회로가 간단한 병렬회로이므로 '노턴의 정리'에 의해,

전류원 $I = \frac{V}{R} = \frac{6}{2} = 3$[A]이고,

저항 $R = 2$[Ω]이다.

정답 ④

핵심기출문제

그림에서 $a-b$ 단자에서 나타나는 전압 V_{ab}[V]은 얼마인가?

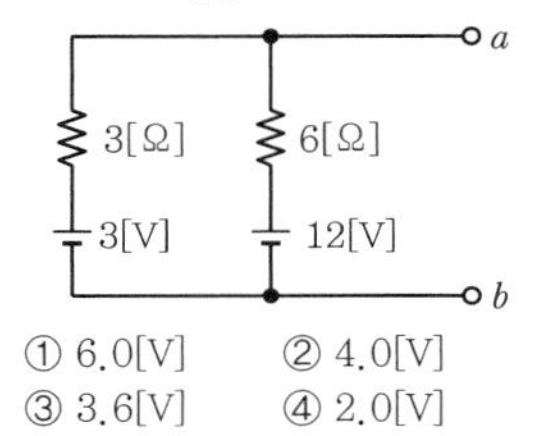

① 6.0[V] ② 4.0[V]
③ 3.6[V] ④ 2.0[V]

해설

여러 전압원이 존재하는 복잡한 회로에서, 최종 단일 전압을 구하고자 할 때, '밀만의 정리'를 적용할 수 있다.

$$V_{ab} = I \cdot Z = \frac{I}{Y} = \frac{\frac{V_1}{R_1} + \frac{V_2}{R_2}}{\frac{1}{R_1} + \frac{1}{R_2}}$$

$$= \frac{\frac{3}{3} + \frac{12}{6}}{\frac{1}{3} + \frac{1}{6}} = \frac{\frac{18}{6}}{\frac{3}{6}}$$

$$= \frac{108}{18} = 6[\mathrm{V}]$$

정답 ①

- '테브난의 정리'에 대응되는 쌍대회로는 '노턴의 정리'이고,
- '노턴의 정리'에 대응되는 쌍대회로는 '테브난의 정리'입니다.

그 밖에 전기회로망에서 다음과 같은 쌍대관계가 성립합니다.

- 직렬회로 ↔ 병렬회로
- 전압원 ↔ 전류원
- 개방회로 ↔ 단락회로
- △ 결선 ↔ Y 결선
- 저항(R) ↔ 컨덕턴스(G)
- 임피던스(Z) ↔ 어드미턴스(Y)
- 인덕턴스(L) ↔ 정전용량(C)
- 테브난의 정리 ↔ 노턴의 정리

08 가역정리(Reciprocity Theorem)

전기를 만드는 곳은 화력 · 원자력의 대형 발전소 외에도 지역 곳곳에 태양광발전, 풍력발전 등의 소형 발전시설이 있습니다. 전기는 추상적인 표현입니다. 전기의 구체적이고 논리적인 표현은 전력(P)입니다. 발전시설에서 한번 만들어진 전력 P[VA]은 전선로를 이동하여, 전선로의 수많은 변압기들을 거치며 용량이 절대로 변하지 않습니다. 단지 전력을 구성하는 전압(V)과 전류(I)가 정해진 용량[VA] 내에서 비율이 달라질 뿐입니다.
용량[VA]은 변하지 않기 때문에 만약 전력 P_A[VA]가 있고, P_A가 어떤 전력망을 이동하고, 어떤 전력 네트워크망을 이동하고, 어떤 변압기를 거치더라도 P_A[VA]의 총 용량은 변하지 않습니다. 만약 전력 P_A가 바뀐다면 P_A의 전압과 전류 비율이 달라질 뿐입니다. 때문에 전력(P)이 어떤 회로망 1차에 유입되어 2차로 유출된다면 회로망 1차의 P_1용량과 회로망 2차의 P_2용량은 같아야 합니다. 이것이 가역정리입니다.

- 가역정리 $\dot{P}_1[VA] = \dot{P}_2[VA]$
- 가역정리 $\dot{V}_1 \cdot \dot{I}_1 = \dot{V}_2 \cdot \dot{I}_2$
- 가역정리 $\dot{V}_A \cdot \dot{I}_A = \dot{V}_B \cdot \dot{I}_B$

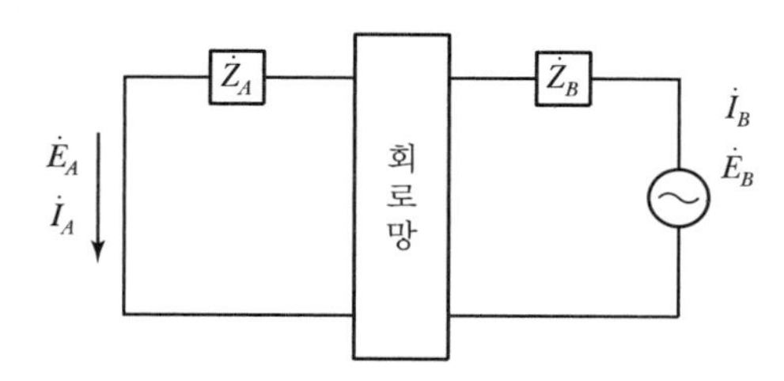

1. 이상적인 전원

① 이상적인 전원은 전압변동률이 없고, 전류를 무한대로 공급할 수 있다.

② 이상적인 전압원은 전원을 단락(선과 선이 붙음)시켜 해석하고,

③ 이상적인 전류원은 전원을 개방(선과 선이 단선)시켜 해석한다.

2. 중첩의 원리

전압 · 전류가 여러 개 혼합 또는 중복되었을 때 적용하는 방법

3. 테브난의 정리

복잡한 회로를 전압원 1개와 임피던스 1개의 직렬 등가회로로 만들어 해석하는 방법

4. 노턴의 정리

복잡한 회로를 전류원 1개와 어드미턴스 1개의 병렬 등가회로로 만들어 해석하는 방법

5. 밀만의 정리

여러 개의 전원이 존재하는 회로에서 단일 합성 출력전압을 구할 때 적용하는 방법

6. 쌍대회로 : 테브난의 정리 ↔ 노턴의 정리

[테브난의 정리]에 대응하는 쌍대회로는 [노턴의 정리]

[노턴의 정리]에 대응하는 쌍대회로는 [테브난의 정리]

7. 가역정리

$\dot{P}_1[VA] = \dot{P}_2[VA]$ 또는 $\dot{V}_1 \cdot \dot{I}_1 = \dot{V}_2 \cdot \dot{I}_2$

핵 / 심 / 기 / 출 / 문 / 제

01 다음 회로를 가지고 테브난 전압과 테브난 저항을 구하시오.

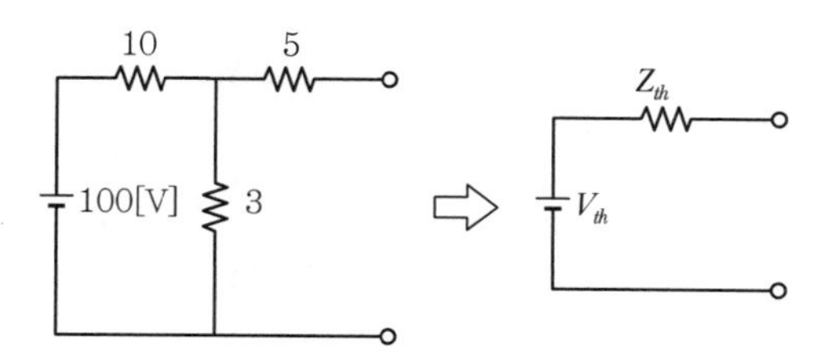

① $V_{th}=15,\ Z_{th}=5$
② $V_{th}=19,\ Z_{th}=6.5$
③ $V_{th}=23,\ Z_{th}=7.3$
④ $V_{th}=27,\ Z_{th}=9$

해설

테브난 전압 V_{th}은 개방단에 걸리는 전압이다.

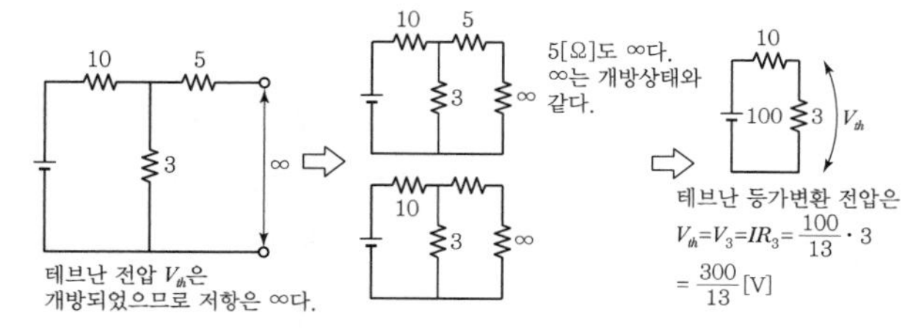

테브난 저항 Z_{th}은 출력(개방단) 쪽에서 본 전체 임피던스이고, 이때 전압원은 단락시킨다.

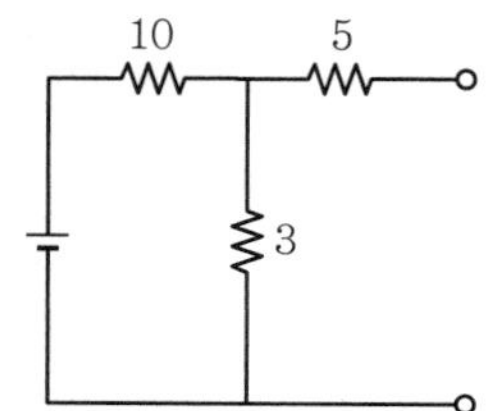

$$\text{테브난 저항 } Z_{th}=5+\frac{10\times 3}{10+3}=5+\frac{30}{13}$$
$$=\frac{(5\times 13)+30}{13}=\frac{95}{13}=7.3[\Omega]$$
$$\therefore V_{th}=\frac{300}{13}=23[\text{V}],\ Z_{th}=7.3[\Omega]$$

02 그림과 같은 선형 회로망에서 단자 a, b 사이에 100[V]의 전압을 가할 때, c, d에 흐르는 전류가 5[A]이었다. 반대로 같은 회로에서 c, d 사이에 50[V]를 가하면, a, b에 흐르는 전류는 몇 [A]인가?

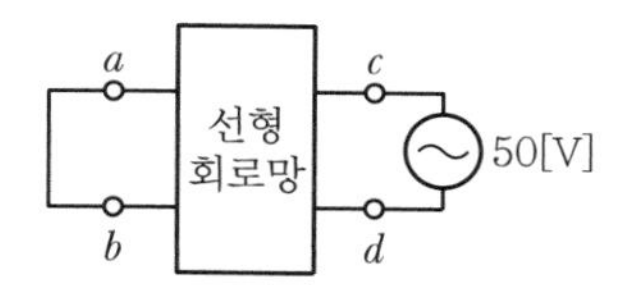

① 2.5[A]　② 10[A]
③ 25[A]　④ 50[A]

해설

회로망을 기준으로 1, 2차 전력 P가 존재하므로, 가역정리를 적용할 수 있다.
가역정리 : $E_1\cdot I_1=E_2\cdot I_2$
Z_a 지로에 흐르는 전류

$$I_1=\frac{E_2\cdot I_2}{E_1}=\frac{50\times 5}{100}=2.5[\text{A}]$$

정답 01 ③ 02 ①

CHAPTER 04

정현파 교류의 발생과 교류의 표현

전하, 전류, 전압, 저항 등의 전기의 기본 개념은 물에 비유하면 이해하기 쉽습니다. 물은 눈에 보이기 때문에 우리가 직관적으로 이해할 수 있지만, 전기는 직접적으로 눈에 보이지 않습니다. 물론 어떤 특수한 상황을 통해 전기현상을 눈으로 볼 수 있지만, 물처럼 언제나 우리가 보고자 할 때마다 전기를 볼 수 없습니다. 이 점이 전기를 처음 접할 때 가장 어려운 부분입니다.
보이지 않는 전기를 사람이 직관적으로 인지할 수 있는 방법은 수학을 통한 그래프와 수식으로 나타내는 것입니다. 특히, 직류에 대한 수학적 표현보다 교류에 대한 수학적 표현이 더 복잡합니다. 이번 4장은 정현파 교류가 어떻게 발생하고 교류를 어떻게 표현하는지에 대한 내용입니다.

01 정현파 교류의 발생

현실에서 전기를 만드는 수력 · 화력 · 원자력 · 풍력 · 조력의 모든 발전설비는 교류전기를 만듭니다. 전기기기 과목의 동기기 단원에서 자세하게 설명했듯이, 모든 교류용 발전기는 고정자(Stator)와 회전자(Rotor)로 구성됩니다. 회전자(Rotor)가 회전(Rotation)하여 발전하는 구조는 교류전기를 만들 수밖에 없습니다. 여기서 직류전기는 교류발전기로부터 만들어진 교류를 정류하여 직류전기를 얻을 수 있습니다.

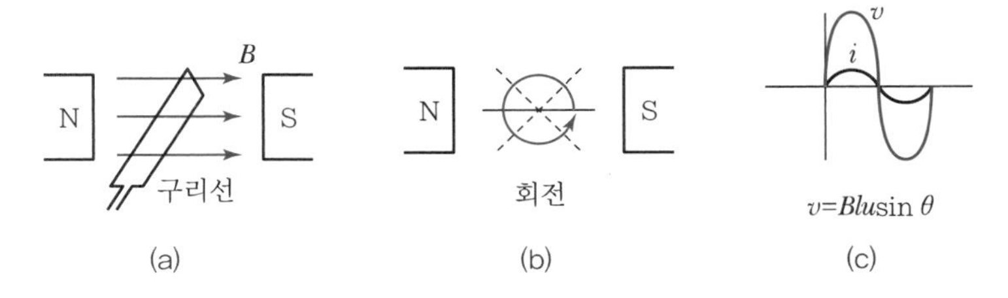

(a) (b) (c)

- [그림 a] : 발전기 중심부에서 구리선 회전자가 회전하며, 시시각각 변화하는 자속(ϕ)이 구리선에 전자유도를 일으킨다.
- [그림 b] : 전자유도 작용에 의해 일정한 크기로 시시각각 변화하는 유도기전력 $e = \left| -N\dfrac{d\phi}{dt} \right|$[V]이 구리선에 유도된다.

• [그림 c] : 유도기전력 $e = \left| -N\frac{d\phi}{dt} \right|$은 개념적 수식이고, 구체적인 구조를 갖고 있는 360° 회전하는 회전자와 N－S 자극을 가진 고정자의 발전기 구조에서 회전자와 고정자는 외적관계를 갖고 있으므로 $\sin\theta$ 각도에 비례한 유도기전력 $v = Blu\sin\theta$[V]을 만든다. 이 유도기전력(v)이 정현파형의 교류이다.

여기서, $v = Blu\sin\theta$: 구리선 도체 하나가 만드는 유도기전력[V]

B : 고정자의 자속밀도[$\mathrm{Wb/m^2}$]

l : 구리선 도체의 길이[m]

u : 회전자의 초당 회전속도[m/s]

θ : 회전자 도체와 고정자의 수평자계가 이루는 각도[°]

> • 전기가 발생되는 전자유도 개념식 : $e = -L\frac{di}{dt} = -N\frac{d\phi}{dt}$[V]
>
> • 구체적인 발전기 구조에서 전자유도 구조식 : $v = Blu\sin\theta$[V]

이와 같이 발전기 구조에서부터 전기는 교류(Alternating Current)를 만들 수밖에 없음을 말해주고, 물결치듯 진동하는 교류전기는 $v = Blu\sin\theta$[V]로 표현됩니다.

1. 직류와 교류 특성 비교

다음은 직류전기와 교류전기가 서로 수식적으로 다르게 표현될 수밖에 없음을 말해 줍니다.

(1) 직류

100 ――― 100[V]

직류 파형은 시간 변화에 대해 직선 그래프를 그리므로, 직류기전력의 크기[V]만 표현하면 수학적인 표현은 충분합니다.

이런 직류의 특징을 수식으로 나타내면 → $Q = I \times t$, $W = Q \times V$

(2) 교류

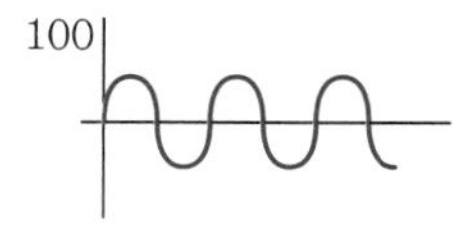

진동하는 크기를 한마디로 말하기 어렵지만, 진동하는 값을 크게 네 가지 요소로 나눠 표현할 수 있습니다.

① 진동의 최대크기

\+ 와 −를 교차하며 진동하는 최대 · 최소크기 $V_m = Blu$[V]

② 진동하는 파형

직각좌표 0점에서 출발하여 반곡선이 반복되는 정현파형 $\sin\theta$ [°]

③ 진동 반복 횟수

\+ 와 −를 교차 반복하는 진동의 초당 반복 횟수 : 주파수 f[Hz]

④ 위상

교류 진동의 출발점이 직각좌표 원점 0을 기준으로 앞섬 혹은 뒤짐

이런 교류의 모든 특징을 수식으로 나타내면 → $v = Blu\sin\theta$

2. 교류 기전력 $v = Blu\sin\theta$의 표현방법

발전기 내부의 핵심 전기적 요소는 B[Wb/m^2], l[m], u[m/sec], θ[°] 입니다. 여기서 회전자 부분의 전기자 도체 한 개가 만드는 교류기전력의 크기가 $v = Blu\sin\theta$ [V] 입니다. 하지만 전기자 도체는 인입선과 인출선이 쌍으로 되어 있기 때문에 최소 전기자 도체 수는 두 개입니다. 전기자 도체 두 개가 만드는 교류기전력은 단상 교류기전력이며 $v_{1\phi} = 2Blu\sin\theta$ [V] 입니다. 만약 단상의 3배인 3상 교류에서 전기자 도체 6개가 만드는 교류기전력은 $v_{3\phi} = 6Blu\sin\theta$ [V] 입니다.

사실 발전기의 교류기전력 수식 $v = Blu\sin\theta$는 발전기 내부구조로 나타낸 교류기전력 수식입니다. 우리가 일상에서 접하는 교류는 발전기에서 밖으로 출력된 교류이므로, 발전기 출력으로 변환된 교류기전력은 다음과 같이 나타냅니다.

(1) 교류기전력 표현 1단계

Blu는 발전기 내부구조에서 결정되는 교류 크기의 최대값입니다. 최대값 V_m으로 교류기전력을 나타내면 $v = V_m\sin\theta$ [V]가 됩니다.

여기서, $\sin\theta$ 각도는 여전히 회전자 도체와 고정자의 수평자계가 이루는 각도입니다.

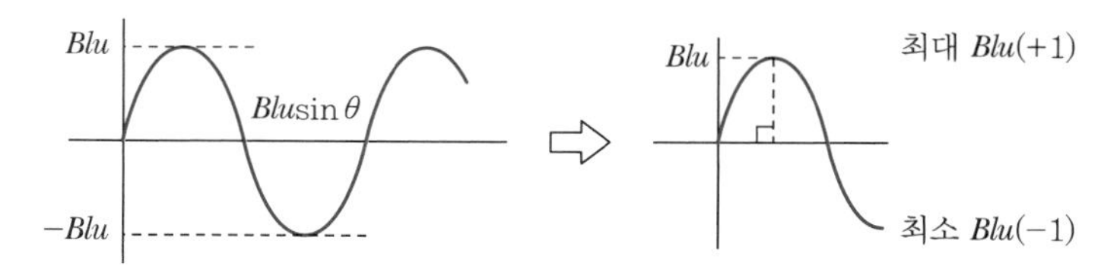

(2) 교류기전력 표현 2단계

발전기 내부에서 결정되는 회전자와 고정자 사이의 각도 $\sin\theta$는 발전기 내부에서만 의미가 있고, 발전기 출력(소비자가 사용하는 교류)에서는 의미가 없습니다.

그래서 $\sin\theta$ 각도를 전선로에서 나타나는 전류(i)와 전압(v) 간 위상차로 논리적 연관성이 있게 바꿉니다.

발전기의 회전자가 초당 회전하는 물리적인 회전수[rps]에 비례하여 교류 주파수(f)가 결정됩니다. 그러므로 초당 물리적 회전수[rps]를 초당 전기적 회전수인 각속도(ω)로 변환합니다.

- (물리적 이동속도) 속도 $v = \dfrac{\text{이동거리 } l}{\text{이동시간 } t}$ [m/s]
- (전기적 이동속도) 각속도 $\omega = \dfrac{\text{회전각도 } \theta}{\text{회전시간 } t}$ [rad/sec]
- $\omega = \dfrac{\theta}{t}$ [rad/sec]를 각도 θ로 재전개하면 $\theta = \omega t$ [rad]가 됩니다.

그러므로, 발전기 밖에서 교류기전력은 다음과 같이 표현할 수 있습니다.

$$v = V_m \sin\theta = V_m \sin\omega t \quad v = V_m \sin 2\pi f t [\text{V}]$$

참고 라디안[rad] 각도

수학에서 호도법은 [°] 단위를 [rad] 단위로 바꾸는 규칙으로, 원 한 바퀴 360°는 2π [rad]입니다. 때문에 $\theta = 2\pi$ [rad]와 $f = \dfrac{1}{T}$ [Hz/sec] 관계를 이용하여 각속도(ω)를 [rad] 각도로 나타내면

→ 각속도 $\omega = \dfrac{\theta}{t} = \dfrac{2\pi}{T} = 2\pi f$ [rad/sec]

(3) 교류기전력 표현 3단계

발전기 외부로 출력된 교류기전력은 수용가까지 짧게는 수십 km, 멀게는 수백 km를 이동합니다. 전선로 길이가 길어지면 전선과 전선 주변의 여러 요인들로 인해 리액턴스(X)가 발생하여, 원래 전압(i)과 전류(v)의 직각좌표 y축 교차점이 일치했던 상태로부터 일치하지 않는 상태로 변하게 됩니다. 이것이 위상차입니다.

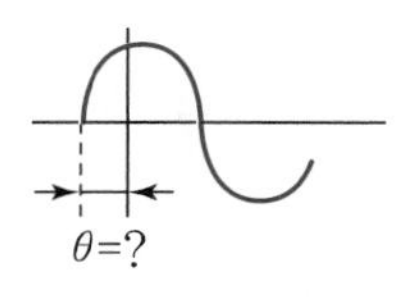

〖위상차 존재〗

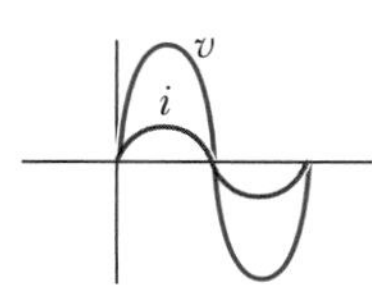

〖위상차 없음〗

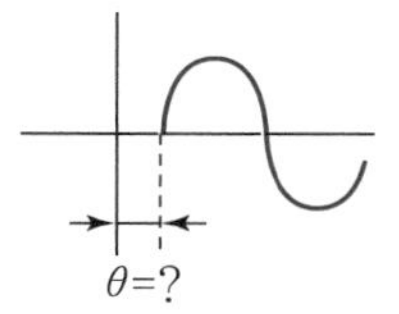

〖위상차 존재〗

이러한 교류의 전압(i)과 전류(v)의 위상차가 다름을 나타내기 위해 다음과 같이 교류기전력을 표현합니다.

$v = V_m \sin(\omega t \pm \theta)$ [V] : 위상차를 표현한 교류 1선당 기전력

핵심기출문제

두 개의 교류전압

$v_1 = 100\sin\left(377t + \frac{\pi}{6}\right)$[V]와

$v_2 = 100\sqrt{2}\sin\left(377t + \frac{\pi}{3}\right)$

[V]가 있다. 두 개 교류 순시값에 대해 옳게 표시한 것을 찾으시오.

① v_1과 v_2의 주기는 모두 $\frac{1}{60}$ [sec]이다.

② v_1과 v_2의 주파수는 377[Hz]이다.

③ v_1과 v_2는 동상이다.

④ v_1과 v_2의 실효값은 100[V], $100\sqrt{2}$ [V]이다.

해설

주어진 순시값 v_1, v_2에 대한 주기, 주파수, 위상차, 실효값은 다음과 같다.

㉠ 주기

$T = \frac{1}{f} = \frac{1}{\left(\frac{\omega}{2\pi}\right)} = \frac{1}{60}$ [sec]

㉡ 주파수

$f = \frac{\omega}{2\pi} = \frac{377}{2\pi} = 60$ [Hz]

㉢ 위상차

$\theta = \theta_1 - \theta_2 = \frac{\pi}{6} - \frac{\pi}{3}$

$= -\frac{\pi}{6}$ [rad] 이므로

v_1 위상이 v_2 위상보다 $\frac{\pi}{6}$ [rad] 늦다.

㉣ v_1의 실효값 $V_1 = \frac{100}{\sqrt{2}}$ [V],

v_2의 실효값

$V_2 = \frac{100\sqrt{2}}{\sqrt{2}} = 100$ [V]

∴ ㉠만 옳고 나머지는 틀렸다.

정답 ①

그러므로 최종적으로 위상차까지 표현한 교류전압, 교류전류는 다음과 같이 표현합니다.

- 교류전압 $v = V_m \sin(\omega t \pm \theta)$ [V]
- 교류전류 $i = I_m \sin(\omega t \pm \theta)$ [A]

발전기가 만든 교류전기를 $v = V_m \sin(\omega t \pm \theta)$로 표현함으로써 우리는 교류를 직각좌표에 시각적으로 나타낼 수 있고, 교류전기를 계산할 수 있습니다.

교류기전력 표현 해석의 예

만약 교류 전압이 다음과 같다면 $v = 120\sin(377t + 30°)$ [V]

다음과 같이 교류 표현을 시각화하고 해석할 수 있다.

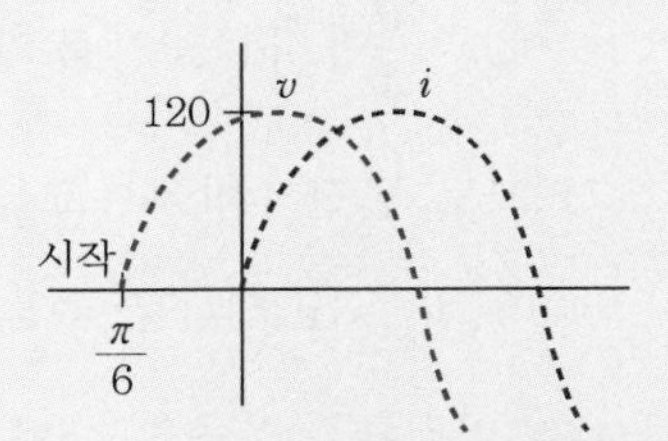

- 교류 크기의 최대값 $V_m = 120$ [V]
- 교류파형은 정현파 $\sin\theta$
- 주파수(f)는 $2\pi ft = 377t \rightarrow f = \frac{377t}{2\pi t} = 60$ [Hz]

  그러므로 주파수는 60 [Hz]
- 교류 진동 한 주기 $T = \frac{1}{f} = \frac{1}{60} \fallingdotseq 0.016$ [sec] : 교류 진동(=주파수)의 한 사이클(주기)은 0.016초의 시간이 걸림
- 위상차 $\theta = 30$ [°] : 전압파형은 전류파형보다 30° 앞서서 진동하고 있음

02 정현파 교류의 수학적 표현

① 정현파

sin → : 직각좌표의 0점을 지나는 진동 파형

② 여현파

cos → : 직각좌표의 0점보다 90° 앞서거나 뒤져서 지나는 진동 파형

③ 교류

AC는 교차 진동(Alternative)하는 전류(Current)이고, DC는 교차하지 않는 단일 방향(Direct) 전류(Current)입니다. 교류는 정현파형(sin), 여현파형(cos) 외에도 아래 그림처럼 다양한 파형의 교류가 존재합니다.

〚 정현파 〛

〚 구형파 〛

〚 삼각파 〛

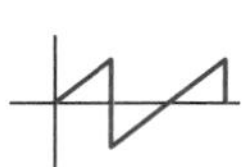

〚 톱니파 〛

중요한 것은, 교류를 수식으로 나타내는 것 → $v = V_m \sin(\omega t \pm \theta)$ 외에도 진동하는 교류파형을 구체적으로 계산할 수 있어야 합니다. 수학의 '호도법'을 사용하여 다양한 파형에 따른 순시값, 실효값, 평균값을 계산할 수 있습니다.

1. 호도법(Radian)

일반적인 동그란 원을 나타내는 방법은 원 중심을 360등분하여 1°부터 360°까지 각도로 표현하는 것입니다. 반면 호도법은 원의 반지름(r)과 반지름에 해당하는 둘레길이(r)일 때의 중심각[°] 사이의 비율로 원을 나타내는 것입니다.

다음 그림에서, 원의 반지름과 부채꼴의 둘레길이(r)는 서로 같습니다. 이때의 중심각 $a°$를 비율 식을 통해 구하면 360°에 해당하는 다른 단위 π [rad]가 등장합니다.

- 비율 식 $[A : B = C : D]$을 이용하여 중심각 $a°$를 구한다.
- $[360° : 2\pi r = a° : r]$이므로 $[2\pi r \times a° = 360° \times r]$
- $a° = \dfrac{360° r}{2\pi r} = \dfrac{360°}{2\pi} = \dfrac{180°}{\pi} = 1\,[\text{rad}]$

$a°$ 각도는 $1\,[\text{rad}] = \dfrac{360°}{2\pi}$ 라는 결과가 나옵니다.

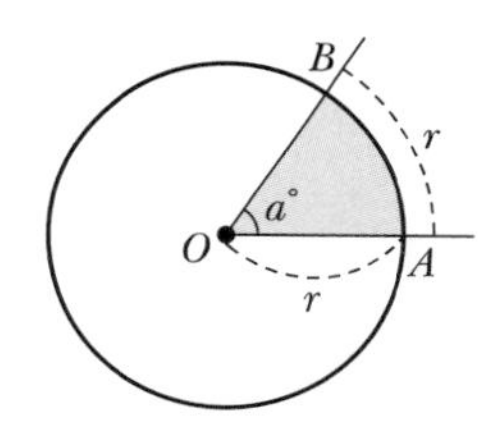

다시 말해, 원을 그리며 무한히 진동하는 파형을 각도[°]가 아닌 다른 단위로 나타내면, π의 배수로 진동하는 파형을 나타내는 방법이 나옵니다. 이것이 호도법이고, 호도법은 라디안[rad] 단위를 사용합니다.

$$2\pi = 360°,\ \pi = 180°,\ \frac{2\pi}{3} = 120°,\ \frac{\pi}{2} = 90°,\ \frac{\pi}{3} = 60°,$$

$$\frac{\pi}{4} = 45°,\ \frac{\pi}{6} = 30°,\ \frac{\pi}{12} = 15°$$

2. 교류파형을 정현함수(sin)로 표현하는 이유

시간 흐름에 따라 일정한 크기로 원 궤적을 그리며 무한히 진동하는 교류파형 은 sin 삼각함수로 나타낼 수 있습니다. 직각좌표에서 원점(0점)에 대해 대칭되는 파형은 sin함수입니다. sin함수로 교류파형이 표현되는 과정은 다음과 같습니다.

$\sin 0° = 0$ $\sin 30° = \frac{1}{2} = 0.5$ $\sin 45 = \frac{1}{\sqrt{2}} = 0.707$

$\sin 60° = \frac{\sqrt{3}}{2} = 0.866$ $\sin 90° = 1$ $\sin 120° = \frac{\sqrt{3}}{2} = 0.866$

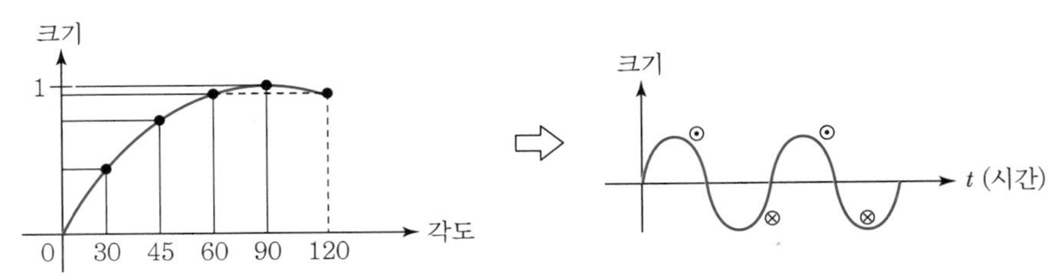

삼각함수는 진동하는 파형을 표현할 수 있다.

〖 **삼각함수** 〗

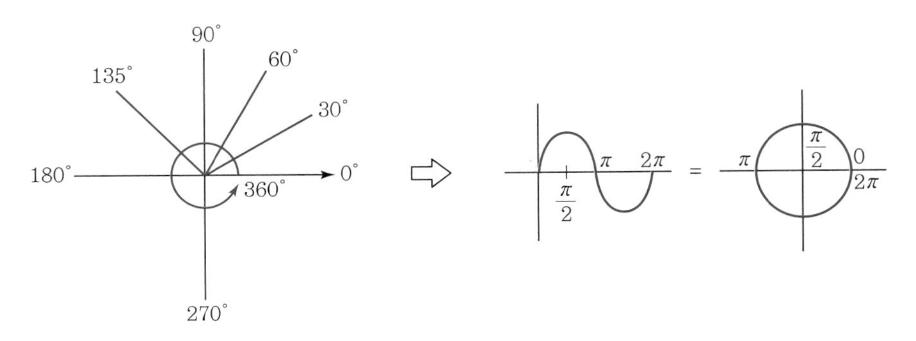

〖 **호도법을 이용한 교류파형** 〗

3. 정현파 교류의 벡터 표현

교류의 sin파형 을 삼각함수로 나타낼 수 있음과 동시에 교류는 크기와 방향을 가진 벡터입니다.

(전기자기학 과목 1장에서) 벡터를 직각좌표 형식($\dot{V} = a + jb$)으로 다뤘습니다. 하지만 벡터를 나타내는 표현은 몇 가지 더 있습니다. 그중 두 가지가 삼각함수 형식과 복소수 형식입니다.

- 직각좌표 형식 : $\dot{V} = a + jb$
- 삼각함수 형식 : $\dot{V} = \sin\theta + j\cos\theta$
- 극좌표 형식 : $\dot{V} = V\angle\theta$ → 페이저 복소수 = 실효값 ∠ 위상각 °

특히, 극좌표 형식은 페이저(Phasor) 복소수 형식으로 불리며, 복소수란 진동하는 벡터를 진폭 크기를 위상각으로 나타낼 때 사용하는 방법입니다.

회로이론 과목에서 다루는 교류전기도 크기와 방향을 가진 벡터이며, 교류는 진동하기 때문에 교류를 주로 극좌표 형식으로 나타냅니다.

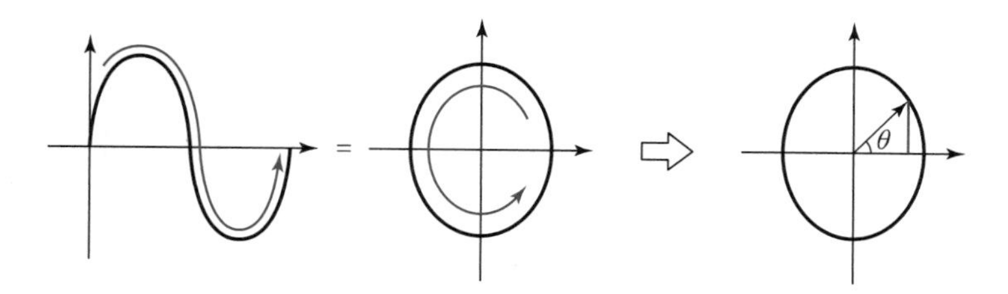

〖 극좌표 형식과 교류파형 〗

(1) 교류의 극 형식(Polar Form)

극 형식(극좌표 형식)은 크기와 방향을 가진 벡터를 직관적이며 시각적으로 보기 쉽게 직각좌표상에 나타낼 수 있습니다. 이것이 극 형식의 장점입니다. 때문에 극 형식은 벡터가 그리는 궤적을 복소평면(극 형식을 직각좌표에 그릴 때의 좌표 이름이 복소평면이다)에 나타낼 때, 매우 편리하게 궤적을 그릴 수 있습니다.
이러한 극 형식은 실효값과 위상각만으로 벡터를 나타냅니다.
교류전압 $v = V_m \sin(\omega t \pm \theta)$을 극 형식으로 나타내면, 교류전압의 최대값은 V_m이고, 위상은 θ가 됩니다.

교류의 극(좌표) 형식 표현 : $\dot{V} = V \angle \theta$ [V]

여기서, 실효값 $V = \sqrt{a^2 + b^2}$ 혹은 $V = \dfrac{V_m}{\sqrt{2}}$

위상각 $\theta = \tan^{-1}\dfrac{b}{a}$ [°]

(2) 교류의 직각좌표 형식(Rectangular Form) 형식과 삼각함수 형식

크기와 방향을 가진 어떤 벡터를 삼각함수 형식으로 나타낼 때의 가장 큰 장점은, 좌표의 두 변의 길이를 알면 크기와 각도를 알 수 있고, 반대로 크기와 각도를 알면 좌표의 두 변을 알 수 있습니다.
교류전압(순시값) $v = V_m \sin(\omega t \pm \theta)$ [V]이 있을 때, 이 수식에 대한 직각좌표 형식과 삼각함수 형식은 다음과 같이 나타냅니다.

① 교류의 삼각함수 형식 표현

$$\dot{V} = V\cos\theta + jV\sin\theta = V(\cos\theta + j\sin\theta)\,[\mathrm{V}]$$

② 교류의 직각좌표 형식 표현

$\dot{V} = a + jb$ [V] 여기서, $\begin{pmatrix} a = V\cos\theta \\ jb = V\sin\theta \end{pmatrix}$

핵심기출문제

정현파 순시값
$v = 100\sqrt{2}\sin\left(\omega t + \dfrac{\pi}{3}\right)$[V]를 복소수 직각좌표 형식으로 표현하면 어떻게 되는가?

① $50\sqrt{3} + j50\sqrt{3}$
② $50 + j50\sqrt{3}$
③ $50 + j50$
④ $50\sqrt{3} + j50$

해설

$v = 100\sqrt{2}\sin\left(\omega t + \dfrac{\pi}{3}\right)$를 페이저 복소수(=극 좌표형식 또는 실효값 벡터)로 나타내면

• $V = \dfrac{100\sqrt{2}}{\sqrt{2}} \angle \dfrac{\pi}{3}$

$= 100\angle\dfrac{\pi}{3}$ [V]이고,

이를 다시 삼각함수 형식으로 나타내면,

• $V = 100\angle\dfrac{\pi}{3}$

$= 100(\cos 60° + j\sin 60°)$ [V]

이고, 이를 다시 직각좌표 형식으로 바꾸면,

• $V = 100(\cos 60° + j\sin 60°)$

$= 50 + j50\sqrt{3}$ [V]

정답 ②

PART 03

핵심기출문제

어떤 회로의 전압 및 전류가 $V=10\angle 60°$[V], $I=5\angle 30°$[A]일 때, 이 회로의 임피던스 Z[Ω]는 얼마인가?

① $\sqrt{3}+j$ ② $\sqrt{3}-j$
③ $1+j\sqrt{3}$ ④ $1-j\sqrt{3}$

해설

극형식의 복소수 연산

$$Z=\frac{V}{I}=\frac{10\angle 60°}{5\angle 30°}=\frac{10}{5}\angle(60°-30°)=2\angle 30°$$

형식 변환

$$Z=2\angle 30° \xrightarrow[\text{형식}]{\text{직각좌표}}$$

$$Z=2(\cos 30°+j\sin 30°)=\sqrt{3}+j[\Omega]$$

정답 ①

핵심기출문제

임피던스가 $Z=15+j4$[Ω] 값으로 존재하는 교류회로에, 교류전류 $I=10(2+j)$[A]를 흘리려면 얼마만큼의 전압 V을 가해야 하는가?

① $10(26+j23)$
② $10(34+j23)$
③ $10(30+j4)$
④ $10(15+j8)$

해설

$$V=ZI=(15+j4)\times 10(2+j)=10(26+j23)[\text{V}]$$

정답 ①

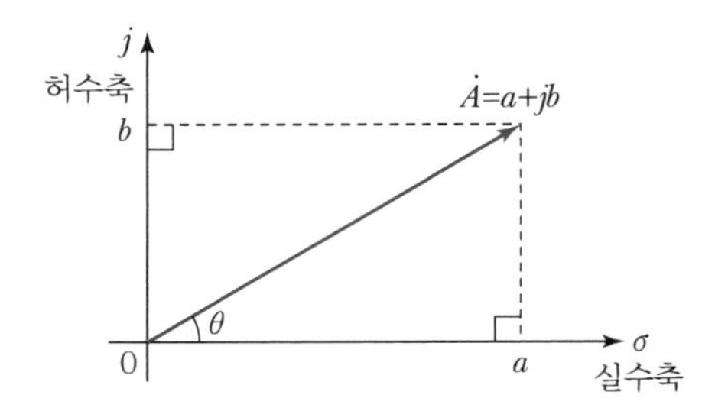

교류의 극 형식, 삼각함수 형식, 직각좌표 형식 표현

만약 $v=100\sqrt{2}\sin(\omega t\pm 30°)$ [V]의 교류전압과 전류가 있을 때,
$i=2\sqrt{2}\sin\omega t$ [A]

- 극좌표 형식 : $\dot{V}=100\angle 30°$[V]
  $\dot{I}=2\angle 0°$[A]
- 삼각함수 형식 : $\dot{V}=100(\cos 30°+j\sin 30°)$[V]
  $\dot{I}=2(\cos 0°+j\sin 0°)$ [A]
- 직각좌표 형식 : $\dot{V}=50\sqrt{3}+j50$[V] 여기서, $\left[\dot{V}=100(\cos 30°+j\sin 30°)=100\left(\frac{\sqrt{3}}{2}+j\frac{1}{2}\right)=50\sqrt{3}+j50\right]$
  $\dot{I}=2$ [A]

  $[\dot{I}=2(\cos 0°+j\sin 0°)=2(1+j0)=2]$

(3) 복소수 연산과 변환

두 개의 교류 벡터를 연산하는 경우가 있습니다. 예를 들면 전류 벡터와 전압 벡터를 연산할 경우입니다. 이때,

① 벡터 연산이 [×, ÷]이면 극 형식으로 변환하여 연산하는 것이 편리하고,
→ $\dot{V}_1\times\dot{V}_2$ 혹은 $\dot{V}_1\div\dot{V}_2$

② 벡터 연산이 [+, −]이면 삼각 형식으로 변환하여 연산하는 것이 편리합니다.
→ $\dot{V}_1+\dot{V}_2$ 혹은 $\dot{V}_1-\dot{V}_2$

[경우 1] 극형식의 × 연산 : $A_1\angle\theta_1\cdot A_2\angle\theta_2=A_1\times A_2\angle\theta_1+\theta_2$

[경우 2] 극형식의 ÷ 연산 : $\dfrac{A_1\angle\theta_1}{A_2\angle\theta_2}=\dfrac{A_1}{A_2}\angle\theta_1-\theta_2$

[경우 3] 극형식의 ÷ 연산 : $\dfrac{1}{A\angle\theta}=\dfrac{1}{A}\angle-\theta$

[경우 4] 삼각함수 형식의 + 연산

$$A_{m1}\sin(\omega t+\theta_1)+A_{m2}\sin(\omega t+\theta_2)=\frac{A_{m1}}{\sqrt{2}}\angle\theta_1+\frac{A_{m2}}{\sqrt{2}}\angle\theta_2$$
$$=A_1(\cos\theta_1+j\sin\theta_1)+A_2(\cos\theta_2+j\sin\theta_2)$$
$$=A_1\cos\theta_1+A_2\cos\theta_2+j(A_1\sin\theta_1+A_2\sin\theta_2)$$

[경우 5] 삼각함수 형식의 − 연산

$$A_{m1}\sin(\omega t+\theta_1)-A_{m2}\sin(\omega t+\theta_2)=\frac{A_{m1}}{\sqrt{2}}\angle\theta_1-\frac{A_{m2}}{\sqrt{2}}\angle\theta_2$$

$$=A_1(\cos\theta_1+j\sin\theta_1)-A_2(\cos\theta_2+j\sin\theta_2)$$

$$=A_1\cos\theta_1-A_2\cos\theta_2+j(A_1\sin\theta_1-A_2\sin\theta_2)$$

03 정현파 교류의 표현 종류

1. 순시값

매초 시시각각 변화하는 교류를 표현합니다.

① **교류 순시전압** : $v=V_m\sin(\omega t\pm\theta)$ [V]

② **교류 순시전류** : $i=I_m\sin(\omega t\pm\theta)$ [A]

2. 최대값

진동하는 교류 전압 · 전류의 최대크기만을 나타냅니다.

① **전압 순시값** $v=V_m\sin(\omega t\pm\theta)$**의 최대값** : V_m [V]

② **전류 순시값** $i=I_m\sin(\omega t\pm\theta)$**의 최대값** : I_m [A]

3. 평균값

진동하는 교류전압 · 전류파형의 최소주기에 대해 평균을 낸 값입니다.

$$\text{평균값}_{average}=\frac{\int_a^b \text{원래값}_{(t)}\,dt}{\text{주기}}$$

$$\rightarrow V_a=\frac{\int_a^b v_{(t)}\,dt}{T}\,[\text{V}],\ I_a=\frac{\int_a^b i_{(t)}\,dt}{T}\,[\text{A}]$$

4. 실효값(RMS : Root Mean Square)

진동하는 교류전압 · 전류의 가장 사실적인 표현은 순시값 표현입니다. 하지만 매초마다 변화하는 순시값으로 교류를 표현하면 사람이 인지하기 어렵습니다. 그래서 교류가 일(W)하는 일정하며 유효한 값만으로 나타내는 값이 실효값입니다.

$$실효값 = \sqrt{\frac{|원래값^2|}{주기}}$$

$$\rightarrow V = \sqrt{\frac{\int_a^b v_{(t)}{}^2\,dt}{T}}\,[\mathrm{V}],\quad I = \sqrt{\frac{\int_a^b i_{(t)}{}^2\,dt}{T}}\,[\mathrm{A}]$$

04 정현파 교류의 평균값과 실효값 계산방법

1. 정현파의 평균값 계산방법

정현파 교류의 가장 사실적인 값, 원래 값은 순시값 $e = V_m \sin\omega t$ 입니다. 그리고 교류는 진동합니다. 여기서 정현파 교류의 평균값을 구할 때 먼저 평균을 낼 구간을 정합니다.

평균구간은 $0 \sim \frac{\pi}{2}$ [rad] 혹은 $0 \sim \pi$ [rad] 으로 정합니다. 왜냐하면 평균구간을 π [rad] 이상으로 상정하면, 정현파형의 특성상 (+)와 (−)가 겹치므로 실제 평균값보다 줄게 되기 때문입니다. 임의로 $0 \sim \pi$ [rad] 구간으로 교류 평균값을 내면 다음과 같습니다.

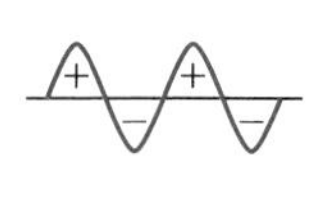

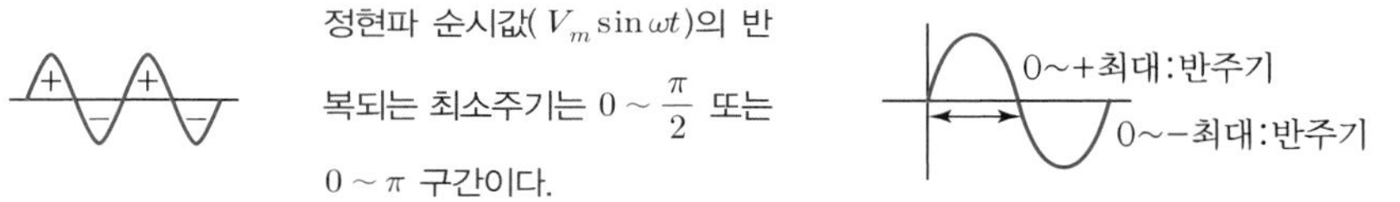

$$평균값 = \frac{\int_a^b 원래값_{(t)}\,dt}{주기} \rightarrow V_a = \frac{\int_0^\pi V_m \sin\omega t\,dt}{\pi}$$

$$= \frac{1}{\pi}\int_0^\pi V_m \sin\omega t\,dt$$

$$= \frac{1}{\pi} V_m \int_0^\pi \sin\omega t\,dt$$

여기서, $\int_0^\pi \sin\omega t\,dt$ 에 치환적분을 적용한다.

$\rightarrow \omega t = y$ 치환 후 미분한다.

$\rightarrow \frac{dy}{dt} = \frac{d}{dt}\omega t = \omega$

$\rightarrow dt = \frac{dy}{\omega}$ 단, $\frac{1}{\omega}$ 은 상수이므로 생략

핵심기출문제

정현파 교류전압의 평균값이 198 [V]이면, 최대값은 몇 [V]인지 구하시오.

① 약 150　② 약 260
③ 약 311　④ 약 410

해설

정현파의 전압 평균값은

$V_a = \frac{2}{\pi} V_m$[V]이므로,

정현파의 최대값은

$V_m = \frac{\pi}{2} V_a = \frac{\pi}{2} \times 198$

$= 311$ [V]이다.

정답 ③

$$= \frac{1}{\pi} V_m \int_0^{\pi} \sin y \, dy = \frac{1}{\pi} V_m \int_0^{\pi} \sin y \, dy$$

$$= \frac{1}{\pi} V_m [-\cos y]_0^{\pi} = \frac{1}{\pi} V_m [(-\cos \pi) - (-\cos 0)]$$

$$= \frac{1}{\pi} V_m [1+1] = \frac{2}{\pi} V_m = 0.637\, V_m$$

그러므로, 정현파 교류의 평균값

$$V_a = \frac{2}{\pi} V_m = 0.637\, V_m \qquad I_a = \frac{2}{\pi} I_m = 0.637\, I_m$$

2. 정현파의 실효값 계산방법

정현파 교류 순시값 $e = V_m \sin \omega t$ 기준으로 실효값의 주기(T)는 2π, 적분구간은 $0 \sim \frac{\pi}{2}$ [rad] 혹은 $0 \sim \pi$ [rad] 중에서 $0 \sim \pi$ [rad]으로 정합니다. 평균값과 다르게 주기가 2π인 이유는, 교류가 일정하게 유효하게 일(W)하는 값을 구해야 하므로, 전체 중 중간값을 의미하는 평균값과 다르게 한 주기인 2π를 적용합니다. 그래서 실효값을 계산하면 다음과 같습니다.

+ + 0 π − 2π 3π − 4π (0~2π : T) → 절대값을 취하면 + − + − 0 π 2π 3π 4π (0~π : T)

$$\text{실효값} = \sqrt{\frac{|\text{원래값}^2|}{\text{주기}}}$$

$$\rightarrow V = \sqrt{\frac{\int_0^{\pi} v^2\, dt}{2\pi}} \text{[V]},\ I = \sqrt{\frac{\int_0^{\pi} i^2\, dt}{2\pi}} \text{[A]}$$

$$V = \sqrt{\frac{1}{2\pi}\int_0^{\pi} v^2\, dt} = \sqrt{\frac{1}{2\pi} v^2 \int_0^{\pi} dt} = \sqrt{\frac{1}{2\pi} v^2 \pi}$$

$$= \sqrt{\frac{1}{2} v^2} = \frac{1}{\sqrt{2}} V_m \text{[V]} \left(\int_0^{\pi} dt \rightarrow [t]_0^{\pi} \rightarrow [\pi - 0] = \pi \right)$$

$$I = \sqrt{\frac{1}{2\pi}\int_0^{\pi} i^2\, dt} = \sqrt{\frac{1}{2\pi} i^2 \int_0^{\pi} dt} = \sqrt{\frac{1}{2\pi} i^2 \pi}$$

$$= \sqrt{\frac{1}{2} i^2} = \frac{1}{\sqrt{2}} I_m \text{[A]}$$

그러므로, 정현파 교류의 실효값

$$V = \frac{1}{\sqrt{2}} V_m = 0.707\, V_m \qquad I = \frac{1}{\sqrt{2}} I_m = 0.707\, I_m$$

핵심기출문제

최대값이 100[V]인 sin파 교류의 평균값을 구하시오.

① 141 ② 70.7
③ 63.7 ④ 53.8

해설

정현파의 전압 평균값

$V_a = \frac{2}{\pi} V_m = \frac{2}{\pi} \times 100$

$= 63.7$[V]

정답 ③

핵심기출문제

다음과 같이 주기가 0.1초마다 반복되는 지수감쇠 파형의 전류 $i_{(t)} = 10\, e^{-100t}$[A]의 실효값을 구하시오.

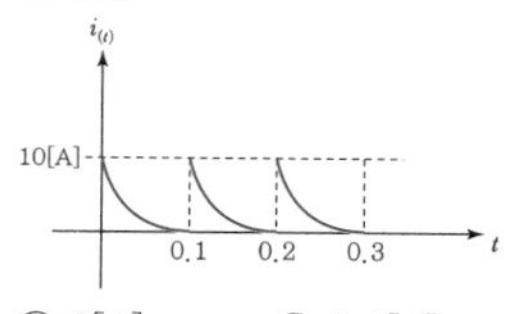

① 0[A] ② 0.1[A]
③ 0.5[A] ④ 1[A]

해설

실효값 정의에 의해 계산한다.

$\text{평균값} = \frac{\int_a^b \text{원래값}_{(t)} dt}{\text{주기}}$

$\rightarrow I_a = \frac{\int_0^{0.1} i_{(t)} dt}{T}$ [A]

평균을 내는 구간의 최소 주기는 0.1이고, 적분 구간은 0~0.1이다.

$= \frac{\int_0^{0.1} 10\, e^{-100t}\, dt}{0.1}$

$= \frac{10}{0.1} \int_0^{0.1} e^{-100t}\, dt$

$= 100 \left[-\frac{1}{100} e^{-100t} \right]_0^{0.1}$

$= 100 \left(-\frac{1}{100} \right) \left[e^{-100t} \right]_0^{0.1}$

$= -\left[e^{-100t} \right]_0^{0.1}$

$= -\left[e^{-100 \times 0.1} - e^{-100 \times 0} \right]$

$\fallingdotseq 1$[A]

위 그림과 같이 지수감쇠 하는 파형의 평균 전류값은 약 1[A]이다.

정답 ④

PART 03

핵심기출문제

정현파 교류의 실효값을 계산할 수 있는 관계식을 찾으시오.

① $I=\frac{1}{T}\int_0^T i^2 dt$

② $I^2=\frac{2}{T}\int_0^T i dt$

③ $I^2=\frac{1}{T}\int_0^T i^2 dt$

④ $I=\sqrt{\frac{2}{T}\int_0^T i^2 dt}$

해설

정현파 교류 V, I 의 실효값은 소비전력 $w=qv=(it)v$으로도 구할 수 있다.

- $W=\frac{V^2}{R}t=(it)v$의 경우
  $\rightarrow V^2=\frac{iR}{t}vt=\frac{1}{T}v^2 t$
  $=\frac{1}{T}\int_0^T v^2 dt$
- $W=I^2Rt=(it)v$의 경우
  $\rightarrow I^2=\left(\frac{v}{R}\right)\frac{it}{t}=\frac{1}{T}i^2 t$
  $=\frac{1}{T}\int_0^T i^2 dt$

정답 ③

참고 소비전력으로 정현파 교류전압 · 전류 실효값 유도

정현파 교류전압 · 전류 실효값은 소비전력 $w=qv=(it)v$ 으로부터 유도할 수 있다.

- $W=\frac{V^2}{R}t=(vi)t \rightarrow V^2=\frac{iR}{t}vt=\frac{1}{T}v^2 t=\frac{1}{T}\int_0^T v^2 dt \rightarrow V=\sqrt{\frac{1}{T}\int_0^T v^2 dt}$ [V]
- $W=I^2Rt=(iv)t \rightarrow I^2=\left(\frac{v}{R}\right)\frac{it}{t}=\frac{1}{T}i^2 t=\frac{1}{T}\int_0^T i^2 dt \rightarrow I=\sqrt{\frac{1}{T}\int_0^T i^2 dt}$ [A]

3. 정현파가 아닌 교류의 실효값 계산방법

[경우 1] 3초마다 반복되는 파형에 대한 전류 실효값은 실효값 정의로 구할 수 있다.

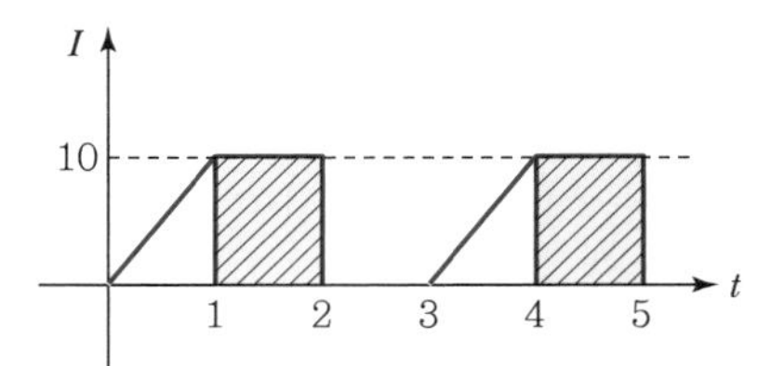

$$\text{실효값}=\sqrt{\frac{|\text{원래값}^2|}{\text{주기}}}=\sqrt{\frac{\int_0^3 i_{(t)}^2\,dt}{T}}$$

$$\rightarrow I=\sqrt{\left(\frac{\int_0^1 (10t)^2\,dt}{3}\right)+\left(\frac{\int_1^2 (10)^2\,dt}{3}\right)+\left(\frac{\int_2^3 0^2\,dt}{3}\right)}$$

$$=\sqrt{\left(\frac{10^2\int_0^1 t^2\,dt}{3}\right)+\left(\frac{10^2\int_1^2 1^2\,dt}{3}\right)+\left(\frac{0\int_2^3 0\,dt}{3}\right)}$$

$$=\sqrt{\frac{1}{3}\left(10^2\left[\frac{1}{3}t^3\right]_0^1\right)+\frac{1}{3}\left(10^2[t]_1^2\right)+0}=\sqrt{\frac{1}{3}\left(10^2\frac{1}{3}+10^2\right)}=6.66\ [\text{A}]$$

[경우 2] 주기가 π [rad] 으로 반복되는 파형에 대한 전압 실효값은 실효값 정의로 구할 수 있다.

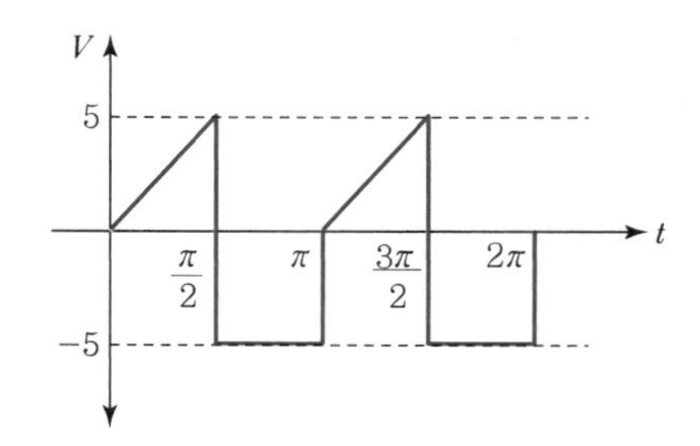

$$실효값 = \sqrt{\frac{|원래값^2|}{주기}} = \sqrt{\frac{\int_0^{\pi} v_{(t)}^2\, dt}{T}}$$

여기서, 한 주기는 π 이고, π의 절반은 $\frac{\pi}{2}$이다.

$$\rightarrow V = \sqrt{\left(\frac{\int_0^{\frac{\pi}{2}}\left(\frac{5}{\frac{\pi}{2}}t\right)^2 dt}{\pi}\right) + \left(\frac{\int_{\frac{\pi}{2}}^{\pi}(5)^2\, dt}{\pi}\right)}$$

$$= \sqrt{\frac{1}{\pi}\left[\left(\frac{10}{\pi}\right)^2 \int_0^{\frac{\pi}{2}}(t)^2\, dt + 5^2 \int_{\frac{\pi}{2}}^{\pi} 1^2\, dt\right]}$$

$$= \sqrt{\frac{1}{\pi}\left[\left(\frac{10}{\pi}\right)^2 \left(\frac{1}{3}t^3\right)_0^{\frac{\pi}{2}} + 5^2(t)_{\frac{\pi}{2}}^{\pi}\right]} = \sqrt{\frac{1}{\pi}\left[\left(\frac{10}{\pi}\right)^2\left(\frac{1}{3}\frac{\pi^3}{2^3}\right) + \left(5^2\frac{\pi}{2}\right)\right]}$$

$$= \sqrt{\frac{1}{\pi}\left[\frac{100}{24}\pi + 25\frac{\pi}{2}\right]} = \sqrt{\frac{1}{\pi}\pi\left[\frac{100}{24} + \frac{25}{2}\right]}$$

$$= \sqrt{\frac{100}{24} + \frac{25}{2}} = \frac{10}{\sqrt{6}}\,[\mathrm{V}]$$

[경우 3] 주기가 30[sec] 마다 반복되는 파형에 대한 전류 실효값은 실효값 정의로 구할 수 있다.

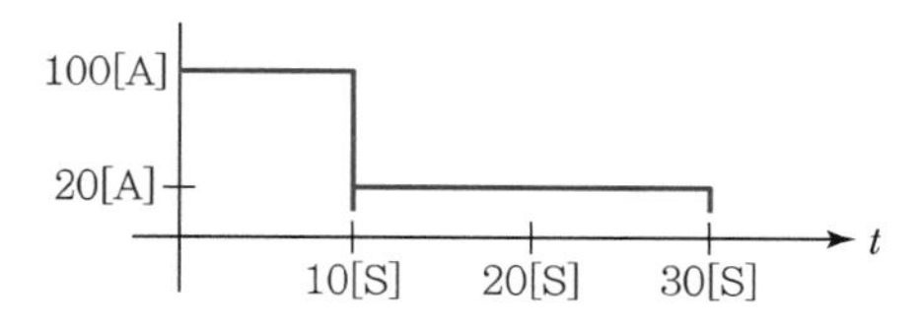

$$실효값_{rms} = \sqrt{\frac{|원래값^2|}{주기}} \rightarrow I = \sqrt{\frac{\int i_{(t)}{}^2\, dt}{T}}$$

$$I = \sqrt{\frac{\left(\int_0^{10}(100t)^2\, dt + \int_{10}^{30}(20t)^2\, dt\right)}{30}} = \sqrt{\frac{1}{30}\left(\int_0^{10} 100_{(t)}^2\, dt + \int_{10}^{30} 20_{(t)}^2\, dt\right)}$$

$$= \sqrt{\frac{1}{30}\left(100^2\int_0^{10} 1^2\, dt + 20^2\int_{10}^{30} 1^2\, dt\right)} = \sqrt{\frac{1}{30}\left(100^2\int_0^{10} 1^2\, dt + 20^2\int_{10}^{30} 1^2\, dt\right)}$$

$$= \sqrt{\frac{1}{30}\left(100^2[t]_0^{10} + 20^2[t]_{10}^{30}\right)} = \sqrt{\frac{1}{30}\left(100^2 \cdot 10 + 20^2 \cdot 20\right)} = 60\,[\mathrm{A}]$$

05 다양한 교류파형에 따른 실효값, 평균값, 파형률, 파고율

1. 교류파형에 따른 실효값과 평균값

다음은 다양한 교류파형의 최대값 대비 실효값과 평균값입니다. 전압파형의 V_m, V_a, V과 전류파형의 I_m, I_a, I 결과는 동일하므로 전압파형에 대한 값만 정리합니다(전류파형 생략).

파형		평균값	실효값
기본 정현파	0	$\frac{2}{\pi}V_m$	$\frac{1}{\sqrt{2}}V_m$
정현 전파	0, t	$\frac{2}{\pi}V_m$	$\frac{1}{\sqrt{2}}V_m$
정현 반파	0, π, 2π	$\frac{1}{\pi}V_m$	$\frac{1}{2}V_m$
기본 구형파	0	V_m	V_m
구형 반파	0	$\frac{1}{2}V_m$	$\frac{1}{\sqrt{2}}V_m$
삼각파		$\frac{1}{2}V_m$	$\frac{1}{\sqrt{3}}V_m$
톱니파	t	$\frac{1}{2}V_m$	$\frac{1}{\sqrt{3}}V_m$

핵심기출문제

삼각파의 최대값 전압 V_m이 1이라면, 이때 실효값과 평균값이 각각 얼마인지 구하시오.

① $1/\sqrt{2}$, $1/\sqrt{3}$
② $1/\sqrt{3}$, $1/2$
③ $1/\sqrt{2}$, $1/2$
④ $1/\sqrt{2}$, $1/3$

해설

삼각파의 실효값과 평균값

실효값 $V=\frac{1}{\sqrt{3}}V_m$

평균값 $V_a=\frac{1}{2}V_m$

정답 ②

2. 교류의 파형률과 파고율

진동하는 교류파형의 파형 속성을 다음과 같이 **파형률**과 **파고율**로 나타냅니다.

(1) 파형률

파형률은 교류의 모양이 얼마나 평평한지를 가장 평평한 평균값과 비교하여 비율로 나타낸 값입니다.

$$\text{파형률} = \frac{\text{실효값}}{\text{평균값}} \times 100\,[\%]$$

$\text{파형률} \propto \text{실효값}$: 진동모양에 대해 실효값을 평균값과 비교함

그래서 파형률 수치가 높다는 것은 교류의 진동하는 모양이 진동 굴곡이 심하다는 것을 의미하고, 파형률 수치가 낮다는 것은 교류의 진동하는 모양이 평평하다는 것을 의미합니다.

이런 이유로 구형파 교류 0 는 교류파형 중에서 파형률이 가장 낮고, 실효값이 높습니다.

(2) 파고율

파고율은 교류의 위 · 아래(Peak to Peak) 굴곡진 모양이 얼마나 뾰족한지를 실효값과 비교하여 비율로 나타낸 값입니다.

$$\text{파고율} = \frac{\text{최대값}}{\text{실효값}} \times 100\,[\%]$$

$\text{파고율} \propto \text{최대값}$: 진동모양에 대해 첨두(Peak) 값을 실효값과 비교함

그래서 파고율 수치가 높다는 것은 교류진동(Peak to Peak)이 많이 튄다는 것을 의미하고, 파고율 수치가 낮다는 것은 교류진동이 일정한 파형을 나타낸다는 의미입니다. 때문에 상하 대칭이 잘된 정현파와 구형파는 파고율이 비교적 낮고, 비대칭적이고 진동하는 굴곡모양이 뾰족한 반파나 삼각파의 경우 파고율이 상대적으로 높습니다.

TIP

암기요령

- 파형률 → **형은 실평수 큰 집**에 살고 $\left(\text{형} = \frac{\text{실}}{\text{평}}\right)$
- 파고율 → **최고는 싫어** $\left(\text{고} = \frac{\text{최}}{\text{실}}\right)$

핵심기출문제

구형파의 파고율은 얼마인가?

① 1.0 ② 1.414
③ 1.732 ④ 2.0

해설

구형파(= 4각 파형)에서 실효값, 평균값

실효값 $V = V_m$,

평균값 $V_a = V_m$이므로,

사각파형인 구형파는 최대값과 실효값과 평균값 모두가 같다.

$$\therefore \text{파고율} = \frac{\text{최대값}}{\text{실효값}} = \frac{V_m}{V} = 1$$

$$\text{파형률} = \frac{\text{실효값}}{\text{평균값}} = \frac{V}{V_a} = 1$$

정답 ①

PART 03

1. 정현파 교류의 발생

① **전기가 발생되는 전자유도 원리(이론식)** : $e = -L\frac{di}{dt} = -N\frac{d\phi}{dt}$ [V]

② **전자유도 원리를 발전기에 적용한 수식(구조식)** : $v = Blu\sin\theta$ [V]

③ **교류전압 순시값** : $v = V_m \sin(\omega t \pm \theta)$ [V]

④ **교류전류 순시값** : $i = I_m \sin(\omega t \pm \theta)$ [A]

2. 교류를 표현하는 복소수 연산방법

① **극형식 ×연산** : $A_1\angle\theta_1 \cdot A_2\angle\theta_2 = A_1 \times A_2 \angle \theta_1 + \theta_2$

② **극형식 ÷연산 I** : $\frac{A_1\angle\theta_1}{A_2\angle\theta_2} = \frac{A_1}{A_2}\angle\theta_1 - \theta_2$

③ **극형식 ÷연산 II** : $\frac{1}{A\angle\theta} = \frac{1}{A}\angle -\theta$

④ **삼각함수 형식 +연산** : $A_{m1}\sin(\omega t + \theta_1) + A_{m2}\sin(\omega t + \theta_2)$

$$= \frac{A_{m1}}{\sqrt{2}}\angle\theta_1 + \frac{A_{m2}}{\sqrt{2}}\angle\theta_2$$
$$= A_1(\cos\theta_1 + j\sin\theta_1) + A_2(\cos\theta_2 + j\sin\theta_2)$$
$$= A_1\cos\theta_1 + A_2\cos\theta_2 + j(A_1\sin\theta_1 + A_2\sin\theta_2)$$

⑤ **삼각함수 형식 −연산** : $A_{m1}\sin(\omega t + \theta_1) - A_{m2}\sin(\omega t + \theta_2)$

$$= \frac{A_{m1}}{\sqrt{2}}\angle\theta_1 - \frac{A_{m2}}{\sqrt{2}}\angle\theta_2$$
$$= A_1(\cos\theta_1 + j\sin\theta_1) - A_2(\cos\theta_2 + j\sin\theta_2)$$
$$= A_1\cos\theta_1 - A_2\cos\theta_2 + j(A_1\sin\theta_1 - A_2\sin\theta_2)$$

3. 정현파 교류의 표현

① **평균값** $= \frac{\int_a^b \text{원래값}_{(t)}}{\text{주기}} \rightarrow V_a = \frac{\int_0^\pi V_m \sin\omega t\, dt}{\pi} = \frac{1}{\pi}\int_0^\pi V_m \sin\omega t\, dt$

② **실효값**

- 전압 실효값 $V = \sqrt{\frac{|\text{원래값}^2|}{\text{주기}}} \rightarrow V = \sqrt{\frac{\int_0^\pi v^2\, dt}{2\pi}} = \sqrt{\frac{1}{2\pi}\int_0^\pi v^2\, dt} = \sqrt{\frac{1}{T}\int_0^T v^2\, dt}$ [V]
- 전류 실효값 $I = \sqrt{\frac{|\text{원래값}^2|}{\text{주기}}} \rightarrow I = \sqrt{\frac{\int_0^\pi i^2\, dt}{2\pi}} = \sqrt{\frac{1}{2\pi}\int_0^\pi i^2\, dt} = \sqrt{\frac{1}{T}\int_0^T i^2\, dt}$ [A]

③ 다양한 교류파형에 따른 최대값 대비 실효값과 평균값

파형		평균값	실효값
기본 정현파	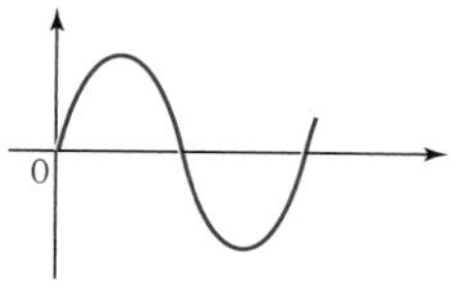	$\frac{2}{\pi}V_m$	$\frac{1}{\sqrt{2}}V_m$
정현 전파	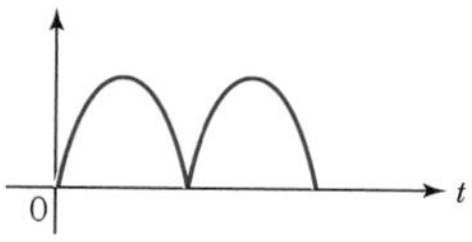	$\frac{2}{\pi}V_m$	$\frac{1}{\sqrt{2}}V_m$
정현 반파	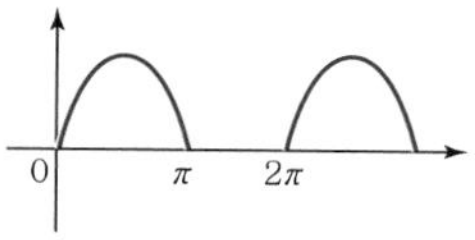	$\frac{1}{\pi}V_m$	$\frac{1}{2}V_m$
기본 구형파	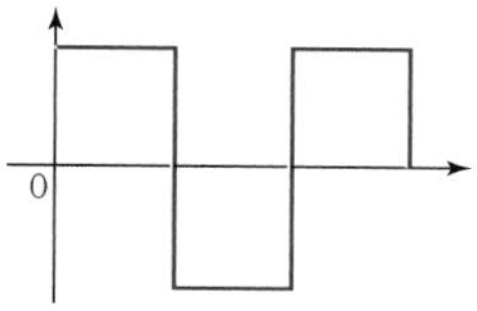	V_m	V_m
구형 반파	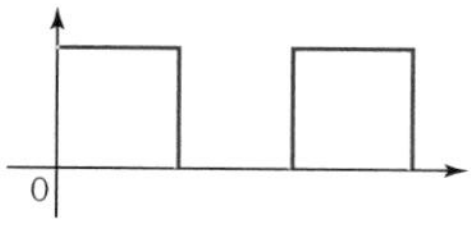	$\frac{1}{2}V_m$	$\frac{1}{\sqrt{2}}V_m$
삼각파	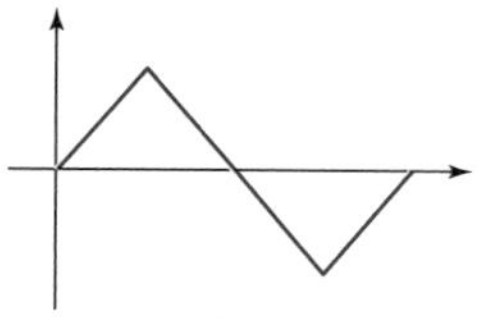	$\frac{1}{2}V_m$	$\frac{1}{\sqrt{3}}V_m$
톱니파	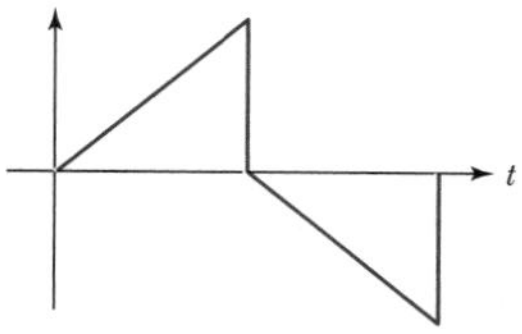	$\frac{1}{2}V_m$	$\frac{1}{\sqrt{3}}V_m$

- $\text{파형률} = \frac{\text{실효값}}{\text{평균값}} \times 100[\%]$
- $\text{파고율} = \frac{\text{최대값}}{\text{실효값}} \times 100[\%]$

핵 / 심 / 기 / 출 / 문 / 제

01 전류 순시값이 $i_1 = 30\sqrt{2}\sin\omega t$ [A]와 $i_2 = 40\sqrt{2}\sin\left(\omega t + \frac{\pi}{2}\right)$[A]일 때, $i_1 + i_2$의 실효값은 몇 [A]인가?

① 50 ② $50\sqrt{2}$
③ 70 ④ $70\sqrt{2}$

해설

문제는 합성 실효값 벡터를 묻는 것이므로, i_1, i_2에 대한 실효값을 페이저 복소수로 나타내야 한다.

- $i_1 = 30\sqrt{2}\sin\omega t \rightarrow I_1 = 30\angle 0° \xrightarrow{\text{변환}}$ $30(\cos 0° + j\sin 0°) = 30[A]$
- $i_2 = 40\sqrt{2}\sin\left(\omega t + \frac{\pi}{2}\right) \rightarrow I_2 = 40\angle 90° \xrightarrow{\text{변환}}$ $40(\cos 90° + j\sin 90°) = j40$

$I_1 + I_2 = 30 + j40$이고, 이에 대한 실효값은 실효 크기이므로,

$\therefore |I_1 + I_2| = \sqrt{30^2 + 40^2} = 50[A]$

02 $A_1 = 20\left(\cos\frac{\pi}{3} + j\sin\frac{\pi}{3}\right)$, $A_2 = 5\left(\cos\frac{\pi}{6} + j\sin\frac{\pi}{6}\right)$로 표시되는 두 벡터가 있다. 이 두 벡터를 $A_3 = \frac{A_1}{A_2}$와 같이 연산한 값은 얼마인가?

① $A_3 = 10\left(\cos\frac{\pi}{3} + j\sin\frac{\pi}{3}\right)$[A]

② $A_3 = 10\left(\cos\frac{\pi}{6} - j\sin\frac{\pi}{6}\right)$[A]

③ $A_3 = 4\left(\cos\frac{\pi}{3} + j\sin\frac{\pi}{3}\right)$[A]

④ $A_3 = 4\left(\cos\frac{\pi}{6} + j\sin\frac{\pi}{6}\right)$[A]

해설

복소수로 표현된 정현파 교류가 × 혹은 ÷ 연산일 경우, 먼저 연산의 편의상 순시값을 복소수 극 형식으로 바꾸고 연산한다.

- $A_1 = 20\left(\cos\frac{\pi}{3} + j\sin\frac{\pi}{3}\right) = 20\angle\frac{\pi}{3}$
- $A_2 = 5\left(\cos\frac{\pi}{6} + j\sin\frac{\pi}{6}\right) = 5\angle\frac{\pi}{6}$

그러므로 $A_3 = \frac{A_1}{A_2} = \frac{20\angle\frac{\pi}{3}}{5\angle\frac{\pi}{6}} = \frac{20}{5}\angle\left(\frac{\pi}{3} - \frac{\pi}{6}\right) = 4\angle\frac{\pi}{6}$

다시 삼각함수 형식으로 변환

$A_3 = 4\angle\frac{\pi}{6} = 4\left(\cos\frac{\pi}{6} + j4\sin\frac{\pi}{6}\right)$

03 파형이 톱니파인 경우의 파형률은 어떻게 되는가?

① 0.577 ② 1.732
③ 1.414 ④ 1.155

해설

톱니파의 파형은

실효값 $V = \frac{1}{\sqrt{3}}V_m$, 평균값 $V_a = \frac{1}{2}V_m$이므로,

$\therefore$ 파형률 $= \frac{V}{V_a} = \frac{\left(\frac{1}{\sqrt{3}}V_m\right)}{\left(\frac{1}{2}V_m\right)} = 1.155$

04 파고율 값이 1.414인 것은 어떤 파형인가?

① 반파 정류파 ② 직사각형파
③ 정현파 ④ 톱니파

해설

정현파의 실효값은

$V = \frac{1}{\sqrt{2}}V_m$이므로,

$\therefore$ 파고율 $= \frac{\text{최대값}}{\text{실효값}} = \frac{V_m}{V} = \sqrt{2} = 1.414$

정답 01 ① 02 ④ 03 ④ 04 ③

기본 교류회로 해석

01 저항(R)과 임피던스(Z)

물이 물길인 수도관을 타고 흐르듯이, 전류(I)는 도선으로 구성된 회로를 따라 흐릅니다. 이때 전류(I)가 흐를 수 있는 원인은 전압(V)이 압력으로 전류를 밀어주기 때문입니다. 전압과 전류는 분리될 수 없고 전류가 흐르는 곳에는 필연적으로 전압도 존재합니다. 본 5장은 교류회로를 해석하는 내용입니다. 교류의 전류 · 전압전원이 있고, 전류를 소비하는 저항(Z) 하나가 있을 경우의 전기회로를 해석하는 기본방법에 대해서 다룹니다.

직류(DC)에서 저항(R)은 직선의 전류 크기를 감소시키고, 교류(AC)에서 저항(Z)은 진동하는 전류 진폭을 감소시키는 전기요소입니다.

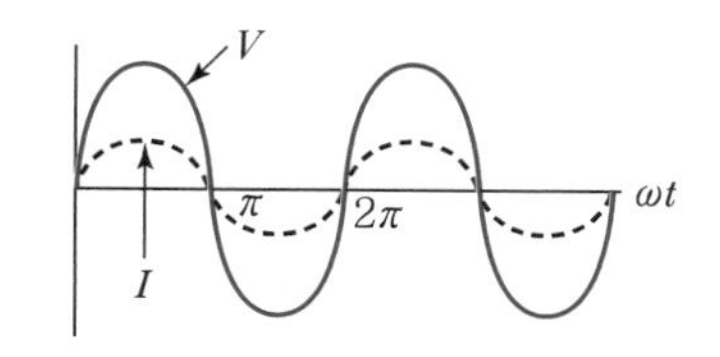

교류전류의 진폭이 저항에 의해 감소한다. $Z = \frac{v}{i}$

〖 교류전류의 진폭 〗

우리 일상에서 전기에너지를 사용하는 모든 것(전자레인지, 전기밥솥, 스탠드 전등, 컴퓨터, 선풍기, 냉장고, 에어컨, 전열기구, 핸드폰, 세탁기, 김치냉장고, TV, 건물의 조명설비 등 전기 콘센트에 전원을 꼽아 쓰는 모든 것)이 전류를 소비하는 저항(Z) 또는 '부하(Load)'로 부릅니다.

이러한 교류전원을 사용하는 부하(Z)는 전기적 특성 차이에 따라 다음과 같이 3가지 저항으로 구분을 합니다.

- R소자에 의한 저항 [Ω]
- L소자에 의한 저항 [Ω]
- C소자에 의한 저항 [Ω]

R, L, C는 전기소자(또는 부하)임과 동시에 교류전류를 방해하는 저항입니다. 그래서 R, L, C를 저항의 의미로 사용하면 R, X_L, X_C이고, 단위는 모두 [Ω] 입니다.

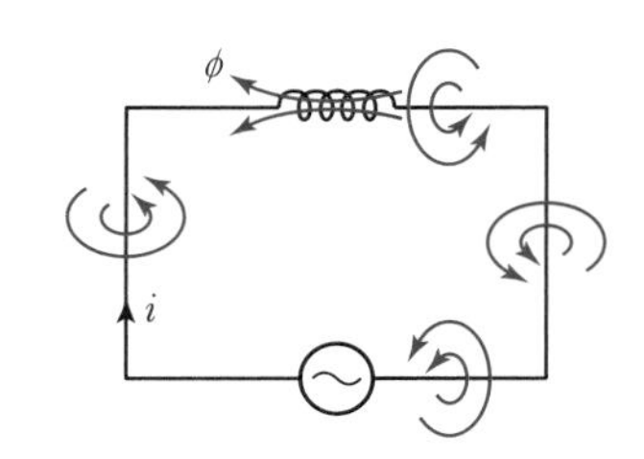

1. 전기소자로서 R, L, C의 역할

R(레지스턴스), L(인덕턴스), C(커패시턴스)를 부하측에 설치하여 전기소자로서 사용한다면, 각 소자의 역할과 소자의 단위는 모두 서로 다릅니다. 그리고 소자로서 R, L, C의 역할과 기능은 이미 전기자기학 과목에서 다뤘습니다.

① $R[\Omega]$: (레지스턴스) 도체 재료가 갖고 있는 고유저항(ρ), 유전체저항(R_ρ)으로 인해 전류의 크기 혹은 전류 진폭을 감소시키는 능력을 수치로 나타낸 것이다.

② $L[\mathrm{H}]$: (인덕턴스) 솔레노이드 코일의 전기적 · 자기적 능력을 수치로 나타낸 것으로, 자기장을 만들어 전자유도 혹은 전자력으로 이용하는 소자이다.

③ $C[\mathrm{F}]$: (커패시턴스) 전자기기나 전기설비로 사용하는 콘덴서의 전하 축적 능력을 수치로 나타낸 것이다.

이와 같이 전기소자로서 R, L, C의 역할은 서로 다르기 때문에 기능을 합치거나 통일할 수 없습니다.

2. 저항으로서 R, L, C의 작용

전선로에서 또는 전기회로에서 전기소자 없이도 R, L, C의 기능이 나타납니다. 사람이 이용할 목적으로 만든 전기소자가 아니므로 이때의 R, L, C의 기능은 전선로 혹은 회로에 흐르는 전류를 방해하는 저항 요소로 작용합니다. 저항 작용으로서 R, L, C는 R, X_L, X_C이고, 단위는 모두 $[\Omega]$입니다.

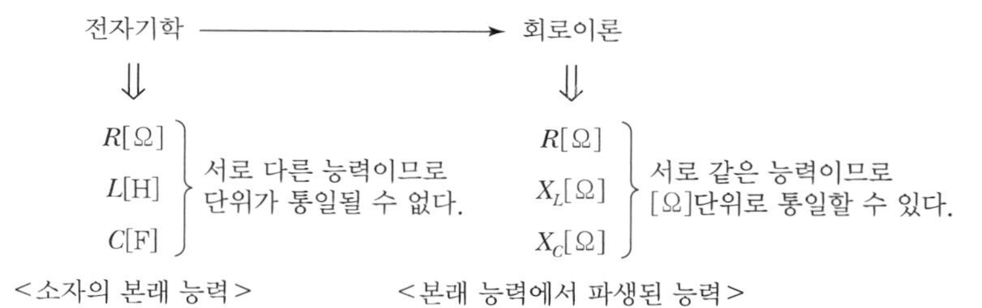

(1) $R[\Omega]$ 저항

① 전류 크기 혹은 전류 진폭을 감소시킨다.

② 주파수가 존재하지 않으며, 주파수가 없으므로 전류–전압 사이에 위상차도 존재하지 않는다.

(2) $X_L[\Omega]$ **유도성 리액턴스 저항**

① 자기장 성질에 의해 회로 내 전류(I)를 감소시킨다.

② $Z = R + jX\ [\Omega]$: 직렬회로에서 유도성 리액턴스 부호

(3) $X_C[\Omega]$ **용량성 리액턴스 저항**

① 콘덴서 성질에 의해 회로 내 전류(I)를 감소시킨다.

② $\frac{1}{Z} = \frac{1}{R} + j\frac{1}{X}\ [\Omega]$: 병렬회로에서 용량성 리액턴스 부호

02 $R,\ L,\ C$ 단일 소자로 구성된 회로의 특성

R, L, C가 부하로서 회로에 접속될 경우, 각 부하의 전기적 특성을 보겠습니다.

전개순서

① $R,\ L,\ C$ 단일 소자 회로
- 저항 R 회로 특성
- 인덕턴스 L 회로 특성
- 커패시턴스 C 회로 특성

② $R,\ L,\ C$ 직렬회로
$R-L$ 직렬회로, $R-C$ 직렬회로, $R-L-C$ 직렬회로, $R-L-C$ 직렬 공진회로

③ $R,\ L,\ C$ 병렬회로
$R-L$ 병렬회로, $R-C$ 병렬회로, $R-L-C$ 병렬회로, $R-L-C$ 병렬 공진회로

1. 저항(R) 회로의 특성

저항(R)은 시간 변화에 따른 주파수 변화가 없는 소자입니다. → $f=0$

단일 부하로 저항(R)이 접속된 회로에 교류기전력 $e = V_m \sin\omega t[\text{V}]$을 가할 경우, 회로에 교류전류 $i = I_m \sin\omega t[\text{A}]$가 흐릅니다. 이때 저항($R$)에 흐르는 전압($v$)과 전류($i$)의 위상관계는 '동상'입니다.

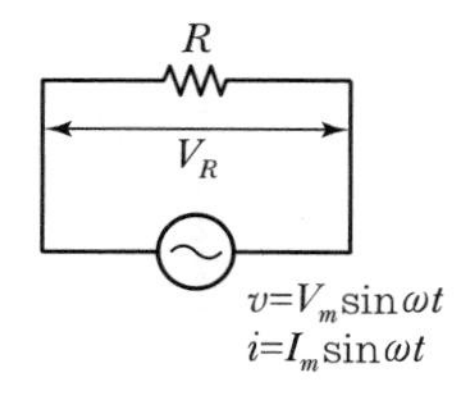

〖R회로〗

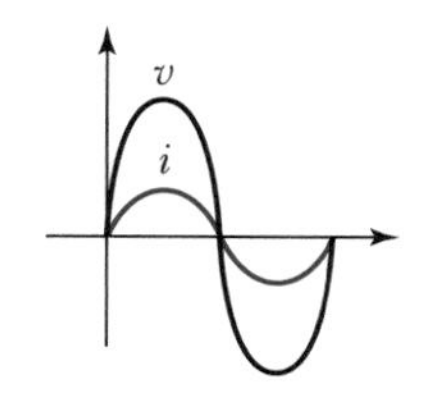

〖전압-전류 파형〗

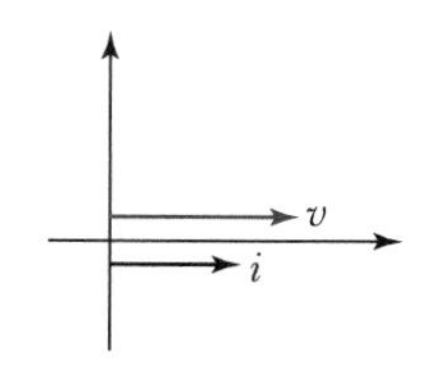

〖전압-전류 벡터도〗

핵심기출문제

어떤 회로의 전압 및 전류가 $E = 10\angle 60°[\text{V}]$, $I = 5\angle 30°[\text{A}]$일 때 이 회로의 임피던스 $Z[\Omega]$는?

① $\sqrt{3}+j$ ② $\sqrt{3}-j$
③ $1+j\sqrt{3}$ ④ $1-j\sqrt{3}$

해설

이 회로의 임피던스 Z는

$Z = \frac{E}{I} = \frac{10\angle 60°}{5\angle 30°}$

$= \frac{10}{5}\angle(60° - 30°)$

$= 2\angle(30°)[\Omega]$

이를 삼각함수 형식으로 바꾸면

$2\angle(30°) = 2(\cos 30° + j\sin 30°)$

$= 2\left(\frac{\sqrt{3}}{2} + j\frac{1}{2}\right)$

$= \sqrt{3} + j[\Omega]$

정답 ①

① $i = \dfrac{v}{R} = \dfrac{V_m \sin\omega t}{R} = I_m \sin\omega t\,[\mathrm{A}]$: R에 흐르는 전류

② $v = i\,R = (I_m \sin\omega t)R = (I_m R)\sin\omega t = V_m \sin\omega t\,[\mathrm{A}]$: R 양단에 걸리는 전압

③ $Z = \dfrac{v}{i} = \dfrac{V_m \sin\omega t}{I_m \sin\omega t} = \dfrac{V_m}{I_m} = R\,[\Omega]$: $i - v$의 위상관계는 **동상**

④ $W = I^2 R t\,[\mathrm{J}]$: 전압 · 전류에 의해 R에서 소비되는 열과 빛에너지

2. 인덕턴스(L) 회로의 특성

인덕턴스(L)는 시간 변화에 따른 주파수 변화가 있는 소자입니다. → $L \propto f$

단일 부하로 인덕턴스(L)가 접속된 회로에 교류기전력 $e = V_m \sin\omega t[\mathrm{V}]$을 가할 경우, 회로에 교류 전류 $i = I_m \sin\omega t[\mathrm{A}]$가 흐릅니다. 이때 저항($R$)에 흐르는 전압($v$)과 전류($i$)의 위상관계는 '지상'입니다.

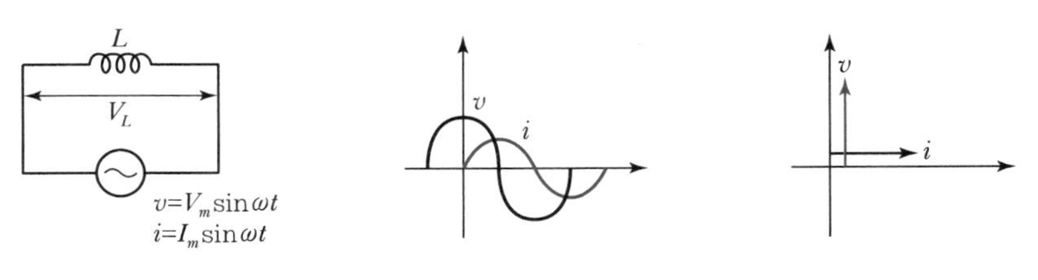

〚 L회로 〛 〚 전압-전류 파형 〛 〚 전압-전류 벡터도 〛

회로에 $e = V_m \sin\omega t[\mathrm{V}]$, $i = I_m \sin\omega t[\mathrm{A}]$가 인가됐을 때, L소자 양단에 걸리는 전압은 → 유도기전력 $e_L = -L\dfrac{di}{dt}\,[\mathrm{V}]$이고, L소자에 흐르는 전류는 → e_L에 의한 $i = \dfrac{e_L}{L}dt = \dfrac{1}{L}\int v\,dt\,[\mathrm{A}]$이므로 다음과 같이 나타낼 수 있습니다.

$$\rightarrow i = \frac{1}{L}\int v\,dt = \frac{1}{L}\int (V_m \sin\omega t)\,dt = \frac{1}{L}\frac{1}{\omega}V_m \sin(\omega t - 90°)\,[\mathrm{A}]$$

$$\left(\int(\sin\omega t)\,dt = \frac{1}{\omega}\int(\sin y)\,dy = -\frac{1}{\omega}\cos\omega t = \frac{1}{\omega}\sin(\omega t - 90°)\right.$$

$\rightarrow \omega t = y$ 치환

$$\rightarrow \frac{dy}{dt} = \frac{d}{dt}\omega t = \omega \rightarrow \left[\frac{dy}{dt} = \omega\right]$$

$$\left.\rightarrow dt = \frac{1}{\omega}dy\right)$$

$\rightarrow i = \dfrac{1}{L}\dfrac{1}{\omega}V_m \sin(\omega t - 90°)\,[\mathrm{A}]$ 여기서, $\omega L = X_L$으로 정의하면,

핵심기출문제

$R = 20[\Omega]$, $L = 0.1[\mathrm{H}]$의 직렬회로에 $60[\mathrm{Hz}]$, $115[\mathrm{V}]$의 교류전압이 인가되어 있다. 인덕턴스에 축적되는 자기에너지의 평균값은 몇 $[\mathrm{J}]$인가?

① 0.364 ② 3.64
③ 0.752 ④ 4.52

해설

인덕턴스에 축적되는 자기에너지 평균값

$W_L = \frac{1}{2}LI^2[\mathrm{J}]$이므로,

$$W_L = \frac{1}{2}LI^2 = \frac{1}{2}\times L\times\left(\frac{E}{2\pi fL}\right)^2 = \frac{1}{2}\times 0.1\left(\frac{115}{2\times 3.14\times 60\times 0.1}\right)^2 = 0.364[\mathrm{J}]$$

정답 ①

핵심기출문제

314[mH] 값을 갖는 자기인덕턴스 L에 120[V], 60[Hz]의 교류전압을 가하였다. 이때 회로에 흐르는 전류[A]를 구하시오.

① 10 ② 8
③ 1 ④ 0.5

해설

전류 · 전압 종류에 대한 특별한 언급이 없을 때는 실효값을 의미한다.

전류

$$I = \frac{V}{X_L} = \frac{V}{\omega L} = \frac{120}{2\pi\times 60\times 314\times 10^{-3}} = 1[\mathrm{A}]$$

정답 ③

① $i=\dfrac{V_m}{X_L}\sin(\omega t-90°)=I_m\sin(\omega t-90°)[\mathrm{A}]$: L에 흐르는 전류

② $v=V_m\sin\omega t\,[\mathrm{V}]$: L 양단에 걸리는 전압

③ $Z=\dfrac{v}{i}=\dfrac{V_m\sin\omega t}{\dfrac{1}{\omega L}V_m\sin(\omega t-90°)}=\dfrac{\angle 0°}{\dfrac{1}{\omega L}\angle -90°}$

$=\omega L\angle 90°=j\omega L=X_L\,[\Omega]$

$i-v$의 위상관계는 전류위상이 전압위상보다 느린 **지상**이다.

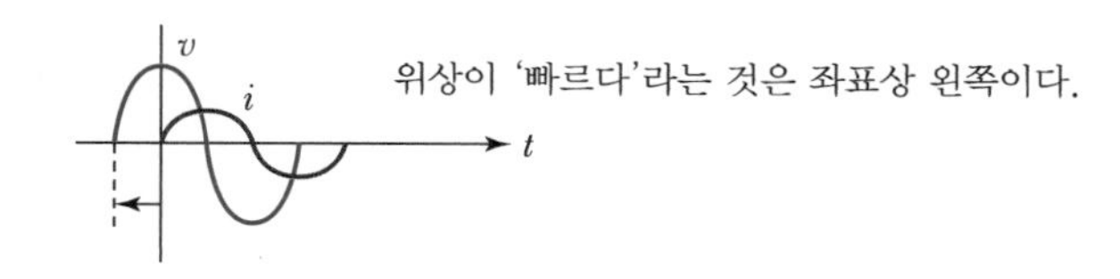

④ $W_L=\dfrac{1}{2}LI^2\,[\mathrm{J}]$: 전류 · 전압에 의해 L에서 발생하는 전자에너지

3. 콘덴서(C) 회로의 특성

콘덴서(C)는 시간 변화에 따른 주파수 변화가 있는 소자입니다. → $C\propto f$

단일 부하로 콘덴서(C)가 접속된 회로에 교류기전력 $e=V_m\sin\omega t[\mathrm{V}]$을 가할 경우, 회로에 교류전류 $i=I_m\sin\omega t[\mathrm{A}]$가 흐릅니다. 이때 콘덴서($C$)에 흐르는 전압($v$)과 전류($i$)의 위상관계는 '진상'입니다.

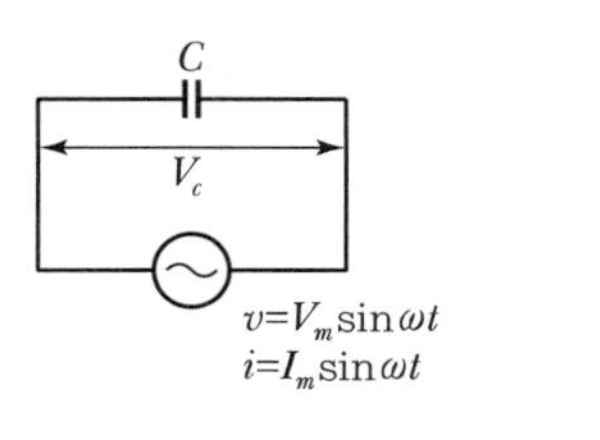

〚 C회로 〛

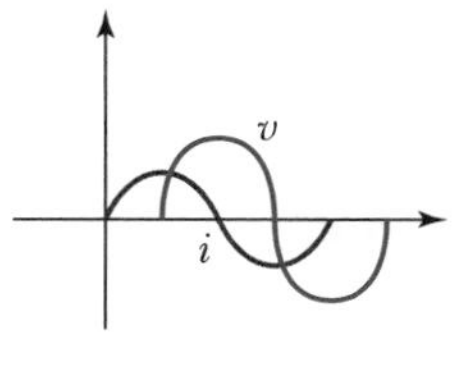

〚 전압-전류 파형 〛

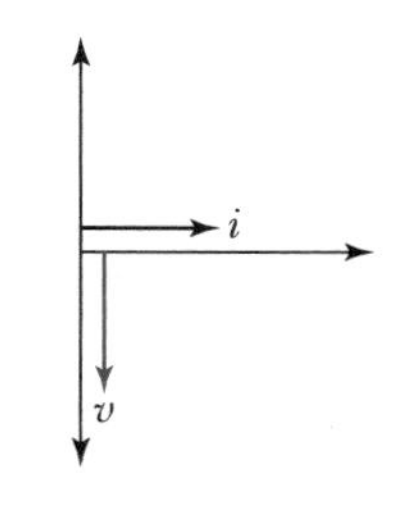

〚 전압-전류 벡터도 〛

회로에 $e=V_m\sin\omega t[\mathrm{V}]$, $i=I_m\sin\omega t[\mathrm{A}]$가 인가됐을 때,

C소자 양단에 걸리는 전압은 C에 축적되는 전류량 $Q=CV=It[\mathrm{C}]$에 의해

$$v=\frac{q}{c}=\frac{1}{C}\int i\,dt\,[\mathrm{V}]$$

$$=\frac{1}{C}\int(I_m\sin\omega t)\,dt=\frac{1}{C}I_m\int(\sin\omega t)\,dt$$

$$=\frac{1}{C}\frac{1}{\omega}I_m\sin(\omega t+90°)[\mathrm{V}]$$

핵심기출문제

주파수가 60[Hz]에서 3[Ω]인 리액턴스 X가 있다. 이 리액턴스가 갖는 자기 인덕턴스와 정전용량 값을 구하시오.

① 6[mH], 660[μF]
② 7[mH], 770[μF]
③ 8[mH], 880[μF]
④ 9[mH], 990[μF]

해설

유도성 리액턴스 $X_L=2\pi fL[\Omega]$를 이용하여 $L[\mathrm{H}]$를 구할 수 있다.

• $L=\dfrac{X_L}{2\pi f}=\dfrac{3}{2\times3.14\times60}$
$=8\times10^{-3}[\mathrm{H}]=8[\mathrm{mH}]$

용량성 리액턴스 $X_C=\dfrac{1}{2\pi fC}[\Omega]$을 이용하여 $C[\mathrm{F}]$를 구할 수 있다.

• $C=\dfrac{1}{2\pi f\cdot X_C}$
$=\dfrac{1}{2\pi\times60\times3}$
$=8.845\times10^{-4}[\mathrm{F}]$
$≒880[\mu\mathrm{F}]$

정답 ③

핵심기출문제

커패시터 C[F]가 접속된 어떤 교류회로에 $i=V_m\sin\omega t$[V]의 교류전압을 가했다. 이때 커패시터에 축적되는 에너지의 최대값 W_m[J]은 어떻게 되는가?

① $\frac{1}{2}CV^2$　② CV^2
③ $2CV^2$　④ CV_m^2

해설

커패시터 C에 축적되는 정전에너지의 실효값 공식은

$W_C=\frac{1}{2}CV^2$[J]이다.

여기서, $W_C=\frac{1}{2}CV^2$[J]를 에너지 최대값 W_m[J]으로 바꾸려면 $V_m=\sqrt{2}V$를 이용하여,

정전에너지 최대값

$W_m=\frac{1}{2}C(V\sqrt{2})^2$
$=\frac{1}{2}2CV^2$
$=CV^2$[J]가 된다.

정답 ②

PART 03

핵심기출문제

$0.1[\mu F]$ 정전용량 값을 가진 콘덴서에 실효값 1414[V], 주파수 1[kHz], 위상 0[°]의 교류전압을 가했을 때, 순시값 전류가 얼마인지 구하시오.

① $0.89\sin(\omega t+90)$
② $0.89\sin(\omega t-90)$
③ $1.26\sin(\omega t+90)$
④ $1.26\sin(\omega t-90)$

해설

커패시터 C에 흐르는 전류는 전압보다 위상이 90° 빠르다.(=앞선다. =진상이다.)
그러므로, 커패시터에 흐르는 전류는 $i=\omega CV_m\sin(\omega t+90°)[A]$ 이와 같이 나타낸다.

$$i=\omega CV_m\sin(\omega t+90°)[A]$$
$$=2\pi\times10^3\times0.1\times10^{-6}\times1414\sqrt{2}\sin(\omega t+90°)$$
$$=1.26\sin(\omega t+90°)[A]$$

정답 ③

$$\left(\begin{array}{l}\int(\sin\omega t)\,dt=\frac{1}{\omega}\int(\sin y)\,dy=\frac{1}{\omega}\cos\omega t=\frac{1}{\omega}\sin(\omega t+90°)\\ \rightarrow \omega t=y \text{ 치환}\\ \rightarrow \frac{dy}{dt}=\frac{d}{dt}\omega t=\omega\rightarrow\left[\frac{dy}{dt}=\omega\right]\\ \rightarrow dt=\frac{1}{\omega}dy\end{array}\right)$$

$v=\frac{1}{C}\frac{1}{\omega}I_m\sin(\omega t+90°)[V]$ 여기서, $\frac{1}{\omega C}=X_C$으로 정의하면,

① $v=X_C\cdot I_m\sin(\omega t+90°)=V_m\sin(\omega t+90°)[V]$: C 양단에 걸리는 전압

② $i=I_m\sin\omega t[A]$: C에 흐르는 전류

③ $$Z=\frac{v}{i}=\frac{\frac{1}{\omega C}I_m\sin(\omega t-90°)}{I_m\sin\omega t}=\frac{\frac{1}{\omega C}\angle-90°}{\angle 0D°}$$
$$=\frac{1}{\omega C}\angle-90°=-j\frac{1}{\omega C}=X_C[\Omega]$$

$i-v$의 위상관계는 전류위상이 전압위상보다 빠른 '**진상**'이다.

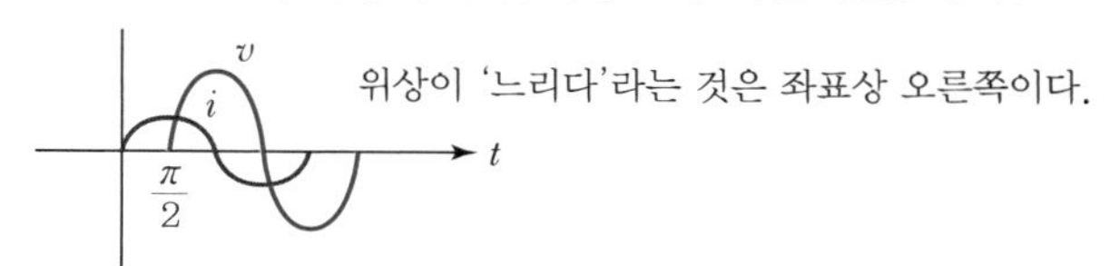

④ $W_C=\frac{1}{2}CV^2[J]$: 전류 · 전압에 의해 C에 축적되는 전계에너지

03 R, L, C 직렬회로의 특성

1. $R-L$ 직렬회로의 특성

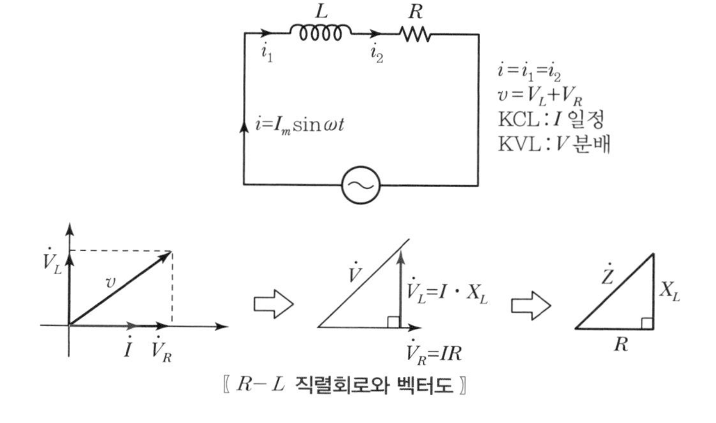

〖 $R-L$ 직렬회로와 벡터도 〗

① (벡터) $\dot{V} = \dot{I} \cdot \dot{Z} = \dot{V}_R + \dot{V}_L\,[V] \rightarrow$ (크기) $|\dot{V}| = \sqrt{(V_R)^2 + (V_L)^2}\,[\mathrm{V}]$

② (벡터) $\dot{Z} = R + jX_L\,[\Omega] \rightarrow$ (크기) $|\dot{Z}| = \sqrt{R^2 + (X_L)^2}\,[\Omega]$

③ 위상차 : $\theta = \tan^{-1}\dfrac{X_L}{R} = \tan^{-1}\dfrac{\omega L}{R}\,[°]$

④ 역률 : $\cos\theta = \dfrac{R}{Z} = \dfrac{R}{\sqrt{R^2 + (X_L)^2}}$

참고 $R-L$ 직렬회로의 저항이 $\dot{Z} = R + jX_L[\Omega]$인 이유(증명과정)

- $V_R = i \cdot R = I_m \sin\omega t \cdot R = V_m \sin\omega t\,[\mathrm{V}]$
- $V_L = L\dfrac{di}{dt} = L\dfrac{d}{dt}I_m \sin\omega t = \omega L I_m \cos\omega t = X_L I_m \sin(\omega t + \theta)\,[\mathrm{V}]$

$\dot{V} = \dot{I} \cdot \dot{Z} = \dot{V}_R + \dot{V}_L\,[V] = R(I_m \sin\omega t) + j\omega L(I_m \cos\omega t)$

$= I_m(R\sin\omega t + j\omega L\cos\omega t) = I_m[R\sin(\omega t + \theta) + jX_L \sin(\omega t + \theta)]$

$= I_m \sin(\omega t + \theta) \cdot [R + jX_L] = I_m \sin(\omega t + \theta) \cdot \dot{Z}$

$= V_m \sin(\omega t + \theta)\,[\mathrm{V}]$: 전체 전압

∴ 여기서, $[R + jX_L] = \dot{Z}$ 관계가 성립됨을 알 수 있다.

2. $R-C$ 직렬회로의 특성

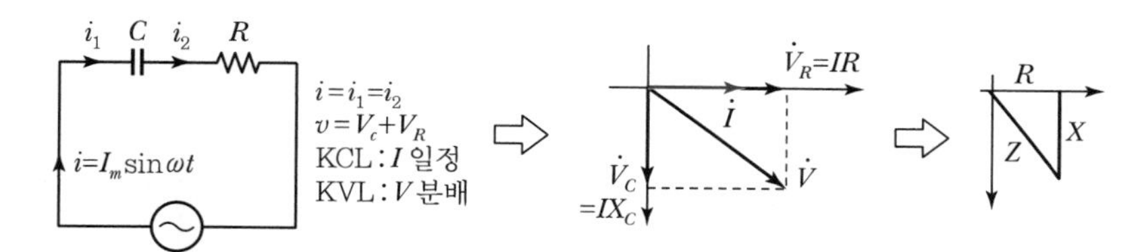

〚 $R-C$ 직렬회로와 벡터도 〛

① (벡터) $\dot{V} = \dot{I} \cdot \dot{Z} = \dot{V}_R - \dot{V}_C\,[\mathrm{V}]$

$\rightarrow$ (크기) $|\dot{V}| = \sqrt{(V_R)^2 + (V_C)^2}\,[\mathrm{V}]$

② (벡터) $\dot{Z} = R - jX_C\,[\Omega]$

$\rightarrow$ (크기) $|\dot{Z}| = \sqrt{R^2 + (X_L)^2}\,[\Omega]$

③ **위상차** : $\theta = \tan^{-1}\dfrac{X_C}{R} = \tan^{-1}\dfrac{1}{\omega CR}\,[°]$

④ **역률** : $\cos\theta = \dfrac{R}{Z} = \dfrac{R}{\sqrt{R^2 + (X_C)^2}}$

핵심기출문제

교류전압 100[V], 50[Hz]를 저항 100[Ω], 커패시턴스 10[μF]인 직렬회로에 가할 때 역률은 어떻게 되는가?

① 0.25 ② 0.3
③ 0.35 ④ 0.4

해설

$R-C$ 직렬회로의 역률

$\cos\theta = \dfrac{R}{Z} = \dfrac{R}{\sqrt{R^2 + (X_C)^2}}$

여기서, 용량성 리액턴스

$X_c = \dfrac{1}{\omega C} = \dfrac{1}{2\pi f C}$

$= \dfrac{1}{2\pi \times 50 \times 10 \times 10^{-6}}$

$= 318.3[\Omega]$

∴ 역률

$\cos\theta = \dfrac{R}{\sqrt{R^2 + X_C^2}}$

$= \dfrac{100}{\sqrt{100^2 + 318.3^2}} = 0.3$

정답 ②

참고 $R-C$ 직렬회로의 저항이 $\dot{Z}=R-jX_C[\Omega]$인 이유(증명과정)

- $V_R=i \cdot R=I_m \sin\omega t \cdot R=V_m \sin\omega t$ [V]
- $V_C=\frac{q}{c}=\frac{1}{C}\int i\,dt=\frac{1}{C}\int I_m \sin\omega t\,dt=-\frac{1}{\omega C}I_m \cos\omega t=-X_C \cdot I_m \sin(\omega t+\theta)$ [V]

$\dot{V}=\dot{I} \cdot \dot{Z}=\dot{V}_R+\dot{V}_C[V]=R(I_m \sin\omega t)+j(-X_C I_m \cos\omega t)$

$=I_m(R\sin\omega t-jX_C I_m \cos\omega t)=I_m[R\sin(\omega t+\theta)-jX_C \sin(\omega t+\theta)]$

$=I_m \sin(\omega t+\theta) \cdot [R-jX_C]=I_m \sin(\omega t+\theta) \cdot \dot{Z}$

$=V_m \sin(\omega t+\theta)$ [V] : 전체 전압

∴ 여기서, $[R-jX_C]=\dot{Z}$ 관계가 성립됨을 알 수 있다.

3. $R-L-C$ 직렬회로의 특성

KCL : I 일정
KVL : V 분배

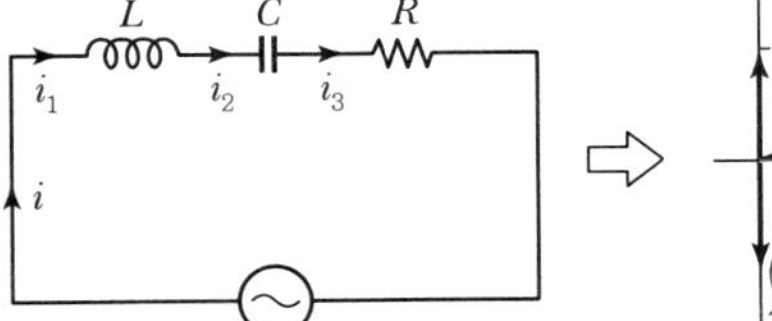

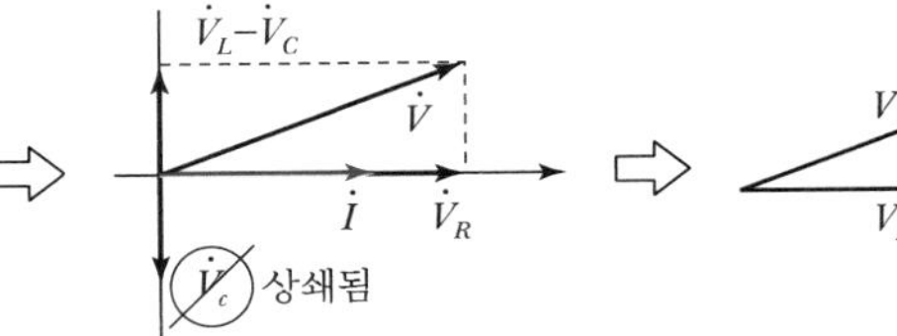

〖 $R-L-C$ 직렬회로와 벡터도 〗

① (벡터) $\dot{V}=\dot{I} \cdot \dot{Z}=V_R+j(V_L-V_C)$ [V]

→ (크기) $|\dot{V}|=\sqrt{(V_R)^2+(V_L-V_C)^2}$ [V]

㉠ $X_L > X_C$ 경우 허수 부호 : +

㉡ $X_L < X_C$ 경우 허수 부호 : −

② (벡터) $\dot{Z}=R+j(X_L-X_C)$ [Ω]

→ (크기) $|\dot{Z}|=\sqrt{R^2+(X_L-X_C)^2}$ [Ω]

③ **위상차** : $\theta=\tan^{-1}\frac{X_L-X_C}{R}$ [°]

④ **역률** : $\cos\theta=\frac{R}{Z}=\frac{R}{\sqrt{R^2+(X_L-X_C)^2}}$

참고 $R-L-C$ 직렬회로의 저항이 $\dot{Z}=R+j(X_L-X_C)[\Omega]$인 이유(증명과정)

- $V_R=i \cdot R=I_m \sin\omega t \cdot R=V_m \sin\omega t$ [V]
- $V_L=i \cdot X_L=\omega L I_m \cos\omega t=X_L I_m \sin(\omega t+\theta)$ [V]
- $V_C=i \cdot X_C=-\frac{1}{\omega C}I_m \cos\omega t=-X_C I_m \sin(\omega t+\theta)$ [V]

$\dot{V}=\dot{I} \cdot \dot{Z}=V_R+j(V_L-V_C)=R(I_m \sin\omega t)+j(X_L-X_C)(I_m \cos\omega t)$

직렬회로에서 항상 $X_L > X_C$ 관계가 성립하므로 $X = X_L - X_C$ 이 된다. $R-L$ 직렬회로와 같다.

$= I_m \sin(\omega t + \theta) \cdot [R + j(X_L - X_C)]$

$= I_m \sin(\omega t + \theta) \cdot \dot{Z} = V_m \sin(\omega t + \theta)$ [V] : 전체 전압

∴ 여기서, $[R + j(X_L - X_C)] = \dot{Z}$ 관계가 성립됨을 알 수 있다.

4. $R-L-C$ 직렬공진회로

(1) 직렬공진조건

공진을 $R-L-C$ 직렬회로에 적용할 때 L소자의 유도성 리액턴스 $X_L = 2\pi f L$ [Ω]와 C소자의 용량성 리액턴스 $X_C = 2\pi f C$ [Ω]가 같으면, L과 C 양단 전압(V_L, V_C)도 같은 값이 됩니다. 이때 L회로와 C회로의 벡터도는 부호가 상반되므로, 부호만 다르고 크기가 같은 V_L과 V_C는 상쇄되어 없어지고, $R-L-C$ 직렬회로에 V_R 전압만 남습니다. 이런 현상이 '직렬공진현상'입니다.

직렬공진조건 : $V_L = V_C$ 또는 $\omega L = \dfrac{1}{\omega C}$(직렬회로가 공진되는 조건)

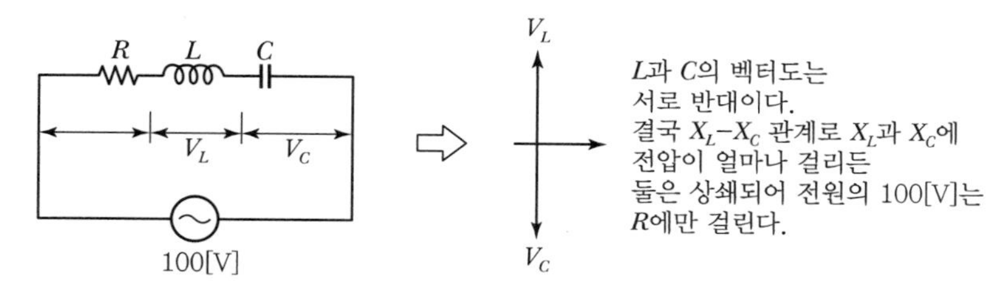

〖 $R-L-C$ 직렬회로와 공진상태의 벡터도 〗

(2) 직렬공진회로의 전압비율

일반적인 전기회로에서 KVL(키르히호프의 전압법칙)에 의하면, $R-L-C$ 직렬회로 전체 전압(V_0)과 저항전압(V_R)은 같을 수 없습니다. 하지만 직렬공진현상이 일어나면, $R-L-C$ 직렬회로의 X_L과 X_C 양단에 어떤 크기의 전압이 걸리든 두 전압은 상쇄되어 사라지므로, 직렬회로 전체에 걸리는 전압(V_0)은 R소자에만 걸리게 됩니다. → $V_0 = V_R$

직렬공진이 일어나면 $R-L-C$ 직렬회로는 $Z = R$ 상태가 됨

직렬공진일 때, $\dfrac{L\text{의 전압 } V_L}{\text{전체전압 } V_0}$, $\dfrac{C\text{의 전압 } V_C}{\text{전체전압 } V_0}$, $\dfrac{L\text{의 전압 } V_L}{R\text{의 전압 } V_R}$, $\dfrac{C\text{의 전압 } V_C}{R\text{의 전압 } V_R}$ 모든 비율이 같아진다.

✠ 공진(Resonance 또는 Same Frequency)
진동하는 두 개 요소가 동일한 주파수 진동을 하는 현상을 말한다.

핵심기출문제

1[kHz]인 정현파 교류회로에서 5[mH]인 유도성 리액턴스와 크기가 같은 용량성 리액턴스를 갖는 C의 크기는 몇 [μF]인가?

① 2.07 ② 3.07
③ 4.07 ④ 5.07

해설

$R-L-C$ 교류회로의 직렬공진조건$\left(\omega L = \dfrac{1}{\omega C}\right)$이나 병렬공진조건$\left(\omega C = \dfrac{1}{\omega L}\right)$은 다르지만, L값이나 C값을 구할 때의 계산은 같다. 임의로 직렬공진조건$\left(\omega L = \dfrac{1}{\omega C}\right)$을 이용한다.

$\omega L = \dfrac{1}{\omega C}$

$\rightarrow C = \dfrac{1}{\omega \omega L} = \dfrac{1}{\omega^2 L}$

$= \dfrac{1}{(2\pi \times 1{,}000)^2 \times (5 \times 10^{-3})}$

$= 5.07 \times 10^{-6} = 5.07$ [μF]

정답 ④

직렬공진회로의 전압비율 : $\frac{V_L}{V_0} = \frac{V_C}{V_0} = \frac{V_L}{V_R} = \frac{V_C}{V_R}$ (공진전압 확대비)

(3) 직렬공진회로의 공진주파수

L 소자는 헨리[H] 단위, C 소자는 패럿[F] 단위이므로 서로 단위가 다릅니다. 단위가 다르더라도 직렬공진회로에서 공진이 일어나면 V_L과 V_C는 서로 상쇄됩니다. 이때 공진이 일어나는 공진주파수를 구하면,

$$V_L = V_C \rightarrow (X_L)I = (X_C)I \rightarrow (\omega L)I = \left(\frac{1}{\omega C}\right)I \rightarrow \left[\omega L = \frac{1}{\omega C}\right]$$

또는 $\left[2\pi f L = \frac{1}{2\pi f C}\right]$

$$2\pi f L = \frac{1}{2\pi f C} \rightarrow f^2 = \frac{1}{(2\pi)^2 LC}$$

$$\rightarrow f = \sqrt{\frac{1}{(2\pi)^2 LC}} = \frac{1}{2\pi\sqrt{LC}}\ [\text{Hz}]$$

직렬공진회로의 공진주파수 $f_c = \frac{1}{2\pi\sqrt{LC}}\ [\text{Hz}]$

(4) 직렬공진 결과

① **(공진 전) 임피던스** : $Z = \sqrt{R^2 + (X_L - X_C)^2}$

② **(공진 후) 임피던스** : $Z = \sqrt{R^2 + 0^2} = \sqrt{R^2} = R$

③ **직렬공진 결과** : $Z = R$ 관계

④ 직렬공진 후 직렬회로는 [Z 최소, I 최대, X_L 최소, X_C 최대] 상태가 된다.

직렬공진 후 X_L과 X_C가 서로 상쇄되어 $R-L-C$ 직렬회로는 '$Z = R$ 관계'가 됩니다. 임피던스(Z)는 R저항과 X저항으로 구성되는데, 직렬공진 후 $Z = R$ 관계가 되면, 결국 공진이 된 직렬회로의 '저항이 감소'했음을 의미합니다.

직렬공진 결과 : $Z = R$, Z 최소, I 최대, X_L 최소, X_C 최대

(5) 직렬공진의 선택도

선택도 또는 공진그래프는 직렬회로에서 공진이 일어날 때의 주파수 변화에 따른 전류 변화를 곡선으로 나타낸 그래프입니다. 전류-주파수 그래프에서 '공진'이 일어나는 구간의 주파수가 '공진주파수'이고, 공진이 일어나는 주파수는 (구체적인 특정 값의 주파수가 아닌) 일정 범위의 주파수에서 '공진'이 일어납니다.(다음 그림)

핵심기출문제

$R-L-C$ 직렬회로에서 전원전압을 V, 인덕터 L에 걸리는 전압을 V_L, 커패시터 C에 걸리는 전압을 V_C라고 정의할 때, 선택도 Q의 의미는 어떻게 나타내는가? (단, 공진 주파수는 ω_r이다.)

① $\frac{CL}{R}$ ② $\frac{\omega_r R}{L}$

③ $\frac{V_L}{V}$ ④ $\frac{V}{V_C}$

해설

직렬회로의 공진조건 관련식 $\frac{V_L}{V_0} = \frac{V_C}{V_0} = \frac{V_L}{V_R} = \frac{V_C}{V_R}$을 이용하여, 선택도 Q를 나타내면 다음과 같다.

- $Q = \frac{V_L}{V} = \frac{V_L}{V_R} = \frac{I \cdot X_L}{I \cdot R} = \frac{\omega L}{R}$
- $Q = \frac{V_C}{V} = \frac{V_C}{V_R} = \frac{I \cdot X_C}{I \cdot R} = \frac{1}{\omega CR}$
- $Q \cdot Q = Q^2 = \frac{\omega L}{R}\frac{1}{\omega CR} = \frac{1}{R^2}\frac{L}{C}$

$\rightarrow Q = \sqrt{\frac{1}{R^2}\frac{L}{C}}$ [Hz]

$Q = \frac{1}{R}\sqrt{\frac{L}{C}}$

정답 ③

핵심기출문제

직렬공진회로에서 최대가 되는 것은 무엇인가?

① 전류 ② 저항

③ 리액턴스 ④ 임피던스

해설

직렬공진은 허수부가 0이 되므로 Z가 최소가 된다.

Z가 최소이면 $\left(I = \frac{V}{Z}\right)$이므로 전류 I는 최대가 된다.

정답 ①

① **직렬공진의 선택도(그래프)**

선택도 그래프는 $I-f$ 그래프이며, 직렬공진이 일어나는 구간의 주파수(f_c)를 '선택도'라고 합니다.

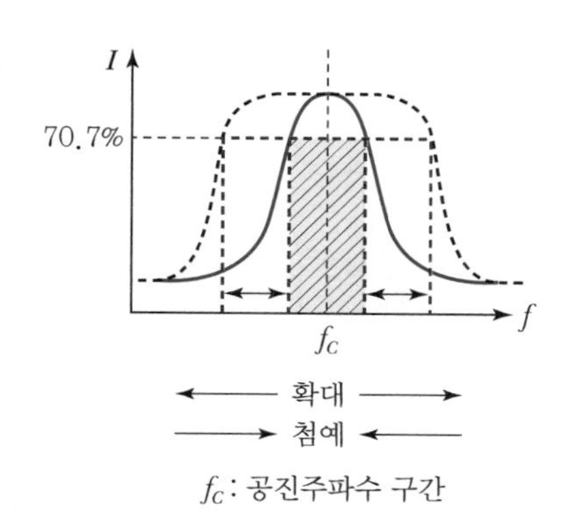

f_C : 공진주파수 구간

㉠ 공진주파수(f_c) 구간이 넓으면 '확대도' 구간

㉡ 공진주파수(f_c) 구간이 좁으면 '첨예도' 구간

② **선택도의 70.7[%] 수치의 의미**

$R-L-C$ 직렬회로가 공진상태일 때, $Z=R$ 관계에 의해 회로의 임피던스(Z)는 최소입니다. 임피던스가 작다는 뜻은 회로에 많은 전류(I)가 흐른다는 의미입니다. → Z 최소, I 최대

이때 회로에 흘릴 수 있는 최대 전류의 70.7[%] 이하에서만 공진주파수(f_c)가 나타납니다.(위 그림의 박스 상한선이 70.7[%] 구간임)

③ **선택도의 전압 확대비** : $Q=\frac{1}{R}\sqrt{\frac{L}{C}}$

선택도에서 공진이 일어나는 구간을 수치로 나타낸 것이 전압 확대비입니다.

$$\left(\begin{aligned} &Q=\frac{V_L}{V_R}=\frac{I\cdot X_L}{I\cdot R}=\frac{\omega L}{R},\ Q=\frac{V_C}{V_R}=\frac{I\cdot X_C}{I\cdot R}=\frac{1}{\omega CR} \\ &Q^2=Q\cdot Q=\frac{\omega L}{R}\frac{1}{\omega CR}=\frac{1}{R^2}\frac{L}{C}\rightarrow Q=\sqrt{\frac{1}{R^2}\frac{L}{C}}\rightarrow Q=\frac{1}{R}\sqrt{\frac{L}{C}} \end{aligned}\right)$$

04 R, L, C 병렬회로의 특성

직렬회로와 병렬회로는 서로 상반되는 특성을 가진 쌍대관계입니다. 그래서 '$R-L-C$ 병렬회로의 특성'은 $R-L-C$ 직렬회로의 특성과 상반되는 내용을 담고 있습니다. 이 점을 염두에 두면 쉽게 내용을 정리할 수 있습니다.

핵심기출문제

$R=2[\Omega]$, $L=10[\text{mH}]$, $C=4[\mu\text{F}]$이다. 직렬공진회로의 Q는 얼마인가?

① 25 ② 45
③ 65 ④ 85

해설

$R-L-C$ 직렬회로의 선택도

$Q=\frac{1}{R}\sqrt{\frac{L}{C}}$ 이다.

$Q=\frac{1}{R}\sqrt{\frac{L}{C}}$

$=\frac{1}{2}\sqrt{\frac{(10\times10^{-3})}{(4\times10^{-6})}}=25$

정답 ①

PART 03

[핵심정리] 교류회로의 특성 정리

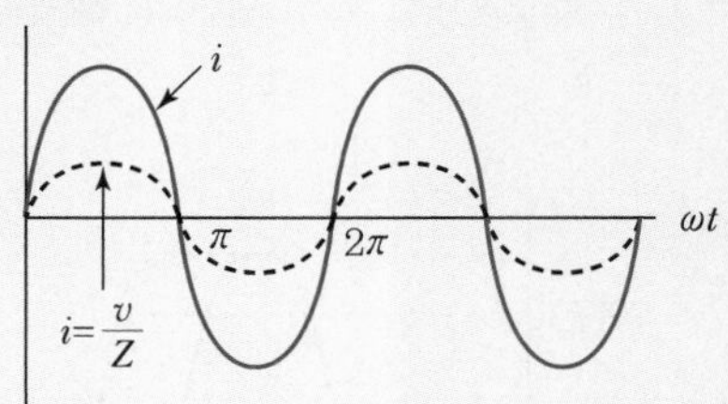

① $Z\,[\Omega]$: 교류파형에는 주파수가 존재한다. 주파수가 존재하므로 전류－전압 간 위상차가 존재한다. 이러한 교류회로의 저항이 임피던스(Impedance) Z이다.

- 임피던스도 저항이므로, 교류회로에서 교류전류의 진폭을 감소시키고 그 감소시키는 정도를 수치 $[\Omega]$으로 나타낸다.
- 임피던스 수식 : $Z = R \pm jX\,[\Omega]$, 임피던스는 주로 교류직렬회로에서 사용되며, 유도성 리액턴스(X_L)는 용량성 리액턴스(X_C)보다 항상 크다. → $X_L > X_C$ 관계

② $X\,[\Omega]$: 리액턴스(Reactance)는 인덕턴스(L) 소자 혹은 콘덴서(C) 소자가 저항작용을 할 때, 저항 R과 구분하는 전기적 요소이다. 또한 리액턴스(X)는 도체에 전류(지상, 진상)를 방해하는 전기요소이며 단위는 R과 동일한 $[\Omega]$이다.

③ $Y\,[\mho]$: 어드미턴스(Admittance)는 임피던스(Z)의 역수이다.

- 임피던스(Z)는 도체에서 전류(동상, 진상, 지상)를 방해하는 전기요소이고, 어드미턴스는(Y)는 절연체에서 동상의 누설전류와 자화전류를 흐르게 하는 전기요소이다. 단위는 모우$[\mho]$이다.
- 어드미턴스 수식 : $Y = \dfrac{1}{Z} = \dfrac{1}{R} \pm j\dfrac{1}{X}\,[\mho]$ 또는 $Y = G \pm jB\,[\mho]$, 어드미턴스는 주로 교류병렬회로에서 사용되며, 용량성 리액턴스(X_C)는 유도성 리액턴스(X_L)보다 항상 크다. → $X_C > X_L$ 관계

④ $G\,[\mho]$: 컨덕턴스(Conductance)는 저항(R)의 역수이다.

- 저항(R)은 도체에 전류(동상)를 방해하는 전기요소이고, 컨덕턴스(G)는 절연체에서 동상의 누설전류를 흐르게 하는 전기요소이다. 단위는 모우$[\mho]$이다.
- 컨덕턴스 수식 : $G = \dfrac{1}{R}\,[\mho]$

⑤ $B\,[\mho]$: 서셉턴스(Susceptance)는 리액턴스(X)의 역수이다.

- 서셉턴스(B)는 절연체에서 자화전류를 흐르게 하는 전기요소이며 단위는 모우$[\mho]$이다.
- 서셉턴스 수식 : $B = j\dfrac{1}{X}\,[\mho]$

1. $R-L$ 병렬회로의 특성

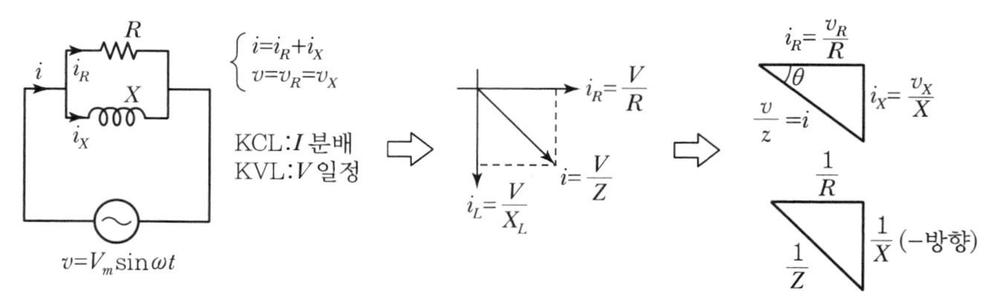

〚 $R-L$ 병렬회로와 벡터도 〛

① (벡터) $\dot{Y}=\frac{1}{\dot{Z}}=\frac{1}{R}-j\frac{1}{X_L}$ [℧] → (크기) $|\dot{Y}|=\sqrt{\left(\frac{1}{R}\right)^2+\left(\frac{1}{X_L}\right)^2}$ [℧]

② (크기) $Z=\frac{1}{\sqrt{\left(\frac{1}{R}\right)^2+\left(\frac{1}{X_L}\right)^2}}=\frac{R\cdot X_L}{\sqrt{R^2+(X_L)^2}}$ [Ω]

③ **위상차** : $\theta=\tan^{-1}\frac{i_L}{i_R}=\tan^{-1}\frac{\frac{1}{X_L}}{\frac{1}{R}}=\tan^{-1}\frac{R}{X_L}=\tan^{-1}\frac{R}{\omega L}$ [°]

④ **역률** : $\cos\theta=\frac{\frac{1}{R}}{\frac{1}{Z}}=\frac{Z}{R}=\frac{G}{Y}$

참고 $R-L$ 병렬회로의 어드미턴스가 $\dot{Y}=\frac{1}{\dot{Z}}=\frac{1}{R}-j\frac{1}{X_L}$인 이유(증명과정)

- $i_R=\frac{\dot{V}}{R}=\frac{1}{R}V_m\sin\omega t=I_m\sin\omega t$ [A]
- $i_L=\frac{1}{L}\int v\,dt=\frac{1}{L}\int V_m\sin\omega t\,dt=-\frac{1}{\omega L}V_m\cos\omega t=-\frac{1}{\omega L}V_m\sin(\omega t+\theta)$ [A]

$\dot{I}=\frac{\dot{V}}{\dot{Z}}=\dot{I}_R+\dot{I}_L\,[A]=\frac{V_m}{R}\sin\omega t-j\frac{V_m}{\omega L}\cos\omega t=V_m\left(\frac{1}{R}\sin\omega t-j\frac{1}{\omega L}\cos\omega t\right)$

$=V_m\left[\frac{1}{R}\sin(\omega t+\theta)-j\frac{1}{\omega L}\sin(\omega t+\theta)\right]=V_m\sin(\omega t+\theta)\cdot\left[\frac{1}{R}-j\frac{1}{\omega L}\right]$

$=V_m\sin(\omega t+\theta)\cdot\left[\frac{1}{\dot{Z}}\right]=I_m\sin(\omega t+\theta)$ [A] : 전체 전류

∴ 여기서, $\left[\frac{1}{R}-j\frac{1}{X_L}\right]=\frac{1}{\dot{Z}}$ 관계가 성립됨을 알 수 있다.

2. $R-C$ 병렬회로의 특성

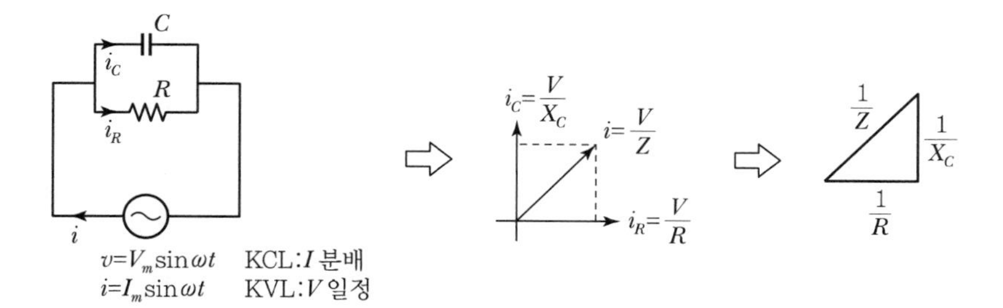

〚 $R-C$ 병렬회로와 벡터도 〛

① (벡터) $\dot{Y}=\frac{1}{\dot{Z}}=\frac{1}{R}+j\frac{1}{X_C}$ [℧] → (크기) $|\dot{Y}|=\sqrt{\left(\frac{1}{R}\right)^2+\left(\frac{1}{X_C}\right)^2}$ [℧]

핵심기출문제

$R=50$[Ω], $L=200$[mH]의 직렬회로에 주파수 $f=50$[Hz]의 교류에 대한 역률[%]은?

① 약 52.3 ② 약 82.3
③ 약 62.3 ④ 약 72.3

해설

$R-L$ 직렬회로의 역률

$\cos\theta=\frac{R}{Z}=\frac{R}{\sqrt{R^2+(X_L)^2}}$

여기서,

$X_L=\omega L=2\pi fL$
$=2\pi\times50\times200\times10^{-3}$
$=62.8$[Ω]

∴ 역률

$\cos\theta=\frac{R}{\sqrt{R^2\times X_L^2}}$
$=\frac{50}{\sqrt{50^2\times62.8^2}}$
$=0.623=62.3$[%]

정답 ③

PART 03

핵심기출문제

저항 30[Ω], 용량성 리액턴스 40[Ω]의 병렬회로에 120[V]의 정현파 교번전압을 가할 때 전류[A]는?

① 3 ② 4
③ 5 ④ 6

해설

$R-C$ 병렬회로의 전류는

$\dot{I}=\dot{I}_R+\dot{I}_L$ [A]이므로

다음과 같이 계산된다.

$\dot{I}=\dot{I}_R+\dot{I}_L=\frac{V}{R}+j\frac{V}{X_C}$

$=\frac{120}{30}+j\frac{120}{40}$

$=4+j3$[A]

그러므로, 전류(벡터)

$\dot{I}=\dot{I}_R+\dot{I}_L=4+j3$[A]이고,

전류 크기는

$|\dot{I}|=\sqrt{4^2+3^2}=5$[A]

정답 ③

② (크기) $Z=\dfrac{1}{\sqrt{\left(\frac{1}{R}\right)^2+\left(\frac{1}{X_C}\right)^2}}=\dfrac{R\cdot X_C}{\sqrt{R^2+(X_C)^2}}$ [Ω]

③ **위상차** : $\theta=\tan^{-1}\dfrac{i_C}{i_R}=\tan^{-1}\dfrac{\frac{1}{X_C}}{\frac{1}{R}}=\tan^{-1}\dfrac{R}{X_C}=\tan^{-1}\omega CR$ [°]

④ **역률** : $\cos\theta=\dfrac{\frac{1}{R}}{\frac{1}{Z}}=\dfrac{Z}{R}=\dfrac{G}{Y}$

참고 $R-C$ **병렬회로의 저항이** $\dot{Y}=\frac{1}{\dot{Z}}=\frac{1}{R}+j\frac{1}{X_C}$ **인 이유(증명과정)**

- $i_R=\dfrac{\dot{V}}{R}=\dfrac{1}{R}V_m\sin\omega t=I_m\sin\omega t$ [A]
- $[Q=It=CV]\Rightarrow i_C=C\dfrac{dv}{dt}=C\dfrac{d}{dt}V_m\sin\omega t=\omega CV_m\cos\omega t=\omega CV_m\sin(\omega t+\theta)$ [A]

$\dot{I}=\dfrac{\dot{V}}{\dot{Z}}=\dot{I}_R+\dot{I}_L\ [A]=\dfrac{1}{R}(V_m\sin\omega t)+j\omega C(V_m\cos\omega t)=V_m\left(\dfrac{1}{R}\sin\omega t+j\omega C\cos\omega t\right)$

$=V_m\left[\dfrac{1}{R}\sin(\omega t+\theta)+j\dfrac{1}{X_C}\sin(\omega t+\theta)\right]=V_m\sin(\omega t+\theta)\bullet\left[\dfrac{1}{R}+j\dfrac{1}{X_C}\right]$

$=V_m\sin(\omega t+\theta)\bullet\left[\dfrac{1}{\dot{Z}}\right]=I_m\sin(\omega t+\theta)$ [A] : 전체 전류

∴ 여기서, $\left[\dfrac{1}{R}+j\dfrac{1}{X_C}\right]=\dfrac{1}{\dot{Z}}$ 관계가 성립됨을 알 수 있다.

3. $R-L-C$ 병렬회로의 특성

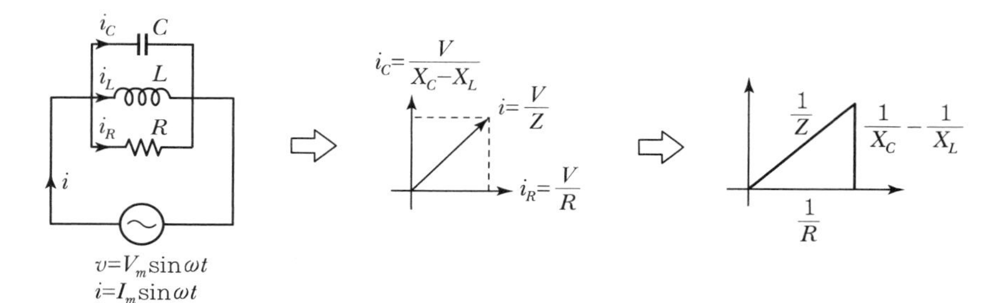

〚 $R-L-C$ 병렬회로와 벡터도 〛

① (벡터) $\dot{Y}=\dfrac{1}{\dot{Z}}=\dfrac{1}{R}+j\left(\dfrac{1}{X_C}-\dfrac{1}{X_L}\right)$ [℧]

→ (크기) $|\dot{Y}|=\sqrt{\left(\dfrac{1}{R}\right)^2+\left(\dfrac{1}{X_C}-\dfrac{1}{X_L}\right)^2}$ [℧]

② (크기) $Z = \dfrac{1}{\sqrt{\left(\dfrac{1}{R}\right)^2 + \left(\dfrac{1}{X_C} - \dfrac{1}{X_L}\right)^2}}$ [Ω]

③ **위상차** : $\theta = \tan^{-1}\dfrac{i_C - i_L}{i_R} = \tan^{-1}\dfrac{\dfrac{1}{X_C} - \dfrac{1}{X_L}}{\dfrac{1}{R}} = \tan^{-1}R\left(\dfrac{1}{X_C} - \dfrac{1}{X_L}\right)$ [°]

④ **역률** : $\cos\theta = \dfrac{\dfrac{1}{R}}{\dfrac{1}{Z}} = \dfrac{Z}{R} = \dfrac{G}{Y}$

참고 $R-L-C$ 병렬회로의 저항이 $\dot{Y} = \dfrac{1}{\dot{Z}} = \dfrac{1}{R} + j\left(\dfrac{1}{X_C} - \dfrac{1}{X_L}\right)$인 이유(증명과정)

- $i_R = \dfrac{v}{R} = \dfrac{1}{R}V_m \sin\omega t$ [A]
- $i_L = \dfrac{1}{L}\int v\,dt = -\dfrac{1}{X_L}V_m \sin(\omega t + \theta)$ [A], $i_C = C\dfrac{dv}{dt} = \dfrac{1}{X_C}V_m \sin(\omega t + \theta)$ [A]

(병렬회로는 항상 $X_C > X_L$ 관계가 성립한다. $X = X_C - X_L$이 되므로 $R-C$ 병렬회로와 같다.)

$$\dot{I} = \frac{\dot{V}}{\dot{Z}} = \dot{I_R} + \dot{I_L} + \dot{I_C}\ [A] = \frac{1}{R}V_m \sin(\omega t + \theta) + j\frac{1}{X_C}V_m \sin(\omega t + \theta) - j\frac{1}{X_L}V_m \sin(\omega t + \theta)$$

$$= V_m \sin(\omega t + \theta) \cdot \left[\frac{1}{R} + j\frac{1}{X_C} - j\frac{1}{X_L}\right] = V_m \sin(\omega t + \theta) \cdot \left[\frac{1}{R} + j\left(\frac{1}{X_C} - \frac{1}{X_L}\right)\right]$$

$$= V_m \sin(\omega t + \theta) \cdot \left[\frac{1}{\dot{Z}}\right] = I_m \sin(\omega t + \theta)\ [A]$$: 전체 전류

∴ 여기서, $\left[\dfrac{1}{R} + j\left(\dfrac{1}{X_C} - \dfrac{1}{X_L}\right)\right] = \dfrac{1}{\dot{Z}}$ 관계가 성립됨을 알 수 있다.

4. $R-L-C$ 병렬공진회로

(1) 병렬공진조건

공진을 $R-L-C$ 병렬회로에 적용할 때 L소자의 유도성 리액턴스 $X_L = 2\pi fL$ [Ω]와 C소자의 용량성 리액턴스 $X_C = 2\pi fC$ [Ω]가 같으면, L과 C 양단 전류(i_L과 i_C)도 같은 값이 됩니다. 이때 L회로와 C회로의 벡터도는 부호가 상반되므로, 부호만 다르고 크기는 같은 i_L과 i_C는 상쇄되어 없어지고, $R-L-C$ 병렬회로에 i_R 전류만 남습니다. 이런 현상이 '병렬 공진현상'입니다.

병렬공진조건 : $i_L = i_C$ 또는 $\omega C = \dfrac{1}{\omega L}$ (병렬회로가 공진되는 조건)

핵심기출문제

$R = 15$[Ω], $X_L = 12$[Ω], $X_C = 30$[Ω]이 병렬로 접속된 회로에 120[V]의 교류전압을 가하면 전원에 흐르는 전류[A]와 역률[%]은 각각 얼마인가?

① 22[A], 85[%]
② 22[A], 80[%]
③ 22[A], 60[%]
④ 10[A], 80[%]

해설

$R-L-C$ 병렬회로에서 전체 전류 $I = I_R + I_L + I_C$[A]

여기서, $I_R = \dfrac{V}{R} = \dfrac{120}{15} = 8$[A]

$I_L = \dfrac{V}{+jX_L} = \dfrac{120}{j12} = -j10$[A]

$I_C = \dfrac{V}{-jX_C} = \dfrac{120}{-j30} = j4$[A]

$\therefore I = I_R + I_L + I_C$
$= 8 + (-j10) + j4$
$= 8 - j6$
$= \sqrt{8^2 + 6^2} = 10$[A]

역률

$\cos\theta = \dfrac{I_R}{I} = \dfrac{8}{10} = 0.8 = 80$[%]

정답 ④

(2) 병렬공진회로의 전류비율

일반적인 전기회로에서 KCL(키르히호프의 전류법칙)에 의하면, $R-L-C$ 병렬회로 전체 전류(i_0)와 저항전류(i_R)는 같을 수 없습니다. 하지만 병렬공진현상이 일어나면, $R-L-C$ 병렬회로의 X_L과 X_C에 어떤 크기의 전류가 흐르든 두 전류는 상쇄되어 사라지므로, 병렬회로 전체에 걸리는 전류(i_0)는 R소자에만 흐르게 됩니다. → $i_0 = i_R$

- 병렬공진이 일어나면 $R-L-C$ 병렬회로는 $\frac{1}{Z}=\frac{1}{R}$ 상태가 됨
- 병렬공진일 때, $\frac{L\text{의 전류 } i_L}{\text{전체전류 } i_0}$, $\frac{C\text{의 전류 } i_C}{\text{전체전류 } i_0}$, $\frac{L\text{의 전류 } i_L}{R\text{의 전류 } i_R}$, $\frac{L\text{의 전류 } i_C}{R\text{의 전류 } i_R}$ 모든 비율이 같아진다.

병렬공진회로의 전류비율 : $\frac{i_L}{i_0}=\frac{i_C}{i_0}=\frac{i_L}{i_R}=\frac{i_C}{i_R}$(공진전류 확대비)

(3) 병렬공진회로의 공진주파수

병렬공진회로에서 공진이 일어나면 i_L과 i_C는 서로 상쇄됩니다. 이때 공진이 일어나는 공진주파수를 구하면,

$$i_L = i_C \rightarrow \frac{V}{X_L}=\frac{V}{X_C} \rightarrow \frac{V}{\omega L}=\frac{V}{\frac{1}{\omega C}}=\omega C V$$

$$\rightarrow \left[\omega C=\frac{1}{\omega L}\right] \text{ 또는 } \left[2\pi f C=\frac{1}{2\pi f L}\right]$$

$$2\pi f C=\frac{1}{2\pi f L} \rightarrow f^2 = \frac{1}{(2\pi)^2 LC}$$

$$\rightarrow f = \sqrt{\frac{1}{(2\pi)^2 LC}} = \frac{1}{2\pi\sqrt{LC}} \text{ [Hz]}$$

병렬공진회로의 공진주파수 $f_c = \frac{1}{2\pi\sqrt{LC}}$ [Hz]

(직렬회로의 f_c와 병렬회로의 f_c는 같다.)

(4) 병렬공진 결과

① **(공진 전) 어드미턴스** : $\frac{1}{Z}=\sqrt{\left(\frac{1}{R}\right)^2+\left(\frac{1}{X_L}-\frac{1}{X_C}\right)^2}$

② **(공진 후) 어드미턴스** : $\frac{1}{Z}=\sqrt{\left(\frac{1}{R}\right)^2+0^2}=\sqrt{\left(\frac{1}{R}\right)^2}=\frac{1}{R}$

③ **병렬공진 결과** : $\frac{1}{Z}=\frac{1}{R}$ 관계

④ 병렬공진 후 병렬회로는 [Z 최대, I 최소, X_L 최대, X_C 최소] 상태가 된다.

병렬공진 후 X_L과 X_C가 서로 상쇄되어 $R-L-C$ 직렬회로는 '$\frac{1}{Z}=\frac{1}{R}$ 관계'가 됩니다. 저항 수가 3개(R, X_L, X_C)에서 X_L와 X_C가 상쇄되어 없어지므로 병렬 수가 줄어들고, 병렬회로의 특징은 병렬로 접속된 저항 수가 줄어들면 병렬회로의 전체 합성저항은 증가하게 됩니다. 결국 공진이 된 병렬회로의 '저항이 증가'했음을 의미합니다.

병렬공진 결과 : $\frac{1}{Z}=\frac{1}{R}$, Z 최대, I 최소, X_L 최대, X_C 최소

(5) 병렬공진의 선택도

선택도에서 '공진'이 일어나는 구간의 주파수는 구체적인 특정값이 아닌 일정 범위의 주파수에서 '공진'이 일어납니다.

✠ 선택도
(공진그래프 또는 $I-f$ 그래프)
공진이 일어날 때의 주파수 변화에 따른 전류 변화를 곡선으로 나타낸 그래프이다.

① 병렬공진의 선택도(그래프)

병렬공진의 선택도 그래프는 직렬공진의 선택도 그래프와 (그림과 같이) 반대로 나타납니다.

㉠ 공진주파수(f_c) 구간이 넓으면 '확대도' 구간

㉡ 공진주파수(f_c) 구간이 좁으면 '첨예도' 구간

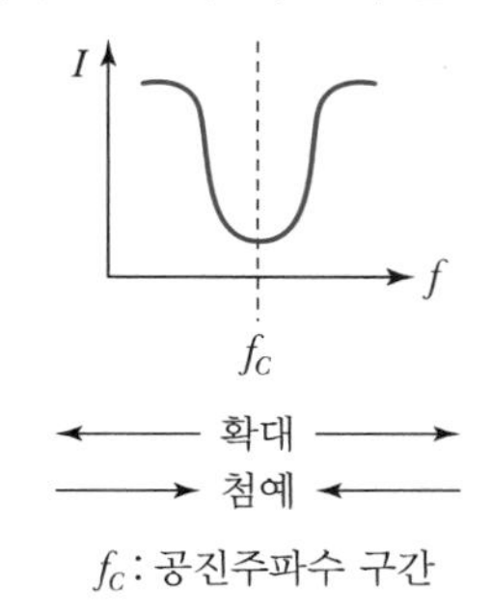

f_C : 공진주파수 구간

② 선택도의 전류 확대비 : $Q=R\sqrt{\frac{C}{L}}$

선택도에서 공진이 일어나는 구간을 수치로 나타낸 것이 전류 확대비입니다.

$$\left(\begin{array}{l} Q=\frac{i_L}{i_R}=\frac{\frac{V}{X_L}}{\frac{V}{R}}=\frac{R}{V}\frac{V}{\omega L}=\frac{R}{\omega L},\ Q=\frac{i_C}{i_R}=\frac{\frac{V}{X_C}}{\frac{V}{R}}=\frac{R}{V}\omega CV=\omega CR \\ Q^2=Q\cdot Q=\frac{R}{\omega L}\omega CR=R^2\frac{C}{L}\rightarrow Q=\sqrt{R^2\frac{C}{L}}\rightarrow Q=R\sqrt{\frac{C}{L}} \end{array}\right)$$

PART 03

05 R, L, C 직렬 · 병렬회로의 특성 정리

L[H] 자기장 사용 목적의 전기회로 소자	$X_L = j\omega L = \omega L \angle 90°$	$X = X_L + X_C\,[\Omega]$ (리액턴스)
C[F] 전하 저장 목적의 전기회로 소자	$X_C = -j\dfrac{1}{\omega C} = \dfrac{1}{\omega C}\angle -90°$	

$R\,[\Omega]$ • 교류직렬회로일 때 • 도체에 흐르는 전류 방해 능력	(역수) $G = \dfrac{1}{R}\,[℧]$ • 교류병렬회로일 때 • 절연체에 동상의 누설전류 허용능력
$X = j(X_L - X_C)\,[\Omega]$ • 교류 $L-C$ 직렬회로일 때 • 도체에 흐르는 전류 방해능력	(역수) $B = \dfrac{1}{X} = j\left(\dfrac{1}{X_L} - \dfrac{1}{X_C}\right)\,[℧]$ • 교류 $L-C$ 병렬회로일 때 • 절연체에 자화 누설전류 허용능력
$Z = R + jX\,[\Omega]$ • 교류 $R-L-C$ 직렬회로일 때 • 도체에 흐르는 전류 방해능력	(역수) $Y = \dfrac{1}{Z} = G - jB\,[℧]$ • 교류 $R-L-C$ 병렬회로일 때 • 절연체에 누설전류 허용능력

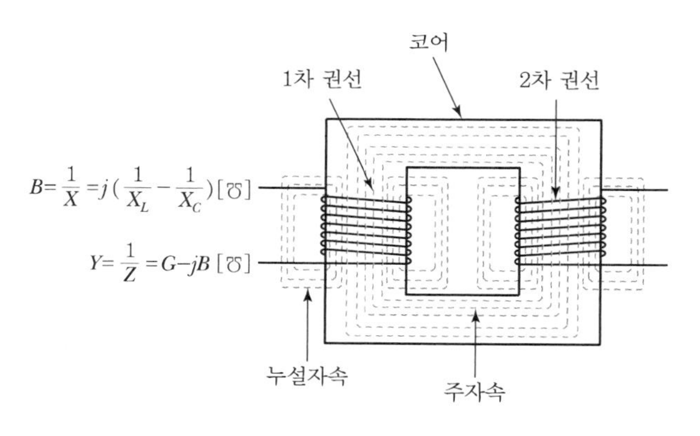

〚 변압기 〛

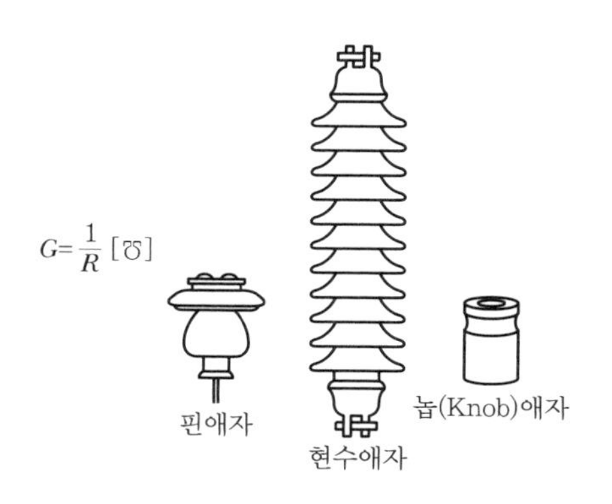

〚 송전선로의 절연소자들 〛

1. 저항(R)과 임피던스(Z)

① $R\,[\Omega]$: 주파수와 (전류－전압 간) 위상차 모두 존재하지 않는 전기요소(Resistance)

② $Z\,[\Omega]$: 주파수와 (전류－전압 간) 위상차 모두 존재하는 전기요소(Impedance)

- $Z = R \pm jX\,[\Omega]$: 직렬회로의 임피던스(Z) 유도성과 용량성 대소관계에 따라 부호가 바뀜
- $\dfrac{1}{Z} = \dfrac{1}{R} \pm j\dfrac{1}{X}\,[\Omega]$: 병렬회로의 임피던스로 어드미턴스(Y)로 불림

2. R, L, C 각 단일 소자의 교류회로

① 저항 R 회로 특성

- $Z = \dfrac{v}{i} = \dfrac{I_m \sin\omega t}{V_m \sin\omega t} = \dfrac{I_m}{V_m} = R\,[\Omega]$: $i-v$의 위상관계는 **동상**
- $W = I^2 R t\,[\mathrm{J}]$: R에 의해 열과 빛으로 소비되는 열에너지

② 인덕턴스 L 회로 특성

- $Z = \dfrac{v}{i} = \dfrac{V_m \sin\omega t}{\dfrac{1}{\omega L} V_m \sin(\omega t - 90°)} = \dfrac{\angle 0°}{\dfrac{1}{\omega L}\angle -90°} = \omega L \angle 90° = j\omega L = X_L\,[\Omega]$

  : $i-v$의 위상관계는 전류위상이 전압위상보다 느린 **지상**
- $W_L = \dfrac{1}{2} L I^2\,[\mathrm{J}]$: L에 의해 발생하는 전자에너지

③ 커패시턴스 C 회로 특성

- $Z = \dfrac{v}{i} = \dfrac{\dfrac{1}{\omega C} I_m \sin(\omega t - 90°)}{I_m \sin\omega t} = \dfrac{\dfrac{1}{\omega C}\angle -90°}{\angle 0°} = \dfrac{1}{\omega C}\angle -90° = -j\dfrac{1}{\omega C} = X_C\,[\Omega]$

  : $i-v$의 위상관계는 전류위상이 전압위상보다 빠른 **진상**
- $W_C = \dfrac{1}{2} C V^2\,[\mathrm{J}]$: C에 축적되는 전계에너지

3. R, L, C 직렬회로의 특성

① $R-L$ 회로

- (벡터) $\dot{Z} = R + jX_L\,[\Omega]$

- (크기) $|\dot{Z}| = \sqrt{R^2+(X_L)^2}$ [Ω], (위상차) $\theta = \tan^{-1}\frac{X_L}{R} = \tan^{-1}\frac{\omega L}{R}$ [°]

② $R-C$ **회로**

- (벡터) $\dot{Z} = R - jX_C$ [Ω]
- (크기) $|\dot{Z}| = \sqrt{R^2+(X_L)^2}$ [Ω], (위상차) $\theta = \tan^{-1}\frac{X_C}{R} = \tan^{-1}\frac{1}{\omega CR}$ [°]

③ $R-L-C$ **회로**

- (벡터) $\dot{Z} = R + j(X_L - X_C)$ [Ω]
- (크기) $|\dot{Z}| = \sqrt{R^2+(X_L-X_C)^2}$ [Ω], (위상차) $\theta = \tan^{-1}\frac{X_L - X_C}{R}$ [°]

④ $R-L-C$ **직렬공진회로**

- 공진전압 확대비 : $\frac{V_L}{V_0} = \frac{V_C}{V_0} = \frac{V_L}{V_R} = \frac{V_C}{V_R}$
- 직렬공진조건 : $\left[\omega L = \frac{1}{\omega C}\right]$ 또는 $\left[2\pi f L = \frac{1}{2\pi f C}\right]$
- 공진주파수 $f_c = \frac{1}{2\pi\sqrt{LC}}$ [Hz]
- 직렬공진 결과 : $Z = R$, [Z 최소, I 최대, X_L 최소, X_C 최대]
- 선택도 : $Q = \frac{1}{R}\sqrt{\frac{L}{C}}$ (공진영역 상한선 : 70.7[%] 이내)

4. R, L, C 병렬회로의 특성

① $R-L$ **회로**

- (벡터) $\dot{Y} = \frac{1}{\dot{Z}} = \frac{1}{R} - j\frac{1}{X_L}$ [℧] → (크기) $|\dot{Y}| = \sqrt{\left(\frac{1}{R}\right)^2 + \left(\frac{1}{X_L}\right)^2}$ [℧]
- (크기) $Z = \frac{1}{\sqrt{\left(\frac{1}{R}\right)^2 + \left(\frac{1}{X_L}\right)^2}} = \frac{R \cdot X_L}{\sqrt{R^2+(X_L)^2}}$ [Ω]
- (위상차) $\theta = \tan^{-1}\frac{i_L}{i_R} = \tan^{-1}\frac{\frac{1}{X_L}}{\frac{1}{R}} = \tan^{-1}\frac{R}{X_L} = \tan^{-1}\frac{R}{\omega L}$ [°]

② $R-C$ **회로**

- (벡터) $\dot{Y}=\dfrac{1}{\dot{Z}}=\dfrac{1}{R}+j\dfrac{1}{X_C}$ [℧] → (크기) $|\dot{Y}|=\sqrt{\left(\dfrac{1}{R}\right)^2+\left(\dfrac{1}{X_C}\right)^2}$ [℧]

- (크기) $Z=\dfrac{1}{\sqrt{\left(\dfrac{1}{R}\right)^2+\left(\dfrac{1}{X_C}\right)^2}}=\dfrac{R\cdot X_C}{\sqrt{R^2+(X_C)^2}}$ [Ω]

- (위상차) $\theta=\tan^{-1}\dfrac{i_C}{i_R}=\tan^{-1}\dfrac{\dfrac{1}{X_C}}{\dfrac{1}{R}}=\tan^{-1}\dfrac{R}{X_C}=\tan^{-1}\omega CR$ [°]

③ $R-L-C$ **회로**

- (벡터) $\dot{Y}=\dfrac{1}{\dot{Z}}=\dfrac{1}{R}+j\left(\dfrac{1}{X_C}-\dfrac{1}{X_L}\right)$ [℧] → (크기) $|\dot{Y}|=\sqrt{\left(\dfrac{1}{R}\right)^2+\left(\dfrac{1}{X_C}-\dfrac{1}{X_L}\right)^2}$ [℧]

- (크기) $Z=\dfrac{1}{\sqrt{\left(\dfrac{1}{R}\right)^2+\left(\dfrac{1}{X_C}-\dfrac{1}{X_L}\right)^2}}$ [Ω]

- (위상차) $\theta=\tan^{-1}\dfrac{i_C-i_L}{i_R}=\tan^{-1}\dfrac{\dfrac{1}{X_C}-\dfrac{1}{X_L}}{\dfrac{1}{R}}=\tan^{-1}R\left(\dfrac{1}{X_C}-\dfrac{1}{X_L}\right)$ [°]

④ $R-L-C$ **병렬공진회로**

- 공진전류 확대비 : $\dfrac{i_L}{i_0}=\dfrac{i_C}{i_0}=\dfrac{i_L}{i_R}=\dfrac{i_C}{i_R}$

- 병렬공진조건 : $\left[\omega C=\dfrac{1}{\omega L}\right]$ 또는 $\left[2\pi fC=\dfrac{1}{2\pi fL}\right]$

- 공진주파수 $f_c=\dfrac{1}{2\pi\sqrt{LC}}$ [Hz]

- 병렬공진 결과 : $\dfrac{1}{Z}=\dfrac{1}{R}$, [$Z$ 최대, I 최소, X_L 최대, X_C 최소]

- 선택도 : $Q=R\sqrt{\dfrac{C}{L}}$

PART 03

CHAPTER 06

교류전력의 표현과 역률, 복소전력 계산

01 교류회로의 전력(p) 표현

교류는 파형이 진동하기 때문에 진동하는 것에 대한 여러 표현이 등장합니다. 그 표현이 4장 정현파 교류에서 교류를 표현하는 4가지 방법(순시값, 최대값, 평균값, 실효값)입니다. 그중 실제의 전류(i)와 전압(v)을 가장 있는 그대로 표현하는 방법이 '순시값' 표현이었습니다.

- 전류(순시값) $i = I_m \sin(\omega t + \theta)[\mathrm{A}] \rightarrow i = I_m \cos(\omega t + \theta_i)[\mathrm{A}]$
- 전압(순시값) $v = E_m \sin(\omega t + \theta)[\mathrm{V}] \rightarrow v = E_m \cos(\omega t + \theta_v)[\mathrm{V}]$

전기회로의 전원(Power)은 단순히 전기 에너지원을 말합니다. 전원의 정확한 의미는 전력(P)이고 전력의 전류(i)와 전압(v) 특성에 대해서 지금까지 다뤘습니다. 이제 교류를 전력(P)으로 나타내는 방법과 특성에 대해서 보겠습니다.

1. 순시전력 $p[\mathrm{W}]$

교류전력을 순시값으로 나타낸 것이 순시전력입니다. 전류와 전압의 위상 $\omega t + \theta$을 그리스 문자 ϕ(파이)를 이용하여 나타내면 다음과 같습니다.

$\rightarrow \phi_1 = \omega t + \theta_v,\ \phi_2 = \omega t + \theta_i$

이를 수학적으로 정리하면

$\cos\phi_1 \cdot \cos\phi_2 = \frac{1}{2}[\cos(\phi_1 - \phi_2) + \cos(\phi_1 + \phi_2)]$ 관계가 성립

순시전력

$$p_{(t)} = v \cdot i = E_m \cos(\omega t + \theta_v) \cdot I_m \cos(\omega t + \theta_i)\ [\mathrm{W}]$$

$$= \frac{1}{2} E_m I_m [\cos(\omega t + \theta_v - \omega t - \theta_i) + \cos(\omega t + \theta_v + \omega t + \theta_i)]\ [\mathrm{W}]$$

$$= \frac{1}{2} E_m I_m [\cos(\theta_v - \theta_i) + \cos(2\omega t + \theta_v + \theta_i)]\ [\mathrm{W}]$$

2. 평균전력 P_{av}[W]

평균전력은 진동하는 교류파형의 중간값으로 평균을 낸 값이며, 동시에 평균전력은 주파수와 무관하게 표현되므로, 순시전력(p) 수식에서 주파수에 해당하는 $\cos(2\omega t+\theta_v+\theta_i)$ 부분이 0 인 것과 같습니다. → $\cos(2\omega t+\theta_v+\theta_i)=0$

$$평균전력\ P_{av}=\sqrt{\frac{\int_0^T p_{(t)}\,dt}{T}}$$

$$=\frac{1}{\pi}\int_0^{\pi}\frac{E_m I_m}{2}\left[\cos(\theta_v-\theta_i)+\cos(2\omega t+\theta_v+\theta_i)\right]dt\ [\mathrm{W}]$$

$$=\frac{1}{2}E_m I_m\cos(\theta_v-\theta_i)$$

$$=\frac{1}{2}E_m I_m\cos\phi\ [\mathrm{W}]\ (\ \phi: 위상차)$$

여기서, 교류회로에 저항소자 R이 있을 경우, R에서 나타나는 평균전력의 위상은 '동상'관계 $(\theta_v=\theta_i)$이므로,

저항(R)에서 평균전력 : $P_{av}=\frac{1}{2}E_m I_m\ [\mathrm{W}]$

교류회로에 리액턴스 소자 X가 있을 경우, X에서 나타나는 평균전력의 위상은 앞서거나 뒤서는 90° 위상차$(\theta_v-\theta_i=90°)$가 발생하므로,

리액턴스(X)에서 평균전력 : $P_{av}=\frac{1}{2}E_m I_m\cos 90°=0\ [\mathrm{W}]$

3. 피상전력 P_a[VA](단상 기준)

피상전력(P_a)은 발전기에서 만든 전체분의 전력을 말합니다.

① **DC에서 피상전력** : $P=VI$[VA], [W]

직류는 발전기에서 만든 전력 모두가 부하(수용가)로 전달되므로 피상전력[VA]이 곧 유효전력[W]이 되고, 무효전력[Var] 성분은 존재하지 않습니다.

② **AC에서 피상전력**

$P_a=VI$ [VA] 또는 $P_a=P\pm jP_r$ [VA]

③ **임피던스에서 피상전력**

$$P_a=\frac{V^2}{R^2+X^2}Z\,[\mathrm{VA}]$$

$$\left\{P_a=I^2Z=\left(\frac{V}{Z}\right)^2Z=\left(\frac{V}{\sqrt{R^2+X^2}}\right)^2Z=\frac{V^2}{R^2+X^2}Z\right\}$$

핵심기출문제

어떤 교류회로에 전압 $v_{(t)}=V_m\cos(\omega t+\theta_v)$[V]을 가했더니, 전류 $i_{(t)}=I_m\cos(\omega t+\theta_i)$[A]가 흘렀다. 이때 회로에 유입되는 전력의 평균전력 P_{av}[W]은 어떻게 되는가?

① $\frac{1}{4}V_mI_m\cos\phi$

② $\frac{1}{2}V_mI_m\cos\phi$

③ $\frac{V_mI_m}{\sqrt{2}}$

④ $V_mI_m\sin\phi$

해설

평균전력

$$P_{av}=\sqrt{\frac{\int_0^T p_{(t)}dt}{T}}=\frac{1}{2}V_mI_m\cos(\theta_v-\theta_i)=\frac{1}{2}V_mI_m\cos\phi\ [\mathrm{W}]$$

※ 순시전력

$$p_{(t)}=\frac{1}{2}V_mI_m[\cos(\theta_v-\theta_i)+\cos(2\omega t+\theta_v+\theta_i)]\ [\mathrm{W}]$$

정답 ②

핵심기출문제

전압 200[V], 전류 30[A]로서 4.8[kW]의 전력을 소비하는 회로의 리액턴스[Ω]는?

① 6.6　② 5.3
③ 4.0　④ 3.3

해설

리액턴스 $P_r=I^2\cdot X$[Var]를 이용하여 구할 수 있다. 먼저 무효전력을 구하기 위해 피상전력, 유효전력 모두 알아야 한다.

$P_a=V\cdot I$이고,

$=200\times30=6{,}000$[VA]

$\therefore P_r=P_a-P$

$=\sqrt{(P_a)^2-P^2}$

$=\sqrt{6{,}000^2-4{,}800^2}$

$=3{,}600$[Var]

∴ 리액턴스

$X=\frac{P_r}{I^2}=\frac{3600}{30^2}=4[\Omega]$

정답 ③

교류회로에 존재하는 리액턴스(X) 성분으로 인해, 발전기에서 만든 전체 전력[VA] 중 일부 전력은 부하(수용가)로 전달되고, 일부는 부하(수용가)로 전달되지 않습니다. 이러한 이유로 교류전력은 피상전력[VA], 유효전력[W], 무효전력[Var]으로 구분합니다.

4. 유효전력 P[W](단상 기준)

교류 전체 전력 중 실제로 부하(실제로는 수용가, 전기회로적으로는 저항 R)까지 전달되는 전력만을 나타내는 것이 유효전력입니다.

① **유효전력** : $P = I^2R = \dfrac{V^2}{R}$ [W]

$$P = VI\cos(\theta_v - \theta_i) = VI\cos\phi \text{ [W]}$$

(여기서 V, I : 실효값, ϕ : 위상차)

② **R에서 소비되는 유효전력** : $P = \dfrac{V^2}{R^2 + X^2}R$ [W]

$$\left\{P = I^2R = \left(\frac{V}{Z}\right)^2 R = \left(\frac{V}{\sqrt{R^2+X^2}}\right)^2 R = \frac{V^2}{R^2+X^2}R\right\}$$

5. 무효전력 P_r[Var](단상 기준)

교류 전체전력 중 전선로에 존재하지만 부하(수용가)에 전달되지 않는 전력 성분만을 나타내는 것이 무효전력입니다.

① **무효전력** : $P_r = I^2X = \dfrac{V^2}{X}$ [Var]

$$P_r = VI\sin\phi \text{ [Var]}$$

(여기서, V, I : 실효값, ϕ : 위상차)

② **X에서 발생하는 무효전력** : $P_r = \dfrac{V^2}{R^2 + X^2}X$ [Var]

$$\left\{P = I^2X = \left(\frac{V}{Z}\right)^2 X = \left(\frac{V}{\sqrt{R^2+X^2}}\right)^2 X = \frac{V^2}{R^2+X^2}X\right\}$$

핵심기출문제

어떤 회로에 전압 115[V]를 인가하였더니 유효전력이 230[W], 무효전력이 345[Var]를 지시한다면 회로에 흐르는 전류[A]의 값은 어느 것인가?

① 약 2.5 ② 약 5.6
③ 약 3.6 ④ 약 4.5

해설

피상전력

$P_a = \sqrt{P^2 + (P_r)^2}$
$= \sqrt{230^2 + 345^2}$
$= 414.6$[VA]이므로,

전류는 $P_a = V \cdot I$[VA]

$I = \dfrac{P_a}{V} = \dfrac{414.6}{115} \fallingdotseq 3.6$[A]

정답 ③

핵심기출문제

60[Hz], 100[V]의 교류전압이 200[Ω]의 전구에 인가될 때 소비되는 전력은 몇 [W]인가?

① 50 ② 100
③ 150 ④ 200

해설

$P = \dfrac{V^2}{R} = \dfrac{100^2}{200} = 50$[W]

정답 ①

핵심기출문제

저항 R, 리액턴스 X의 직렬회로에 전압 V를 가했을 때 소비되는 전력은?

① $\dfrac{V^2R}{\sqrt{R^2+X^2}}$

② $\dfrac{V}{\sqrt{R^2+X^2}}$

③ $\dfrac{V^2R}{R^2+X^2}$

④ $\dfrac{X}{R^2+X^2}$

해설

$R-X$ 직렬회로의 임피던스는 $Z = R + jX$[Ω]이고, 전류는 $I = \dfrac{V}{Z} = \dfrac{V}{\sqrt{R^2+X^2}}$[A]이다.

이때, 소비전력

$P = I^2 \cdot R = \left(\dfrac{V}{\sqrt{R^2+X^2}}\right)^2 R$
$= \dfrac{V^2R}{R^2+X^2}$[W]

정답 ③

3상 기준 교류피상전력

① 피상전력 $P=3VI$ [VA]

Z에서 피상전력 $P_a=3I^2Z=3\dfrac{V^2}{R^2+X^2}Z$ [VA]

$$\left\{P_a=3I^2Z=3\left(\frac{V}{Z}\right)^2Z=3\left(\frac{V}{\sqrt{R^2+X^2}}\right)^2Z=3\frac{V^2}{R^2+X^2}Z\right\}$$

② 유효전력 $P=3I^2R=3\dfrac{V^2}{R}$ [W]

- R에서 소비되는 전력 $P=3I^2R=3\dfrac{V^2}{R^2+X^2}R$[W]

$$\left\{P_a=3I^2R=3\left(\frac{V}{Z}\right)^2R=3\left(\frac{V}{\sqrt{R^2+X^2}}\right)^2R=3\frac{V^2}{R^2+X^2}R\right\}$$

- 3상 중 1상의 유효전력 $P=\sqrt{3}\,VI\cos\phi$ [W] (여기서, ϕ : 위상차)

③ 무효전력 $P_r=3I^2X=3\dfrac{V^2}{X}$ [Var]

- X에 의한 전력 $P_r=3I^2X=3\dfrac{V^2}{R^2+X^2}X$[Var]

$$\left\{P_a=3I^2X=3\left(\frac{V}{Z}\right)^2X=3\left(\frac{V}{\sqrt{R^2+X^2}}\right)^2X=3\frac{V^2}{R^2+X^2}X\right\}$$

- 3상 중 1상의 무효전력 $P_r=\sqrt{3}\,VI\sin\phi$ [Var] (여기서, ϕ : 위상차)

핵심기출문제

어느 회로의 전압과 전류가 각각 $v=50\sin(\omega t+\theta)$[V], $i=4\sin(\omega t+\theta-30)$[A]일 때, 무효전력[Var]은 얼마인가?

① 100 ② 86.6
③ 70.7 ④ 50

해설

무효전력

$$P_r=VI\sin\phi=\frac{V_m}{\sqrt{2}}\frac{I_m}{\sqrt{2}}\sin\phi=\frac{50\times4}{2}\sin(0-(-30))=100\sin30=50[\text{Var}]$$

정답 ④

02 역률과 역률 개선

1. 역률의 의미

역률은 '전력 **효율**'을 줄인 말입니다.

교류전기는 리액턴스(X) 성분으로 인해, 발전기에서 만든 전력 중 일부는 부하(수용가)로 전달되고 일부는 수용가로 전달되지 않습니다. 이것이 교류전력에 대해서 피상전력(P_a), 유효전력(P), 무효전력(P_r)으로 표현하는 이유입니다.

피상(P_a)은 입력, 유효(P)는 출력, 무효(P_r)는 손실을 의미하기 때문에, 자연적으로 전력의 입력 대비 출력인 효율을 따지게 됩니다.

효율 산출 기본식$\left[\text{효율}=\dfrac{\text{출력}}{\text{입력}}\right]$을 이용하여, 다음과 같이 전체 전력 대비 유효율과 무효율을 나타냅니다.

① **유효율** $\cos\theta=\dfrac{\text{유효전력}}{\text{피상전력}}=\dfrac{P\,[\text{W}]}{P_a\,[\text{VA}]}$

② **무효율** $\sin\theta=\dfrac{\text{무효전력}}{\text{피상전력}}=\dfrac{P_r\,[\text{Var}]}{P_a\,[\text{VA}]}$

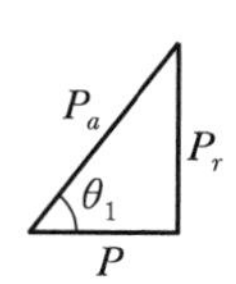

핵심기출문제

어떤 회로의 유효전력이 80[W], 무효전력이 60[Var]이면 역률은 몇 [%]인가?

① 50 ② 70
③ 80 ④ 90

해설

회로의 역률

$$\cos\theta = \frac{P}{P_a} = \frac{P}{\sqrt{P^2 + (P_r)^2}} = \frac{80}{\sqrt{80^2 + 60^2}} = 0.8 \rightarrow 80[\%]$$

정답 ③

위 삼각형 그림은 피상분, 유효분, 무효분의 특성을 시각적으로 보기 쉽게 삼각함수 해석이 가능한 '전력 삼각형'으로 나타냈습니다. 전력 삼각형을 이용하여 전력을 쉽게 해석할 수 있습니다.

2. 역률 개선

① 역률 개선방법

역률($\cos\theta$)은 전력효율을 의미합니다. 그리고 발전소가 전기를 만드는 목적은 부하(수용가)에 전력을 보내는 것입니다. 만약 발전기에서 생산한 모든 전력이 부하(수용가)로 100[%] 전달되어 손실이 없다면, 역률을 따지지 않습니다. 하지만 전선로에서 부하(수용가)로 전달되지 않는 손실[무효전력(P_r)]이 존재하므로 효율($\cos\theta$)을 따지게 됩니다.

여기서, 역률을 높이기 위해서는 무효전력(P_r)을 줄여야 합니다. 무효전력을 줄이기 전 낮은 역률로부터 무효전력을 줄인 후 전력효율이 높아진 역률을 '역률 개선'이라고 부릅니다. 전력품질을 높이기 위해서 그리고 소비자 입장에서 전기세를 줄이기 위해서는 역률 개선이 필요합니다.

역률을 개선하는 방법은, 기존의 무효분[Var] 수치를 더 낮은 무효분[Var] 수치로 만드는 것입니다. 이런 방법으로 역률을 개선하기 위해 수용가의 전력선(적산전력량계 이전 구간)에 단상이든 3상이든 구분 없이 전력선과 병렬로 콘덴서를 설치함으로서 무효분[Var]을 줄일 수 있습니다. 이때 역률 개선 용도로 설치할 콘덴서 용량 Q_c은 다음과 같습니다.

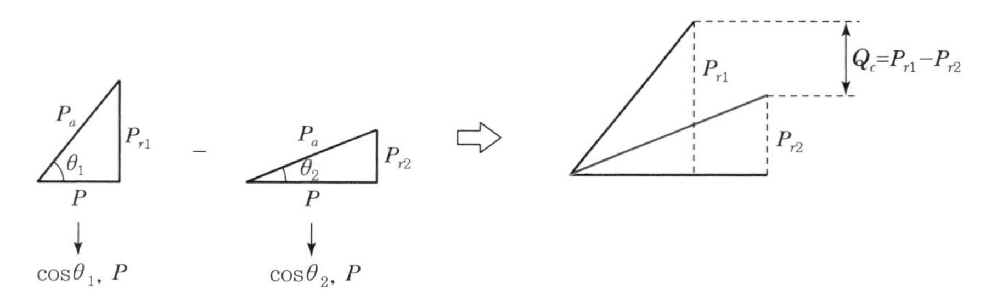

〖역률 개선 원리와 역률 개선용 콘덴서용량〗

- 무효전력(P_r) 구간의 길이를 줄여야 한다.
- 역률 개선을 위한 무효전력 구간은 전력 삼각형의 $\tan\theta$ 각도에 해당된다.
- $\tan\theta = \dfrac{P_r}{P} \xrightarrow{\text{재정리}} P_r = P\tan\theta = P\dfrac{\sin\theta}{\cos\theta}$ [VA]

역률 개선용 콘덴서용량

$$Q_c = P_{r1} - P_{r2} = P\left(\frac{\sin\theta_1}{\cos\theta_1} - \frac{\sin\theta_2}{\cos\theta_2}\right)[\text{VA}]$$

$$\left\{ Q_c = P_{r1} - P_{r1} = P\tan\theta_1 - P\tan\theta_2 = P\frac{\sin\theta_1}{\cos\theta_1} - P\frac{\sin\theta_2}{\cos\theta_2} \right\}$$

여기서, $\tan\theta_1$: 역률 개선 전의 무효율

$\tan\theta_2$: 역률 개선 후의 무효율

역률 개선용 콘덴서 용량(Q_c)는 무효전력에서 무효전력을 빼는 것이므로 [Var] 단위가 맞습니다. 하지만 역률 개선용 콘덴서의 실제 사용 목적은 전력용량, 전력량을 높이는 것이므로 용량의 의미를 갖는 [VA]를 역률 개선용 콘덴서 단위로 사용합니다.

② **역률 개선 후 장점**

- 소비자 입장에서 전기세 요금이 줄어든다. [이유] → 수용가의 전력을 소비하는 기기는 항상 유효전력(P)만을 사용하므로 수용가 입장에서는 역률 개선 전이나 개선 후나 같은 소비전력을 소비한다. 하지만 역률 개선 전 수용가로 유입되는 전력량이 역률 개선 후 수용가로 유입되는 전력량보다 많으므로, 역률 개선을 하지 않으면 소비자는 상대적으로 많은 전기세를 지출한다.
- 수용가에 전력을 공급하는 변압기의 실제 사용가능 용량이 증가한다.
- 모든 수용가의 역률이 일정 수준(95[%]) 이상이면, 한국전력도 전력계통을 정전 없이 안정적으로 운영할 수 있으므로 불필요한 발전소 건설을 피할 수 있다(참고로 화력 발전소 기본 2기 건설 시 약 2조 원의 국가예산을 사용한다).

03 복소전력(Phasor Power, 페이저 전력) 계산

1. 복소(Phasor : 페이저)

'복소'의 의미는 진동하는 벡터를 진폭의 크기와 위상으로 나타내는 방법입니다. 음향영역에서 소리의 진동이나 전기영역의 교류의 진동이 복소수학을 사용하는 대표적인 경우입니다. 페이저 복소는 진동하는 교류를 수식으로 표현하기 좋고, 눈에 보이지 않는 전력을 시각적으로 복소평면에 나타낼 수 있습니다.

핵심기출문제

전력용 콘덴서에서 얻을 수 있는 전류는 어떤 전류인가?

① 지상전류 ② 진상전류
③ 동산전류 ④ 영상전류

해설

전력용 콘덴서에 흐르는 전류 = 앞선 전류 = 충전전류 = 진상전류

정답 ②

핵심기출문제

어느 수용가의 유효전력 3000[kW], 역률 80[%](뒤짐)의 전력을 공급하고 있다. 전력용 콘덴서를 설치하여 수용가의 역률을 90[%]로 향상시키는 데 필요한 전력용 콘덴서의 용량[kVA] 계산방법으로 틀린 것은?

① $P_{r1} - P_{r1}$

② $P\left(\frac{\sqrt{1-\cos^2\theta_1}}{\cos\theta_1} - \frac{\sqrt{1-\cos^2\theta_2}}{\cos\theta_2}\right)$

③ $P\left(\frac{\sin\theta_1}{\cos\theta_1} - \frac{\sin\theta_2}{\cos\theta_2}\right)$

④ $Q_1\tan\theta_1 - Q_2\tan\theta_2$

해설

$Q_c = P_{r1} - P_{r1}$

$= P\tan\theta_1 - P\tan\theta_2$

$= P\left(\frac{\sin\theta_1}{\cos\theta_1} - \frac{\sin\theta_2}{\cos\theta_2}\right)[\text{VA}]$

정답 ④

수학적으로 복소수(실수와 허수로 이루어진 수)를 표현하는 4가지 형식

① 복소수의 직각좌표 형식 : $\dot{Z}=a+jb$ $\begin{pmatrix} a=Z\cos\theta \\ b=Z\sin\theta \end{pmatrix}$

② 복소수의 삼각함수 형식 : $\dot{Z}=Z(\cos\theta+j\sin\theta)$

③ 복소수의 극형식 형식 : $\dot{Z}=Z\angle\theta$ $\begin{pmatrix} |\dot{Z}|=\sqrt{a^2+b^2} \\ \theta=\tan^{-1}\frac{b}{a} \end{pmatrix}$

④ 복소수의 지수함수 형식 : $\dot{Z}=A\,e^{\pm j\theta}$ $\begin{bmatrix} =A\angle\pm\theta \\ =A\cos\theta+jA\sin\theta \end{bmatrix}$

이러한 복소(Phasor, Complex) 표현은 나중에 복소수, 복소함수, 복소평면 형태로 14장 이후에 라플라스(Laplace)와 제어공학 과목 전반에 걸쳐서 사용합니다.

2. 복소전력 : 복소수와 켤레(Conjugate)를 이용한 전력 표현

복소전력은 진동하는 교류전력을 복소수로 표현하고, 동시에 교류 전압－전류 사이의 위상차로 인한 지상(Lagging)과 진상(Leading)까지도 표현하고 계산할 수 있는 전력 표현방법입니다.

복소수로 표현되는 교류전력 $P=\dot{V}\,\dot{I}\,[\mathrm{VA}]$에 켤레(=공액)을 취하면 다음과 같은 복소전력 표현이 됩니다. → 공액 기호 : $\overline{}$, 켤레 기호 : $*$

(공액 또는 켤레 기호가 있는 벡터의 허수부 기호를 반대로 바꾼다.)

① **공액기호로 복소전력을 표시한 경우** : 복소전력 $P_a=\overline{\dot{V}}\cdot\dot{I}\,[\mathrm{VA}]$

② **켤레기호로 복소전력을 표시한 경우** : 복소전력 $P_a=\dot{V}^*\cdot\dot{I}\,[\mathrm{VA}]$

공액기호($\overline{\dot{V}}$)와 켤레기호($\dot{V}^*$)는 동일한 의미이므로 둘 중 하나만 사용하면 됩니다(본 내용에서는 편의상 켤레복소수로 전압, 전류를 표현함).

3. 복소전력 계산방법

전압벡터 $\dot{V}=10+j20\,[\mathrm{V}]$, 전류벡터 $\dot{I}=30+j40\,[\mathrm{A}]$일 때, 이 전력의 속성(유도성 전력인지, 용량성 전력인지)은 복소전력으로 계산하여 알아낼 수 있습니다.

(1) 전압벡터($\dot{V}$)에 켤레를 취할 경우

$$P_a=\dot{V}^*\cdot\dot{I}=(\overline{10+j20})\cdot(30+j40)$$
$$=(10-j20)\cdot(30+j40)=1100-j200\,[\mathrm{VA}]$$

- 결과값의 허수부가 양의 부호($a+jb$)라면, $j200$는 진상의 용량성 무효전력
- 결과값의 허수부가 음의 부호($a-jb$)라면, $j200$는 지상의 유도성 무효전력

그러므로 유효전력은 1100 [W], 무효전력은 유도성의 200 [Var] 이다.

(2) 전류벡터($\dot{I}$)에 켤레를 취할 경우

$$P_a = \dot{V} \cdot \dot{I}^* = (10 + j20) \cdot (\overline{30 + j40})$$
$$= (10 + j20) \cdot (30 - j40) = 1100 + j200 \text{ [VA]}$$

- 결과값의 허수부가 양의 부호($a + jb$)라면, $j200$는 지상의 유도성 무효전력
- 결과값의 허수부가 음의 부호($a - jb$)라면, $j200$는 진상의 용량성 무효전력

그러므로 유효전력은 1100 [W], 무효전력은 유도성의 200 [Var]

여기서, 켤레(*)를 전압벡터($\dot{V}$)에 취하든 전류벡터($\dot{I}$)에 취하든 계산 결과는 같습니다.

(3) 복소전력 정리

① 전압에 대한 켤레 계산 결과

$P_a = \overline{\dot{V}} \cdot \dot{I} = P + jQ$ 결과일 때

→ Q은 용량성 무효전력을 의미 ($P_r = Q$)

$P_a = \overline{\dot{V}} \cdot \dot{I} = P - jQ$ 결과일 때 → Q은 유도성 무효전력을 의미

② 전류에 대한 켤레 계산 결과

$P_a = \dot{V} \cdot \overline{\dot{I}} = P + jQ$ 결과일 때 → Q은 유도성 무효전력을 의미

$P_a = \dot{V} \cdot \overline{\dot{I}} = P - jQ$ 결과일 때 → Q은 용량성 무효전력을 의미

4. 복소전력으로 교류전력을 계산할 때의 장점

벡터(크기와 방향을 가진 값)로 표현된 교류전력이 있을 때, 켤레복소수를 이용하여 계산하면, 단 한 번의 계산으로 교류전력의 유도성 전력 혹은 용량성 전력을 판단할 수 있습니다.

만약 아래의 예처럼 복소수로 표현된 교류전력을 켤레(*)를 이용하지 않고 계산하면, 그 결과값은 유도성(X_L) 전력인지 용량성(X_C) 전력인지 구분할 수 없습니다.

예 $P = \dot{V}\dot{I} = (10 + j20)(10 - j20) = -400 + j700$ (유도성? 용량성?)

혹은 교류전력을 삼각함수 형식($VI\cos\theta$, $VI\sin\theta$)으로 표현하여 계산하면, 벡터 연산 과정이 복소전력 계산보다 길어지고 복잡해지는 단점이 있습니다.

반면, 켤레(*)를 적용하여 교류전력을 계산하면, 켤레 위치와 결과값의 허수부 부호로 전력의 속성을 판단할 수 있습니다.

핵심기출문제

$V = 100 + j30$[V]의 전압을 어떤 회로에 가하니 $I = 16 + j3$[A]의 전류가 흘렀다. 이 회로에서 소비되는 유효전력[W] 및 무효전력[Var]은 각각 얼마인가?

① 1690, 180 ② 1510, 780
③ 1510, 180 ④ 1690, 780

해설

$P_a = \dot{V} \cdot \overline{\dot{I}}$
$= (100 + j30)(16 - j3)$
$= 1690 + j180$[VA]

∴ 유효전력 P 1690[W], 무효전력 P_r 유도성의 180[Var]

정답 ①

핵심기출문제

$V = 100\angle 60$[V], $I = 20\angle 30$[A]일 때 유효전력[W]은 얼마인가?

① $1000\sqrt{2}$ ② $1000\sqrt{3}$
③ $\frac{2000}{\sqrt{2}}$ ④ 2000

해설

복소전력 계산을 통해 알 수 있다.

복소전력 $P_a = \dot{V} \cdot \overline{\dot{I}}$

$P_a = \dot{V} \cdot \overline{\dot{I}}$
$= 100\angle 60 \times 20\angle -30$
$= 100 \times 20\angle 60 - 30$
$= 2000\angle 30$
$= 2000(\cos 30 + j\sin 30)$
$= 1000\sqrt{3} + j1000$ [VA]

∴ 유효전력 $1000\sqrt{3}$[W], 유도성의 무효전력 1000[Var]이다.

정답 ②

✠ 전기공학박사(연세대) 오용택 교수 및 한국전력공사(Kepco)의 재무제표와 손익계산서를 참고 하였다.

04 최대전력 전송조건

교류 동기발전기 두 대가 들어간 화력발전소 하나를 건설하는 데 드는 비용은 약 2조 원이고, 건설기간은 건설 초기부터 상용운전까지 약 6년이 걸립니다. 발전소 건설을 완공하고 상용운전하며 발전기를 가동하기 위해 소비하는 원료(석탄, 천연가스, 석유) 값과 발전하는 데 필요한 급수시설, 보일러 시설 등에 소요되는 비용까지 고려하면, 500[MWh] 발전기 두 대를 가동하여 운영하는 데 하루 24시간 동안 약 15억 원～100억 원의 비용이 발생합니다.

이렇게 비싼 건설비와 비싼 운영비용으로 발전소를 운영합니다. 때문에 발전기에서 수용가로, 변전소의 변전기에서 수용가로, 배전선로의 배전용 변압기에서 수용가로 손실이 없도록 전력을 보내는 것, 최대한 많은 전력을 보내는 것은 매우 중요한 일입니다.

그래서 전원측(발전기 또는 변압기) 전력(P_a)을 수용가(부하)측으로 최대한 많은 전력을 보낼 수 있도록 하는 조건을 발견하였습니다. 그것이 '최대전력 전송조건'입니다.

최대전력 전송(전달)조건 : 내부저항 [Ω] = 외부저항 [Ω]

이 조건을 만족하면, 교류(AC)에서든 직류(DC)에서든 손실을 최소로 줄이고, 최대한 많은 전력을 수용가로 공급할 수 있습니다.

1. 최대전력 전송조건(직류전력의 경우)

(1) 직류에서 최대전력 전송조건

$R_S = R_L$ 또는 $(R_r + R_\rho) = R_L$

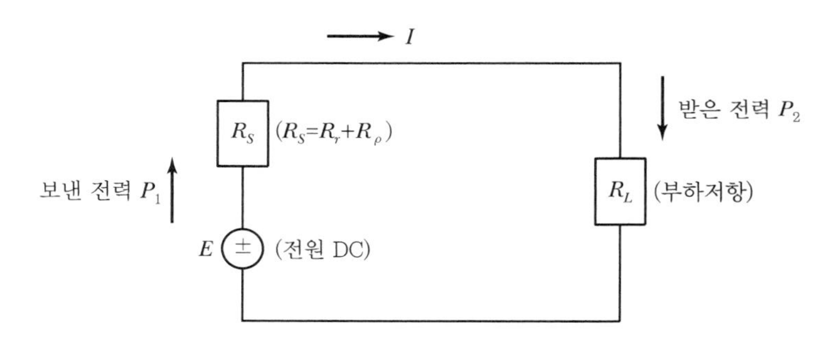

여기서, R_S : 전원측 전체 저항 [Ω]　　R_r : 전원의 내부저항 [Ω]
R_ρ : 선로의 고유저항 [Ω]　　R_L : 전력을 소비하는 부하저항 [Ω]

(2) 최대전력 전송조건일 때, 부하에 걸리는 최대전력($P_{\max}$)

$$P_{\max} = \frac{V^2}{4R_0} \text{ [W]}$$

여기서, R_0 : 전체 합성저항

$$\left[\begin{array}{l} \rightarrow P_{max} = \dfrac{V^2}{R} = \dfrac{\left(\dfrac{V}{2}\right)^2}{R} = \dfrac{\left(\dfrac{V^2}{4}\right)}{R} = \dfrac{V^2}{4R}\,[\mathrm{W}] \\ \rightarrow P_{max} = I^2 R = \left(\dfrac{V}{R}\right)^2 R = \left(\dfrac{\dfrac{V}{2}}{R}\right)^2 R = \left(\dfrac{V}{2R}\right)^2 R = \dfrac{V^2}{4R}\,[\mathrm{W}] \end{array}\right]$$

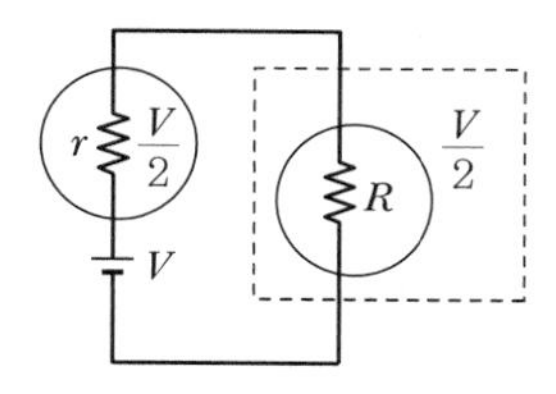

최대전력 전송조건 $R_S = R_L$ 과 부하의 소비전력 $P = I^2 R = \left(\dfrac{V}{R_0}\right)^2 R\,[\mathrm{W}]$을 이용하여 회로의 내부저항과 외부저항이 같을 때, 실제로 전력이 최대로 전송되는지 간단히 확인해보면 다음과 같습니다.

'내부저항 [Ω] = 외부저항 [Ω]' 조건에서 전원전압[V]과 전원측 저항 R_S 값을 고정시키고, 외부저항 R_L 값만을 변화시켜, 동일한 전원공급 아래 전원측 저항과 부하측 저항의 비율에 따라 부하측에 공급되는 전력값이 어떻게 바뀌는지 보겠습니다.

전원[V] → (고정)	$(R_r + R_p)$ [Ω] → (고정)	R_L [Ω] → (가변)
220 [V]	10 [Ω]	1 [Ω]
220 [V]	10 [Ω]	5 [Ω]
220 [V]	10 [Ω]	10 [Ω]
220 [V]	10 [Ω]	15 [Ω]
220 [V]	10 [Ω]	20 [Ω]

- 1 [Ω]의 경우, $P_{max} = \left(\dfrac{V}{R_0}\right)^2 R = \left(\dfrac{220}{10+1}\right)^2 \times 1 = 400\,[\mathrm{W}]$
- 5 [Ω]의 경우, $P_{max} = \left(\dfrac{V}{R_0}\right)^2 R = \left(\dfrac{220}{10+5}\right)^2 \times 5 = 1075.5\,[\mathrm{W}]$
- 10 [Ω]의 경우, $P_{max} = \left(\dfrac{V}{R_0}\right)^2 R = \left(\dfrac{220}{10+10}\right)^2 \times 10 = 1210.0\,[\mathrm{W}]$

  → 소비전력이 가장 높다.
- 15 [Ω]의 경우, $P_{max} = \left(\dfrac{V}{R_0}\right)^2 R = \left(\dfrac{220}{10+15}\right)^2 \times 15 = 1161.6\,[\mathrm{W}]$

핵심기출문제

내부 임피던스 $Z_g = 0.3 + j2\,[\Omega]$인 발전기에 선로 임피던스 $Z_l = 1.7 + j3\,[\Omega]$가 연결되어, 부하측에 전력을 공급하고 있다. 이때, 부하 임피던스 $Z_L\,[\Omega]$가 어떤 값을 취할 때 부하에서 소비되는 전력이 최대전력으로 소비되겠는가?

① $2 - j5$　② $2 + j5$
③ 2　④ $\sqrt{2^2 + 5^2}$

해설

교류발전기의 내부 임피던스와 선로 임피던스의 합이 전원 임피던스 $Z_S[\Omega]$이고, 합성 전원 임피던스

$Z_S = Z_g + Z_l$
$= (0.3 + j2) + (1.7 + j3)$
$= 2 + j5\,[\Omega]$이 된다.

여기서, 교류의 최대전력 전송조건 $Z_S = \overline{R_L}$을 적용하면

$(2 + j5) = (2 - j5)$이 되므로,

$\therefore Z_L = 2 - j5\,[\Omega]$

정답 ①

• 20 [Ω] 의 경우, $P_{\max} = \left(\frac{V}{R_0}\right)^2 R = \left(\frac{220}{10+20}\right)^2 \times 20 = 1075.5\,[\mathrm{W}]$

결론, R_S값과 R_L값이 같을 때 ($R_S = R_L$) 부하측은 가장 많은 전력을 소비합니다.

2. 최대전력 전송조건(교류전력의 경우)

교류전력은 복소전력에서 사용한 켤레복소수를 적용하여 공액 또는 켤레를 취해줍니다.

(1) 직류에서 최대전력 전송조건

$Z_S = \overline{Z_L}$ 또는 $(r+jx) = (\overline{R+jX})$, $(r+jx) = (R-jX)$

(2) 최대전력 전송조건일 때, 부하에 걸리는 최대전력

$$P_{\max} = \frac{V^2}{4R_0}\,[\mathrm{W}]$$

여기서, R_0 : 전체 합성저항

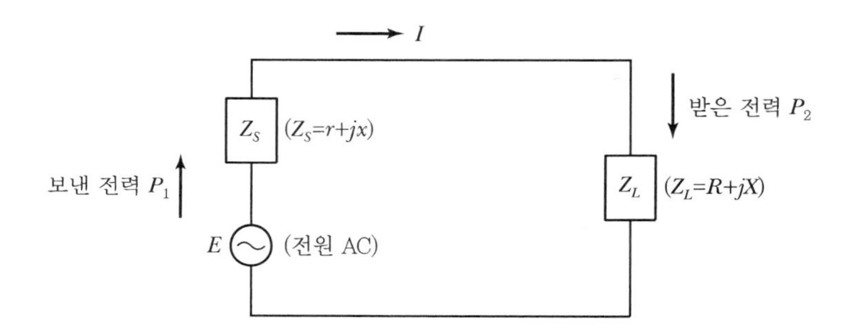

여기서, Z_S : 전원측 전체저항 [Ω]
r : 전원의 내부저항 [Ω]
jx : 전원의 내부 리액턴스 [Ω]
R : 부하의 저항 [Ω]
jX : 부하의 리액턴스 [Ω]

교류 220[V]를 사용하는 가정집에서 가전제품이 소비하는 전력을 최대로 공급받게 하기 위해서 최대전력 전송조건을 만족시키려면, 전원측 저항값(변압기나 배선용차단기부터 가전제품까지 전체 선로 저항값)과 사용하려는 가전제품의 저항값이 서로 같아야 합니다. 하지만 실제로 가정집의 전원측 내부저항과, 선로 저항이 크지 않기 때문에 각 가전기기들의 내부저항이 작은 (또는 1등급 기기 효율) 가전제품을 사용하는 것이 가전기기와 전자기기를 가장 효율적으로 사용하는 방법입니다.

요약정리

1. 교류회로의 전력 표현

① **순시전력** : $p = \frac{1}{2}E_m I_m [\cos(\theta_v - \theta_i) + \cos(2\omega t + \theta_v + \theta_i)]$ [W]

② **평균전력** : $P_{av} = \sqrt{\frac{\int_0^T p_{(t)}\,dt}{T}} = \frac{1}{2}E_m I_m \cos(\theta_v - \theta_i)$ [W]

- 저항의 평균전력 $P_{av} = \frac{1}{2}E_m I_m$ [W]
- 리액턴스의 평균전력 $P_{av} = \frac{1}{2}E_m I_m \cos 90° = 0$ [W]

③ **피상전력(단상 기준)**

- DC의 피상전력 $P = VI$ [VA], [W]
- AC의 피상전력 $P_a = VI$ [VA] 또는 $P_a = P \pm jP_r$ [VA]

  Z에서 소비되는 피상전력 $P = \frac{V^2}{R^2 + X^2} Z$ [VA]

④ **유효전력(단상 기준)**

- $P = I^2 R = \frac{V^2}{R}$ [W] 또는 $P = VI\cos(\theta_v - \theta_i) = VI\cos\phi$ [W]

  R에서 소비되는 전력 $P = I^2 R = \frac{V^2}{R^2 + X^2} R$ [W]

⑤ **무효전력(단상 기준)**

- $P_r = I^2 X = \frac{V^2}{X}$ [Var] 또는 $P_r = VI\sin\phi$ [Var]

  X에서 발생하는 전력 $P_r = \frac{V^2}{R^2 + X^2} X$ [Var]

⑥ **(3상 기준) 교류전력**

- 피상전력 $P_a = 3VI$ [VA] 또는 $P_a = 3I^2 Z = 3\frac{V^2}{R^2 + X^2} Z$ [VA]

- 유효전력 $P = 3I^2R = 3\frac{V^2}{R}$ [W] 또는 $P = 3I^2R = 3\frac{V^2}{R^2+X^2}R$ [W]

  3상 중 1상의 유효전력 $P = \sqrt{3}\,VI\cos\phi$[W] (ϕ : 위상차)

- 무효전력 $P_r = 3I^2X = 3\frac{V^2}{X}$ [Var] 또는 $P_r = 3I^2X = 3\frac{V^2}{R^2+X^2}X$[Var]

  3상 중 1상의 무효전력 $P_r = \sqrt{3}\,VI\sin\phi$ [Var] (ϕ : 위상차)

2. 역률과 역률 개선

① 역률 계산

- 유효율 $\cos\theta = \frac{\text{유효전력}}{\text{피상전력}} = \frac{P[\text{W}]}{P_a[\text{VA}]}$
- 무효율 $\sin\theta = \frac{\text{무효전력}}{\text{피상전력}} = \frac{P_r[\text{Var}]}{P_a[\text{VA}]}$

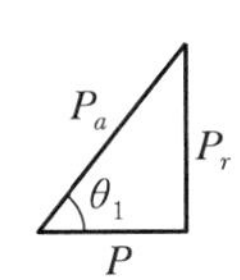

② 역률 개선 계산

역률 개선용 콘덴서용량 $Q_c = P\frac{\sin\theta_1}{\cos\theta_1} - P\frac{\sin\theta_2}{\cos\theta_2} = P\left(\frac{\sin\theta_1}{\cos\theta_1} - \frac{\sin\theta_2}{\cos\theta_2}\right)$[VA]

3. 복소전력 계산

① 전압에 대한 켤레 계산 결과

- $P_a = \overline{\dot{V}} \cdot \dot{I} = P + jQ$ 결과일 때 → Q은 용량성 무효전력($P_r = Q$)
- $P_a = \overline{\dot{V}} \cdot \dot{I} = P - jQ$ 결과일 때 → Q은 유도성 무효전력

② 전류에 대한 켤레 계산 결과

- $P_a = \dot{V} \cdot \overline{\dot{I}} = P + jQ$ 결과일 때 → Q은 유도성 무효전력
- $P_a = \dot{V} \cdot \overline{\dot{I}} = P - jQ$ 결과일 때 → Q은 용량성 무효전력

4. 최대전력 전송조건

최대전력 전송(전달)조건 : 내부저항[Ω] = 외부저항[Ω]

① 직류전력의 경우 $R_S = R_L$

② 교류전력의 경우 $Z_S = \overline{Z_L}$ → $(r + jx) = \overline{(R + jX)}$ 또는 $(r + jx) = (r - jx)$

③ 최대전력 전송조건일 때, 부하에 걸리는 최대전력 : $P_{\max} = \frac{V^2}{4R_0}$ [W] (AC/DC 공통 수식)

핵 / 심 / 기 / 출 / 문 / 제

01 어떤 코일의 임피던스를 측정하고자 직류전압 100[V]를 가했더니 500[W]가 소비되고, 교류전압 150[V]를 가했더니 720[W]가 소비되었다. 이 코일의 저항[Ω]과 리액턴스[Ω]는?

① $R=20,\ X=15$
② $R=15,\ X=20$
③ $R=25,\ X=20$
④ $R=30,\ X=25$

해설

• 직류 : $P=\frac{V^2}{R}$[W] → $R=\frac{V^2}{P}=\frac{100^2}{500}=20[\Omega]$

• 교류 : $P=\frac{V^2 R}{R^2+X^2}$[W]

→ $720=\frac{150^2\times 20}{20^2+X^2}$ → $X=\sqrt{\frac{150^2\times 20}{720}-20^2}=15[\Omega]$

02 최대값 V_0, 내부 임피던스 $Z_0=R_0+jX_0\,(R_0>0)$인 전원에서 공급할 수 있는 최대전력은?

① $\frac{V_0^2}{8R_0}$
② $\frac{V_0^2}{4R_0}$
③ $\frac{V_0^2}{2R_0}$
④ $\frac{V_0^2}{2\sqrt{2}R_0}$

해설

저항이 실수부와 허수부가 있으므로 교류회로이고, 교류는 정현파로 진동하는 전기 속성을 갖고 있다. 교류회로에서 최대전력 전송조건은 $Z_S=\overline{R_L}$이고, 실효값으로 나타낸 최대전력이 부하로 전송되는 소비전력은(단, V는 실효값, V_0는 최대값),

$$P_{\max}=\frac{V^2}{4R_0}=\frac{\left(\frac{V_0}{\sqrt{2}}\right)^2}{4R_0}=\frac{V_0^2}{8R_0}[\mathrm{W}]$$

정답 01 ① 02 ①

CHAPTER 07 인덕턴스 회로

01 인덕턴스 개요

인덕턴스(L)는 전류가 흐르는 솔레노이드 코일의 자기장(Φ) 발생과 유기기전력(e) 발생(코일의 전기적 · 자기적 능력) 능력을 수치로 나타낸 것입니다. 그래서 인덕턴스는 (솔레노이드) 코일을 대신하는 용어로 사용됩니다.

솔레노이드 코일의 전기적 · 자기적 능력을 보여주는 대표적인 경우는 발전기 및 전동기의 계자와 전기자, 변압기의 1 · 2차 측 권수비에 의한 변압입니다. 다시 말해, 발전기 발전 전력량, 전동기의 토크, 변압기의 변압은 솔레노이드 코일량과 직접적으로 연관됩니다. 이런 솔레노이드 코일의 전기 · 자기적 크기를 수치로 나타낼 수 있는 것은 인덕턴스(L)밖에 없습니다.

✠ 자로
투과율(μ)이 존재하여 자속(Φ)을 흘릴 수 있는 길로, 주로 비투자율(μ_s)이 큰 금속물질이 자로로 사용된다.

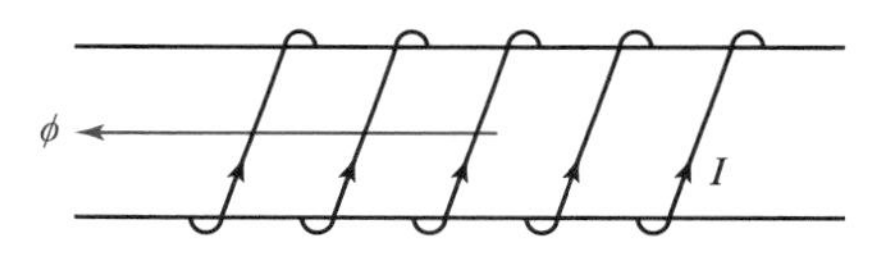

자로에 솔레노이드 코일이 감겨 전류가 흐르고 있다.

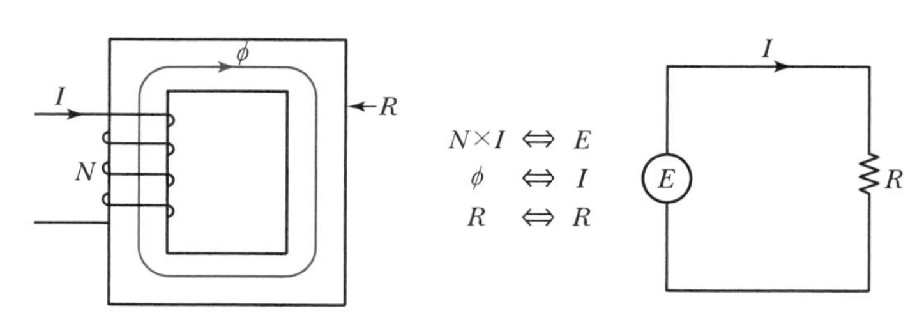

〚 자기회로와 전기회로 비교 〛

인덕턴스(L) 솔레노이드 코일에 흘린 전류량(I) 대비 발생한 자기량(ϕ)과 유기기전력(e)을 비율로 나타냅니다. 이 내용을 논리적으로 나타내면 다음과 같습니다.

인덕턴스의 전기적 · 자기적 능력 : $LI = N\Phi$

- 코일(L)에 전류(I)를 흘리면, 권수(N)에 비례한 자기장(ϕ)이 발생하고,
- 자기장($N\phi$)이 존재하는 곳의 코일(L)에는 전류(I)가 흐른다.

$$e = \frac{LI}{t} \rightarrow e \propto LI$$

핵심기출문제

환상 철심의 코일수를 10배로 하였다면 인덕턴스의 값은 몇 배가 되는가?

① 1배로 증가
② 10배로 증가
③ 100배로 증가
④ 1000배로 증가

해설
환상 철심의 인덕턴스
$L \propto N^2 = 10^2 = 100$

정답 ③

코일에 전류(LI)가 흘러 유기기전력(e)이 발생한다고 표현할 수도 있고, 전류에 의해 발생한 자기장이 권수($N\phi$)에 비례하여 유기기전력(e)이 발생한다고 표현할 수도 있습니다.

LI 또는 $N\phi$에 의한 유기기전력 $e = -L\dfrac{di}{dt} = -N\dfrac{d\phi}{dt}$ [V]

그래서 근원적으로 자기장(H_p), 유기기전력(e) 모두는 인덕턴스(L)에 의해 발생합니다.
투자율(μ_s)이 존재하는 자로에 코일을 감아 코일에 전류를 흘리면 자로를 통해 자기장(자속 ϕ)이 이동합니다. 이것이 자기회로이며, 자기회로에는 자속의 흐름을 방해하는 자기저항(R_m)이 있습니다.

- 자기저항 $R_m = \dfrac{l}{\mu A}$ [AT/Wb]
- 인덕턴스 $L = \dfrac{N\Phi}{I}$ [H] (자기회로에서 나타나는 관계식)
  ($F = NI$ [AT], $F = \Phi \cdot R_m$ [AT])
- 인덕턴스 $L = \dfrac{\mu A N^2}{l}$ [H] (코일소자의 구조로 나타낸 관계식)
- 코일(인덕턴스 L)에 전류를 흘려 발생하는 전자에너지(W)
  $W = \dfrac{1}{2}LI^2$ [J]
- (솔레노이드) 코일 실제 모습 :
- (솔레노이드) 코일 기호 :
- 인덕턴스(L) 단위 : 헨리 [H]

02 자기 인덕턴스(L)와 상호 인덕턴스(M)

인덕턴스는 솔레노이드 코일에서 흘린 전류(LI)에 의해 얼마만큼의 자속($N\phi$)이 발생되는가를 수치(H)로 나타낸 것입니다. 여기서 인덕턴스를 두 가지로 구분합니다.

① **자기 인덕턴스** : 코일에 전류가 흐르고, 코일 자신이 자속(ϕ)을 만든 인덕턴스
　자기 인덕턴스 $L = \dfrac{N\Phi}{I}$ [H]

② **상호 인덕턴스** : 코일에 전류가 흐르지 않고, 다른 코일에서 발생한 자속(ϕ)으로부터 영향을 받아 (전자유도에 의해 유도된) 자속이 생긴 코일의 인덕턴스
　상호 인덕턴스 $M = \dfrac{N\Phi}{I}$ [H]

핵심기출문제

어느 코일에 흐르는 전류가 0.01[s] 동안에 1[A] 변화하여 60[V]의 기전력이 유기되었다. 이 코일의 자기 인덕턴스[H]는?

① 0.4　② 0.6
③ 1.0　④ 1.2

해설
코일의 전류가 시간적으로 변화할 때 코일에 유기되는 기전력

$e = L\dfrac{dI}{dt}$ [V]

$\therefore L = e \cdot \dfrac{dt}{dI}$

$= 60 \times \dfrac{0.01}{1} = 0.6$ [H]

정답 ②

PART 03

핵심기출문제

인덕턴스 단위[H]와 같은 단위는?

① [F]　② [V/m]
③ [A/m]　④ [Ω · sec]

해설
자기유도현상에 의해 코일에 유도되는 기전력은 $e = -L\dfrac{di}{dt}$ [V]
이 관계식에서 단위의 관계는

$[V] = [H]\dfrac{[A]}{[sec]}$

$\therefore [H] = [V]\dfrac{[sec]}{[A]}$

$= \dfrac{[V]}{[A]}[sec] = [\Omega \cdot sec]$

정답 ④

다음 그림처럼 코일 L_2 자신은 전류가 흐르지 않고, 다른 코일 L_1에서 발생한 자속(ϕ_1)으로부터 영향을 받아 전자유도에 의한 유도전류가 흐르고, 유도전류에 의한 자속(ϕ_2)이 생긴 경우, 이때의 인덕턴스(L_2)를 상호 인덕턴스 L_2 또는 M으로 정의합니다.

코일에 직접 전류를 흘린 L_1이 자기 인덕턴스, 전류가 인가되지 않은 L_2는 상호 인덕턴스[L_1에 의해서 발생한 자속(ϕ_1)의 영향을 받은 인덕턴스]이다.

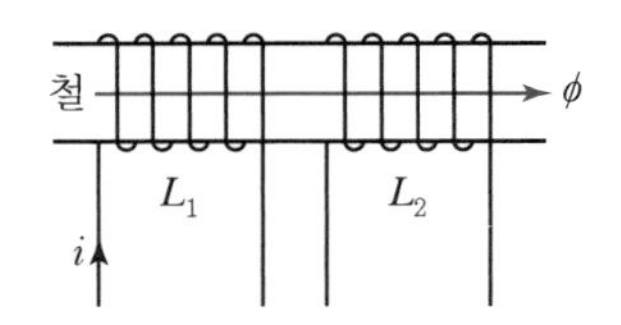

〖 자기 인덕턴스(L_1)와, 상호 인덕턴스(L_2) 〗

03 자기 인덕턴스(L)와 상호 인덕턴스 관계식

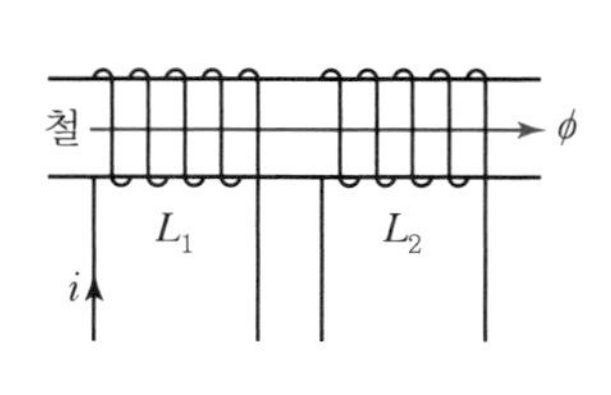

a. 직선형 자로

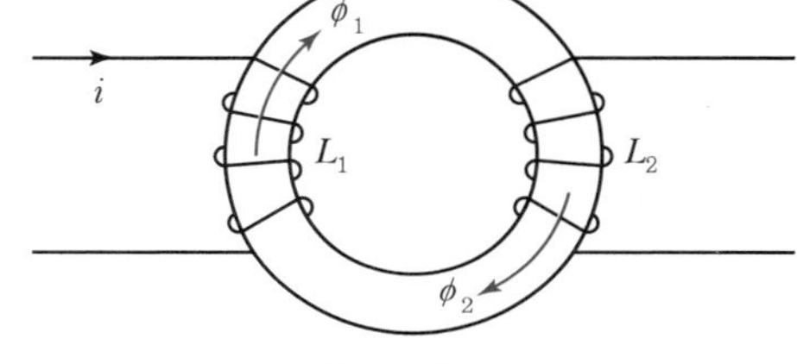

b. 환형(원형) 자로

〖 자로 형태에 따른 자기 인덕턴스와 상호 인덕턴스 〗

핵심기출문제

상호 인덕턴스 100[mH]인 회로의 1차 코일에 3[A]의 전류가 0.3초 동안에 18[A]로 변화할 때 2차 유도기전력[V]은?

① 5 ② 6
③ 7 ④ 8

해설

$e = M\frac{di}{dt}$

$= 100 \times 10^{-3} \times \frac{18-3}{0.3}$

$= 5[\text{V}]$

정답 ①

[그림 a]의 직선형 자로와 [그림 b]의 환형 자로 구분 없이 자기 인덕턴스(L)와 상호 인덕턴스(M)는 다음과 같은 관계식이 성립합니다.

① **자기 인덕턴스(L_1) 관계식** : $L_1 I_1 = N_1 \Phi_1 \rightarrow L_1 = \frac{N_1 \Phi_1}{I_1}$ [H]

② **상호 인덕턴스(L_2) 관계식** : $M I_1 = N_2 \Phi_2 \rightarrow M = \frac{N_2 \Phi_2}{I_1}$ [H]

③ **상호 인덕턴스** : $M = \frac{\mu A N_1 N_2}{l}$ [H] (구조식), $M = \frac{N_1 N_2}{R_m}$ [H] (회로식)

④ **상호 인덕턴스에 의한 유도기전력** : $e_1 = -M\frac{di_2}{dt}$ [V], $e_2 = -M\frac{di_1}{dt}$ [V]

만약 L_1과 L_2 모두가 자기 인덕턴스로 작용할 경우, 한 자로에 감긴 두 개의 자기 인덕턴스(L_1, L_2)에 의한 상호 인덕턴스(M)는 결합계수를 고려해야 합니다.

04 결합계수(k)

결합계수(k)는 한 자로에 두 개의 자기 인덕턴스(L_1, L_2)가 있을 때, 두 개의 자속(ϕ_1, ϕ_2)의 자속 결합력을 수치로 표현한 것입니다.
만약 자기 인덕턴스 L_1과 L_2 모두가 비투자율(μ_s)이 높고 자속 결합이 높은 자로에 항상 감겨 있다면, 결합계수가 필요하지 않습니다. 자로의 재료로 사용되는 물질은 다양합니다. 결합계수가 낮은 자로를 통해 두 자기 인덕턴스 코일이 감겨 있다면, 이때 자속(ϕ_1, ϕ_2)이 자로 외부 공기 중으로 새는 자속이 발생합니다. 이것이 누설자속(ϕ_l)입니다. 누설자속(ϕ_l)이 얼마나 생기는지를 결합계수(k)로 나타낼 수 있습니다.

① **결합계수** : $k = \dfrac{M}{\sqrt{L_1 L_2}}$ (k 의 범위 : $0 \le k \le 1$)

㉠ k가 0이면, 자로의 두 자속(ϕ_1, ϕ_2) 간 결합이 없다는 뜻

㉡ k가 1이면, 자로의 두 자속(ϕ_1, ϕ_2) 간 결합이 100%라는 뜻

② **결합계수를 고려한 상호 인덕턴스** : $M = k\sqrt{L_1 L_2}$ [H] (k : 결합계수)

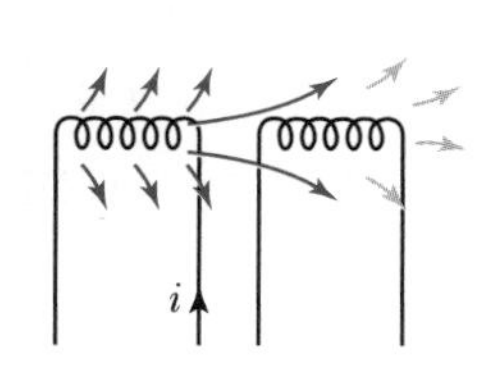

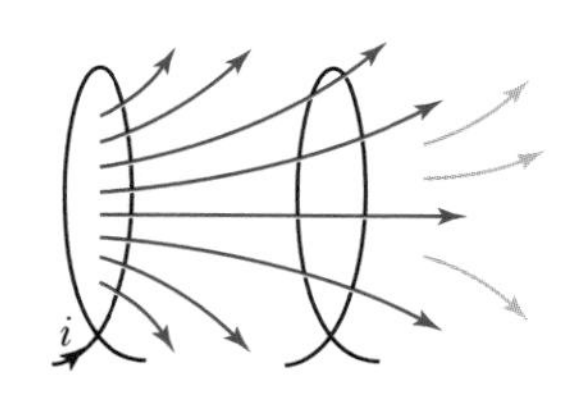

〖 공기 중으로 새는 자속이 많아 결합계수 $k=0$인 경우 〗

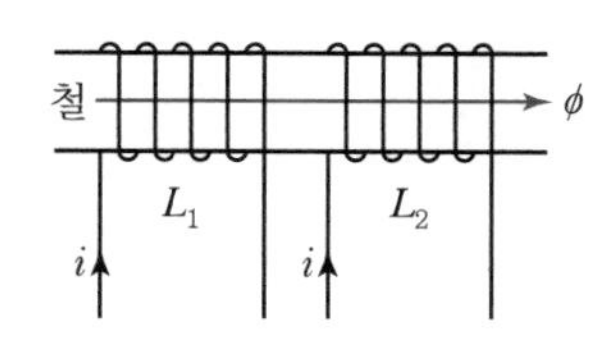

〖 투자율이 높은 철심으로 두 자속이 이동하여 결합계수 $k=1$인 경우 〗

핵심기출문제

자기 인덕턴스 L_1, L_2가 각각 4[mH], 9[mH]인 두 코일이 이상 결합되었다면 상호 인덕턴스 M[mH]은?

① 6 ② 6.5
③ 9 ④ 36

해설
이상적인 결합이 되었을 경우
$k=1$이므로 $k = \dfrac{M}{\sqrt{L_1 L_2}}$에서
$M = K\sqrt{L_1 L_2}$
$= 1\sqrt{4 \times 9} = 6$[mH]

정답 ①

핵심기출문제

자기 인덕턴스가 L_1, L_2이고 상호 인덕턴스가 M인 두 회로의 결합 계수가 1이면 다음 중 옳은 것은?

① $L_1L_2 = M$ ② $L_1L_2 < M^2$
③ $L_1L_2 > M^2$ ④ $L_1L_2 = M^2$

해설
상호 인덕턴스 $M = K\sqrt{L_1 L_2}$에서 결합계수 $K=1$인 경우는 두 회로가 자기적으로 완전히 결합된 것을 나타낸다.
$\therefore M^2 = L_1L_2$

정답 ④

05 인덕턴스(L) 회로

솔레노이드 코일 두 개를 폐회로가 되도록 다음 그림처럼 구성하고 코일에 전압·전류를 인가합니다. 이때 코일의 접속 상태(가동접속과 차동접속)에 따라서 두 코일의 인덕턴스 값은 동일하더라도 합성 인덕턴스 값(L_0)은 다르게 됩니다.

1. 직렬회로에서 인덕턴스의 가동접속과 차동접속

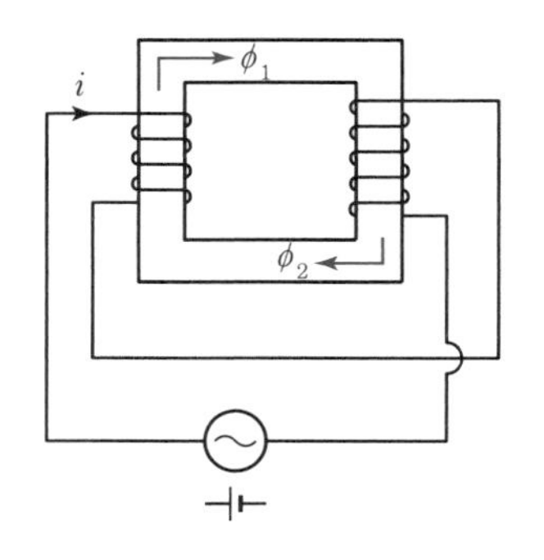

〖a. 직렬 가동접속 회로〗

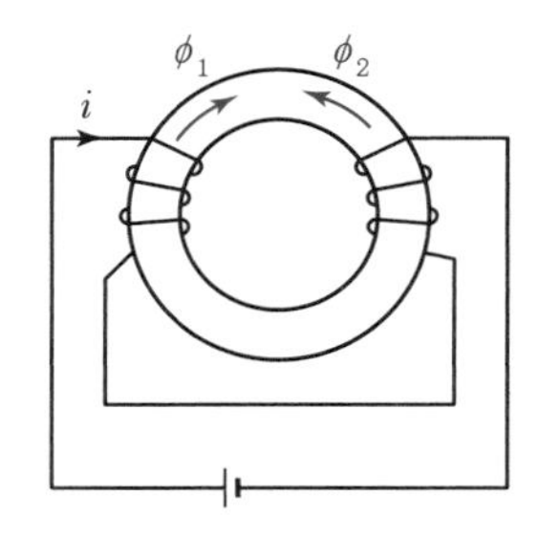

〖b. 직렬 차동접속 회로〗

[그림 a]의 직렬회로는 두 개 인덕턴스에 의한 두 자속(ϕ_1, ϕ_2)이 서로 더해지므로 합성 자속이 $\phi_0 = \phi_1 + \phi_2$ [Wb]가 되는 '가동접속'회로입니다.

[그림 b]의 직렬회로는 두 개 인덕턴스에 의한 두 자속(ϕ_1, ϕ_2)이 서로 상쇄되므로 합성 자속이 $\phi_0 = \phi_1 - \phi_2$ [Wb]가 되는 '차동접속'회로입니다.

위 그림은 인덕턴스 회로에 대해서 매우 상세하게 묘사한 그림입니다. 하지만 위 그림보다 훨씬 간략하게 기호화된 형태로 인덕턴스 회로를 나타낼 필요가 있습니다. 이번에 인덕턴스 등가회로를 보겠습니다.

(1) 가동접속 직렬회로

인덕턴스 등가회로에서 • 기호는 전류가 코일에 들어가는 방향을 뜻하고, 우측 등가회로의 • 기호 방향은 두 자속이 서로 더해지는 가동접속을 의미합니다. 이때 합성 인덕턴스 L_0는 다음과 같습니다.

가동접속일 때 합성 인덕턴스

$$L_0 = L_1 + L_2 + 2M\,[\mathrm{H}] = L_1 + L_2 + 2k\sqrt{L_1 L_2}\,[\mathrm{H}]$$

핵심기출문제

자기 인덕턴스 L_1[H], L_2[H], 상호 인덕턴스가 M[H]인 두 코일을 연결하였을 경우 합성 인덕턴스는?

① $L_1 + L_2 \pm 2M$
② $\sqrt{L_1 + L_2} \pm 2M$
③ $L_1 + L_2 \pm \sqrt{2M}$
④ $\sqrt{L_1 + L_2} \pm 2\sqrt{M}$

해설

두 개의 코일이 자기적으로 결합되어 있을 때의 합성 인덕턴스는

- 가동결합 $L = L_1 + L_2 \pm 2M$
- 차동결합 $L = L_1 + L_2 - 2M$

정답 ①

(2) 차동접속 직렬회로

우측 등가회로의 • 기호방향은 두 자속이 서로 상쇄되는 차동접속을 의미합니다. 이때 합성 인덕턴스 L_0는 다음과 같습니다.

차동접속일 때 합성 인덕턴스

$$L_0 = L_1 + L_2 - 2M\,[\mathrm{H}] = L_1 + L_2 - 2k\sqrt{L_1 L_2}\,[\mathrm{H}]$$

(3) 가동접속과 차동접속이 혼합된 회로

직렬회로에서 코일이 차동접속과 가동접속 혼합된 경우, 합성 인덕턴스 L_0와 상호 인덕턴스 M는 다음과 같이 나타냅니다.

① **합성 인덕턴스**

$$L_0 = L_{가동} - L_{차동} = L_1 + L_2 + 2M - (L_1 + L_2 - 2M) = 4M\,[\mathrm{H}]$$

② **상호 인덕턴스**

$$M = \frac{1}{4}(L_{가동} - L_{차동})\,[\mathrm{H}]$$

③ **L_1, L_2, M에 의해 발생하는 전자에너지**

$$W = \frac{1}{2}LI^2\,[\mathrm{J}]$$

$$= \frac{1}{2}(L_1 + L_2 + 2M)I^2 = \frac{1}{2}L_1 I_2{}^2 + \frac{1}{2}L_2 I_2{}^2 + M I_1 I_2\,[\mathrm{J}]$$

2. 병렬회로에서 인덕턴스의 가동접속과 차동접속

(1) 가동접속 병렬회로

가동접속 된 L_1에 의한 자속 ϕ_1과 L_2에 의한 자속 ϕ_2은 서로 더해집니다. 이때 합성 인덕턴스 L_0는,

가동접속일 때 합성 인덕턴스

$$L_0 = M + \frac{(L_1 - M)(L_2 - M)}{L_1 + L_2 - 2M} = \frac{(L_1 L_2) - M^2}{L_1 + L_2 - 2M}\,[\mathrm{H}]$$

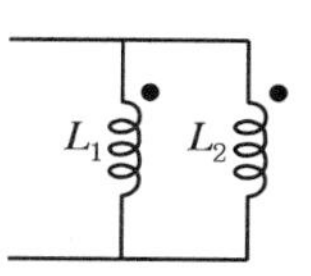

핵심기출문제

직렬로 연결한 2개의 코일에서 합성 자기 인덕턴스는 80[mH]가 되고 한쪽 코일의 연결을 반대로 하면 합성 자기 인덕턴스는 50[mH]가 된다. 두 코일 사이의 상호 인덕턴스는 얼마인가?

① 2.5[mH] ② 6[mH]
③ 7.5[mH] ④ 9[mH]

해설

• 가동결합

$L_{(+)} = L_1 + L_2 + 2M = 80[\mathrm{mH}]$

• 차동결합

$L_{(-)} = L_1 + L_2 - 2M = 50[\mathrm{mH}]$

∴ 상호 인덕턴스

$M = \frac{1}{4}(L_+ - L_-)$

$= \frac{80 - 50}{4} = 7.5[\mathrm{mH}]$

정답 ③

핵심기출문제

자기 인덕턴스가 L_1, L_2인 두 개의 코일이 상호 인덕턴스 M으로 그림과 같이 접속되어 있고 여기에 I[A]의 전류가 흐를 때 합성 인덕턴스[H]를 구하는 식은?

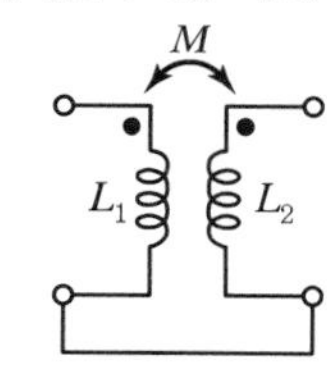

① $L_1 + L_2 + 2M$
② $(L_1 + L_2)M$
③ $L_1 + L_2 \pm M$
④ $(L_1 + L_2)M^2$

해설

두 개의 회로가 자기적으로 결합했을 때 전류계가 가지는 에너지

$W = \frac{1}{2}LI^2$

$= \frac{1}{2}(L_1 I_1^2 + L_2 I_2^2 + 2MI_2 I_2)$

$= \frac{1}{2}(L_1 + L_2 + 2M)I^2[\mathrm{J}]$

여기서, 합성 인덕턴스

$L = L_1 + L_2 + 2M[\mathrm{H}]$

정답 ①

핵심기출문제

20[mH]와 60[mH]의 두 인덕턴스가 병렬로 연결되어 있다. 합성 인덕턴스의 값[mH]은?(단, 상호 인덕턴스는 없는 것으로 한다.)

① 15 ② 20
③ 50 ④ 75

해설

$$L_0 = \frac{L_1 \times L_2}{L_1 + L_2} = \frac{20 \times 60}{20 + 60} = 15[\mathrm{mH}]$$

정답 ①

(2) 차동접속 병렬회로

차동접속 된 L_1에 의한 자속 ϕ_1과 L_2에 의한 자속 ϕ_2은 서로 상쇄됩니다. 이때 합성 인덕턴스 L_0는,

차동접속일 때 합성 인덕턴스

$$L_0 = -M + \frac{(L_1 + M)(L_2 + M)}{L_1 + L_2 + 2M} = \frac{(L_1 L_2) - M^2}{L_1 + L_2 + 2M}\ [\mathrm{H}]$$

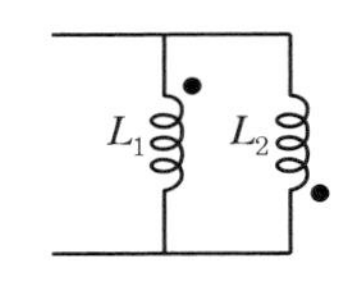

(3) 결합계수 $k = 0$일 경우, 합성 인덕턴스

인덕턴스 등가회로에서 L_1과 L_2 사이에 결합계수(k)가 0이라면, 이때 합성 인덕턴스는 가동, 차동의 접속 상태와 무관하게 다음의 합성 인덕턴스 수식이 됩니다.

합성 인덕턴스 $L_0 = \dfrac{L_1 L_2}{L_1 + L_2}\ [\mathrm{H}]$ (단, 결합계수 $k = 0$일 경우)

06 캠벨브릿지(Campbell Bridge) 회로

전기에서 브릿지(Bridge) 이론은 미지의 저항을 측정하거나 미지의 저항을 찾을 때 사용하는 방법입니다. 대표적으로,

① **휘스톤브릿지** : 몇 십[Ω]의 미지저항을 검출할 때 사용하는 방법이며, 이미 2장(전기의 기본법칙) 내용에서 다룸
② **캘빈더블브릿지** : 낮은 수치의 저항을 검출할 때 사용하는 방법
③ **콜라우시브릿지** : 미지의 정전용량(C) 값을 측정할 때 사용하는 방법

이러한 브릿지 이론 중 회로이론 과목에서는 휘스톤브릿지(2장)와 캠벨브릿지(7장) 단 두 개의 브릿지 이론을 다룹니다. 다음 그림은 캠벨브릿지를 이용하여 정전용량(C) 값을 측정하는 방법입니다.

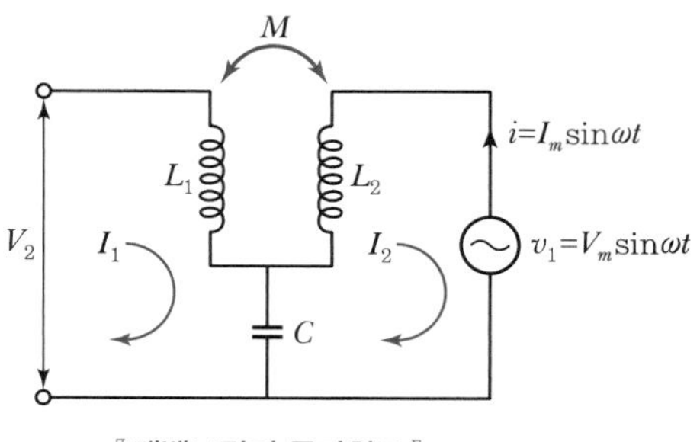

〖 캠벨브릿지 등가회로 〗

캠벨브릿지 회로를 구성하고 회로에서 $I_2 = 0$ 조건이 되기 위한 2차 방정식을 세워서 구하고자 하는 정전용량값(C)을 구할 수 있습니다.

2차 회로의 전압방정식 : $e_2 = (-j\omega M) I_1 - \left(\frac{1}{j\omega C}\right) I_1 + \left(j\omega L_2 + \frac{1}{j\omega C}\right) I_2 = 0$

$I_2 = 0$ 조건이 되려면 I_1의 계수가 모두 0이 되어야 한다.

$j\omega L_2 + \frac{1}{j\omega C} = 0$ 그러므로 $C = \frac{1}{\omega^2 M}$ [F]이 된다.

캠벨브릿지법에 의한 정전용량 : $C = \frac{1}{\omega^2 M}$ [F]

이때 1차측 전원(v_1)에 의한 상호 인덕턴스(M)로 인해 2차의 단자 전압(v_2)에 걸리는 유도기전력은 다음과 같습니다.

$$e_2 = -M\frac{di}{dt} = -M\frac{d}{dt} I_m \sin\omega t = \omega M I_m \sin(\omega t - 90°)\,[\mathrm{V}]$$

PART 03

07 이상변압기

실제 변압기에는 코일의 저항, 자로의 철손이 존재하며 손실과 관련한 많은 변수가 존재합니다. 이렇게 변수가 많은 현실의 변압기를 해석하려면 수식과 계산방법이 매우 복잡해집니다. 본 회로이론 과목에서는 변수와 손실이 없는 이상적인 변압기(Ideal Transformer)에 대한 이론을 다룹니다. 이것이 '이상변압기'이며, 이상적인 변압기는 다음과 같은 조건이 성립해야 합니다.

[이상적인 변압기 조건]

① 전류가 흐르는 코일에 저항이 없고, 자속이 흐르는 자로에 히스테리시스 손실(P_h)과 와류손실(P_e)이 없을 것

② 자로에 감긴 1차측과 2차측 양쪽 코일 모두 결합계수 $k=1$인 변압기

③ 자로에 감긴 코일의 인덕턴스(L) 값이 무한대인 코일

(전력계통으로부터) 변압기 1차측으로 들어온 전압(V_1)을 다른 전압의 크기(증감·감소)로 바꿔 변압기 2차측(V_2)으로 출력하는 전기설비입니다. 그리고 변압기 2차측은 수용가 또는 부하와 연결됩니다. 이러한 변압작용을 하는 데 핵심적인 역할을 하는 것은 코일(솔레노이드 코일)의 권수입니다.

변압기가 변압이 되는 원리는 변압기 1·2차측에 감긴 코일의 권수비(a)에 의해 결정됩니다. 변압기 1·2차 전압 V_1과 V_2에 대한 권수비 관계식은 다음과 같습니다.

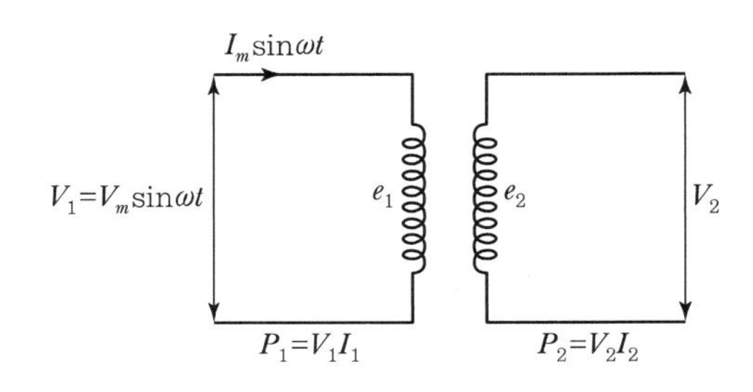

• 권수비

$$a = \frac{V_1}{V_2} = \frac{N_1}{N_2} = \frac{I_2}{I_1} = \sqrt{\frac{Z_1}{Z_2}} = \sqrt{\frac{R_1}{R_2}} = \sqrt{\frac{L_1}{L_2}} = \sqrt{\frac{X_1}{X_2}}$$

요약정리

1. 자기 인덕턴스와 상호 인덕턴스

① **자기인덕턴스 수식**

$$LI = N\Phi,\ L = \frac{N\Phi}{I}\,[\mathrm{H}],\ L = \frac{\mu A N^2}{l}\,[\mathrm{H}]$$

② **상호 인덕턴스 수식**

$$MI_1 = N_2\Phi_2,\ M = \frac{N_2\Phi_2}{I_1}\,[\mathrm{H}],\ M = \frac{\mu A N_1 N_2}{l}\,[\mathrm{H}]$$

③ **결합계수를 고려한 상호 인덕턴스 수식**

$M = k\sqrt{L_1 L_2}\,[\mathrm{H}]$, 결합계수 k 범위 : $0 \le k \le 1$

2. 인덕턴스 회로

① **(직렬)가동접속의 합성 인덕턴스** : $L_0 = L_1 + L_2 + 2M = L_1 + L_2 + 2k\sqrt{L_1 L_2}\,[\mathrm{H}]$

② **(직렬)차동접속의 합성 인덕턴스** : $L_0 = L_1 + L_2 - 2M = L_1 + L_2 - 2k\sqrt{L_1 L_2}\,[\mathrm{H}]$

③ **(직렬)가동 · 차동 접속된 상호 인덕턴스** : $M = \frac{1}{4}(L_{가동} - L_{차동})\,[\mathrm{H}]$

④ **(병렬)가동접속의 합성 인덕턴스** : $L_0 = \frac{(L_1\,L_2) - M^2}{L_1 + L_2 - 2M}\,[\mathrm{H}]$

⑤ **(병렬)차동접속의 합성 인덕턴스** : $L_0 = \frac{(L_1\,L_2) - M^2}{L_1 + L_2 + 2M}\,[\mathrm{H}]$

⑥ **결합계수 $k = 0$일 경우, 합성 인덕턴스** : $L_0 = \frac{L_1\,L_2}{L_1 + L_2}\,[\mathrm{H}]$

3. 캠벨브릿지에 의한 정전용량과 유도기전력

$$C = \frac{1}{W^2 M}\,[\mathrm{F}]$$

$$e_2 = -M\frac{di}{dt} = -M\frac{d}{dt}I_m \sin\omega t = \omega M I_m \sin(\omega t - 90°)\,[\mathrm{V}]$$

4. 이상변압기

변압기 권수비 : $a = \frac{V_1}{V_2} = \frac{N_1}{N_2} = \frac{I_2}{I_1} = \sqrt{\frac{Z_1}{Z_2}} = \sqrt{\frac{R_1}{R_2}} = \sqrt{\frac{L_1}{L_2}} = \sqrt{\frac{X_1}{X_2}}$

PART 03

CHAPTER 08

3상 교류전력과 3상 결선

01 단상 전력과 3상 전력 비교

앞 7장까지 다룬 교류전력은 단상을 기준으로 한 교류전력이었습니다. 본 8장과 9장에서는 실제 풍력 · 수력 · 화력 · 원자력 발전소의 동기발전기가 발생시키는 3상 전력의 특징에 대해 다룹니다.

먼저 발전기와 발전기가 만드는 전기와 관련하여 상(Phase)이란 용어는, 발전기에서 전자유도($e = \left| -L\dfrac{di}{dt} \right|$)에 의해 기전력이 발생하는 전기자(Amature)의 인입 – 인출권선 도체 한 쌍을 말합니다. 그래서 구조적으로 발전기 한 상(Phase)은 발전기 외부로 두 개 인출단자가 있습니다. 이러한 상(Phase) 개념이 2상 교류전력이면 4개의 외부 인출단자, 3상 교류전력이면 6개의 외부 인출단자가 됩니다. 여기서 2상 교류전력은 존재하지 않고, 3상 교류전력 이상부터 존재합니다. 또한 단상 교류와 다르게 3상 교류는 발전기 전기자 인출단자가 3쌍의 총 6개 출력선이 존재하므로 필연적으로 결선(Connection)을 해야 하는 문제가 동반됩니다.

상(Phase)과 결선(Connection)에 대해서는 발전기와 마찬가지로 변압기도 3상 변압기의 경우 6개의 외부 인출선에 대한 결선이 필요합니다. 본 8장에서는 발전기의 상에 대한 이론과 결선을 위한 Δ 결선, Y 결선 이론을 다룹니다(전기기기 과목의 변압기 단원에서는 변압기의 결선에 대해 Δ 결선, Y 결선 방법을 다룹니다).

- $e = Blu\sin\theta\,[\mathrm{V}]$: 외부 인출선 1선에 대한 유기기전력
- $e = 2Blu\sin\theta\,[\mathrm{V}]$: 단상 발전기 전체의 유기기전력(외부 인출선 2개)
- $e = 6Blu\sin\theta\,[\mathrm{V}]$: 3상 발전기 전체의 유기기전력(외부 인출선 6개)

TIP

결선과 관련하여 한 상(Phase)은 전자유도가 일어나는 솔레노이드 코일의 인입 – 인출권선 한 쌍을 말한다. 2상은 인입 – 인출권선 두 쌍, 3상은 인입 – 인출권선 세 쌍이 된다.

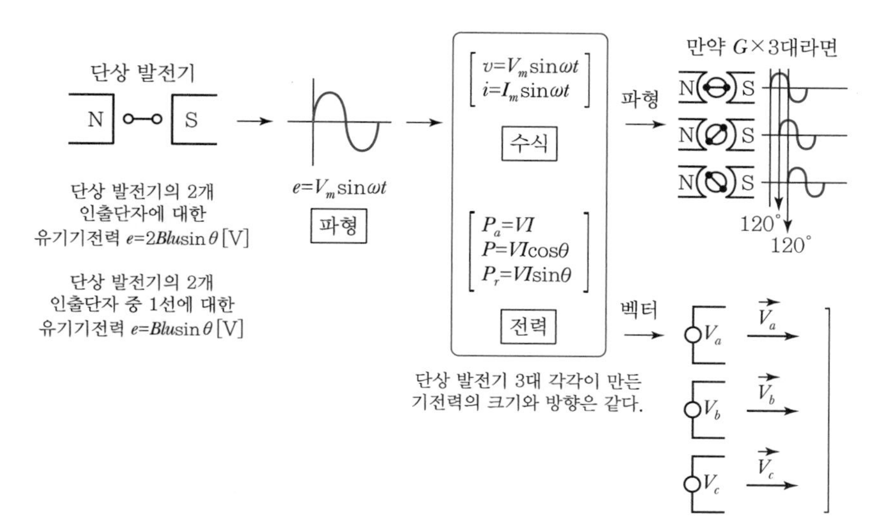

〖 단상 발전기에 의한 교류 정현파형과 단상 3개의 벡터도 〗

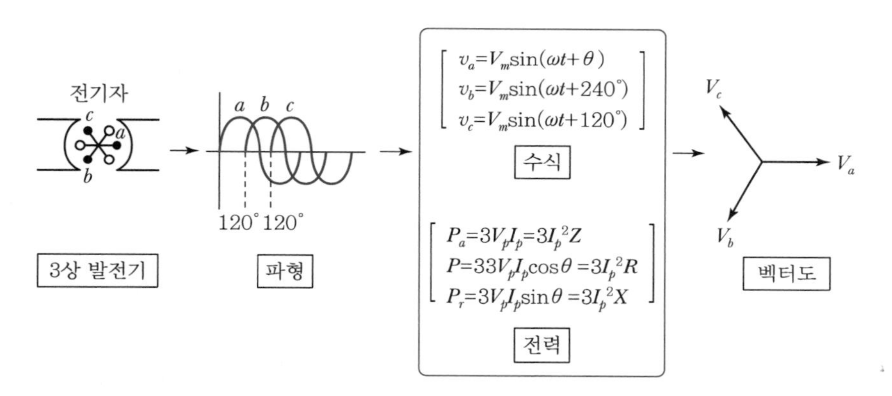

〖 3상 발전기의 교류파형과 벡터도 〗

02 3상 교류전력의 발생(대칭 3상 교류)

1. 3상 교류의 표현과 벡터도

동기발전기의 회전자(Stator)가 돌면 전기자(Rotor)를 통해 교류 전기를 만듭니다. 여기서 단상 발전기는 하나의 교류 $\sin\theta$ 파형을 만들고, 3상 발전기는 세 개의 교류 $\sin\theta$ 파형을 만듭니다. [그림 a]는 3상의 교류파형을, [그림 b]는 3상의 벡터도를 보여줍니다.

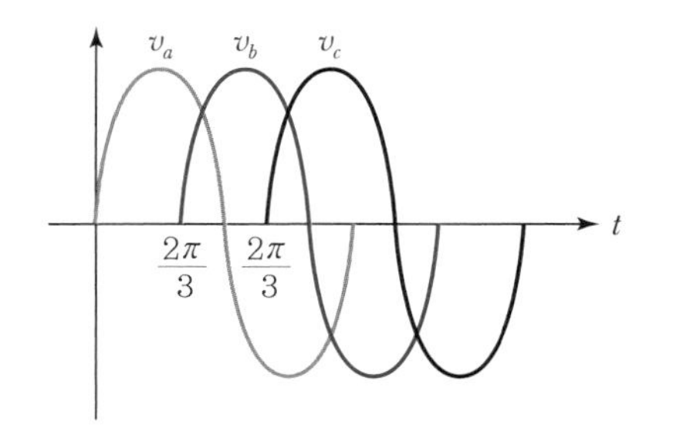

〖a. 3상 교류 정현파형〗

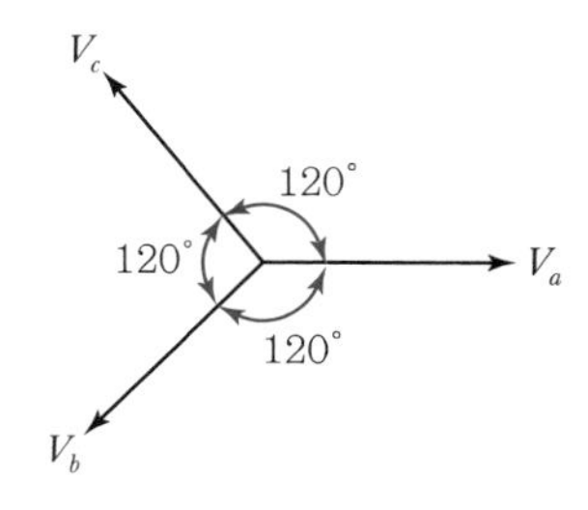

〖b. 3상 교류 벡터도〗

여기서 중요한 것은, 3상 발전기의 결선과 관련하여 [그림 b]는 3상 발전기 결선의 벡터도입니다. [그림 b]의 3상 벡터도는 Y결선에 의한 벡터도입니다. 결론적으로 단상 교류전력은 결선이 필요 없지만, 3상 교류전력은 결선(△결선 혹은 Y결선)되지 않으면, 계통으로 전력을 전송할 수 없기 때문에 3상 교류는 반드시 결선을 해야 합니다. 3상 교류의 결선을 이해하기에 앞서서 3상 교류의 표현부터 보겠습니다.
전력(P)은 전압(v)과 전류(i)가 동시에 존재합니다. 하지만 3상 교류를 전압 · 전류 모두에 대해 기술하면, 같은 수식 내용이 불필요하게 장황해지므로, 기전력(v)을 기준으로 3상 교류(v_a, v_b, v_c)를 표현하는 방법에 대해서 보겠습니다.

(1) 3상 교류의 순시값

한 발전기의 3상 교류가 결선(△결선 혹은 Y결선)된 후, 위상차를 고려하지 않은 각 상의 교류의 순시값 표현은 다음과 같습니다.

$$v_a = V_m \sin\theta\,[\mathrm{V}]$$
$$v_b = V_m \sin\theta\,[\mathrm{V}]$$
$$v_c = V_m \sin\theta\,[\mathrm{V}]$$

(2) 위상차를 고려한 3상 교류 표현(순시값)

위상차는 한 상의 교류파형 내에서 전압(v) − 전류(i) 사이의 위상차도 있지만, 3상이 결선(△결선 혹은 Y결선)된 후 각 상(v_a, v_b, v_c) 사이에 위상차도 존재합니다. 3상 결선 후 각 상의 위상차는 정확히 서로 120° 각도를 이룹니다. 이러한 120° 위상차를 반영하여 3상 교류 순시값을 나타내면 다음과 같습니다.

$$\begin{Bmatrix} v_a = V_m \sin\theta\,[\mathrm{V}] \\ v_b = V_m \sin(\omega t - 120°)\,[\mathrm{V}] \\ v_c = V_m \sin(\omega t - 240°)\,[\mathrm{V}] \end{Bmatrix} \text{ 또는 } \begin{Bmatrix} v_a = V_m \sin\theta\,[\mathrm{V}] \\ v_b = V_m \sin(\omega t + 240°)\,[\mathrm{V}] \\ v_c = V_m \sin(\omega t + 120°)\,[\mathrm{V}] \end{Bmatrix}$$

(3) 위상차를 고려한 3상 교류 표현(극 형식)

120° 위상차를 갖는 각 상 v_a, v_b, v_c의 순시값 표현을 극좌표 형식으로 바꿔 다음과 같이 나타낼 수 있습니다.

$$\begin{Bmatrix} v_a = V_m \sin\theta \rightarrow V_a = V\angle 0° \\ v_b = V_m \sin(\omega t + 240°) \rightarrow V_b = V\angle 240° \\ v_c = V_m \sin(\omega t + 120°) \rightarrow V_c = V\angle 120° \end{Bmatrix} \xrightarrow[\text{극 형식 표현}]{\text{3상 교류}} \begin{Bmatrix} V_a = V\angle 0° \\ V_b = V\angle 240° \\ V_c = V\angle 120° \end{Bmatrix}$$

전류(i)에 대해서도 전압(v)과 같은 방식으로 표현됩니다.

2. 결선(△결선 · Y결선)하지 않을 경우 발전기 출력

만약, 발전기가 만든 3상 교류전력을 △결선 혹은 Y결선하지 않을 경우는 다음과 같습니다.

① 세 개 상(v_a, v_b, v_c)을 일반적인 직렬 혹은 병렬결선으로 출력할 경우

② 세 개 상(v_a, v_b, v_c)을 어떠한 결선도 없이 단상 세 개 각각으로 출력할 경우

위와 같은 경우는 △결선 · Y결선에 비해 많은 단점이 있습니다.

(1) 세 개 상을 직렬결선할 경우

[그림 a]는 발전기 출력 세 개의 상을 직렬로 결선한 그림이고, [그림 b]는 세 개 상의 직렬결선에 대한 벡터도 그림, [그림 c]는 3상이 직렬결선됐을 경우 발전기 출력단자는 0[V](출력이 없음)임을 보여주는 그림입니다.

2조 원의 비용과 수십억 원의 운영비를 들어 발전기를 가동했으나 출력이 0[V]라는 사실은 3상을 직렬결선할 이유가 없음을 증명합니다.

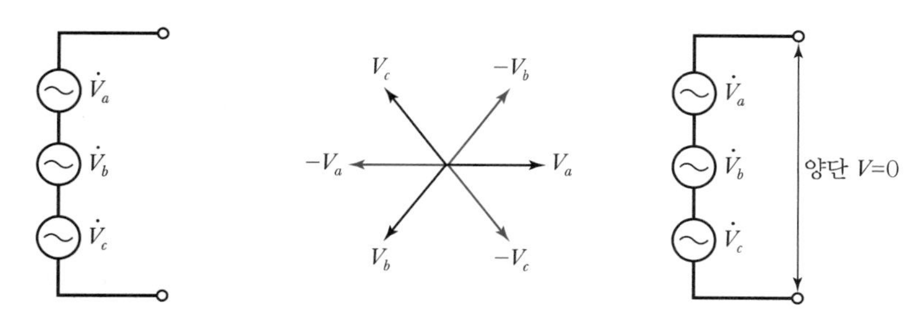

〖a. 3개 상의 직렬결선〗 〖b. 직렬연결에 대한 벡터도〗 〖c. 직렬결선의 출력〗

3상을 직렬결선 시 발전기 출력이 0[V]인 이유는, 발전기 각 상(v_a, v_b, v_c)의 기전력은 서로 120° 위상차가 있기 때문입니다. 120° 위상차를 벡터도로 나타내면(그림 b), 각 상의 기전력 V_a, V_b, V_c는 동일한 기전력 크기와 각 상의 합성 벡터방향이

180° 반대인 기전력 크기가 발생하므로, 직렬결선 상태의 3상 기전력 V_a, V_b, V_c은 서로 상쇄되어 출력이 0이 됩니다.

① $\left(\dot{V}_a + \dot{V}_b\right) = -\dot{V}_c$

벡터 V_a, V_b에 의해 $-V_c$가 생기고, $V_c = -V_c$ 이므로 0

② $\left(\dot{V}_b + \dot{V}_c\right) = -\dot{V}_a$

벡터 V_b, V_c에 의해 $-V_a$가 생기고, $V_a = -V_a$ 이므로 0

③ $\left(\dot{V}_c + \dot{V}_a\right) = -\dot{V}_b$

벡터 V_c, V_a에 의해 $-V_b$가 생기고, $V_b = -V_b$ 이므로 0

결국 [그림 c]처럼 3상 출력이 0[V]가 됨 → $\dot{V}_a + \dot{V}_b + \dot{V}_c = 0$

(2) 세 개 상을 병렬결선할 경우와 각 상을 각각 출력할 경우

120° 위상차를 갖는 3상을 세 개의 지로 형태로 된 병렬로 결선할 경우, 직렬결선과 동일한 벡터도가 되어 발전기 출력(합성 기전력)은 0이 됩니다.

그 외에 발전기에서 만든 3개 기전력(v_a, v_b, v_c)을 각각 따로따로 출력하는 경우(무결선 출력), 이론적으로 출력은 가능하지만 현실적으로 다음과 같은 단점 때문에 사용하지 않습니다.

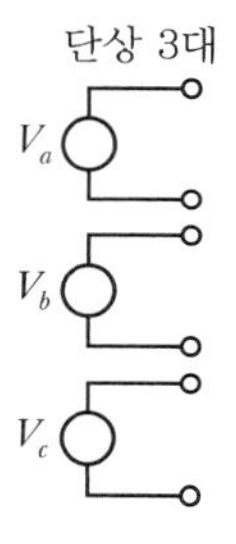

〖 a. 3개 상의 무결선 상태 〗

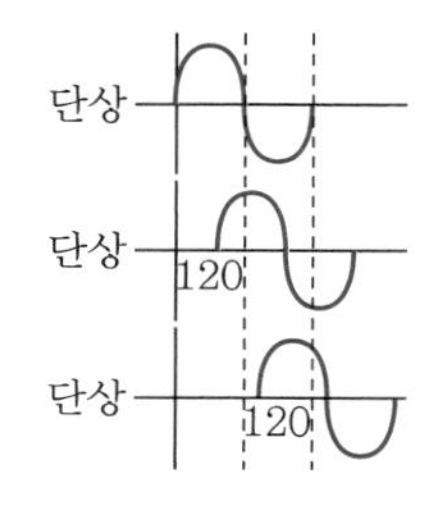

〖 b. 무결선의 교류파형 〗

[무결선 출력의 단점]

① 3상으로 출력된 인출선은 총 6가닥이다. △ 결선 인출선이 3가닥, Y 결선 인출선이 4가닥인 것에 비해 가닥수가 많다. 전선로가 수백 km인 것을 감안하면, 무결선 출력은 △ · Y 결선에 비해 전선 수와 구리량이 많아지고, 지지물과 보호기구의 절연수준 역시 높아지므로 건설비와 선로유지 · 관리 비용이 천문학 수준으로 증가한다.

② 3상을 무결선으로 전송하면 부하에 전력을 공급하는 데 다양한 수용가의 부하요구에 따른 변압설비와 전력의 불평형률을 높여 △ · Y 결선으로 전력을 전송할 때보다 전력안정성, 전력품질이 떨어진다.

③ 3상 무결선 출력은 송전과 배전을 하는 데 있어서도 제3고조파 발생을 막을 수 없고, 코로나 방전현상이 증가하며, 전기고장을 감지하고 이상전압, 지락, 낙뢰로부터 계통을 보호하기 위한 전력보호시스템(보호계전기) 구축이 어려우므로 송·배전 효율이 △·Y 결선보다 현저하게 떨어진다.

이처럼 (1)번과 (2)번 결선방식은 출력이 안 되거나 출력하더라도 많은 문제점을 안고 있으므로 사용하지 않습니다.

(3) 120° 위상차를 갖는 3상 교류의 특성(결선방식과 무관함)

120° 위상차를 갖는 3상 교류전압(V_a, V_b, V_c), 전류(I_a, I_b, I_c)는 결선방식(직렬, 병렬, △ 결선, Y 결선, 무결선)과 무관하게 다음과 같은 벡터관계가 성립합니다.

① 3상 교류 벡터합

$$\dot{V}_a + \dot{V}_b + \dot{V}_c = 0$$

$$\dot{I}_a + \dot{I}_b + \dot{I}_c = 0$$

② 3상 교류 벡터합(극 형식)

$$(V\angle 0°) + (V\angle 240°) + (V\angle 120°) = 0$$

$$(I\angle 0°) + (I\angle 240°) + (I\angle 120°) = 0$$

③ 3상 교류 벡터합(삼각함수 형식)

$$V + V\left(-\frac{1}{2} - j\frac{\sqrt{3}}{2}\right) + V\left(-\frac{1}{2} + j\frac{\sqrt{3}}{2}\right) = 0$$

$$I + I\left(-\frac{1}{2} - j\frac{\sqrt{3}}{2}\right) + I\left(-\frac{1}{2} + j\frac{\sqrt{3}}{2}\right) = 0$$

$$\left\{\begin{array}{l} V(\cos 0° + j\sin 0°) + V(\cos 240° + j\sin 240°) + V(\cos 120° + j\sin 120°) = 0 \\ I(\cos 0° + j\sin 0°) + I(\cos 240° + j\sin 240°) + I(\cos 120° + j\sin 120°) = 0 \end{array}\right\}$$

03 3상 교류전력의 결선(△결선, Y결선, V결선)

3상 교류의 △ 결선, Y 결선에 대해서 보겠습니다. 발전기로 단상 교류가 아닌 3상 교류를 발생시키는 진짜 위력은 3상 교류를 △ 결선 혹은 Y 결선을 할 때 생기는 장점 때문입니다. △·Y 결선은 대표적으로 다음과 같은 장점이 있습니다.

① 발전기에서 만든 전력용량을 발전소 밖으로 출력할 수 있다.
② 전선량과 절연비용 모두를 아낄 수 있다.
③ 발전기 혹은 변압기의 전력공급과 전력을 공급받는 부하 사이에서 불평형률을 줄일 수 있다(또는 전력을 고르게 공급하는 '평형부하' 상태를 만들기 쉽다).

④ 회전자계(120° 위상차를 갖는 세 개 상이 전기적으로 회전함)가 발생하고 두 종류(선간전압, 선전압)의 전압을 공급할 수 있으므로, 전력 공급의 안정성과 전력 이용효율이 높다.

1. Y결선 해석(평형 3상 교류)

전기는 눈에 보이지 않습니다. 그렇기 때문에 전기의 크기와 위상을 개념적으로 이해해야 합니다. 전기 크기와 위상에 대한 개념적 이해를 그림으로 나타내어 우리는 3상 교류의 특성을 시각적으로도 확인할 수 있습니다. 그것이 '벡터도'입니다. 벡터도는 3상 교류의 크기와 위상관계를 그림으로 나타냅니다.

[그림 a]는 Y결선된 3상 교류의 등가회로이고, [그림 b]는 Y결선된 3상 교류의 벡터도입니다. 특히, [그림 b]의 '벡터도'는 3상 기전력 V_a, V_b, V_c에 대한 각각의 위상관계 0°, 120°, 240°를 보여주고, 각 상의 기전력은 모두 30°씩 반시계방향으로 이동된 상태를 보여줍니다.

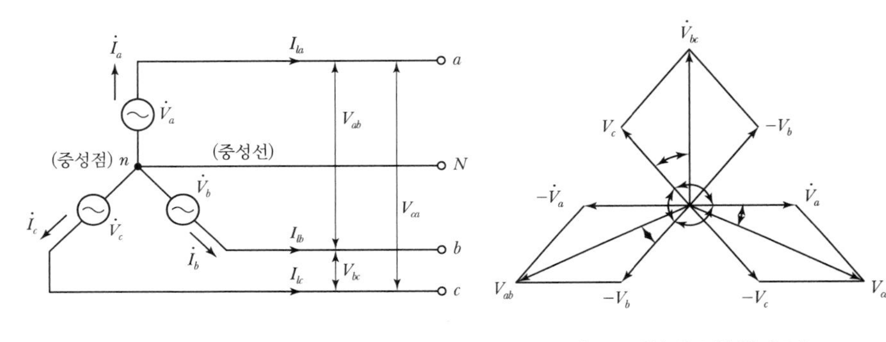

〖a. Y결선 후 3상 회로도〗 〖b. Y결선 후 3상 벡터도〗

- 상전압 : V_a, V_b, V_c
- 선간전압(선전압) : V_{ab}, V_{bc}, V_{ca}
- 상전류 : I_a, I_b, I_c
- 선간전류(선전류) : I_{ab}, I_{bc}, I_{ca}

구체적으로 3상 Y결선 벡터도를 해석하기 위해, Y결선 중 임의의 한 상인 V_a에 대한 벡터도(그림 b)를 가지고, 상(Phase)과 선(Line)의 관계를 알아보겠습니다.

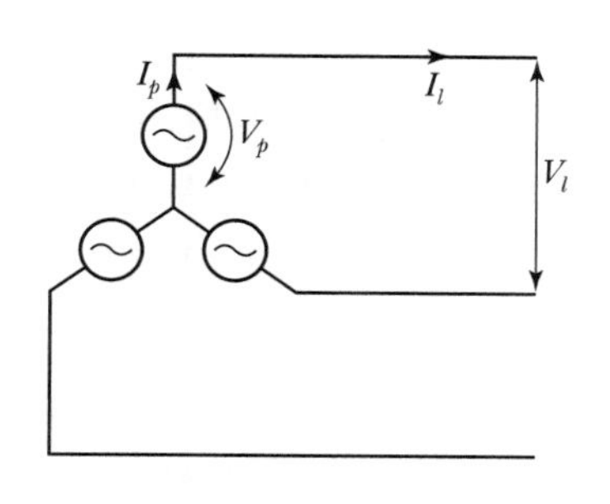

〖 c. Y결선 회로도 〗

〖 d. Y결선 벡터도 〗

- V_p : 상전압(Phase Voltage, 한 상의 양단에 걸리는 전압)
- I_p : 상전류(Phase Current, 한 상에 흐르는 전류)
- V_l : 선간전압(Line Voltage, 결선 후, 선과 선 사이의 전압)
- I_l : 선전류(Line Current, 결선 후, 선에 흐르는 전류)

V_a 상(Phase)의 V_p(상전압)와 V_l(선전압)의 관계는

- $\cos 30° = \dfrac{\sqrt{3}}{2} = \dfrac{x}{V_a}$ $\quad \therefore x = V_a \dfrac{\sqrt{3}}{2}$
- $V_l = 2x = 2\left(V_a \dfrac{\sqrt{3}}{2}\right) = V_a \sqrt{3}\,[\mathrm{V}]$

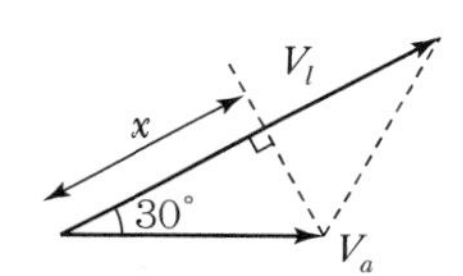

결론적으로 $V_l = V_a \sqrt{3}$ 의 의미는, V_l(선전압)는 V_a(상전압)보다 $\sqrt{3}$ 배 크며, (그림에서 알 수 있듯이) 위상은 30° 빠릅니다. 여기서 상전압(V_a)은 수식에서 V_p로 쓰입니다 ($V_a = V_p$).

$$V_l = \sqrt{3}\, V_p \angle 30° [\mathrm{V}]$$

반면 상전류(I_p)와 선전류(I_l)의 관계는 KCL 원리에 의해, 크기와 방향 모두 동일합니다.

$$I_l = I_p \angle 0° [\mathrm{A}]$$

3상 Y결선(3상 4선식)으로 전력을 공급할 경우 **3상 평형대칭** 상태라면, 각 상의 선간전압은 동일하고, Y결선의 중성선(N)에는 전류가 흐르지 않습니다. 이론적으로 정상적인 3상 교류는 이런 상태가 정상입니다.

- 3상 평형대칭인 Y결선의 전압·전류 : $V_{ab} = V_{bc} = V_{ca}, I_a = I_b = I_c, \ I_n = 0$
- 3상 평형대칭인 Y결선 중성선의 전류 : $\dot{I}_a + \dot{I}_b + \dot{I}_c = 0$

핵심기출문제

각 상의 임피던스 $Z = 8 + j6 [\Omega]$인 Y결선된 평형 3상 부하에 선간전압 200[V]의 대칭 3상 전압을 가할 때, 선전류는 약 몇 [A]인가?

① 0.08 ② 11.5
③ 17.8 ④ 19.5

해설

평형 Y부하에 대칭 3상 전압을 가했을 때, 선전류 I_l은 $I_l = I_p$ 관계이므로,

$$I_p = \frac{V_p}{Z} = \frac{\left(\frac{V_l}{\sqrt{3}}\right)}{Z} = \frac{\left(\frac{200}{\sqrt{3}}\right)}{\sqrt{8^2 + 6^2}} = 11.55[\mathrm{A}]$$

정답 ②

핵심기출문제

3상 4선식에서 중성선이 필요하지 않아서 중성선을 제거하여 3상 3선식을 만들기 위한 중성선에서의 조건식은 어떻게 되는가?(단, I_a, I_b, I_c는 각 상의 전류이다.)

① 불평형 3상 $I_a + I_b + I_c = 1$
② 불평형 3상 $I_a + I_b + I_c = \sqrt{3}$
③ 불평형 3상 $I_a + I_b + I_c = 3$
④ 평형 3상 $I_a + I_b + I_c = 0$

해설

평형 3상이 되면 중성선에는 전류가 흐르지 않는다.

정답 ④

✠ 3상 평형대칭
3상 교류전력의 위상방향에 대해서 세 개 상이 서로 120° 각도를 유지하는 전력상태를 말한다. 3상 평형대칭인 교류기전력은 a, b, c 각각의 상이 0°, 120°, 240° 위상을 갖는다.

2. △결선 해석(평형 3상 교류)

△ 모양으로 델타(Delta)라고 하여 △결선을 Delta 결선으로 부릅니다. 또한 △결선은 환형결선의 한 종류이므로 때로는 △결선을 환형결선으로 부르기도 합니다. 또한 △결선은 Y결선과 반대로 전류(I_a, I_b, I_c)를 기준으로 △결선 이론을 기술하겠습니다.

[그림 a]는 △결선된 3상 교류의 등가회로이고, [그림 b]는 △결선된 3상 교류의 벡터도입니다. 특히, [그림 b]의 '벡터도'는 3상 전류 I_a, I_b, I_c에 대한 각각의 위상관계 0°, 120°, 240°를 보여주고, 각 상의 전류는 모두 30°씩 시계방향으로 이동된 상태를 보여줍니다.

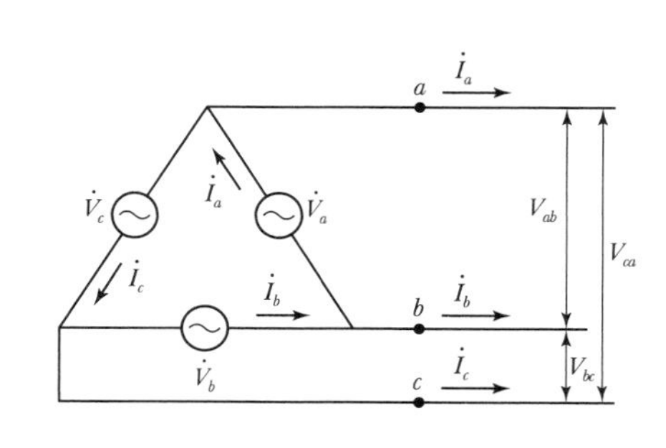

〖a. △결선 후 3상 회로도〗

$\dot{I}_{bc}$, I_c, $-I_b$, $-\dot{I}_a$, 120°, $\dot{I}_a$, 30°, I_{ab}, I_b, $-\dot{I}_c$, I_{ca}

〖b. △결선 후 3상 벡터도〗

- 상전압 : V_a, V_b, V_c
- 선간전압(선전압) : V_{ab}, V_{bc}, V_{ca}
- 상전류 : I_a, I_b, I_c
- 선간전류(선전류) : I_{ab}, I_{bc}, I_{ca}

구체적으로 3상 △결선 벡터도를 해석하기 위해, △결선 중 임의의 한 상인 I_b에 대한 벡터도(그림 b)를 가지고, 상(Phase)과 선(Line)의 관계를 알아보겠습니다.

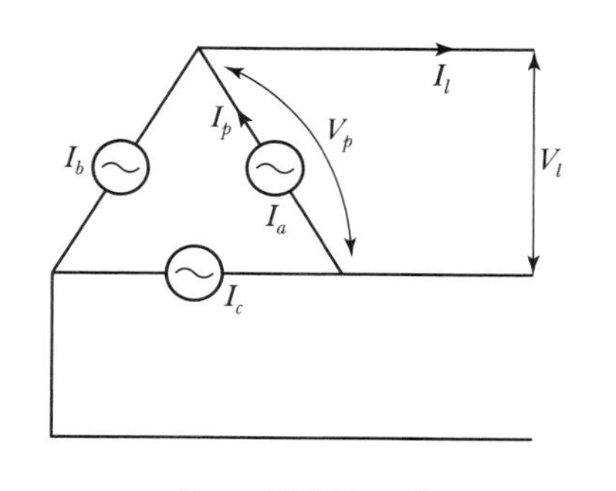

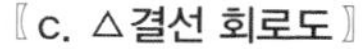

〖c. △결선 회로도〗

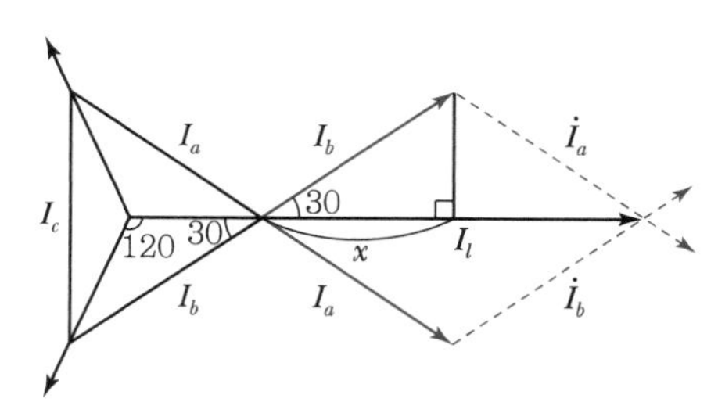

〖d. △결선 벡터도〗

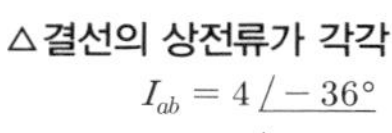

핵심기출문제

△결선의 상전류가 각각

$I_{ab} = 4\angle -36°$

$I_{bc} = 4\angle -156°$

$I_{ca} = 4\angle -276°$

이다. 선전류 I_c는 약 얼마인가?

① $4\angle -306°$
② $6.93\angle -306°$
③ $6.93\angle -276°$
④ $4\angle -276°$

해설

△결선에서, 선전류

$I_l = \sqrt{3}\,I_p\angle -30°$ (선전류 I_l는 상전류 I_p의 $\sqrt{3}$ 배이고, 위상은 30° 느리다.)

$\therefore I_c = \sqrt{3}\,I_{ca}\angle -30°$

$= \sqrt{3} \times 4\angle -276° - 30°$

$= 6.93\angle -306°$

정답 ②

핵심기출문제

각 상의 임피던스 $Z = 6 + j8[\Omega]$인 평형 △부하에 선간전압이 220[V]인 대칭 3상 전압을 가할 때의 선전류[A]를 구하면?

① 22 ② 13
③ 11 ④ 38

해설

상전류

$I_p = \dfrac{V_p}{Z} = \dfrac{200}{\sqrt{6^2 + 8^2}}$

$= 22[A]$이므로,

∴ 선간전류

$I_l = \sqrt{3}\,I_p = \sqrt{3} \times 22$

$\fallingdotseq 38.1[A]$

정답 ④

I_b 상(phase)의 I_p (상전류)와 I_l (선전류)의 관계는,

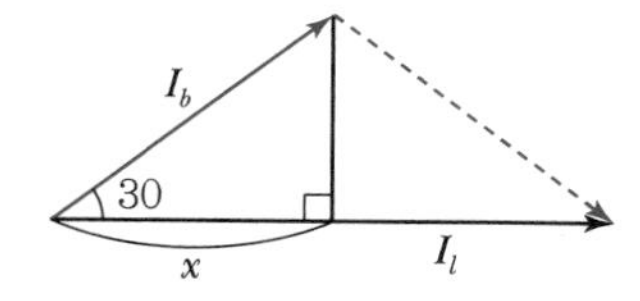

- $\cos 30° = \frac{\sqrt{3}}{2} = \frac{x}{I_b} \quad \therefore x = I_b \frac{\sqrt{3}}{2}$
- $I_l = 2x = 2\left(I_b \frac{\sqrt{3}}{2}\right) = I_b \sqrt{3}\ [\mathrm{A}]$

결론적으로 $I_l = I_b\sqrt{3}$ 의 의미는, I_l (선전류)는 I_b (상전압)보다 $\sqrt{3}$ 배 크며, (그림에서 알 수 있듯이) 위상은 30° 늦습니다. 여기서 상전압(I_b)은 수식에서 I_p 로 쓰입니다($I_b = I_p$).

$$I_l = \sqrt{3}\, I_p \angle -30°\ [\mathrm{A}]$$

반면 상전압(V_p)과 선전압(V_l)의 관계는 KVL 원리에 의해, 크기와 방향 모두 동일합니다.

$$V_l = V_p \angle 0°\ [\mathrm{V}]$$

3상 △결선(3상 3선식)으로 전력을 공급할 경우 3상 평형대칭 상태라면, 각 상의 선간전압은 동일하고, △결선는 중성선(N)이 없습니다.

- 3상 평형대칭인 △결선의 전압 · 전류 : $V_{ab} = V_{bc} = V_{ca},\ I_a = I_b = I_c$
- 3상 평형대칭인 △결선 중성선의 전류 : (존재하지 않음)
- Y결선의 선과 상 관계 : $V_l = \sqrt{3}\, V_p \angle 30°,\ I_l = I_p \angle 0°$
- △결선의 선과 상 관계 : $I_l = \sqrt{3}\, I_p \angle -30°,\ V_l = V_p \angle 0°$

3. △ · Y결선에 의한 3상 교류전력 표현

△결선, Y결선 모두 상(Phase) 수가 3개이므로, 3상의 피상전력(P_a)은 단상 전력의 3배가 됩니다.

(1) 3상 Y결선의 피상전력

① $P_a = 3V_pI_p\ [\mathrm{VA}]$ (상전압, 상전류로 표현할 경우)

② $P_a = \sqrt{3}\, V_l I_l\ [\mathrm{VA}]$ (선간전류, 선간전압으로 표현할 경우)

$$\left\{ P_a = 3\left(\frac{V_l}{\sqrt{3}}\right) I_l \xrightarrow{\text{유리화}} 3\left(\frac{V_l}{\sqrt{3}}\frac{\sqrt{3}}{\sqrt{3}}\right) I_l = 3\left(\frac{\sqrt{3}\,V_l}{3}\right) I_l = \sqrt{3}\, V_l I_l \right\}$$

(2) Y결선의 3상 피상 · 유효 · 무효전력

① $P_a = 3V_pI_p = \sqrt{3}\, V_l I_l\ [\mathrm{VA}]$

② $P = 3V_pI_p\cos\theta = \sqrt{3}\, V_l I_l \cos\theta\ [\mathrm{W}]$

핵심기출문제

한 상의 임피던스가 $6 + j8\,[\Omega]$인 △부하에 대칭 선간전압 200[V]를 인가한 경우의 3상 전력은 몇 [W]인가?

① 2400 ② 4157
③ 7200 ④ 12470

해설

△결선에서 상전류

$I_p = \frac{V_p}{Z} = \frac{V_l}{Z} = \frac{200}{\sqrt{6^2+8^2}} = 20\,[\mathrm{A}]$

∴ 3상 부하전력

$P = 3I_p^2R = 3 \times 20^2 \times 6 = 7200\,[\mathrm{W}]$

정답 ③

PART 03

③ $P_r = 3\,V_p I_p \sin\theta = \sqrt{3}\,V_l I_l \sin\theta\,[\mathrm{Var}]$

(3) 3상 △ 결선의 피상전력

$P_a = 3\,V_p I_p\,[\mathrm{VA}]$ 또는 $P_a = \sqrt{3}\,V_l I_l\,[\mathrm{VA}]$

$$\left\{ P_a = 3\left(\frac{V_l}{\sqrt{3}}\right) I_l \xrightarrow{\text{유리화}} 3\left(\frac{V_l}{\sqrt{3}}\,\frac{\sqrt{3}}{\sqrt{3}}\right) I_l = 3\left(\frac{\sqrt{3}\,V_l}{3}\right) I_l = \sqrt{3}\,V_l I_l \right\}$$

(4) △ 결선의 3상 피상 · 유효 · 무효전력

① $P_a = 3\,V_p I_p = \sqrt{3}\,V_l I_l\,[\mathrm{VA}]$

② $P = 3\,V_p I_p \cos\theta = \sqrt{3}\,V_l I_l \cos\theta\,[\mathrm{W}]$

③ $P_r = 3\,V_p I_p \sin\theta = \sqrt{3}\,V_l I_l \sin\theta\,[\mathrm{Var}]$

결론, △ 결선과 Y 결선에 의한 3상 교류전력 표현(P_a, P, P_r)은 모두 동일합니다. 때문에 △ 결선과 Y 결선의 전력 표현을 구분할 필요가 없습니다.

(5) 단상 교류전력과 3상 교류전력

단상 전력 (단상은 상과 선 구분이 없음)	3상 전력 (3상은 주로 선간전압 · 전류로 표현함)
• $P_a = VI\,[\mathrm{VA}]$ (1선의 P_a) • $P = VI\cos\theta\,[\mathrm{W}]$ (1선의 P) • $P_r = VI\sin\theta\,[\mathrm{Var}]$ (1선의 P_r)	• $P_a = \sqrt{3}\,V_l I_l\,[\mathrm{VA}]$ (3선 중 1선의 P_a) • $P = \sqrt{3}\,V_l I_l \cos\theta\,[\mathrm{W}]$ (3선 중 1선의 P) • $P_r = \sqrt{3}\,V_l I_l \sin\theta\,[\mathrm{Var}]$ (3선 중 1선의 P_r)

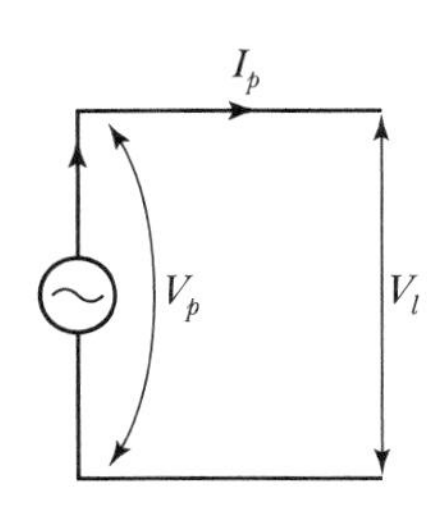

〖 단상 교류전력 〗

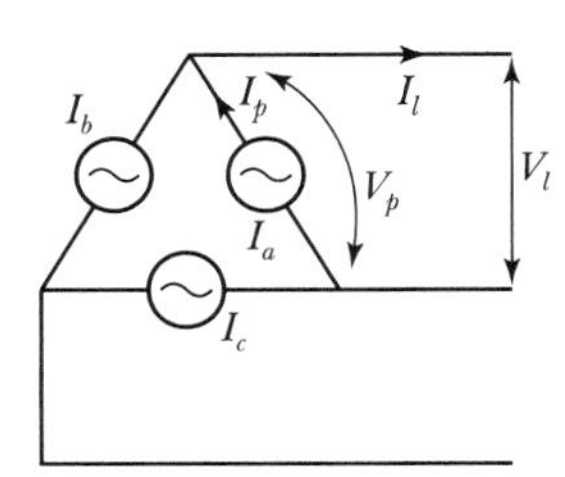

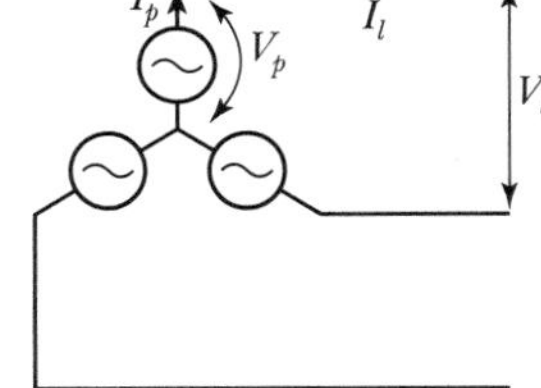

〖 3상 교류전력 〗

핵심기출문제

선간전압 100[V], 역률 60[%]인 평형 3상 부하에서 소비전력 P = 10[kW]일 때, 선전류[A]는?

① 66.2 ② 86.2
③ 96.2 ④ 99.2

해설

평형 3상의 부하전력(=유효전력)은 $P = \sqrt{3}\,VI\cos\theta\,[\mathrm{W}]$이므로,

∴ 선전류

$$I = \frac{P}{\sqrt{3}\,V\cos\theta} = \frac{10\times10^3}{\sqrt{3}\times100\times0.6} = 96.2\,[\mathrm{A}]$$

정답 ③

핵심기출문제

3상 평형 부하에 선간전압 200[V]의 평형 3상 정현파전압을 인가했을 때 선전류는 8.6[A]가 흐르고 무효전력이 1788[Var]이었다. 역률은 얼마인가?

① 0.6 ② 0.7
③ 0.8 ④ 0.9

해설

피상전력 P_a과 무효전력 P_r은,

$$P_a = \sqrt{3}\,VI = \sqrt{3}\times200\times8.6 = 2980\,[\mathrm{VA}]$$

$P_r = P_a\sin\theta$에서

$$\sin\theta = \frac{P_r}{P_a} = \frac{1788}{2980} = 0.6$$

$$\therefore \cos\theta = \sqrt{1-\sin^2\theta} = \sqrt{1-0.6^2} = 0.8$$

정답 ③

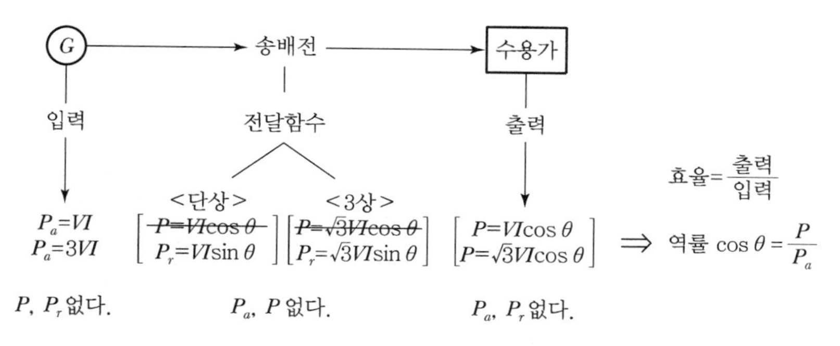

〖 전력흐름에 따른 단상과 3상의 교류전력 표현 〗

4. V결선(3상 변압기 고장 시 결선상태)

V결선은 전력을 공급하기 위한 결선이 아닙니다. V결선은 변압기에서 △결선하여 전력을 부하에 공급하다가 3상 △결선된 변압기 3대 중 1대가 고장 날 경우, 남은 2대 변압기로 전력을 공급할 때의 결선상태를 말합니다. V결선방식은 △결선의 장점 중 하나로, 가동 중인 △결선된 변압기의 1대가 고장 나더라도 남은 두 대로도 3상 전력공급이 가능합니다. 반면 Y결선된 변압기의 경우 3대 중 단 1대라도 고장 날 경우, 전력공급이 불가능합니다.

하지만 실제로 V결선상태로 변압기를 가동하는 경우는 없으며, 만약 △결선된 변압기 1대가 고장 날 경우 남은 두 변압기의 고장 위험이 있으므로, **변압기 1조** 3대 모두를 교체합니다. V결선상태로 변압기를 결선하는 유일한 경우가 있습니다. 수변전설비를 갖춘 수용가에서 큐비클(Cubicle)의 MOF 내에 PT(계기용 변압기)를 경제적으로 결선하기 위해 V결선을 사용합니다.

✠ 변압기 1조
단상 변압기 3대를 △결선 혹은 Y결선하여 전기적으로 묶은 상태를 한 조로 표현한다.

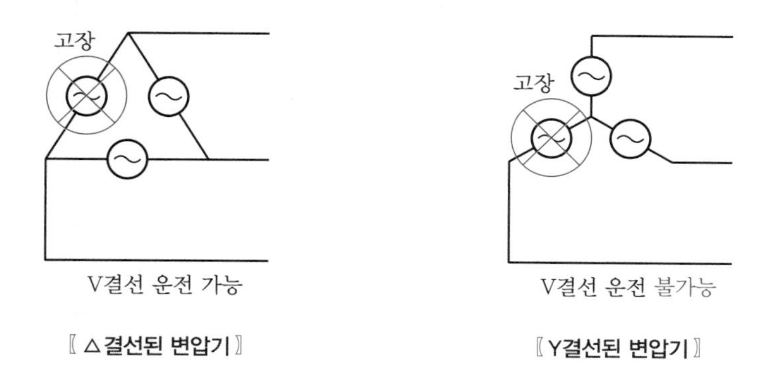

〖 △결선된 변압기 〗　　〖 Y결선된 변압기 〗

(1) V결선일 때, 변압기 출력 P_V

V결선의 변압기용량 : $P_V=\sqrt{3}\,P_1\,[\mathrm{VA}]$

① **3상 △결선된 변압기용량** : $P_\triangle=3P_1\,[\mathrm{W}]$ (P_1 : 변압기 1대의 용량)

핵심기출문제

단상 변압기 3대(50[kVA]×3)를 △결선으로 운전 중 한 대가 고장 나서 V결선으로 한 경우 출력은 몇 [kVA]인가?

① $30\sqrt{3}$　　② $50\sqrt{3}$
③ $100\sqrt{3}$　　④ $200\sqrt{3}$

해설
원래 단상 변압기 3대로 운전 중이던 3상의 변압기가 1대 고장으로 단상 변압기 2대로 운전한다. 그러므로 V결선상태이다.

$P_V=\sqrt{3}\,P_1$
$=\sqrt{3}\times 50\,[\mathrm{kVA}]$

정답 ②

② $P_\triangle$ **에서 한 상 고장 후 변압기용량** : $P_{2\phi} = 2P_1$ [W]

③ $P_\triangle$ **에서 한 상 고장 후 변압기 출력** : $P_V = \sqrt{3}\,P_1$ [VA]

(2) V결선 변압기의 이용률

세 대 변압기 중 한 대가 고장 나서 남은 두 대 변압기로만 부하에 전력을 공급할 때, 줄어든 변압기용량($2P_1$) 대비 실제 변압기가 출력할 수 있는 출력($\sqrt{3}\,P_1$)을 비율로 나타낸 것이 V결선 변압기의 이용률입니다.

V결선 변압기의 이용률 : 86.6[%]

$$\left\{ 이용률 = \frac{V결선\ 유효전력}{V결선\ 피상전력} = \frac{\sqrt{3}\,P_1}{2P_1} = 0.866 = 86.6\,[\%] \right\}$$

(3) V결선 변압기의 출력비

변압기 고장 전($3P_1$)과 변압기 고장 후($\sqrt{3}\,P_1$)의 변압기 출력을 비율로 나타낸 것이 V결선 변압기의 출력비입니다.

V결선 변압기의 출력비 : 57.7[%]

$$\left\{ 출력비 = \frac{변압기\ 고장\ 후\ 출력}{변압기\ 고장\ 전\ 용량} = \frac{\sqrt{3}\,P_1}{3P_1} = 0.577 = 57.7\,[\%] \right\}$$

5. n상 교류전력

우리나라 발전소에서는 3상 교류만을 만들지만, 유럽 · 미국 · 아프리카에서는 3상 이상의 다상 교류를 만듭니다. 발전기의 상(Phase) 수가 n상일 경우, 성형결선(Y결선)과 환형결선(△결선)의 상(Phase)과 선(Line) 관계를 보겠습니다.
(△결선 · Y결선은 3상 교류에 대해서만 사용하는 용어이며, n상 교류의 경우 Y결선은 성형결선, △결선은 환형결선으로 부른다.)

(1) n상 성형결선

성형 n상 결선은 선전압(V_l)이 상전압(V_p)보다 $2\sin\frac{\pi}{n}$배 크고, 위상은 $\frac{\pi}{2}\left(1-\frac{2}{n}\right)^\circ$ 빠릅니다. 반면 선전류(I_l)와 상전류(I_p)는 크기와 위상이 모두 같습니다.

① $V_l = 2\sin\frac{\pi}{n}\ V_p \angle \frac{\pi}{2}\left(1-\frac{2}{n}\right)^\circ$ [V]

② $I_l = I_p \angle 0^\circ$ [A]

여기서, n : 상(Phase)의 수

핵심기출문제

단상 변압기 3대를 △결선하여 부하에 전력을 공급하고 있다. 변압기 1대의 고장으로 V결선으로 한 경우 공급할 수 있는 전력과 고장 전 전력과의 비율[%]은?

① 57.7 ② 66.7
③ 75.0 ④ 86.6

해설

변압기 고장 전, 3대 변압기의 전력($3P_1$)을 공급할 때 대비하여 변압기 고장 후 변압기 출력($\sqrt{3}\,P_1$)을 비율로 나타낸 것. 이것이 V결선 상태의 출력비이다.

$$출력비 = \frac{변압기\ 고장\ 후\ 출력}{변압기\ 고장\ 전\ 출력} = \frac{\sqrt{3}\,P_1}{3P_1} = 0.577 = 57.7[\%]$$

정답 ①

핵심기출문제

성형 대칭 6상 기전력의 선간전압과 상전압(=상기전력)의 위상차는 얼마인가?

① 75° ② 30°
③ 60° ④ 120°

해설

대칭 6상 교류에서 선전압과 기전력 간의 위상차는

$$\theta = \frac{\pi}{2}\left(1-\frac{2}{n}\right) = 90\left(1-\frac{2}{6}\right) = 60^\circ$$

정답 ③

핵심기출문제

대칭 12상 교류 성형결선에서 상전압이 50[V]일 때 선간전압은 얼마인가?

① 86.6[V] ② 43.3[V]
③ 25.9[V] ④ 28.8[V]

해설

대칭 n상 성형결선의 선간전압

$V_l = 2\sin\frac{\pi}{n}\,V_p$[V]이므로,

$$V_l = 2\sin\frac{\pi}{n}\,V_p = 2\sin\frac{\pi}{12}\times 50 = 25.9[V]$$

정답 ③

(2) n상 환형결선

환형 n상 결선은 선전류(I_l)가 상전류(I_p)보다 $2\sin\frac{\pi}{n}$배 크고, 위상은 $\frac{\pi}{2}\left(1-\frac{2}{n}\right)^{\circ}$ 느립니다. 반면 선전압(V_l)과 상전압(V_p)는 크기와 위상이 모두 같습니다.

① $I_l = 2\sin\frac{\pi}{n}\, I_p \angle -\frac{\pi}{2}\left(1-\frac{2}{n}\right)^{\circ}\,[\mathrm{A}]$

② $V_l = V_p \angle 0^{\circ}\,[\mathrm{V}]$

여기서, n은 상(Phase)의 수

(3) 교류 전력방식에 따른 벡터 비교

〖1ϕ 3개 벡터도〗

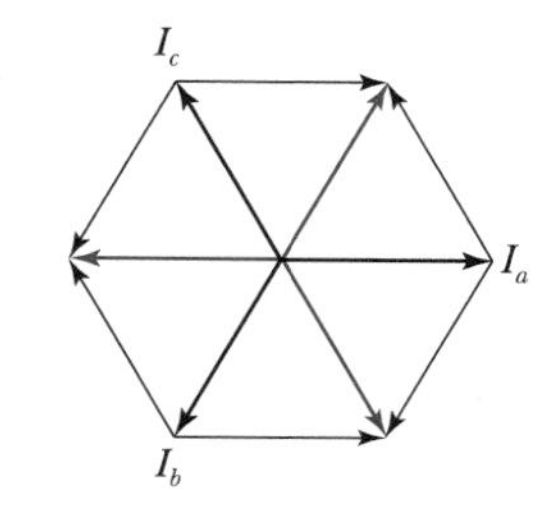

〖3ϕ 직렬 벡터도〗

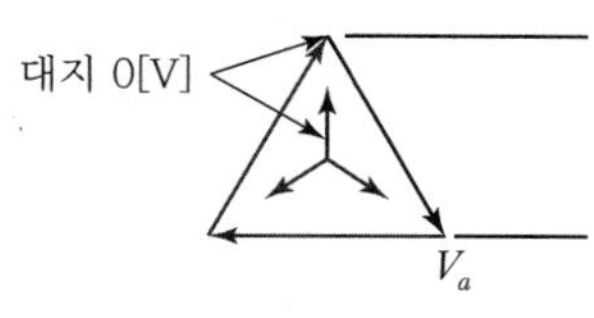

〖1ϕ2w 방식 벡터도〗

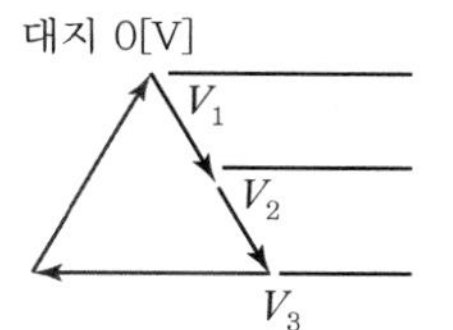

〖1ϕ3w 방식 벡터도〗

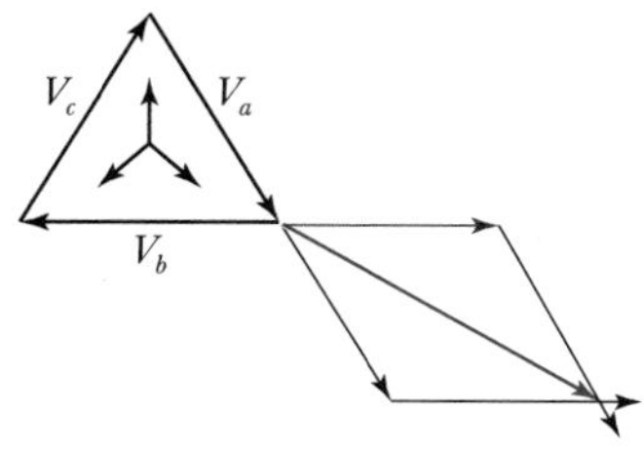

〖△결선(3ϕ3w 방식) 벡터도〗

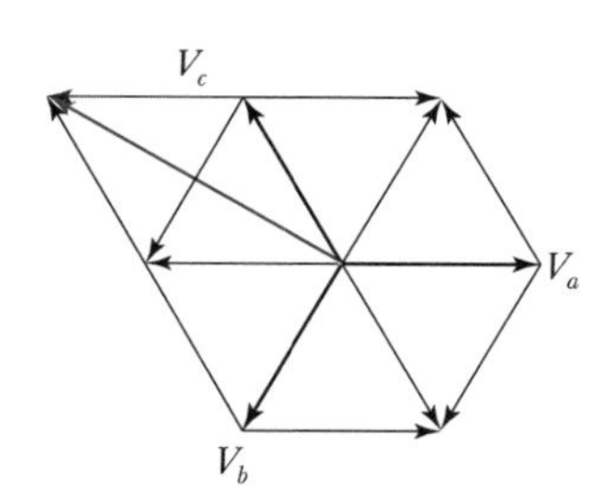

〖Y결선(3ϕ4w 방식) 벡터도〗

04 3상 부하에서 △ ↔ Y 결선 변환방법

전력계통에서 전력을 받는 수용가의 형태는 매우 다양합니다. 공장, 학교, 건물, 가정집, 아파트, 공공기관 및 공공시설, 농촌의 비닐하우스 혹은 도시의 고급빌라 등 한국전력과 전력사용계약을 맺고 전기를 사용하는 모든 곳이 '수용가'입니다. '수용가'는 전기법령에서 사용되는 법률용어이고, 회로이론에서는 '부하'라는 용어로 사용됩니다.

부하는 단상 교류전력을 쓰는 곳도 있고, 3상 교류전력을 사용하는 곳도 있습니다. 특히, 에어컨 실외기가 3상 전동기를 사용하며, 소기업의 공장부터 대기업의 공장까지 공장에서는 다양한 종류와 용도로 3상 전동기를 사용합니다. 모든 3상 전동기는 △ 결선으로 결선되어 있습니다. 그리고 △ 결선된 3상 전동기를 가동하고 운전하는 과정에서 결선을 변경(△ ↔ Y)하는 일이 쉽게 발생합니다. 그래서 이론적으로 △ ↔ Y 결선 변환 원리를 알아야 합니다.

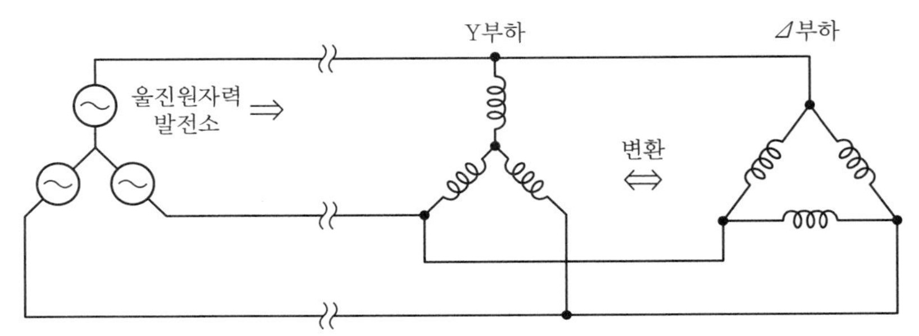

발전기에서 3상 교류전력을 부하로 전송하면 → 전력을 받는 부하는 단상 부하와 3상 부하가 있다.
그중 3상 부하의 대부분은 ⊿부하이다.

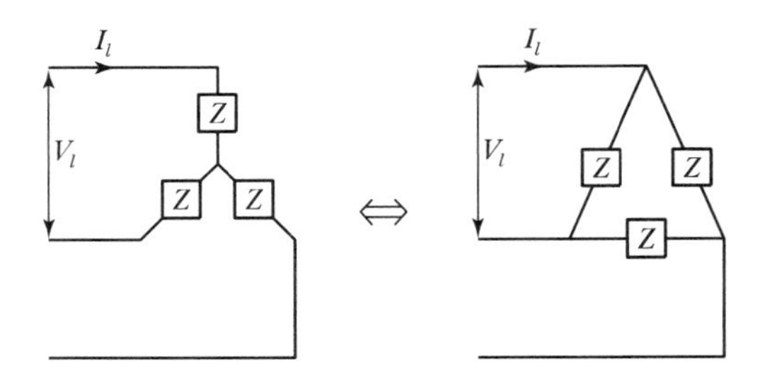

〚부하의 △결선과 Y결선〛

1. 3상 부하의 △↔Y 결선 변환

(1) 3상 부하의 △↔Y 결선 변환

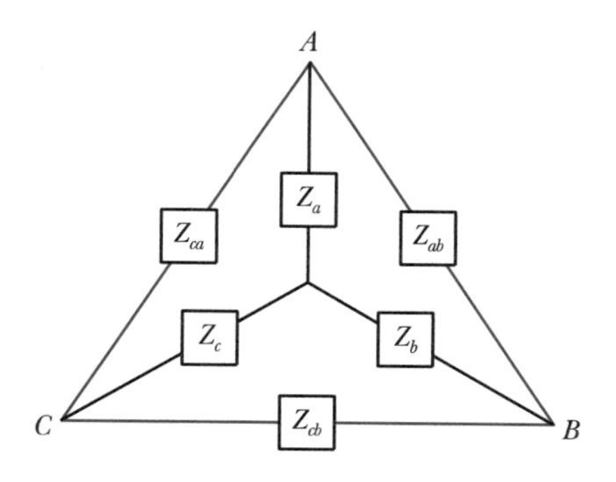

3상 부하의 △→Y 결선 변환	3상 부하의 Y→△ 결선 변환
• $Z_A = \dfrac{Z_{ab} \cdot Z_{ac}}{Z_{ab}+Z_{bc}+Z_{ca}}$ [Ω]	• $Z_{ab} = \dfrac{Z_A Z_B + Z_B Z_C + Z_C Z_A}{Z_C}$ [Ω]
• $Z_B = \dfrac{Z_{ab} \cdot Z_{bc}}{Z_{ab}+Z_{bc}+Z_{ca}}$ [Ω]	• $Z_{bc} = \dfrac{Z_A Z_B + Z_B Z_C + Z_C Z_A}{Z_A}$ [Ω]
• $Z_C = \dfrac{Z_{bc} \cdot Z_{ca}}{Z_{ab}+Z_{bc}+Z_{ca}}$ [Ω]	• $Z_{ca} = \dfrac{Z_A Z_B + Z_B Z_C + Z_C Z_A}{Z_B}$ [Ω]

(2) 3상 평형부하 상태에서 임피던스(Z), 전류(I), 전력(P)의 △↔Y 변환 관계

만약 3상 부하의 임피던스가 모두 같다면(=3상 부하 평형일 경우) 다음 관계가 성립합니다.

① △→Y **변환할 때** : $Z_0 = \dfrac{Z \cdot Z}{Z+Z+Z} = \dfrac{Z^2}{3Z} = \dfrac{1}{3}Z$ [Ω]

② Y→△ **변환할 때** : $Z_0 = \dfrac{ZZ+ZZ+ZZ}{Z} = \dfrac{3Z^2}{Z} = 3Z$ [Ω]

또한 3상 부하가 평형상태일 때는 임피던스, 전류, 전력에 대해서도 동일한 △→Y 변환관계가 성립합니다.

뚱뚱한 △는 홀쭉한 Y 의 3배 홀쭉한 Y 는 뚱뚱한 △의 $\frac{1}{3}$배			
• $R_Y = \frac{1}{3}R_\triangle$ • $R_\triangle = 3R_Y$	• $Z_Y = \frac{1}{3}Z_\triangle$ • $Z_\triangle = 3Z_Y$	• $I_Y = \frac{1}{3}I_\triangle$ • $I_\triangle = 3I_Y$	• $P_Y = \frac{1}{3}P_\triangle$ • $P_\triangle = 3P_Y$

핵심기출문제

R[Ω]의 저항 3개를 Y로 접속하고 이것을 200[V]의 평형 3상 교류 전원에 연결할 때 선전류 20[A]가 흘렀다. 이 3개의 저항을 △로 접속하고 동일 전원에 연결하였을 때의 선전류[A]는?

① 약 30 ② 약 40
③ 약 50 ④ 약 60

해설

저항 R은 3개 모두 동일한 저항이고, 이것을 Y결선 전원에 접속하고 다시 △결선 전원에 접속하였다.

이때 $I_Y = \frac{1}{3}I_\triangle$, $I_\triangle = 3I_Y$ 관계를 이용하여

$I_\triangle = 3I_Y = 3 \times 20 = 60$[A]이다.

정답 ④

PART 03

2. 3상 변압기의 $\Delta \rightarrow Y$ 리액턴스 변환

실제 변압기 결선에서 결선 변환($\Delta \rightarrow Y$ 변환, $Y \rightarrow \Delta$ 변환)은 자유롭습니다. 하지만 실제 결선이 아닌 전력계통(또는 전기회로)에 접속된 3상 변압기의 각 상의 리액턴스를 계산하려면 Y결선일 때의 리액턴스 값으로 계산해야 하므로 Δ결선을 Y결선으로 변환 후, 회로를 해석하게 됩니다. 때문에 $\Delta \rightarrow Y$ 리액턴스 변환 방법에 대해서 알아보겠습니다.

① Y결선 시 리액턴스 $X_1 = \frac{1}{2}(X_{12} - X_{23} + X_{31})$ [Ω]

② Y결선 시 리액턴스 $X_2 = \frac{1}{2}(X_{12} + X_{23} - X_{31})$ [Ω]

③ Y결선 시 리액턴스 $X_3 = \frac{1}{2}(-X_{12} + X_{23} + X_{31})$ [Ω]

핵심기출문제

선간전압 V[V]의 3상 평형전원에 대칭 3상 저항부하 R[Ω]이 그림과 같이 접속되었을 때 a, b 두 상 간에 접속된 전력계의 지시값이 W[W]라 하면 c상의 전류[A]는?

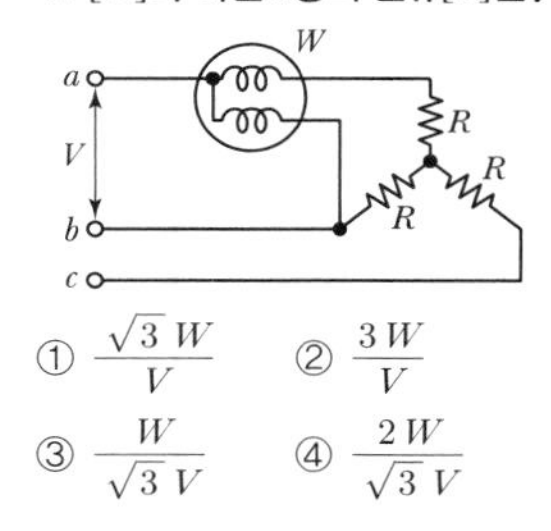

① $\frac{\sqrt{3}\,W}{V}$ ② $\frac{3W}{V}$

③ $\frac{W}{\sqrt{3}\,V}$ ④ $\frac{2W}{\sqrt{3}\,V}$

해설

주어진 회로는 전력계 1개로 3상의 전력을 측정하는 경우이다. 단, 문제의 조건에서 전원 및 부하가 모두 평형대칭이므로 3상 각 상의 전압 및 전류는 동일하다.

$V_{ab} = V_{bc} = V_{ca} = V$

$I_a = I_b = I_c = I$

그러므로 1전력계에 의한 3상의 소비전력은 2전력계에 의한 3상의 소비전력을 구하는 방식으로 계산할 수 있다. 여기서, 저항부하의 역률은 100[%]이다.

2전력계법 $P = W_1 + W_2$[W]

$\rightarrow W + W = \sqrt{3}\,VI\cos\theta$

$\rightarrow 2W = \sqrt{3}\,VI$

그러므로 c상(평형 3상 부하 중 1상)의 전류 $I = \frac{2W}{\sqrt{3}\,V}$[A]

정답 ④

3상 변압기의 $\Delta \rightarrow Y$ 리액턴스 변환 예시

송전계통에 Δ결선된 승압용 3상 변압기가 있다. 이 변압기의 1차, 2차, 3차측 각 용량과 리액턴스가 다음과 같다.

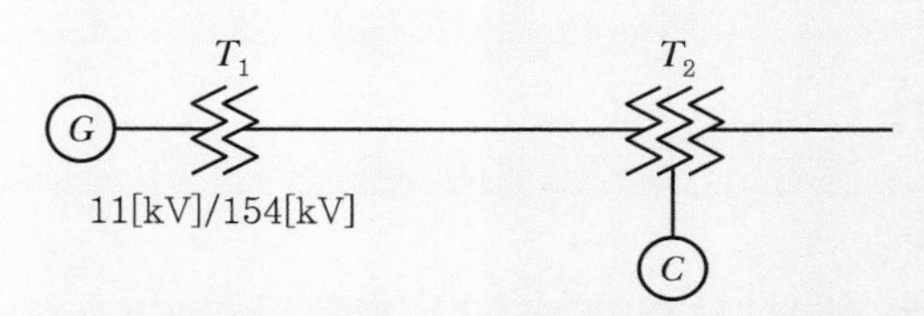

기기명	용량	전압	리액턴스(X)
T_1 : 변압기	50000[kVA]	11/154[kV]	12
T_2 : 변압기	1차 25000[kVA]	154[kV]	12(25000[kVA] 기준, 1~2차)
	2차 30000[kVA]	77[kV]	15(25000[kVA] 기준, 2~3차)
	3차 10000[kVA]	11[kV]	10.8(10000[kVA] 기준, 3~1차)
C : 조상기	10000[kVA]	11[kV]	20

여기서, Δ결선된 변압기 T_2의 1차, 2차, 3차 리액턴스를 Y결선으로 변환하려면, 3상 변압기의 $\Delta \rightarrow Y$ 리액턴스 변환공식을 사용하여 변환할 수 있다.

- T_2 1차 환산 리액턴스

$$X_1 = \frac{1}{2}(X_{12} - X_{23} + X_{31}) = \frac{1}{2}(12 - 15 + 10.8) = 3.9\,[\Omega]$$

- T_2 2차 환산 리액턴스

$$X_2 = \frac{1}{2}(X_{12} + X_{23} - X_{31}) = \frac{1}{2}(12 + 15 - 10.8) = 8.1\,[\Omega]$$

- T_2 3차 환산 리액턴스

$$X_3 = \frac{1}{2}(-X_{12} + X_{23} + X_{31}) = \frac{1}{2}(-12 + 15 + 10.8) = 6.9\,[\Omega]$$

05 계측기를 이용한 전력측정법

본 내용은 계측기를 이용하여 3상 전력(3상 3선식, 3상 4선식)의 피상전력, 유효전력, 무효전력을 측정하는 방법입니다. 사실 전력계 세 개를 이용하여 3상 전력을 측정하면, 아주 쉽게 전력을 측정(전력계 세 개를 각 전력선마다 연결해주면 전력계의 지시부가 3상 전력의 피상분, 유효분, 무효분을 표시해주기 때문에 쉽게 측정)할 수 있습니다.

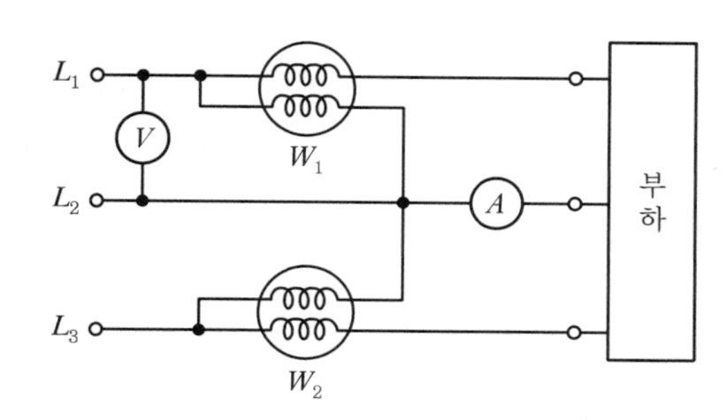

〚 2전력계법의 2전력계 위치 〛

하지만 본 내용을 다루는 이유는 전력계 세 개를 이용하여 3상 전력을 측정하는 것이 아니라, 전력계 두 개만 이용하여 3상 전력을 측정하므로 문제가 생기기 때문입니다. 두 개 전력계로 전력을 측정한 후 수식을 이용하여 3상 전력(피상전력, 유효전력, 무효전력)을 알 수 있습니다. 이것이 '2전력계법'입니다.

1. 2전력계법

두 개의 전력계만으로 3상 교류전력의 피상전력, 유효전력, 무효전력을 계산할 수 있습니다.

① **각각의 전력계가 측정한 3상의 유효전력(W) 수식 표현**

- 전력계 $W_1 = V_1 I_1 \cos(30+\theta)$ [W]
- 전력계 $W_2 = V_2 I_2 \cos(30-\theta)$ [W]

② **(3상 1선) 유효전력** : $P = W_1 + W_2$ [W]

(→ $P = W_1 + W_2$ [W]은 $P = \sqrt{3}\, VI\cos\theta$ [W]와 동일한 값)

③ **(3상 1선) 무효전력** : $P_r = \sqrt{3}(W_1 - W_2)$ [Var]

(→ $P_r = \sqrt{3}(W_1 - W_2)$ [Var]은 $P_r = \sqrt{3}\, VI\sin\theta$ [Var]와 동일한 값)

④ **(3상 1선) 피상전력** : $P_a = 2\sqrt{(W_1{}^2 + W_2{}^2) - W_1 W_2}$ [VA]

(→ $P_a = 2\sqrt{(W_1{}^2 + W_2{}^2) - W_1 W_2}$ [VA]는 $P_a = \sqrt{3}\, VI$ [VA]와 동일한 값)

TIP

- 두 전력계의 측정값 비율이 2 : 1이라면 → 역률은 0.866
- 두 전력계의 측정값 두 개 중 한 개가 0이라면 → 역률은 0.5

PART 03

핵심기출문제

단상 전력계 2개로 평형 3상 부하의 전력을 측정하였더니 각각 300[W]와 600[W]를 나타내었다. 부하역률은 얼마인가?

① 0.5 ② 0.577
③ 0.637 ④ 0.866

해설

단상 전력계 2대를 이용한 2전력계법으로 3상 부하의 전력 및 역률을 구할 수 있다.

역률 $\cos\theta = \frac{P}{P_a}$

$= \frac{W_1 + W_2}{2\sqrt{(W_1^2 + W_2^2) - W_1 W_2}}$

$c = \frac{300+600}{2\sqrt{(300^2+600^2) - 300\times600}}$

$= 0.866$

[요령] 위와 같이 계산하지 않아도 답을 찾을 수 있다.
두 전력계의 측정값 비율이 2 : 1이라면 → 역률은 0.866이고, 두 전력계의 측정값 둘 중 한 개가 0이라면 → 역률은 0.5이다.

정답 ④

⑤ **전력계에 의한 역률** : $\cos\theta = \dfrac{P}{P_a} = \dfrac{W_1 + W_2}{2\sqrt{(W_1^2 + W_2^2) - W_1 W_2}}$

2. 3전압계법과 3전류계법

전력계로 3상 전력을 측정하는 것이 아닌, 전압계 또는 전류계를 가지고 3상 전력을 측정할 수 있습니다.

- 전압계 세 개를 이용하여 3상 유효전력과 역률을 재는 것이 **3전압계법** 이론,
- 전류계 세 개를 이용하여 3상 유효전력과 역률을 재는 것이 **3전류계법** 이론입니다.

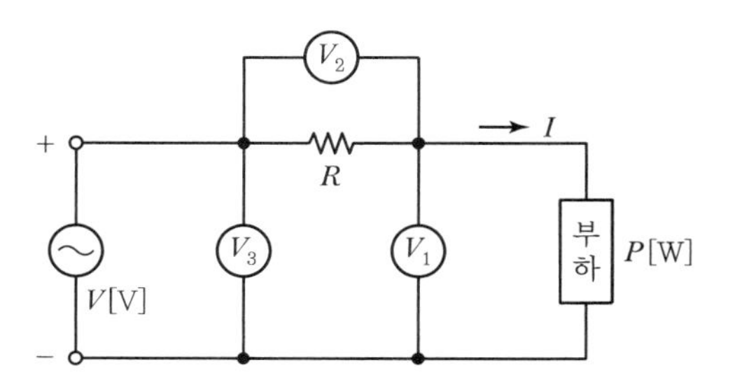

〖 전압계 3개의 위치 〗

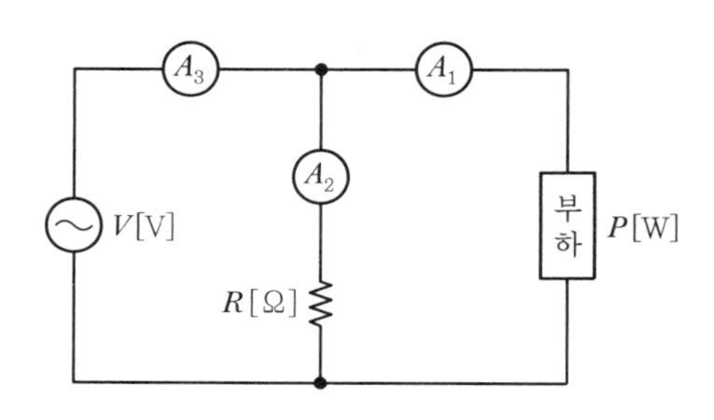

〖 전류계 3개의 위치 〗

(1) 3전압계법

① **전압계에 의한 유효전력** : $P = \dfrac{1}{2R}\left(V_3{}^2 - V_1{}^2 - V_2{}^2\right)$ [W] (3상 1선)

② **전압계에 의한 역률** : $\cos\theta = \dfrac{V_3{}^2 - V_1{}^2 - V_2{}^2}{2V_1 V_2}$

(2) 3전류계법

① **전류계에 의한 유효전력** : $P = \dfrac{R}{2}\left(A_3{}^2 - A_1{}^2 - A_2{}^2\right)$ [W] (3상 1선)

② **전류계에 의한 역률** : $\cos\theta = \dfrac{A_3{}^2 - A_1{}^2 - A_2{}^2}{2A_1 A_2}$

핵심기출문제

3상 전력을 측정하는 데 두 전력계 중에서 하나가 0이었다. 이때의 역률은 어떻게 되는가?

① 0.5　② 0.8
③ 0.6　④ 0.4

해설

두 전력계 중 한 대의 전력 측정은 어떤 [W]이고, 다른 한 대의 전력계 값은 0이라면,

역률 $\cos\theta = \dfrac{P}{P_a}$

$= \dfrac{W_1 + W_2}{2\sqrt{(W_1^2 + W_2^2) - W_1 W_2}}$

$= \dfrac{W + 0}{2\sqrt{(W^2 + 0^2) - W \times 0}}$

$= \dfrac{W}{2\sqrt{W^2}} = \dfrac{W}{2W} = 0.5$

[요령] 위와 같이 계산하지 않아도 답을 찾을 수 있다.
두 전력계의 측정값 비율이 2 : 1이라면 → 역률은 0.866이고, 두 전력계의 측정값 둘 중 한 개가 0이라면 → 역률은 0.5이다.

정답 ①

① 3상 교류의 표현

3상 교류전력의 순시값 표현	3상 교류전력의 극형식 표현
• $v_a = V_m \sin\theta$ [V] • $v_b = V_m \sin(\omega t + 240°)$ [V] • $v_c = V_m \sin(\omega t + 120°)$ [V]	• $V_a = V\angle 0°$ [V] • $V_b = V\angle 240°$ [V] • $V_c = V\angle 120°$ [V]

② Y 결선의 선과 상 관계

$$V_l = \sqrt{3}\, V_p \angle 30°, \quad I_l = I_p \angle 0°$$

③ △ 결선의 선과 상 관계

$$I_l = \sqrt{3}\, I_p \angle -30°, \quad V_l = V_p \angle 0°$$

④ 3상 Y 결선(3상 4선식)의 평형대칭일 때, 전압, 전류, 중성선 수식

- 전압 : $V_{ab} = V_{bc} = V_{ca}$
- 전류 : $I_a = I_b = I_c$
- 중성선 전류 : $\dot{I}_a + \dot{I}_b + \dot{I}_c = 0$

⑤ 3상 교류의 벡터합

- 3상 교류 벡터합 : $\dot{V}_a + \dot{V}_b + \dot{V}_c = 0$
- 3상 교류 벡터합(극 형식) : $(V\angle 0°) + (V\angle 240°) + (V\angle 120°) = 0$
- 3상 교류 벡터합(삼각함수 형식) : $V + V\left(-\frac{1}{2} - j\frac{\sqrt{3}}{2}\right) + V\left(-\frac{1}{2} + j\frac{\sqrt{3}}{2}\right) = 0$

⑥ 단상 전력과 3상 전력

단상 전력	3상 전력
• $P_a = VI$ [VA] • $P = VI\cos\theta$ [W] • $P_r = VI\sin\theta$ [Var]	• $P_a = \sqrt{3}\, V_l I_l$ [VA] • $P = \sqrt{3}\, V_l I_l \cos\theta$ [W] • $P_r = \sqrt{3}\, V_l I_l \sin\theta$ [Var]

⑦ n상 교류

n상 성형결선	n상 환형결선(n : 상의 수)
• $V_l = 2\sin\frac{\pi}{n}\ V_p \angle \frac{\pi}{2}\left(1-\frac{2}{n}\right)^{\circ}$ [V] • $I_l = I_p \angle 0^{\circ}$ [A]	• $I_l = 2\sin\frac{\pi}{n}\ I_p \angle -\frac{\pi}{2}\left(1-\frac{2}{n}\right)^{\circ}$ [A] • $V_l = V_p \angle 0^{\circ}$ [V]

⑧ V 결선의 변압기용량 : $P_V = \sqrt{3}\ P_1$ [VA]

⑨ V 결선 변압기의 이용률 : 86.6 [%]

⑩ V 결선 변압기의 출력비 : 57.7 [%]

⑪ 3상 부하의 $\triangle \leftrightarrow Y$ 결선 변환

3상 부하의 $\triangle \rightarrow Y$ 결선 변환	3상 부하의 $Y \rightarrow \triangle$ 결선 변환
• $Z_A = \frac{Z_{ab} \cdot Z_{ac}}{Z_{ab}+Z_{bc}+Z_{ca}}$ [Ω] • $Z_B = \frac{Z_{ab} \cdot Z_{bc}}{Z_{ab}+Z_{bc}+Z_{ca}}$ [Ω] • $Z_C = \frac{Z_{bc} \cdot Z_{ca}}{Z_{ab}+Z_{bc}+Z_{ca}}$ [Ω]	• $Z_{ab} = \frac{Z_A Z_B + Z_B Z_C + Z_C Z_A}{Z_C}$ [Ω] • $Z_{bc} = \frac{Z_A Z_B + Z_B Z_C + Z_C Z_A}{Z_A}$ [Ω] • $Z_{ca} = \frac{Z_A Z_B + Z_B Z_C + Z_C Z_A}{Z_B}$ [Ω]

⑫ 3상 평형부하에서 Z, I, P의 $\triangle \leftrightarrow Y$ 변환관계

뚱뚱한 △는 홀쭉한 Y의 3배 홀쭉한 Y는 뚱뚱한 △의 $\frac{1}{3}$배			
• $R_Y = \frac{1}{3}R_\triangle$ • $R_\triangle = 3R_Y$	• $Z_Y = \frac{1}{3}Z_\triangle$ • $Z_\triangle = 3Z_Y$	• $I_Y = \frac{1}{3}I_\triangle$ • $I_\triangle = 3I_Y$	• $P_Y = \frac{1}{3}P_\triangle$ • $P_\triangle = 3P_Y$

⑬ 3상 평형부하에서 Z, I, P의 $\triangle \leftrightarrow Y$ 변환관계

2전력계법	3전압계법	3전류계법
• 유효전력 $P = W_1 + W_2$ [W] • 무효전력 $P_r = \sqrt{3}(W_1 - W_2)$ [Var] • 피상전력 $P_a = 2\sqrt{(W_1^2 + W_2^2) - W_1 W_2}$ [VA] • 역률 $\cos\theta = \frac{P}{P_a} = \frac{W_1 + W_2}{2\sqrt{(W_1^2 + W_2^2) - W_1 W_2}}$	• 유효전력 $P = \frac{1}{2R}(V_3^2 - V_1^2 - V_2^2)$ [W] • 역률 $\cos\theta = \frac{V_3^2 - V_1^2 - V_2^2}{2V_1 V_2}$	• 유효전력 $P = \frac{R}{2}(A_3^2 - A_1^2 - A_2^2)$ [W] • 역률 $\cos\theta = \frac{A_3^2 - A_1^2 - A_2^2}{2A_1 A_2}$

핵 / 심 / 기 / 출 / 문 / 제

01 아래 그림과 같은 Y결선 회로와 등가인 △결선 회로의 A, B, C 값은?

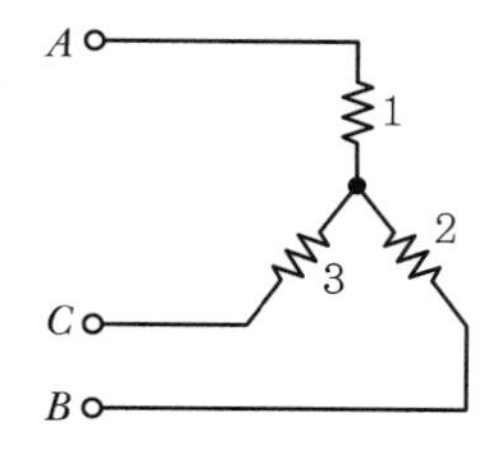

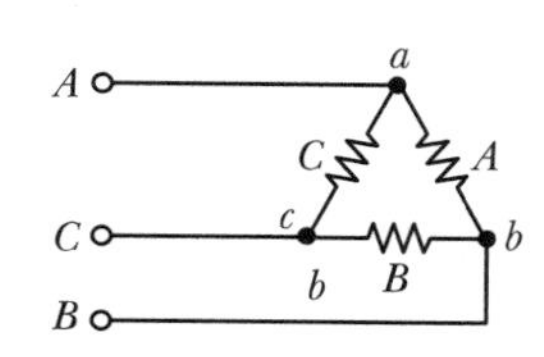

① $A=\frac{11}{3}$, $B=11$, $C=\frac{11}{2}$

② $A=\frac{7}{3}$, $B=7$, $C=\frac{7}{2}$

③ $A=11$, $B=\frac{11}{2}$, $C=\frac{11}{3}$

④ $A=7$, $B=\frac{7}{2}$, $C=\frac{7}{3}$

해설

3상 부하의 Y → △ 결선 변환

$$Z_{ab}=\frac{Z_AZ_B+Z_BZ_C+Z_CZ_A}{Z_C}[\Omega]$$

$$\rightarrow Z_{ab}=\frac{(1\times2)+(2\times3)+(3\times1)}{3}=\frac{11}{3}[\Omega]$$

$$Z_{bc}=\frac{Z_AZ_B+Z_BZ_C+Z_CZ_A}{Z_A}[\Omega]$$

$$\rightarrow Z_{bc}=\frac{(1\times2)+(2\times3)+(3\times1)}{1}=11[\Omega]$$

$$Z_{ca}=\frac{Z_AZ_B+Z_BZ_C+Z_CZ_A}{Z_B}[\Omega]$$

$$\rightarrow Z_{ca}=\frac{(1\times2)+(2\times3)+(3\times1)}{2}=\frac{11}{2}[\Omega]$$

02 그림과 같이 전류계 A_1, A_2, A_3 그리고 25[Ω]의 저항 R를 접속하였더니, 전류계의 지시는 $A_1=10$[A], $A_2=4$[A], $A_3=7$[A]이다. 이때의 부하의 전력[W]과 역률은 얼마인가?

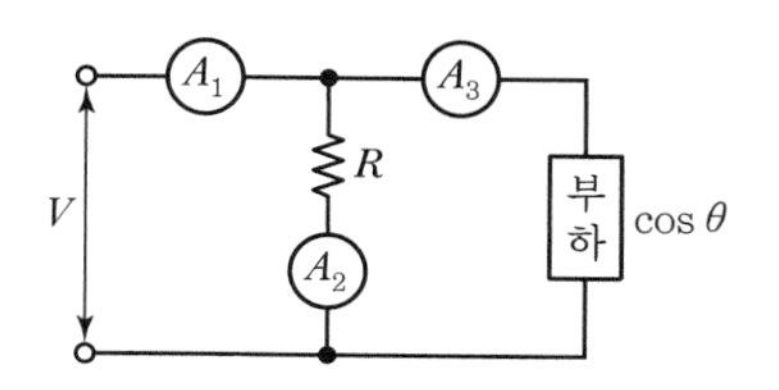

① $P=437.5$, $\cos\theta=0.625$

② $P=437.5$, $\cos\theta=0.547$

③ $P=487.5$, $\cos\theta=0.647$

④ $P=507.5$, $\cos\theta=0.747$

해설

회로에서 전력을 측정하기 위해 사용한 계측기는 전류계 3개이다. 그래서 3전류계법을 이용하여 3상 전력과 역률을 계산하면,

부하전력 $p=\frac{R}{2}(A_1^2-A_2^2-A_3^2)=\frac{25}{2}\times(10^2-4^2-7^2)=437.5$[W]

역률 $\cos\theta=\frac{A_1^2-A_2^2-A_3^2}{2A_2A_3}=\frac{10^2-4^2-7^2}{2\times4\times7}=0.625$

정답 01 ① 02 ①

CHAPTER 09

3상 교류전력의 고장 해석(대칭좌표법)

01 교류전력에 대한 고장 해석을 하는 이유

3상 교류로 전력을 전송하는 전력계통에서 전기사고가 발생했을 때, 대칭좌표법을 이용하여 해석(눈에 보이지 않는 교류전력을 어떻게 인지하고, 고장원인을 찾는지에 대한 해석)하는 방법을 다룹니다.

전력은 눈에 보이지 않습니다. 때문에 우리나라 수백 km 구간에 복잡하게 얽히고설킨 전력계통에서 전기사고가 발생하면, 어디서 고장이 발생했는지, 고장의 내용이 무엇인지 알기란 불가능합니다. 전기사고를 우리가 알 수 있게 해주는 것이 발전소와 송·배전계통에 설치된 수많은 보호계전기(Protection Relay)입니다.

보호계전기는 한 발전소(수력·화력·원자력)에만 수백 개가 설치되고, 송전계통－변전소－배전계통 전체에 걸쳐 수천여 개의 보호계전기가 설치됩니다. 보호계전기는 3상 전력의 크기와 위상, 파형, 주파수 등 전력 속성에 대한 거의 모든 정보를 측정하고 기록합니다. 이런 보호계전기의 종류와 역할 그리고 기능에 대해서는 전력공학 과목에서 좀 더 자세히 다루고, 본 회로이론의 9장에서는 보호계전기가 기록한 3상 전력 파형을 대칭좌표법으로 해석하여, 정상적인 전력과 고장 난 전력의 파형은 서로 어떻게 다른지에 대해 다룹니다.

02 전력계통의 고장 종류

발전소에서 수용가에 이르기까지 전체 전력계통에서 전기사고는 크게 다음 3가지로 구분할 수 있습니다.

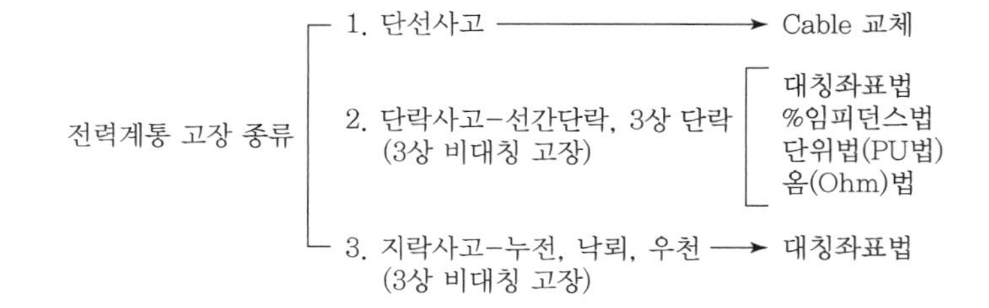

전력선이 끊어지는 단선사고도 전기사고지만, 전선을 교체하면 해결되므로 본 대칭좌표법으로 해석하지 않습니다. 여기서 단락(Short Circuit)과 지락(Line To Ground Fault)의 개념은 다음과 같이 간략하게 설명됩니다.

- 1선 단락 : (존재하지 않음)
- 2선 단락(선간 단락) : 3상 중 2선이 서로 붙음
- 3상 단락 : 3상 중 3선이 서로 붙음(전선의 선과 선은 반드시 절연돼야 함)
- 지락 : 선(전선)과 땅(대지)은 전기적으로 반드시 분리되고 절연돼야 한다. 하지만 전류가 흐르는 선의 전류가 땅으로 흐르는 현상이 지락이다.

대칭좌표법을 이용하여 3상 교류 전력사고(단락사고와 지락사고)를 해석할 수 있습니다. 3상 교류전력을 벡터도로 나타냈을 때, 3상 대칭형 교류와 3상 비대칭형 교류로 나눕니다.

- 3상 대칭 교류 : 정상 교류전력
- 3상 비대칭 교류 : 단락사고와 지락사고

사실 대칭좌표법이 전기사고를 해석하는 유일한 방법은 아닙니다. 다음과 같이 전기사고를 해석하는 4가지 해석방법이 있는데, 그중 가장 직관적이고 시각적이며 그리고 보호계전기에 주로 채용되는 전기해석 방법이 '대칭좌표법'입니다.

1. 옴 해석(Ohm법)

전류와 전압의 관계를 나타내는 옴의 법칙($I = \frac{V}{Z}$)을 이용하여 단락사고 발생 후의 전력고장의 크기를 계산합니다.

$$\text{단락전류 } I_s = \frac{E}{Z_s} = \frac{E}{Z_g + Z_{Tr} + Z_l}\,[\text{A}]\ (\Rightarrow \text{발전소에 적용})$$

$$\text{단락용량 } I_s = \sqrt{3}\, V_n\, I_s\,[\text{VA}]\ (\Rightarrow V_n : \text{공칭전압})$$

$$\text{차단용량 } I_s = \sqrt{3}\, V_n\, I_s\,[\text{VA}]\ (\Rightarrow V_n : \text{정격전압})$$

$$\text{정격용량 } I_s = \sqrt{3}\, V_n\, I_n\,[\text{VA}]\ (\Rightarrow V_n : \text{공칭전압})$$

2. 퍼센트 임피던스법 해석(%Z법)

전체 전압(V)에 대한 전압강하(e)의 비율을 퍼센트($\%Z$)로 나타내어, 발전계통과 송·배전계통에서 나타나는 전력고장의 크기를 계산합니다.

$$I_s = \frac{100}{\%Z} I_n\,[\text{A}] \qquad P_s = \frac{100}{\%Z} P_n\,[\text{VA}]$$

3. PU법 해석(Percent Unit법 혹은 단위법)

해석하려는 어떤 전기계통 전체 값에 대한 일부를 비율로 나타내어 손실과 전기고장의 크기를 계산합니다. → $Z_{pu} = \frac{IZ}{E}$ [pu]

4. 대칭좌표법(Method of Symmetrical Components)

대칭좌표법의 핵심은 **벡터연산자**(a)입니다. 벡터연산자를 이용하여 3상 교류의 대칭성 혹은 비대칭성을 표현하고, 전기사고 내용을 파악할 수 있습니다. 이어지는 내용에서 구체적으로 다룹니다.

참고 대칭좌표법(Method of Symmetrical Components)

대칭좌표법은 1943년 미국인 여성 전기공학자 클라크(Edith Clarke, 사진)가 발표한 이론이다. 그녀의 대칭좌표 해석이론은 오늘날 3상 교류전력의 고장 유무를 판단하는 데 매우 중요하다. 현재 한국의 발전소와 전 세계의 발전소에서 그리고 3상 교류전력을 분석용 장비를 생산하는 기업에서 '대칭좌표법'을 이용한 전력고장 · 분석 · 해석을 한다. 아울러 전 세계의 대학에서 전기를 공부하는 모든 학생들이 대칭좌표 이론을 공부한다.

이디 클라크(Edith Clarke, 미국 태생 1883~1959)는 미국의 첫 여성 엔지니어이자 미국전기기술인협회 AIEE(American Institute of Electrical Engineers, 현재 IEEE)에 등록된 첫 여성 전기공학자이다. 클라크는 전력시스템과 교류전력 고장해석 전문가였다. 매사추세츠 공대를 졸업한 후 대학에서 전기를 가르치고 GE(General Electric) 사에서 일했다.

GE에서 주로 발전기터빈 기술과 관련한 컴퓨터 분석업무를 했다. 이때 전압, 전류, 임피던스, 전력을 컴퓨터로 분석하며, 전력고장 해석과 관련된 이론(Clarke Calculator, Graphing Calculator)을 정립했고, 1943년 《3상 교류의 대칭좌표해석론》(현재의 '대칭좌표법')을 발표 및 출간하였다(《대칭좌표해석론》의 영문 이름은 《Method of Use of Symmetrical Components for Three-phase Systems》이다). 그녀는 책에서 처음으로 3상 전력을 A, B, C로 표현하였다.

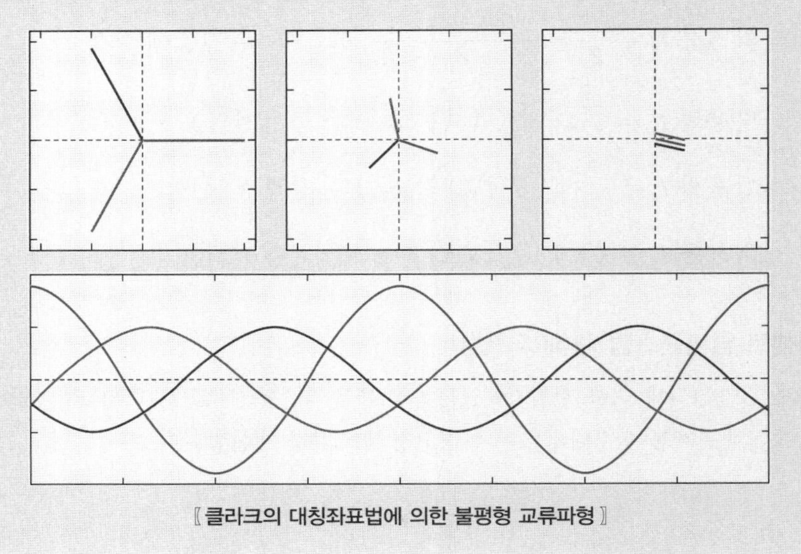

〖 클라크의 대칭좌표법에 의한 불평형 교류파형 〗

03 대칭좌표법(3상 교류의 대칭성을 통한 교류전력 해석방법)

1. 벡터연산자(대칭좌표 해석의 핵심)

① 성분벡터

전기자기학 과목의 1장에서 '벡터'를 다뤘습니다. 벡터는 눈에 보이지 않는 크기와 방향성을 가진 어떤 에너지를 좌표에 시각적으로 나타내고, 수학적으로 계산할 수 있는 방법입니다. 이런 벡터의 가장 핵심은 성분벡터입니다.

- 성분벡터 : 크기가 같고, 방향이 서로 90° 각도를 이루는 i, j, k를 $i=1\angle 90°$, $j=1\angle 90°$, $k=1\angle 90°$로 나타내는 방법

② 벡터연산자

벡터연산자는 단순하게 말해, 120°의 성분벡터를 사용하여 3상 교류전력을 나타내는 것입니다.

대칭좌표법의 벡터연산자는 성분벡터의 90°를 120°로 바꾸고, 성분벡터 문자 [i, j, k]를 [a, a^2, a^3]로 사용합니다.

- 벡터연산자 : 크기가 같고, 방향이 120° 각도를 갖는 a를 $a=1\angle 120°$로 나타내는 방법

그러므로, 벡터연산자 a는 $a=1\angle 120°$, $a^2=1\angle 240°$, $a^3=1\angle 360°$, $a^4=1\angle 480°$ 이런 방법으로 교류 벡터를 나타낼 수 있습니다.

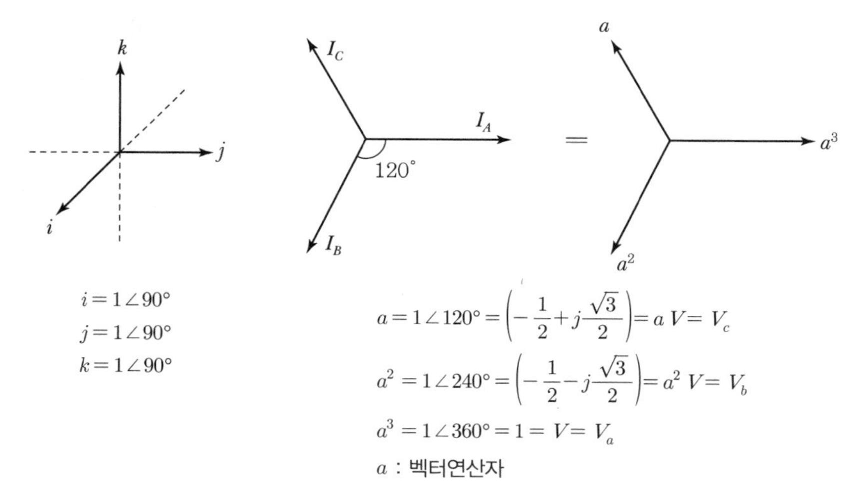

〖 성분벡터를 이용한 벡터의 직각좌표 표현 〗

〖 벡터연산자를 이용한 3상 교류의 대칭좌표 표현 〗

- $a = 1\angle 120°$
- 벡터연산자로 나타낸 3상 교류 벡터 합

$$1+\left(-\frac{1}{2}+j\frac{\sqrt{3}}{2}\right)+\left(-\frac{1}{2}-j\frac{\sqrt{3}}{2}\right)=0$$

2. 벡터연산자에 의한 평형대칭 3상 교류(정상상태)

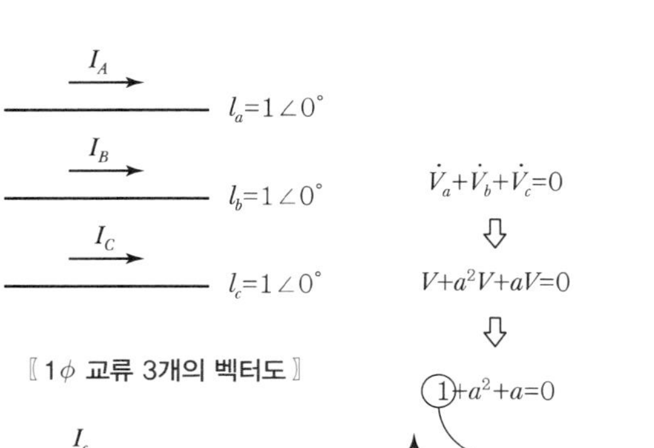

〖 1ϕ 교류 3개의 벡터도 〗

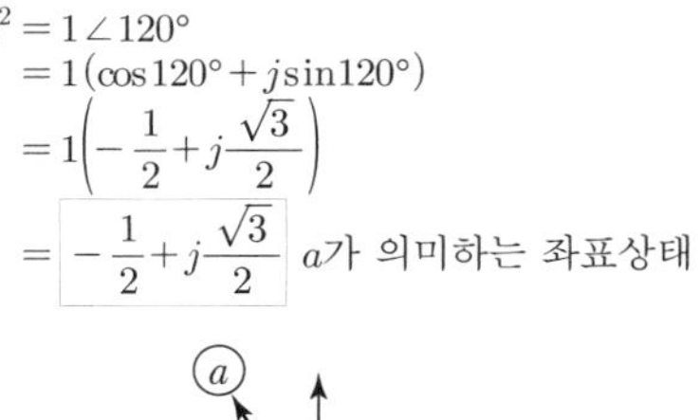

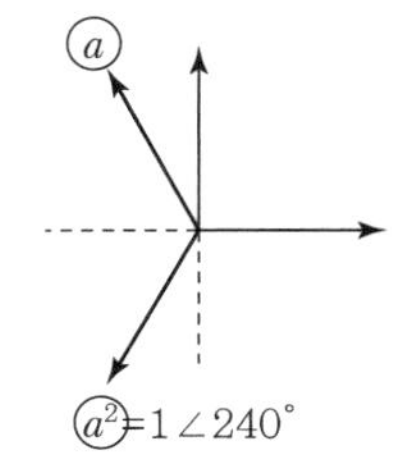

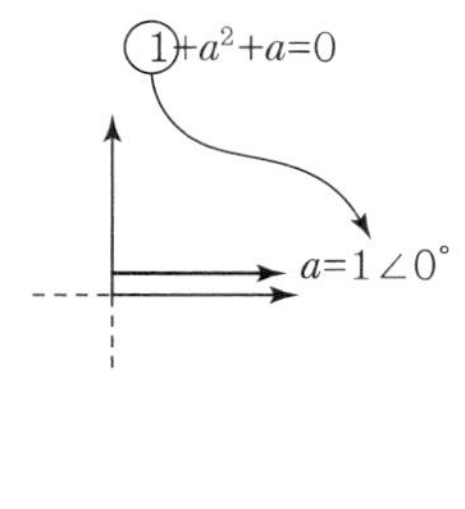

I_c I_a I_b

$a^2 = 1\angle 240°$
$= 1(\cos 240° + j\sin 240°)$
$= 1\left(-\frac{1}{2}+j\frac{\sqrt{3}}{2}\right)$
$= -\frac{1}{2}-j\frac{\sqrt{3}}{2}$ a^2이 의미하는 좌표상태

〖 3ϕ 교류 벡터도 〗 〖 평형 3ϕ 교류 벡터 합 〗 〖 a와 a^2이 의미하는 좌표상태 〗

① 벡터연산자에 의한 평형대칭 3상 교류 표현

$$v_a = V_m \sin\omega t\,[\mathrm{V}] \rightarrow V_a = V\angle 0° = V\,[\mathrm{V}]$$

$$v_b = V_m \sin(\omega t + 240°)\,[\mathrm{V}] \rightarrow V_b = V\angle 240° = V\left(-\frac{1}{2}-j\frac{\sqrt{3}}{2}\right)[\mathrm{V}]$$

$$v_c = V_m \sin(\omega t + 120°)\,[\mathrm{V}] \rightarrow V_c = V\angle 120° = V\left(-\frac{1}{2}+j\frac{\sqrt{3}}{2}\right)[\mathrm{V}]$$

② 평형대칭 3상 교류의 벡터합(전압) : $\dot{V}_a + \dot{V}_b + \dot{V}_c = 0\,[\mathrm{V}]$

$$V + (a\,V) + (a^2\,V) = V(1+a+a^2) = 1+a+a^2 = 0\,[\mathrm{V}]$$

$$1+a+a^2 = 1+\left(-\frac{1}{2}-j\frac{\sqrt{3}}{2}\right)+\left(-\frac{1}{2}+j\frac{\sqrt{3}}{2}\right)=0\,[\mathrm{V}]$$

③ 평형대칭 3상 교류의 벡터합(전류) : $\dot{I}_a + \dot{I}_b + \dot{I}_c = 0\,[\mathrm{A}]$

$$I + (a\,I) + (a^2\,I) = I(1+a+a^2) = 1+a+a^2 = 0\,[\mathrm{A}]$$

$$1+a+a^2 = 1+\left(-\frac{1}{2}-j\frac{\sqrt{3}}{2}\right)+\left(-\frac{1}{2}+j\frac{\sqrt{3}}{2}\right)=0\,[\mathrm{A}]$$

핵심기출문제

대칭 3상 교류에서 순시전압의 벡터 합은?

① 0 ② 40
③ 0.577 ④ 86.6

해설

대칭 3상 교류에서 벡터연산자 합 $1+a+a^2=0$을 이용하여 3상 전압 순시값의 합을 나타내면,

$v_a + v_b + v_c$
$= v_a + a^2 v_a + a\,v_a$
$= v_a(1+a^2+a)$
$= v_a \times 0 = 0\,[\mathrm{V}]$

∴ 대칭 3상 교류회로에서 전압과 전류의 순시값에 대한 벡터 합은 항상 0이다.
$v_a + v_b + v_c = 0[\mathrm{V}]$

정답 ①

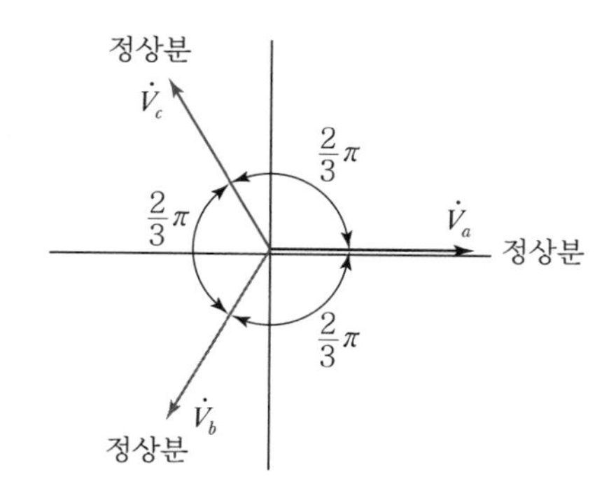

3. 벡터연산자에 의한 불평형비대칭 3상 교류(고장상태)

발전계통과 전력계통에서 발생한 단락사고와 지락사고는 불평형 비대칭 교류를 만들므로, 3상 교류의 왜형파(파형의 일그러짐)를 만듭니다. 구체적으로 단락사고는 역상분의 왜형파를 만들고, 지락사고는 영상분의 왜형파를 만듭니다.

- 고장 전 : 정상분(V_1)만 존재
- 고장 후 : 불평형 교류 → 정상분(V_1), 역상분(V_2), 영상분(V_0)

(1) 정상분(V_1)의 정의

3상의 각 상(V_a , V_b , V_c)이 대칭적인 120° 각을 이룬다. 정상분(V_1)만 존재하는 교류에서는 원형의 회전자계가 만들어지며, 원형 회전자계를 만드는 교류는 3상 전동기에서 정격의 회전력과 회전속도를 발생시킨다.

(2) 역상분(V_2)의 정의

3상의 각 상(V_a , V_b , V_c)이 비대칭적인 각도를 이루고, 평형대칭 교류 V_a 상, V_b 상, V_c 상에 대해 모두 반대방향의 위상을 갖는 불평형 · 비대칭 교류이다.

역상분(V_2)이 섞인 교류에서는 타원형의 회전자계를 만들며, 타원형 회전자계는 3상 전동기에서 회전력이 불안정하므로 정격의 회전속도로 회전하지 못한다(역상분은 3상 4선식, Y결선, 중성선이 있는 접지선로에서 나타난다).

(3) 영상분(V_0)의 정의

3상의 상(V_a , V_b , V_c)이 비대칭적이진 않지만, 평형대칭 교류 V_a 상, V_b 상, V_c 상에 대해 모두 같은 방향의 위상을 만드는 불평형 교류이다.

영상분(V_0)이 섞인 불평형 교류는 회전자계를 전혀 만들지 못하므로, 이런 영상분 교류가 3상 전동기에 입력될 경우 전동기는 회전하지 않는다.

핵심기출문제

대칭좌표법에 관한 설명 중 틀린 것은?

① 대칭좌표법은 일반적인 비대칭 n상 교류회로의 계산에도 이용된다.
② 대칭 3상 전압의 영상분과 역상분은 0이고, 정상분만 남는다.
③ 비대칭 n상 교류 회로는 영상분, 역상분 및 정상분의 3성분으로 해석한다.
④ 비대칭 3상 회로의 접지식 회로에는 영상분이 존재하지 않는다.

해설

대칭좌표법의 특성

① 일반적인 비대칭 n상 교류의 해석에 이용된다.
② 대칭 3상 회로에서는 영상분과 역상분은 존재하지 않고 정상분만 존재한다. 즉, $V_0=0$, $V_1=V_a$, $V_2=0$
③ 비대칭 n상 교류를 영상분, 정상분, 역상분의 3가지 성분으로 분해하여 해석한다.
④ 비접지식(Δ결선방식) 3상 교류는 중성선이 없으므로 영상분(영상전류 I_0)이 존재하지 않는다. 하지만 접지식(Y결선방식) 3상 교류는 전기사고 시 영상분이 존재한다.

정답 ④

핵심기출문제

3상 회로에 있어서 대칭분 전압이 $V_0 = -8 + j3$[V], $V_1 = 6 - j8$[V], $V_2 = 8 + j12$[V]일 때 a상의 전압[V]은?

① $6 + j7$　② $8 + j12$
③ $6 + j14$　④ $16 + j4$

해설

전력계통에서 불평형 3상 교류가 발생했을 때 a상 전압 V_a

$V_a = V_0 + V_1 + V_2$ [V]이다.

$V_a = V_0 + V_1 + V_2$
$= (-8 + j3) + (6 - j8) + (8 + j12)$
$= 6 + j7$[V]

정답 ①

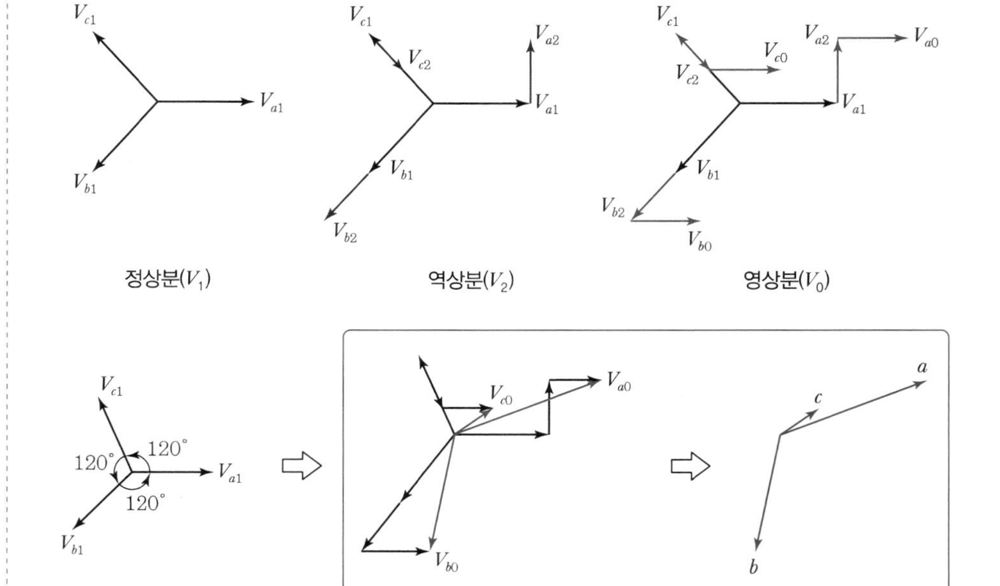

〖 불평형비대칭 3상 교류 〗

4. 전력계통에서 불평형 3상 교류 계산

전력계통에서 불평형 3상 교류(단락사고 또는 지락사고)가 발생할 경우, 불평형분이 포함된 각 상의 전압 · 전류 그리고 각 불평형분의 크기를 계산할 수 있습니다.

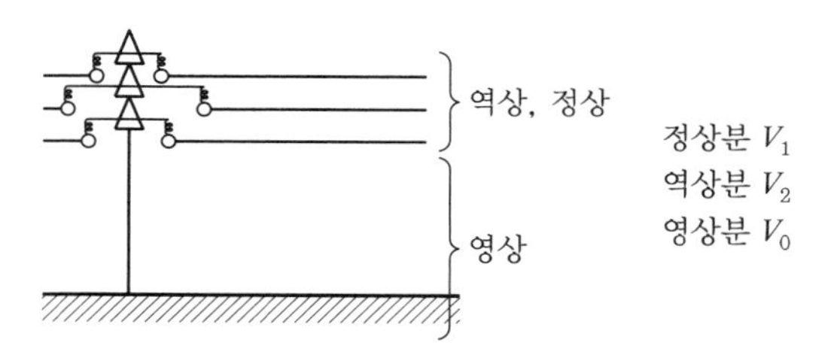

(1) 불평형분이 포함된 각 상의 전압 · 전류 크기

a, b, c상의 불평형 전압	a, b, c상의 불평형 전류
• $V_a = V_0 + V_1 + V_2$ [V]	• $I_a = I_0 + I_1 + I_2$ [A]
• $V_b = V_0 + a^2 V_1 + a V_2$ [V]	• $I_b = I_0 + a^2 I_1 + a I_2$ [A]
• $V_c = V_0 + a V_1 + a^2 V_2$ [V]	• $I_c = I_0 + a I_1 + a^2 I_2$ [A]

핵심기출문제

3상 대칭분 전류를 I_0, I_1, I_2라 하고, 선전류를 I_a, I_b, I_c라 할 때, I_b는 어떻게 되는가?

① $I_0 + I_1 + I_2$
② $\frac{1}{3}(I_0 + I_1 + I_2)$
③ $I_0 + a^2 I_1 + a I_2$
④ $I_0 + a I_1 + a^2 I_2$

해설

전력계통의 불평형 3상 교류(=비대칭 3상 교류)

• a상 전류
$I_a = I_0 + I_1 + I_2$[A]

• b상 전류
$I_b = I_0 + a^2 I_1 + a I_2$[A]

• c상 전류
$I_c = I_0 + a I_1 + a^2 I_2$[A]

정답 ③

(2) 불평형분의 전압 · 전류 크기

불평형분의 전압 크기	불평형분의 전류 크기(전력계통)
• $V_0 = \frac{1}{3}(V_a + V_b + V_c)$ [V]	• $I_0 = \frac{1}{3}(I_a + I_b + I_c)$ [A]
• $V_1 = \frac{1}{3}(V_a + aV_b + a^2V_c)$ [V]	• $I_1 = \frac{1}{3}(I_a + aI_b + a^2I_c)$ [A]
• $V_2 = \frac{1}{3}(V_a + a^2V_b + aV_c)$ [V]	• $I_2 = \frac{1}{3}(I_a + a^2I_b + aI_c)$ [A]

참고 방정식을 이용한 불평형분의 크기 계산 과정(전류 불평형분도 동일하게 계산됨)

① 영상분의 크기

$$V_a + V_b + V_c = (V_0 + V_1 + V_2) + (V_0 + a^2V_1 + aV_2) + (V_0 + aV_1 + a^2V_2)$$
$$= 3V_0 + 0V_1 + 0V_2 = 3V_0 \rightarrow V_a + V_b + V_c = 3V_0$$
$$\therefore V_0 = \frac{1}{3}(V_a + V_b + V_c) \text{ [V]}$$

② 정상분의 크기

$$V_a + aV_b + a^2V_c = (V_0 + V_1 + V_2) + a(V_0 + a^2V_1 + aV_2) + a^2(V_0 + aV_1 + a^2V_2)$$
$$= 0V_0 + 3V_1 + 0V_2 = 3V_1 \rightarrow V_a + aV_b + a^2V_c = 3V_1$$
$$\therefore V_1 = \frac{1}{3}(V_a + aV_b + a^2V_c) \text{ [V]}$$

③ 역상분의 크기

$$V_a + a^2V_b + aV_c = (V_0 + V_1 + V_2) + a^2(V_0 + a^2V_1 + aV_2) + a(V_0 + aV_1 + a^2V_2)$$
$$= 0V_0 + 3V_1 + 0V_2 = 3V_2 \rightarrow V_a + a^2V_b + aV_c = 3V_2$$
$$\therefore V_2 = \frac{1}{3}(V_a + a^2V_b + aV_c) \text{ [V]}$$

5. 발전계통에서 불평형 3상 교류 계산

발전계통에서 불평형분이 발생할 때, 3상 교류를 만드는 동기발전기의 유기기전력(E)에는 영상분(E_0), 역상분(E_2)이 포함되지 않습니다. 이 점만 주의하면, 옴의 법칙과 전압강하 수식을 이용하여 발전계통의 불평형분을 계산할 수 있습니다.

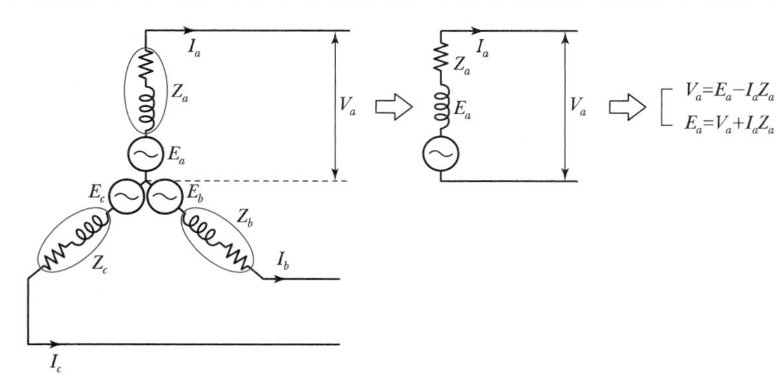

〖 발전기 구조와 발전계통의 3상 불평형 교류 〗

핵심기출문제

중성선이 접지된 3상 4선식 선로의 불평형 전류가 다음과 같을 때 영상전류 I_0를 구하시오.

$$I_a = 16 + j2 \text{ [A]}$$
$$I_b = -20 - j9 \text{ [A]}$$
$$I_c = -2 + j10 \text{ [A]}$$

① $-2 + j$[A]
② $-6 + j3$[A]
③ $-9 + j6$[A]
④ $-18 - j9$[A]

해설

대칭좌표법에 의한 전류의 영상분 크기

영상분 전류

$I_0 = \frac{1}{3}(I_a + I_b + I_c)$

$= \frac{1}{3}(16 + j2 - 20 - j9$

$-2 + j10)$

$= -2 + j$[A]

정답 ①

핵심기출문제

중성선이 접지된 3상 4선식 선로의 불평형 전압이 다음과 같을 때 역상전압 V_2를 구하시오.

$$V_a = 80 \text{ [V]}$$
$$V_b = -40 - j30 \text{ [V]}$$
$$V_c = -40 + j30 \text{ [V]}$$

① 0 ② 22.7
③ 57.3 ④ 68.1

해설

대칭좌표법에 의한 전압의 역상분 크기

$V_2 = \frac{1}{3}(V_a + a^2V_b + aV_c)$

$= \frac{1}{3}\left\{80 + \left(-\frac{1}{2} - j\frac{\sqrt{3}}{2}\right)\right.$

$(-40 - j30) + \left(-\frac{1}{2} + j\frac{\sqrt{3}}{2}\right)$

$\left.(-40 + j30)\right\}$

$= 22.7$

정답 ②

(1) 발전계통에서 대칭평형 3상 유기기전력

① a상 기전력 $E_a = E_0 + E_1 + E_2$ [V]

② b상 기전력 $E_b = E_0 + a^2E_1 + aE_2$ [V]

③ c상 기전력 $E_c = E_0 + aE_1 + a^2E_2$ [V]

(2) 불평형분 발생 후 불평형분이 포함된 유기기전력과 단자전압

불평형 발생 후 유기기전력	불평형 발생 후 단자전압
• $E_0 = 0$[V] • $E_1 = V_1 + I_1Z_1 = \frac{1}{3}(E_a + aE_b + a^2E_c)$[V] • $E_2 = 0$[V]	• $V_0 = -I_0Z_0 = \frac{1}{3}(V_a + V_b + V_c)$[V] • $V_1 = E_1 - I_1Z_1 = \frac{1}{3}(V_a + aV_b + a^2V_c)$[V] • $V_2 = -I_2Z_2 = \frac{1}{3}(V_a + a^2V_b + aV_c)$[V]

(3) 불평형분 발생 후 불평형분이 포함된 전류와 임피던스

발전계통에서 불평형분의 전류 크기는 전력계통에서 불평형분의 전류 크기(I_a, I_b, I_c와 I_0, I_1, I_2)와 같습니다. 그리고 전력계통에서 불평형 3상 교류가 발생했을 때, 부하측 임피던스는 불평형분이 포함된 임피던스(Z_a, Z_b, Z_c와 Z_0, Z_1, Z_2)입니다.

불평형분의 전류 크기(발전계통)	불평형분의 임피던스 크기
• $I_0 = \frac{1}{3}(I_a + I_b + I_c)$[A]	• $Z_0 = \frac{1}{3}(Z_a + Z_b + Z_c)$[Ω]
• $I_1 = \frac{1}{3}(I_a + aI_b + a^2I_c)$[A]	• $Z_1 = \frac{1}{3}(Z_a + aZ_b + a^2Z_c)$[Ω]
• $I_2 = \frac{1}{3}(I_a + a^2I_b + aI_c)$[A]	• $Z_2 = \frac{1}{3}(Z_a + a^2Z_b + aZ_c)$[Ω]

(4) 불평형률 계산

정상상태의 평형(대칭) 3상 교류로부터 불평형(비대칭) 3상 교류가 발생했을 때, 정상상태에 비해 고장상태의 교류의 불평형 정도를 비율로 나타낸 것이 불평형률 수식입니다.

• $\text{불평형률} = \dfrac{\text{역상분 전압}}{\text{정상분 전압}} \times 100$ [%] → $\text{불평형률} = \dfrac{V_2}{V_1} \times 100$ [%]

• $\text{불평형률} = \dfrac{\text{역상분 전류}}{\text{정상분 전류}} \times 100$ [%] → $\text{불평형률} = \dfrac{I_2}{I_1} \times 100$ [%]

핵심기출문제

전류의 대칭분을 I_0, I_1, I_2 유기기전력 및 단자 전압의 대칭분을 E_a, E_b, E_c 및 V_0, V_1, V_2라 할 때 교류발전기의 기본식 중 V_1 값은?

① $-Z_0I_0$　② $-Z_2I_2$
③ $E_a - Z_1I_1$　④ $E_b - Z_2I_2$

해설

정상분 전압

$V_1 = E_1 - I_1Z_1$
$= E_a - I_1Z_1$[V]

(여기서 E_1은 정상분이므로 $E_1 = E_a$ 서로 같다.)

정답 ③

핵심기출문제

3상 부하가 Y결선으로 되었다. 각 상의 임피던스가 각각 $Z_a = 3$[Ω], $Z_b = 3$[Ω], $Z_c = j3$[Ω]이다. 이 부하의 영상 임피던스[Ω]는?

① $6 + j3$　② $3 + j3$
③ $3 + j6$　④ $2 + j$

해설

임피던스의 영상분

$Z_0 = \frac{1}{3}(Z_a + Z_b + Z_c)$
$= \frac{1}{3}(3 + 3 + i3) = 2 + j$[Ω]

정답 ④

핵심기출문제

3상 불평형 전압에서 역상전압이 50[V]이고 정상전압이 250[V], 영상전압이 20[V]이면, 전압의 불평형률은 몇 [%]인가?

① 10　② 15
③ 20　④ 25

해설

3상 불평형 전압에서 불평형률

$\text{불평형률} = \frac{\text{역상분}}{\text{정상분}} \times 100$[%]
$= \frac{V_2}{V_1} \times 100$
$= \frac{50}{250} \times 100$
$= 20$[%]

정답 ③

6. 불평형(비대칭) 3상 교류의 행렬식 표현

불평형 3상 교류를 아래와 같이 행렬식으로 표현할 수 있습니다.

불평형분이 포함된 교류 크기 → 행렬식 표현	
• $V_a = V_0 + V_1 + V_2$ [V] • $V_b = V_0 + a^2 V_1 + a V_2$ [V] • $V_c = V_0 + a V_1 + a^2 V_2$ [V]	$\begin{bmatrix} V_a \\ V_b \\ V_c \end{bmatrix} = \begin{bmatrix} 1 & 1 & 1 \\ 1 & a^2 & a \\ 1 & a & a^2 \end{bmatrix} \begin{bmatrix} V_0 \\ V_1 \\ V_2 \end{bmatrix}$

불평형분의 크기 → 행렬식 표현	
• $V_0 = \frac{1}{3}(V_a + V_b + V_c)$ [V] • $V_1 = \frac{1}{3}(V_a + a V_b + a^2 V_c)$ [V] • $V_2 = \frac{1}{3}(V_a + a^2 V_b + a V_c)$ [V]	$\begin{bmatrix} V_0 \\ V_1 \\ V_2 \end{bmatrix} = \frac{1}{3} \begin{bmatrix} 1 & 1 & 1 \\ 1 & a & a^2 \\ 1 & a^2 & a \end{bmatrix} \begin{bmatrix} V_a \\ V_b \\ V_c \end{bmatrix}$

7. 비대칭(불평형) 3상 교류의 전압, 전류에 의한 3상 전력 계산

(1) 불평형(비대칭) 3상 전압

$$\begin{bmatrix} V_a = V_0 + V_1 + V_2 \, [\mathrm{V}] \\ V_b = V_0 + a^2 V_1 + a V_2 \, [\mathrm{V}] \\ V_c = V_0 + a V_1 + a^2 V_2 \, [\mathrm{V}] \end{bmatrix} \rightarrow \begin{bmatrix} V_a \\ V_b \\ V_c \end{bmatrix} = \begin{bmatrix} 1 & 1 & 1 \\ 1 & a^2 & a \\ 1 & a & a^2 \end{bmatrix} \begin{bmatrix} E_0 \\ E_1 \\ E_2 \end{bmatrix}$$

(2) 불평형(비대칭) 3상 전류

$$\begin{bmatrix} I_a = I_0 + I_1 + I_2 \, [\mathrm{V}] \\ I_b = I_0 + a^2 I_1 + a I_2 \, [\mathrm{V}] \\ I_c = I_0 + a I_1 + a^2 I_2 \, [\mathrm{V}] \end{bmatrix} \rightarrow \begin{bmatrix} I_a \\ I_b \\ I_c \end{bmatrix} = \begin{bmatrix} 1 & 1 & 1 \\ 1 & a^2 & a \\ 1 & a & a^2 \end{bmatrix} \begin{bmatrix} I_0 \\ I_1 \\ I_2 \end{bmatrix}$$

(3) 불평형(비대칭) 3상 전력

복소전력을 이용하여 불평형 3상 전력 $\dot{P}_a = \dot{P} + j\dot{P}_r$ 을 계산할 수 있습니다.

복소전력

$$\dot{P}_a = \dot{P} + j\dot{P}_r = \overline{\dot{V}_a}\,\dot{I}_a + \overline{\dot{V}_b}\,\dot{I}_b + \overline{\dot{V}_c}\,\dot{I}_c = \begin{bmatrix} \overline{\dot{V}_a} & \overline{\dot{V}_b} & \overline{\dot{V}_c} \end{bmatrix} \begin{bmatrix} \dot{I}_a \\ \dot{I}_b \\ \dot{I}_c \end{bmatrix}$$

핵심기출문제

불평형 3상 회로의 성형전압 대칭분전압이 V_0, V_1, V_2 대칭분전류가 I_0, I_1, I_2라면 전력은 어떻게 되는가?

① $P + jP_r = V_0 I_0 + V_1 I_1 + V_2 I_2$

② $P + jP_r = \sqrt{3}(V_0 I_0 + V_1 I_1 + V_2 I_2)$

③ $P + jP_r = 3(V_0 I_0 + V_1 I_1 + V_2 I_2)$

④ $P + jP_r = \frac{1}{3}(V_0 I_0 + V_1 I_1 + V_2 I_2)$

해설

불평형(비대칭) 대칭전압과 전류에 의한 불평형 3상 교류전력은 다음과 같이 복소전력을 이용하여 계산한다.

복소전력

$$\dot{P}_a = \overline{V_a}\,\dot{I}_a + \overline{V_b}\,\dot{I}_b + \overline{V_c}\,\dot{I}_c = 3\overline{V_0}\,I_0 + 3\overline{V_1}\,I_1 + 3\overline{V_2}\,I_2 = 3(\overline{V_0}\,I_0 + \overline{V_1}\,I_1 + \overline{V_2}\,I_2)[\mathrm{VA}]$$

$$\dot{P}_a = \dot{P} + j\dot{P}_r = 3(\overline{V_0}\,I_0 + \overline{V_1}\,I_1 + \overline{V_2}\,I_2) \fallingdotseq 3(V_0 I_0 + V_1 I_1 + V_2 I_2)[\mathrm{VA}]$$

정답 ③

$$\dot{P}_a = \begin{bmatrix} \overline{\dot{V}_a} \\ \overline{\dot{V}_b} \\ \overline{\dot{V}_c} \end{bmatrix} \begin{bmatrix} 1 & 1 & 1 \\ 1 & a^2 & a \\ 1 & a & a^2 \end{bmatrix} \begin{bmatrix} \dot{I}_a \\ \dot{I}_b \\ \dot{I}_c \end{bmatrix}$$

$$= 3\overline{V_0}\,I_0 + 3\overline{V_1}\,I_1 + 3\overline{V_2}\,I_2 = 3\left(\overline{V_0}\,I_0 + \overline{V_1}\,I_1 + \overline{V_2}\,I_2\right)[\mathrm{VA}]$$

불평형 3상 전력 $\dot{P}_a = 3\left(\overline{V_0}\,I_0 + \overline{V_1}\,I_1 + \overline{V_2}\,I_2\right)[\mathrm{VA}]$

1. 계통의 고장 종류와 벡터연산자

① **계통의 고장 종류** : 단락사고, 지락사고

② **벡터연산자** : $a = 1\angle 120°$

③ **3상 교류의 벡터연산자 합** : $1 + a + a^2 = 0$

2. 벡터연산자에 의한 불평형 3상 교류

① **정상분** V_1 : 3상의 상회전이 120° 각도를 이루며 원형 회전자계를 만든다.

② **역상분** V_2 : 3상의 상회전이 평형 대칭교류에 대비 모두 반대방향의 위상을 갖는다.

③ **영상분** V_0 : 3상의 상회전이 평형 대칭교류에 대비 모두 동일한 위상을 갖는다.

3. 벡터연산자에 의한 평형 3상 교류

① **벡터연산자로 표현된 평형 3상 교류**

- $v_a = V_m \sin\omega t\,[\mathrm{V}] \rightarrow V_a = V\angle 0° = V\,[\mathrm{V}]$
- $v_b = V_m \sin(\omega t + 240°)\,[\mathrm{V}] \rightarrow V_b = V\angle 240° = V\left(-\dfrac{1}{2} - j\dfrac{\sqrt{3}}{2}\right)[\mathrm{V}]$
- $v_c = V_m \sin(\omega t + 120°)\,[\mathrm{V}] \rightarrow V_c = V\angle 120° = V\left(-\dfrac{1}{2} + j\dfrac{\sqrt{3}}{2}\right)[\mathrm{V}]$

② **벡터연산자로 표현된 대칭 3상 교류 벡터 합**

$$1 + a + a^2 = 1 + \left(-\frac{1}{2} - j\frac{\sqrt{3}}{2}\right) + \left(-\frac{1}{2} + j\frac{\sqrt{3}}{2}\right) = 0\,[\mathrm{V}]$$

4. 전력계통의 불평형 3상 교류

① **불평형분이 포함된 각 상의 전압 · 전류 크기**

a, b, c상의 불평형 전압	a, b, c상의 불평형 전류
• $V_a = V_0 + V_1 + V_2$ [V]	• $I_a = I_0 + I_1 + I_2$ [A]
• $V_b = V_0 + a^2 V_1 + a V_2$ [V]	• $I_b = I_0 + a^2 I_1 + a I_2$ [A]
• $V_c = V_0 + a V_1 + a^2 V_2$ [V]	• $I_c = I_0 + a I_1 + a^2 I_2$ [A]

② 불평형분의 전압 · 전류 크기

불평형분의 전압 크기	불평형분의 전류 크기(전력계통)
• $V_0 = \frac{1}{3}(V_a + V_b + V_c)$ [V]	• $I_0 = \frac{1}{3}(I_a + I_b + I_c)$ [A]
• $V_1 = \frac{1}{3}(V_a + aV_b + a^2V_c)$ [V]	• $I_1 = \frac{1}{3}(I_a + aI_b + a^2I_c)$ [A]
• $V_2 = \frac{1}{3}(V_a + a^2V_b + aV_c)$ [V]	• $I_2 = \frac{1}{3}(I_a + a^2I_b + aI_c)$ [A]

5. 발전계통의 불평형 3상 교류

① a 상 기전력 $E_a = E_0 + E_1 + E_2$ [V]

② b 상 기전력 $E_b = E_0 + a^2E_1 + aE_2$ [V]

③ c 상 기전력 $E_c = E_0 + aE_1 + a^2E_2$ [V]

④ 불평형분 발생 후 불평형분이 포함된 유기기전력과 단자전압

불평형 발생 후, 유기기전력	불평형 발생 후, 단자전압
• $E_0 = 0$ [V]	• $V_0 = -I_0Z_0 = \frac{1}{3}(V_a + V_b + V_c)$ [V]
• $E_1 = V_1 + I_1Z_1 = \frac{1}{3}(E_a + aE_b + a^2E_c)$ [V]	• $V_1 = E_1 - I_1Z_1 = \frac{1}{3}(V_a + aV_b + a^2V_c)$ [V]
• $E_2 = 0$ [V]	• $V_2 = -I_2Z_2 = \frac{1}{3}(V_a + a^2V_b + aV_c)$ [V]

6. 불평형(비대칭) 3상 교류의 행렬식 표현

불평형분이 포함된 교류 크기 → 행렬식 표현	
• $V_a = V_0 + V_1 + V_2$ [V] • $V_b = V_0 + a^2V_1 + aV_2$ [V] • $V_c = V_0 + aV_1 + a^2V_2$ [V]	$\begin{bmatrix} V_a \\ V_b \\ V_c \end{bmatrix} = \begin{bmatrix} 1 & 1 & 1 \\ 1 & a^2 & a \\ 1 & a & a^2 \end{bmatrix} \begin{bmatrix} V_0 \\ V_1 \\ V_2 \end{bmatrix}$

불평형분의 크기 → 행렬식 표현	
• $V_0 = \frac{1}{3}(V_a + V_b + V_c)$ [V] • $V_1 = \frac{1}{3}(V_a + aV_b + a^2V_c)$ [V] • $V_2 = \frac{1}{3}(V_a + a^2V_b + aV_c)$ [V]	$\begin{bmatrix} V_0 \\ V_1 \\ V_2 \end{bmatrix} = \frac{1}{3} \begin{bmatrix} 1 & 1 & 1 \\ 1 & a & a^2 \\ 1 & a^2 & a \end{bmatrix} \begin{bmatrix} V_a \\ V_b \\ V_c \end{bmatrix}$

$$\text{불평형률} = \frac{\text{역상분 전압}}{\text{정상분 전압}} \times 100\ [\%] \qquad \text{불평형률} = \frac{\text{역상분 전류}}{\text{정상분 전류}} \times 100\ [\%]$$

핵 / 심 / 기 / 출 / 문 / 제

01 어느 3상 3선식 회로의 각 상 전압은 $V_a = -j6$[V], $V_b = -8 + j6$[V], $V_c = 8$[V]이다. 회로에 불평형분이 섞여 있을 경우, 정상분 전압은 몇 [V]가 되는가?

① 0　② $0.33\underline{/37°}$　③ $2.37\underline{/43°}$　④ $7.82\underline{/257°}$

해설

전력계통의 3상 불평형분 중 전압에 대한 정상분의 크기

$V_1 = \frac{1}{3}(V_a + aV_b + a^2V_c)$[V]

정상분 $V_1 = \frac{1}{3}(V_a + aV_b + a^2V_c)$

$= \frac{1}{3}\left[-j6 + (-8+j6)\left(-\frac{1}{2}+j\frac{\sqrt{3}}{2}\right) + 8\left(-\frac{1}{2}-j\frac{\sqrt{3}}{2}\right)\right]$

$\fallingdotseq -1.73 - j7.6$ $\left[\begin{array}{l} 크기 = \sqrt{1.73^2+7.6^2} = 7.82 \\ 위상 = \tan^{-1}\left(\frac{-7.6}{-1.73}\right) = 77.12° \end{array}\right]$

$V_1 = -1.73 - j7.6$의 극좌표

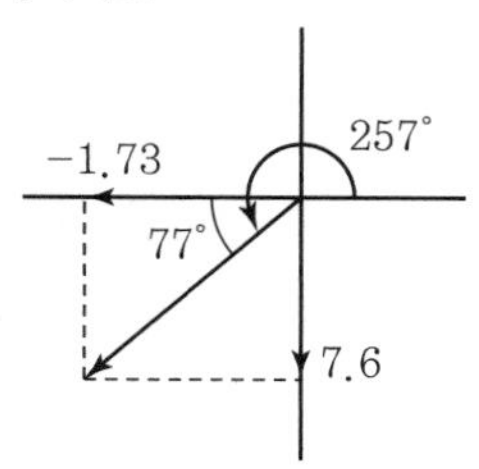

∴ 전압의 정상분은 $V_1 = 7.82\underline{/257°}$이다.

02 어떤 3상 교류 전력선의 선간전압을 측정하였더니 $V_a = 120$[V], $V_b = -60 - j80$[V], $V_c = -60 + j80$[V]일 때 3상의 불평형률은 몇 [%]인가?

① 13　② 27　③ 34　④ 41

해설

3상 교류의 불평형률 계산 시 전압의 정상분과 역상분을 먼저 구하고, 그 다음 공식

불평형률 $= \frac{V_2}{V_1} \times 100$[%]에 넣어 불평형률을 계산할 수 있다.

- 3상 교류의 정상분 크기 $V_1 = \frac{1}{3}(V_a + aV_b + a^2V_c)$[V]

$V_1 = \frac{1}{3}\left[120 + (-60-j80)\left(-\frac{1}{2}+j\frac{\sqrt{3}}{2}\right) + (-60+j80)\left(-\frac{1}{2}-j\frac{\sqrt{3}}{2}\right)\right]$

$= 106.2$[V]

- 3상 교류의 역상분 크기 $V_2 = \frac{1}{3}(V_a + a^2V_b + aV_c)$[V]

$V_2 = \frac{1}{3}\left[120 + (-60-j80)\left(-\frac{1}{2}-j\frac{\sqrt{3}}{2}\right) + (-60+j80)\left(-\frac{1}{2}+j\frac{\sqrt{3}}{2}\right)\right]$

$= 13.8$[V]

∴ 불평형률 $= \frac{V_2}{V_1} \times 100 = \frac{13.8}{106.2} \times 100 = 13$[%]

정답 01 ④ 02 ①

CHAPTER 10

왜형파 교류의 발생과 해석(비정현파 교류)

10장(비정현파 교류)부터 마지막 16장까지는 이전보다 상대적으로 난해한 전기현상 및 전기시스템을 해석하게 됩니다. 사용하는 수식 표현도 고급수학을 이용하여 나타내므로 10장 이전의 수식 표현보다 복잡해집니다. 하지만 수식 표현만 복잡할 뿐 수식에 대한 수학적 계산이 어려워지는 것은 절대 아닙니다. 오히려 반대로 10장부터 단원에서 다루는 수식들은 수학적으로 이전보다 더 단순해집니다.

01 비정현파 교류의 개념

1. 비정현파의 정의

비정현파는 정현파가 아닌 진동하는 파형을 갖는 교류를 말합니다.

- 비정현파 : 정현이 아닌 파형
- 왜형파 : 일그러진 파, 정현이 아닌 교류파형(구형파, 삼각파, 톱니파)

교류 정현파는 (+, −, t) 이러한 파형인데 반해, 비정현파는 정현파를 기본에 정현파형이 아닌 불순한 파형들이 섞이고, 그림과 같이 패턴 I과 패턴 II가 섞여서 '왜형파' 혹은 '비정현파'를 만듭니다.

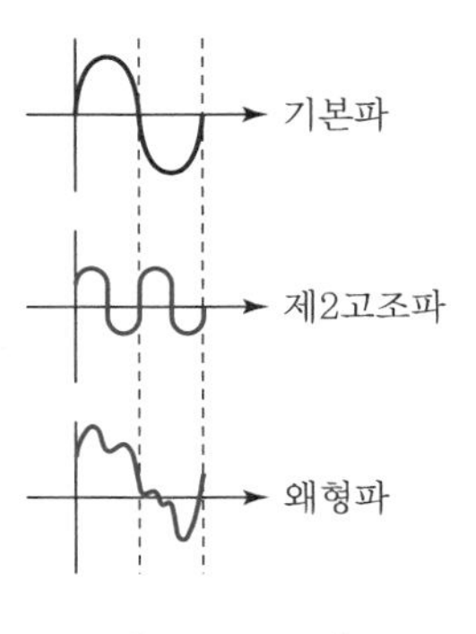

〖 기본 패턴 I 〗

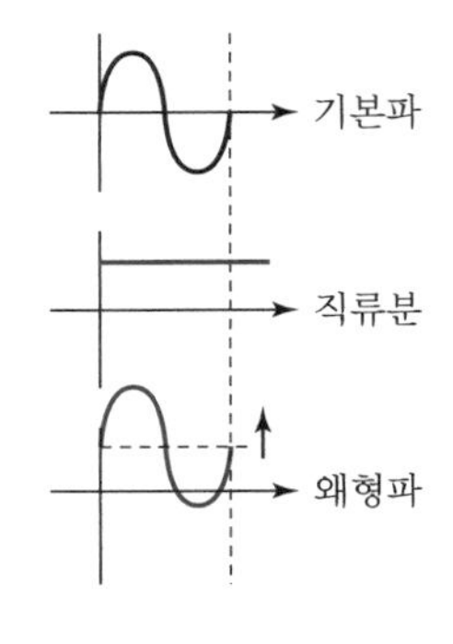

〖 기본 패턴 II 〗

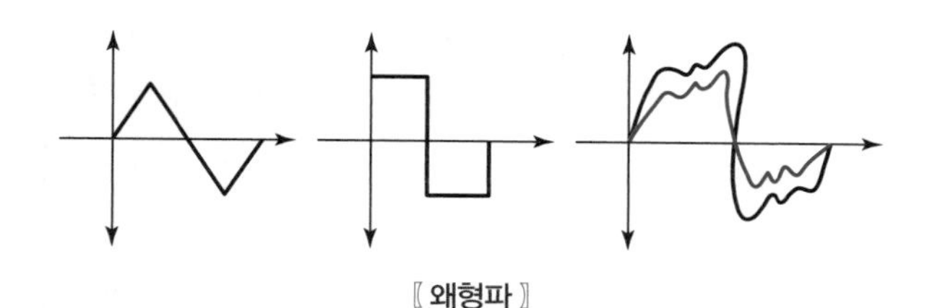

〖 왜형파 〗

우리는 전기기술인으로서 전기를 공부하기 때문에 왜형파의 모양만 눈으로 스치듯 확인하고 넘어갈 수 없습니다. 왜형파를 논리적으로 정의하고 수식으로 나타내며 정현파형으로부터 일그러진 비정현파 교류의 크기를 계산할 수 있어야 합니다.

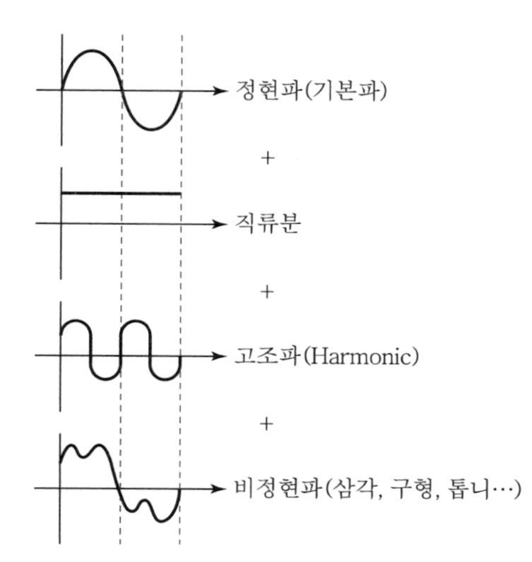

비정현파=[기본파+직류분+고조파]의 합성이다.

〖 비정현파 정의 〗

2. 고조파의 정의

비정현파 정의[기본파 + 직류분 + 고조파] 중에서 고조파의 의미는 비정상 주파수입니다.

우리나라가 사용하는 교류 공칭전압의 상용주파수는 60 [Hz] 입니다. 교류는 진동하기 때문에 주파수가 존재하고, 교류진동이 1초에 60번이므로 이를 주파수 60 [Hz] 라고 부릅니다. 실제로 발전소의 동기발전기 회전자가 초당 60번 회전하며 교류를 만들기 때문에 교류파형의 주파수도 60 [Hz] 가 될 수밖에 없습니다. 이런 60 [Hz] 는 고정된 값이고, 절대 변하면 안 되는 주파수입니다. 그래서 주파수 60 [Hz] 가 한국의 기본 주파수입니다.

여기서 고조파는 기본 주파수 60 [Hz] 보다 정수배의 높은 주파수를 말합니다.

고조파 : 기본 주파수 60 [Hz] 보다 정수배의 높은 주파수

- 기본 주파수 60 [Hz]

핵심기출문제

비정현파 교류를 나타내는 식은 무엇인가?

① 기본파 + 고조파 + 직류분
② 기본파 + 직류분 − 고조파
③ 직류분 + 고조파 − 기본파
④ 교류분 + 기본파 + 고조파

해설

비정현파 = 직류분 + 기본파 + 고조파

정답 ①

- 60[Hz]의 2배수 주파수는 120[Hz] : 2고조파 (비정상 주파수)
- 60[Hz]의 3배수 주파수는 180[Hz] : 3고조파 (비정상 주파수)

비정현파(=왜형파)의 파형은 사실 대단히 복잡합니다. 그래서 존재하는 비정현파 교류값을 100[%] 계산하기는 불가능합니다. 하지만 비정현파를 구성하는 일정한 파형과 패턴이 있으므로 이를 수식화하여 실제 비정현파 크기에 근사한 값을 구할 수 있습니다. 여기서 사용되는 수학이 '푸리에 급수'입니다.
소소한 모든 비정현 파형까지 수식화할 수 없지만, 그래도 전혀 접근하지 못하여 계산조차 하지 못하는 것보다는 100[%]는 아니더라도 근사하게 비정현 교류값을 계산하는 것이 전기현상을 해석해야 하는 입장에서는 좋은 방법이므로, 본 비정현파 이론을 학습하는 데 의미를 가질 수 있습니다.

02 푸리에 급수에 의한 비정현파 표현

비정현파(왜형파)를 수식으로 나타내기 위해 간단한 형태로 모델화합니다. 비정현파를 구성하는 요소는 다음 네 가지로 압축됩니다.
→ a_0(직류분), a_n(cos항), b_n(sin항), $n\omega t$(고조파)
그리고 비정현파 4가지를 '푸리에 급수'로 전개합니다.

- 정현파의 수학적 표현은 '삼각함수(Trigonometrical Function)'로 하고,
- 왜형파의 수학적 표현은 '푸리에 급수(Fourier Series)'로 한다.

✠ 장바티스트 조제프 푸리에(1768~1830)
프랑스 물리학자 겸 수학자이다. 그가 정리하고 정립한 법칙을 푸리에 전개(푸리에 급수), 푸리에 변환, 푸리에 해석으로 부른다.

푸리에 급수는 무수히 많은 여현파(cos항)와 무수히 많은 정현파(sin항)가 무한히 반복되는 파형을 표현하는 일종의 '급수(Series Math)'입니다.
푸리에 급수를 이용하여 무한히 반복되는 비정현파[직류파형+여현파형+정현파형+고조파 모두가 섞인 파형]를 다음과 같이 나타낼 수 있습니다.

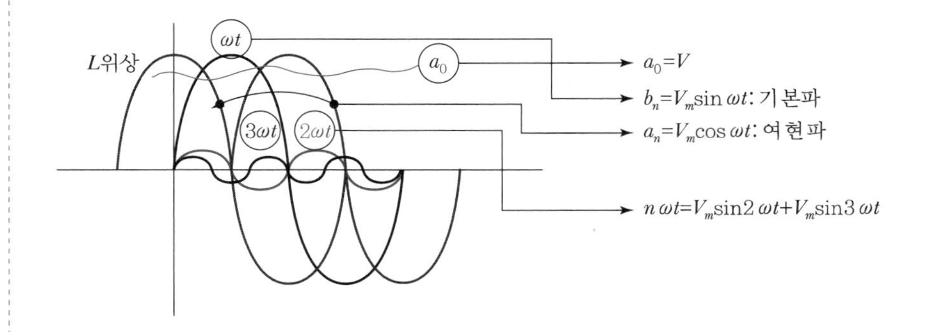

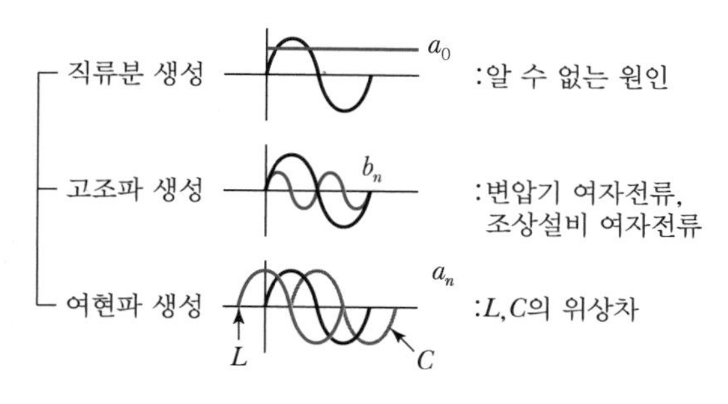

비정현파의 시간함수 :

$$f_{(t)} = a_0(\text{직류분}) + \sum \cos(\text{여현항}) + \sum \sin(\text{정현항}) + \ldots$$
$$= a_0 + a_1 \cos \omega t + a_2 \cos 2\omega t + a_3 \cos 3\omega t + \ldots$$
$$b_1 \sin \omega t + b_2 \sin 2\omega t + b_3 \sin 3\omega t + \ldots$$

여기서, a_0 : 직류분, 실효값

$$\begin{Bmatrix} a_1 \cos \omega t : \text{기본 여현파} \\ a_2 \cos 2\omega t : \text{2고조파 여현항의 최대값} \\ a_3 \cos 3\omega t : \text{3고조파 여현항의 최대값} \end{Bmatrix}$$

$$\begin{Bmatrix} b_1 \sin \omega t : \text{기본 정현파} \\ b_2 \sin 2\omega t : \text{2고조파 정현항의 최대값} \\ b_3 \sin 3\omega t : \text{3고조파 정현항의 최대값} \end{Bmatrix}$$

최종적으로 푸리에 급수 $f_{(t)}$는 다음과 같이 표현됩니다.

- 푸리에 급수(일반식) $f_{(t)} = a_0 + \sum_{n=1,2,3}^{\infty} a_n \cos n\omega t + \sum_{n=1,2,3}^{\infty} b_n \sin n\omega t$

푸리에 급수 일반식을 이용하여 비정현파를 만드는 3가지 대칭파형을 나타낼 수 있습니다.

① 정현대칭
② 여현대칭
③ 반파대칭(반파 정현대칭, 반파 여현대칭)

1. 비정현파의 기함수(정현대칭)

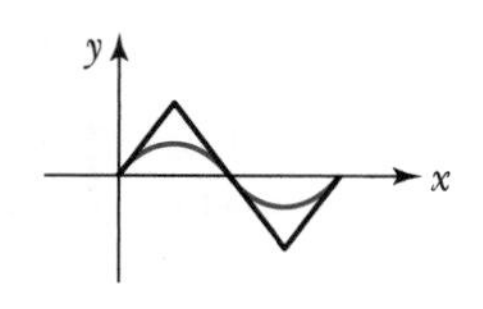

〖a. 삼각파〗

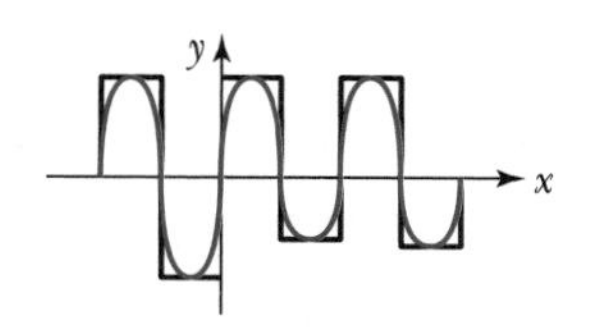

〖b. 구형파〗

핵심기출문제

비정현파를 나타내는 푸리에 급수에 의한 전개를 옳게 전개한 함수 $f(t)$는 무엇인가?

① $\sum_{n=1}^{\infty} a_n \sin nt + \sum_{n=1}^{\infty} b_n \sin n\omega t\omega$

② $\sum_{n=1}^{\infty} a_n \sin n\omega t + \sum_{n=1}^{\infty} b_n \cos n\omega t$

③ $a_0 + \sum_{n=1}^{\infty} a_n \cos n\omega t + \sum_{n=1}^{\infty} b_n \sin n\omega t$

④ $\sum_{n=1}^{\infty} a_n \cos n\omega t + \sum_{n=1}^{\infty} b_n \cos n\omega t$

해설

푸리에 급수(일반식)

$f_{(t)} = a_0 + \sum_{n=1,2,3}^{\infty} a_n \cos n\omega t + \sum_{n=1,2,3}^{\infty} b_n \sin n\omega t$

정답 ③

핵심기출문제

비정현파 교류에서 정현대칭의 조건은?

① $f(t)=f(-t)$
② $f(t)=-f(-t)$
③ $f(t)=-f(t)$
④ $f(t)=-f\left(t+\frac{T}{2}\right)$

해설

- 반파대칭 : $f(t)=-f(t+\pi)$
- 여현대칭 : $f(t)=f(-t)$
- 정현대칭 : $f(t)=-f(-t)$

→ $f(-t)=-f[-(-t)]$
$=-f(t)$

정답 ②

[그림 a]는 왜형파로 구분되는 삼각파입니다. 삼각파는 무수히 많은 sin항, 고조파들이 섞여 삼각파를 이루는데, 이런 왜형파의 기본 파형은 sin파형입니다.

[그림 b]는 왜형파로 구분되는 구형파입니다. 구형파도 기본항이 무수히 많은 sin항으로 구성되어 x축의 위 · 아래로 대칭됩니다.

수학적으로, 좌표 x축에 대해 상하로 대칭되는(또는 원점 0에 대해 대칭되는) 함수를 '정현대칭파'라고 하고, x축을 기준으로 위 · 아래가 같다는 말의 수학적 표현은 '기함수 $f_{(t)}=-f_{(-t)}$'입니다.

① **정현대칭파의 수학적 표현** : 기함수(sin항) $f_{(t)}=-f_{(-t)}$

② **정현대칭파의 푸리에 급수** : $f_{(t)}=\sum_{n=1,2,3}^{\infty} b_n \sin n\omega t$

③ **정현대칭파의 특징** : a_0 (직류분)과 a_n (cos항)이 없다.

참고 기함수의 삼각함수 표현

기함수 $f_{(t)}=-f_{(-t)}$ 은 수학적으로 $x=-(-x)$ 와 같다.

예 $\sin 30=-\sin(-30)$

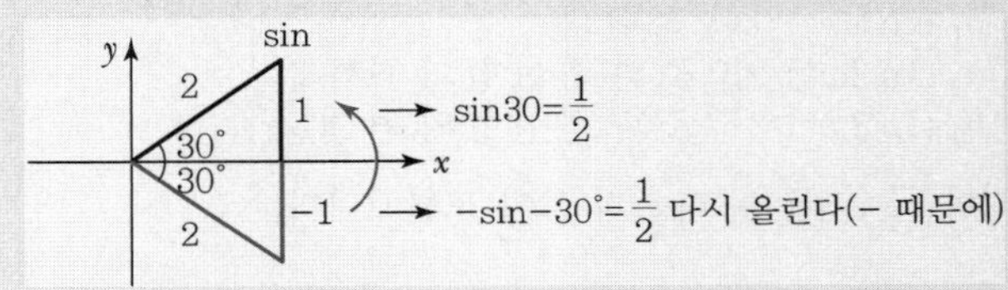

2. 비정현파의 우함수(여현대칭)

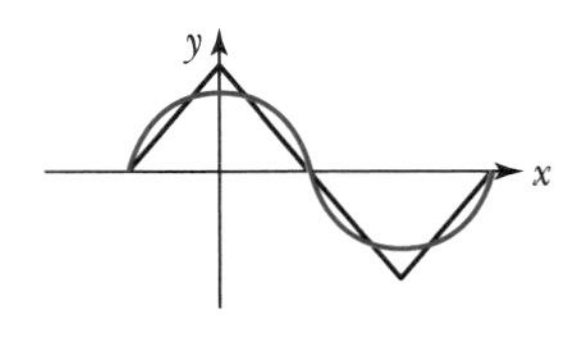

〖a. 삼각파〗

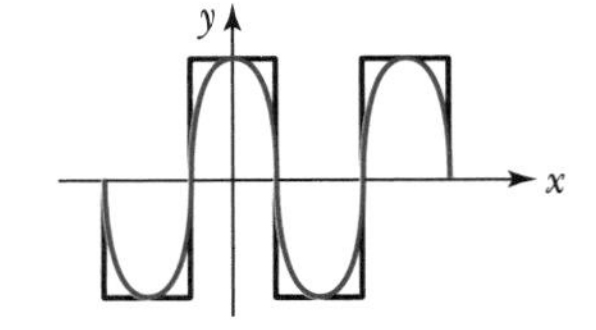

〖b. 구형파〗

[그림 a]는 왜형파로 구분되는 삼각파입니다. 삼각파는 무수히 많은 cos항, 고조파, 직류분이 섞여 이런 삼각파를 이루는데, 이 왜형파의 기본 파형은 cos파형입니다.

[그림 b]는 왜형파로 구분되는 구형파입니다. 구형파도 기본항이 무수히 많은 cos항으로 구성되어 y축의 좌 · 우로 대칭됩니다.

수학적으로, 좌표 y축에 대해 좌 · 우로 대칭되는 함수를 '여현대칭파'라고 하고, y축을 기준으로 좌 · 우가 대칭된다는 말의 수학적 표현은 '우함수 $f_{(t)}=f_{(-t)}$'입니다.

① **여현대칭파의 수학적 표현** : 우함수(cos항) $f_{(t)} = f_{(-t)}$

② **여현대칭파의 푸리에 급수** : $f_{(t)} = a_0 + \sum_{n=1,2,3}^{\infty} a_n \cos n\omega t$

③ **여현대칭파의 특징** : a_0 (직류분)과 a_n (cos항)만 존재하고, b_n (sin항)이 없다.

참고 우함수의 삼각함수 표현

예 $\cos 30 = \cos(-30)$

이것을 중학교 수학에서 배우는 직각좌표 1사분면부터 반시계방향으로 **얼싸안코**(all sin tan cos)를 적용하면, 4사분면에서 cos값은 1사분면의 cos값과 같다. 그러므로 다음과 같은 우함수 표현이 성립된다. →
$\cos 30 = \cos(-30)$

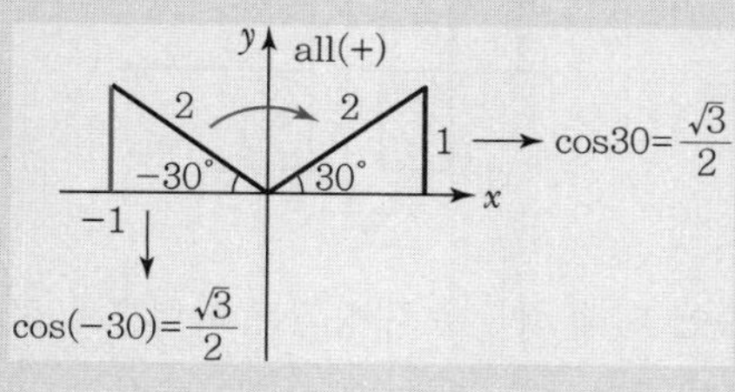

3. 비정현파의 반파대칭

반파대칭은 직류분(a_0) 없이, 홀수 고조파의 sin항(정현대칭)과 cos항(여현대칭)만 존재하는 비정현파(왜형파)입니다.
동시에 홀수 고조파만 존재하므로 sin항, cos항의 고조파 차수는 $n = 1, 3, 5, 7, \ldots$ 입니다.

- 반파대칭파의 수학적 표현

  $f_{(t)} = -f_{(t-\pi)}$ 혹은 $f_{(t)} = -f_{\left(t-\frac{T}{2}\right)}$

- 반파대칭파의 푸리에 급수 표현

  $$f_{(t)} = \sum_{n=1,3,5}^{\infty} a_n \cos n\omega t + \sum_{n=1,3,5}^{\infty} b_n \sin n\omega t$$

(1) 반파 정현대칭파(왜형파)

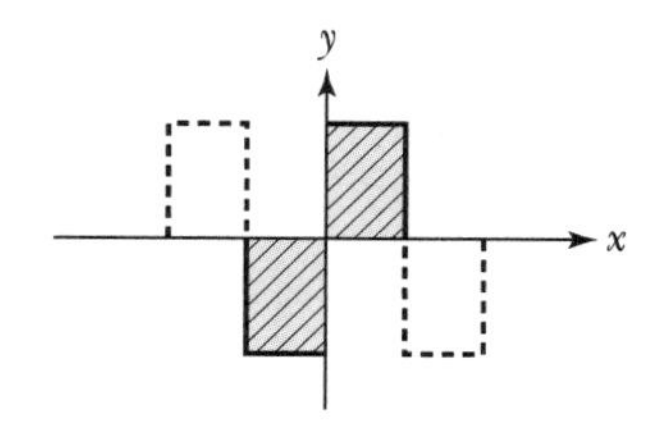

핵심기출문제

반파대칭의 왜형파에 대한 푸리에 급수에서 옳게 표현된 것을 고르시오(단, $f(t) = a_0 + \sum_{n=1,2,3}^{\infty} a_n \cos n\omega t + \sum_{n=1,2,3}^{\infty} b_n \sin n\omega t$).

① $a_0 = 0$, $b_n = 0$ 이고, 홀수항 a_n 만 남는다.
② $a_n = 0$ 이고, a_0 및 홀수항 b_n 만 남는다.
③ $a_0 = 0$ 이고, 홀수항 a_n, b_n 만 남는다.
④ $a_n = 0$ 이고 모든 고조파분의 a_n, b_n 만 남는다.

해설
반파대칭 왜형파는 직류분이 0이고, 홀수항의 정현항과 여현항만 존재한다.

정답 ③

PART 03

반파 정현대칭은 x축(또는 원점)에 대해 상 · 하 대각으로 대칭되는 파형으로, 홀수 고조파만 존재하는 sin파형입니다. 짝수 고조파는 존재하지 않습니다.
(홀수 고조파 : $\sin\omega t+\sin 3\omega t+\sin 5\omega t+\sin 7\omega t+\ldots$)

반파 정현대칭파의 푸리에 급수 : $f_{(t)}=\sum_{n=1,3,5}^{\infty} b_n \sin n\omega t$

(2) **반파 여현대칭파(왜형파)**

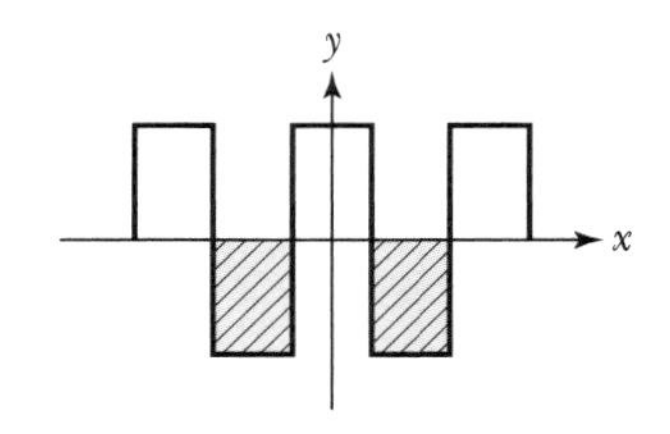

반파 여현대칭은 y축에 대해 좌 · 우 대칭되는 파형으로, 직류분 a_0과 홀수 고조파의 cos항만 존재하는 파형입니다. 짝수 고조파는 존재하지 않습니다.
(홀수 고조파 : $\cos\omega t+\cos 3\omega t+\cos 5\omega t+\cos 7\omega t+\ldots$)

반파 여현대칭파의 푸리에 급수 : $f_{(t)}=\sum_{n=1,3,5}^{\infty} a_n \cos n\omega t$

03 푸리에 급수에 의한 비정현파 교류 계산

1. 비정현파 교류의 고조파 계산

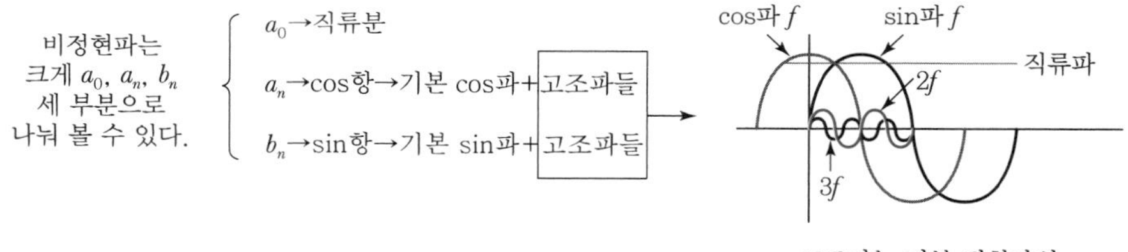

고조파는 기본 정현파의 60[Hz]에 정수배하는 주파수다.

$\omega=2\pi f\rightarrow$ $2\omega=2\pi\times60\times2=\boxed{120}2\pi$
$3\omega=2\pi\times60\times3=\boxed{180}2\pi$
$4\omega=2\pi\times60\times4=\boxed{240}2\pi$

〚 비정현파 교류의 고조파 차수 〛

비정현파 교류의 직류분(실효값) a_o 를 제외한 cos항, sin항 모두에 고조파($n\omega$)가 포함됩니다. 고조파는 기본 주파수 60[Hz]의 정수배인 주파수이므로, 각속도(ω)에 고조파 차수만큼 곱하기 연산을 하여 고조파 계산을 합니다. 고조파 → $n\omega=n(2\pi f)$

비정현파에 포함된 고조파	고조파 차수에 따른 고조파 계산
a_o → 직류분(고조파 없음) a_n → cos항 : 기본 cos파+고조파 b_n → sin항 : 기본 sin파+고조파	기본 주파수 : $\omega = 2\pi f$ 2고조파 : $2\omega = 2(2\pi \times 60) = 240\pi$ 3고조파 : $3\omega = 3(2\pi \times 60) = 360\pi$ 4고조파 : $4\omega = 4(2\pi \times 60) = 480\pi$

2. 비정현파 교류의 일반식과 실효값

푸리에 급수를 이용하여 비정현파 교류를 계산할 수 있습니다.

① 비정현파 전압

$$v_{(t)} = V_o + V_m \sin\omega t + V_{m2}\sin 2\omega t + V_{m3}\sin 3\omega t + \cdots \ [\mathrm{V}]$$

$$= V_0 + \sum_{n=1,2,3}^{\infty} V_m \sin(n\omega t + \theta)$$

② 비정현파 전류

$$i_{(t)} = I_o + I_m \sin\omega t + I_{m2}\sin 2\omega t + I_{m3}\sin 3\omega t + \cdots \ [\mathrm{A}]$$

$$= I_0 + \sum_{n=1,2,3}^{\infty} I_m \sin(n\omega t + \theta)$$

여기서, V_o, I_o : 직류값 또는 실효값(V)

V_m, I_m : 최대값

ωt : 기본파, $2\omega t$: 2고조파, $3\omega t$: 3고조파

비정현파 교류도 정현파 교류처럼 순시값, 실효값, 평균값을 표현할 수 있습니다. 하지만 비정상적인 파형이므로 실효값만을 계산을 합니다(비정현파 교류에 대해 순시값, 평균값 계산은 하지 않습니다).

③ 비정현파 실효값

$$A = \sqrt{\text{원래값}^2} = \sqrt{(A_0)^2 + \left(\frac{A_{m1}}{\sqrt{2}}\right)^2 + \left(\frac{A_{m2}}{\sqrt{2}}\right)^2 + \left(\frac{A_{m3}}{\sqrt{2}}\right)^2}$$

(비정현파 실효값 계산은 각 고조파 실효값의 제곱에 합 전체에 제곱근을 씌운 것이다.)

3. 비정현파 전압 계산

① 비전현파 전압(순시값)

$$v_{(t)} = V_0 + \sum_{n=1,2,3}^{\infty} V_m \sin(n\omega t + \theta) \ [\mathrm{V}]$$

핵심기출문제

비정현파의 실효값은 무엇인가?

① 최대파의 실효값
② 각 고조파의 실효값의 합
③ 각 고조파의 실효값의 합의 제곱근
④ 각 고조파의 실효값의 제곱의 합의 제곱근

해설

일반적인 비정현 주기파의 실효값은 다음과 같이 계산한다.

• 비정현파 교류의 전압 실효값

$V = \sqrt{V_0^2 + V_1^2 + V_2^2 + \ldots}\ [\mathrm{V}]$

• 비정현파 교류의 전류 실효값

$I = \sqrt{I_0^2 + I_1^2 + I_2^2 + \ldots}\ [\mathrm{A}]$

정답 ④

② **비정현파 전압(실효값)**

$$V = \sqrt{(V_0)^2 + \left(\frac{V_{m1}}{\sqrt{2}}\right)^2 + \left(\frac{V_{m2}}{\sqrt{2}}\right)^2 + \dots}\ [V]$$
$$= \sqrt{{V_0}^2 + {V_1}^2 + {V_2}^2 + \dots}\ [V]$$

비정현파 전압은 파형이 찌그러졌을 뿐 전압의 크기는 여전히 존재합니다. 다른 값은 무시하고, 실효값만을 계산합니다.

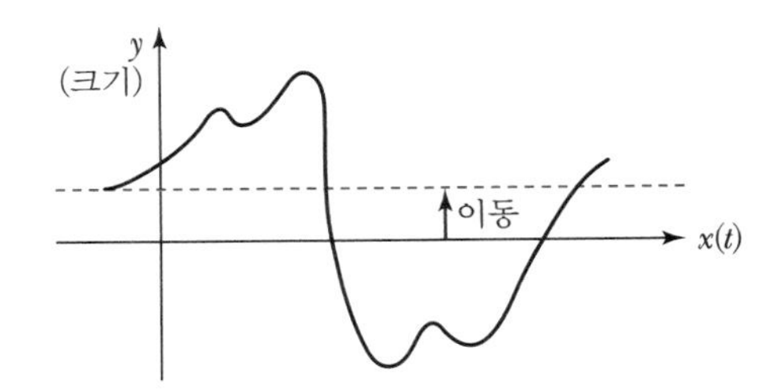

4. 비정현파 전류 계산

① **비정현파 전류(순시값)**

$$i_{(t)} = I_0 + \sum_{n=1,2,3}^{\infty} I_m \sin(n\omega t + \theta)$$

② **비정현파 전류(실효값)**

$$I = \sqrt{(I_0)^2 + \left(\frac{I_{m1}}{\sqrt{2}}\right)^2 + \left(\frac{I_{m2}}{\sqrt{2}}\right)^2 + \dots}\ [A]$$
$$= \sqrt{{I_0}^2 + {I_1}^2 + {I_2}^2 + \dots}\ [A]$$

5. 비정현파 전력과 역률 계산

① **피상전력**

$$P_a = \sum_{n=1,2,3}^{\infty} V_n I_n = \sqrt{{V_0}^2 + {V_1}^2 + {V_2}^2} \times \sqrt{{I_0}^2 + {I_1}^2 + {I_0}^2}\ [VA]$$

② **유효전력**

$$P = V_0 I_0 + \sum_{n=1,2,3}^{\infty} V_n I_n \cos\theta_n\ [W]$$

③ **무효전력**

$$P_r = V_0 I_0 + \sum_{n=1,2,3}^{\infty} V_n I_n \sin\theta_n\ [Var]$$

핵심기출문제

전류 $i = 30\sin\omega t + 40\sin(3\omega t + 45°)$ [A]의 실효값은 몇 [A]인가?

① 25 ② $25\sqrt{2}$
③ 50 ④ $50\sqrt{2}$

해설

비정현파 전류의 실효값

$$I = \sqrt{{I_1}^2 + {I_3}^2} = \sqrt{\left(\frac{I_{m1}}{\sqrt{2}}\right)^2 + \left(\frac{I_{m3}}{\sqrt{2}}\right)^2} = \sqrt{\left(\frac{30}{\sqrt{2}}\right)^2 + \left(\frac{40}{\sqrt{2}}\right)^2} = \sqrt{\frac{30^2 + 40^2}{2}} = 25\sqrt{2}$$

정답 ②

④ **역률**

$$\cos\theta = \frac{P}{P_a} = \frac{V_0 I_0 + \sum_{n=1,2,3}^{\infty} V_n I_n \cos\theta_n}{\sum_{n=1,2,3}^{\infty} V_n I_n}$$

여기서, 앞서 학습한 정현파 교류의 전력 계산은 다음과 같았습니다.

ϕ_1의 1선당 전력	ϕ_3의 1선당 전력
• $P_a = VI$ [VA] • $P = VI\cos\theta$ [W] • $P_r = VI\sin\theta$ [Var]	• $P_a = 3V_p I_p = \sqrt{3}\, V_l I_l$ [VA] • $P = 3V_p I_p \cos\theta = \sqrt{3}\, V_l I_l \cos\theta$ [W] • $P_r = 3V_p I_p \sin\theta = \sqrt{3}\, V_l I_l \sin\theta$ [Var]

위상차를 고려한 비정현파 교류(전압 · 전류) 계산은 다음과 같았습니다.

- 전압(실효값) $V = \sqrt{{V_0}^2 + {V_1}^2 + {V_2}^2 + \ldots}$ [V]
- 전류(실효값) $I = \sqrt{{I_0}^2 + {I_1}^2 + {I_2}^2 + \ldots}$ [A]

(1) 비정현파 피상전력(단상기준)

비정현파 피상전력은 비정현파 전압 · 전류의 실효값만으로 계산되므로 다음과 같습니다.

피상전력(실효값)

$$P_a = \sqrt{{V_0}^2 + {V_1}^2 + {V_2}^2 \ldots} \times \sqrt{{I_0}^2 + {I_1}^2 + {I_2}^2 \ldots} \text{ [VA]}$$

(2) 비정현파 유효전력(단상기준)

비정현파의 유효전력(P)은 같은 차수의 주파수, 고조파 간의 실효전압과 실효전류의 곱입니다. 그리고 유효전력은 전압 · 전류 간 위상차(θ)가 존재하므로, 비정현파 유효전력의 위상차는 차수의 비정현파 전압 · 전류 위상끼리 서로 뺄셈 연산을 합니다. 만약 주어진 전압 · 전류 조건에서 서로 일치하는 고조파 차수항이 없으면 해당 차수항의 위상은 0으로 간주합니다.

유효전력(실효값)

$P = V_o I_o + V_1 I_1 \cos\theta_1 + V_2 I_2 \cos\theta_2 + \ldots$ [W]

$\cos\theta_1$: 기본파의 위상차 → (V_1의 위상 $\theta_1 - I_1$의 위상 θ_1)

$\cos\theta_2$: 2고조파의 위상차 → $(\theta_1 - \theta_2)$

여기서, 위상차는 절대값이다.

핵심기출문제

$R = 8[\Omega]$, $\omega L = 6[\Omega]$의 직렬 회로에 비정현파 전압 $V = 200\sqrt{2}\sin\omega t + 100\sqrt{2}\sin 3\omega t$ [V]를 가했을 때, 이 회로에서 소비되는 전력은 대략 얼마인가?

① 3350[W] ② 3406[W]
③ 3250[W] ④ 3750[W]

해설

$I_1 = \frac{V_1}{Z_1} = \frac{V_1}{\sqrt{R^2 + (\omega L)^2}}$

$= \frac{200}{\sqrt{8^2 + 6^2}} = 20$[A]

$I_3 = \frac{V_3}{Z_3} = \frac{V_3}{\sqrt{R^2 + (3\omega L)^2}}$

$= \frac{100}{\sqrt{8^2 + (3\times 6)^2}}$

$= 5.08$[A]

$\therefore P = {I_1}^2 R + {I_3}^2 R$

$= (20^2 \times 8) + (5.08^2 \times 8)$

$\fallingdotseq 3406.45$[W]

정답 ②

핵심기출문제

전압 $v = V\sin\omega t$[V], 전류 $i = I(\sin 3\omega t - \sin 5\omega t)$[A]의 교류의 평균전력은?

① 0 ② $\frac{1}{2}VI$

③ $\frac{1}{2}VI\cos\theta$ ④ 5

해설

주파수가 서로 다른 전압과 전류의 모든 전력(피상전력, 유효전력, 무효전력)은 0이다.

정답 ①

PART 03

(3) 비정현파 무효전력(단상기준)

비정현파 무효전력 수식은 실효분에 해당하는 직류분과 cos항을 뺀 수식으로 나타냅니다.

무효전력(실효값)

$$P_r = V_1 I_1 \sin\theta_1 + V_2 I_2 \sin\theta_2 + \ldots \text{ [Var]}$$

6. 비정현파 교류의 왜형률

비정현파(왜형파)의 일그러진 정도를 정현파 교류 대비 비정현파의 비율로 나타냅니다. 왜형률 수치가 높다는 것은 왜형의 정도(정현파가 일그러진 정도)가 심하다는 것을 의미합니다.

$$\text{왜형률} = \frac{\text{전체 고조파 교류의 실효값}}{\text{기본파 교류의 실효값}}$$

$$\text{왜형률} = \frac{\sqrt{{V_0}^2 + {V_1}^2 + {V_2}^2 + \ldots}}{V_1}$$

$$\text{왜형률} = \frac{\sqrt{{I_0}^2 + {I_1}^2 + {I_2}^2 + \ldots}}{I_1}$$

7. 비정현파 교류의 직렬 임피던스 계산

비정현파 교류가 유입된 회로에는 비정현파 전류가 흐르고 부하에도 비정현파 전류가 흐릅니다. 특히 부하 임피던스(Z)는 고조파($n\omega$)의 영향이 큽니다. 대표적으로 $R-L$ 직렬 회로와 $R-C$ 직렬 회로를 가지고 비정현파 교류가 유입된 회로의 임피던스 계산을 보겠습니다.

$$\begin{bmatrix} Z = R + jX_L = R + j\omega L \ [\Omega] \\ Z = R + jX_C = R - j\dfrac{1}{\omega C} \ [\Omega] \end{bmatrix} \xrightarrow[\text{발생}]{\text{고조파}} \begin{bmatrix} Z = R + jX_L = R + j(n \times \omega L) \ [\Omega] \\ Z = R + jX_C = R - j\left(\dfrac{1}{n} \times \dfrac{1}{\omega C}\right) [\Omega] \end{bmatrix}$$

먼저, 저항(R)은 주파수(f)와 무관하므로 어떠한 비정현파 교류 입력에도 저항값은 변하지 않습니다. 그리고 고조파는 기본 주파수의 정수배로 증가되므로, 주파수를 포함한 각속도(ω)에 고조파를 넣어 표현합니다.

핵심기출문제

기본파의 40[%]인 제3고조파와 30[%]인 제5고조파를 포함하는 전압파의 왜형률은?

① 0.3 ② 0.5
③ 0.7 ④ 0.9

해설

왜형률

$= \dfrac{\text{전체 고조파 교류의 실효값}}{\text{기본파 교류의 실효값}}$

$= \dfrac{\sqrt{{V_3}^2 + {V_5}^2}}{V_1}$

$= \dfrac{\sqrt{0.4^2 + 0.3^2}}{1} = 0.5$

정답 ②

핵심기출문제

$R = 10[\Omega]$, $\omega L = 5[\Omega]$, $\dfrac{1}{\omega C} = 30[\Omega]$이 직렬로 접속된 회로에서 기본파에 대한 합성 임피던스 Z_1과 제3고조파에 대한 합성 임피던스 Z_3는 각각 몇 $[\Omega]$인가?

① $Z_1 = \sqrt{725}$, $Z_3 = \sqrt{125}$
② $Z_1 = \sqrt{461}$, $Z_3 = \sqrt{461}$
③ $Z_1 = \sqrt{461}$, $Z_3 = \sqrt{125}$
④ $Z_1 = \sqrt{125}$, $Z_3 = \sqrt{461}$

해설

R–L–C 직렬 회로에서 임피던스 Z 계산

• 기본파(제1고조파)

$Z_1 = \sqrt{R^2 + \left(\omega L - \dfrac{1}{\omega C}\right)^2}$

$= \sqrt{10^2 + (5-30)^2}$

$= \sqrt{725}\ [\Omega]$

• 제3고조파

$Z_3 = \sqrt{R^2 + \left(3\omega L - \dfrac{1}{3\omega C}\right)^2}$

$= \sqrt{10^2 + \left(3 \times 5 - \dfrac{1}{3} \times 30\right)^2}$

$= \sqrt{125}\ [\Omega]$

정답 ①

① **($R-L$ 직렬회로)**

$$Z_n = R + jn\omega L\,[\Omega] \rightarrow |Z_n| = \sqrt{R^2 + (n\omega L)^2}\,[\Omega]$$

② **($R-C$ 직렬회로)**

$$Z_n = R - j\left(\frac{1}{n\omega C}\right)[\Omega] \rightarrow |Z_n| = \sqrt{R^2 + \left(\frac{1}{n\omega C}\right)^2}\,[\Omega]$$

04 고조파의 특징

고조파는 기본 주파수의 n배 되는 주파수 파형을 말합니다. 그러므로 1배 고조파는 고조파가 아닌 기본 주파수이고, 2고조파부터 고조파(2, 3, 4, 5, 6, 7, 8, 9, 10, 11, …)로 부릅니다. 고조파는 차수에 따라 다음과 같은 특징이 있습니다.

- 홀수 고조파(3, 5, 7, 9, 11, …) : 전기설비의 성능을 저하시키고, 계통에 악영향을 끼치는 고조파이다. 특히, 홀수 고조파 중에서 '낮은 홀수의 고조파'일수록 악영향이 심하다.
- 짝수 고조파(2, 4, 6, 8, 10, …) : 기본 주파수에 화합하는 고조파 군이므로, 전기설비나 계통에 끼치는 악영향이 크지 않다. 특히, 짝수 고조파 중에서 '높은 차수의 고조파' 일수록 악영향이 거의 없다.

이를 종합하면 고조파 중에서 전기설비와 계통에 가장 심각한 악영향을 주는 고조파는 '제3고조파'이고, 일반적으로 차수 없이 '고조파'라고 하면 제3고조파를 의미합니다. 때문에 제3고조파는 반드시 제거해야 할 고조파입니다.

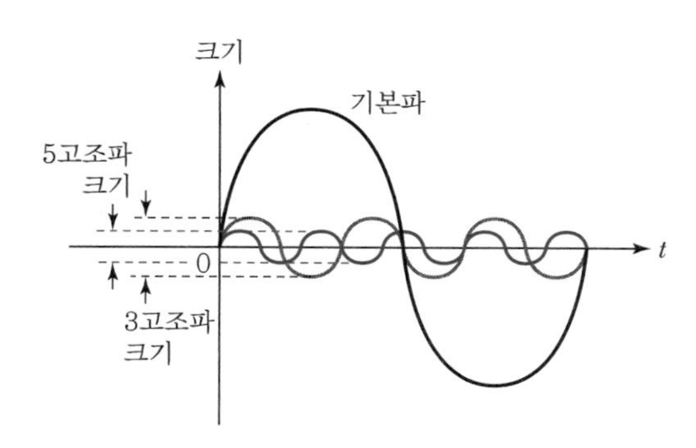

〖 기본파 교류 대비 3, 5고조파의 크기 비교 〗

1. 고조파 발생 원인

전력품질과 전기설비에 가장 악영향을 주는 제3고조파는 정확히 3고조파 전류를 말합니다. 다음과 같은 곳에서 전기설비 또는 위치에서 [교류 기본파+3고조파 전류]가 발생합니다.

핵심기출문제

임피던스가 $Z_1 = 3 - j12\,[\Omega]$인 $R-C$ 직렬회로가 있다. 만약 제3고조파가 섞인 교류가 임피던스에 유입되면 임피던스값은 얼마로 바뀌겠는가?

① $-j\,[\Omega]$　② $5\,[\Omega]$
③ $j5\,[\Omega]$　④ $3\,[\Omega]$

해설

$Z_3 = 3 - j\left(\frac{1}{3} \times 12\right)$
$= 3 - j4 = 5\,[\Omega]$

정답 ②

핵심기출문제

임피던스가 $Z_1 = 6 + j2\,[\Omega]$인 $R-L$ 직렬회로가 있다. 만약 제4고조파가 섞인 교류가 임피던스 부하에 유입된다면 임피던스값은 어떻게 바뀌겠는가?

① $j14\,[\Omega]$　② $j8\,[\Omega]$
③ $6\,[\Omega]$　④ $10\,[\Omega]$

해설

$Z_4 = 6 + j(4 \times 2)$
$= 6 + j8 = 10\,[\Omega]$

정답 ④

① 전력용 변압기 1차측의 여자전류(I_ϕ)
② 전력계통의 동기조상기 여자전류(I_f)
③ Y 결선된 발전기 전기자 권선의 유기기전력(E) 또는 Y－Y 결선 조합의 3상 변압기 유기기전력(E)
④ 수용가의 3상 교류전력과 병렬로 연결된 전력용 콘덴서를 거치고 나가는 전류
⑤ 전력변환장치(Converter, Inverter, Chopper) 또는 비선형 소자를 거치고 나가는 전류
⑥ 변위전류(J_d)가 흐르는 곳(콘덴서, 전동기, 발전기)
⑦ 단락전류(I_s) 및 지락전류(I_g)가 흐르는 곳
⑧ 계통에서 코로나 현상(전선 말단 또는 표면이 날카로운 곳에서 공기절연파괴로 인한 방전현상)이 일어나는 곳

이와 같이 발전계통, 전력계통 그리고 수용가 곳곳에서 3고조파 전류가 발생하고, 이에 대한 대책이 있습니다. 그 대책의 상당수는 전기기기 과목과 전력과목에서 다루므로 여기서는 생략하겠습니다. 다만, 우리 실생활과 관련하여 가정집 대부분의 가전기기엔 정류장치(전력변환장치)가 들어가므로 3고조파 전류가 발생합니다. 하지만 가전기기의 경우 '전류 펄스폭'을 변조하여 충분히 3고조파 전류를 제어할 수 있습니다(→ 제어 정류기가 특정 고조파를 제거하는 방법 : 전류 펄스폭을 변조하여 제거한다).

2. 고조파의 종류와 계산

대표적인 전기사고는 단락사고(Short Circuit)와 지락사고(Line to Ground Fault)입니다. 단락 또는 지락이 발생하면 고조파가 발생합니다. 대칭좌표법에서 이미 학습했듯이 단락사고는 역상분 불평형 교류를 만들고, 지락사고는 영상분 불평형 교류를 만듭니다. 반대로 말하면, 실제로 계통에서 단락 또는 지락사고가 나지 않았는데도 계통의 어디선가 발생한 고조파 현상으로 인해 단락 또는 지락의 불평형 교류(영상분, 역상분)가 발생할 수 있음을 말합니다.

(1) 정상분을 만드는 고조파 차수 : $h = |3n+1|$ 고조파

정상분에 해당하는 고조파 차수는 $h = |3n+1|_{n=0,1,2,..} = 1, 4, 7, 10, \ldots$이고, $3n+1$ 고조파 차수는 모두 기본파와 화합하기 때문에 대칭평형 3상 교류의 상회전 방향과 같고, 왜형파를 거의 일으키지 않는 고조파입니다.

(2) 역상분을 만드는 고조파 차수 : $h = |3n-1|$ 고조파

역상분에 해당하는 고조파 차수는 $h = |3n-1|_{n=0,1,2,..} = 2, 5, 8, 11, \ldots$이고, $3n-1$ 고조파 차수는 모두 대칭평형 3상 교류와 반대방향의 위상을 만드는 고조파입니다.

핵심기출문제

일반적으로 대칭 3상 교류회로의 전압, 전류에 포함되는 전압, 전류의 고조파는 n을 임의의 자연수 정수로 하여, $3n+1$일 때의 상회전은 어떻게 되는가?

① 정지 상태
② 각 상이 동위상
③ 상회전은 기본파와 반대
④ 상회전은 기본파와 동일

해설

일반적으로 교류 발전기에 포함되는 고조파는 기함수(sin항) 고조파만 있으므로, n은 짝수이며, $3n+1$의 고조파 성분은 상회전이 기본 평형 3상 파형과 같은 방향이다.

정답 ④

① **대칭상태의 상방향** : $V_a = V\angle 0°$, $V_b = V\angle 240°$, $V_c = V\angle 120°$

② **역상상태의 상방향** : $V_a = V\angle 0°$, $V_b = V\angle 120°$, $V_c = V\angle 240°$

또한 역상분의 비정현파가 3상 전동기에 유입될 경우 정격속도를 감소시킵니다.

(3) 영상분을 만드는 고조파 차수 : $h = |3n|$ 고조파

영상분에 해당하는 고조파 차수는 $h = |3n|_{n=0,1,2,..} = 3, 6, 9, 12, \ldots$이고, $3n$ 고조파 차수는 모두 대칭평형 3상 교류의 위상을 동상으로 만드는 고조파입니다. 예를 들어, V_a, V_b, V_c 각 상은 120° 각도 위상차가 존재하는 것이 정상인데, 영상분은 모든 상을 동상으로 만들므로 $V_a = V\angle 0°$, $V_b = V\angle 0°$, $V_c = V\angle 0°$ 이런 위상 관계를 만듭니다. 이러한 영상분의 고조파, 특히 제3고조파가 포함된 교류가 3상 전동기에 입력되면 회전자계가 형성되지 않아 전동기는 회전하지 않습니다.

> **핵심기출문제**
>
> **비대칭 다상 교류가 만드는 회전자계는 어떤 자계인가?**
>
> ① 교번자계
> ② 타원 회전자계
> ③ 원형 회전자계
> ④ 포물선 회전자계
>
> **해설**
> 비대칭 다상 교류는 영상분과 역상분이 섞인 3상 교류를 말하며, 이런 비대칭 3상 교류는 원형 회전자계가 아닌 타원형 회전자계를 만들어 3상 유도전동기의 회전을 감소시킨다.
>
> 정답 ②

PART 03

3. △결선 · Y결선에서 나타나는 고조파 특성

계통의 △결선이나 Y결선에 3고조파가 흐르면 어떻게 되는지 알아보겠습니다.

(1) △결선에서 3고조파(영상분)

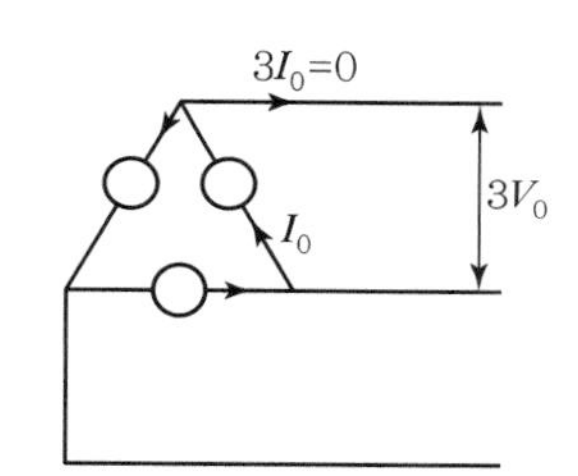

△결선에서 3고조파는 전류에 대해서 '영상분'을 만듭니다. 구체적으로, 발전기든 변압기든 △결선에서 $3I_0$(3고조파 영상전류)는 벡터합이 0이 되어, △결선 내에서 순환하며 상쇄됩니다. 그러므로 상전류와 선간전류에 $3I_0$는 흐르지 않습니다. 반면 $3V_0$(3고조파 영상전압)은 선로로 흐릅니다.

① △결선 상에서 $3I_0 = 0$, 선로에서 $3I_l = 0$

② △결선 선간에 $3V_l$ 존재

(2) Y결선에서 3고조파(영상분)

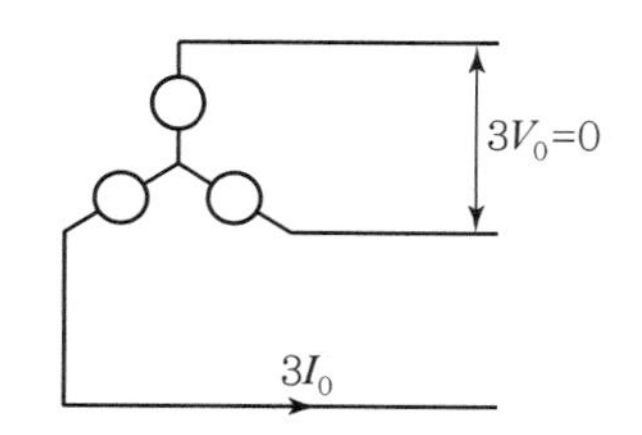

> **핵심기출문제**
>
> **변압기 결선에서 1차에 제3고조파가 있을 때 2차 전압에 제3고조파가 나타나는 결선은?**
>
> ① $\Delta-\Delta$ ② $\Delta-Y$
> ③ $Y-Y$ ④ $Y-\Delta$
>
> **해설**
> 제3고조파는 Δ결선에서 소멸되지만 Y결선에는 나타난다.
>
> 정답 ③

Y 결선에서 3고조파는 전압에 대해서 '영상분'을 만듭니다. 구체적으로, 발전기든 변압기든 Y 결선에서 $3V_0$ (3고조파 영상전압)는 벡터합이 0이 되어 Y 결선 내에서 3고조파가 제거됩니다. 하지만 선로와 부하로 $3I_0$ (3고조파 영상전류)는 흐릅니다.

① Y 결선 상에서 $3V_0 = 0$, 선로에서 $3V_l = 0$

② Y 결선 선간에 $3I_l$ 존재

Y 결선의 이런 특성을 달리 말하면,

- $3I_0$ (3고조파 순환전류)는 Y 결선 내에 흐르지 않고, 선간 전류로 흐른다.
- 발전기의 전기자 권선이 Y 결선되면, 전기자 전류(I_a)에는 $3I_0$ 가 없지만, 선간전류(I_l)와 부하전류(I)로는 $3I_0$ 가 존재한다.

1. 비정현파

비정현파 정의 : [기본파＋직류분＋고조파]의 합성

2. 푸리에 급수

$f_{(t)} = a_0(\text{직류분}) + \sum\cos(\text{여현항}) + \sum\sin(\text{정현항}) + \ldots$

$f_{(t)} = a_0 + a_1\cos\omega t + a_2\cos 2\omega t + a_3\cos 3\omega t + \ldots b_1\sin\omega t + b_2\sin 2\omega t + b_3\sin 3\omega t + \ldots$

푸리에 급수(일반식) $f_{(t)} = a_0 + \sum_{n=1,2,3}^{\infty} a_n\cos n\omega t + \sum_{n=1,2,3}^{\infty} b_n\sin n\omega t$

① 비정현파의 기함수

- x축에 대해 상 · 하 대칭(원점 0에 대해 대칭)되는 함수로 **정현대칭파, 기함수**
- 수학적 표현 : 기함수(sin항) $f_{(t)} = -f_{(-t)}$
- 푸리에 급수 : $f_{(t)} = \sum_{n=1,2,3}^{\infty} b_n\sin n\omega t$
- 정현대칭파의 특징 : a_0(직류분)과 a_n(cos항)이 없다.

② 비정현파의 우함수

- y축에 대해 좌 · 우로 대칭되는 함수로 **여현대칭파, 우함수**
- 수학적 표현 : cos 항 우함수 : $f_{(t)} = f_{(-t)}$
- 푸리에 급수 : $f_{(t)} = a_0 + \sum_{n=1,2,3}^{\infty} a_n\cos n\omega t$
- 여현대칭파의 특징 : a_0(직류분)과 a_n(cos항)만 존재하고, b_n(sin항)이 없다.

③ 비정현파의 반파대칭

반파대칭은 직류분 없이, 정현대칭(sin항)과 여현대칭(cos항)에서 홀수 고조파분만 존재하는 비정현파

- 수학적 표현 : $f_{(t)} = -f_{(t-\pi)}$ 또는 $f_{(t)} = -f_{\left(t-\frac{T}{2}\right)}$
- 푸리에 급수 : $f_{(t)} = \sum_{n=1,3,5}^{\infty} a_n\cos n\omega t + \sum_{n=1,3,5}^{\infty} b_n\sin n\omega t$
- 반파 정현대칭파 : $f_{(t)} = \sum_{n=1,3,5}^{\infty} b_n\sin n\omega t$

• 반파 여현대칭파 : $f_{(t)} = \sum_{n=1,3,5}^{\infty} a_n \cos n\omega t$

3. 푸리에 급수에 의한 비정현파 교류 계산

① 비정현파 교류의 전압 계산

• 비정현파 전압(순시값) $v_{(t)} = V_0 + \sum_{n=1,2,3}^{\infty} V_m \sin(n\omega t + \theta)\,[\mathrm{V}]$

• 비정현파 전압(실효값) $V = \sqrt{(V_0)^2 + \left(\frac{V_{m1}}{\sqrt{2}}\right)^2 + \left(\frac{V_{m2}}{\sqrt{2}}\right)^2 + \ldots} = \sqrt{V_0^2 + V_1^2 + V_2^2 + \ldots}\,[\mathrm{V}]$

② 비정현파 교류의 전류 계산

• 비정현파 전류(순시값) $i_{(t)} = I_0 + \sum_{n=1,2,3}^{\infty} I_m \sin(n\omega t + \theta)\,[\mathrm{A}]$

• 비정현파 교류(실효값) $I = \sqrt{(I_0)^2 + \left(\frac{I_{m1}}{\sqrt{2}}\right)^2 + \left(\frac{I_{m2}}{\sqrt{2}}\right)^2 + \ldots} = \sqrt{I_0^2 + I_1^2 + I_2^2 + \ldots}\,[\mathrm{A}]$

③ 비정현파 교류의 전력 계산과 역률 계산

• 피상전력 $P_a = \sum_{n=1,2,3}^{\infty} V_n I_n = \sqrt{{V_0}^2 + {V_1}^2 + {V_2}^2} \times \sqrt{{I_0}^2 + {I_1}^2 + {I_0}^2}\,[\mathrm{VA}]$

• 유효전력 $P = V_0 I_0 + \sum_{n=1,2,3}^{\infty} V_n I_n \cos\theta_n\,[\mathrm{W}]$

• 무효전력 $P_r = V_0 I_0 + \sum_{n=1,2,3}^{\infty} V_n I_n \sin\theta_n\,[\mathrm{Var}]$

• 역률 $\cos\theta = \frac{P}{P_a} = \frac{V_0 I_0 + \sum_{n=1,2,3}^{\infty} V_n I_n \cos\theta_n}{\sum_{n=1,2,3}^{\infty} V_n I_n}$

④ 비정현파 교류의 왜형률

$$\text{왜형률} = \frac{\text{전체 고조파 교류의 실효값}}{\text{기본파 교류의 실효값}}$$

$$\text{왜형률} = \frac{\sqrt{{V_0}^2 + {V_1}^2 + {V_2}^2 + \ldots}}{V_1} \qquad \text{왜형률} = \frac{\sqrt{{I_0}^2 + {I_1}^2 + {I_2}^2 + \ldots}}{I_1}$$

⑤ **비정현파 교류의 직렬 임피던스 계산**

- $(R-L$ 직렬회로$)$: $Z_n = R + jn\omega L\,[\Omega] \rightarrow |Z_n| = \sqrt{R^2 + (n\omega L)^2}\,[\Omega]$
- $(R-C$ 직렬회로$)$: $Z_n = R - j\left(\dfrac{1}{n\omega C}\right)[\Omega] \rightarrow |Z_n| = \sqrt{R^2 + \left(\dfrac{1}{n\omega C}\right)^2}\,[\Omega]$

4. 고조파의 특징

① **고조파의 종류와 계산**

- 정상분을 만드는 고조파 차수 : $h = |3n+1|_{n=0,1,2,..}$고조파

  대칭평형 3상 교류와 상회전 방향이 같고, 왜형이 일어나지 않는 고조파이다.
- 역상분을 만드는 고조파 차수 : $h = |3n-1|_{n=0,1,2,..}$고조파

  대칭평형 3상 교류와 반대 위상을 만드는 고조파이다.
- 영상분을 만드는 고조파 차수 : $h = |3n|_{n=0,1,2,..}$고조파

  대칭평형 3상 교류와 대비하여 모든 상을 동상으로 만드는 고조파이다.

② **△ 결선 · Y 결선에서 나타나는 고조파 특성**

- △ 결선 상에서 $3I_0 = 0$, 선로에서 $3I_l = 0$
- △ 결선 선간에 $3V_l$ 존재
- Y 결선 상에서 $3V_0 = 0$, 선로에서 $3V_l = 0$
- Y 결선 선간에 $3I_l$ 존재

핵 / 심 / 기 / 출 / 문 / 제

01 비정현파 교류전압 $v_{(t)} = 50 + 10\sqrt{2}\sin\omega t + 30\sqrt{2}\sin 5\omega t\ [\mathrm{V}]$ 가 있다. 이 전압에 대한 실효값을 구하시오.

① 35 ② 48
③ 59 ④ 89

해설

문제의 비정현파 교류 전압의 구성은 [직류분 + 기본 주파수 순시전압 + 5고조파의 순시전압]이므로 비정현파 전압의 실효값 수식을 이용한다.

$V = \sqrt{{V_0}^2 + {V_1}^2 + {V_2}^2} = \sqrt{50^2 + 10^2 + 30^2} = 59.16\ [\mathrm{V}]$

02 다음과 같은 비정현파 교류의 전압 · 전류가 있을 때, 유효전력(P)을 구하시오.

$$\left\{\begin{array}{l} v_{(t)} = 10\sin\omega t + 20\sin 2\omega t + 30\sin 5\omega t\ [\mathrm{V}] \\ i_{(t)} = 5\sin\omega t + 10\sin 3\omega t + 15\sin 5\omega t\ [\mathrm{A}] \end{array}\right\}$$

① 118[W] ② 232[W]
③ 298[W] ④ 312[W]

해설

비정현파 순시전압 · 전류값 중에서 일치하는 고조파 차수가 없는 2고조파항과 3고조파항은 연산이 불가능하다. 그러므로 해당 차수항 수식 $\left[\frac{10}{\sqrt{2}}\frac{5}{\sqrt{2}}\cos(2\omega t - 3\omega t)\right]$은 0으로 간주한다.

∴ 유효전력

$$P = V_o I_o + V_1 I_1 \cos\theta_1 + V_2 I_2 \cos\theta_2 + \ldots [\mathrm{W}]$$
$$= \left[\frac{10}{\sqrt{2}}\frac{5}{\sqrt{2}}\cos 0^\circ\right] + \left[\frac{30}{\sqrt{2}}\frac{15}{\sqrt{2}}\cos 0^\circ\right]$$
$$= \frac{15}{2} + \frac{450}{2} = \frac{465}{2} = 232.5\ [\mathrm{W}]$$

03 다음과 같은 비정현파 교류의 전압, 전류가 있을 때, 피상전력(P_a)과 유효전력(P) 그리고 역률($\cos\theta$)을 구하시오.

$$\left\{\begin{array}{l} v_{(t)} = 5\sqrt{2}\,V_1\sin\omega t + 10\sqrt{2}\sin 2\omega t\ [\mathrm{V}] \\ i_{(t)} = 10\sqrt{2}\,I_1\sin(\omega t + 30^\circ) + 5\sqrt{2}\sin(2\omega t + 45^\circ)\ [\mathrm{A}] \end{array}\right\}$$

① $P_a = 110[\mathrm{VA}],\ P = 25\sqrt{3}[\mathrm{W}],\ \cos\theta = 0.51$
② $P_a = 115[\mathrm{VA}],\ P = 25\sqrt{2}[\mathrm{W}],\ \cos\theta = 0.57$
③ $P_a = 120[\mathrm{VA}],\ P = 25[\mathrm{W}],\ \cos\theta = 0.6$
④ $P_a = 125[\mathrm{VA}],\ P = 25\sqrt{3} + 25\sqrt{2}[\mathrm{W}],$ $\cos\theta = 0.63$

해설

비정현파 교류의 공식을 이용하여 피상전력을 계산할 수 있다.

- 피상전력

$$P_a = \sqrt{{V_0}^2 + {V_1}^2 + {V_2}^2 \ldots} \times \sqrt{{I_0}^2 + {I_1}^2 + {I_2}^2 \ldots}\quad [\mathrm{VA}]$$
$$= \sqrt{5^2 + 10^2} \times \sqrt{10^2 + 5^2} = \sqrt{125}\sqrt{125} = 125\ [\mathrm{VA}]$$

- 유효전력

$$P = V_o I_o + V_1 I_1 \cos\theta_1 + V_2 I_2 \cos\theta_2 + \ldots [\mathrm{W}]$$
$$= 5 \times 10\cos[0 - 30] + 10 \times 5\cos[0 - 45]$$
$$= [5 \times 10\cos(-30)] + [10 \times 5\cos(-45)]$$

여기서, 우함수인 cos각도는 1, 4분면에서 서로 같기 때문에 30°, 45°로 변경해도 무관하다.

$$= [5 \times 10\cos 30^\circ] + [10 \times 5\cos 45^\circ] = 25\sqrt{3} + 25\sqrt{2}\ [\mathrm{W}]$$

- 역률

$$\cos\theta = \frac{P}{P_a} = \frac{25\sqrt{3} + 25\sqrt{2}}{125} = \frac{\sqrt{3} + \sqrt{2}}{5} = 0.63$$

정답 01 ③ 02 ② 03 ④

CHAPTER

11 전력계통의 회로망 해석(2단자 회로망 해석)

1장에서 10장까지는 전기회로를 해석하기 위한 기본내용[전기소자(R, L, C) 1개~3개가량으로 회로를 구성하여 해석하는 내용]이자 매우 미시적인 전기현상에 대해서 다뤘습니다.

11장~13장에서 다룰 내용은 실제의 복잡하며 거시적인 전기시스템을 해석하기 위한 이론입니다. 때문에 11장 이전의 전기회로 해석방법과 다릅니다. 이러한 전체적인 맥락을 염두에 두고 내용을 다루면 이해하는 데 도움이 될 것입니다.

11장부터 16장 전체에서 중요한 개념은 시스템(System)입니다. 전기회로는 도선을 폐회로로 만들고 전원(전압 · 전류)과 부하가 존재하는 일종의 시스템입니다. 이것이 미시적으로는 전기회로이지만, 거시적으로는 입력과 출력의 시스템입니다. 전력계통은 송 · 배전선로입니다. 여기서 배전선로는 도시(city)를 포함합니다. 도시는 수만, 수억 개의 전기소자와 다양한 부하가 얽히고설킨 거대한 시스템입니다. 이런 거대한 시스템을 더 이상 전기회로라고 부르지 않고, 입 · 출력을 가진 시스템(System)으로 해석합니다. 그래서 전기영역에서 시스템(System)이란 전기회로, 전력계통, 수동 · 자동제어 시스템장치 모두에 적용할 수 있는 개념입니다.

비유적으로 말하면, 도시(서울시, 천안시와 같은 도시)에는 셀 수 없이 많은 R, L, C의 가전기기, 전기설비들이 있습니다. 동시에 도시는 수많은 전원과 부하가 얽히고설킨 거대한 회로라고 할 수 있습니다. 이러한 복잡하고 거대한 전기회로 해석은 단일한 부하 또는 단순한 전기회로를 해석할 때 사용하는 전기 기본법칙들을 적용하여 회로를 해석 · 계산하기 어렵습니다. 이를 좀 더 간단하고 쉽게 해석하기 위해 사용하는 방법이 본 11장의 2단자 회로망 해석(단거리 선로)입니다.

01 단자(Terminal)의 개념

전기회로를 **입력단자 – 제어부 – 출력단자**의 시스템(System)으로 설명할 수 있습니다. 여기서 '단자'란 시스템에서 최종적으로 외부에 인출된 선을 말하며 여기서 그 인출선은 두 개입니다.

① **2단자** : 시스템의 외부 인출선이 2개인 회로망

② **3단자** : 시스템의 외부 인출선이 3개인 회로망
③ **4단자** : 시스템의 외부 인출선이 4개인 회로망

대표적으로, 가정집 벽의 콘센트가 인출선이 두 개인 2단자입니다. 여기서 콘덴서에 가전기기를 연결하면 그 가전기기는 2단자의 제어부가 됩니다. 달리 말하면 부하(제어부)는 회로망의 특성을 결정합니다. 이와 동일하게 도시는 제어부(또는 네트워크)가 되고, 송 · 배전 선로의 2회선 또는 4회선은 2단자 또는 4단자 단자망이 됩니다.

02 2단자 회로망(1단자 쌍회로)

그림처럼 2단자 회로를 구성하는 단자 $A-B$ 한 쌍의 내부는 단일 소자(R, L, C) 혹은 여러 개의 소자들이 상호 네트워크(Network)를 구성합니다. 이런 네트워크가 회로망입니다. 실제 시스템(회로망)에 연결되는 입 · 출력 단자는 무수히 많습니다. 이를 단순화하여 어떤 시스템(회로망)에 대해서 제어가 이뤄지는 회로망과 그 회로망으로부터 두 개의 입 · 출력 단자가 있다고 가정한 것을 '2단자망' 또는 '1단자쌍 회로망'이라고 부릅니다.

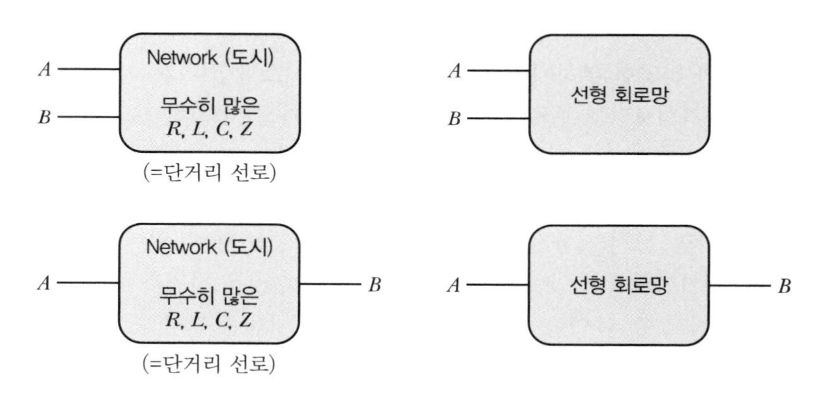

〖 시스템을 두 개의 인출선으로 나타낸 2단자 회로망 〗

마찬가지로, 아래 그림처럼 회로망이 있고, 회로망으로부터 4개의 인출선(입 · 출력 단자)이 있는 시스템을 '4단자망' 또는 '2단자쌍 회로망'이라고 부릅니다. 이때 단자 $A-B$는 '입력 단자쌍', 단자 $C-D$는 '출력 단자쌍'이 됩니다.

〖 4개의 인출선이 있는 4단자 회로망 〗

KCL과 KVL이 작동되는 2단자망 혹은 4단자망은 선형 회로망을 중심으로 다음과 같은 '가역정리'가 성립됩니다. 모든 계통 혹은 시스템은 기본적으로 2개의 단자쌍이 있습니다. 한쪽 단자쌍에 입력이 들어가면 회로망을 통하여 다른 쪽 단자쌍으로 출력이 나가므로, 회로망의 입력측과 출력측은 선형성의 함수관계가 성립합니다.

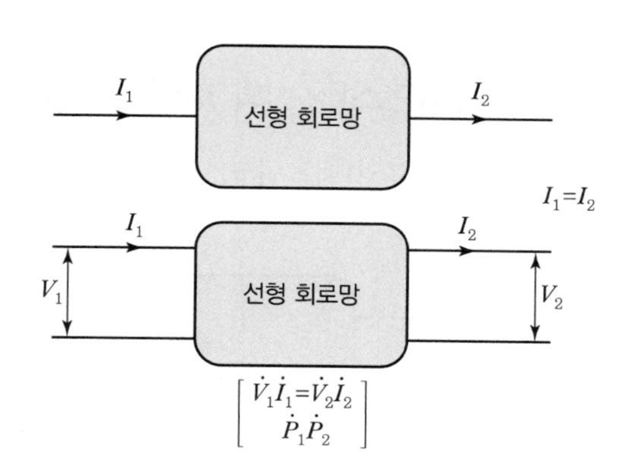

〖 선형적 함수관계의 회로망 〗

2단자 회로망은 실제로는 복잡한 교류 시스템(회로망, 네트워크, 전기회로)이므로 기본 전기법칙을 통해 해석하지 않고, 시스템을 단순하게 변환하여 해석합니다. 복잡한 것을 단순한 것으로 변환하는 데 사용하는 해석법이 라플라스 변환 [$f_{(t)} \to F_{(s)}$]입니다. 라플라스 변환은 변화무쌍한 시변계 [$f_{(t)}$]의 현상을 변하지 않는 시불변계 [$F_{(s)}$] 현상으로 변환하는 전기해석 방법입니다.

03 영점(Zero Plot)과 극점(Pole Plot)의 의미

2단자 회로망은 입 · 출력이 2개인 선형회로입니다. 여기서 입 · 출력 두 선과 제어부는 회로망 함수(Network Function)관계이므로, 다음과 같이 라플라스(Laplace) 변환에 의한 입력(In－put)과 출력(Out－put)의 비율(Ratio)로 나타낼 수 있습니다.

- 회로망 전달함수 $F_{(s)} = \dfrac{\text{출력 값}}{\text{입력 값}} = \dfrac{V_{out}(s)}{V_{in}(s)}$
- 회로망 출력 $V_{out}(s) = G_{(s)} \times V_{in}(s)$

여기서 영점(Zero Plot)과 극점(Pole Plot) 개념이 등장합니다. 영점과 극점은 라플라스 변환된 어떤 전달함수[$F_{(s)}$] 값으로, 회로망의 속성을 시각적으로 나타내기 위해 × 기호와 ○ 기호를 가지고 복소평면(직각좌표) 위에 찍는 일종의 점(Plot)입니다.

영점(Z) : ○ 기호, 극점(P) : × 기호

[2단자 회로망에서 영점과 극점의 의미]

- 영점(Z) : 회로망의 '단락'상태를 의미하고,
- 극점(P) : 회로망의 '개방'상태를 의미합니다.

04 2단자 회로망에서 임피던스[$Z_{(s)}$]와 리액턴스(X)의 특징

2단자 회로망을 해석하기 위해 회로망(네트워크, 제어부)을 회로망 함수 $Z_{(s)}$로 표현합니다.

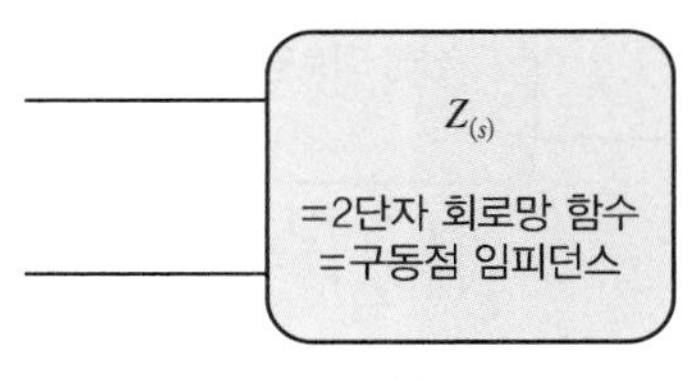

〖 2단자 회로망 함수 $Z_{(s)}$ 〗

1. 2단자 회로망의 임피던스

구동점 임피던스 $Z_{(s)} = \dfrac{H(s+Z_1)(s+Z_2)\cdots}{s(s+P_1)(s+P_2)\cdots}$

$$\left\{ Z_{(s)} = \frac{H\left(s^2+{\omega_{2n-1}}^2\right)}{s\left(s^2+{\omega_{2n-2}}^2\right)} = \frac{H(s+Z_1)(s+Z_2)\cdots}{s(s+P_1)(s+P_2)\cdots} \rightarrow \frac{s+\text{영 점}(Z_1)}{s+\text{극 점}(P_1)} \right\}$$

여기서, s : 복소함수, ω : 각속도, H : 실수

$\omega_{2n-1} = \omega_1, \omega_3, \omega_5, \dots$: 직렬 공진 각주파수(영점 Z_1으로 표현)

$\omega_{2n-2} = \omega_2, \omega_4, \omega_6, \dots$: 병렬 공진 각주파수(극점 P_1으로 표현)

2. 2단자 회로망의 구동점 임피던스[$Z_{(s)}$] 조건

① $Z_{(s)}$의 극점(Pole)과 영점(Zero)은 2단자 회로망의 단일 입력과 단일 출력이다.

② $Z_{(s)}$의 극점과 영점은 모두 허수이며, 허수축상에 존재한다.

③ 구동점 임피던스 수식이 $Z_{(s)} = \infty$을 만족하는 s의 근이 극점이다. $Z_{(s)}$ 수식에서 극점(P)이 위치한 분모가 0이 되면, $Z_{(s)} = \infty$을 만족하고, 이는 곧 2단자 회로망이 '개방'됐음을 의미한다.

④ 구동점 임피던스 수식이 $Z_{(s)} = 0$을 만족하는 s의 근이 영점이다. $Z_{(s)}$ 수식에서 영점(Z)이 위치한 분자가 0이 되면, $Z_{(s)} = 0$을 만족하고, 이는 곧 2단자 회로망이 '단락'됐음을 의미한다.

핵심기출문제

임피던스 함수 $Z(s) = \dfrac{s+50}{s^2+3s+2}[\Omega]$으로 주어지는 2단자 회로망에 직류 100[V]의 전압을 가했다면 회로의 전류는 몇 [A]인가?

① 4 ② 6
③ 8 ④ 10

해설

직류전원이므로 주파수 $\omega = 2\pi f = 0$이다.
여기서, $s = j\omega = 0$
그러므로, 임피던스
$Z(s) = \dfrac{50}{2} = 25[\Omega]$
∴ 회로에 흐르는 전류
$I = \dfrac{V}{Z} = \dfrac{100}{25} = 4[\text{A}]$

정답 ①

핵심기출문제

2단자 임피던스 함수 $Z(s)$가 $Z(s) = \dfrac{s+3}{(s+4)(s+5)}$일 때 영점은?

① 4, 5 ② −4, −5
③ 3 ④ −3

해설

2단자망의 임피던스 함수 $Z(s)$의 영점 (Z)은, 함수 $Z(s)$를 0으로 하기 위한 S의 해, 즉 분자를 0으로 하기 위한 S의 값이다.
분자 : $s+3=0$
∴ $S=-3$

정답 ④

05 R, L, C에 의한 2단자 회로망 해석

2단자 회로망은 실제로 교류전력이 흐르는 시스템입니다. 2단자 회로망 내에 저항(R)과 리액턴스(X)가 있을 때, 리액턴스 X_L과 X_C는 교류 주파수의 영향을 받습니다.

R $j\omega L$ $j\frac{1}{\omega C}$

$$X_L = \omega L,\ X_C = \frac{1}{\omega C}$$

리액턴스 X_L과 X_C가 받는 영향은 사실 주파수일수도 있고 또는 어떤 신호일수도 있습니다. 주파수든 신호든 시간에 대해서 변화하는 값이므로 시변계 [$f_{(t)}$] 값으로 간주합니다. 단자망 해석에서 변화하는 값, 시변계 값은 무조건 상수와 같이 변하지 않는 값으로 변환하여 시스템을 해석합니다.
라플라스 변환 [$f_{(t)} \to F_{(s)}$]에 의해 주파수 혹은 신호로부터 영향을 받는 리액턴스 $X_L = \omega L$와 $X_C = \frac{1}{\omega C}$는 시불변계값으로 변환이 되어, 일정한 값, 고정된 값이 됩니다. 변화가 없는 값, 고정된 값은 사칙연산(×, ÷, +, −)이 가능하므로 계산이 간단해집니다. 2단자 회로망의 R, X_L, X_C에 대한 라플라스 변환(실 · 미적분 정리) 결과는 다음과 같습니다.

[시변계 값] → [라플라스 변환 후 시불변계 값]

- $R \to R$
- $j\omega L \to sL$
- $\frac{1}{j\omega C} \to \frac{1}{sC}$

핵심기출문제

다음과 같은 라플라스 변환된 $R-L-C$가 병렬 회로망이 주어졌을 때, a−b 사이의 합성 임피던스를 구하시오.

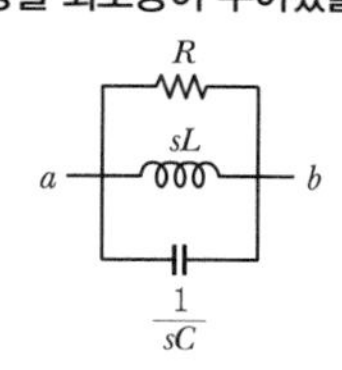

해설

그림처럼 $R-L-C$가 병렬 접속된 경우, a−b 사이의 합성 임피던스를 구하면, 일반적인 병렬 합성저항과 같다.

∴ 합성 임피던스 $Z_{(s)} = \dfrac{1}{\frac{1}{R} + \frac{1}{sL} + \frac{1}{sC}}$

PART 03

핵심기출문제

라플라스 변환된 $R-L-C$가 직렬 접속된 경우, 2단자 회로망 a－b 사이의 합성 임피던스를 구하시오.

a — R — $j\omega L$ — $j\frac{1}{\omega C}$ — b

해설

그림처럼 $R-L-C$가 직렬 접속된 경우, 2단자 회로망 $a-b$ 사이의 합성 임피던스는 일반적인 직렬 합성저항 계산과 같다.

∴ 합성 임피던스 $Z_{(s)}=R+sL+\dfrac{1}{sC}$

핵심기출문제

$Z_{(s)}=\dfrac{5s+3}{s}$로 나타낼 수 있는 리액턴스 2단자 회로는 어떤 회로망인가?

해설

$\dfrac{5s+3}{s}$ 꼴은 $\dfrac{5s}{s}+\dfrac{3}{s}=5+\dfrac{3}{s}$ 꼴로 바꿔 볼 수 있고, 이때 수식은 2단자의 $R-L-C$ 직렬회로 → $R+sL+\dfrac{1}{sC}$ 꼴과 유사하다.

$\left[Z_{(s)}=5+\dfrac{3}{s}\right]$와 $\left[Z_{(s)}=R+\dfrac{1}{sC}\right]$는 서로 같아야 한다.

그러므로 $\left[5+\dfrac{3}{s}=R+\dfrac{1}{sC}\right]$이다. 그래서 $R=5$, $\dfrac{1}{sC}=\dfrac{3}{s}$임을 알 수 있다.

여기서, $\dfrac{1}{sC}=\dfrac{3}{s}\xrightarrow{\text{이항}}\dfrac{s}{3s}=C$이므로 $C=\dfrac{1}{3}$이다.

∴ $R=5$, $C=\dfrac{1}{3}$이므로 다음과 같은 직렬회로가 된다.

5 $\quad \frac{1}{3}$

핵심기출문제

$Z_{(s)}=\dfrac{3s}{s^2+15}$로 나타낼 수 있는 리액턴스 2단자 회로는 어떤 회로망인가?

해설

전달함수를 정리하면

$Z_{(s)}=\dfrac{3s}{s^2+15}\times\dfrac{\frac{1}{3s}}{\frac{1}{3s}}=\dfrac{1}{\frac{s}{3}+\frac{5}{s}}$이 된다.

$Z_{(s)}=\dfrac{1}{\frac{s}{3}+\frac{5}{s}}$ 꼴은 2단자

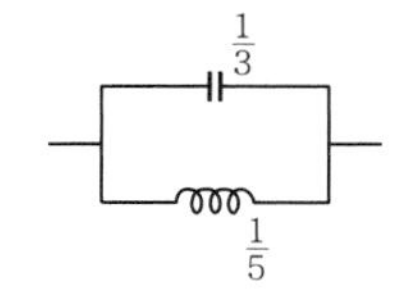

$R-L-C$ 병렬회로 $Z_{(s)}=\dfrac{1}{\frac{1}{R}+\frac{1}{sL}+\frac{1}{sC}}$ 꼴과 유사하다.

$sC=\dfrac{s}{3}$는 $C=\dfrac{1}{3}$[F]이고, $\dfrac{1}{sL}=\dfrac{5}{s}$는 $L=\dfrac{s}{5s}=\dfrac{1}{5}$[H]이 된다. 이에 대한 회로망은 다음과 같다.

06 2단자 회로망의 정저항 회로

1. 정저항 회로의 정의

2단자 회로망에서 $R-L-C$가 직렬 또는 병렬로 접속됐을 때, 주파수 변화에 따라 임피던스의 허수부(X_L, X_C)가 변하므로 임피던스(Z)값도 변합니다. 하지만 어떤 특정 조건에서는 임피던스의 허수부(X_L, X_C)가 0이 되어, 전체 임피던스(Z)값은 주파수(f)에 관계없이 실수부(R)에만 비례하는 일정한 값을 유지합니다.
이렇게 직·병렬접속상태와 무관하게 실수부와 허수부가 존재하는 회로에서 주파수에 관계없이 항상 일정한 임피던스값을 유지하는 회로를 '정저항 회로'라고 합니다.

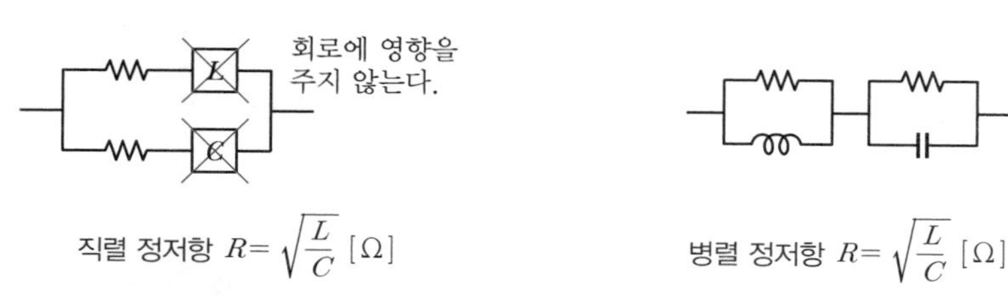

직렬 정저항 $R=\sqrt{\frac{L}{C}}\,[\Omega]$ 병렬 정저항 $R=\sqrt{\frac{L}{C}}\,[\Omega]$

〖 정저항 회로 〗

2. 정저항 회로가 되는 조건

두 개의 임피던스 $Z_1=j\omega L$, $Z_2=\frac{1}{j\omega C}$가 있을 때, Z_1와 Z_2의 곱($Z_1\times Z_2$)은 주파수에 무관한 회로 '정저항 회로'가 됩니다.

$$Z_1 Z_2=j\omega L\frac{1}{j\omega C}=\frac{L}{C}\text{과 } Z=R \text{ 조건을 적용하면 } Z_1 Z_2=R_1 R_2=R^2$$

$$\text{그러므로 } R^2=Z_1 Z_2=\frac{L}{C}\xrightarrow{\text{정리}}R^2=\frac{L}{C}\xrightarrow{\text{재전개}}R=\sqrt{\frac{L}{C}}\,[\Omega]$$

- 정저항 $R=\sqrt{\frac{L}{C}}\,[\Omega]$

(2단자 회로망에서 $\sqrt{\frac{L}{C}}$ 값이 그 회로의 R값과 같으면 '정저항'이다.)

참고 ✓ 정저항 회로의 결과

정저항 회로의 결과는 $R-L-C$ 직렬 공진회로와 유사하다.

선택도 $Q=\frac{1}{R}\sqrt{\frac{L}{C}}\,[\text{Hz}]\rightarrow R=\frac{1}{Q}\sqrt{\frac{L}{C}}\,[\Omega]$

여기서 수식을 f와 무관한 수식으로 만들면 $R=\sqrt{\frac{L}{C}}\,[\Omega]$가 된다. 정저항 수식과 직렬 공진회로의 선택도 수식은 유사하므로 쉽게 기억할 수 있다.

핵심기출문제

그림과 같은 (a), (b)의 회로가 서로 역회로의 관계가 있으려면 L의 값[mH]은?

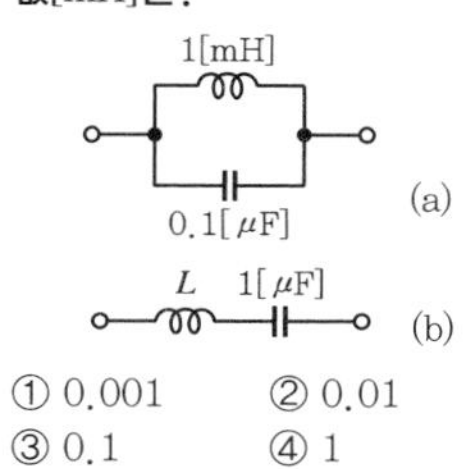

① 0.001 ② 0.01
③ 0.1 ④ 1

해설

역회로 저항 $K^2=\frac{L_1}{C_1}=\frac{L_2}{C_2}$에서

$K^2=\frac{L_1}{C_1}=\frac{1\times10^{-3}}{1\times10^{-6}}=10^3$으로 $K^2=10^3$이므로,

$\therefore K^2=\frac{L_2}{C_2}$

$\rightarrow L_2=K^2C_2$
$=10^3\times0.1\times10^{-6}$
$=0.1[\text{mH}]$

정답 ③

핵심기출문제

그림에서 회로가 주파수에 관계없이 일정한 임피던스를 갖도록 C의 값[μF]을 결정하면?

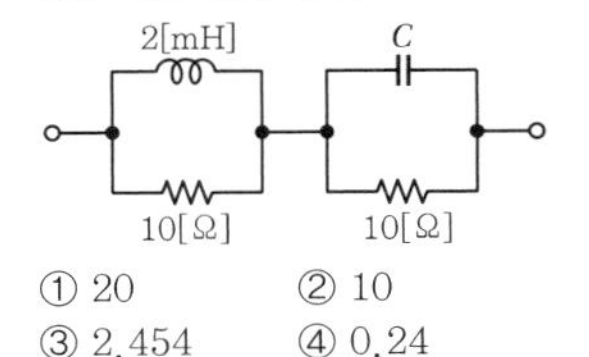

① 20 ② 10
③ 2.454 ④ 0.24

해설

$R = \sqrt{\frac{L}{C}}$ 에서

$C = \frac{L}{R^2} = \frac{2 \times 10^{-3}}{10^2} = 20[\mu F]$

정답 ①

07 2단자 회로망의 역회로

구동점 임피던스 두 개 Z_1, Z_2가 2단자 회로망에서, Z_1와 Z_2의 곱($Z_1 \times Z_2$)은 주파수에 무관하고 임피던스 값이 일정한 '정저항 회로'가 됩니다. 동시에 Z_1와 Z_2의 '역회로' 관계는 서로 같습니다.
'역회로'는 쌍대회로관계가 성립하고, Z_1 회로와 Z_2회로 각각 두 개 회로망은 역회로 저항정수(K)에 대하여 쌍대관계가 성립합니다.

- 역회로 저항정수 $K^2 = Z_1 Z_2$

정저항 조건 $Z_1 Z_2 = j\omega L \frac{1}{j\omega C} = \frac{L}{C}$을 이용하여 '역회로'의 쌍대관계($K^2 = Z_1 Z_2$)를 다음과 같이 나타낼 수 있습니다. [경우 1]과 [경우 2]는 2단자망의 L과 C 순번이 다를 뿐 결국 같은 결과입니다.

[경우 1]

Z_1: L_1, C_2 = Z_2: L_2, C_1

$$\left(K^2 = Z_1 \times Z_2 = j\omega L_1 \frac{1}{j\omega C_1} = j\omega L_2 \frac{1}{j\omega C_2} = \frac{L_1}{C_1} = \frac{L_2}{C_2} \right)$$

2단자망의 역회로 저항정수 : $K^2 = \frac{L_1}{C_1} = \frac{L_2}{C_2}$ 또는 $L_1 C_2 = L_2 C_1$

[경우 2]

Z_1: L_1, C_1 = Z_2: L_2, C_2

$$\left(K^2 = Z_1 \times Z_2 = j\omega L_1 \frac{1}{j\omega C_2} = j\omega L_2 \frac{1}{j\omega C_1} = \frac{L_1}{C_2} = \frac{L_2}{C_1} \right)$$

2단자망의 역회로 저항정수 : $K^2 = \frac{L_1}{C_2} = \frac{L_2}{C_1}$ 또는 $L_1 C_1 = L_2 C_2$

요약정리

1. 2단자 회로망

2단자 회로망의 구동점 임피던스 $Z_{(s)} = \dfrac{H(s+Z_1)(s+Z_2)\cdots}{s(s+P_1)(s+P_2)\cdots}$

2. 2단자 회로망의 구동점 임피던스 특성

① $Z_{(s)}$의 극점(Pole)과 영점(Zero)는 2단자 회로망의 단일 입력과 단일 출력이다.

② $Z_{(s)}=\infty$ 되는 s의 근이 극점이다. 그래서 극점이 위치한 $Z_{(s)}$의 분모가 0이 되면, 2단자 회로망이 '개방' 상태임을 의미한다.

③ $Z_{(s)}=0$ 되는 s의 근이 영점이다. 그래서 영점이 위치한 $Z_{(s)}$의 분자가 0이 되면, 2단자 회로망이 '단락'상태임을 의미한다.

3. 정저항 회로의 정저항

$$R=\sqrt{\frac{L}{C}}\,[\Omega]$$

4. 두 개 2단자망의 역회로 저항

[경우 1]

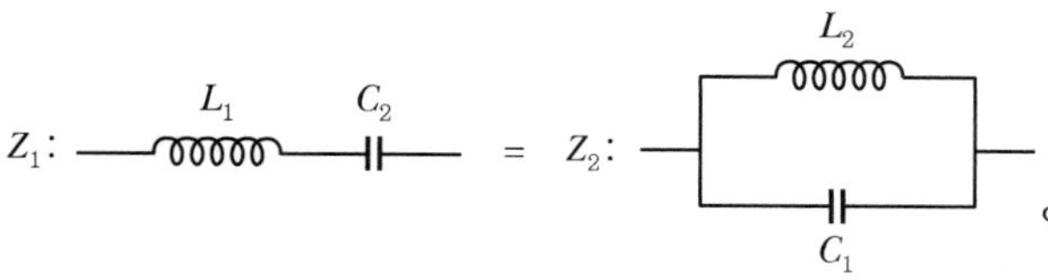

Z_1 : L_1, C_2 직렬 = Z_2 : L_2, C_1 병렬 일 경우

역회로 저항 : $K^2=\dfrac{L_1}{C_1}=\dfrac{L_2}{C_2}$ 또는 $L_1C_2=L_2C_1$

[경우 2]

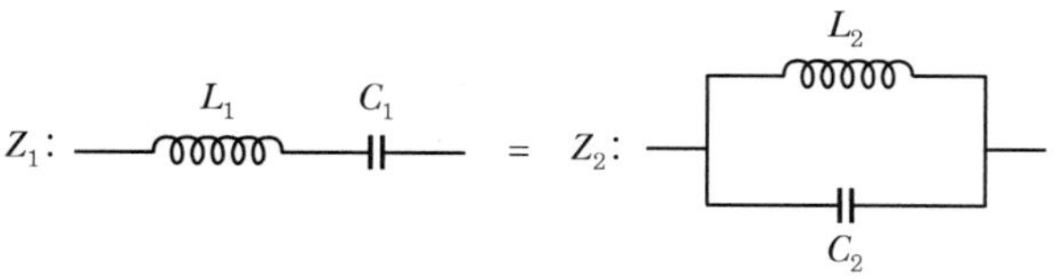

Z_1 : L_1, C_1 직렬 = Z_2 : L_2, C_2 병렬 일 경우

역회로 저항 : $K^2=\dfrac{L_1}{C_2}=\dfrac{L_2}{C_1}$ 또는 $L_1C_1=L_2C_2$

핵 / 심 / 기 / 출 / 문 / 제

01 2단자 임피던스 함수 $Z(s)$가 $Z(s) = \dfrac{(s+1)(s+2)}{(s+3)(s+4)}$ 일 때 영점과 극점을 옳게 표시한 것은?

① 영점 : $-1,\ -2$
　극점 : $-3,\ -4$
② 영점 : 1, 2
　극점 : 3, 4
③ 영점 : 없다.
　극점 : $-1,\ -2,\ -3,\ -4$
④ 영점 : $-1,\ -2,\ -3,\ -4$
　극점 : 없다.

해설

영점 $Z(s)=0$
$(s+1)(s+2)=0$
$\therefore s=-1,\ s=-2$
극점 $Z(s)=\infty$
$(s+3)(s+4)=0$
$\therefore s=-3,\ s=-4$

02 2단자 임피던스의 허수부가 어떤 주파수에 관해서도 언제나 0이 되고 실수부도 주파수에 무관하게 항상 일정하게 되는 회로는?

① 정인덕턴스 회로
② 정임피던스 회로
③ 정리액턴스 회로
④ 정저항 회로

해설

주파수와 무관하게 항상 일정한 회로를 정저항 회로라 하며 조건은 $R^2 = \dfrac{L}{C}$이다.

정답 01 ① 02 ④

CHAPTER 12

중거리 송전선로 해석(집중정수 회로)

01 개요

이 장에서는 중거리(100[km] 이상 길이의 선로) 송전선로를 회로망 해석방법으로 해석합니다. 11장 이전의 미시적이고 짧은 [m] 단위의 전기회로와 다르게 선로 길이가 길어지고 규모가 거시적인 전기회로(또는 시스템)가 됨에 따라 전기 기본법칙만으로 전기현상을 해석하기 어렵습니다. 그래서 중거리 송전선로를 입 · 출력 4개 단자를 가진 하나의 시스템으로 놓고, 행렬식을 이용하여 해석합니다.

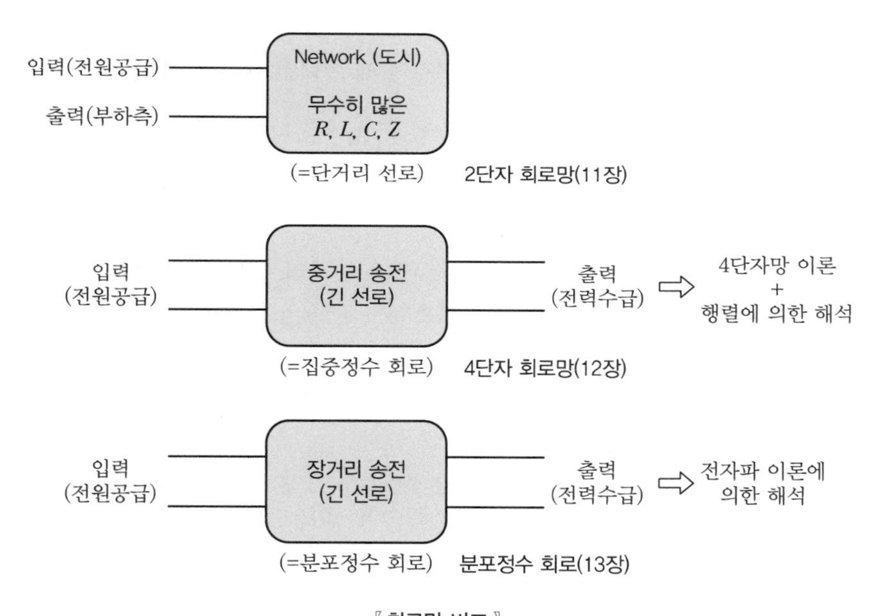

〖 회로망 비교 〗

중거리 송전선로는 위 그림처럼 긴 선로를 하나의 회로망(시스템)으로 놓고, 회로망 몸통에 입력 2단자, 출력 2단자 총 '4단자 회로망'으로 간단하게 변환하여 나타냅니다. 여기서 입력이란 선로의 전원측 그리고 출력이란 선로의 수전측을 의미합니다.

해석에 있어서 '4단자 회로망'은 전기에서 나타나는 변수들(R, L, C, G)을 변수별로 각각 해석할 수 있으며, 각 변수(파라미터)는 비율식($\frac{출력}{입력}$)과 행렬식을 이용하여 수식으로 나타내고 계산할 수 있습니다. 여기서 각 변수(R, L, C, G)는 시스템 개념에서 전달함수로 부릅니다.

〖4단자 회로망〗

긴 선로를 위 그림과 같은 4단자 회로망으로 놓고 해석하는데, 여기서 비율식을 사용하는 이유는 선로의 전원단자(입력)에서 보낸 값은 전달함수를 거쳐 부하단자(출력 : 수전측)에 도착하므로 함수관계가 성립합니다. 동시에 어떤 함수(R, L, C, G)가 있고 선형적으로 연결된 입력과 출력이 있으면, 입력과 출력의 관계를 하나의 수치로 알기 위해 $\left[\text{전달함수} = \dfrac{\text{출력}}{\text{입력}}\right]$이와 같이 표현할 수 있습니다. 그래서 4단자 회로망은 입 · 출력에 대한 비율식을 사용합니다.

만약 선로의 입 · 출력 중간에 손실이 없다면, 입 · 출력비는 1이 됩니다($\rightarrow \dfrac{\text{출력}}{\text{입력}} = 1$).

하지만 실제 송전계통에는 손실이 존재하므로 실제 입력값 대비 실제 출력값을 비율로 나타내면 1이 아닌 어떤 수치를 나타내고($\rightarrow \dfrac{\text{출력}}{\text{입력}} = ?$), 각 변수들에 대한 비율값을 모아 행렬식으로 계산하면 구체적인 중거리 송전선로의 R, L, C, G 값을 알 수 있으므로 해석이 가능하게 됩니다.

입력 2단자 출력 2단자로 구성된 '4단자 회로망'은 전기적으로 직렬회로와 병렬회로가 혼합된 회로망입니다. 여기서 선로의 직렬축($R + jX$)은 Z 파라미터(Parameter), 병렬축($G + jB$)은 Y 파라미터(Parameter)가 됩니다.

4단자 회로망의 파라미터 종류

- 임피던스(Z) 파라미터 : 선로의 직렬 성분인 임피던스(Z)만을 해석
- 어드미턴스(Y) 파라미터 : 선로의 병렬 성분인 어드미턴스(Y)만을 해석
- 컨덕턴스(G) 파라미터 : 선로의 병렬 성분 중 하나인 컨덕턴스(G)만을 해석
- 혼성(H) 파라미터 : Thyristor, Transistor와 같은 전력전자회로를 해석할 때 유용
- 전송($ABCD$) 파라미터 : 선로의 직 · 병렬로 파라미터 모두를 A, B, C, D 정수로 나타내어 해석

✠ 파라미터(Parameter)
전기회로의 변수로 어드미턴스(Y), 임피던스(Z), 혼성 파라미터(H), 전송 파라미터($ABCD$) 등이 있다.

4단자 회로망의 **파라미터**는 거대하고 복잡한 시스템(전력계통, 변압기, 트랜지스터나 연산증폭기 등의 전력전자소자가 들어간 전자회로, 복잡하게 얽히고설킨 전기회로)의 각 파라미터의 크기와 시스템 안에서 일어나는 파라미터들의 동작을 완전히 해석할 수 있습니다.

02 Z파라미터(임피던스 파라미터)

중거리 선로를 4단자 회로망으로 놓고 해석할 때, 전선로의 전선부분은 직렬회로입니다. 직렬회로의 전류 · 전압비($\frac{V}{I}$)는 임피던스(Z)를 의미합니다. → $Z=\frac{V}{I}$

이를 중거리 선로에 적용하면, 4단자 회로망의 임피던스(Z)값은 입력전압(V_1)와 출력전압(V_2)의 관계로 표현할 수 있고, 여기에 중첩의 원리를 이용하여 다음과 같은 'Z파라미터' 관계식을 도출할 수 있습니다.

1. Z파라미터 관계식

$$V_1 = z_{11}I_1 + z_{12}I_2$$

$$V_2 = z_{21}I_1 + z_{22}I_2$$

① z_{11}, z_{12}, z_{21}, z_{22}은 Z파라미터 관계식의 비례상수들이다.

② z [Ω]

2. Z파라미터 관계식에 대한 행렬식

$$\begin{bmatrix} V_1 \\ V_2 \end{bmatrix} = \begin{bmatrix} z_{11} & z_{12} \\ z_{21} & z_{22} \end{bmatrix} \begin{bmatrix} I_1 \\ I_2 \end{bmatrix}$$

Z 파라미터 행렬식에서 입력측(V_1)과 출력측(V_2) 각각에 전류(I_1, I_2)를 단락시켰을 때, 도출되는 값을 통해 Z파라미터의 비례상수(z_{11}, z_{12}, z_{21}, z_{22})를 구할 수 있습니다.

3. Z파라미터 행렬식

4단자 회로망에서 $\begin{bmatrix} z_{11} & z_{12} \\ z_{21} & z_{22} \end{bmatrix}$ 부분은 회로망의 특성을 결정하는 함수이고, $\begin{bmatrix} V_1 \\ V_2 \end{bmatrix}$ 부분은 입력 2단자, $\begin{bmatrix} I_1 \\ I_2 \end{bmatrix}$ 부분은 출력 2단자입니다.

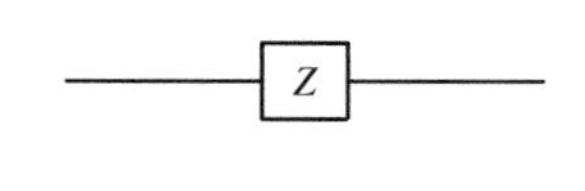

Z파라미터에서 구하려는 변수값은 z_{11}, z_{12}, z_{21}, z_{22}이므로, 입 · 출력 단자와 상관없이 2×2 매트릭스 행렬만 계산하면 직렬 임피던스(Z)값을 알 수 있습니다. Z 파라미터 행렬 결과는 다음과 같습니다.

PART 03

$$Z\text{파라미터} : \begin{bmatrix} z_{11} & z_{12} \\ z_{21} & z_{22} \end{bmatrix} = \begin{bmatrix} 1 & z \\ 0 & 1 \end{bmatrix}$$

4. Z파라미터 계산 요령

회로망의 형태는 다양하나 결국 직렬 · 병렬 · 직병렬입니다. 4단자 회로망 형태에 따라 Z파라미터 입 · 출력관계가 어떻게 되는지 관계식을 세우지 않고, 회로망 위에 선분을 그어 Z파라미터값($z_{11}, z_{12}, z_{21}, z_{22}$)을 도출할 수 있습니다.

(1) ㄱ 자형 회로망의 Z파라미터 계산

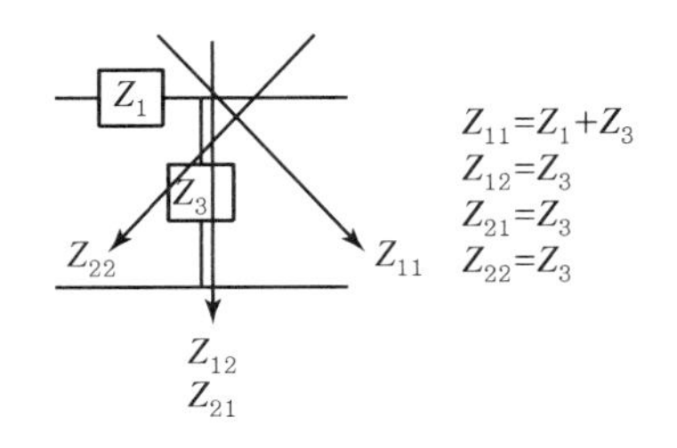

〖 ㄱ 자형 4단자 회로망 〗

$$Z\text{파라미터 값} : \begin{bmatrix} z_{11} & z_{12} \\ z_{21} & z_{22} \end{bmatrix} = \begin{bmatrix} Z_1 + Z_3 & Z_3 \\ Z_3 & Z_3 \end{bmatrix}$$

(2) T형 회로망의 Z파라미터 계산

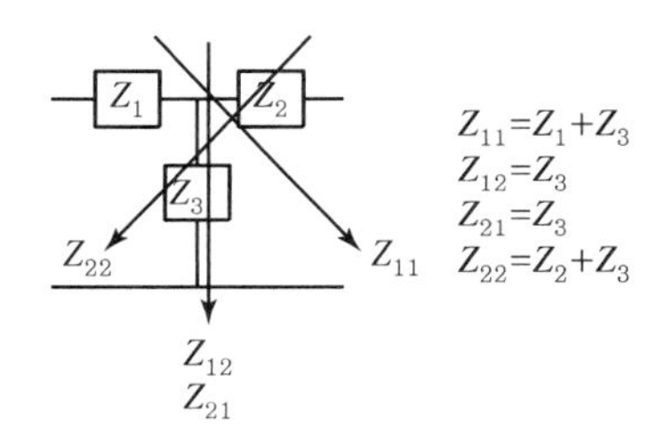

〖 T 자형 4단자 회로망 〗

$$Z\text{파라미터 값} : \begin{bmatrix} z_{11} & z_{12} \\ z_{21} & z_{22} \end{bmatrix} = \begin{bmatrix} Z_1 + Z_3 & Z_3 \\ Z_3 & Z_2 + Z_3 \end{bmatrix}$$

(3) π 형 회로망의 Z파라미터 계산

임피던스 4단자 회로망에서 π형 회로망은 선분을 그어 파라미터값을 얻을 수 없습니다. 그러므로 π형 회로망을 T형 회로망으로 변환($\pi \rightarrow$T) 후, T형 회로망에서 Z파라미터값을 구하는 방법으로 $z_{11}, z_{12}, z_{21}, z_{22}$을 구할 수 있습니다.

핵심기출문제

그림의 회로에서 임피던스 파라미터는?

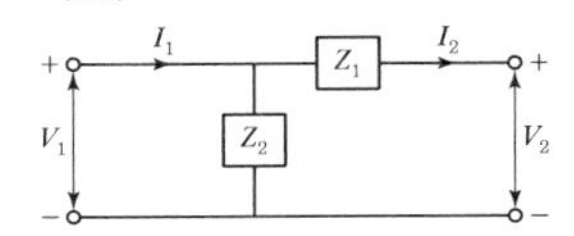

① $Z_{11} = Z_1 + Z_2$, $Z_{12} = Z_1$, $Z_{21} = Z_1$, $Z_{22} = Z_1$
② $Z_{11} = Z_1$, $Z_{12} = Z_2$, $Z_{21} = -Z_2$, $Z_{22} = Z_2$
③ $Z_{11} = Z_2$, $Z_{12} = Z_2$, $Z_{21} = Z_2$, $Z_{22} = Z_1 + Z_2$
④ $Z_{11} = Z_2$, $Z_{12} = Z_1 + Z_2$, $Z_{21} = Z_1 + Z_2$, $Z_{22} = Z_1$

해설

그림과 같은 역 L형 회로망의 임피던스 파라미터는

$Z_{11} = Z_2$, $Z_{12} = Z_2$, $Z_{21} = Z_2$, $Z_{22} = Z_1 + Z_2$

정답 ③

핵심기출문제

회로에서 단자 1−1′에서 본 구동점 임피던스 Z_{11}의 값[Ω]은?

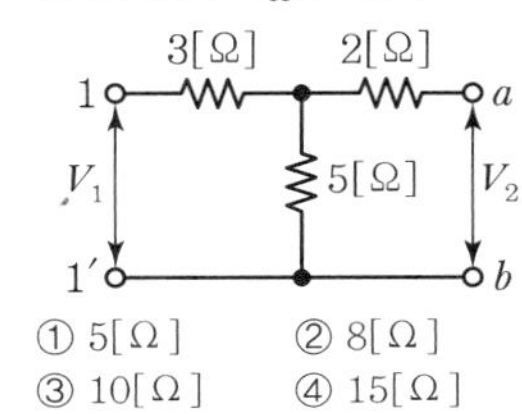

① 5[Ω] ② 8[Ω]
③ 10[Ω] ④ 15[Ω]

해설

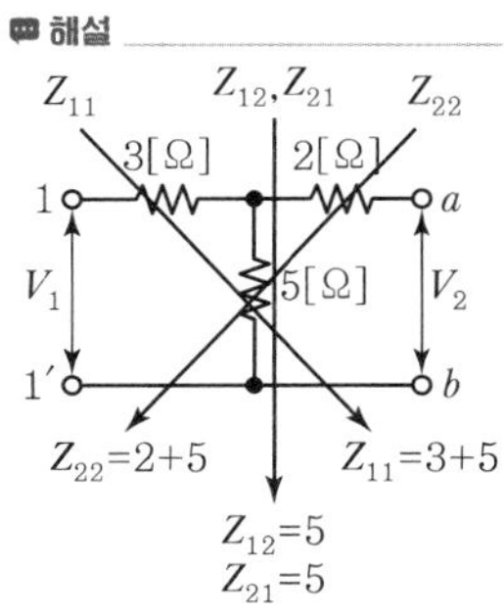

또는 $Z_{11} = \left.\dfrac{V_1}{I_1}\right|_{I_2=0} = \dfrac{(3+5)I_1}{I_1} = 8[\Omega]$

정답 ②

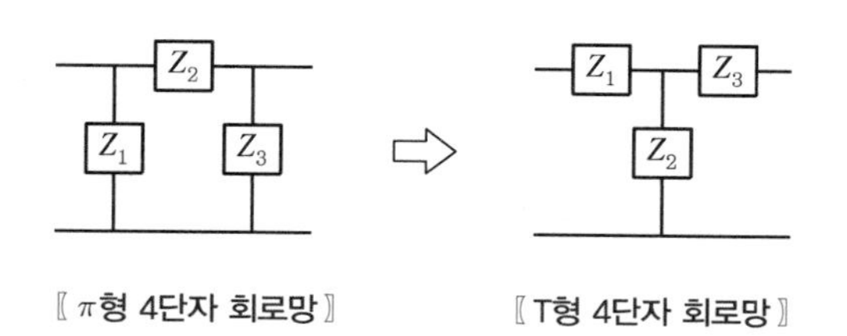

〖 π형 4단자 회로망 〗 〖 T형 4단자 회로망 〗

(4) 임피던스 4단자 회로망의 △→Y 변환(π → T 변환)

π형 회로의 본질은 △결선이고, T형 회로의 본질은 Y결선입니다. 그래서 π → T 변환을 할 경우, 8장에서 이미 학습한 △→Y 임피던스 변환을 이용하여 π → T 변환을 할 수 있습니다.

① $Z_{1Y} = \dfrac{Z_{12} \cdot Z_{13}}{Z_{12} + Z_{23} + Z_{31}}$ [Ω]

② $Z_{2Y} = \dfrac{Z_{12} \cdot Z_{23}}{Z_{12} + Z_{23} + Z_{31}}$ [Ω]

③ $Z_{3Y} = \dfrac{Z_{23} \cdot Z_{31}}{Z_{12} + Z_{23} + Z_{31}}$ [Ω]

03 Y파라미터(어드미턴스 파라미터)

중거리 선로를 4단자 회로망으로 놓고 해석할 때, 전선로의 지지물 구조물은 병렬회로입니다. 선로에서 병렬 특성은 전류가 흘러서는 안 될 절연체로 흐르는 누설전류(I_g)와 누설전류를 흐르게 하는 저항의 역수 컨덕턴스(G)입니다. 병렬회로의 전류 · 전압비($\frac{I}{V}$)는 어드미턴스(Y)를 의미합니다. → $Y = \dfrac{I}{V}$

이를 중거리 선로에 적용하면, 4단자 회로망의 어드미턴스(Y)값은 입력전류(I_1)와 출력전류(I_2)의 관계로 표현할 수 있고, 여기에 중첩의 원리를 이용하여 다음과 같은 'Y 파라미터' 관계식을 도출할 수 있습니다.

1. Y파라미터 관계식

$I_1 = y_{11} V_1 + y_{12} V_2$

$I_2 = y_{21} V_1 + y_{22} V_2$

① $y_{11}, y_{12}, y_{21}, y_{22}$은 (본질은) Y 파라미터 관계식의 비례상수들이다.

② y [℧] : 지멘스(siemens) 혹은 모우(mho)

2. Y파라미터 관계식에 대한 행렬식

$$\begin{bmatrix} I_1 \\ I_2 \end{bmatrix} = \begin{bmatrix} y_{11} & y_{12} \\ y_{21} & y_{22} \end{bmatrix} \begin{bmatrix} V_1 \\ V_2 \end{bmatrix}$$

Y 파라미터 행렬식에서 입력측(I_1)과 출력측(I_2) 각각에 전압(V_1, V_2)을 단락시켰을 때, 도출되는 값을 통해 Y 파라미터의 비례상수($y_{11}, y_{12}, y_{21}, y_{22}$)를 구할 수 있습니다.

3. Y파라미터 행렬식

4단자 회로망에서 $\begin{bmatrix} y_{11} & y_{12} \\ y_{21} & y_{22} \end{bmatrix}$ 부분은 회로망의 특성을 결정하는 함수이고, $\begin{bmatrix} I_1 \\ I_2 \end{bmatrix}$ 부분은 입력 2단자, $\begin{bmatrix} V_1 \\ V_2 \end{bmatrix}$ 부분은 출력 2단자입니다.

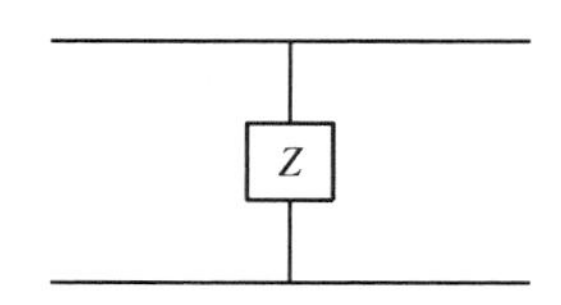

Y 파라미터에서 구하려는 변수값은 $y_{11}, y_{12}, y_{21}, y_{22}$이므로, 입·출력단자와 상관없이 2×2 매트릭스 행렬만 계산하면 병렬 어드미턴스(Y)값을 알 수 있습니다. Y 파라미터 행렬 결과는 다음과 같습니다.

$$Y \text{ 파라미터 : } \begin{bmatrix} y_{11} & y_{12} \\ y_{21} & y_{22} \end{bmatrix} = \begin{bmatrix} 1 & 0 \\ \dfrac{1}{z} & 1 \end{bmatrix}$$

4. Y파라미터 계산 요령

4단자 회로망 형태에 따라 Y 파라미터 입·출력관계가 어떻게 되는지 관계식을 세우지 않고, 회로망 위에 선분을 그어 Y 파라미터값($y_{11}, y_{12}, y_{21}, y_{22}$)을 도출할 수 있습니다.

(1) π형 회로망의 Y 파라미터 계산

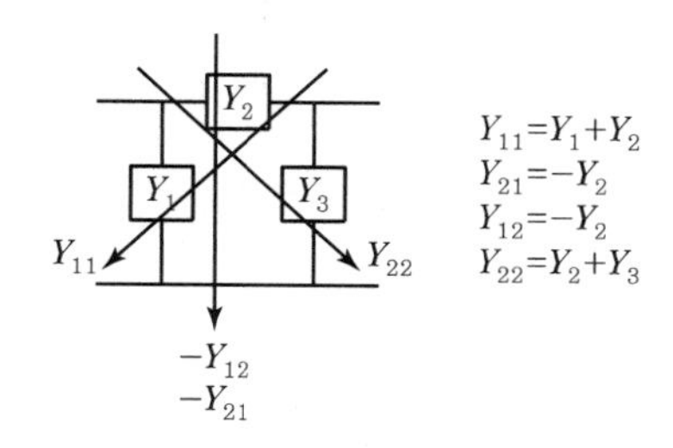

〚 π형 4단자 회로망 〛

$$Y \text{ 파라미터 값 : } \begin{bmatrix} y_{11} & y_{12} \\ y_{21} & y_{22} \end{bmatrix} = \begin{bmatrix} Y_1 + Y_2 & -Y_2 \\ -Y_2 & Y_2 + Y_3 \end{bmatrix}$$

(2) T형 회로망의 Y 파라미터 계산

어드미턴스 4단자 회로망에서 T형 회로망은 선분을 그어 파라미터 값을 얻을 수 없습니다. 그러므로 T형 회로망을 π형 회로망으로 변환(T → π) 후, π형 회로망에서 Y 파라미터 값을 구하는 방법으로 y_{11}, y_{12}, y_{21}, y_{22}을 구할 수 있습니다.

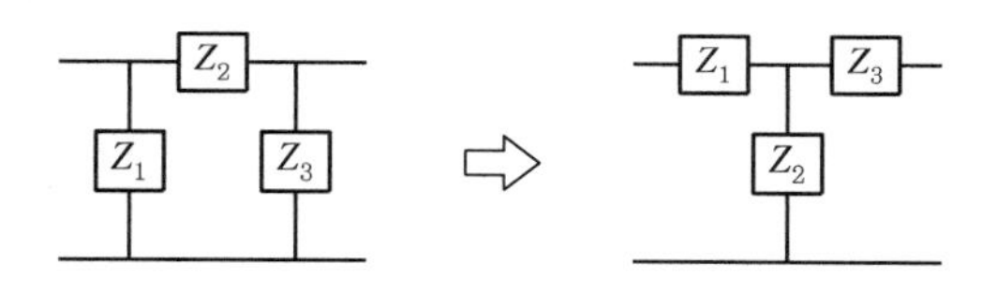

〚 T형 4단자 회로망 〛 〚 π형 4단자 회로망 〛

(3) 어드미턴스 4단자 회로망의 Y → △ 변환(T → π 변환)

T형 회로의 본질은 Y결선이고, π형 회로의 본질은 △결선입니다. 그래서 T → π 변환을 할 경우, 8장에서 이미 학습한 Y → △ 임피던스 변환을 이용하여 T → π 변환을 할 수 있습니다.

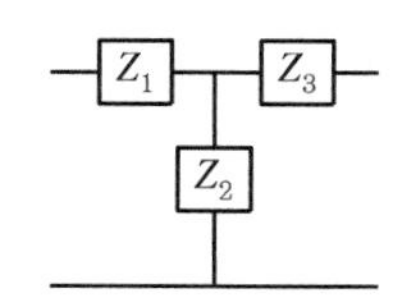

〚 어드미턴스 T형 회로망 〛

핵심기출문제

그림과 같은 4단자 회로의 어드미턴스 파라미터 중 Y_{11}은 어느 것인가?

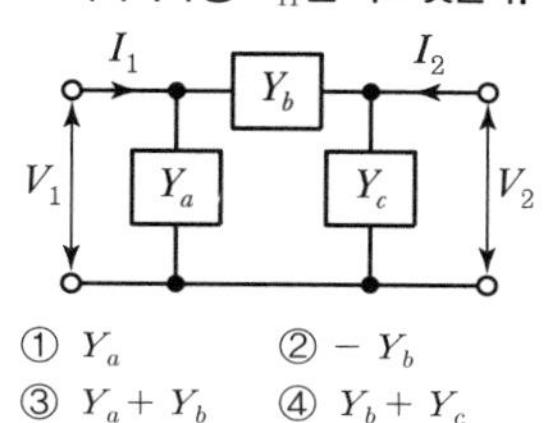

① Y_a　② $-Y_b$
③ Y_a+Y_b　④ Y_b+Y_c

해설

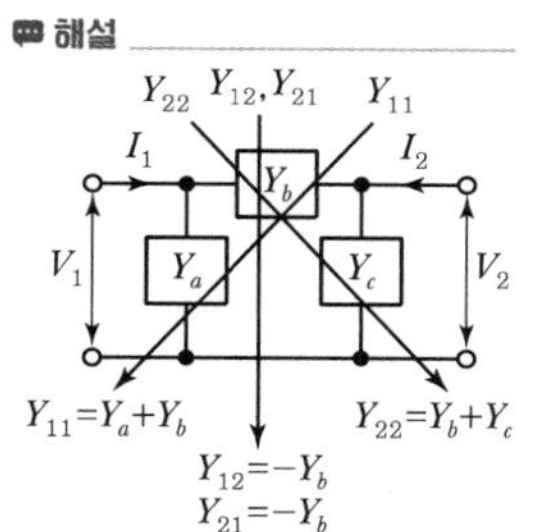

또는

$$Y_{11} = \left.\frac{I_1}{V_1}\right|_{V_2=0} = Y_a + Y_b$$

$$Y_{12} = \left.\frac{I_1}{V_2}\right|_{V_1=0} = \frac{-Y_b V_2}{V_2} = -Y_b$$

$$Y_{21} = \left.\frac{I_2}{V_1}\right|_{V_2=0} = \frac{-Y_b V_1}{V_1} = -Y_b$$

$$Y_{22} = \left.\frac{I_2}{V_2}\right|_{V_1=0} = Y_b + Y_c$$

정답 ③

임피던스 회로의 $Y \to \Delta$ 변환	4단자 회로망의 $Z \to Y$ 변환
• $Z_{23\Delta} = \dfrac{Z_1Z_2+Z_2Z_3+Z_3Z_1}{Z_1}$ [℧]	• $Y_{11Y} = \dfrac{Z_2+Z_3}{Z_1Z_2+Z_2Z_3+Z_3Z_1}$ [℧]
• $Z_{12\Delta} = \dfrac{Z_1Z_2+Z_2Z_3+Z_3Z_1}{Z_2}$ [℧]	• $Y_{22Y} = \dfrac{Z_1+Z_2}{Z_1Z_2+Z_2Z_3+Z_3Z_1}$ [℧]
• $Z_{12\Delta} = \dfrac{Z_1Z_2+Z_2Z_3+Z_3Z_1}{Z_3}$ [℧]	• $Y_{12Y} = Y_{21Y} = \dfrac{Z_{2(\text{병렬성분})}}{Z_1Z_2+Z_2Z_3+Z_3Z_1}$ [℧]

04 G파라미터(컨덕턴스 파라미터)

G파라미터는 Y파라미터에 포함됩니다. 중요하게 다뤄지지 않으므로 G파라미터의 존재만 인지하길 바랍니다.

05 H파라미터(혼성 파라미터)

H파라미터는 싸이리스터(Thyristor), 트랜지스터(Transistor)와 같은 전력전자소자로 이뤄진 회로를 해석할 때 유용한 해석방법입니다. 하지만 중요하게 다뤄지지 않으므로 H파라미터의 존재만 인지하길 바랍니다.

06 $ABCD$파라미터(전송 파라미터)

$ABCD$파라미터, 전송 파라미터, F파라미터, 4단자 정수 모두 같은 의미입니다. 중거리 선로를 4단자 회로망으로 놓고 해석할 때, $ABCD$파라미터는 전선로의 직렬 임피던스(Z)와 병렬 어드미턴스(Y) 모두를 행렬로 나타내고, 행렬 계산을 통해 Z파라미터와 Y파라미터의 모든 파라미터값을 알 수 있는 4단자 회로망 해석방법입니다.
여기서, $ABCD$파라미터의 $ABCD$는 4단자 회로망의 Z와 Y 두 파라미터를 행렬로 나타냈을 때, 2×2 행렬 부분을 말하고, 이런 Z와 Y 두 파라미터의 2×2 행렬부분을 '4단자 정수'로 부릅니다. 그래서 $ABCD$파라미터란 '4단자 정수'를 의미합니다.

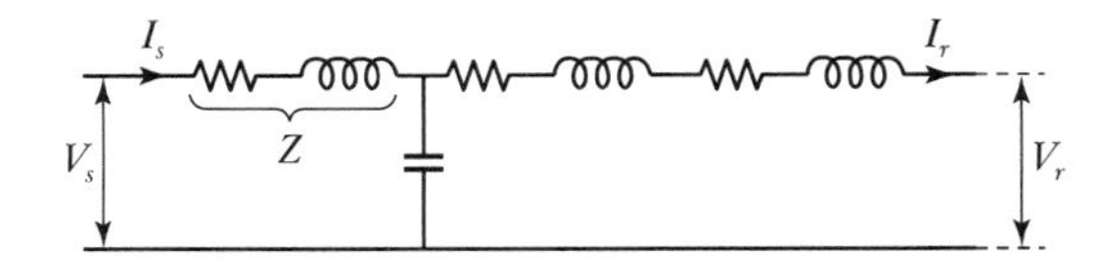

〚 R, L, C, G가 나타나는 중거리 선로의 직렬 임피던스와 병렬 어드미턴스 〛

구체적으로, 중거리 선로의 전원측에서 전력(V, I)을 전송하면 수전측에서 전력(V, I)을 받습니다. 100[km] 이상의 긴 선로는 손실을 유발하는 R, L, C, G 변수들이 존재하고, 반복적으로 나타나기 때문에 상당한 전력손실을 만듭니다. 그리고 선로에서 손실을 유발하는 R, L, C, G 변수는 4단자 회로망의 직렬 임피던스(Z)와 병렬 어드미턴스(Y)로 나타납니다.
이런 선로의 변수들로 인해 보낸 전력량 대비 받은 전력량은 같지 않고, 이를 보낸 전력(V, I)과 받은 전력(V, I)에 대한 관계식이 됩니다. 다시 이 관계식을 행렬식으로 바꾸면 $ABCD$ 파라미터 행렬식이 됩니다. 이 행렬식의 2×2 행렬 부분을 통해 Z 파라미터 값과 Y 파라미터 값을 도출할 수 있습니다. 그래서 $ABCD$ 파라미터 행렬식의 2×2 행렬 부분을 '4단자 정수'로 줄여서 부릅니다. 이것이 $ABCD$ 파라미터(전송 파라미터)의 4단자 회로망 해석 내용입니다.

1. 전송($ABCD$) 파라미터 관계식

$$V_1 = A\,V_2 + B\,I_2$$

$$I_1 = C\,V_2 + D\,I_2$$

(중거리 선로 입 · 출력의 전압 · 전류에 대한 관계식)

① A, B, C, D는 전송 파라미터 관계식의 비례상수들로 4단자 회로망 '정수'이다.
② 4단자 정수(A, B, C, D)는 중거리 선로의 전송특성을 말해 준다.

2. 전송 파라미터 관계식에 대한 행렬식

$$\begin{bmatrix} V_1 \\ I_1 \end{bmatrix} = \begin{bmatrix} A & B \\ C & D \end{bmatrix} \begin{bmatrix} V_2 \\ I_2 \end{bmatrix}$$

행렬식의 $\begin{bmatrix} A & B \\ C & D \end{bmatrix}$ 부분이 '4단자 정수'입니다.

① **4단자 정수** : $\begin{bmatrix} A & B \\ C & D \end{bmatrix}$

② **2×2 행렬 계산방법** : $\begin{bmatrix} a & b \\ c & d \end{bmatrix} \begin{bmatrix} e & f \\ g & h \end{bmatrix} = \begin{bmatrix} ae+bg & af+bh \\ ce+dg & cf+dh \end{bmatrix}$

3. 4단자 정수($ABCD$)의 의미

'중거리 선로의 입 · 출력비'를 입력에 대한 단락 · 개방 그리고 출력에 대한 단락 · 개방시켜 도출되는 결과를 통해, 4단자 회로망의 특성(중거리 선로의 직렬 임피던스, 병렬 어드미턴스 전체에 대한 파라미터 값)을 알 수 있습니다. 이 파라미터를 행렬의 위치 순서인 A, B, C, D로 정하였고, 이것이 '4단자 정수'가 갖는 의미가 됩니다.

핵심기출문제

4단자 정수를 구하는 식 중 옳지 않은 것은?

① $A = \left(\frac{V_1}{V_2}\right)_{I_2=0}$

② $B = \left(\frac{V_2}{I_2}\right)_{V_2=0}$

③ $C = \left(\frac{I_1}{V_2}\right)_{I_2=0}$

④ $D = \left(\frac{I_1}{I_2}\right)_{V_2=0}$

해설

4단자 정수 중에서 B는

$B = \left(\frac{V_1}{I_2}\right)_{V_2=0}$: 단락 역방향 전달 임피던스이다.

정답 ②

핵심기출문제

그림과 같은 4단자 회로망에서 출력측을 개방하니 $V_1 = 12$, $I_1 = 2$, $V_2 = 4$이고, 출력측을 단락하니 $V_1 = 16$, $I_1 = 4$, $I_2 = 2$이었다. A, B, C, D는 얼마인가?

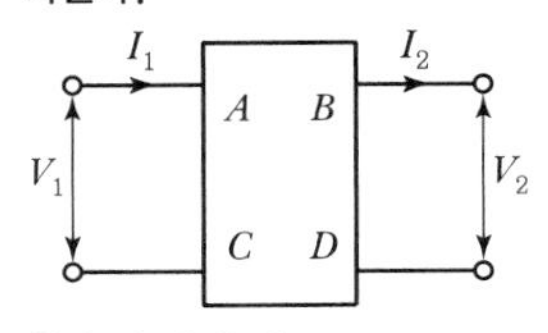

① 3, 8, 0.5, 2
② 8, 0.5, 2, 3
③ 0.5, 2, 3, 8
④ 2, 3, 8, 0.5

해설

$A = \left.\frac{V_1}{V_2}\right|_{I_2=0} = \frac{12}{4} = 3$

$B = \left.\frac{V_1}{I_2}\right|_{V_2=0} = \frac{16}{2} = 8$

$C = \left.\frac{I_1}{V_2}\right|_{I_2=0} = \frac{2}{4} = 0.5$

$D = \left.\frac{I_1}{I_2}\right|_{V_2=0} = \frac{4}{2} = 2$

정답 ①

① 출력(I_2) 개방, 입력전압(V_1), 입 · 출력관계 $A = \left[\frac{V_1}{V_2}\right]_{I_2=0}$: 전압이득(전압비)

② 출력(V_2) 단락, 입력전압(V_1), 입 · 출력관계 $B = \left[\frac{V_1}{I_2}\right]_{V_2=0}$: 임피던스

③ 출력(I_2) 개방, 입력전류(I_1), 입 · 출력관계 $C = \left[\frac{I_1}{V_2}\right]_{I_2=0}$: 어드미턴스

④ 출력(V_2) 단락, 입력전류(I_1), 입 · 출력관계 $D = \left[\frac{I_1}{V_2}\right]_{V_2=0}$: 전류이득(전류비)

4. 전송 파라미터의 회로 유형별 4단자 정수

단거리 선로에서 선로와 땅 사이의 정전용량(C)과 선로 지지물에서 누설전류에 의한 컨덕턴스(G)는 매우 작은 양이므로 무시합니다. 하지만 중거리 선로 이상부터는 정전용량(C)과 컨덕턴스(G)의 크기를 무시할 수 없습니다.

그래서 중거리 선로의 선로부분은 R, L, C가 포함된 직렬 임피던스 $Z = R + jX$로 나타내고, 지지물 부분은 G가 포함된 병렬 어드미턴스 $Y = G + jB$로 나타냅니다. 다시 말해 임피던스(Z), 어드미턴스(Y)만 구하면 그 안에 R, L, C, G 값이 모두 포함됩니다. 중거리 선로에서 나타낼 수 있는 임피던스와 어드미턴스 회로망 형태는 다음과 같습니다.

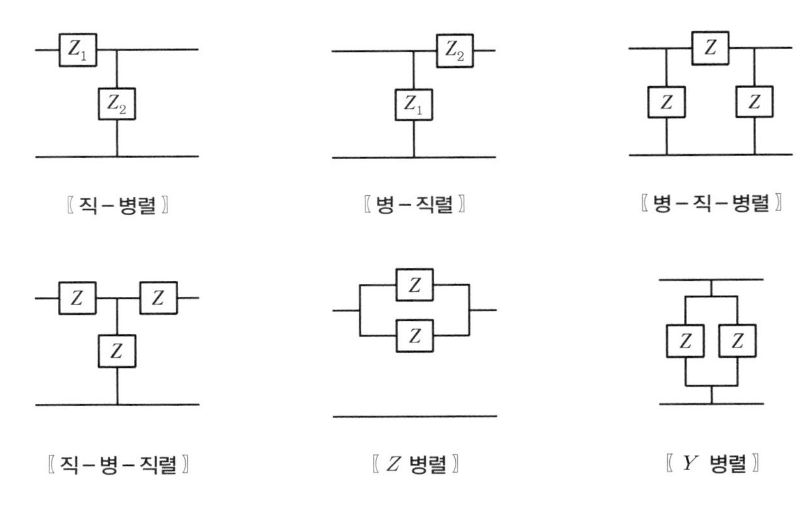

그리고 위 회로망별 행렬 계산에 의한 '4단자 정수' 결과는 다음과 같이 정리됩니다.

① 직렬 회로망

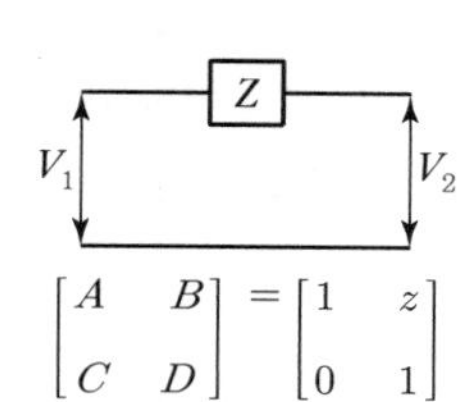

$$\begin{bmatrix} A & B \\ C & D \end{bmatrix} = \begin{bmatrix} 1 & z \\ 0 & 1 \end{bmatrix}$$

② 병렬 회로망

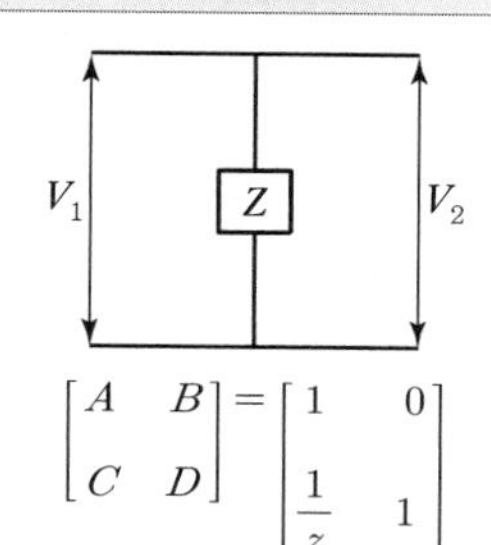

$$\begin{bmatrix} A & B \\ C & D \end{bmatrix} = \begin{bmatrix} 1 & 0 \\ \frac{1}{z} & 1 \end{bmatrix}$$

③ 직 · 병렬 I 회로망

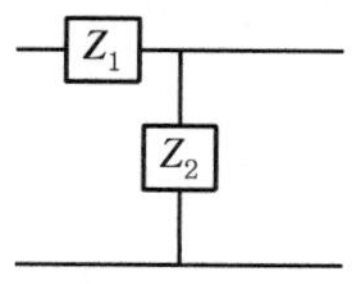

$$\begin{bmatrix} 1 & z_1 \\ 0 & 1 \end{bmatrix}\begin{bmatrix} 1 & 0 \\ \frac{1}{z_2} & 1 \end{bmatrix} = \begin{bmatrix} 1+\frac{z_1}{z_2} & z_1 \\ \frac{1}{z_2} & 1 \end{bmatrix}$$

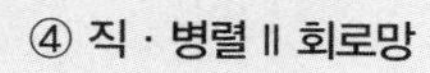

④ 직 · 병렬 II 회로망

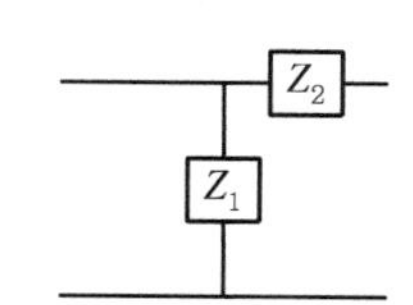

$$\begin{bmatrix} 1 & 0 \\ \frac{1}{z_2} & 1 \end{bmatrix}\begin{bmatrix} 1 & z_1 \\ 0 & 1 \end{bmatrix} = \begin{bmatrix} 1 & z_1 \\ \frac{1}{z_2} & 1+\frac{z_1}{z_2} \end{bmatrix}$$

⑤ π형 회로망

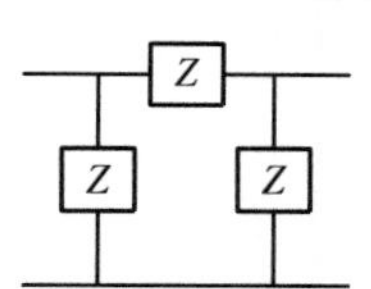

$$\begin{bmatrix} 1 & 0 \\ \frac{1}{z_1} & 1 \end{bmatrix}\begin{bmatrix} 1 & z_3 \\ 0 & 1 \end{bmatrix}\begin{bmatrix} 1 & 0 \\ \frac{1}{z_2} & 1 \end{bmatrix} = \begin{bmatrix} 1+\frac{z_3}{z_2} & z_3 \\ \frac{z_1+z_2+z_3}{z_1 z_2} & 1+\frac{z_3}{z_1} \end{bmatrix}$$

⑥ T형 회로망

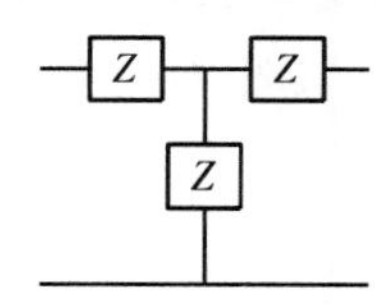

$$\begin{bmatrix} 1 & z \\ 0 & 1 \end{bmatrix}\begin{bmatrix} 1 & 0 \\ \frac{1}{z} & 1 \end{bmatrix}\begin{bmatrix} 1 & z \\ 0 & 1 \end{bmatrix} = \begin{bmatrix} 1+\frac{z_1}{z_3} & z_1+z_2+\frac{z_1 z_2}{z_3} \\ \frac{1}{z_3} & 1+\frac{z_2}{z_3} \end{bmatrix}$$

⑦ 분기된 직렬 회로망

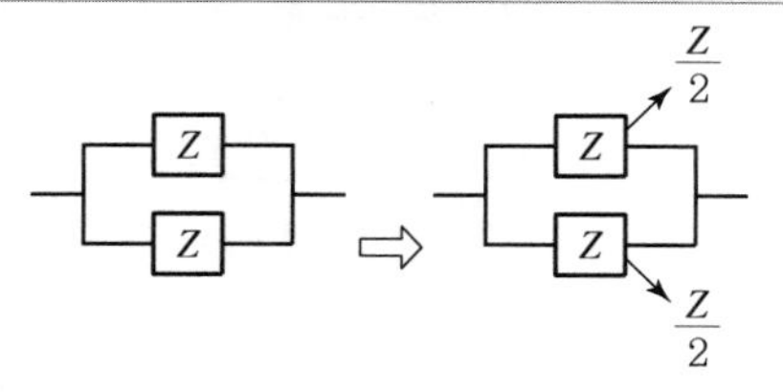

$$\begin{bmatrix} A & B \\ C & D \end{bmatrix} = \begin{bmatrix} 1 & \frac{1}{2}z \\ 0 & 1 \end{bmatrix}$$

⑧ 지로 2개의 병렬 회로망

$$\begin{bmatrix} A & B \\ C & D \end{bmatrix} = \begin{bmatrix} 1 & 0 \\ 2\frac{1}{z} & 1 \end{bmatrix}$$

핵심기출문제

그림과 같은 4단자 회로망에서 정수 $A = \left.\frac{V_1}{V_2}\right|_{I_2=0}$ 의 값은?

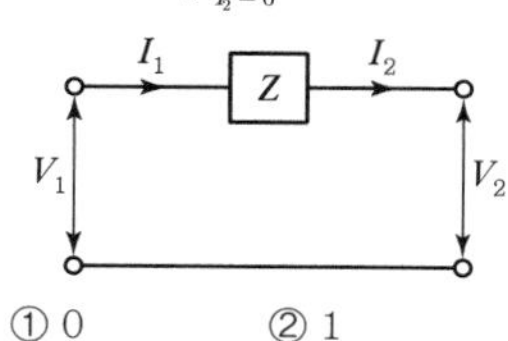

① 0 ② 1
③ Z ④ -1

해설

$\begin{bmatrix} A & B \\ C & D \end{bmatrix} = \begin{bmatrix} 1 & Z \\ 0 & 1 \end{bmatrix}$

$\therefore A = \left.\frac{V_1}{V_2}\right|_{I_2=0} = 1$

정답 ②

핵심기출문제

그림과 같은 L형 회로의 4단자 정수는 어떻게 되는가?

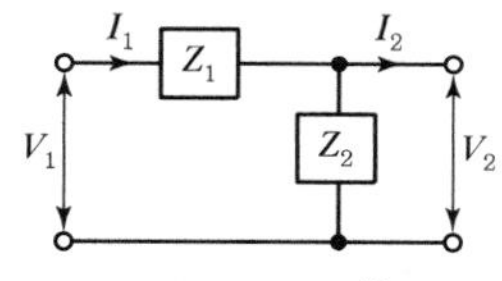

① $A = Z_1$, $B = 1+\frac{Z_1}{Z_2}$, $C = \frac{1}{Z_2}$, $D = 1$

② $A = 1$, $B = \frac{1}{Z_2}$, $C = 1+\frac{1}{Z_2}$, $D = Z_1$

③ $A = 1+\frac{Z_1}{Z_2}$, $B = Z_1$, $C = \frac{1}{Z_2}$, $D = 1$

④ $A = \frac{1}{Z_2}$, $B = 1$, $C = Z_1$, $D = 1+\frac{Z_1}{Z_2}$

해설

$$\begin{bmatrix} 1 & z \\ 0 & 1 \end{bmatrix}\begin{bmatrix} 1 & 0 \\ \frac{1}{z_2} & 1 \end{bmatrix} = \begin{bmatrix} 1+\frac{z_1}{z_2} & z_1 \\ \frac{1}{z_2} & 1 \end{bmatrix}$$

정답 ③

07 4단자 정수($ABCD$)의 특성

중거리 선로를 (직렬 임피던스와 병렬 어드미턴스의) 4단자 회로망으로 나타내고, 관계식과 행렬식에 의해 도출된 4단자 정수($ABCD$)는 중거리 선로의 입력과 출력에 대한 관계를 나타내고 있습니다. 4단자 정수 A, B, C, D에 대한 특성을 다음과 같이 정리할 수 있습니다.

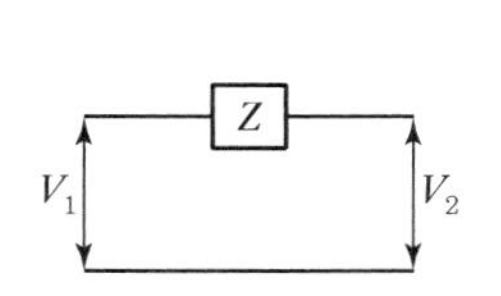

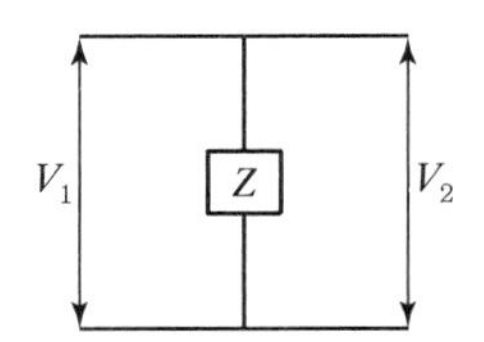

① A : 전압이득, B : 임피던스, C : 어드미턴스, D : 전류이득

② $AD - BC = 1$ 관계 성립

③ 4단자 회로망(전송 파라미터)의 입 · 출력이 대칭이라면, $A = D$ 관계 성립

입력 · 출력 좌우의 선로정수가 대칭

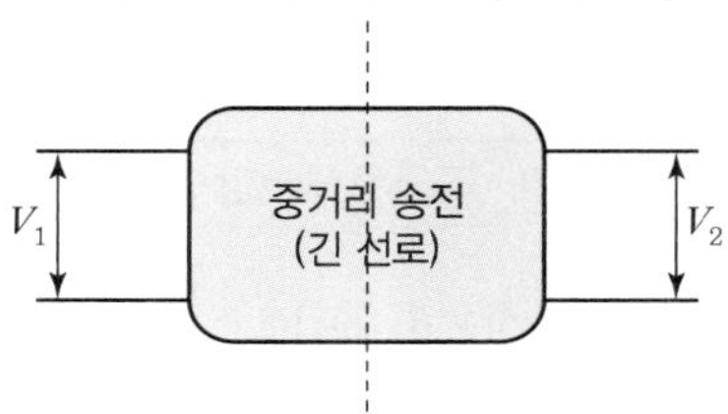

〚 4단자 정수의 $A = D$ 관계 〛

④ 중거리 선로를 4단자 회로망으로 나타낼 때, 임피던스는 선로의 직렬축으로 나타나는데, 만약 임피던스가 그림과 같은 병렬 지로가 생기면, A와 D는 불변, B는 $\frac{1}{2}$로 감소, C는 2배 증가한다.

A : 불변

B : Z가 $\frac{1}{2}$로 감소

C : Y가 2배로 증가

D : 불변

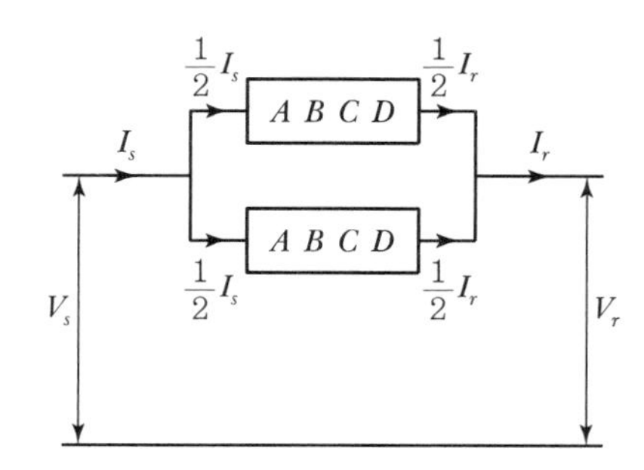

핵심기출문제

그림과 같은 회로망에서 Z_1을 4단자 정수에 의해 표시하면 어떻게 되는가?

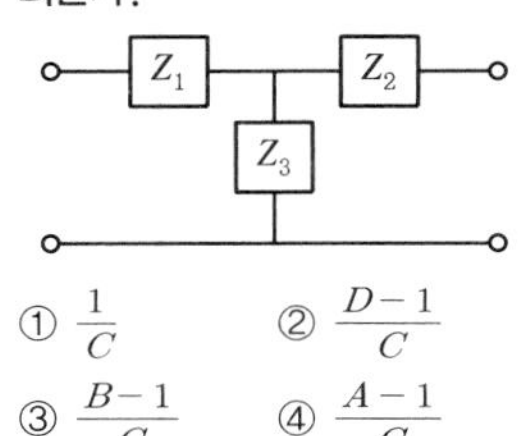

① $\frac{1}{C}$　② $\frac{D-1}{C}$

③ $\frac{B-1}{C}$　④ $\frac{A-1}{C}$

해설

그림과 같은 4단자망의 4단자 정수 중 A와 C는

$A = 1 + \frac{Z_1}{Z_3}$, $C = \frac{1}{Z_3}$

$\therefore Z_1 = (A-1)Z_3 = \frac{A-1}{C}$

정답 ④

핵심기출문제

4단자 정수 A, B, C, D에서 어드미턴스의 차원을 가진 정수는?

① A　② B

③ C　④ D

해설

4단자 정수 중에서 C는

$C = \left.\frac{I_1}{V_2}\right|_{I_2=0}$: 개방 역방향 전달 임피던스이다.

정답 ③

08 영상 파라미터(영상 임피던스)

영상(Image)은 '대칭된다'라는 의미로, 그림은 영상 파라미터의 개념을 보여줍니다.

① 4단자 회로망의 입력단자와 출력단자에 각각 부하(Z)를 연결하고, 입력단자 $1-1'$측이 영상 임피던스 Z_{01}가 되고, 출력단자 $2-2'$측이 영상 임피던스 Z_{02}가 될 수 있는 조건은,

② 한 번은 출력단자의 부하(Z)를 단락시킨 후, 입력단자$(1-1')$의 왼쪽으로 측정한 임피던스(Z)와 오른쪽 출력단자 쪽으로 측정한 임피던스가 서로 같을 때, 이 경우를 영상 임피던스 Z_{01}으로 정의한다.

③ 또 한 번은 입력단자의 부하(Z)를 단락시킨 후, 출력단자$(2-2')$의 오른쪽으로 측정한 임피던스(Z)와 입력단자 쪽으로 측정한 임피던스가 서로 같을 때, 이 경우를 영상 임피던스 Z_{02}으로 정의한다.

④ 그래서 중거리 선로를 4단자 회로망으로 표현하고, 4단자 회로망의 두 영상 임피던스 Z_{01}과 Z_{02}에 의한 4단자 정수가 영상 파리미터가 된다.

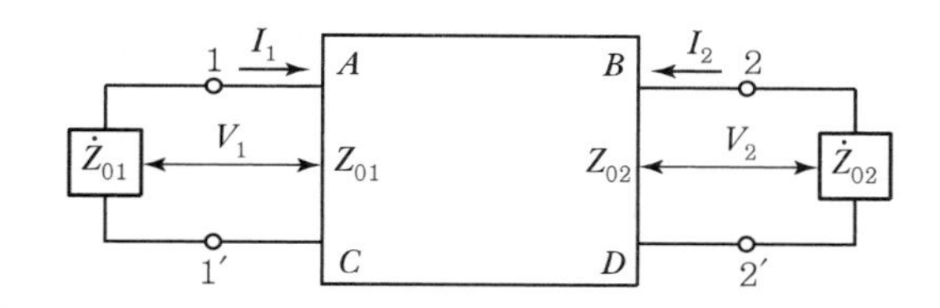

〚 영상 임피던스를 보여주는 4단자 회로망 입 · 출력 〛

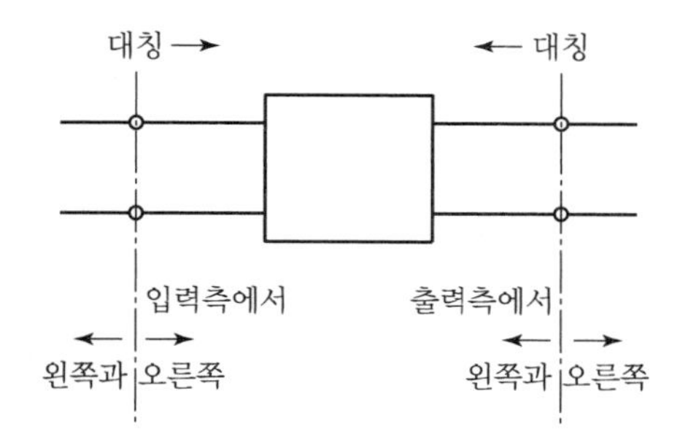

〚 영상 임피던스가 나타나는 4단자 정수 회로망 〛

1. 4단자 정수로 나타낸 영상 임피던스

입력측($1-1'$단자) 기준의 4단자 방정식 : $V_1 = A\ V_2 + B\ I_2$
$I_1 = C\ V_2 + D\ I_2$

출력 측($2-2'$단자) 기준의 4단자 방정식 : $V_2 = D\ V_1 + B\ I_1$
$I_2 = C\ V_1 + A\ I_1$

입력측 영상 임피던스 $Z_{in} = \frac{V_1}{I_1} = \frac{A\,V_2 + B\,I_2}{C\,V_2 + D\,I_2}$에 $V_2 = Z_{out}\,I_2$ 을 대입하면,

$$\rightarrow Z_{in} = \frac{V_1}{I_1} = \frac{A\left(Z_{out}I_2\right) + B\,I_2}{C\left(Z_{out}I_2\right) + D\,I_2} \cdots = \sqrt{\frac{A\,B}{CD}}\ [\Omega]$$

출력 측 영상 임피던스 $Z_{out} = \frac{V_2}{I_2} = \frac{D\,V_1 + B\,I_1}{C\,V_1 + A\,I_1}$에 $V_1 = Z_{in}\,I_1$ 을 대입하면,

$$\rightarrow Z_{out} = \frac{V_2}{I_2} = \frac{D\left(Z_{01}I_1\right) + B\,I_1}{C\left(Z_{01}I_1\right) + A\,I_1} \cdots = \sqrt{\frac{D\,B}{C\,A}}\ [\Omega]$$

- 4단자 정수로 나타낸 (입력측) 영상임피던스 $Z_{01} = \sqrt{\frac{AB}{CD}}\ [\Omega]$
- 4단자 정수로 나타낸 (출력측) 영상임피던스 $Z_{02} = \sqrt{\frac{DB}{CA}}\ [\Omega]$

만약 4단자 회로망의 선로정수가 대칭회로망이라면 $A = D$ 관계가 성립되므로, 영상 파라미터의 영상 임피던스는 $Z_{01} = Z_{02}$ 관계가 됩니다.

$$\rightarrow Z_{01} = \sqrt{\frac{A\,B}{CD}}\ ,\ Z_{02} = \sqrt{\frac{D\,B}{C\,A}}$$ 에 $A = D$를 적용하면

$$Z_{01} = \sqrt{\frac{B}{C}}\ ,\ Z_{02} = \sqrt{\frac{B}{C}}$$

- 4단자 정수가 대칭($A = D$)일 때 영상임피던스 $Z_{01}\,Z_{02} = \frac{B}{C}$

$$\frac{Z_{01}}{Z_{02}} = \frac{A}{D}$$

(입력측) 영상임피던스 $Z_{01} = \sqrt{\frac{AB}{CD}}\ [\Omega]$

(출력측) 영상임피던스 $Z_{02} = \sqrt{\frac{DB}{CA}}\ [\Omega]$

대칭($A = D$)일 때 영상임피던스 $Z_{01}\,Z_{02} = \frac{B}{C},\ \frac{Z_{01}}{Z_{02}} = \frac{A}{D}$

2. 영상전달정수(θ)

영상전달정수(θ)는 영상 임피던스(Z_{01}, Z_{02})를 전자파 방정식의 전파정수(γ)로 표현한 것입니다. 이유는 중거리, 장거리 선로에서 전기는 빛과 같은 전자파 성격을 띠기 때문에 영상 임피던스를 전자파 방정식의 전파정수(γ)로 표현하면 표현과 계산이 더욱 간단해지기 때문입니다.

전파정수 $\gamma = \alpha + j\beta$를 영상 파라미터에 적용하면 영상전달정수 $\theta = \alpha + j\beta$가 됩니다.

- 전파정수(γ)에서 영상전달정수(θ)로 바뀜
- α (감쇠정수) : 임피던스의 크기
- β (위상정수) : 임피던스의 위상

영상전달정수 $\theta = \alpha + j\beta = \log_e(\sqrt{AD} + \sqrt{BC})$

여기서 4단자 회로망의 4단자 정수가 대칭($AD - BC = 1$) 관계라면, 영상전달정수(θ)는 다음과 같이 정리됩니다.

- $\cos h\theta = \sqrt{AD} \rightarrow \theta = \cos h^{-1}\sqrt{AD}$
- $\sin h\theta = \sqrt{BC} \rightarrow \theta = \sin h^{-1}\sqrt{BC}$
- $\tan h\theta = \sqrt{\frac{BC}{AD}} \rightarrow \theta = \tan h^{-1}\sqrt{\frac{BC}{AD}}$

영상전달정수

$\theta = \alpha + j\beta = \log_e(\sqrt{AD} + \sqrt{BC})$

$\theta = \cos h^{-1}\sqrt{AD} = \sin h^{-1}\sqrt{BC} = \tan h^{-1}\sqrt{\frac{BC}{AD}}$

3. 영상 파라미터에 의한 4단자 회로망의 기초 방정식

중거리 선로의 4단자 회로망으로 나타냈을 때, $ABCD$ 파라미터를 영상 파라미터(Z_{01}, Z_{02}) 그리고 영상 전달정수(θ)로 나타내면 다음과 같습니다.

- $A = \sqrt{\frac{Z_{01}}{Z_{02}}}\cos h\theta$
- $B = \sqrt{Z_{01}Z_{02}}\sin h\theta$
- $C = \frac{1}{\sqrt{Z_{01}Z_{02}}}\sin h\theta$
- $D = \sqrt{\frac{Z_{02}}{Z_{01}}}\cos h\theta$

09 이상변압기의 4단자 정수 표현

앞의 7장에서 이상변압기를 다뤘습니다. 본 내용은 중거리 송전선로와 무관하게 이상적인 변압기를 $ABCD$ 파라미터의 4단자 정수로 나타내는 간단한 내용입니다. 이상변압기가 어떤 변압기인지는 7장에서 언급했습니다.

이상적인 변압기 조건

① 전류가 흐르는 코일에 저항이 없고, 자속이 흐르는 자로에 의한 히스테리시스 손실(P_h)과 와류손실(P_e)이 없는 변압기

② 자로에 감긴 1차측과 2차측 양쪽 코일의 결합계수가 1인 변압기

③ 자로에 감긴 코일의 인덕턴스(L)가 무한대인 변압기

이상변압기의 4단자 정수는 임피던스와 어드미턴스 없이, 권수비만 존재합니다. 권수비는 $n:1$ 의 이상 변압기의 4단자 정수 표현은 다음과 같습니다.

① 권수비 $n = \dfrac{V_1}{V_2} = \dfrac{I_1}{I_2}$

② 4단자 정수 $\begin{bmatrix} A & B \\ C & D \end{bmatrix} = \begin{bmatrix} n & 0 \\ 0 & \dfrac{1}{n} \end{bmatrix}$

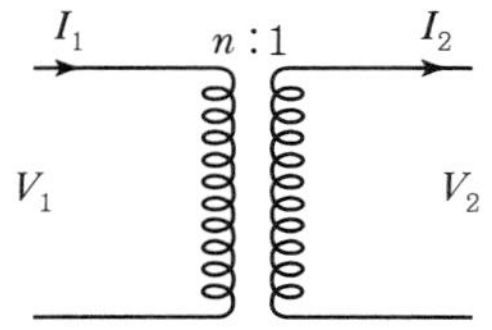

1. Z 파라미터

$$\begin{bmatrix} z_{11} & z_{12} \\ z_{21} & z_{22} \end{bmatrix} = \begin{bmatrix} 1 & z \\ 0 & 1 \end{bmatrix}$$

2. Y 파라미터

$$\begin{bmatrix} y_{11} & y_{12} \\ y_{21} & y_{22} \end{bmatrix} = \begin{bmatrix} 1 & 0 \\ \frac{1}{z} & 1 \end{bmatrix}$$

3. $ABCD$ 파라미터

$ABCD$ 파라미터 관계식	$ABCD$ 파라미터 행렬식
$V_1 = A\,V_2 + B\,I_2$ $I_1 = C\,V_2 + D\,I_2$	$\begin{bmatrix} V_1 \\ I_1 \end{bmatrix} = \begin{bmatrix} A & B \\ C & D \end{bmatrix} \begin{bmatrix} V_2 \\ I_2 \end{bmatrix}$

① $ABCD$ 파라미터 입 · 출력관계 $A = \left[\frac{V_1}{V_2}\right]_{I_2 = 0}$: 전압이득(전압비)

② $ABCD$ 파라미터 입 · 출력관계 $B = \left[\frac{V_1}{I_2}\right]_{V_2 = 0}$: 임피던스

③ $ABCD$ 파라미터 입 · 출력관계 $C = \left[\frac{I_1}{V_2}\right]_{I_2 = 0}$: 어드미턴스

④ $ABCD$ 파라미터 입 · 출력관계 $D = \left[\frac{I_1}{V_2}\right]_{V_2 = 0}$: 전류이득(전류비)

4. 4단자 정수($ABCD$)의 특성

① A : 전압이득, B : 임피던스, C : 어드미턴스, D : 전류이득

② $AD - BC = 1$

5. 영상 파라미터

① **영상 임피던스 크기**

$$Z_{01}=\sqrt{\frac{AB}{CD}}\,[\Omega],\ Z_{02}=\sqrt{\frac{DB}{CA}}\,[\Omega]$$

② **4단자 정수가 대칭($A=D$)일 때, 영상임피던스 크기와 관계**

- $Z_{01}=\sqrt{\frac{B}{C}}\,[\Omega],\ Z_{02}=\sqrt{\frac{B}{C}}\,[\Omega]$
- $Z_{01}Z_{02}=\frac{B}{C},\ \frac{Z_{01}}{Z_{02}}=\frac{A}{D}$

③ **영상전달정수**

- $\theta=\alpha+j\beta=\log_e(\sqrt{AD}+\sqrt{BC})$
- $\theta=\cos h^{-1}\sqrt{AD}=\sin h^{-1}\sqrt{BC}=\tan h^{-1}\sqrt{\frac{BC}{AD}}$

④ **영상 파라미터에 의한 4단자 회로망의 기초 방정식**

- $A=\sqrt{\frac{Z_{01}}{Z_{02}}}\cos h\theta$
- $B=\sqrt{Z_{01}Z_{02}}\sin h\theta$
- $C=\frac{1}{\sqrt{Z_{01}Z_{02}}}\sin h\theta$
- $D=\sqrt{\frac{Z_{02}}{Z_{01}}}\cos h\theta$

6. 이상 변압기의 4단자 정수 표현

$$\begin{bmatrix}A & B\\ C & D\end{bmatrix}=\begin{bmatrix}n & 0\\ 0 & \frac{1}{n}\end{bmatrix}$$

핵 / 심 / 기 / 출 / 문 / 제

01 다음 그림과 같은 T형 회로망에 대한 설명 중 잘못된 것은?

$R_1=30[\Omega]$ $R_2=30[\Omega]$ 1 1′ $R_3=45[\Omega]$ 2 2′

① 영상 임피던스 $Z_{01}=60[\Omega]$이다.

② 개방 구동점 임피던스 $Z_{11}=45[\Omega]$이다.

③ 단락 전달 어드미턴스 $Y_{12}=\dfrac{1}{80}[℧]$

④ 전달정수 $\theta=\cosh^{-1}\dfrac{5}{3}$이다.

해설

- 입력측 영상 임피던스 $Z_{01}=\sqrt{\dfrac{AB}{CD}}=\sqrt{3600}=60\,[\Omega]$

$$\rightarrow \begin{bmatrix}1 & z\\ 0 & 1\end{bmatrix}\begin{bmatrix}1 & 0\\ \frac{1}{z} & 1\end{bmatrix}\begin{bmatrix}1 & z\\ 0 & 1\end{bmatrix}=\begin{bmatrix}1+\frac{z_1}{z_3} & z_1+z_2+\frac{z_1z_2}{z_3}\\ \frac{1}{z_3} & 1+\frac{z_2}{z_3}\end{bmatrix}$$

$$=\begin{bmatrix}\frac{5}{3} & 80\\ \frac{1}{45} & \frac{5}{3}\end{bmatrix}$$

- 임피던스 $Z_{11}=Z_1+Z_3=30+45=75\,[\Omega]$
- 어드미턴스

$$Y_{12}=\frac{Z_{2(\text{병렬성분})}}{Z_1Z_2+Z_2Z_3+Z_3Z_1}$$

$$=\frac{Z_3}{Z_1Z_2+Z_2Z_3+Z_3Z_1}=\frac{45}{3600}=\frac{1}{80}[℧]$$

- 영상전달정수

$$\theta=\cos h^{-1}\sqrt{AD}=\cos h^{-1}\sqrt{\left(\frac{5}{3}\right)^2}=\cos h^{-1}\frac{5}{3}$$

02 T형 4단자 회로에서 각 소자의 저항이 $4[\Omega]$일 때 4단자 정수 $A=2$, $B=12$, $C=\dfrac{1}{4}$, $D=2$였다. 전달 정수는?

① $\log_e 1.73$

② $\log_e 3.73$

③ $\log_e 3.15$

④ $\log_e 2$

해설

$$\theta=\log_e(\sqrt{AD}+\sqrt{BC})$$

$$=\log_2\left(\sqrt{2\times 2}+\sqrt{12\times\frac{1}{4}}\right)$$

$$=\log_e 3.73$$

정답 01 ② 02 ②

CHAPTER 13

장거리 송전선로 해석(분포정수 회로)

이 장에서는 장거리(수백 km 길이 이상의 선로) 송전선로를 맥스웰의 전자파 이론으로 해석합니다.

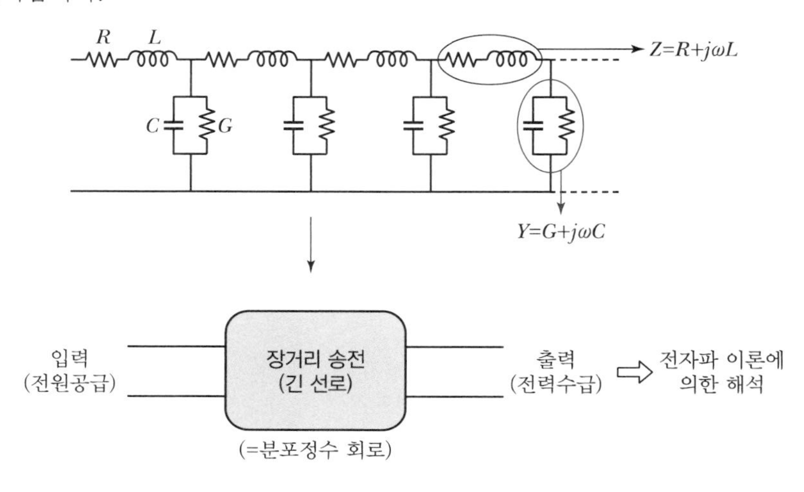

〚 장거리 송전선로와 4단자 회로망 〛

✠ 절연
전기적으로 통하지 않아야 할 곳에 전류가 흐르지 않게 하는 것으로, 전선은 전선 이외의 재료나 물질과 절연돼야 한다.

✠ 누설전류
전류는 기본적으로 도체로만 흐르고 도체 이외의 곳으로 흐르면 안 된다. 전기적으로 절연돼야 할 곳으로 전류가 흐르는 현상이 누설전류이다.

예 수도관에서 물이 새듯, 도선으로부터 전류가 전선 밖으로 새면 이것이 누설전류이다.

전선로의 전선과 대지 땅 사이는 반드시 **절연**돼야 합니다. 하지만 구리재질의 전선이 땅으로부터 공중에 떠 있을 수는 없습니다. 전선을 땅으로부터 절연하기 위해 땅에 지지물(철주, 철탑 등)을 세우고 지지물 위로 전선을 설치합니다. 전선과 땅을 전기적으로 분리하는 지지물은 절연을 유지해야 하지만, 이 세상 물질 중 무한대의 저항을 갖는 물질은 없으므로($R=\infty$), 전선의 전류는 아주 미세하게 샙니다. 그 새는 정도가 일정 수준 이상이면, **누설전류(I_g)**가 됩니다.

송전선로에서 발생하는 누설전류(I_g)는 주로 절연체인 애자와 철탑의 철구조물을 통해 샙니다. 수십 km 단거리 선로보다 긴 중거리, 장거리 선로에서 발생하는 누설전류(I_g)는 무시할 수 없습니다. 이런 누설전류가 4단자 회로망에서는 병렬 어드미턴스(Y)입니다.

그래서 중거리 선로의 4단자 회로망 해석은 R, L, C, G[선로의 저항(R), 누설전류(G), 교류전력에서 L과 C로 인한 리액턴스]를 직렬 임피던스와 병렬 어드미턴스에 의한 입·출력 관계식, 그 관계식을 행렬식으로 만들어 파라미터를 구함으로써 선로를 해석하였습니다.

반면 '장거리 선로'는 같은 내용[송전시스템에서 보낸 전력(입력)과 손실과 함께 받은 전력(출력)의 양]을 전자파 방정식을 통해 4단자 정수로 나타내 해석합니다. 송전선로로 흐르는 교류전력과 전자기학의 빛과 같은 전자파 현상은 동일한 현상이기 때문에 해석이 가능합니다. 전자기학의 고유 임피던스(Z_0)는 교류회로의 임피던스(Z)와 상통합니다.

① **임피던스** $Z = \dfrac{V}{I} = \dfrac{\int_l E_p dl}{\int_l H_p dl} = \dfrac{E_p[\text{V/m}]}{H_p[\text{A/m}]} = Z_0$

② **고유 임피던스** $Z_0 = \dfrac{E_p}{H_p} = \dfrac{E}{H} = \sqrt{\dfrac{\mu}{\varepsilon}} = 377\sqrt{\dfrac{\mu_s}{\varepsilon_s}}\ [\Omega]$

01 장거리 송전선로의 4단자 정수

길이가 l 인 장거리 송전선로의 입 · 출력관계식과 전자파 방정식 표현입니다.

1. 장거리 선로의 입 · 출력 관계식과 전자파 방정식

$$\begin{bmatrix} \overrightarrow{V_s} = A\,\overrightarrow{V_r} + B\,\overrightarrow{I_r} \\ \overrightarrow{I_s} = C\,\overrightarrow{V_r} + D\,\overrightarrow{I_r} \end{bmatrix} = \begin{bmatrix} \overrightarrow{V_s} = \cosh\alpha l\,\overrightarrow{V_r} + Z_0 \sinh\alpha l\,\overrightarrow{I_r} \\ \overrightarrow{I_s} = \dfrac{1}{Z_0} sinh\alpha l\,\overrightarrow{V_r} + \cosh\alpha l\,\overrightarrow{I_r} \end{bmatrix}$$

여기서, 장거리 선로의 **4단자 정수 A, B, C, D**의 의미는 다음과 같습니다.

① $A = \cosh\alpha l$ 또는 $A = \cosh\gamma l$

② $B = Z_0 \sinh\alpha l$ 또는 $B = Z_0 \sinh\gamma l$

③ $C = \dfrac{1}{Z_0}\sinh\alpha l$ 또는 $C = \dfrac{1}{Z_0}\sinh\gamma l$

④ $D = \cosh\alpha l$ 또는 $D = \cosh\gamma l$

여기서, α (또는 γ) : 감쇠정수

Z_0 : 특성 임피던스

2. 장거리 선로의 특성 – 임피던스(Z_0)와 전파정수(γ)

장거리 송전선로의 전선부분은 회로망에서 직렬축(가로축)으로 나타나고, 수식은 직렬 임피던스 $Z = R + j\omega L[\Omega]$입니다. 전선과 땅(대지) 사이에 지지물로 누설전류가 흐르므로 회로망에서 누설전류는 병렬축(세로축)으로 나타나고, 수식은 병렬 어드미턴스 $Y = G + j\omega C[℧]$ 입니다. 이런 장거리 선로의 특성을 정리하면 다음과 같습니다.

✠ 4단자 정수 A, B, C, D
긴 선로의 입력(송전)에 대한 출력(수전)의 관계를 행렬식으로 나타냈을 때, 2×2 매트릭스 행렬이 4단자 정수이고, 각 위치를 임의문자 A, B, C, D로 정했다.

핵심기출문제

그림과 같은 회로에서 특성 임피던스 $Z_0[\Omega]$는?

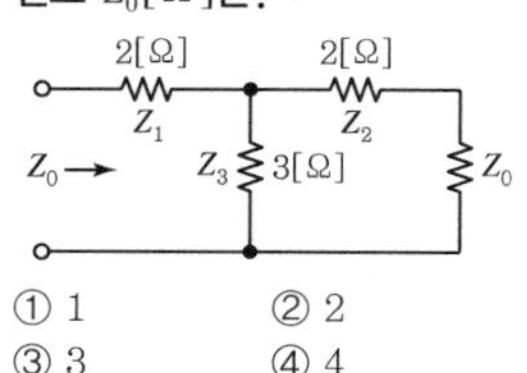

① 1　② 2
③ 3　④ 4

해설

단락하면

$Z = 2 + \dfrac{3\times2}{3+2} = 3.2[\Omega]$

개방하면 $Z = 5$ 따라서 $Y = \dfrac{1}{5}$

∴ 특성 임피던스

$Z_0 = \sqrt{\dfrac{Z}{Y}} = \sqrt{\dfrac{3.2}{\frac{1}{5}}} = 4[\Omega]$

정답 ④

장거리 선로의 전달요소 : $Z = R + j\omega L$, $Y = G + j\omega C$

장거리 선로의 전달요소(Z와 Y)를 가지고, 다음과 같이 특성 임피던스(Z_0)와 전파정수(γ)를 나타낼 수 있습니다. 여기서 특성 임피던스(Z_0)란 송전선로를 이동하는 교류전압과 전류의 진행파입니다.

- 특성 임피던스 $Z_0 = \sqrt{\dfrac{Z}{Y}} = \sqrt{\dfrac{R + j\omega L}{G + j\omega C}}\,[\Omega]$
- 특성 임피던스(Z_0)는 선로길이와 무관하게 변화 없이 일정한 값을 갖는다. 임피던스 값이 변하지 않기 때문에 특성 또는 고유 임피던스로 불린다.

전파정수(γ)란 송전선로가 길기 때문에 길이에 따른 전압과 전류의 진폭과 위상이 변하게 됩니다. 여기서,

- 전류 진폭 변화는 손실을 의미하고,
- 위상 변화는 위상차를 의미한다.

이를 전자파 이론의 전파정수(γ)를 통해 전력의 손실 크기와 위상차를 나타냅니다.

전파정수(전달정수) $\gamma = \sqrt{ZY} = \sqrt{(R + j\omega L)(G + j\omega C)} = \alpha + j\beta$

(정수이므로 단위가 없음)

- 감쇠정수 $\alpha = \sqrt{RG}$: 손실의 감쇠 정도
- 위상정수 $\beta = j\omega\sqrt{LC}$: 위상차 정도

02 무손실 장거리 선로의 특성

앞의 내용은 손실이 존재하는 장거리 선로에 송전선로 특성이었습니다. 만약 선로에 저항과 누설전류가 없는 '무손실 선로'라는 전제에서 특성 임피던스(Z_0)와 전파정수(γ)를 전개하면 다음과 같이 정리됩니다.

① 무손실 선로 조건 : $[R = G = 0]$ (선로에 저항과 누설전류가 없음)

② (무손실) 특성 임피던스 $Z_0 = \sqrt{\dfrac{0 + j\omega L}{0 + j\omega C}} = \sqrt{\dfrac{L}{C}}\,[\Omega]$

③ (무손실) 전파정수 $\gamma = j\beta = j\omega\sqrt{LC}$

$$\begin{Bmatrix} \gamma = \sqrt{(0 + j\omega L)(0 + j\omega C)} = \sqrt{(j\omega L)(j\omega C)} = \sqrt{-\omega^2 LC} = j\omega\sqrt{LC} \\ \gamma = \alpha + j\beta = 0 + j\beta = j\beta \end{Bmatrix}$$

핵심기출문제

유한장의 송전선로가 있다. 수전단을 단락시키고 송전단에서 측정한 임피던스는 $j250\,[\Omega]$, 수전단을 개방시키고 송전단에서 측정한 어드미턴스는 $j1.5 \times 10^{-3}\,[℧]$이다. 이 송전 선로의 특성 임피던스 $[\Omega]$는 약 얼마인가?

① 2.45×10^{-3} ② 408.25
③ $j0.612$ ④ 6×10^{-6}

해설

수전단을 단락하고 송전단에서 측정한 임피던스를 Z_{ss}, 수전단을 개방하고 송전단에서 측정한 임피던스를 Z_{s0}라면,

$Z_0 = \sqrt{Z_{ss} Z_{s0}}$
$= \sqrt{j250 \times \dfrac{1}{j1.5 \times 10^{-3}}}$
$= 408.25\,[\Omega]$

정답 ②

핵심기출문제

무한장 무손실 전송선로상의 어떤 점에서 전압이 100[V]였다. 이 선로의 인덕턴스가 $7.5\,[\mu H/m]$이고, 커패시턴스가 $0.003\,[\mu F/m]$일 때 이 점에서의 전류는 몇 [A]인가?

① 2 ② 4
③ 6 ④ 8

해설

무손실 전송선로에서의 특성 임피던스는

$Z_0 = \sqrt{\dfrac{L}{C}} = \sqrt{\dfrac{7.5 \times 10^{-6}}{0.003 \times 10^{-6}}}$
$= 50\,[\Omega]$

∴ 전류 $I = \dfrac{V}{Z_0} = \dfrac{100}{50} = 2\,[A]$

정답 ①

03 무왜형 장거리 선로의 조건

장거리 송전선로의 교류파형에 일그러짐(왜형파)이 없는 '무왜형 선로'라는 전제에서 특성 임피던스(Z_0)와 전파정수(γ)를 전개하면 다음과 같이 정리됩니다.

장거리 송전선로에서 무왜형 선로가 되면 전파정수의 감쇠정수(α), 위상정수(β) 모두 주파수(f)와 무관하므로 고조파의 영향을 받지 않습니다. 그러므로 무왜형 파형은 일그러짐(왜형파)이 없게 됩니다.

① 무왜형 선로 조건 : [$RC = LG$]

② (무왜형) 특성 임피던스 $Z_0 = \sqrt{\dfrac{L}{C}}$ [Ω]

③ (무왜형) 전파정수 $\gamma = \sqrt{ZY} = \alpha + j\beta = \sqrt{RG} + j\omega\sqrt{LC}$

04 무손실, 무왜형 장거리 선로의 위상속도와 파장

① 전파속도 $v = \lambda f$ [m/sec] (무손실 선로를 진행하는 위상의 속도)

$$\left\{\begin{array}{l} v = \dfrac{\text{전기 각속도}\,\omega}{\text{위상정수}\,\beta} = \dfrac{\omega}{\omega\sqrt{LC}} = \dfrac{f}{f\sqrt{LC}} = \dfrac{1}{\sqrt{LC}}\ [\text{m/s}] \\ v = \dfrac{\omega}{\beta} = \dfrac{f}{f\sqrt{LC}} = \lambda f\ [\text{m/s}] \end{array}\right\}$$

② 파장 $\lambda = \dfrac{v}{f} = \dfrac{3\times10^8}{f}$ [m] (전파의 한 주기 길이)

$$\left\{\lambda = \frac{v}{f} = \frac{\left(\dfrac{f}{f\sqrt{LC}}\right)}{f} = \frac{1}{f\sqrt{LC}} = \frac{1}{f}\frac{1}{\sqrt{LC}} = \frac{2\pi}{\beta}\ [\text{m}]\right\}$$

05 무손실, 무왜형 선로에서 특성 임피던스 계산

특성 임피던스 $Z_0 = \sqrt{\dfrac{Z}{Y}} = \sqrt{\dfrac{L}{C}} = 138\log_{10}\dfrac{D}{r}$ [Ω]

$$\left\{ Z_0 = \sqrt{\frac{Z}{Y}} = \sqrt{\frac{L}{C}} = \sqrt{\frac{0.05 + 0.4605\log_{10}\dfrac{D}{r}\,[mH]}{\left(\dfrac{0.02413}{\log_{10}\dfrac{D}{r}}\right)[\mu F]}} = 138\log_{10}\frac{D}{r} \right\}$$

핵심기출문제

무손실 선로의 분포정수 회로에서 감쇠정수 α와 위상정수 β의 값은?

① $\alpha = \sqrt{RG}$, $\beta = \omega\sqrt{LC}$
② $\alpha = 0$, $\beta = \omega\sqrt{LC}$
③ $\alpha = \sqrt{RG}$, $\beta = 0$
④ $\alpha = 0$, $\beta = \dfrac{1}{\sqrt{LC}}$

해설

전파 정수

$\gamma = \alpha + j\beta = \sqrt{RG} + j\omega\sqrt{LC}$

여기서, 무손실 선로에서는

$R = 0$, $G = 0$이므로

감쇠정수 $\alpha = \sqrt{RG} = 0$

위상정수 $\beta = \omega\sqrt{LC}$

정답 ②

핵심기출문제

위상정수 $\beta = 6.28$[rad/km]일 때 파장[km]은?

① 1 ② 2
③ 3 ④ 4

해설

파장

$\lambda = \dfrac{2\pi}{\beta} = \dfrac{2\times3.14}{6.28} = 1$[km]

정답 ①

핵심기출문제

분포정수 회로에서 위상정수가 β라 할 때 파장 λ는?

① $2\pi\beta$ ② $\dfrac{2\pi}{\beta}$
③ $4\pi\beta$ ④ $\dfrac{4\pi}{\beta}$

해설

분포정수 회로에서의 파장은

$\lambda = \dfrac{2\pi}{\beta}$[m]

정답 ②

① **전선의 인덕턴스**

$$L = 0.05 + 0.4605\log_{10}\frac{D}{r} = 0.05 + 0.4605\frac{Z_0}{138}\,[\mathrm{mH/km}]$$

$$\fallingdotseq 0.4605\frac{Z_0}{138}\,[\mathrm{mH/km}]$$

② **전선의 정전용량**

$$C = \frac{0.02413}{\log_{10}\dfrac{D}{r}} = \frac{138}{0.02413\,Z_0}\,[\mu\mathrm{F/km}]$$

06 송전선로의 반사계수와 정재파비

송전선로가 길어지면 선로에 전압강하, 표피효과, 페란티 현상, 코로나 방전현상 등으로 인해 송전효율이 떨어지고, 손실이 증가합니다. 이를 방지하기 위해 선로를 복도체 방식으로 가설합니다.

실제 송전선로 전구간은 여러 복도체 방식(2도체, 4도체, 6도체)이 혼합돼 있습니다. 전선의 고유저항 및 임피던스는 복도체 방식(2도체, 4도체, 6도체)에 따라 차이가 발생하므로, 송전선로 구간에 따라 임피던스가 달라집니다.

또한 송전선로는 다양한 공간(들판, 산, 호수)을 이동합니다. 이때 송전선로와 땅 사이에 작용하는 정전용량이 송전선이 통과하는 공간(들판, 산, 호수)에 따라 달라지므로 이것 역시 임피던스값에 영향을 줍니다.

종합해보면, 결국 선로의 임피던스는 여러 요인이 영향을 주어 송전선로의 구간마다 임피던스가 달라지며, 선로 구간에 따라 임피던스(Z)가 서로 다른 지점에서 전압 · 전류의 반사되고 투과되는 '정재파'가 생기게 됩니다.

① 전압 · 전류의 반사계수 $\rho = \dfrac{\text{반사파}}{\text{입사파}} = \dfrac{Z_2 - Z_1}{Z_2 + Z_1} < 1$

② 전압 · 전류의 정재파비 $s = \dfrac{1+\rho}{1-\rho} > 1$

③ 전압 · 전류의 투과계수 $\gamma = \dfrac{2\,Z_2}{Z_2 + Z_1}$

핵심기출문제

$Z_L = 3Z_0$인 선로의 반사계수 ρ 및 전압 정재파비 s를 구하면? (단, Z_L : 부하 임피던스, Z_0 : 선로의 특성 임피던스이다.)

① $\rho = 0.5,\ s = 3$
② $\rho = -0.5,\ s = -3$
③ $\rho = 3,\ s = 0.5$
④ $\rho = -3,\ s = -0.5$

해설

$$\rho = \frac{Z_L - Z_0}{Z_L + Z_0} = \frac{3Z_L - Z_0}{3Z_L + Z_0} = 0.5$$

$$s = \frac{1+|\rho|}{1-|\rho|} = \frac{1+0.5}{1-0.5} = 3$$

정답 ①

요약정리

1. 장거리 송전선로의 특성

① 장거리 선로의 전달요소

$Z = R + j\omega L$

$Y = G + j\omega C$

② 특성 임피던스

$Z_0 = \sqrt{\frac{Z}{Y}} = \sqrt{\frac{R + j\omega L}{G + j\omega C}}$ [Ω]

③ 전파정수(전달정수)

$\gamma = \sqrt{ZY} = \sqrt{(R + j\omega L)(G + j\omega C)} = \alpha + j\beta$

→ 감쇠정수 $\alpha = \sqrt{RG}$, 위상정수 $\beta = j\omega\sqrt{LC}$

2. 무손실 선로의 조건 [$R = G = 0$]

① 특성 임피던스 $Z_0 = \sqrt{\frac{L}{C}}$ [Ω]

② 전파정수 $\gamma = j\beta = j\omega\sqrt{LC}$

③ 무손실 선로를 진행하는 위상의 속도 $v = \lambda f$ [m/sec]

④ 파장 $\lambda = \frac{v}{f} = \frac{3 \times 10^8}{f}$ [m]

3. 무왜형 선로의 조건 [$RC = LG$]

① 특성 임피던스 $Z_0 = \sqrt{\frac{L}{C}}$ [Ω]

② 전파정수 $\gamma = \sqrt{ZY} = \alpha + j\beta = \sqrt{RG} + j\omega\sqrt{LC}$

감쇠정수 $\alpha = \sqrt{RG}$, 위상정수 $\beta = \omega\sqrt{LC}$

③ 무손실 선로를 진행하는 위상의 속도 $v = \lambda f$ [m/sec]

④ 파장 $\lambda = \frac{v}{f} = \frac{3 \times 10^8}{f}$ [m]

4. (무손실, 무왜형 선로) 특성 임피던스

$$Z_0 = \sqrt{\frac{Z}{Y}} = \sqrt{\frac{L}{C}} = 138\log_{10}\frac{D}{r}\ [\Omega]$$

5. 송전선로의 반사계수와 정재파비

① **전압 · 전류의 반사계수** $\rho = \dfrac{\text{반사파}}{\text{입사파}} = \dfrac{Z_2 - Z_1}{Z_2 + Z_1} < 1$

② **전압 · 전류의 정재파비** $s = \dfrac{1+\rho}{1-\rho} > 1$

③ **전압 · 전류의 투과계수** $\gamma = \dfrac{2Z_2}{Z_2 + Z_1}$

핵 / 심 / 기 / 출 / 문 / 제

01 단위 길이당 임피던스 및 어드미턴스가 각각 Z 및 Y인 전송선로의 전파정수 γ는?

① $\sqrt{\frac{Z}{Y}}$　② $\sqrt{\frac{Y}{Z}}$

③ $\sqrt{YZ}$　④ YZ

해설

$Z=R+j\omega L\,[\Omega/\text{m}]$, $Y=G+j\omega C\,[\mho/\text{m}]$일 때 선로의 전파정수 γ는

$\gamma=\sqrt{ZY}=\sqrt{(R+j\omega L)(G+j\omega C)}$

02 선로의 단위 길이의 분포 인덕턴스, 저항, 정전용량, 누설 컨덕턴스를 각각 L, r, C 및 g라고 할 때 전파정수는?

① $(r+j\omega L)(g+j\omega C)$

② $\sqrt{(r+j\omega L)(g+j\omega C)}$

③ $\sqrt{\frac{r+j\omega L}{g+j\omega C}}$

④ $\sqrt{\frac{g+j\omega C}{r+j\omega L}}$

해설

분포정수 회로에서의 전파정수는 $r=\sqrt{ZY}=\sqrt{(r+j\omega L)(g+j\omega C)}$

03 분포정수 회로가 무왜형 선로가 되는 조건은?(단, 선로의 단위 길이당 저항을 R, 인덕턴스를 L, 정전 용량을 C, 누설 컨덕턴스를 G라고 한다.)

① $RC=LG$　② $RL=CG$

③ $R=\sqrt{\frac{L}{C}}$　④ $R=\sqrt{LC}$

해설

분포정수 회로에서 무왜형 선로의 조건은

$\frac{R}{L}=\frac{G}{C}$　$\therefore RC=LG$

04 전송선로에서 무손실일 때 $L=96[\text{mH}]$, $C=0.6[\mu\text{F}]$이면 특성 임피던스는 몇 $[\Omega]$인가?

① 100　② 200

③ 300　④ 400

해설

무손실 전송선로에서의 특성 임피던스 Z_0는

$Z_0=\sqrt{\frac{L}{C}}=\sqrt{\frac{9.6\times10^{-3}}{0.6\times10^{-6}}}=400[\Omega]$

정답 01 ③ 02 ② 03 ① 04 ④

PART 03

CHAPTER 14

제어시스템의 라플라스 변환과 역변환

회로이론 과목에서는 회로(Circuit)를 해석하는 방법을 다룹니다. 전기회로는 단순한 회로가 있고, 복잡한 회로가 있습니다. 본 회로이론 과목의 10장까지는 미시적이면서 단순한 R, L, C 소자 몇 개 단위의 회로를 전기 기본이론을 통해 해석하였습니다. 11장부터 13장까지는 거시적이면서 복잡하게 R, L, C, G가 얽히고설킨 회로를 '회로망 개념', '행렬계산', '전자파 이론'을 통해 해석하였습니다.

본 14장부터 16장까지는 복잡한 회로에 대한 내용입니다. 구체적으로 복잡한 회로란, 어떤 시스템이 자동으로 전기동작을 하는 자동제어시스템을 해석하는 내용입니다. 그리고 이런 복잡한 시스템을 해석하기 위해 사용하는 이론이 '라플라스 변환', '복소수' 입니다.

여기서 '전기시스템'과 '자동제어시스템'은 큰 틀에서 구체적으로 다음과 같은 차이가 있습니다.

① 전기시스템

전기시스템은 전원(입력)에서 부하(출력)까지 전력이 이동하며 나타나는 현상과 전력을 제어하는 하나의 유기체(시스템)를 말합니다. 그래서 작은 전기회로도 일종의 전기시스템이고, 도시의 네트워크(Network) 전력망도 전기시스템이며, 긴 송전선도 전기시스템입니다. 하지만 이런 전기시스템은 시스템 스스로 입력과 출력이 변하지 않으므로 일방적이며 수동적입니다.

② 자동제어시스템

반면, 자동제어시스템은 시스템 스스로가 입력과 출력을 변화시켜 목표한 상태에 도달합니다. 이런 시스템은 분명 수동적인 전기시스템과 다릅니다. 자동제어시스템의 예로는 인공지능 가전기기(냉장고, TV, 선풍기, 에어컨, 전기밥솥 등), 승강기, 보일러, 핸드폰, 자율주행차량 시스템, PLC 등 우리 주변에 수없이 많습니다. 자동제어시스템의 공통점은 전력전자소자(반도체 소자)를 사용하고, 비선형적인 전자회로를 사용합니다. 때문에 전기 기본법칙과 회로망 해석이 통하지 않습니다.

이런 자동제어시스템의 특성을 해석하는 것이 본 14장부터 16장 그리고 제어공학 과목의 내용입니다. 이제부터 자동제어시스템을 해석하기 위한 해석 기본도구인 '라플라스 변환(Laplace Transform)'을 보겠습니다.

01 라플라스 변환을 하는 이유

'라플라스 변환'은 물리학에서 사용하는 수학이며, 시간함수 $f_{(t)}$를 복소함수 $F_{(s)}$로 변환하는 수학입니다. '시간함수'를 '복소함수'로 바꾸는 이유는 다음과 같습니다.
보이지 않는 전기 또는 진동하는 파형을 시각적으로 보기 쉽게 나타내는 방법이 복소수를 이용하여 직각좌표(복소평면)에 그리는 방법입니다. 그래서 '시간함수'를 '복소함수'로 바꾼다는 의미는 시간변화를 갖는 어떤 값 또는 주파수 변화를 갖는 어떤 신호를 그 크기와 위상에 대해서 복소수(수학)로 나타내고, 그 다음 복소수로 표현된 크기와 위상을 복소평면(s 평면 : 복소수의 극형식 궤적을 직각좌표에 그린 것을 말하며, 복소평면 또는 s평면이라고 함)에 나타내 시간변화와 주파수변화를 시각적이면서 직관적으로 쉽게 확인할 수 있습니다. 때문에 '시간함수'를 '복소함수'로 바꾸기 위한 '라플라스 변환'을 합니다.

✠ 라플라스(Laplace)
라플라스는 18세기 프랑스의 수학자 겸 물리학자로, 전기를 포함한 물리학 발전에 큰 기여를 했다.

제어계와 라플라스 변환 개념

라플라스 변환과 함께, 자동제어시스템(제어계)의 구조를 간단명료하게 표현하면 다음 그림과 같다.

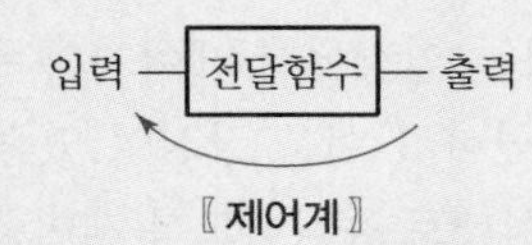

〚 제어계 〛

위 제어계를 통해 라플라스 변환을 하는 이유를 다시 한 번 기술하자면, 교류회로에서 순시값이 교류를 가장 정확하게 표현하는 수식이지만, 순시값으로 교류를 해석하기는 불가능에 가깝다. 그래서 교류 순시값을 실효값으로 변환하여 실효값으로 교류를 해석하고 계산하였다.
우리가 일상에서 쉽게 말하고 계산하는 220[V]가 실효값인 것처럼 제어계에 입 · 출력이 존재하고, 입력측으로 시간변화 또는 파형변화를 갖는 어떤 값이 들어올 때 순간순간 변화하는 값으로 논리적인 해석, 수학적인 계산을 하기는 불가능하다. 그래서 순시값을 실효값으로 바꾸듯이 제어계의 [입력값 – 제어값 – 출력값] 모두를 변환하는 일정한 값, 고정된 값으로 바꾸는 변환방법이 라플라스 변환이다.
라플라스 변환된 제어계의 입력값(X), 제어값(G), 출력값(Y)을 가지고 해석하면 계산과정이 산수처럼 매우 쉽게 전개된다. 그러므로 제어계가 안정적인 동작을 할지 동작하지 않을지 쉽게 해석할 수 있다.

1. 복소수

복소함수는 복소수(Complex Number) 함수로 실수와 허수의 합으로 나타내는 수학적 표현입니다. 그리고 복소수를 표현하는 방식은 총 4가지 형식이 있습니다.

① **복소수의 직각좌표 형식** : $\dot{Z} = a + jb$ (제어공학에서 $s = \sigma + j\omega$로 사용)
② **복소수의 삼각함수 형식** : $\dot{Z} = r(\cos\theta + j\sin\theta)$
③ **복소수의 극(좌표) 형식** : $\dot{Z} = r\angle\theta^{\circ}$ (제어공학에서 $s = g\angle\theta$로 사용)
④ **복소수의 지수함수 형식** : $\dot{Z} = re^{\pm j\theta}$

PART 03

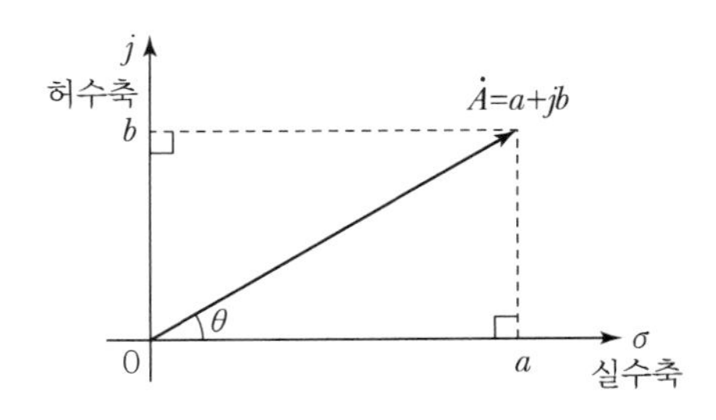

여기서,

- 직각좌표 형식의 크기 계산 : $|Z| = \sqrt{a^2+b^2}$
- 직각좌표 형식의 각도 계산 : $\theta = \tan^{-1}\frac{b}{a}$

복소수의 극 형식은 페이저(Phasor) 형식으로도 불리며, 진동하는 벡터를 진폭 크기와 위상으로 나타낼 때 사용합니다. → $Phasor = \text{실효값} \angle \text{위상각}^\circ$

라플라스 변환과 제어공학 전체 내용은 복소수 중 ① 직각좌표 형식과 ③ 극 형식(페이저)을 사용합니다. 복소수($F_{(s)}$ 또는 s) 값들을 복소평면(s평면) 위에 궤적을 그려, 제어시스템을 설계하는 입장에서 제어계의 동작 변화를 시각적으로 인지하기 편하고 해석하는 데 계산하기 쉬운 장점이 있습니다. 그래서 제어계(제어시스템)를 사람이 목표로 하는 상태로 동작하도록 제어할 수 있습니다.

또한 라플라스 변환을 사용하면, 복잡한 회로의 미분방정식 표현을 중학교 수준의 일반계수 방정식 수학으로 쉽게 풀 수 있고, 선형제어계통의 안정도 및 시간영역 및 주파수영역에서 해석을 쉽게 만듭니다.

2. 복소변수 s

라플라스 변환의 정의$\left(L\left[f_{(t)}\right] = F_{(s)} = \int_0^\infty f_{(t)}\, e^{-st}\, dt\right)$를 통해 회로이론(14장~16장) 내용과 제어공학 과목(1장~6장) 내용을 쉽게 해석할 수 있습니다. 주목할 것은 라플라스 변환 후 모든 함수에 s가 들어가는 것입니다.

→ $F_{(s)},\ R_{(s)},\ G_{(s)},\ C_{(s)},\ M_{(s)},\ E_{(s)},\ \cdots$

여기서 s는 '라플라스 연산자' 또는 '복소변수'를 의미합니다. 수학에서 시간함수를 $f_{(t)}$로 표현합니다. 여기서 t는 '시간변수', '시간과 관련된 연산자'입니다.

어떤 변수 또는 함수의 속성을 나타내기 위해 이 같은 표현을 합니다. (라플라스 변환된) 복소함수는 $F_{(s)}$로 나타내고, 여기서 s는 복소변수의 의미를 갖습니다. 그래서 본론 내용 중 $F_{(s)}$를 보면 이미 라플라스 변환되어 시간변화가 더 이상 없는 복소함수라는 것을 알 수 있습니다. 복소변수 s의 정의는 다음과 같습니다.

> 복소변수 $s = \sigma + j\omega$(직각좌표 표현 $c = a + jb$과 같은 꼴)
> • s는 복잡한 제어시스템의 신호전달을 수학적으로 쉽게 표현할 수 있다.
> • σ (시그마)는 실수, ω(오메가)는 각주파수이다.

복소함수 $F_{(s)}$의 복소변수(또는 라플라스 연산자) s를 s 평면(복소수를 나타내는 직각좌표)에 나타내면 아래 좌표와 같습니다. 가로축은 실수(σ), 세로축은 허수를 의미하며 각주파수($\omega = 2\pi f$)를 나타냅니다.

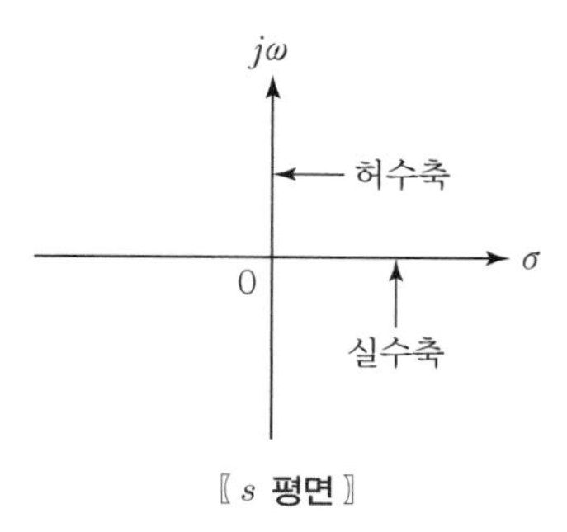

〖 s 평면 〗

전기는 발전기 구조에서 회전자가 회전하며 진동하는 교류를 만들고, 파형, 주파수, 신호 모든 것이 진동합니다. 복소함수의 변수인 s에서 허수부는 각주파수(ω)입니다.

3. 복소평면(s평면)

복소평면(또는 s 평면)은 복소변수의 실수 σ (Real Axis)를 가로축, 복소변수의 허수 j (Imaginary Axis)를 세로축으로 하는 직각좌표입니다.
복소평면은 라플라스 변환된 복소함수 $F_{(s)}$와 제어공학 과목에서 주파수함수 $F_{(j\omega)}$ 등 자동제어시스템과 관련된 모든 함수 및 제어요소 그리고 제어요소가 그리는 궤적을 복소평면 위에 나타냅니다(단, 제어공학의 8장 시퀀스제어 단원은 자동제어시스템이 아닌 전기시스템이므로 제외). 그래서 본 14장~마지막 단원인 16장과 제어공학 과목 전반에 걸쳐 s평면을 사용합니다.

4. 제어계의 구성과 시스템 표현방법

라플라스 변환은 사실상 자동제어시스템의 기본이자 시작입니다(산수의 기본이 ×, ÷, +, − 사칙연산인 것처럼). 그래서 '라플라스 변환'과 '복소함수 $F_{(s)}$'의 개념을 파악해야만 다음과 같은 표현과 용어들이 한눈에 들어옵니다.
자동제어시스템(제어계)를 논리적으로 해석하기 위해 입력－제어－출력 3가지로 나타냅니다.

① $R_{(s)}$: 제어계에 가해지는 입력신호 $R_{(s)}$

② $C_{(s)}$: 제어계의 전기적 혹은 기계적 출력인 출력신호 $C_{(s)}$

③ $G_{(s)}$: 입력과 출력 사이에서 제어가 이뤄지는 제어부 또는 전달함수

$$G_{(s)} = \frac{C_{(s)}}{R_{(s)}}$$

제어계를 입 · 출력 비율로 나타내어 어떤 제어가 이뤄지는 제어계인지 해석할 수 있습니다. 이런 입 · 출력의 비 $\left[G_{(s)} = \frac{\text{출력}}{\text{입력}} = \frac{C_{(s)}}{R_{(s)}} \right]$를 '전달함수'로 정의합니다.

전달함수(Transfer Function)

$$G_{(s)} = \frac{C_{(s)}}{R_{(s)}} = \frac{L[c_{(t)}]}{L[r_{(t)}]} = \frac{\text{제어계의 출력을 라플라스로 변환한 값}}{\text{제어계의 입력을 라플라스로 변환한 값}}$$

여기서, 라플라스 변환된 입력신호 $R_{(s)}$, 라플라스 변환된 출력신호 $C_{(s)}$, 라플라스 변환된 입 · 출력의 비율 $\frac{C_{(s)}}{R_{(s)}}$ 모두는 초기값을 0으로 놓고 라플라스 변환한 값들입니다.

→ $\lim_{t \to 0} f_{(t)} = \lim_{s \to \infty} s\,F_{(s)}$: 제어계의 모든 복소함수는 시간영역에서 초기값이 $t=0$일 때, 선형미분방정식에 의한 결과이다.

이 말은 라플라스 변환된 복소함수값들의 초기값이 모두 0이며, 선형미분방정식에 의한 결과이기 때문에 복소함수들 간의 산수 수준의 사칙연산(×, ÷, +, −)이 가능하다는 것을 말해 줍니다.
이와 같이 제어계의 [입력 − 제어 − 출력]을 표현하기 위한 라플라스 변환과 복소수의 의미를 충분히 다뤘으므로 본격적으로 '라플라스 변환과 역변환' 내용을 보겠습니다.

핵심기출문제

함수 $f(t)$의 라플라스 변환은 어떤 식으로 정의되는가?

① $\int_{-\infty}^{\infty} f(t)\,e^{-st}dt$

② $\int_{-\infty}^{\infty} f(t)\,e^{st}dt$

③ $\int_{0}^{\infty} f(t)\,e^{-st}dt$

④ $\int_{0}^{\infty} f(t)\,e^{st}dt$

해설

시간함수 $f(t)$의 라플라스 변환은

$\mathcal{L}[f(t)] = F(s)$

$= \int_{0}^{\infty} f(t)\,e^{-st}$

로 정의한다.

정답 ③

02 라플라스 변환방법 I : 라플라스 변환 공식에 의한 기본 변환

1. 라플라스 변환의 정의

$$L[f_{(t)}] = \int_0^{\infty} f_{(t)}\,e^{-st}\,dt = F_{(s)}$$

($f_{(t)}$는 시간함수, $F_{(s)}$는 복소함수)

① $\mathcal{L}[f_{(t)}]$: 시간함수 $f_{(t)}$를 라플라스 변환($\mathcal{L}$)하면,

② $\int_0^{\infty} f_{(t)} \cdot e^{-st}dt$: 시간함수 $f_{(t)}$에 e^{-st}를 곱해서 $0 \sim \infty$ 범위를 다 합해라.

③ $F_{(s)}$: 그러면 복소함수 $F_{(s)}$로 변환된다.

2. 라플라스 변환 기호(표현)

다음과 같은 기호는 '라플라스 변환'을 하라는 뜻입니다.

$[f_{(t)} \rightarrow F_{(s)}]$ 또는 $L[f_{(t)}]$

3. 라플라스 변환 기본 정리

제어계에 입력되는 시간함수는 다양하지만 이를 분류하면 다음의 표로 정리됩니다.

제어계에 입력되는 시간함수 이름	시간함수 $f_{(t)}$ 종류	라플라스 변환 과정	복소함수 $F_{(s)}$
① 단위계단함수 (인디셜함수)	$f_{(t)}=u(t)=1$	$L[f_{(t)}]=\int_0^\infty u(t)\cdot e^{-st}dt=\frac{1}{s}$	$F_{(s)}=\frac{1}{s}$
② 단위충격함수 (임펄스함수)	$f_{(t)}=\delta(t)$	$L[f_{(t)}]=\int_0^\infty \delta(t)\cdot e^{-st}dt=1$	$F_{(s)}=1$
③ 단위경사함수 (램프함수)	$f_{(t)}=t$	$L[f_{(t)}]=\int_0^\infty t\cdot e^{-st}dt=\frac{1}{s^2}$	$F_{(s)}=\frac{1}{s^2}$
④ 시간함수	$f_{(t)}=t^n$	$L[f_{(t)}]=\int_0^\infty t^n\cdot e^{-st}dt=\frac{n!}{s^{n+1}}$	$F_{(s)}=\frac{n!}{s^{n+1}}$
⑤ 계단(상수)함수	$f_{(t)}=K$	$L[f_{(t)}]=\int_0^\infty K\cdot e^{-st}dt=\frac{K}{s}$	$F_{(s)}=\frac{K}{s}$
⑥ 지수함수	$f_{(t)}=e^{-at}$	$L[f_{(t)}]=\int_0^\infty e^{-at}\cdot e^{-st}dt=\frac{1}{s+a}$	$F_{(s)}=\frac{1}{s+a}$
⑦ 삼각함수	$f_{(t)}=\sin\omega t$ $f_{(t)}=\cos\omega t$	$L[f_{(t)}]=\int_0^\infty \sin\omega t\cdot e^{-st}dt=$ $L[f_{(t)}]=\int_0^\infty \cos\omega t\cdot e^{-st}dt=$	$F_{(s)}=\frac{\omega}{s^2+\omega^2}$ $F_{(s)}=\frac{s}{s^2+\omega^2}$

(1) 단위계단함수(인디셜함수)

단위계단함수는 어떤 변수가 시간변화에 대해 항상 크기가 1인 시간함수 $f_{(t)}$를 의미합니다. 그리고 이 시간함수를 $u(t)$로 표현합니다. 이런 시간함수를 복소함수로 라플라스 변환한 결과는 $F_{(s)}=\frac{1}{s}$ 입니다.

$f_{(t)}=u(t)=1 \rightarrow$ 크기 1이 계속 유지되는 함수 :

f(t)
1
u(t)는 단위 1이 계속 유지되는 것
t

핵심기출문제

기전력 $E_m\sin\omega t$의 라플라스 변환은?

① $\frac{s}{s^2+\omega^2}E_m$ ② $\frac{\omega}{s^2+\omega^2}E_m$

③ $\frac{s}{s^2-\omega^2}E_m$ ④ $\frac{\omega}{s^2-\omega^2}E_m$

정답 ②

핵심기출문제

$f(t)=\frac{e^{at}+e^{-at}}{2}$의 라플라스 변환은?

① $\frac{s}{s^2+a^2}$ ② $\frac{s}{s^2-a^2}$

③ $\frac{a}{s^2+a^2}$ ④ $\frac{a}{s^2-a^2}$

해설

$\mathcal{L}\frac{e^{at}+e^{-at}}{2}$

$=\frac{1}{2}\left(\frac{1}{s-a}+\frac{1}{s+a}\right)$

$=\frac{s}{s^2-a^2}$

정답 ②

핵심기출문제

$f(t)=3t^2$의 라플라스 변환은?

① $\frac{3}{s^2}$ ② $\frac{3}{s^3}$

③ $\frac{6}{s^2}$ ④ $\frac{6}{s^3}$

해설

$\mathcal{L}[3t^2]=3\times\frac{2!}{s^{2+1}}=\frac{6}{s^3}$

정답 ④

PART 03

(2) 단위충격함수(단위면적함수, 임펄스함수)

단위충격함수는 어떤 변수가 시간변화에 대해 항상 면적이 1인 시간함수 $f_{(t)}$를 의미합니다. 그리고 이 시간함수를 $\delta(t)$로 표현합니다. 이런 시간함수를 복소함수로 라플라스 변환한 결과는 $F_{(s)} = 1$입니다.

면적이 항상 1인 함수 :

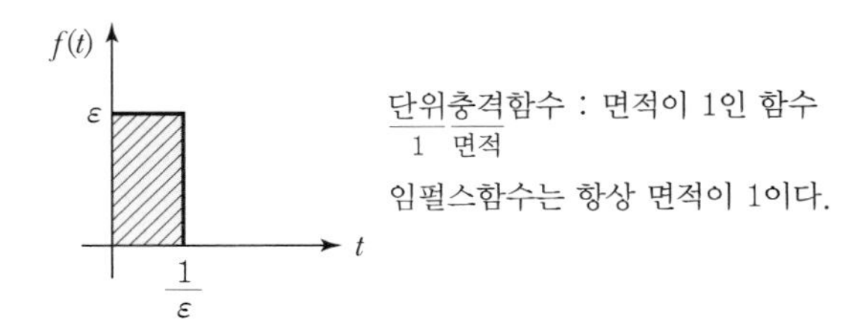

(3) 단위경사함수(단위계단함수, 램프함수)

단위경사함수는 어떤 변수가 시간변화에 대해 기울기 1($\frac{y}{x} = 1$)인 시간함수 $f_{(t)}$를 의미합니다. 이런 시간함수를 복소함수로 라플라스 변환한 결과는 $F_{(s)} = \frac{1}{s^2}$ 입니다.

기울기가 항상 1인 함수 :

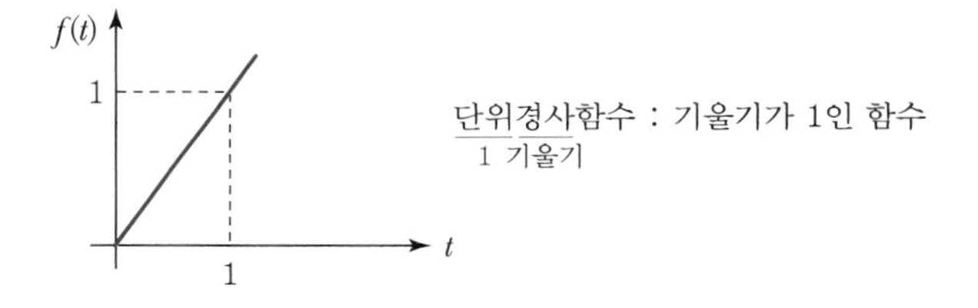

(4) 계단함수(상수함수)

계단함수는 어떤 변수가 시간변화에 대해 항상 상수값(k)만 갖는 시간함수 $f_{(t)}$를 의미합니다. 이런 시간함수를 복소함수로 라플라스 변환한 결과는 $F_{(s)} = \frac{K}{s}$ 입니다.

제어계의 입력으로 어떤 크기 k가 일정하게 유입되는 경우의 함수 :

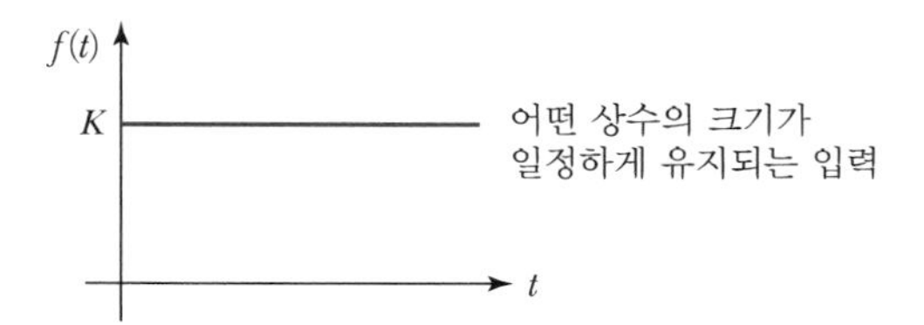

(5) 지수함수

지수함수는 제어계에 어떤 크기가 계속 감소하는 함수가 유입되는 경우의 함수입니다.

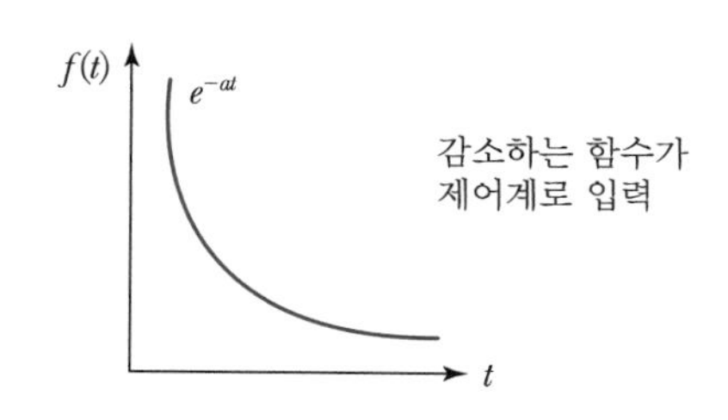

핵심기출문제

$f(t) = \sin t + 2\cos t$를 라플라스 변환하면?

① $\frac{2s}{s^2+1}$ ② $\frac{2s+1}{(s+1)^2}$

③ $\frac{2s+1}{s^2+1}$ ④ $\frac{2s}{(s+1)^2}$

해설

선형성 정리에 의해

$\mathcal{L}(\sin t + 2\cos t)$

$= \mathcal{L}\sin t + \mathcal{L}\,2\cos t$

$= \left(\frac{1}{s^2+1^2}\right) + \left(2\frac{s}{s^2+1^2}\right)$

$= \frac{1+2s}{s^2+1}$

정답 ③

03 라플라스 변환방법 II : 라플라스 변환의 성질

앞의 표에서 열거한 7개의 '라플라스 변환'은 기본변환입니다. 라플라스 변환을 적용해야 할 제어계의 입력은 기본변환 7개보다 훨씬 많습니다. 7개의 기본변환 공식으로 해결되지 않는 경우는 '라플라스 변환 성질'을 이용하여 어떤 시간함수로부터 복소함수로 라플라스 변환을 합니다.
다음은 라플라스 변환 성질 7가지입니다.

① 선형성 정리
② 시간추이 정리
③ 복소추이 정리
④ 복소미분 정리
⑤ 실미분 정리
⑥ 실적분 정리
⑦ 초기값 정리와 최종값 정리

핵심기출문제

함수 $f(t) = 3u(t) + 2e^{-t}$의 라플라스 변환함수 $F(s)$는?

① $\frac{s+3}{s(s+1)}$ ② $\frac{5s+3}{s(s+1)}$

③ $\frac{3s}{s^2+1}$ ④ $\frac{5s+1}{s^2(s+1)}$

해설

선형성 정리를 적용한다.

$\mathcal{L}\,3u(t) + 2e^{-t}$

$= \mathcal{L}\,3u(t) + \mathcal{L}\,2e^{-t}$

$= \left(3 \times \frac{1}{s}\right) + \left(2 \times \frac{1}{s+1}\right)$

$= \frac{5s+3}{s(s+1)}$

정답 ②

1. 선형성 정리

$$L\left[c_1 f_{1(t)} + c_2 f_{2(t)}\right] = c_1 L\left[f_{1(t)}\right] + c_2 L\left[f_{2(t)}\right]$$

여기서 c_1, c_2는 상수입니다. 상수는 시간변화에 대해 변화가 없는 항상 일정한 수이기 때문에 상수 그 자체가 복소함수 상태입니다.

PART 03

2. 시간추이 정리

$f_{(t)} = u(t) \xrightarrow{\mathcal{L}} F_{(s)} = \frac{1}{s}$

$f_{(t)} = u(t-a) \xrightarrow{\mathcal{L}} F_{(s)} = \frac{1}{s}e^{-as}$

$f_{(t)} = u(t) - u(t-b) \xrightarrow{\mathcal{L}} F_{(s)} = \frac{1}{s} - \frac{1}{s}e^{-bs} = \frac{1}{s}(1-e^{-bs})$

$f_{(t)} = 3u(t) - 3u(t-2) \xrightarrow{\mathcal{L}} F_{(s)} = \frac{3}{s} - \frac{3}{s}e^{-2s} = \frac{3}{s}(1-e^{-2s})$

$f_{(t)} = u(t-a) - u(t-b) \xrightarrow{\mathcal{L}} F_{(s)} = \frac{1}{s}e^{-as} - \frac{1}{s}e^{-bs} = \frac{1}{s}(e^{-as} - e^{-bs})$

3. 복소추이 정리

① $f_{(t)} = t \cdot e^t \rightarrow L[f_{(t)}]$ 경우

[시간함수 × 지수함수]의 경우로, 시간함수에 지수함수가 복속된 형태의 라플라스 변환이다. 그러므로 시간함수를 먼저 라플라스 변환(L)을 한 후, 지수함수를 포함시켜 $\mathcal{L}$ 변환을 한다.

② $f_{(t)} = t \cdot \sin\omega t \rightarrow L[f_{(t)}]$ 경우

[시간함수 × 삼각함수]의 경우로, 삼각함수를 먼저 $\mathcal{L}$ 변환한 후, 그 다음 시간함수에 대한 미분 $\mathcal{L}$ 변환을 한다.

③ $f_{(t)} = e^t \cdot \sin\omega t \rightarrow L[f_{(t)}]$ 경우

[지수함수 × 삼각함수]의 경우로, 삼각함수를 먼저 $\mathcal{L}$ 변환한 후, 그 다음 삼각함수를 포함시켜 $\mathcal{L}$ 변환을 한다.

라플라스 변환 시 주의사항

함수와 함수가 어떤 연산인지(× 연산인지 혹은 +, − 연산인지)에 따라 적용되는 라플라스 정리가 달라진다.

$f_{(t)} = t + e^t \rightarrow L[f_{(t)}]$ 경우, 선형성 정리 적용
$f_{(t)} = t \cdot e^t \rightarrow L[f_{(t)}]$ 경우, 복소추이 정리 적용

핵심기출문제

$L[u(t-a)]$ 변환된 값은 얼마인가?

① $\frac{e^{as}}{s^2}$ ② $\frac{e^{-as}}{s^2}$
③ $\frac{e^{as}}{s}$ ④ $\frac{e^{-as}}{s}$

해설

$\mathcal{L}[u(t-a)] = \frac{1}{s}e^{-as}$

정답 ④

핵심기출문제

그림과 같은 램프함수의 라플라스 변환식은?

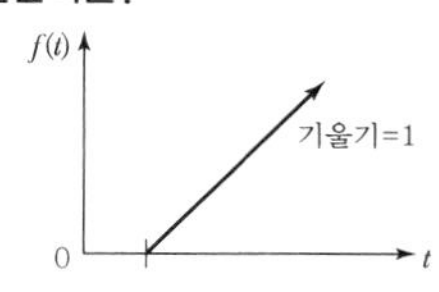

① $\frac{1}{s}e^{s}$ ② $\frac{1}{s}e^{-s}$
③ $\frac{1}{s^2}e^{s}$ ④ $\frac{1}{s^2}e^{-s}$

해설

그림은 시간 $t=1$만큼 지연된 1차 직선함수이다.
함수 $f(t) = (t-1)u(t-1)$
$\therefore \mathcal{L} f(t) = \frac{1}{s^2}e^{-s}$

정답 ④

핵심기출문제

$f(t) = te^{-at}$일 때, 라플라스 변환된 $F(s)$ 값은 얼마인가?

① $\frac{2}{(s+a)^2}$ ② $\frac{1}{s(s+a)}$
③ $\frac{1}{(s+a)^2}$ ④ $\frac{1}{s+a}$

해설

복소추이 정리에 의해,
$\mathcal{L}[te^{-at}] = \left[\frac{1}{s^2}\right]_{s=s+a} = \frac{1}{(s+a)^2}$

정답 ③

4. 복소미분 정리

시간함수가 들어간 라플라스 변환의 경우 $\left[f_{(t)}=t^n \cdot f_{2(t)}\right]$, 시간함수 t^n 는 '미분' 하라는 의미입니다. → 시간함수 t^n 의 미분방법 : $L\left[t^n\right]=-1^n \dfrac{d^n}{ds^n} \cdot F_{2(s)}$

[복소미분 정리의 4가지 경우]

[경우 1] $f_{(t)}=t$ ($f_{(t)}=t$는 $f_{(t)}=t \cdot 1$과 같다.)

$$f_{(t)}=t \times 1 \xrightarrow{L} F_{(s)}=-1^1 \frac{d^1}{ds^1}\left(\frac{1}{s}\right)=-\frac{(1' \times s)-(1 \times s')}{s^2}=\frac{1}{s^2}$$

[경우 2] $f_{(t)}=t^2$($f_{(t)}=t^2$는 두 번 미분해야 한다.)

$$f_{(t)}=t^2 \times 1 \xrightarrow{L} F_{(s)}=-1^2 \frac{d^2}{ds^2}\left(\frac{1}{s}\right)=\frac{2}{s^3}$$

[경우 3] $f_{(t)}=t \cdot e^t$

$$f_{(t)}=t \cdot e^t \xrightarrow{L} F_{(s)}=-1^1 \frac{d^1}{ds^1}\left[\frac{1}{s}\right]_{s \rightarrow s-1}=\frac{1}{(s-1)^2}$$

[경우 4] $f_{(t)}=t \cdot \sin\omega t$

('복소추이 정리'에 의해 삼각함수를 먼저 L 변환한 후, 미분한다.)

$$f_{(t)}=t \cdot \sin\omega t \xrightarrow{L} F_{(s)}=-1^1 \frac{d^1}{ds^1}\left(\frac{\omega}{s^2+\omega^2}\right)$$

$$=-\frac{\left[\omega' \times (s^2+\omega^2)\right]-\left[\omega \times (s^2+\omega^2)'\right]}{(s^2+\omega^2)^2}=\frac{1-2s}{(s^2+\omega^2)^2}$$

핵심기출문제

시간함수 $e^{-2t}\cos 3t$ 의 라플라스 변환을 찾으시오.

① $\dfrac{s+2}{(s+2)^2+3^2}$

② $\dfrac{s-2}{(s-2)^2+3^2}$

③ $\dfrac{s}{(s+2)^2+3^2}$

④ $\dfrac{s}{(s-2)^2+3^2}$

해설

복소추이 정리에 의해,

$\mathcal{L}\left[e^{-2t} \cdot \cos 3t\right]$

$=\left[\dfrac{s}{s^2+3^2}\right]_{s=s+2}$

$=\dfrac{s+2}{(s+2)^2+3^2}$

정답 ①

5. 실미분 정리

실미분 정리에 의한 라플라스 변환 결과는 미분수식을 복소함수 s로 바꿔 쓴다.

$$f_{(t)}=\frac{d^n}{dt^n} i_{(t)} \xrightarrow{\mathcal{L}} F_{(s)}=s^n I_{(s)}$$

[실미분 정리의 3가지 경우]

[경우 1] $f_{(t)}=\dfrac{d}{dt} i_{(t)} \xrightarrow{\mathcal{L}} F_{(s)}=s\, I_{(s)}$

[경우 2] $f_{(t)}=\dfrac{d^2}{dt^2} i_{(t)} \xrightarrow{\mathcal{L}} F_{(s)}=s^2 I_{(s)}$

[경우 3] $f_{(t)}=\dfrac{d^3}{dt^3} i_{(t)} \xrightarrow{\mathcal{L}} F_{(s)}=s^3 I_{(s)}$

핵심기출문제

$f_{(t)}=\dfrac{d}{dt}x_{(t)}+x_{(t)}=2$를 실미분 정리에 의해 라플라스 변환하시오.

① $\dfrac{1}{s}$ ② $\dfrac{2}{s}$

③ s ④ $2s$

해설

$f_{(t)}=\dfrac{d}{dt}x_{(t)}+x_{(t)}=2 \xrightarrow{\mathcal{L}}$

$F_{(s)}=s\,X_{(s)}+X_{(s)}=\dfrac{2}{s}$

정답 ②

6. 실적분 정리

실적분 정리에 의한 라플라스 변환 결과는 적분수식을 복소함수 $\frac{1}{s}$로 바꿔 쓴다.

$$f_{(t)} = \int i_{(t)}\,dt \xrightarrow{\mathcal{L}} F_{(s)} = I_{(s)}\frac{1}{s}$$

$$f_{(t)} = K(\text{상수}) \xrightarrow{\mathcal{L}} F_{(s)} = \frac{K}{s}$$

7. 초기값 정리와 최종값 정리

① $f_{(t)}$ **초기값** : 시간영역의 시간변수 t를 0으로 보내 극한값을 찾는다. → $t=0$일 때의 시간함수값을 찾는 것이다.

② $f_{(t)}$ **최종값** : 시간영역의 시간변수 t를 무한대(∞)로 보내 극한값을 찾는다. → $t=\infty$일 때의 시간함수값을 찾는 것이다.

③ $F_{(s)}$ **초기값** : 제어계에 입력된 복소함수의 복소변수 s를 무한대(∞)로 보내 극한의 값을 찾는다. → $s=\infty$일 때의 복소함수값을 찾는 것이다.

④ $F_{(s)}$ **최종값** : 제어계의 입력된 복소함수의 복소변수 s를 0으로 보내 극한의 값을 찾는다. → $t=0$일 때의 복소함수값을 찾는 것이다.

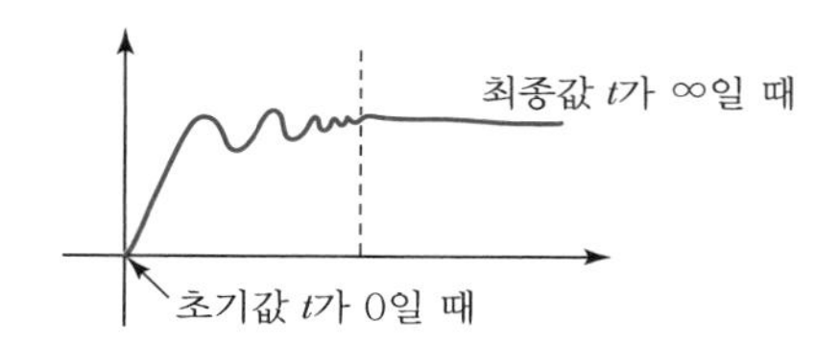

▶ 극한의 시간영역과 복소영역 비교

시간영역 $f_{(t)}$	복소영역 $F_{(s)}$
• 초기값 : $\lim_{t\to 0} f_{(t)}$ • 최종값 : $\lim_{t\to\infty} f_{(t)}$	• 초기값 : $\lim_{s\to\infty} sF_{(s)}$ • 최종값 : $\lim_{s\to 0} sF_{(s)}$

04 라플라스 역변환방법

원래 제어계에 입력되는 값은 시간함수$f_{(t)}$ 혹은 주파수함수 $f_{(j\omega)}$입니다. 이를 제어계의 출력 결과를 예측하기 위해(시변계의 값을 시불변계의 값으로 바꾸기 위해) 라플라스 변환($\mathcal{L}$)을 하여, 산수 수준의 쉬운 연산을 통해 제어계를 쉽게 해석할 수 있습니다. 라플라스 변환된 값은 실제 값이 아니라 변환된 값이므로, 라플라스 변환된 복소

핵심기출문제

$\frac{dx}{dt}+3x=5$의 라플라스 변환한 $X(s)$의 값을 구하시오.(단, $x(0_+)=0$이다.)

① $\frac{5}{s+3}$　② $\frac{3}{s(s+5)}$
③ $\frac{3s}{s+5}$　④ $\frac{5}{s(s+3)}$

해설

$\frac{dx(t)}{dt}+3x(t)=5$를 라플라스 변환하면

$sX(s)=3X(s)=\frac{5}{s}$

$X(s)=\frac{5}{(s+3)\cdot s}$

정답 ④

핵심기출문제

$\lim_{t\to\infty} f(t)$가 $\mathcal{L}[f(t)]=F(s)$일 때, 어떻게 표현되는가?

① $\lim_{s\to 0} F(s)$　② $\lim_{s\to 0} sF(s)$
③ $\lim_{s\to\infty} F(s)$　④ $\lim_{s\to\infty} sF(s)$

해설

최종값 정리에 의해,

$\lim_{t\to\infty} f(t) \to \lim_{s\to 0} sF(s)$

정답 ②

함수 $F_{(s)}$를 다시 원래 값인 시간함수 $f_{(t)}$로 되돌려야 합니다. 이것이 라플라스 역변환($\mathcal{L}^{-1}$)을 하는 이유입니다.

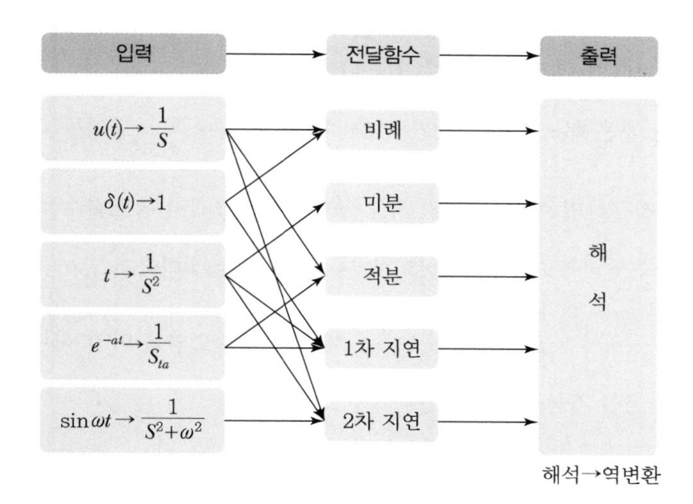

〚 라플라스 변환의 의미 〛

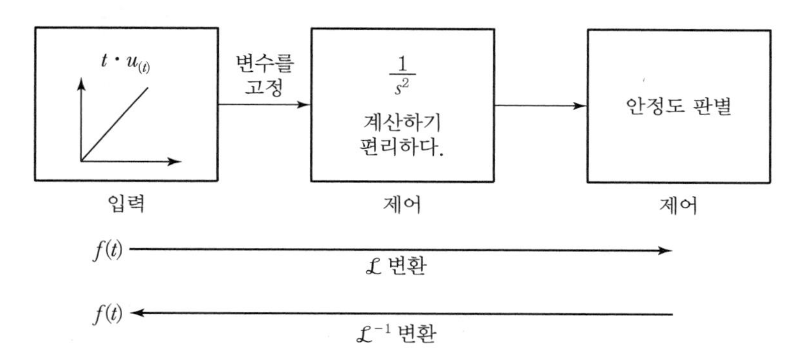

실제, 원래 제어계에 입력신호는 시간함수 또는 주파수함수이므로,
계산과 해석 때문에 $\mathcal{L}$변환한 것을 다시 역변환($\mathcal{L}^{-1}$)한다.

〚 라플라스 변환과 역변환관계 〛

라플라스 역변환방법은 사실 어렵습니다. 하지만 다음 라플라스 역변환을 하는 4가지 패턴을 가지고 비교적 쉽게 접근할 수 있습니다.

① 라플라스 변환 기본공식을 역으로 이용하여 역변환하는 경우
② **헤비사이드**의 부분분수 전개방법을 이용하여 역변환하는 경우
③ 복소함수에 '중근(분모가 2차식일 때)'이 있을 때 역변환하는 경우
④ 복소함수가 '완전제곱 꼴'일 때 형태를 약간 변형하여 역변환하는 경우

✠ 올리버 헤비사이드(Oliver Heaviside, 1850~1925)
20세기 초에 영국에서 활동한 전기공학자로, 전기자기학과 라플라스 변환을 연구하여 발전시켰다. 헤비사이드가 고안한 '라플라스 역변환' 방법이 헤비사이드의 부분분수 전개방법이다.

핵심기출문제

$F(s) = \frac{s+1}{s^2+2s}$ 로 주어졌을 때 $F(s)$을 역변환한 것은?

① $\frac{1}{2}(1+e^{t})$

② $\frac{1}{2}(1-e^{-t})$

③ $\frac{1}{2}(1+e^{-2t})$

④ $\frac{1}{2}(1-e^{-2t})$

해설

함수 $F(s) = \frac{s+1}{s^2+2s}$

$= \frac{s+1}{s(s+2)}$

$= \frac{k_1}{s} + \frac{k_2}{s+2}$

여기서, $k_1 = \lim_{s \to 0} \frac{s+1}{s+2} = \frac{1}{2}$

$k_2 = \lim_{s \to -2} \frac{s+1}{s} = \frac{1}{2}$

따라서,

$F(s) = \frac{s+1}{s(s+2)}$

$= \frac{\frac{1}{2}}{s} + \frac{\frac{1}{2}}{s+2}$

$= \frac{1}{2}\left(\frac{1}{s} + \frac{1}{s+2}\right)$

$\therefore f(t) = \frac{1}{2}(1+e^{-2t})$

정답 ③

핵심기출문제

다음 복소함수 $F_{(s)} = \left[\frac{1}{(s+a)^2}\right]$을 라플라스 역변환하시오.

① e^{-at} ② $t^2 \cdot e^{-t}$
③ $t \cdot e^{at}$ ④ $t \cdot e^{-at}$

해설

분모에 $s+a$ 모양은 지수함수 e^{-at}와 관련되므로

$\rightarrow L^{-1}\left[\frac{1}{(s+a)^2}\right] = t \cdot e^{-at}$

$\therefore$ 역변환 결과 : $f_{(t)} = t \cdot e^{-at}$

정답 ④

1. 라플라스 변환 기본공식을 역으로 이용하여 역변환하는 경우

이미 알고 있는 '라플라스 변환' 기본정리 7가지 형태에 맞게 수식모양을 되돌리는 방법입니다. 라플라스 변환 기본공식은 7개밖에 되지 않기 때문에 몇 가지 역변환 패턴만 숙지하면 쉽게 접근할 수 있습니다.

단, 다음과 같은 복소함수 형태가 있을 때 → $F_{(s)} = \frac{s}{s+b}$ 이를 다시 시간함수로 바꾸려면 접근하기 어렵습니다. $F_{(s)} \xrightarrow{L^{-1}} f_{(t)}$ 그래서 복소함수 수식모양에서 수식모양을 약간 바꾸되 수학적으로 결과는 변하지 않게 다음과 같이 살짝 바꿉니다.

① $L^{-1}\left[\frac{s}{s+b}\right] = L^{-1}\left[\frac{s+b-b}{s+b}\right]$ 이렇게 함수모양을 약간 바꾸면 $\mathcal{L}^{-1}$ 역변환에 접근할 가능성이 높아진다.

② $L^{-1}\left[\frac{s+b-b}{s+b}\right] = L^{-1}\left[\frac{s+b}{s+b} - \frac{b}{s+b}\right] = \mathcal{L}^{-1}\left[1 - b\frac{1}{s+b}\right]$

③ $f_{(t)} = \delta_{(t)} - be^{-bt}$ 이처럼 끼워 맞추기 식으로 역변환하는 방법이다.

2. 헤비사이드의 부분분수 전개방법을 이용하여 역변환하는 경우

다음과 같은 유형의 복소함수로 나타낸 복소함수는 직접적으로 라플라스 역변환하기 어렵습니다.

$$F_{(s)} = \frac{1}{(s+1)(s+2)}$$

$$F_{(s)} = \frac{1}{s(s+1)}$$

$$F_{(s)} = \frac{2s+3}{s^2+3s+2}$$

위와 같은 경우에 '헤비사이드의 부분분수 전개방법'을 이용하여 역변환을 해야 합니다. 주어진 복소함수를 차례대로 부분분수 전개방법을 전개해 역변환해 보겠습니다.

① $F_{(s)} = \frac{1}{(s+1)(s+2)} \rightarrow L^{-1}[F_{(s)}]$

첫째, 분모를 통분되기 이전의 개별 분수상태로 만든다. 그리고 분자는 계수(알파벳 A, B, C, ...)로 나타낸다. → $F_{(s)} = \frac{A}{s+1} + \frac{B}{s+2}$

둘째, 계수 A와 B 값을 찾는다. → $A=\left[\frac{1}{s+2}\right]_{s\to-1}=\frac{1}{1}=1$

$$B=\left[\frac{1}{s+1}\right]_{s\to-2}=\frac{1}{-1}=-1$$

$\therefore F_{(s)}=\frac{1}{s+1}-\frac{1}{s+2}$

셋째, 역변환한다. → $F_{(s)}=\frac{1}{s+1}-\frac{1}{s+2}\xrightarrow{L^{-1}}f_{(t)}=e^{-t}-e^{2t}$(역변환 결과)

② $F_{(s)}=\frac{1}{s(s+1)}\to L^{-1}[F_{(s)}]$

첫째, 분모를 통분되기 이전의 개별 분수상태로 만든다. 그리고 분자는 계수(알파벳 A, B, C, ...)로 나타낸다. → $F_{(s)}=\frac{A}{s}+\frac{B}{s+1}$

둘째, 계수 A와 B 값을 찾는다. → $A=\left[\frac{1}{s+1}\right]_{s\to0}=\frac{1}{1}=1$

$$B=\left[\frac{1}{s}\right]_{s\to-1}=\frac{1}{-1}=-1$$

$\therefore F_{(s)}=\frac{1}{s}-\frac{1}{s+1}$

셋째, 역변환한다. → $F_{(s)}=\frac{1}{s}-\frac{1}{s+1}\xrightarrow{L^{-1}}f_{(t)}=u(t)-e^{-t}$ (역변환 결과)

③ $F_{(s)}=\frac{2s+3}{s^2+3s+2}\to L^{-1}[F_{(s)}]$

첫째, 분모를 1차식의 개별 분수 꼴로 나타내기 위해 먼저 인수분해를 한다.

S^2+3S+2
$S \quad 1$
$S \quad 2$
$(S+1) \quad (S+2)$

이므로, $F_{(s)}=\frac{2s+3}{(s+1)(s+2)}$이 된다.

둘째, 분모를 개별 분수상태로 만든다. 그리고 분자는 계수(알파벳 A, B, C, ...)로 나타낸다. → $F_{(s)}=\frac{A}{s+1}+\frac{B}{s+2}$

셋째, 계수 A와 B 값을 찾는다. → $A=\left[\frac{2s+3}{s+2}\right]_{s\to-1}=\frac{1}{1}=1$

$$B=\left[\frac{2s+3}{s+1}\right]_{s\to-2}=\frac{-1}{-1}=1$$

$\therefore F_{(s)}=\frac{1}{s+1}+\frac{1}{s+2}$

핵심기출문제

$F(s)=\frac{A}{\alpha+s}$라 하면 이의 역변환은?

① αe^{At} ② $Ae^{\alpha t}$
③ αe^{-At} ④ $Ae^{-\alpha t}$

해설

$\mathcal{L}^{-1}\left[\frac{A}{s+\alpha}\right]$
$=A\mathcal{L}^{-1}\left[\frac{1}{s+\alpha}\right]=Ae^{-\alpha t}$

정답 ④

넷째, 역변환한다. → $F_{(s)} = \frac{1}{s+1} + \frac{1}{s+2} \xrightarrow{L^{-1}} f_{(t)} = e^{-t} + e^{-2t}$(역변환 결과)

3. 복소함수에 중근(분모가 2차식일 때)이 있을 때 역변환하는 경우

복소함수에 중근(분모에 2차식이 포함된 꼴) 형태일 때는 '복소미분 정리'와 '부분분수 전개방식' 두 가지를 이용하여 역변환할 수 있습니다.

$$F_{(s)} = \frac{k}{(s+\alpha)^2(s+\beta)} \rightarrow L^{-1}\left[F_{(s)}\right] = \ldots?$$

첫째, 분모를 분모의 차수만큼 나누어 전개한다.

$$\frac{k}{(s+\alpha)^2(s+\beta)} = \frac{A}{(s+\alpha)^2} + \frac{B}{s+\alpha} + \frac{C}{s+\beta}$$

여기서, $\frac{k}{(s+\alpha)^2}$ 꼴을 통해 같은 근이 두 개가 중복됐으므로 '중근'인 것을 알 수 있다.

중근은 분모가 제곱 꼴이므로 본 수식에 일차식의 분수 하나를 더 추가하고

$\rightarrow \frac{A}{(s+\alpha)^2} + \frac{B}{s+\alpha} + \frac{C}{s+\beta}$

만약 3차식 $\frac{k}{(s+\alpha)^3}$ 이라면, 본 수식에 2차식 분수 하나와 1차식 분수 하나 총 두 개 분수를 더 추가한다. → $\frac{A}{(s+\alpha)^3} + \frac{B}{(s+\alpha)^2} + \frac{C}{s+\alpha} + \frac{D}{s+\beta}$

둘째, 계수 A, B, C를 찾는다. 이때, 중근으로부터 나온 1차식 $\frac{B}{s+\alpha}$ 분수는 미분해야 한다.

$$A = \left[\frac{k}{s+\beta}\right]_{s \to -\alpha} = \frac{k}{-\alpha+\beta}$$

$$B = \frac{d^1}{ds^1}\left[\frac{k}{s+\beta}\right]_{s \to -\alpha} = \left[\frac{k'(s+\beta) - k(s+\beta)'}{(s+\beta)^2}\right]_{s \to -\alpha} = (\text{생략})$$

$$C = \left[\frac{k}{(s+\alpha)^2}\right]_{s \to -\beta} = \frac{k}{(\alpha-\beta)^2}$$

셋째, 역변환 $L^{-1}\left[F_{(s)}\right]$ 한다.

참고 분수 꼴과 곱셈 꼴의 미분

- 분수 꼴 미분 : $\left(\frac{B}{A}\right)' = \frac{A'B - AB'}{A^2}$
- 곱셈 꼴 미분 : $(A \cdot B)' = A'B - AB'$

4. 복소함수가 완전제곱 꼴일 때 형태를 약간 변형하여 역변환하는 경우

전달함수가 '완전제곱 꼴'인 경우는 전달함수의 형태를 약간 변형하여 역변환을 할 수 있습니다.

만약 $F_{(s)} = \dfrac{3}{s^2+4s+5} \rightarrow L^{-1}\left[F_{(s)}\right]$ 의 경우라면,

첫째, 분모를 완전제곱 꼴로 만든다.

$s^2+4s+4+1$이므로, $F_{(s)} = \dfrac{3}{s^2+4s+4+1}$

둘째, 인수분해를 한다. $\rightarrow F_{(s)} = \dfrac{3}{(s+2)^2+1} = 3\dfrac{1}{(s+2)^2+1}$

셋째, 역변환 $L^{-1}\left[F_{(s)}\right]$ 한다.

$$F_{(s)} = 3\frac{1}{(s+2)^2+1} \xrightarrow{L^{-1}} f_{(t)} = 3\sin t \cdot e^{-2t} \text{ (역변환 결과)}$$

PART 03

1. 복소변수

$s = \sigma + j\omega$

2. 라플라스 변환의 정의

$$L[f_{(t)}] = \int_0^\infty f_{(t)} e^{-st} dt = F_{(s)}$$

3. 라플라스 변환 기본 정리

제어계에 입력되는 시간함수 이름	시간함수 표현 $f_{(t)}$	복소함수 $F_{(s)}$
① 단위계단함수(인디셜함수)	$f_{(t)} = u(t) = 1$	$F_{(s)} = \frac{1}{s}$
② 단위충격함수(임펄스함수)	$f_{(t)} = \delta(t)$	$F_{(s)} = 1$
③ 단위경사함수(램프함수)	$f_{(t)} = t$	$F_{(s)} = \frac{1}{s^2}$
④ 시간함수	$f_{(t)} = t^n$	$F_{(s)} = \frac{n!}{s^{n+1}}$
⑤ 계단(상수)함수	$f_{(t)} = K$	$F_{(s)} = \frac{K}{s}$
⑥ 지수함수	$f_{(t)} = e^{-at}$	$F_{(s)} = \frac{1}{s+a}$
⑦ 삼각함수	$f_{(t)} = \sin\omega t$ $f_{(t)} = \cos\omega t$	$F_{(s)} = \frac{\omega}{s^2+\omega^2}$ $F_{(s)} = \frac{s}{s^2+\omega^2}$

4. 라플라스 변환 성질

① 선형성 정리

$$L[c_1 f_{1(t)} + c_2 f_{2(t)}] = c_1 L[f_{1(t)}] + c_2 L[f_{2(t)}]$$

c_1, c_2는 상수이고, 상수는 항상 일정하기 때문에 상수 그 자체가 복소상태이다.

② **시간추이 정리**

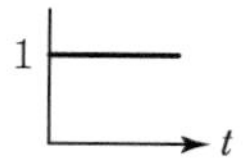

$f_{(t)} = u(t) \xrightarrow{\mathcal{L}} F_{(s)} = \frac{1}{s}$

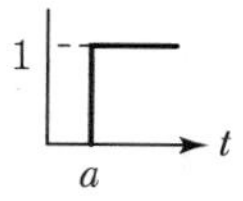

$f_{(t)} = u(t-a) \xrightarrow{\mathcal{L}} F_{(s)} = \frac{1}{s}e^{-as}$

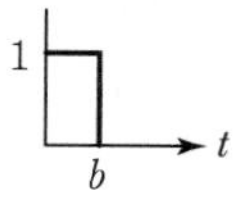

$f_{(t)} = u(t) - u(t-b) \xrightarrow{\mathcal{L}} F_{(s)} = \frac{1}{s} - \frac{1}{s}e^{-bs} = \frac{1}{s}(1-e^{-bs})$

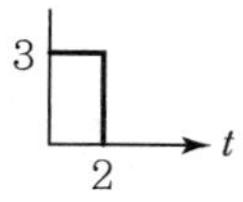

$f_{(t)} = 3u(t) - 3u(t-2) \xrightarrow{\mathcal{L}} F_{(s)} = \frac{3}{s} - \frac{3}{s}e^{-2s} = \frac{3}{s}(1-e^{-2s})$

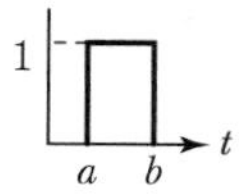

$f_{(t)} = u(t-a) - u(t-b) \xrightarrow{\mathcal{L}} F_{(s)} = \frac{1}{s}e^{-as} - \frac{1}{s}e^{-bs} = \frac{1}{s}(e^{-as} - e^{-bs})$

③ **실미분 정리** : 미분 기호를 차수에 비례하여 s 로 바꿈 $\frac{d^n}{dt^n}i_{(t)} \rightarrow s^n I_{(s)}$

④ **실적분 정리** : 적분 기호를 $\frac{1}{s}$ 로 바꿈 $\int i_{(t)}\, dt \rightarrow I_{(s)} \frac{1}{s}$

상수의 경우 : $f_{(t)} = K \xrightarrow{L} F_{(s)} = \frac{K}{s}$

⑤ **초기값 정리와 최종값 정리**

▶ **극한의 시간영역과 복소영역 비교**

시간영역 $f_{(t)}$	복소영역 $F_{(s)}$
• 초기값 : $\lim_{t \to 0} f_{(t)}$ • 최종값 : $\lim_{t \to \infty} f_{(t)}$	• 초기값 : $\lim_{s \to \infty} sF_{(s)}$ • 최종값 : $\lim_{s \to 0} sF_{(s)}$

핵 / 심 / 기 / 출 / 문 / 제

01 시간함수 $f_{(t)} = Ri_{(t)} + L\frac{d}{dt}i_{(t)} + \frac{1}{C}\int i_{(t)}dt$ 를 실적분 정리에 의해 라플라스 변환하시오.

① $Rs + L + C$ ② $R + Ls + \frac{1}{Cs}$

③ $I_{(s)}\left[R + Ls + \frac{1}{Cs}\right]$ ④ $I\left[Rs + Ls + \frac{1}{Cs}\right]$

해설

$f_{(t)} \xrightarrow{\mathcal{L}} F_{(s)} = RI_{(s)} + LsI_{(s)} + \frac{1}{C}I_{(s)}\frac{1}{s}$

$\rightarrow F_{(s)} = I_{(s)}\left[R + Ls + \frac{1}{Cs}\right]$

주어진 문제의 시간함수로 표현된 $R-L-C$ 미분방정식에 대한 전기회로는 다음과 같다.

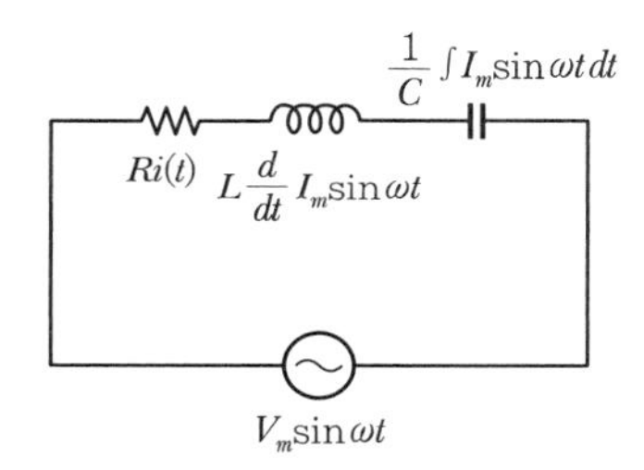

02 전류 전달함수 $I_{(s)} = \frac{2(s+1)}{s^2+2s+5}$ 일 때, $i_{(t)}$의 초기값을 구하시오.

① 0.5[A] ② 1[A]

③ 1.5[A] ④ 2[A]

해설

$\lim_{t\to 0} i_{(t)} \rightarrow \lim_{s\to\infty} s\,I_{(s)} = \lim_{s\to\infty} s\left[\frac{2(s+1)}{s^2+2s+5}\right]$

여기서 분모 · 분자에 $\frac{\left(\frac{1}{s^2}\right)}{\left(\frac{1}{s^2}\right)}$ 곱을 하면,

$\rightarrow \lim_{s\to\infty}\frac{2+\frac{2}{s}}{1+\frac{2}{s}+\frac{5}{s^2}} = \frac{2+0}{1+0+0} = 2$

∴ 전류 전달함수 $I_{(s)} = \frac{2(s+1)}{s^2+2s+5}$의 시간영역에서 초기값은 2이고, 이를 달리 말하면 어떤 회로에 전류 인가 후 $t=0$일 때 2[A]가 흐른다.

03 어떤 출력의 전달함수가 $C_{(s)} = \frac{5}{s(s^2+s+2)}$ 일 때, $c_{(t)}$의 최종값을 구하시오.

① 5 ② $\frac{5}{2}$

③ $\frac{5}{4}$ ④ 0

해설

최종값 정리 : $\lim_{t\to\infty} c_{(t)} \rightarrow \lim_{s\to 0} s\,C_{(s)} = \lim_{s\to 0} s\left[\frac{5}{s(s^2+2s+2)}\right]$

$= \lim_{s\to 0}\frac{5}{s^2+2s+2} = \lim_{s\to 0}\frac{5}{0+0+2} = \frac{5}{2}$

∴ 전달함수 $C_{(s)} = \frac{5}{s(s^2+s+2)}$의 시간영역에서 최종값은 $\frac{5}{2}$이고, 이를 달리 말하면 어떤 회로에 출력이 최종적($t=\infty$)으로 $\frac{5}{2}$였다.

04 라플라스 변환된 복소함수 $\frac{s}{(s+a)^2+b^2}$을 $\mathcal{L}^{-1}$하시오.

① $\sin bt \cdot e^{at} + \cos bt \cdot e^{-at}$

② $\cos bt \cdot e^{-at} - \frac{a}{b}\sin bt \cdot e^{-at}$

③ $\frac{a}{b}\sin bt \cdot e^{-at} + \cos bt \cdot e^{-at}$

④ $\cos bt \cdot e^{at} + \frac{a}{b}\sin bt \cdot e^{-at}$

정답 01 ③ 02 ④ 03 ② 04 ②

해설

$$L^{-1}\left[\frac{s}{(s+a)^2+b^2}\right]=\frac{s+a-a}{(s+a)^2+b^2}$$
$$=\frac{s+a}{(s+a)^2+b^2}-\frac{a}{(s+a)^2+b^2}\times\frac{b}{b}$$
$$=\cos bt \cdot e^{-at}-\frac{a}{b}\sin bt \cdot e^{-at}$$

05 복소함수 $F_{(s)}=\dfrac{3}{(s+1)^2(s+2)}$에 대한 역라플라스 $L^{-1}[F_{(s)}]$를 구하시오.

① $3te^{-t}-3e^{-t}+3e^{-2t}$

② $te^{-t}-3e^{-t}-3e^{-t}$

③ $3te^{t}+3e^{t}+3e^{2t}$

④ $te^{-t}+3e^{-t}-3e^{-t}$

해설

첫째, $F_{(s)}=\dfrac{3}{(s+1)^2(s+2)} \rightarrow F_{(s)}=\dfrac{A}{(s+1)^2}+\dfrac{B}{s+1}+\dfrac{C}{s+2}$

둘째,

$$A=\left[\frac{3}{s+2}\right]_{s\to-1}=\frac{3}{1}=3$$

$$B=\frac{d^1}{ds^1}\left[\frac{3}{s+2}\right]_{s\to-1}=\left[\frac{0'(s+2)-3(1+0)'}{(s+2)^2}\right]_{s\to-1}$$
$$=\frac{-3}{(s+2)^2}=\frac{-3}{1}=-3$$

$$C=\left[\frac{3}{(s+1)^2}\right]_{s\to-2}=\frac{3}{(-1)^2}=3$$

셋째, 역변환을 한다.

$$F_{(s)}=\frac{3}{(s+1)^2}-\frac{3}{s+1}+\frac{3}{s+2}\xrightarrow{L^{-1}} f_{(t)}=3te^{-t}-3e^{-t}+3e^{-2t}$$

(역변환 결과)

PART 03

정답 05 ①

CHAPTER 15 제어시스템의 전달함수 종류

01 전달함수의 정의

14장에서 다룬 '복소함수 s'와 '라플라스 변환'을 이용하여 자동제어시스템을 논리적으로 표현합니다. 또한 자동제어시스템(=제어계)의 제어의 특성을 입력신호 $R_{(s)}$와 출력신호 $C_{(s)}$의 관계를 비율 $\frac{C_{(s)}}{R_{(s)}}$로 나타내어 해석하게 됩니다. 이런 입·출력의 비 $\left[G_{(s)} = \frac{\text{출력}}{\text{입력}} = \frac{C_{(s)}}{R_{(s)}}\right]$를 '전달함수'로 정의합니다.

> 전달함수 $G_{(s)} = \frac{C_{(s)}}{R_{(s)}} = \frac{L[c_{(t)}]}{L[r_{(t)}]}$ $\quad G_{(s)} = \frac{Y_{(s)}}{X_{(s)}} = \frac{L[y_{(t)}]}{L[x_{(t)}]}$
>
> $\left\{\text{전달함수} = \frac{\text{출력}}{\text{입력}} = \frac{\text{제어계의 출력을 라플라스로 변환한 값}}{\text{제어계의 입력을 라플라스로 변환한 값}}\right\}$

여기서, 라플라스 변환된 입력신호 $R_{(s)}$, 라플라스 변환된 출력신호 $C_{(s)}$, 라플라스 변환된 입·출력의 비율 $\frac{C_{(s)}}{R_{(s)}}$ 모두는 초기값을 0으로 놓고 라플라스 변환한 값들입니다.

$\lim_{t \to 0} f_{(t)} = \lim_{s \to \infty} s F_{(s)}$: 제어계의 모든 복소함수는 시간영역에서 초기값이 $t=0$일 때, 선형미분방정식에 의한 결과이다.

$R-L-C$ 직렬회로의 선형미분방정식 표현

$$f_{(t)} = Ri_{(t)} + L\frac{d}{dt} i_{(t)} + \frac{1}{C}\int i_{(t)}\, dt$$

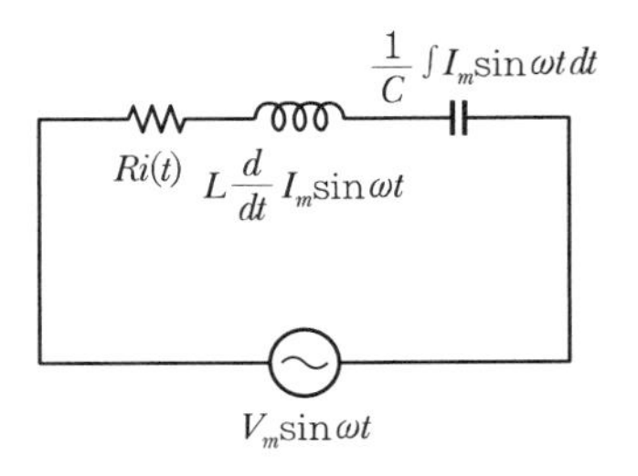

핵심기출문제

어떤 계를 표시하는 미분방정식이 $\frac{d^2y(t)}{dt^2} + 3\frac{dy(t)}{dt} + 2y(t) = \frac{dx(t)}{dt} + x(t)$라고 한다. $x(t)$는 입력, $y(t)$는 출력이라고 한다면 이 계의 전달함수는 어떻게 표시되는가?

① $G(s) = \frac{s^2+3s+2}{s+1}$

② $G(s) = \frac{2s+1}{s^2+s+1}$

③ $G(s) = \frac{s+1}{s^2+3s+2}$

④ $G(s) = \frac{s^2+s+1}{2s+1}$

해설

미분방정식에 모든 초기 조건을 0으로 하고, 라플라스 변환을 하면 다음과 같다.

$s^2Y(s) + 3sY(s) + 2Y(s)$
$= sX(s) + X(s) \xrightarrow[\text{묶는다}]{Y_{(s)}\text{로}}$
$Y(s)(s^2+3s+2)$
$= X(s)(s+1)$
$\therefore G(s) = \frac{Y(s)}{X(s)}$
$= \frac{s+1}{s^2+3s+2}$

정답 ③

그래서 전달함수 정의에 따라 제어계를 해석하기 위해 계산할 때, 전달함수 $G_{(s)}$는 시간함수 $f_{(t)}$로 계산하는 것이 아닌 라플라스 변환된 시불변계값 $F_{(s)}$으로 계산합니다. 앞서 14장에서는 제어계를 논리적으로 표현하는 방법(복소수, 복소함수, 라플라스 변환, 입력 $R_{(s)}$과 출력 $C_{(s)}$)을 다뤘고, 이번 15장에서는 제어계에서 제어가 이뤄지는 부분인 '전달함수'와 '전달함수의 종류'에 대해서 다루겠습니다.

02 제어계의 전체 구조

사실 14장~16장까지의 내용과 제어공학 과목의 자동제어시스템(제어계)의 내용이 어떤 내용인지 쉽게 파악되는 내용이 아니기 때문에 앞으로 제어계와 관련하여 다룰 전체적인 맥락을 그림을 통해 한눈에 보기 쉽게 설명해 보겠습니다.

1. 제어공학의 체계

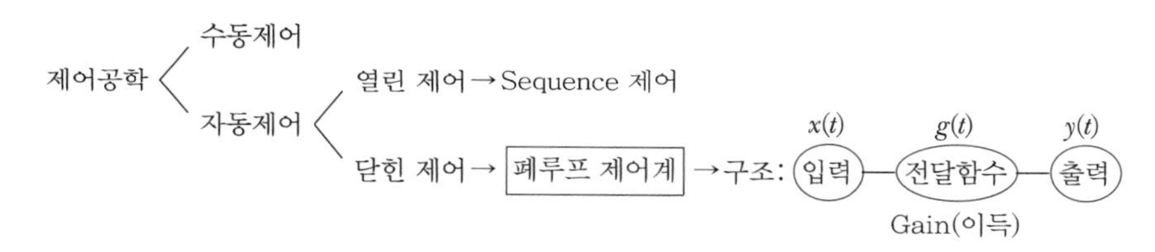

2. 제어계의 논리적 표현방법

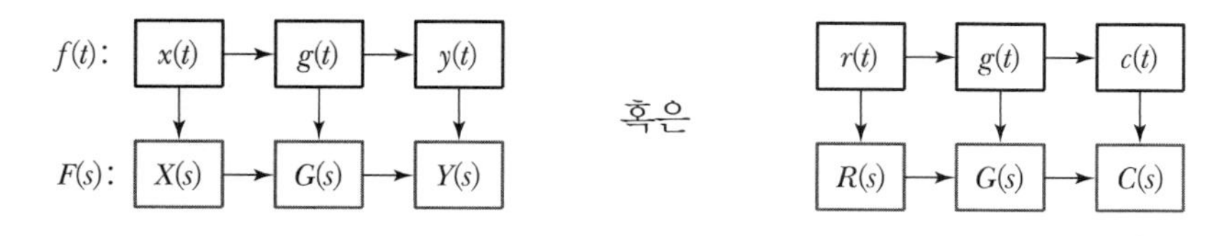

3. 제어계(자동제어시스템)의 구조

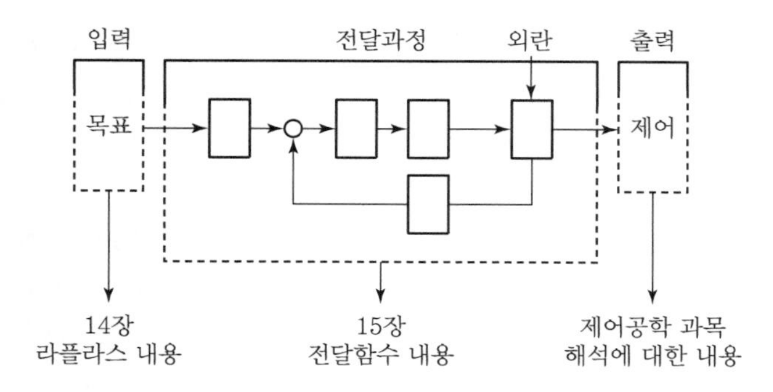

핵심기출문제

제어시스템의 모든 초기값을 $t=0$으로 놓고, 제어계의 입력과 출력을 비율로 나타냈을 때, 이것이 의미하는 것은 무엇인가?

① 충격함수 ② 전달함수
③ 포물선함수 ④ 경사함수

해설

제어시스템에서 입력-제어-출력의 모든 시간함수 초기값이 0인 상태에서 입력과 출력의 비$\left(\frac{출력}{입력}\right)$로 나타낸 것은 전달함수이다.

정답 ②

03 제어계의 전달함수 구조

1. 제어계(자동제어시스템)의 세부구조

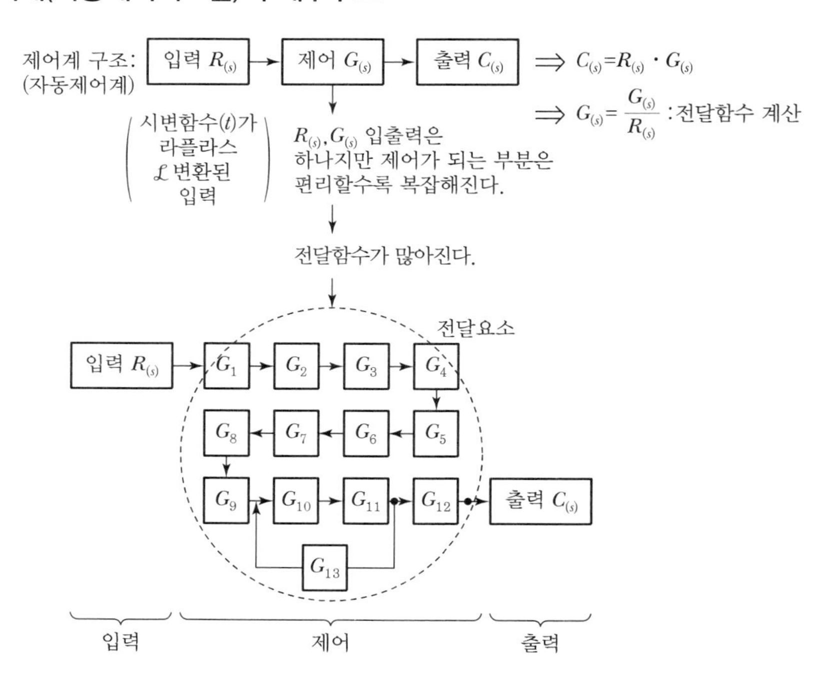

> **핵심기출문제**
>
> 어떤 제어계의 임펄스 응답이 정현파 신호 $\sin t$ 일 때 이 계의 전달함수와 미분방정식을 구하면?
>
> ① $\frac{1}{s^2+1}$, $\frac{d^2y}{dt^2}+y=x$
>
> ② $\frac{1}{s^2-1}$, $\frac{d^2y}{dt^2}+2y=2x$
>
> ③ $\frac{1}{2s+1}$, $\frac{d^2y}{dt^2}-y=x$
>
> ④ $\frac{1}{2s^2-1}$, $\frac{d^2y}{dt^2}-2y=2x$
>
> **해설**
>
> 제어계의 임펄스 응답에서의 전달함수는 출력의 라플라스 변환과 같다.
>
> ∴ 전달함수
>
> $$G(s)=\frac{Y(s)}{X(s)}=\mathcal{L}\sin t=\frac{1}{s^2+1}$$
>
> ∴ 미분방정식
>
> $$x(t)=\frac{d^2}{dt^2}y(t)+y(x)$$
>
> **정답** ①

2. 제어계 구분

제어계는 목표값, 제어량, 동작에 따라 다음과 같이 분류합니다.

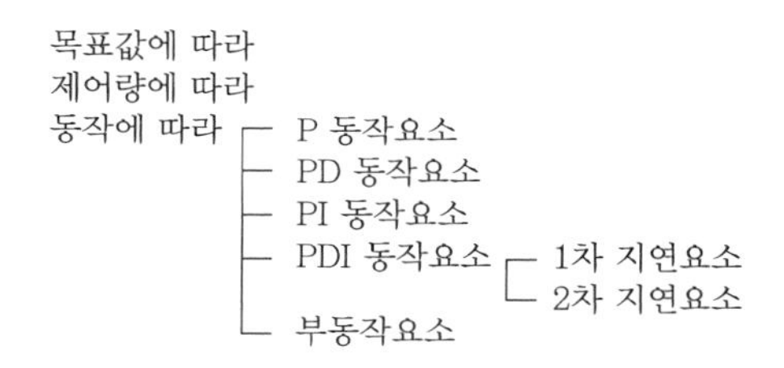

실제 제어계에는 수천, 수만 가지 이상의 다양한 제어시스템이 존재합니다. 제어시스템을 구분하면 3가지 요소(목표값, 제어량, 동작)에 따라 크게 3가지 종류로 분류할 수 있습니다. 여기서, 제어 또는 전달함수는 제어계의 동작을 결정하는 요소입니다.

이 장(전달함수의 종류)은 제어시스템의 3요소 중 '동작'을 결정하는 제어요소(전달함수)에 관한 내용입니다. 제어계의 동작에도 무수히 많은 제어요소가 존재하지만, 대표적으로 총 6가지의 제어요소(제어요소, 동작요소, 전달함수 모두 같은 의미)가 존재합니다. 6가지 동작요소에 대해서 본 15장과 제어공학 과목 1장에서 더 다룹니다.

04 전달함수의 종류

자동제어시스템(제어계)이 어떤 동작을 하게 되는지 여부는 순전히 '전달함수'에 의해서 결정됩니다. 또한 제어계의 출력이 안정된 동작을 할지, 불안정한 동작을 할지 예측할 때도 전달함수를 이용하여 해석합니다.

제어계에 입력된 값이 어떠한 제어도 없이 그대로 출력이 된다면, '입력=출력'이므로 해석할 필요가 없습니다. 하지만 제어계에 입력된 값은 인간이 설계한 제어요소(전달함수)를 거치면서 다양한 출력(인간에게 유익한 출력)이 만들어지고, 우리는 이를 해석하게 됩니다.

사람의 목적에 따라 매우 다양한 제어요소(전달함수)가 존재하지만, 이론적으로 크게 다음과 같은 6가지 제어요소(전달요소 또는 전달함수)로 압축됩니다.

자동제어계 해석 : $X_{(s)} \cdot G_{(s)} = Y_{(s)} \longrightarrow$ 전달함수 $G_{(s)} = \dfrac{Y_{(s)}}{X_{(s)}}$

입력의 종류
- $u_{(t)} \to \dfrac{1}{S}$
- $\delta_{(t)} \to 1$
- $t \to \dfrac{1}{S^2}$
- $e^{-at} \to \dfrac{1}{S+a}$
- $\sin\omega t \to \dfrac{\omega}{S^2+\omega^2}$
- $\cos\omega t \to \dfrac{S}{S^2+\omega^2}$

- 비례요소 $K \to G_{(s)} = \dfrac{Y_{(s)}}{X_{(s)}} = K$
- 비례미분요소 $KS \to G_{(s)} = \dfrac{Y_{(s)}}{X_{(s)}} = KS$
- 비례적분요소 $\dfrac{K}{S} \to G_{(s)} = \dfrac{Y_{(s)}}{X_{(s)}} = \dfrac{K}{S}$
- 1차 지연요소 $\dfrac{K}{1+Ts} \to G_{(s)} = \dfrac{Y_{(s)}}{X_{(s)}} = \dfrac{K}{1+Ts}$
- 2차 지연요소 $\dfrac{\omega_n^2}{s^2+2\delta\omega_n s+\omega_n^2}$
- 부동작요소 $K \cdot e^{-\tau s}$

① **P 동작요소** : P는 비례요소의 약자로, 제어계에 입력 $x_{(t)}$가 들어오면 비례동작 후 출력된다.

② **PD 동작요소(비례미분동작)** : 제어계에 입력 $x_{(t)}$가 들어오면 비례미분동작 후 출력되는 전달요소이다.

③ **PI 동작요소(비례적분동작)** : 제어계에 입력 $x_{(t)}$가 들어오면 비례적분동작 후 출력되는 전달요소이다.

④ **1차 지연요소** : 제어계에 입력 $x_{(t)}$가 들어오면 한 번 지연하는 구간을 갖고 출력되는 전달요소이다.

⑤ **2차 지연요소** : 제어계에 입력 $x_{(t)}$가 들어오면 두 번 지연하는 구간을 갖고 출력되는 전달요소이다.

⑥ **부동작요소** : 제어계에 입력 $x_{(t)}$가 들어오면 일정시간 동작하지 않다가 출력이 나타나는 전달요소이다.

05 전달함수의 논리적 표현

1. P동작요소(비례동작)

'비례동작 제어'를 회로도와 함께 논리적으로 표현하면 다음과 같습니다.

$$x_{(t)} \to \boxed{K} \to y_{(t)} \xrightarrow[\text{재전개}]{\text{출력으로}} \text{출력 } Y_{(s)} = X_{(s)} \cdot K$$

$$e_{(t)} = R\,i_{(t)} \xrightarrow{\mathcal{L}} E_o(s) = R\,I_{(s)}$$

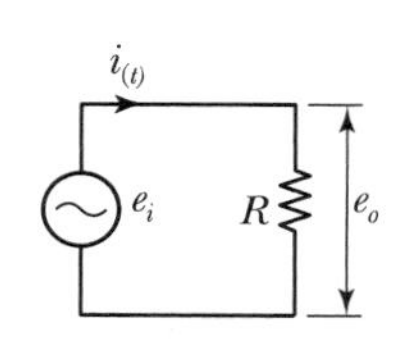

$$\xrightarrow[\text{표현}]{\text{전달함수}} G_{(s)} = \frac{E_o(s)}{I_{(s)}} = R$$

∴ 저항(R)만의 회로에서 전달함수는 R

2. PD동작요소(비례미분동작)

'미분동작 제어'를 회로도와 함께 논리적으로 표현하면 다음과 같습니다.

$$x_{(t)} \to \boxed{Ks} \to y_{(t)} \xrightarrow[\text{재전개}]{\text{출력으로}} \text{출력 } Y_{(s)} = X_{(s)} \cdot Ks$$

$$e_{(t)} = L\frac{d}{dt}i_{(t)} \xrightarrow{\mathcal{L}} E_o(s) = Ls\,I_{(s)}$$

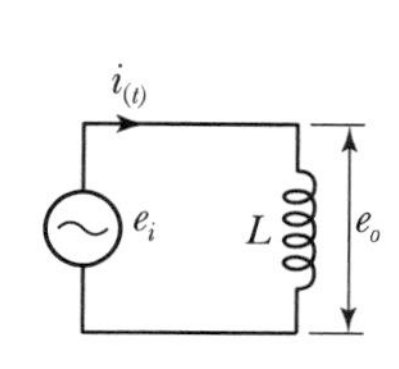

$$\xrightarrow[\text{표현}]{\text{전달함수}} G_{(s)} = \frac{E_o(s)}{I_{(s)}} = Ls$$

∴ 인덕터(L)만의 회로에서 전달함수는 Ls

3. PI동작요소(비례적분동작)

'적분동작 제어'를 회로도와 함께 논리적으로 표현하면 다음과 같습니다.

$$x_{(t)} \to \boxed{\frac{K}{s}} \to y_{(t)} \xrightarrow[\text{재전개}]{\text{출력으로}} \text{출력 } Y_{(s)} = X_{(s)} \cdot \frac{K}{s}$$

$$e_{(t)} = \frac{1}{C}\int i_{(t)}dt \xrightarrow{\mathcal{L}} E_o(s) = \frac{1}{C}\frac{1}{s}I_{(s)} = I_{(s)}\left[\frac{1}{Cs}\right]$$

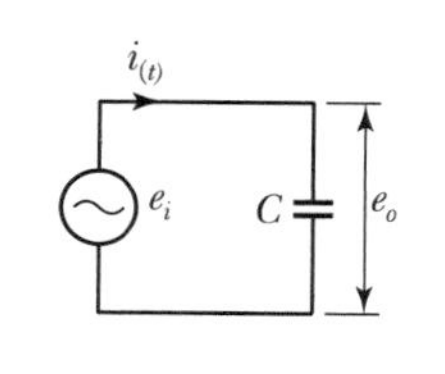

$$\xrightarrow[\text{표현}]{\text{전달함수}} G_{(s)} = \frac{E_o(s)}{I_{(s)}} = \frac{1}{Cs}$$

∴ 인덕터(C)만의 회로에서 전달함수는 $\frac{1}{Cs}$ 또는 $\frac{1}{Ts}$

핵심기출문제

어떤 제어계의 임펄스 응답이 $\sin\omega t$일 때, 이 계의 라플라스 변환된 전달함수는?

① $\frac{\omega}{s+\omega}$　② $\frac{s}{s^2+\omega^2}$
③ $\frac{\omega}{s^2+\omega^2}$　④ $\frac{\omega^2}{s+\omega}$

해설

제어계의 임펄스 응답에서의 전달함수는 출력의 라플라스 변환과 같다.

∴ 전달함수

$G(s) = \mathcal{L}\sin\omega t = \frac{\omega}{s^2+\omega^2}$

정답 ③

핵심기출문제

전달함수 $G(s) = \frac{1}{s+1}$인 제어계의 인디셜 응답은?

① $1-e^{-t}$　② e^{-t}
③ $1+e^{-t}$　④ $e^{-t}-1$

해설

단위계단입력 또는 인디셜입력 $r(t) = u(t)$ 라플라스 변환

$\xrightarrow{L} R(s) = \frac{1}{s}$

따라서 출력

$C(s) = G(s)R(s)$

$= \frac{1}{s+1} \times \frac{1}{s}$

$= \frac{1}{s(s+1)}$

∴ 출력

$C(s) = \frac{1}{s(s+1)} \xrightarrow{L^{-1}}$

$c(t) = 1-e^{-t}$

정답 ①

핵심기출문제

적분요소의 전달함수는?

① K　② $\frac{K}{1+Ts}$
③ $\frac{1}{Ts}$　④ Ts

정답 ③

4. 1차 지연요소(한 번 지연동작)

'1차 지연 제어'를 회로도와 함께 논리적으로 표현하면 다음과 같습니다.

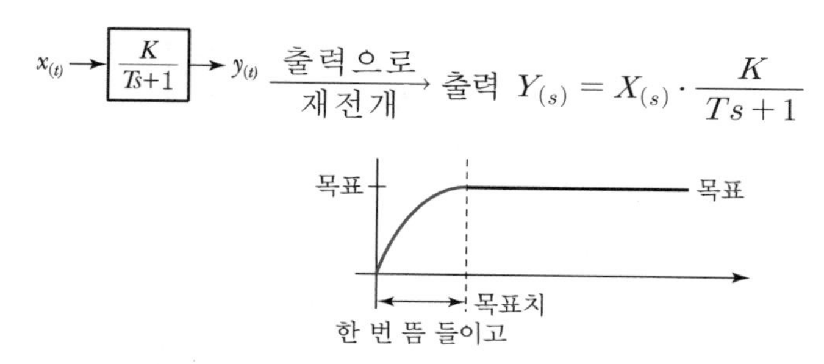

제어계에서 지연요소는 인간이 목표로 하는 출력(응답)을 얻고자 일부러 일정시간 동안 출력이 없도록 신호를 지연시키는 제어(동작)요소입니다(예 엘리베이터의 문이 열리고 닫힐 때 지연시간이 존재하는 것).

1차 지연제어를 회로도($R-L$회로, $R-C$회로)로 나타내고, 다시 전달함수로 나타냈을 때 다음과 같은 동일한 전달함수 결과가 나옵니다.

(1) $R-L$ 회로의 경우

$$e_{(t)} = R\,i_{(t)} + L\frac{d}{dt}i_{(t)} \xrightarrow{\mathcal{L}} E_{(s)} = R\,I_{(s)} + Ls\,I_{(s)} = I_{(s)}[R+Ls]$$

$$\xrightarrow[\text{표현}]{\text{전달함수}} G_{(s)} = \frac{I_{(s)}}{E_{(s)}} = \frac{1}{R+Ls} \times \frac{\frac{1}{R}}{\frac{1}{R}} = \frac{\frac{1}{R}}{1+\frac{Ls}{R}}$$

여기서, $\left[\begin{matrix} K = \frac{1}{R} \\ T = \frac{L}{R} \end{matrix}\right]$ 라고 정의하면 $\rightarrow G_{(s)} = \frac{K}{1+Ts}$

$\therefore$ $R-L$ 회로에서 전달함수는 $\frac{K}{1+Ts}$

(2) $R-C$ 회로의 경우

기전력에 의해 회로에 전류가 흐를 때 이를 제어계로 나타내면 $[E_{(s)} \rightarrow G_{(s)} \rightarrow I_{(s)}]$이고,

이를 논리적으로 $I_{(s)} = E_{(s)} \cdot G_{(s)}$로 표현합니다.

$$\xrightarrow[\text{표현}]{\text{전달함수}} G_{(s)} = \frac{I_{(s)}}{E_{(s)}} = \frac{1}{\left(\frac{R \cdot \frac{1}{Cs}}{R+\frac{1}{Cs}}\right)} = \frac{RCs+1}{R}$$

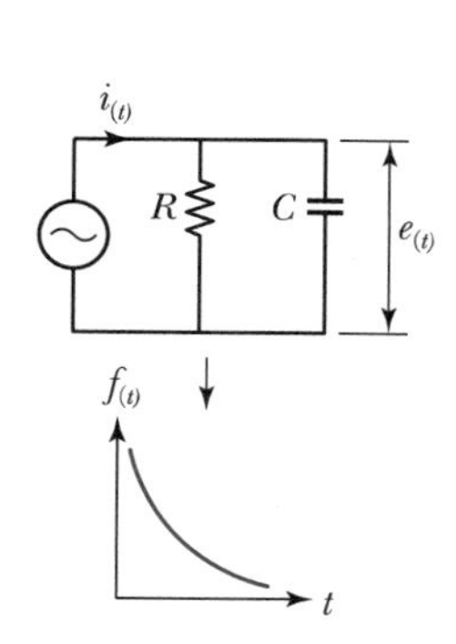

핵심기출문제

1차 지연요소의 전달함수는?

① K　② $\frac{K}{s}$

③ Ks　④ $\frac{K}{1+Ts}$

해설

제어요소에서 1차 지연요소는 출력이 입력의 변환에 따라 일정한 값이 되는 데 시간을 지연하는 요소이다.

1차 지연요소의 전달함수

$G(s) = \frac{K}{1+Ts}$

여기서, K : 이득정수

T : 시정수

정답 ④

전류를 기준으로 반대로 나타내면,

$\left[I_{(s)} \rightarrow \frac{1}{G_{(s)}} \rightarrow E_{(s)}\right]$ 일 때, $E_{(s)} = I_{(s)} \cdot G_{(s)}$ 이므로,

$$\xrightarrow[\text{표현}]{\text{전달함수}} G_{(s)} = \frac{E_{(s)}}{I_{(s)}} = \frac{R \cdot \frac{1}{Cs}}{R + \frac{1}{Cs}} = \frac{R}{RCs+1}$$

여기서, $\begin{bmatrix} K = R \\ T = RC \end{bmatrix}$ 라고 정의하면 $\rightarrow$ $G_{(s)} = \dfrac{K}{1+Ts}$

$\therefore$ $R-C$ 회로에서 전달함수는 $\dfrac{K}{1+Ts}$

5. 2차 지연요소(두 번 지연동작)

'2차 지연제어'를 회로도와 함께 논리적으로 표현하면 다음과 같습니다.

$$x_{(t)} \rightarrow \boxed{\frac{1}{CLs^2+RCs+1}} \rightarrow y_{(t)} \xrightarrow[\text{재전개}]{\text{출력으로}} \text{출력 } Y_{(s)} = X_{(s)}\left(\frac{1}{LCs^2+RCs+1}\right)$$

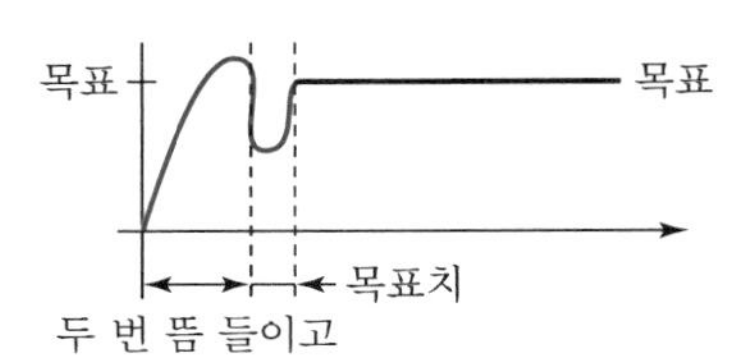

제어계에서 2차 지연요소는 인간이 목표로 하는 출력(응답)을 얻고자 일부러 2차 미분방정식에 해당하는 일정시간 동안 출력이 없도록 신호를 지연시키는 제어(동작)요소입니다(예 엘리베이터가 몇 층에서 멈출 때 일어나는 지연시간).

이러한 2차 지연제어를 $R-L-C$ 회로도와 함께 논리적으로 표현하면 다음과 같습니다.

회로의 입력 $e_i = R\,i_{(t)} + L\dfrac{d}{dt}i_{(t)} + \dfrac{1}{C}\displaystyle\int i_{(t)}\,dt \xrightarrow{\mathcal{L}}$

$$E_i(s) = R\,I_{(s)} + Ls\,I_{(s)} + \frac{1}{C}\frac{1}{s}I_{(s)}$$

회로의 출력 $e_o = \frac{1}{C}\int i_{(t)}\,dt \xrightarrow{\mathcal{L}} E_o(s) = \frac{1}{C}\frac{1}{s}I_{(s)}$

$$\xrightarrow[\text{표현}]{\text{전달함수}} G_{(s)} = \frac{E_o}{E_i}$$

$$= \frac{\frac{1}{Cs}I_{(s)}}{RI_{(s)} + Ls\,I_{(s)} + \frac{1}{Cs}I_{(s)}} = \frac{I_{(s)}\frac{1}{Cs}}{I_{(s)}\left[R + Ls + \frac{1}{Cs}\right]} \times \frac{Cs}{Cs}$$

$$= \frac{1}{LCs^2 + RCs + 1}$$

∴ 2차 지연요소($R-L-C$ 회로)에서 전달함수는 $\frac{1}{LCs^2 + RCs + 1}$

6. 부동작 요소

시간 $t=0$에서 입력변화가 생기더라도 $t=L$(여기서 L : 부동작 시간[sec])까지는 출력에 영향을 주지 않는 전달요소입니다. 다시 말해, 일정시간까지는 제어계의 입력신호가 있더라도 제어계의 출력이 발생하지 않는다는 의미입니다.

출력 $y_{(t)} = k \cdot x(t-L) \xrightarrow{\mathcal{L}} Y_{(s)} = X_{(s)} \cdot (Ke^{-Ls})$

$$\xrightarrow[\text{표현}]{\text{전달함수}} G_{(s)} = K \cdot e^{-Ls} = K \cdot e^{-\tau s}$$

(여기서, τ : 부동작 시간 또는 시정수)

∴ 부동작 요소에서 전달함수는 $K \cdot e^{-\tau s}$이다.

$f_{(t)}$
목표 1
부동작
t

> **핵심기출문제**
>
> 부동작 시간(Dead Time)요소의 전달함수는?
>
> ① K ② $\frac{K}{S}$
>
> ③ Ke^{-LS} ④ Ks
>
> **해설**
>
> 부동작 시간요소는 시간지연(Time Delay)요소로서 $t=0$에서 입력의 변화가 생겨도 $t=L$까지는 출력측에 어떠한 영향도 나타나지 않는 요소이다.
>
> ∴ 부동작 시간요소의 전달함수 $G(S) = Ke^{-LS}$
>
> 정답 ③

06 회로망의 전달함수 표현

라플라스 실미분 정리와 실적분 정리를 이용하여 전기회로망(2단자 회로망)을 전달함수로 나타낼 수 있습니다.

[경우 1]

전달함수 $g_{(t)} = \frac{\text{출력}}{\text{입력}} = \frac{v_o(t)}{v_i(t)} \to L[g_{(t)}]$

$$\xrightarrow{\mathcal{L}} G_{(s)} = \frac{V_o(s)}{V_i(s)} = \frac{I_{(s)}R_2}{I_{(s)}[R_1+R_2]} = \frac{R_2}{R_1+R_2}$$

∴ 이런 회로망의 전달함수는 $\frac{R_2}{R_1+R_2}$이다.

$i_{(t)}$ R_1 $V_{i(t)}$ R_2 $V_{o(t)}$

> **핵심기출문제**
>
> 개루프 전달함수가 다음과 같을 때, 폐루프 전달함수를 구하시오.
>
> $$G(s) = \frac{s+2}{s(s+1)}$$
>
> ① $\frac{s+2}{s^2+s}$ ② $\frac{s+2}{s^2+2s+2}$
>
> ③ $\frac{s+2}{s^2+s+2}$ ④ $\frac{s+2}{s^2+2s+4}$
>
> **해설**
>
> 폐루프 전달함수
>
> $$G(s) = \frac{G(s)}{1+G(s)} = \frac{\frac{s+2}{s(s+1)}}{1+\frac{s+2}{s(s+1)}} = \frac{s+2}{s^2+2s+2}$$
>
> 정답 ②

PART 03

[경우 2]

$$\text{전달함수 } g_{(t)} = \frac{\text{출력}}{\text{입력}} = \frac{v_o(t)}{v_i(t)} \rightarrow L[g_{(t)}]$$

$$\xrightarrow{\mathcal{L}} G_{(s)} = \frac{V_o(s)}{V_i(s)} = \frac{\frac{1}{Cs}}{R+\frac{1}{Cs}} \times \frac{Cs}{Cs} = \frac{1}{RCs+1}$$

$\therefore$ 이런 회로망의 전달함수는 $\dfrac{1}{RCs+1}$ 이다.

[경우 3]

$$\text{전달함수 } g_{(t)} = \frac{\text{출력}}{\text{입력}} = \frac{v_o(t)}{i_{(t)}} \rightarrow L[g_{(t)}]$$

$$\xrightarrow{\mathcal{L}} G_{(s)} = \frac{V_o(s)}{I_{(s)}} = \frac{I_{(s)}\left[\dfrac{R+\frac{1}{Cs}}{R+\frac{1}{Cs}}\right]}{I_{(s)}}$$

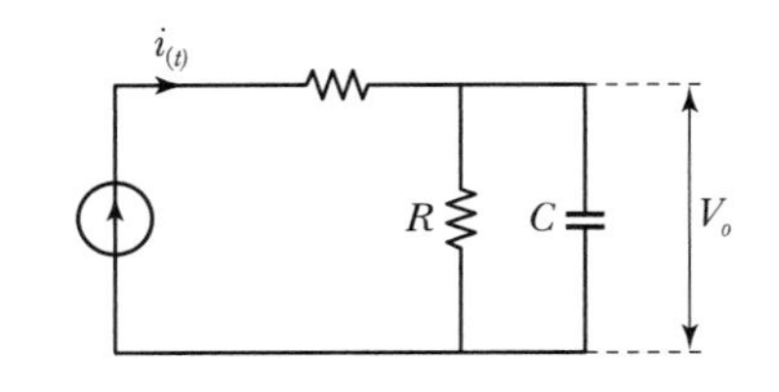

$$= \frac{R\frac{1}{Cs}}{R+\frac{1}{Cs}} \times \frac{Cs}{Cs} = \frac{R}{RCs+1}$$

$\therefore$ 이런 회로망의 전달함수는 $\dfrac{R}{RCs+1}$ 이다.

1. 전달함수의 정의

$$G_{(s)} = \frac{C_{(s)}}{R_{(s)}} = \frac{Y_{(s)}}{X_{(s)}} = \frac{L[c_{(t)}]}{L[r_{(t)}]}$$

전달함수 $G_{(s)}$는 입 · 출력의 비율 $\frac{C_{(s)}}{R_{(s)}}$ 이다.

$\lim_{t \to 0} f_{(t)} = \lim_{s \to \infty} s\,F_{(s)}$: 초기값 0의 의미는 제어계의 모든 복소함수가 시간영역에서 초기값이 $t=0$일 때, 선형미분방정식에 의한 결과이다.

2. 전달함수의 종류

① P **동작요소** : P는 비례요소의 약자로, 제어계에 입력 $x_{(t)}$가 들어오면 비례동작 후 출력

→ 전달함수 $G_{(s)} = K$

② PD **동작요소(비례미분동작)** : 제어계에 입력 $x_{(t)}$가 들어오면 비례미분동작 후 출력

→ 전달함수 $G_{(s)} = Ls$

③ PI **동작요소(비례적분동작)** : 제어계에 입력 $x_{(t)}$가 들어오면 비례적분동작 후 출력

→ 전달함수 $G_{(s)} = \frac{1}{Cs}$

④ **1차 지연요소** : 제어계에 입력 $x_{(t)}$가 들어오면 한 번 지연하는 구간을 갖고 출력

→ 전달함수 $G_{(s)} = \frac{K}{Ts+1}$

⑤ **2차 지연요소** : 제어계에 입력 $x_{(t)}$가 들어오면 두 번 지연하는 구간을 갖고 출력

→ 전달함수 $G_{(s)} = \frac{1}{LCs^2 + RCs + 1}$

⑥ **부동작요소** : 제어계에 입력 $x_{(t)}$가 들어오면 일정시간 동작하지 않다가 출력

→ 전달함수 $G_{(s)} = Ke^{-Ls}$

핵 / 심 / 기 / 출 / 문 / 제

01 $\dfrac{V_0(s)}{V_i(s)} = \dfrac{1}{s^2+3s+1}$ **의 전달함수를 미분방정식으로 표시하면?**

① $\dfrac{d^2}{dt^2}v_0(t) + 3\dfrac{d}{dt}v_0(t) + v_0(t) = v_i(t)$

② $\dfrac{d^2}{dt^2}v_i(t) + 3\dfrac{d}{dt}v_i(t) + v_i(t) = v_0(t)$

③ $\dfrac{d^2}{dt^2}v_i(t) + 3\dfrac{d}{dt}v_i(t) + \int v_i(t)dt = v_0(t)$

④ $\dfrac{d^2}{dt^2}v_0(t) + 3\dfrac{d}{dt}v_0(t) + \int v_0(t)dt = v_i(t)$

해설

전달함수를 전개하면 $s^2 V_0(s) + 3s V_0(s) + V_0(s) = V_i(s)$

이 식을 역변환하면 $\dfrac{d^2}{dt^2}v_0(t) + 3\dfrac{d}{dt}v_0(t) + v_0(t) = v_i(t)$

02 그림과 같은 전기회로망의 입력을 e_i, 출력을 e_o라고 할 때, 전달함수는 어떻게 되는가?

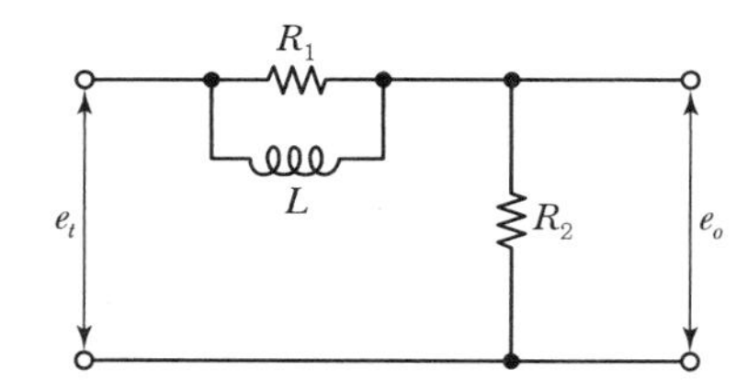

① $\dfrac{R_2(1+R_1Ls)}{R_1+R_2+R_1R_2Ls}$

② $\dfrac{1+R_2Ls}{1+(R_1+R_2)Ls}$

③ $\dfrac{R_2(R_1+Ls)}{R_1R_2+R_1Ls+R_2Ls}$

④ $\dfrac{R_2+\dfrac{1}{Ls}}{R_1+R_2\dfrac{1}{Ls}}$

해설

회로망에서 R_1과 L의 병렬회로의 전달함수는 $G_1(s) = \dfrac{R_1 \times Ls}{R_1+Ls}$

∴ 회로망 전체의 전달함수

$$G(s) = \dfrac{R_2}{\dfrac{R_1 \times Ls}{R_1+Ls}+R_2} = \dfrac{R_2(R_1+Ls)}{R_1R_2+R_1Ls+R_2Ls}$$

03 그림과 같은 미분회로에서 전압비 전달함수 $V_2(s)/V_1(s)$를 구하시오.

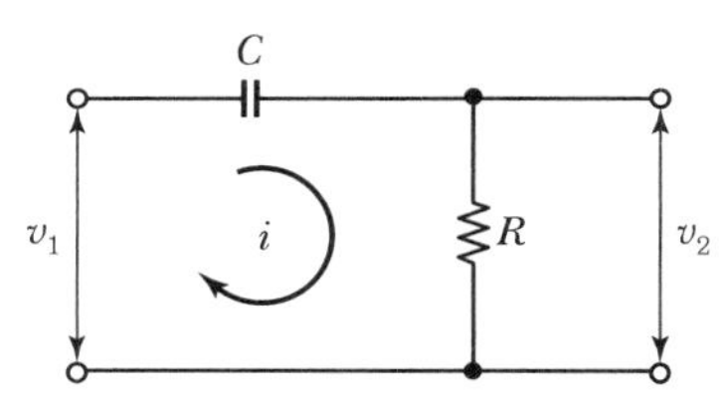

① $\dfrac{R}{1+RCs}$ ② $\dfrac{R}{1-RCs}$

③ $\dfrac{RCs}{1+RCs}$ ④ $\dfrac{RCs}{1-RCs}$

해설

그림과 같은 회로망의 전압비 전달함수

$$G(s) = \dfrac{V_2}{V_1} = \dfrac{R}{\dfrac{1}{Cs}+R} = \dfrac{RCs}{1+RCs}$$

정답 01 ① 02 ③ 03 ③

CHAPTER 16 직류회로의 과도현상

이 장의 핵심내용은 '직류전원'이 공급되는 '직류회로'와 '과도현상'입니다. 먼저 과도현상의 의미부터 보겠습니다.

- 사전적인 의미의 **과도**란, 어떤 상태에서 다른 어떤 상태로 바뀌어 가는 과정을 말한다.
- 사전적인 의미의 **현상**이란, 사람이 인지할 수 있게 나타나 보이는 상태를 말한다.

그래서 회로이론의 마지막 단원인 16장에서 **과도현상**이란, 전기회로(또는 전기시스템)에서 목표로 하는 '값(전압, 전류, 전력)' 또는 도달하려는 시스템의 '상태'가 있고, 시스템에 인가한 '입력값'이 '목표값'에 도달해 가는 과정 혹은 도달해 가는 구간을 말합니다. 그리고 그 과도현상이 나타나는 전압 · 전류가 얼마인지를 해석하고 계산하는 것입니다. 특히, 전기회로에서 '과도현상'은 직류회로에 국한합니다.
구체적으로,
본 회로이론 과목 2장에서 다뤘던 직류회로의 특징은 주파수가 0인 회로입니다. → $f=0$ 주파수가 0인 특성 때문에 직류회로에 R, L, C 각각의 부하가 접속되면, 직류회로에서 주파수에 영향을 받는 리액턴스(X_L, X_C)는 저항으로 작용하지도 않았습니다. 이러한 이유 때문에 직류회로는 주파수와 무관한 저항(R)에 의한 해석을 하였고, 직류회로에 인덕턴스(L)와 커패시턴스(C)는 본래 소자 기능인 헨리[H], 패럿[F]으로만 회로를 해석했습니다.
하지만 사실 직류회로는 접속된 L과 C로부터 영향을 받습니다. L과 C 각각의 소자를 직류회로에 접속한 후, 직류회로에 전원(기전력)을 인가하면, 전원 인가 후 바로 ($t=0$) 목표값(또는 정상값, 최종값)의 전류가 부하로 출력되지 않습니다. 전원인가 $t=0$ 시간에서 전류파형을 관찰하면, 아주 짧은 시간 동안 아주 짧은 '과도현상'을 보인 후, 목표값인 얼마의 전류[A]가 일정하게 흐르게 됩니다. 이런 찰나(Moment)의 짧은 '과도구간'에서 전류변화를 해석(계산)하는 것이 본 16장의 내용입니다.

01 직류회로에서 과도구간에 대한 해석 및 계산

1. 과도현상이 나타나는 R회로

저항 R은 직류에서나 교류에서나 고유저항(ρ)으로 인해 전류 크기 또는 전류의 진동폭을 감소시키는 역할을 합니다.

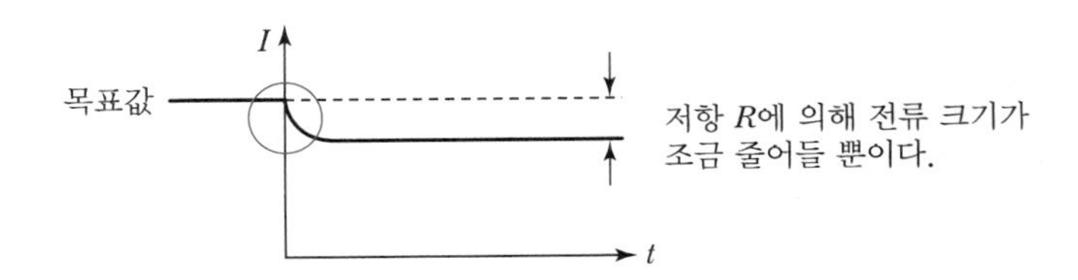

2. 과도현상이 나타나는 L 회로

직류회로에 인덕터(L)를 접속하고 기전력을 인가하면 유도성 리액턴스(X_L)는 0이 되므로, 회로에는 솔레노이드 코일에서 발생하는 자기에너지와 함께 저항 R 성분만 존재하게 됩니다.

$$X_L = \omega L = 2\pi f L \xrightarrow{f=0} X_L = 0\ [\Omega]$$

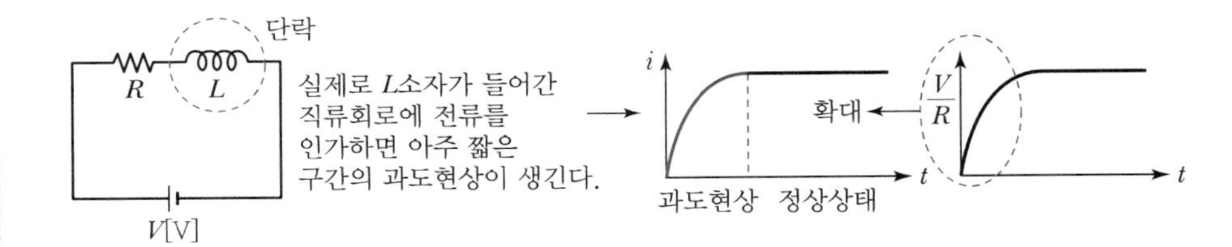

3. 과도현상이 나타나는 C 회로

직류회로에 커패시터(C)를 접속하고 기전력을 인가하면 용량성 리액턴스(X_C)는 무한대 (∞)가 됩니다. 리액턴스가 무한대란 말은 개방된 회로를 의미합니다.
그러므로 회로에는 콘덴서에 축적되는 전기에너지와 함께 저항 R 성분만 존재하게 됩니다.

$$X_C = \frac{1}{\omega C} = \frac{1}{2\pi f C} \xrightarrow{f=0} X_C = \infty\ [\Omega]$$

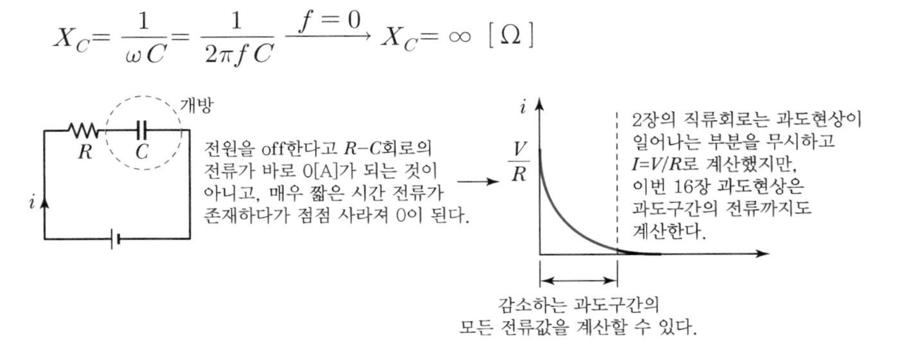

(과도구간에서 정상값 또는 목표값 또는 최종값은 $I = \frac{V}{R}$ [A] 수식에 의한 전류를 의미한다.)

직류(DC)회로의 특징은 주파수가 0이고($f=0$), 출력파형이 진동하지 않는 시간 변화에 대해 일정한 파형의 출력입니다. → 시불변계 특성

하지만 직류회로에 L과 C를 접속하고 전원을 인가하면 과도구간이 생기고, 그 과도구간은 그림처럼 시간변화에 대해 전류크기 변화가 있는 아주 짧은 시간 동안의 출력입니다. → 시변계 특성

시스템에 나타나는 시변계 $f_{(t)}$ 해석은 '라플라스 변환'을 통해 해석할 수 있습니다.

결국 직류회로의 과도현상은 '라플라스 변환'과 '라플라스 변환 성질'을 이용하여 과도구간에서 시시각각 변하는 전류값을 계산할 수 있습니다.

02 $R-L$ 직렬 직류회로

DC전원이 공급되는 $R-L$ 직렬회로의 과도현상은 다음 두 가지 경우로 나눌 수 있습니다.

- **DC전원 ON** : 기전력(E) 공급을 받을 때의 $R-L$ 직렬회로의 과도현상
- **DC전원 OFF** : 기전력(E) 공급이 없는 상태에서 $R-L$ 직렬회로의 과도현상

1. $R-L$ 직렬회로의 과도특성(기전력 E가 공급될 경우)

$R-L$ 직렬회로에 직류 기전력(E)을 인가하면, 오른쪽 그림처럼 전류(i) 곡선이 0에서부터 점진적으로 상승하는 과도구간을 지나서, 궁극적으로 정상값($I=\dfrac{E}{R}$)에 도달합니다. 여기서 과도구간에서 상승하는 순간순간의 전류값($0\,[\mathrm{A}] \sim I=\dfrac{E}{R}\,[\mathrm{A}]$)을 계산할 수 있습니다.

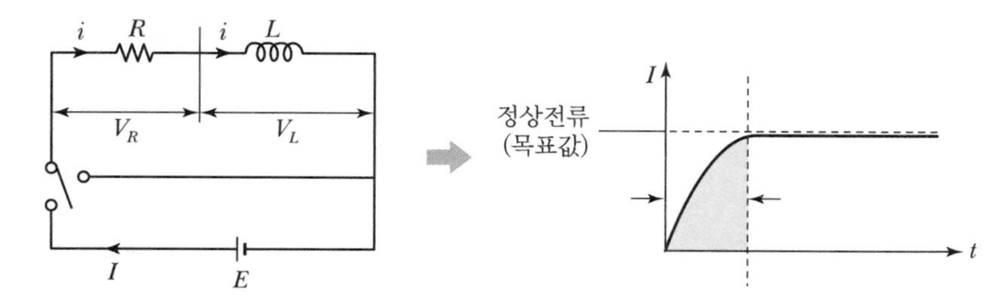

① **($R-L$ 직렬회로) 전압방정식**

$$E = V_R + V_L = R\,i_{(t)} + L\frac{d}{dt}i_{(t)}\ [\mathrm{V}]$$

② **$R-L$ 직렬회로에 흐르는 전류**

$$i_{(t)} \xrightarrow[\text{정리}]{\text{실미분}} \frac{E_{(s)}}{s} = R\,I_{(s)} + Ls\,I_{(s)} = I_{(s)}(R+Ls)$$

PART 03

핵심기출문제

전기 직류회로에서 일어나는 과도현상은 그 회로의 시정수와 관계가 있다. 이 둘 사이의 관계를 옳게 말한 것을 찾으시오.

① 회로의 시정수가 클수록 과도현상은 오랫동안 지속된다.
② 시정수는 과도현상의 지속 시간에 상관되지 않는다.
③ 시정수의 역이 클수록 과도현상은 천천히 사라진다.
④ 시정수가 클수록 과도현상은 빨리 사라진다.

해설

전기 직렬회로에서 일어나는 과도현상은 회로의 시정수가 크면 클수록, 과도현상은 오랫동안 지속된다. 다시 말해, 시정수값이 클수록 과도현상이 소멸되는 시간은 길어진다.

정답 ①

핵심기출문제

R−L 직렬회로에서 $L=5$[mH], $R=10[\Omega]$일 때, 회로의 시정수[sec]를 구하시오.

① 500　② 5×10^{-4}
③ $\frac{1}{5}\times10^{2}$　④ $\frac{1}{5}$

해설

$\tau=\left|-\frac{L}{R}\right|=\frac{5\times10^{-3}}{10}$
$=5\times10^{-4}$[sec]

정답 ②

㉠ $I_{(s)}=\dfrac{E_{(s)}}{s(R+Ls)}\times\dfrac{\left(\frac{1}{L}\right)}{\left(\frac{1}{L}\right)}=\dfrac{\frac{E_{(s)}}{L}}{\frac{s(R+Ls)}{L}}=\dfrac{\frac{E_{(s)}}{L}}{s\left(\frac{R}{L}+s\right)}$

여기서, 부분분수 전개법을 적용한다.

㉡ 부분분수 전개

$$I_{(s)}=\frac{A}{s}+\frac{B}{\frac{R}{L}+s}=\frac{1}{s}\frac{E}{R}+\frac{1}{\frac{R}{L}+s}\left(-\frac{E}{R}\right)\xrightarrow{L^{-1}}$$

$$i_{(t)}=\frac{E}{R}u(t)-\frac{E}{R}e^{-\frac{R}{L}t}$$

$$\left\{A=\left[\frac{\frac{E}{L}}{\frac{R}{L}+s}\right]_{s\to0}=\frac{E}{R},\ \ B=\left[\frac{\frac{E}{L}}{s}\right]_{s\to-\frac{R}{L}}=-\frac{E}{R}\right\}$$

㉢ 결론, $R-L$ 직렬회로에 흐르는 전류 $i_{(t)}=\dfrac{E}{R}\left(1-e^{-\frac{R}{L}t}\right)$[A]

③ **특성근** : $-\dfrac{R}{L}$(전류 수식의 지수함수에 시간변수의 계수가 전류식의 특성근이다.)

④ **시정수** : $\tau=\left|-\dfrac{L}{R}\right|$[sec]

과도구간에서 전류 $i_{(t)}$의 크기는 지수함수로 증감하는데, 이때 전류크기 증가 · 감소하는 정도는 오로지 전류식의 시간변수 t에 의해 결정된다. 여기서 과도구간의 시간특성을 시정수 τ(타우)로 정의한다.

㉠ $t=0$일 때, $i_{(t)}=\dfrac{E}{R}\left(1-e^{-\frac{R}{L}t}\right)_{t=0}=\dfrac{E}{R}(1-e^{0})=0$ [A]

㉡ $t=\dfrac{L}{R}$일 때, $i_{(t)}=\dfrac{E}{R}\left(1-e^{-\frac{R}{L}t}\right)_{t=\frac{L}{R}}=\dfrac{E}{R}(1-e^{-1})=\dfrac{E}{R}0.632$ [A]

㉢ $t=\infty$일 때, $i_{(t)}=\dfrac{E}{R}\left(1-e^{-\frac{R}{L}t}\right)_{t=\infty}=\dfrac{E}{R}(1-e^{-\infty})=\dfrac{E}{R}$ [A]

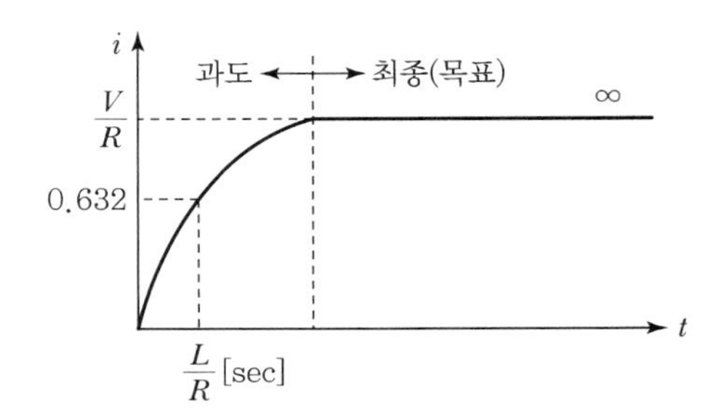

⑤ **과도구간의 v_R와 v_L의 값**

㉠ $v_R = R \cdot i_{(t)} = R \cdot \dfrac{E}{R}\left(1-e^{-\frac{R}{L}t}\right) = E\left(1-e^{-\frac{R}{L}t}\right)$ [V]

㉡ $v_L = L\dfrac{d}{dt}i_{(t)} = L\dfrac{d}{dt}\dfrac{E}{R}\left(1-e^{-\frac{R}{L}t}\right) = Ee^{-\frac{R}{L}t}$ [V]

미분계산 : $v_L = L\dfrac{d}{dt}\dfrac{E}{R}\left(1-e^{-\frac{R}{L}t}\right) = L\dfrac{E}{R}\dfrac{d}{dt}\left(1-e^{-\frac{R}{L}t}\right) = L\dfrac{E}{R}\dfrac{R}{L}e^{-\frac{R}{L}t} = Ee^{-\frac{R}{L}t}$

$\rightarrow \dfrac{d}{dt}\left(1-e^{-\frac{R}{L}t}\right) = \dfrac{d}{dt}1 - \dfrac{d}{dt}e^{-\frac{R}{L}t} = 0 - \left[e^{-\frac{R}{L}t} \cdot \left(-\dfrac{R}{L}\right)\right]$

$\rightarrow \dfrac{R}{L}e^{-\frac{R}{L}t}$

2. $R-L$ 직렬회로의 과도특성(기전력 E가 제거될 경우)

① **$R-L$ 직렬회로의 역기전력 방향(극성)** : 기전력이 공급될 때와 **같다.**

② **$R-L$ 직렬회로에 흐르는 전류** : $i_{(t)} = \dfrac{E}{R}e^{-\frac{R}{L}t}$ [A]

$R-L$ 직렬회로의 전원이 ON일 경우, 저항 R은 기전력(E)에 의해 전류를 빛과 열의 에너지로 발산만 하고, 인덕터 L은 기전력(E)으로부터 받은 에너지를 전자에너지(또는 자기에너지)로 일시적으로 저장합니다.

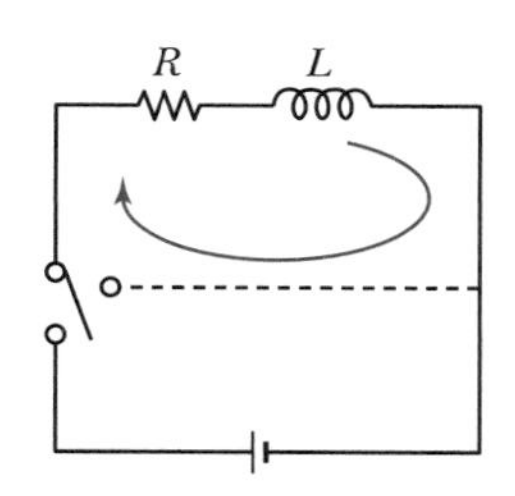

반대로 $R-L$ 직렬회로의 전원이 OFF되면, 저항 R에서 발산하던 빛과 열의 에너지는 즉각적으로 사라지고, 인덕터 L이 갖고 있던 전자에너지에 의해 OFF된 회로에 전류를 공급하는 역기전력을 만듭니다. 이렇게 기전력을 제거했을 경우 $R-L$ 직렬회로에 흐르는 전류가 $i_{(t)} = \dfrac{E}{R}e^{-\frac{R}{L}t}$ [A] 입니다.

(정상값 $I = \dfrac{E}{R}$ [A] $\xrightarrow{\text{감소}}$ 0 [A])

③ **특성근** : $-\dfrac{R}{L}$

핵심기출문제

직류 과도현상 중 저항 R[Ω]과 인덕턴스 L[H]의 직렬회로에 대해서 옳지 않은 것은 무엇인가?

① 회로의 시정수는 $\tau = \dfrac{L}{R}$[s]이다.
② $t=0$에서 직류전압 E[V]를 가했을 때 t[s] 후의 전류는 $i(t) = \dfrac{E}{R}\left(1-e^{-\frac{R}{L}t}\right)$[A]이다.
③ 과도기간에 있어서의 인덕턴스 L의 단자 전압은 $v_L(t) = Ee^{-\frac{L}{R}t}$이다.
④ 과도기간에 있어서의 저항 R의 단자 전압 $v_R(t) = E\left(1-e^{-\frac{R}{L}t}\right)$이다.

해설
R−L 직렬회로의 과도구간에서 인덕턴스 L[H]의 양단 전압 $e_L(t)$은
$e_L = L\dfrac{d}{dt}i_{(t)} = Ee^{-\frac{R}{L}t}$[A]

정답 ③

핵심기출문제

R_1, R_2 저항 및 인덕턴스 L의 직렬회로가 있다. 이 회로의 시정수는 어떻게 되는가?

① $-\dfrac{R_1+R_2}{L}$ ② $\dfrac{R_1+R_2}{L}$
③ $\dfrac{-L}{R_1+R_2}$ ④ $\dfrac{L}{R_1+R_2}$

해설
R−L 직렬회로의 과도전류
$i_{(t)} = \dfrac{E}{R}\left(1-e^{-\frac{R}{L}t}\right)$[A]이고,
문제에서 저항은 $R = R_1 + R_2$이므로, 회로에 흐르는 전류는 다음과 같다.
$i_{(t)} = \dfrac{E}{R_1+R_2}\left(1-e^{-\frac{R_1+R_2}{L}t}\right)$ [A]
여기서, 시정수
$\tau = \left|-\dfrac{L}{R_1+R_2}\right| = \dfrac{L}{R_1+R_2}$[sec]

정답 ④

PART 03

핵심기출문제

$R=5000[\Omega]$, $L=5[H]$의 직렬 회로에 직류 전압 220[V]를 가하고 있다. 이 회로의 단자 사이의 스위치 S를 갑자기 단락(short)시키면, 단락 시점으로부터 $\frac{1}{500}$ [sec] 후 회로 내에 흐르고 있는 전류는 얼마인지 계산하시오.

① 5[mA] ② 6[mA]
③ 18.5[mA] ④ 28.5[mA]

해설

문제의 조건은 R–L 직렬회로이고, 단락사고가 났으므로, 전원이 OFF됐을 것이다.

이처럼 R–L 직렬회로의 전원이 OFF된 상태에서 회로에 흐르는 전류는 정상전류가 아닌 다음과 같은 과도전류 $i_{(t)}$이다.

$$i_{(t)}=\frac{E}{R}e^{-\frac{R}{L}t}$$
$$=\frac{220}{5000}e^{-\frac{5000}{5}\times\frac{1}{500}}$$
$$=0.044\,e^{-2}$$
$$=0.0059[A]=6[mA]$$

정답 ②

④ **시정수** : $\tau=\left|-\frac{L}{R}\right|$ [sec]

㉠ $t=0$일 때, $i_{(t)}=\frac{E}{R}\left(e^{-\frac{R}{L}t}\right)_{t=0}=\frac{E}{R}(e^{0})=\frac{E}{R}$ [A]

㉡ $t=\frac{L}{R}$일 때, $i_{(t)}=\frac{E}{R}\left(e^{-\frac{R}{L}t}\right)_{t=\frac{L}{R}}=\frac{E}{R}(e^{-1})=\frac{E}{R}0.368$ [A]

㉢ $t=\infty$일 때, $i_{(t)}=\frac{E}{R}\left(e^{-\frac{R}{L}t}\right)_{t=\infty}=\frac{E}{R}(e^{-\infty})=0$ [A]

⑤ **과도구간의 v_R, v_L 값**

㉠ $v_R=R\cdot i_{(t)}=R\cdot\frac{E}{R}\left(e^{-\frac{R}{L}t}\right)=E\cdot e^{-\frac{R}{L}t}$ [V]

㉡ $v_L=L\frac{d}{dt}i_{(t)}=L\frac{d}{dt}\frac{E}{R}\left(1-e^{-\frac{R}{L}t}\right)=E\,e^{-\frac{R}{L}t}$ [V]

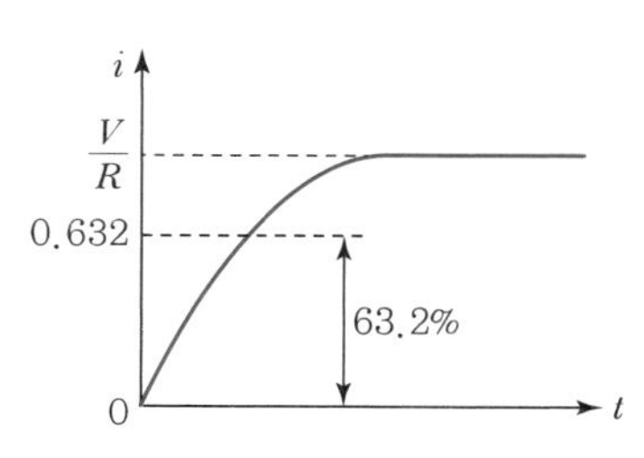

최종값이 $\frac{V}{R}$이고, $\frac{V}{R}$가 1일 때, 시정수는 1의 63.2%(0에서 63.2% 구간)이다.

〖 기전력 ON 〗

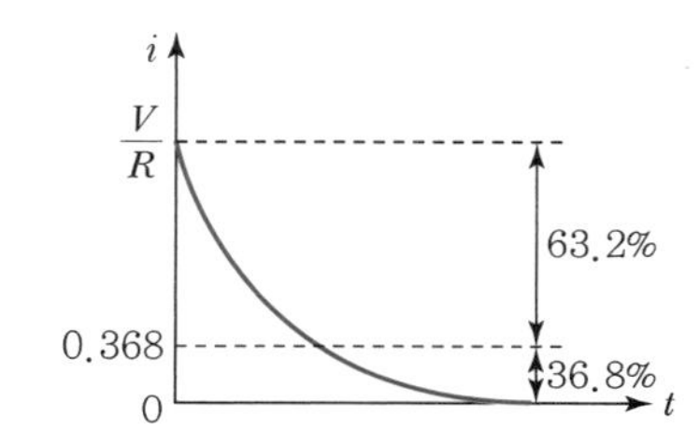

최종값이 0이고, $\frac{V}{R}$가 1일 때, 시정수는 1에서부터 63.2% 구간(0에서 36.8% 구간)이다.

〖 기전력 OFF 〗

03 $R-C$ 직렬 직류회로

DC전원이 공급되는 $R-C$ 직렬회로의 과도현상은 다음 두 가지 경우로 나눌 수 있습니다.

- **DC전원 ON** : 기전력(E) 공급을 받을 때의 $R-C$ 직렬회로의 과도현상
- **DC전원 OFF** : 기전력(E) 공급이 없는 상태에서 $R-C$ 직렬회로의 과도현상

1. $R-C$ 직렬회로의 과도특성(기전력 E가 공급될 경우)

① **($R-C$ 직렬회로) 전압방정식** : $E=V_R+V_C=R\,i_{(t)}+\frac{1}{C}\int i_{(t)}dt$ [V]

② **$R-C$ 직렬회로에 흐르는 전류** : $i_{(t)} \xrightarrow[\text{정리}]{\text{실적분}} \frac{E_{(s)}}{s} = R\,I_{(s)} + \frac{1}{C}\frac{1}{s}I_{(s)}$

$$= I_{(s)}\left(R + \frac{1}{Cs}\right)$$

㉠ $I_{(s)} = \frac{E_{(s)}}{s\left(R+\frac{1}{Cs}\right)} \times \frac{\left(\frac{1}{R}\right)}{\left(\frac{1}{R}\right)} = \frac{\frac{E_{(s)}}{R}}{s+\frac{1}{RC}} = \frac{E_{(s)}}{R}\frac{1}{s+\frac{1}{RC}} \xrightarrow{\mathcal{L}^{-1}} i_{(t)} = \frac{E}{R}e^{-\frac{1}{RC}t}$ [A]

㉡ 결론, $R-C$ 직렬회로에 흐르는 전류 $i_{(t)} = \frac{E}{R}e^{-\frac{1}{RC}t}$ [A]

(또는) $i_{(t)} = \frac{1}{R}\frac{Q}{C}e^{-\frac{1}{RC}t}$ [A]

③ **특성근** : $-\frac{1}{RC}$(전류 수식의 지수함수에 시간변수의 계수가 전류식의 특성근이다.)

④ **시정수** : $\tau = |-RC|$ [sec]

과도구간에서 전류 $i_{(t)}$의 크기는 지수함수로 증감하는데, 이때 전류크기의 증가·감소하는 정도는 오로지 전류식의 시간변수 t에 의해 결정된다. 여기서 과도구간의 시간특성을 시정수 τ(타우)라고 한다.

㉠ $t=0$일 때, $i_{(t)} = \frac{E}{R}\left[e^{-\frac{1}{RC}t}\right]_{t=0} = \frac{E}{R}[e^0] = \frac{E}{R}$ [A]

㉡ $t=RC$일 때, $i_{(t)} = \frac{E}{R}\left[e^{-\frac{1}{RC}t}\right]_{t=RC} = \frac{E}{R}[e^{-1}] = \frac{E}{R}0.368$ [A]

㉢ $t=\infty$ 일 때, $i_{(t)} = \frac{E}{R}\left[e^{-\frac{1}{RC}t}\right]_{t=\infty} = \frac{E}{R}[e^{-\infty}] = 0$ [A]

⑤ **과도구간의 v_R, v_C 값**

$$v_R = R\cdot i_{(t)} = R\cdot\frac{E}{R}e^{-\frac{1}{RC}t} = E\cdot e^{-\frac{1}{RC}t} \text{ [V]}$$

$$v_C = \frac{1}{C}\int_0^t i_{(t)}\,dt = \frac{1}{C}\int_0^t \frac{E}{R}e^{-\frac{1}{RC}t}\,dt = E\left(1-e^{-\frac{1}{RC}t}\right) \text{ [V]}$$

적분 계산

$$v_C = \frac{1}{C}\int_0^t i_{(t)}\,dt = \frac{1}{C}\int_0^t \frac{E}{R}e^{-\frac{1}{RC}t}dt = \frac{E}{RC}\int_0^t e^{-\frac{1}{RC}t}dt = \frac{E}{RC}\left[e^{-\frac{1}{RC}t}\cdot(-RC)\right]_0^t$$

$$\rightarrow \left[e^{-\frac{1}{RC}t}\cdot(-RC)\right]_0^t = \left[e^{-\frac{1}{RC}t}\cdot(-RC)\right] - [e^0\cdot(-RC)]$$

$$= RC\left[-e^{-\frac{1}{RC}t} - (-1)\right] = RC\left(1-e^{-\frac{1}{RC}t}\right)$$

$$= \frac{E}{RC}\cdot RC\left(1-e^{-\frac{1}{RC}t}\right) = E\left(1-e^{-\frac{1}{RC}t}\right)$$

핵심기출문제

$R-C$ 직렬회로의 과도현상에 대하여 옳게 설명된 것을 찾으시오.

① $R-C$ 값이 클수록 과도전류값은 천천히 사라진다.
② $R-C$ 값이 클수록 과도전류값은 빨리 사라진다.
③ 과도전류는 $R-C$ 값에 관계가 없다.
④ $\frac{1}{RC}$의 값이 클수록 과도전류값은 천천히 사라진다.

해설

$R-C$ 직렬회로는 시정수가 클수록 과도현상이 오랫동안 지속된다. 다시 말해, 시정수값이 클수록 과도현상이 소멸되는 시간은 길어진다. 구체적으로 $R-C$ 직렬회로의 시정수는 RC이므로 RC 값이 클수록 과도전류값은 천천히 사라진다.

정답 ①

⑥ C 에서 충전되는 전하량

$$q = C\cdot V_C = CE\left(1 - e^{-\frac{1}{RC}t}\right)\ [\mathrm{C}]$$

2. $R-C$ 직렬회로의 과도특성(기전력 E가 제거될 경우)

① $R-C$ **직렬회로의 역기전력 방향(극성)** : 기전력이 공급될 때와 **반대**이다.

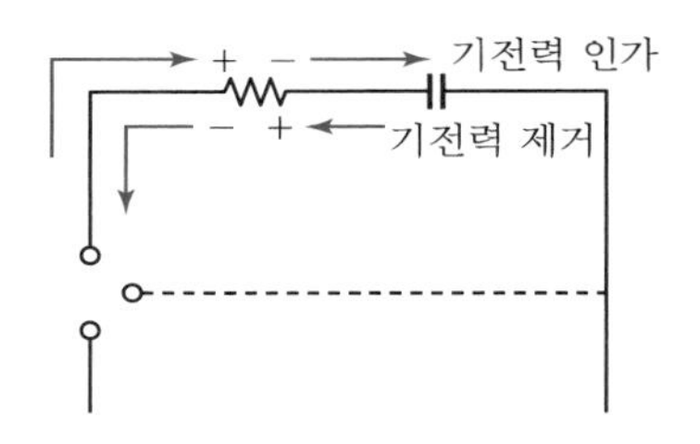

직류 콘덴서의 경우, 콘덴서에 극성이 있어서 기전력으로부터 콘덴서에 전하가 축적될 때의 극성이 [+ −] 라면, 기전력이 차단되어 콘덴서에 축적된 전하가 방전할 때의 극성은 [− +] 가 된다.

② $R-C$ **직렬회로에 흐르는 전류**

$$i_{(t)} = -\frac{E}{R}e^{-\frac{1}{RC}t}\ [\mathrm{A}]\ (\text{또는})\ i_{(t)} = -\frac{1}{R}\frac{Q}{C}e^{-\frac{1}{RC}t}\ [\mathrm{A}]$$

$R-C$ 직렬회로에 인가되고 있던 전원을 OFF 하면, 전류가 차단됨과 동시에 저항 R에서 발산하던 빛과 열의 에너지는 즉각적으로 사라지고, 콘덴서 C는 저장된 전하를 방전하기 시작한다. 이것이 역기전력이고, 콘덴서 역기전력에 의한 회로에서 전류방향은 회로전원이 ON일 때와 반대방향의 전류가 흐른다. 콘덴서에 저장된 전하는 한정된 양이므로 아래 그림처럼 시간이 지남에 따라 전류 i 곡선은 점점 감소하는 과도구간을 만들고, 결국 '기전력 제거' 후 전류 최종값은 전류 $0\,[\mathrm{A}]$가 된다. 여기서 과도구간의 순간순간 변화하는 전류값을 $i_{(t)} = -\frac{E}{R}e^{-\frac{1}{RC}t}\ [\mathrm{A}]$ 수식으로 구할 수 있다.

(정상값 $I = \frac{V}{R}\,[\mathrm{A}] \xrightarrow{\text{감소}} 0\,[\mathrm{A}]$)

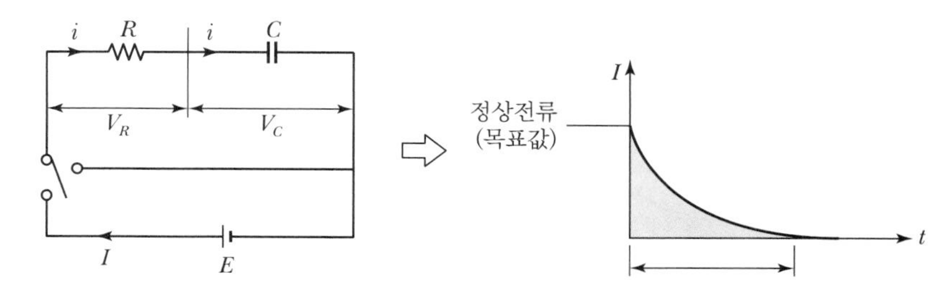

핵심기출문제

저항 $R=1\,[\mathrm{M\Omega}]$, $C=1\,[\mu\mathrm{F}]$인 직렬회로에 직류전압 100[V]를 가했다. 시정수 $\tau\,[\mathrm{sec}]$와 회로에 흐르는 초기값 $I\,[\mathrm{A}]$를 구하시오.

① 5[sec], 10^{-4}[A]
② 4[sec], 10^{-3}[A]
③ 1[sec], 10^{-4}[A]
④ 2[sec], 10^{-3}[A]

해설

시정수

$\tau = RC = 10^6 \times 10^{-6} = 1\,[\mathrm{sec}]$

이고,

$R-C$ 직렬회로에 흐르는 전류는

$i_{(t)} = \frac{E}{R}\left[e^{-\frac{1}{RC}t}\right]_{t=0}$

$= \frac{E}{R}e^0 = \frac{E}{R}[\mathrm{A}]$

이므로,

$R-C$ 직렬회로의 초기값 전류는 정상전류임을 알 수 있다.

그래서 $R-C$ 직렬회로의 초기값 전류는

$I = \frac{E}{R} = \frac{100}{1\times10^6} = 10^{-4}[\mathrm{A}]$

정답 ③

③ **특성근** : $-\dfrac{1}{RC}$

④ **시정수** : $\tau = |-RC|$ [sec]

㉠ $t=0$일 때, $i_{(t)} = -\dfrac{E}{R}\left[e^{-\frac{1}{RC}t}\right]_{t=0} = -\dfrac{E}{R}(e^0) = -\dfrac{E}{R}$ [A]

㉡ $t=RC$일 때, $i_{(t)} = -\dfrac{E}{R}\left[e^{-\frac{1}{RC}t}\right]_{t=RC} = -\dfrac{E}{R}(e^{-1}) = -\dfrac{E}{R}0.368$ [A]

㉢ $t=\infty$일 때, $i_{(t)} = -\dfrac{E}{R}\left[e^{-\frac{1}{RC}t}\right]_{t=\infty} = -\dfrac{E}{R}(e^{-\infty}) = 0$ [A]

⑤ **과도구간의 v_R, v_C 값**

㉠ $v_R = R\,i_{(t)} = R\left(-\dfrac{E}{R}e^{-\frac{1}{RC}t}\right) = -E\,e^{-\frac{1}{RC}t}$ [V]

㉡ $v_C = \dfrac{1}{C}\displaystyle\int_0^t i_{(t)}\,dt = \dfrac{1}{C}\int_0^t\left(-\dfrac{E}{R}e^{-\frac{1}{RC}t}\right)dt = -E\left(1-e^{-\frac{1}{RC}t}\right)$ [V]

⑥ **기전력 제거 후, C에서 방전되는 전하량**

㉠ $t=0$일 때, $q = C\cdot V_C = \left|-CE\left(1-e^{-\frac{1}{RC}t}\right)\right|_{t=0} = 0$ [C]

㉡ $t=\infty$일 때, $q = C\cdot V_C = \left|-CE\left(1-e^{-\frac{1}{RC}t}\right)\right|_{t=\infty} = CE$ [C]

04 $L-C$ 직렬 직류회로

1. $L-C$ 직렬회로의 과도특성(기전력 E가 공급될 경우)

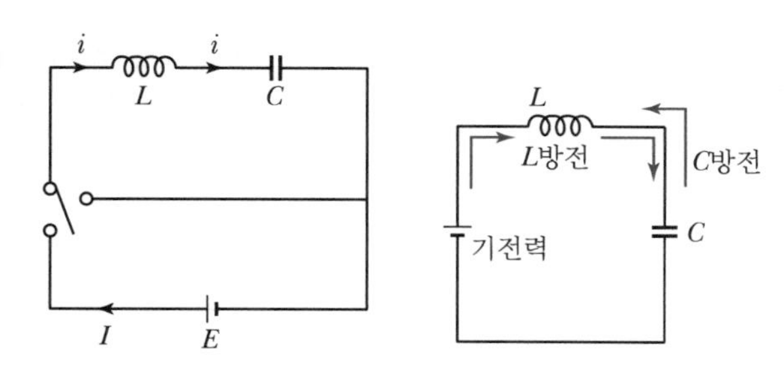

〘 $L-C$ 직렬회로에서 스위치가 있을 경우와 없을 경우 〙

① **($L-C$ 직렬회로) 전압방정식** : $E = V_L + V_C = L\dfrac{d}{dt}i_{(t)} + \dfrac{1}{C}\displaystyle\int i_{(t)}\,dt$ [V]

② **$L-C$ 직렬회로에 흐르는 전류** : $i_{(t)} = \dfrac{E}{\sqrt{\dfrac{L}{C}}}\sin\dfrac{1}{\sqrt{LC}}t$ [A]

PART 03

③ **과도구간의 v_L, v_C 값**

㉠ $v_L = L\dfrac{d}{dt}i_{(t)} = E\cos\dfrac{1}{\sqrt{LC}}t$ [V]

㉡ $v_C = \dfrac{1}{C}\displaystyle\int i_{(t)}\,dt = E\left(1-\cos\dfrac{1}{\sqrt{LC}}t\right)$ [V]

2. $L-C$ 직렬회로의 과도특성(기전력 E가 제거될 경우)

인덕터 L과 커패시터 C의 방전방향은 서로 반대입니다. 그러므로 $L-C$ 직렬회로의 기전력이 OFF 되어 두 소자가 동시에 방전하면, 서로 주고받는 역기전력은 다음과 같은 과도특성을 보여 줍니다.

① **불변하는 진동 전류**

일정한 진폭으로 요동치는 전류파형을 만든다. (E, $-E$)

② **인덕터(L)에 의한 역기전력 E_L**

㉠ E_L의 역기전력 최대값 : 전원의 기전력(E)과 같다.

㉡ E_L의 역기전력 최소값 : $-E$

③ **콘덴서(C)에 의한 역기전력 E_C**

㉠ E_C의 역기전력 최대값 : 전원의 기전력(E)의 2배

㉡ E_C의 역기전력 최소값 : 0[V]

> **콘덴서의 역기전력 E_C 값의 범위**
>
> $$v_c = \frac{1}{C}\int i_{(t)}\,dt = \frac{1}{C}\int\left(\frac{E}{\sqrt{\frac{L}{C}}}\sin\frac{1}{\sqrt{LC}}t\right)dt$$
>
> $= E\left(1-\cos\dfrac{1}{\sqrt{LC}}t\right) = E\left(1-\cos\dfrac{1}{\sqrt{LC}}t\right)$ 여기서 cos 각의 범위는 0°~180° 이므로,
>
> $= E\,[1-\cos(0\sim180)] = E[1-(\cos 0^\circ \sim \cos 180^\circ)] = 0 \sim 2E$ [V]

핵심기출문제

$L-C$ 직렬회로의 직류기전력 E를 갑자기 인가한 후 시간이 $t=0$에서 C에 걸리는 최대전압은 어떻게 되는가?

① E ② $1.5E$
③ $2E$ ④ $2.5E$

해설

$L-C$ 직렬회로에 기전력 E를 인가한 순간 $t=0$에서 회로는 기전력 제거 시와 같다. 그러므로 콘덴서의 역기전력은 전원기전력의 $0\sim2E$[V] 이므로 C에 걸리는 최대전압은 $2E$[V] 이다.

정답 ③

05 $R-L-C$ 직렬 직류회로

$R-L-C$ 직렬회로의 선형미분방정식 표현은 $R-L$ 회로, $R-C$ 회로보다 복잡합니다. 미분방정식 자체가 복잡하므로 과도특성($i_{(t)}$, τ, v_R, v_L, v_C)에 대한 수식 역시 $R-L$ 회로, $R-C$ 회로에서 수식보다 길고 복잡하게 표현됩니다.
하지만 $R-L-C$ 직렬회로의 과도특성을 해석하는 중요한 이유는 $R-L-C$ 직렬회로의 출력이 어떤 조건에서 '안정'되는지 혹은 '불안정'하게 되는지를 파악하려는 것

입니다. 때문에 본 $R-L-C$ 직렬회로의 과도특성은 회로 출력의 '안정' 혹은 '불안정'을 판별하는 내용입니다.

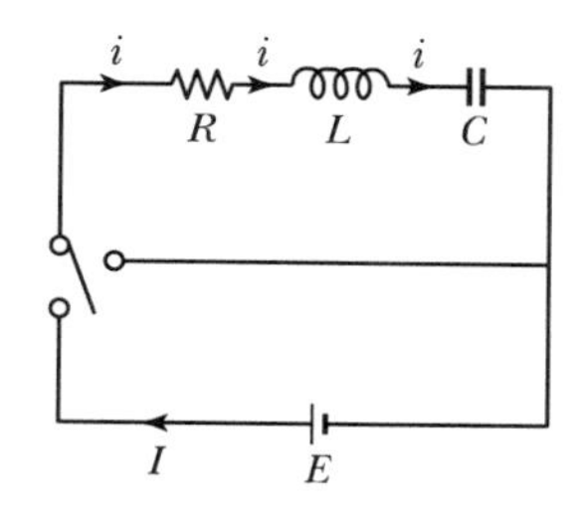

〖 $R-L-C$ 직렬회로 〗

① **($R-L-C$ 직렬회로) 전압방정식**

$$e_{(t)} = Ri_{(t)} + L\frac{d}{dt}i_{(t)} + \frac{1}{C}\int i_{(t)}dt \ [\mathrm{V}]$$

② **$R-L-C$ 직렬회로에 흐르는 전류**

$$i_{(t)} \xrightarrow[\text{정리}]{\text{실미적분}} (\text{생략})$$

$R-L-C$ 직렬회로의 출력이 안정적인 동작/안정적이지 않은 동작 여부는 **특성근**의 허수부 상태로 판단할 수 있다.

③ **특성근**

$$-\frac{R}{2L} \pm \sqrt{\left(\frac{R}{2L}\right)^2 - \frac{1}{LC}}$$ ($R-L-C$ 직렬회로의 전류 $i_{(t)}$에 대한 특성근)

④ **시정수**

$$\tau = \left|-\frac{2L}{R}\right| [\mathrm{sec}]$$ ($R-L-C$ 직렬회로의 '임계안정'할 경우의 시정수)

㉠ '임계안정'할 경우의 조건은 $\left(\frac{R}{2L}\right)^2 = \frac{1}{LC}$ 관계이며, $\left(\frac{R}{2L}\right)^2 = \frac{1}{LC}$ 조건을 특성근에 적용하게 되면 루트($\sqrt{\ }$) 안의 값은 0이 된다. 그러므로 시정수는 $\tau = \left|-\frac{2L}{R}\right|$

㉡ 제어시스템의 '임계안정, 임계제동, 임계진동' 모두 같은 의미이다.

⑤ **$R-L-C$ 직렬회로의 출력 안정 · 불안정 판단**

제어시스템(또는 제어계)을 수식으로 나타냈을 때, 수식의 허수부(j)가 양의 값이면 제어계의 출력은 '안정'하게 되고, 허수부(j)가 음의 값이면 제어계의 출력은 '불안정'하게 된다.

허수 $j = \sqrt{-1}$: 허수 j는 그 자체만으로 음의 값을 갖는다.

핵심기출문제

$R-L-C$ 직렬회로에 직류전압을 갑자기 인가할 때, 회로에 흐르는 전류가 비진동 상태(=안정상태)가 될 조건을 찾으시오.

① $R^2 > \frac{1}{LC}$　② $R^2 = \frac{4L}{C}$

③ $R^2 > \frac{4L}{C}$　④ $R^2 < \frac{4L}{C}$

해설

안정조건

$\left(\frac{R}{2L}\right)^2 - \frac{1}{LC} > 0$ 또는

$\left(\frac{R}{2L}\right)^2 > \frac{1}{LC}$ 또는 $R^2 > \frac{4L}{C}$

또는 $R > 2\sqrt{\frac{L}{C}}$

정답 ③

그러므로 $R-L-C$ 직렬회로의 출력이 '안정'된 출력이려면 '특성근'의 허수부($\sqrt{\;}$)가 반드시 양의 값이 돼야 합니다.

$\sqrt{\left(\frac{R}{2L}\right)^2-\frac{1}{LC}}$ 의 루트 안이 0보다 커야 출력이 안정된 동작을 함

$R-L-C$ 직렬회로의 출력이 안정할 조건(안정조건) : $\left(\frac{R}{2L}\right)^2-\frac{1}{LC}>0$ 또는 $\left(\frac{R}{2L}\right)^2>\frac{1}{LC}$ 또는 $R^2>\frac{4L}{C}$ 또는 $R>2\sqrt{\frac{L}{C}}$ 이 조건을 만족하면 출력이 안정됨

결과적으로 $R-L-C$ 직렬회로의 출력은 $R\,[\Omega]$, $L\,[\mathrm{H}]$, $C\,[\mathrm{F}]$ 값들을 넣어 부등호가 만족(성립)하는 조건식(안정 · 임계안정 · 불안정)이 무엇인지에 따라 출력 특성을 예측할 수 있습니다.

$R>2\sqrt{\frac{L}{C}}$ 면 [안정=과제동=비진동]이다.

$R=2\sqrt{\frac{L}{C}}$ 면 [임계 안정, 임계 제동, 임계 진동]이다.

$R<2\sqrt{\frac{L}{C}}$ 면 [불안정, 부족제동, 진동]이다.

핵심기출문제

$R-L-C$ 직렬회로에서 회로 저항값이 다음의 어느 값이어야 이 회로의 임계제동 상태가 되는가?

① $\sqrt{\frac{L}{C}}$ ② $2\sqrt{\frac{L}{C}}$

③ $\frac{1}{\sqrt{CL}}$ ④ $2\sqrt{\frac{C}{L}}$

해설

$R-L-C$ 직렬회로 출력이 임계제동(=임계안정, 임계진동)할 조건은, $R-L-C$ 직렬회로의 과도전류에 대한 특성근 식의 루트가 $\left(\frac{R}{2L}\right)^2=\frac{1}{LC}$ 또는 $R=2\sqrt{\frac{L}{C}}$ 조건일 경우, 회로의 출력은 임계제동한다.

정답 ②

1. $R-L$ 직렬회로의 과도특성[기전력(E)이 공급될 경우]

① **전압방정식** : $E = V_R + V_L = R\,i_{(t)} + L\frac{d}{dt}i_{(t)}$ [V]

② $R-L$ **직렬회로에 흐르는 전류** : $i_{(t)} = \frac{E}{R}\left(1 - e^{-\frac{R}{L}t}\right)$ [A]

③ **특성근** : $-\frac{R}{L}$

④ **시정수** : $\tau = \left|-\frac{L}{R}\right|$

- $t = 0$일 때, $i_{(t)} = 0$ [A]
- $t = \frac{L}{R}$일 때, $i_{(t)} = \frac{E}{R}0.632$ [A]
- $t = \infty$ 일 때, $i_{(t)} = \frac{E}{R}$ [A]

⑤ **과도구간의 v_R, v_L 값**

- $v_R = E\left(1 - e^{-\frac{R}{L}t}\right)$ [V]
- $v_L = E\,e^{-\frac{R}{L}t}$ [V]

2. $R-L$ 직렬회로의 과도특성[전원의 기전력(E)이 제거될 경우]

① $R-L$ 직렬회로의 기전력 방향(극성)이 같다.

② $R-L$ **직렬회로에 흐르는 전류** : $i_{(t)} = \frac{E}{R}e^{-\frac{R}{L}t}$ [A]

③ **특성근** : $-\frac{R}{L}$

④ **시정수** : $\tau = \left|-\frac{L}{R}\right|$

- $t = 0$일 때, $i_{(t)} = \frac{E}{R}$ [A]
- $t = \frac{L}{R}$일 때, $i_{(t)} = \frac{E}{R}0.368$ [A]
- $t = \infty$ 일 때, $i_{(t)} = 0$ [A]

⑤ **과도구간의** v_R, v_L **값**

- $v_R = E \cdot e^{-\frac{R}{L}t}$ [V]
- $v_L = E \cdot e^{-\frac{R}{L}t}$ [V]

3. $R-C$ 직렬회로의 과도특성[기전력(E)이 공급될 경우]

① **전압방정식** : $E = V_R + V_C = R\, i_{(t)} + \frac{1}{C}\int i_{(t)}\, dt$ [V]

② $R-C$ **직렬회로에 흐르는 전류** : $i_{(t)} = \frac{E}{R} e^{-\frac{1}{RC}t}$ [A], $i_{(t)} = \frac{1}{R}\frac{Q}{C} e^{-\frac{1}{RC}t}$ [A]

③ **특성근** : $-\frac{1}{RC}$

④ **시정수** : $\tau = |-RC|$

- $t = 0$일 때, $i_{(t)} = \frac{E}{R}$ [A]
- $t = RC$일 때, $i_{(t)} = \frac{E}{R} 0.368$ [A]
- $t = \infty$ 일 때, $i_{(t)} = 0$ [A]

⑤ **과도구간의** v_R, v_C **값**

- $v_R = E \cdot e^{-\frac{1}{RC}t}$ [V]
- $v_C = E\left(1 - e^{-\frac{1}{RC}t}\right)$ [V]

⑥ **콘덴서** C**에 충전되는 전하량** : $q = C \cdot V_C = CE\left(1 - e^{-\frac{1}{RC}t}\right)$ [C]

4. $R-C$ 직렬회로의 과도특성[전원의 기전력(E)이 제거될 경우]

① $R-C$ 직렬회로의 기전력 방향(극성)은 기전력이 공급될 때와 **반대**이다.

② $R-C$ 직렬회로에 흐르는 전류 $i_{(t)} = -\frac{E}{R} e^{-\frac{1}{RC}t}$ [A] 또는 $i_{(t)} = -\frac{1}{R}\frac{Q}{C} e^{-\frac{1}{RC}t}$ [A]

③ **특성근** : $-\frac{1}{RC}$

④ **시정수** : $\tau = |-RC|$

- $t = 0$일 때, $i_{(t)} = -\frac{E}{R}$ [A]

- $t = RC$ 일 때, $i_{(t)} = -\frac{E}{R}0.368$ [A]
- $t = \infty$ 일 때, $i_{(t)} = 0$ [A]

⑤ **과도구간의 v_R, v_C 값**

- $v_R = -E e^{-\frac{1}{RC}t}$ [V]
- $v_C = -E\left(1 - e^{-\frac{1}{RC}t}\right)$ [V]

⑥ **기전력 제거 후, C에서 방전되는 전하량**

$t = 0$일 때, $q = C \cdot V_C = 0$ [C]

$t = \infty$ 일 때, $q = C \cdot V_C = CE$ [C]

5. $L-C$ 직렬회로의 과도특성[전원의 기전력(E)이 공급될 경우]

① **전압방정식** : $E = V_L + V_C = L\frac{d}{dt}i_{(t)} + \frac{1}{C}\int i_{(t)}dt$ [V]

② **$L-C$ 직렬회로에 흐르는 전류** : $i_{(t)} = \frac{E}{\sqrt{\frac{L}{C}}}\sin\frac{1}{\sqrt{LC}}t$ [A]

6. $L-C$ 직렬회로의 과도특성[전원의 기전력(E)이 제거될 경우]

① **무한히 진동하는 전류**

일정한 진폭으로 계속 요동친다.

② **인덕턴스(L)에 의한 역기전력**

- E_L의 역기전력 최대값 : 기전력 E와 같다.
- E_L의 역기전력 최소값 : $-E$

③ **콘덴서(C)에 의한 역기전력**

- E_C의 역기전력 최대값 : 기전력 E의 2배
- E_C의 역기전력 최소값 : 0 [V]

7. $R-L-C$ 직렬 직류회로

① **전압방정식**

$$e_{(t)} = Ri_{(t)} + L\frac{d}{dt}i_{(t)} + \frac{1}{C}\int i_{(t)}dt \text{ [V]}$$

② **특성근**

$$-\frac{R}{2L} \pm \sqrt{\left(\frac{R}{2L}\right)^2 - \frac{1}{LC}}$$

③ **회로 출력이 임계안정일 경우, 시정수**

$$\tau = \left|-\frac{2L}{R}\right|$$

④ **출력이 안정할 조건**

$$\left(\frac{R}{2L}\right)^2 > \frac{1}{LC}$$ (안정＝과제동＝비진동)

⑤ **출력이 임계안정할 조건**

$$\left(\frac{R}{2L}\right)^2 = \frac{1}{LC}$$ (임계안정＝임계제동＝임계진동)

⑥ **출력의 불안정 조건**

$$\left(\frac{R}{2L}\right)^2 < \frac{1}{LC}$$ (불안정＝부족제동＝진동)

핵 / 심 / 기 / 출 / 문 / 제

01 시정수 τ인 L−R 직렬 회로에 전압을 인가할 때 $t=\tau$의 시각에 회로에 흐르는 전류는 최종값의 약 몇 [%]인가?

① 37　② 63
③ 73　④ 86

해설

먼저, L−R 직류회로는 곧 R−L 직렬회로이다.

R−L 직렬회로의 과도전류는 $i_{(t)}=\dfrac{E}{R}\left(1-e^{-\frac{R}{L}t}\right)$ [A] 인데, 여기서 시정수는 $\tau=\left|-\dfrac{L}{R}\right|$[초]를 의미한다. 그러므로 문제 조건은 시정수가 $\left|-\dfrac{L}{R}\right|$일 때, R-L 직렬회로의 전류값을 구하는 문제이다.

$\rightarrow i_{(t)}=\dfrac{E}{R}\left(1-e^{-\frac{R}{L}t}\right)_{t=\frac{L}{R}}=\dfrac{E}{R}(1-e^{-1})=\dfrac{E}{R}0.632$[A]

다시 말해, R−L 직렬회로에 전원을 인가하면, $\left|-\dfrac{L}{R}\right|$초에서 회로에 흐르는 전류는 정상전류$\left(\dfrac{E}{R}\right)$가 흐를 때의 63.2[%]에 해당하는 전류가 흐른다.

02 R−L 직렬회로에서 회로 양단에 직류전원 E를 연결 후, 충분한 시간이 흐른 뒤 회로의 전원 스위치 S를 개방시켰을 때, $\dfrac{L}{R}$[sec] 후 회로에 흐르는 전류값[A]은 얼마인가?

① $\dfrac{E}{R}$　② $0.5\dfrac{E}{R}$
③ $0.368\dfrac{E}{R}$　④ $0.632\dfrac{E}{R}$

해설

기전력이 연결되어 전원이 공급 중이던 R−L 직렬회로에 스위치를 개방시키면, L에 의한 역기전력만이 R−L 회로에 흐른다. 이때 역기전력에 의한 과도전류 $i_{(t)}=\dfrac{E}{R}e^{-\frac{R}{L}t}$[A]이다.

여기서, $\dfrac{L}{R}$[sec] 후 R−L 회로에 흐르는 전류는

$i_{(t)}=\dfrac{E}{R}e^{-\frac{R}{L}\cdot\frac{L}{R}}=\dfrac{E}{R}e^{-1}$

$=0.368\dfrac{E}{R}$[A]

정답 01 ② 02 ③

PART 04

제어공학

제어공학 개요

각 과목에서 전기에 관한 다음 내용을 배웁니다.

1. 전기자기학 : 전기현상과 자기현상에 대한 물리학적 이해
2. 전기기기 : 전기로 작동되는 대표적인 기기들의 동작 원리와 특성
3. 회로이론 : 미시적인 전기시스템과 회로해석에 대한 기본이론
4. 제어공학 : ?
5. 전력공학 : 거시적인 전기시스템과 발전소에 대한 기본이론
6. 한국전기설비규정(KEC) : 발전 · 송전 · 배전 계통에서 시설, 시공, 운영에 대한 법령

언뜻 보기에, 제어공학 과목은 전기기사 · 산업기사 기술자격 필기시험의 6개 과목 중에서 가장 전기와 연관하기 어렵다는 생각이 들 수 있습니다.

사실 회로이론 과목과 제어공학 과목은 동일하게 전기를 기반으로 한 시스템(System)을 해석하는 내용입니다. 그래서 두 과목은 일정부분의 내용이 서로 겹치고, 회로이론 과목의 14장, 15장, 16장에서 이미 제어공학의 기본이 되는 내용을 다뤘습니다.
다만, 회로이론 과목에서는 전통적이면서 기본적인 이론을 다루고, 제어공학 과목에서는 현대적이면서 응용된 이론을 다루는 데 차이가 있습니다.

제어는 크게 자동제어와 수동제어로 구분됩니다. 8장으로 구성된 제어공학 과목에서 다루는 내용은 한마디로 '시스템을 논리적으로 제어하는 방법'인 자동제어에 대한 내용입니다. 자동제어는 다시 '폐루프제어'와 '개루프제어'로 나눌 수 있습니다.
- 1장~7장 : 폐루프제어계 → 자동제어시스템
- 8장 : 개루프제어계 → 시퀀스제어

제어공학 과목 1장~7장에서 다루는 '자동제어시스템'은 제어공학 내용의 대부분을 차지합니다. '자동제어시스템'은 우리 일상생활에서 쉽게 접할 수 있습니다.

- 가전분야 : 냉장고, TV, 선풍기, 에어컨, 전기밥솥, 보일러, 세탁기, 핸드폰 등
- 전장분야 : 자율주행차량 시스템, 승강기 시스템
- 기계분야 : 공장자동화 시스템(PCL)

그 밖에 로봇분야, 의료분야, 항공우주분야가 있습니다. 이 모든 것이 자동제어시스템을 기반으로 만들어졌습니다.

산업현장에서도 자동제어시스템을 사용합니다. 1960년대까지 모든 공장들의 공정은 1부터 10까지 모두 사람 손이 닿아야만 정상 가동이 가능했습니다. 하지만 1968년 미국 GE 사가 PLC(Programmable Logic Controller)를 개발함으로써 1970년대부터 오늘날까지 규모를 떠나 소기업에서부터 대기업 공장에 이르기까지 대량생산 혹은 복잡한 동작이 반복되는 곳에서 PLC를 이용한 공장자동화를 실현하고 있습니다. 지금까지도 빌딩, 공장(과자, 카메라, 자동차, 반도체 공장 등), 발전소 등의 산업현장에서 PLC는 기본이며 이 역시 '자동제어시스템' 원리에 기반하고 있습니다. PLC는 자동화제어장치이므로 기본적으로 하나의 '장치(Device)'일 뿐입니다.

지금 우리가 제어공학(Control Engineering) 과목에서 다루려는 '자동제어시스템'은 자동제어를 할 수 있는 시스템의 원리입니다.

'자동제어시스템'은 사람이 원하는 어떤 목표값을 입력하면 기기 · 장치가 목표값에 도달하도록 스스로 물리적인 제어를 하는 시스템입니다. 그 과정에서 다양한 센서를 통해 시시각각 시스템의 출력을 측정하고, 측정한 출력과 시스템이 기억하는 목표값을 비교(피드백)하여 동작 주체인 기기의 입력으로 비교값의 전기신호를 보내, 입력과 출력이 순환 반복하며 사람이 설정한 목표상태에 스스로 도달해 가는 '시스템(System)'입니다. 선풍기의 바람 세기, 보일러에 의한 겨울철 실내의 따뜻한 온도, 에어컨에 의한 여름철 실내의 시원한 온도, 세탁기의 옷감에 맞는 세탁모드, 승강기로 이동하려는 층수, 자동차의 자율주행시스템... 이 모두가 자동제어시스템으로 동작하는 경우입니다. 제어공학에서 이러한 자동제어시스템의 논리적인 표현방법, 원리, 해석을 다룹니다.

핵심기출문제

제어계에 가장 많이 이용되는 전자요소는?

① 증폭기
② 변조기
③ 주파수 변환기
④ 가산기

정답 ①

CHAPTER 01 제어시스템의 구성요소와 진 · 지상보상회로

[제어공학의 개념]

① 제어(Control)

사람이 원하는 출력을 얻기 위해 시스템을 변화, 조정, 조작하는 것입니다. 콘센트 전압 220[V]로는 아무것도 할 수 없습니다. 220[V] 전압이 연결된 기기에서 제어가 이뤄지기 때문에 기기가 사람에게 유용한 역할을 합니다. 제어가 된 것이 기기의 출력입니다. 출력의 예로는 선풍기의 시원한 바람 세기, 에어컨의 찬바람, 겨울철 보일러가 물을 데워 온수가 나오고, 밥솥의 취사모드에 맞게 조리가 되고, 승강기를 탔을 때 사람이 원하는 층에서 승강기의 모터 회전[rpm]이 정지하는 것이 있습니다.

② 공학(Engineering)

어떤 원리나 이론을 이용하여 사람에게 필요한 물자 혹은 결과을 만들어 내는 것입니다. 본 제어공학 과목에서 사용하는 원리와 이론은 제어(Control)를 하기 위해 필요한 수학, 물리, 전기, 컴퓨터 관련 이론을 이용하여 궁극적인 목표 동작을 만들어 냅니다.

③ 제어공학

내가 원하는 출력을 얻는 것, 원하는 것을 얻으려면 제어를 해야 합니다.

때문에 제어공학은 수학, 물리, 컴퓨터 등의 다양한 이론과 단위들이 섞여 사용되고, 중간 중간에 난해한 내용도 등장합니다.

제어공학에서 '제어'의 개념

A라는 사람이 집에서 수작업으로 선풍기를 만들고 있다. A는 이 선풍기의 모터를 3단 속도조절(1000[rpm], 2000[rpm], 3000[rpm])이 가능하도록 만들려 한다. 만약 모터가 1단에서 1000[rpm]보다 느리게 회전한다면, 더 빠르게 돌도록 해야 하고, 모터가 1단에서 1000[rpm]보다 훨씬 빠르게 회전한다면 속도를 느리게 만들어야 한다.

여기서 A씨가 필요할 때마다 손으로 속도조절 다이얼을 돌려 속도를 제어한다면 '수동제어'이다. 수동제어는 제어장치가 따로 필요하지 않다. 반대로 A씨는 3단 중 목표로 하는 단수만 설정하고 모터가 스스로 단수에 맞는 회전속도(1000－2000－3000 [rpm])를 출력하려면 스스로 제어가 가능한 제어장치 또는 제어시스템이 필요하다. 이것이 '자동제어'이고, 제어공학(1장~7장)에서 다루는 제어는 '자동제어'를 다룬다. [입력(사람) → 제어 → 출력(모터)]

이것이 제어의 개념이다.

구체적으로 사람은 이상, 생각, 의식이 있고, 기계 · 기기는 그것이 없습니다. 때문에 사람과 기기 사이에 어떤 특별한 것이 있지 않은 이상 사람이 목표로 하는 것을 기기가 스스로 인지하고 사람이 원하는 출력을 낼 수 없습니다. 사람과 기기의 중간에 있는 그것이 '제어시스템'입니다.

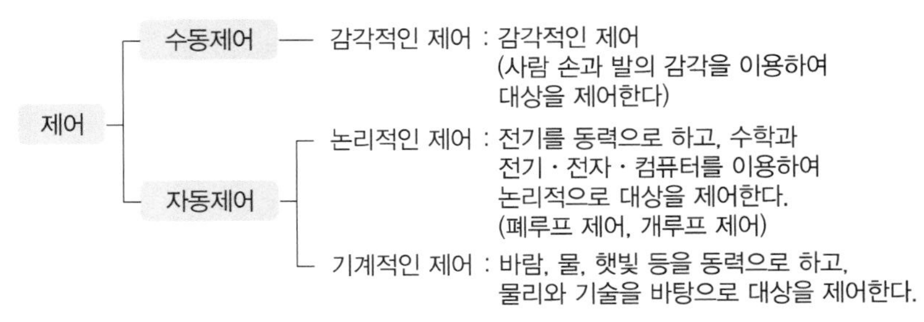

사람의 감각을 이용한 제어는 단순한 제어로 제한됩니다. 반면 전기를 동력으로 하는 논리적인 제어는 복잡한 제어가 가능하며 동시다발적인 기능을 수행할 수 있습니다. 사람에게 편리하고 복잡한 제어를 수행하려면 '논리적인 자동제어'를 해야 합니다. 1장~7장에서 자동제어에 대한 방법과 해석을, 8장에서 순차제어(시퀀스제어)에 대한 원리를 다룹니다.

01 제어시스템의 구성요소

1. 개회로제어계(= 개루프제어계 : Open Loop Control System)

입력 → 제어 → 출력

① 입력한 대로 출력
② 입 · 출력 간에 Feed Back이 안 되는 시스템
③ 출력결과가 원하는 출력이 아니더라도 사용해야 하는 시스템
④ 단순하며 값싼 시스템
⑤ 개회로제어계의 응용 : 시퀀스제어(개루프, 개회로, 시퀀스제어)

2. 폐회로제어계(= 폐루프제어계 : Close Loop Control System)

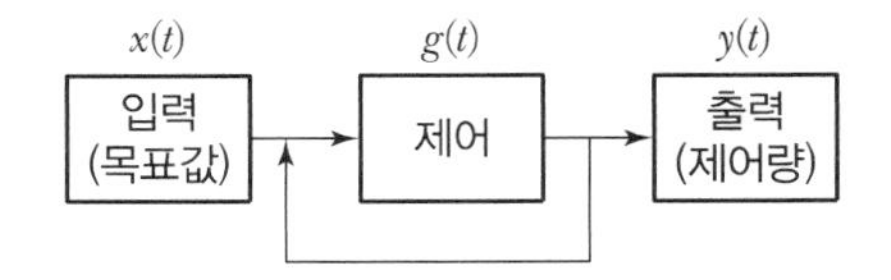

① 입 · 출력 사이에 Feed Back이 가능한 시스템
② 사람이 원하는 출력결과를 얻을 수 있는 시스템

③ 설정한 목표값에 도달하도록 수정에 수정을 반복하는 시스템

④ 복잡하며 값비싼 시스템

⑤ 폐회로제어계의 응용 예 : 자동제어시스템(폐회로, 페루프, 피드백, 자동제어)

(1) 폐회로제어계 구성도

다음은 **피드백제어계**의 기본 구성도입니다. '피드백제어계의 구성도'를 이해해야만 자동제어시스템이 작동하는 원리를 쉽게 이해할 수 있습니다.

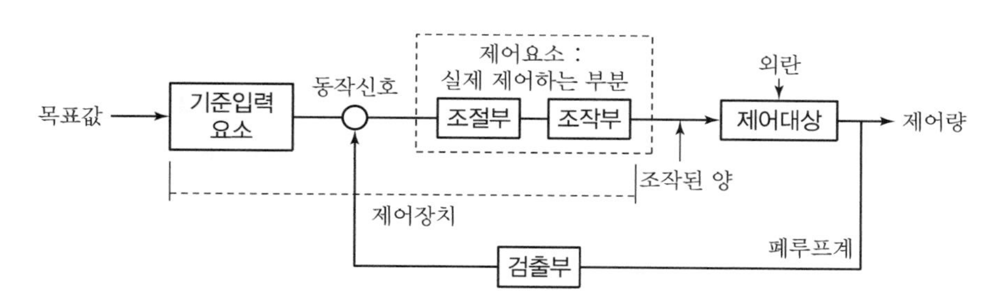

〖 피드백제어계의 기본 구성도 〗

위 피드백제어계의 이해를 돕기 위해 자동제어시스템 중 하나인 에어컨을 예로 설명하겠습니다.

피드백제어계의 예 : 에어컨 자동제어시스템

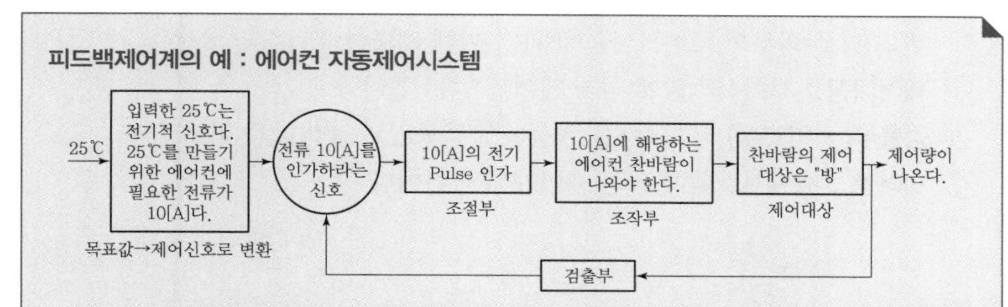

- 여름철 어느 가정의 실내온도가 30℃이다. 실내온도를 낮추기 위해 에어컨 온도의 '목표값'을 25℃로 설정하였다(온도를 1℃ 낮출 때마다 에어컨 동작에 필요한 전류는 1 [A] 이다).
- 에어컨이 동작한 후 실내온도는 27℃이다. 목표량보다 2℃가 높다.
- 에어컨의 '검출부'는 실내온도 27℃와 목표값 25℃ 사이의 2℃ 차이에 해당하는 전기신호를 에어컨의 입력측 '동작신호'로 보낸다.
- '동작신호'에서 2℃에 해당하는 2 [A] 전기량을 '조절부'로 보낸다.
- 기존 전기량에 2 [A] 전기량을 더한 물리적인 '제어량'이 에어컨 바람으로 출력된다. 이때 에어컨 센서가 측정한 실내온도는 23℃이다.
- 에어컨 '검출부'는 실내온도 23℃와 목표값 25℃ 사이의 −2℃ 차이에 해당하는 전기신호를 에어컨의 입력측 '동작신호'로 보낸다.
- '동작신호'에서 −2℃에 해당하는 −2 [A] 전기량을 '조절부'로 보낸다.
- 기존 전기량에서 −2 [A] 를 뺀 전기량에 해당하는 물리적인 '제어량'이 에어컨 바람으로 출력된다. 이때 에어컨 센서가 측정한 실내온도는 24℃이다.
- '검출부'는 −1℃ 신호를 '동작신호'로, '동작신호'는 −1 [A] 전기량을 '조절부'로, '조절부'는 전기량에 해당하는 물리적인 '제어량'을 에어컨 바람으로 출력한다. 실내온도는 25℃가 된다.

✠ 피드백제어계
입력과 출력이 순환하는 제어시스템으로, 피드백제어, 폐회로제어, 폐루프제어, 자동제어시스템은 모두 같은 뜻이다.

핵심기출문제

피드백제어계에서 제어요소에 대한 설명 중 옳은 것은?

① 목표치에 비례하는 신호를 발생시키는 요소이다.
② 조작부와 검출부로 구성되어 있다.
③ 조절부와 검출부로 구성되어 있다.
④ 동작신호를 조작량으로 변환하는 요소이다.

해설
피드백제어계에서 제어요소는 조작부와 조절부로 구성되며 동작신호를 조작량으로 변화시키는 요소이다.

정답 ④

핵심기출문제

제어장치가 제어대상에 가하는 제어신호로 제어장치의 출력인 동시에 제어대상의 입력인 신호는?

① 목표값 ② 조작량
③ 제어량 ④ 동작신호

정답 ②

이같이 목표값에 도달할 때까지 [입력 → 출력 → 검출부 → 입력 → 출력 → 검출부 → 입력 → 출력]을 순환하며 시스템이 스스로 제어되는 것이 '자동제어시스템'입니다.

(2) 폐회로제어계의 용어

① **목표값** : 입력요소로, 피드백(Feed Back)제어계에 속하지 않는다.

② **기준입력요소(설정부)** : 목표값에 비례한 기준입력신호를 보내는 곳이다.

③ **동작신호** : 폐루프계에 직접 가해지는 신호로, 기준입력과 피드백(Feed Back) 신호 간 차이만큼의 신호를 보낸다.

④ **제어요소** : 동작신호를 조작량으로 변환하는 요소이다.

⑤ **제어요소의 '조절부'** : 제어요소가 필요로 하는 신호를 만들어 조작부로 보내는 부분이다.

⑥ **제어요소의 '조작부'** : 조절부에서 받은 신호를 조작량으로 만드는 부분이다.

⑦ **조작량** : 제어요소가 제어대상에 대해 가하는 제어신호로, 에어컨이면 찬바람, 온풍기면 뜨거운 바람, 보일러면 열, 승강기면 모터 회전력의 출력을 내는 곳이다.

⑧ **외란** : 제어시스템에 의한 입력이 아닌 외부입력이다. 외부입력인 외란은 제어대상을 교란한다. 예를 들면, 에어컨 출력이 아닌 창문을 통해 밖에서 들어오는 더운 바람, 보일러 출력이 아닌 현관문을 통해 밖에서 들어오는 찬바람, 통신장비의 경우 외부의 노이즈나 고조파가 이에 해당한다.

⑨ **제어대상** : 제어시스템에 의해 제어를 받는 곳이다.

⑩ **검출부(= 비교부)** : 제어량을 검출하고 목표값과 출력값을 비교한다.

⑪ **제어량** : 제어시스템에 의한 제어계의 출력이다.

02 제어계의 분류

제어계의 구성을 논리적으로 표현하면 $\left[x_{(t)\text{입력}} \rightarrow g_{(t)\text{제어}} \rightarrow y_{(t)\text{출력}} \right]$이 됩니다.

① **입력** $x_{(t)}$: 목표값

② **제어** $g_{(t)}$: 제어량

③ **출력** $y_{(t)}$: 동작(제어계의 출력)

제어계를 구성하는 '목표값', '제어량', '동작'을 세분하면 다음과 같습니다.

핵심기출문제

다음 중 궤환제어계에서 반드시 필요한 것은?

① 구동장치
② 정확성을 높이는 장치
③ 안정성을 증가시키는 장치
④ 입력과 출력을 비교하는 장치

해설

궤환제어계(= 피드백제어계)는 입력과 출력을 비교하여 편차를 제거하는 피드백 장치가 있는 제어계이다.

정답 ④

핵심기출문제

제어요소는 무엇으로 구성되는가?

① 검출부
② 검출부와 조절부
③ 검출부와 조작부
④ 조작부와 조절부

해설

제어요소에는 조작부와 조절부가 있으며, 조절부에서 보낸 신호에 따라 조작부가 조작량을 변화시킨다.

정답 ④

핵심기출문제

엘리베이터의 자동제어는 다음 중 어느 것에 속하는가?

① 추종제어
② 프로그램제어
③ 정치제어
④ 비율제어

정답 ②

1. 목표값

① 정치

목표값이 고정된(정해진) 제어(프로세서제어, 자동조정제어)

② 추치

㉠ 추종 : 목표값이 무언가에 종속된 제어(대공포, 레이더, 유도 미사일)

㉡ 프로그램 : 목표값이 정해진 몇몇 선택 범위 내에 종속된 제어(무인 E/L, 무인 자판기, 무인열차, 무인운전차)

㉢ 비율 : 목표값이 양과 비율의 관계를 갖는 제어(배터리 잔량 표시)

2. 제어량

① 서보기구

정밀한 제어(필요조건 : 위치 · 방향 · 자세 · 각도)

② 프로세스제어

공업적 · 물리적인 제어(필요조건 : 압력 · 온도 · 유량 · 액면 · 농도 · 밀도 · 습도)

③ 자동조정 기구

동력, 전기적인 제어(필요조건 : 속도, 주파수, 전압, 전류, 장력)

3. 동작

① 불연속 제어

스위치와 같은 ON－OFF제어

② 연속 제어

입력 $x_{(t)}$에 일정 함수를 비례 후 출력한다.

㉠ P제어 : $x_{(t)}$을 K 배 비례하는 제어를 한 후, 출력한다. 이때 off－set(편차)이 발생한다.(비례동작제어)

㉡ PD제어 : $x_{(t)}$을 (K 배) 미분되는 제어를 한 후 출력한다. 이때 속응성이 빠르지만, off－set이 소량 발생한다.(비례미분동작제어)

㉢ PI제어 : $x_{(t)}$을 (K 배) 적분되는 제어를 한 후 출력한다. 이때 off－set이 없지만, 속응성이 느리다.(비례적분동작제어)

㉣ PID제어 : $x_{(t)}$을 (K 배) 미 · 적분되는 제어를 한 후 출력한다. 이때 off－set이 없고, 속응성이 빠르다.(비례미적분동작제어)

[$x_{(t)}$: 제어계의 입력, 속응성 : 응답 속도, off－set : 편차(목표값 대비 오차)]

핵심기출문제

연료의 유량과 공기의 유량 사이의 비율을 연소에 적합한 것으로 유지하고자 하는 제어는?

① 비율제어
② 추종제어
③ 프로그램제어
④ 시퀀스제어

해설

비율제어는 목표값이 다른 양과 비율 관계를 가지면서 변화하는 경우의 제어이다.

정답 ①

핵심기출문제

서보기구에서 직접 제어되는 제어량은 주로 어느 것인가?

① 압력, 유량, 액위, 온도
② 수분, 화학 성분
③ 위치, 각도
④ 전압, 전류, 회전속도, 회전력

해설

서보기구는 물체의 위치, 방위, 자세, 각도 등의 기계적 변위를 제어량으로 한다.

정답 ③

핵심기출문제

PD제어 동작은 프로세스제어계의 과도 특성 개선에 쓰인다. 이것에 대응하는 보상요소는?

① 지상보상 ② 진상보상
③ 동상보상 ④ 진지상보상

해설

- PD제어계 : 비례미분제어계로서 속응성이 빠르지만, off－set 발생 → 진상보상요소가 필요
- PI 제어계 : 비례적분제어계로서 off－set은 없지만, 속응성이 느림 → 지상보상요소가 필요

정답 ②

핵심기출문제

다음 중 잔류편차(Off－set)를 발생시키는 제어는?

① 비례제어
② 미분제어
③ 적분제어
④ 비례적분미분제어

정답 ①

03 직렬 보상회로(진상 · 지상 보상회로)

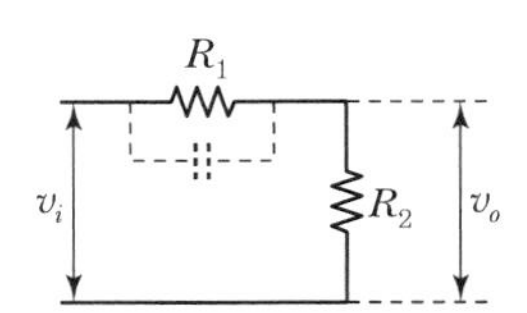

전달함수 $G_{(s)} = \frac{R_2}{R_1 + R_2}$ → 입 · 출력이 저항이므로 위상차가 없다.

① 콘덴서(C)가 입력(v_i) 쪽에 위치하면 **진상 보상회로**가 되고, 이때 회로의 출력전압(v_o)은 입력전압(v_i)보다 위상이 앞선다.

② 콘덴서(C)가 출력(v_o) 쪽에 위치하면 **지상 보상회로**가 되고, 이때 회로의 출력전압(v_o)은 입력전압(v_i)보다 위상이 뒤진다.

③ 콘덴서(C)가 입 · 출력 양쪽에 모두에 위치하면 **진 · 지상 보상회로**가 되고, 이때 회로의 출력과 입력 양쪽 위상을 보상한다.

콘덴서(C) 혹은 인덕터(L)가 들어간 '1차 지연회로'에서, 오실로스코프를 사용하면, 다음과 같은 회로에 흐르는 전류 파형을 눈으로 확인할 수 있습니다.

이런 파형 ⌊이 표시되면 '미분회로'고, 이런 파형 ⌈이 표시되면 '적분회로'가 됩니다.

다음은 $R-C$ 직렬회로를 1차 지연제어로 꾸민 '미분회로'입니다. 그래서 '$R-C$ 미분회로'로 부르며, $R-C$ 미분회로가 어떤 제어를 하는지 전달함수로 다음과 같이 나타낼 수 있습니다.

1. 1차 지연 미분회로(미분회로)

콘덴서(C)가 회로의 입력측(v_i)에 직렬로 위치하면, 미분회로가 됩니다.

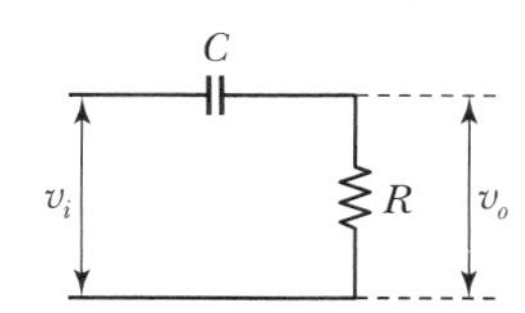

전달함수 $G_{(s)} = \frac{v_o}{v_i} = \frac{R}{R + \frac{1}{Cs}} \begin{matrix} \times Cs \\ \times Cs \end{matrix} = \frac{RCs}{RCs+1}$

2. 1차 지연 적분회로(적분회로, 저역필터)

콘덴서(C)가 회로의 출력측(v_2)에 병렬로 위치하면, '적분회로' 또는 '$R-C$ 저역필터회로'가 됩니다.

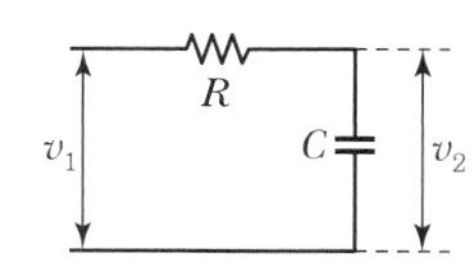

전달함수 $G_{(s)} = \frac{V_2}{V_1} = \frac{\frac{1}{Cs}}{R + \frac{1}{Cs}} \begin{matrix} \times Cs \\ \times Cs \end{matrix} = \frac{1}{RCs+1}$

핵심기출문제

제어계에서 가장 많이 사용되는 구성요소는 무엇인가?

① 증폭기 ② 가산기
③ 미분기 ④ 연산기

해설
모든 제어계는 제어하기에 충분한 신호를 가져야 한다. 때문에 충분한 신호로 증폭할 수 있는 '증폭기'가 필요하다.

정답 ①

핵심기출문제

다음 그림의 회로망은 어떤 회로인가?

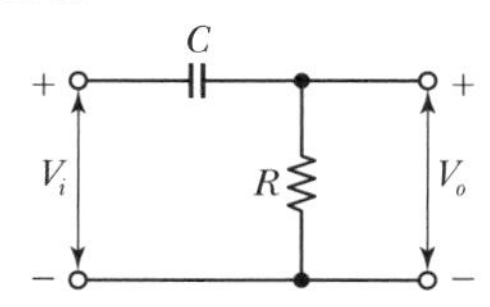

① 가산회로 ② 승산회로
③ 미분회로 ④ 적분회로

해설
그림과 같은 회로는 출력전압 V_o의 위상이 입력전압 V_i의 위상보다 앞서는 미분회로이고, 회로망 내에서 진상보상회로 역할을 한다.

정답 ③

이어서 출력측에 위치한 콘덴서(C) 양단에 걸리는 전압(v_2)은 다음과 같은 특성을 보입니다.

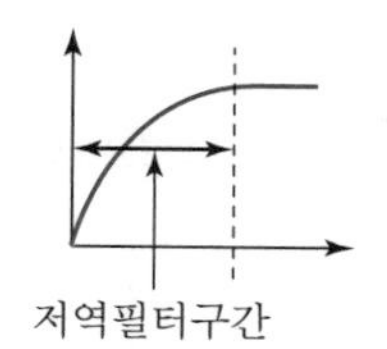

그림과 같은 파형이 나오면 $R-C$ 저역필터회로를 의미한다.
저역필터구간
※ 저역필터 : 낮은 대역의 주파수를 차단하는 필터(= 여파기)

만약, 1차 지연 '$R-C$ 저역필터회로'의 주파수가 0[Hz]라면, 혹은 직류전압이 들어온다면, 회로망의 전달함수는 1이 됩니다.

$$G_{(s)} = \frac{V_2}{V_1} = \frac{\frac{1}{Cs}}{R + \frac{1}{Cs}} = \frac{1}{RCs+1} \xrightarrow[\omega=0]{G_{(j\omega)}}$$

$$G_{(j\omega)} = \left[\frac{1}{j\omega RC+1}\right]_{f=0} = 1$$

3. 1차 지연 지상보상회로(적분회로, 지상보상기)

입력측(v_1)에 R_1을 위치시키고, 출력측(v_2)에 R_2와 콘덴서(C)를 직렬 $R-C$ 회로가 되게 꾸민 회로는 '적분회로'이며, '지상보상기능'을 합니다. '지상보상기능'을 하므로, 회로망의 출력전압(v_2)의 위상이 입력전압(v_1)의 위상보다 늦는 '지상보상기'로 사용할 수 있습니다.

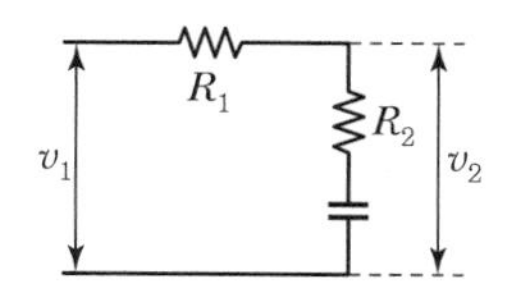

$R-C$ 회로에 다음과 같은 조건을 달 경우,

$$\begin{Bmatrix} T_1 : R_2 Cs \\ T_2 : R_1 Cs + R_2 Cs \end{Bmatrix}$$

지상보상회로의 전달함수 $G_{(s)}$는 다음과 같이 표현됩니다.

$$G_{(s)} = \frac{출력}{입력} = \frac{v_1}{v_2} = \frac{R_2 + \frac{1}{Cs}}{R_1 + R_2 + \frac{1}{Cs}} \times \frac{Cs}{Cs}$$

$$= \frac{R_2 Cs + 1}{R_1 Cs + R_2 Cs + 1} = \frac{T_1 + 1}{T_2 + 1}$$

핵심기출문제

다음 그림의 회로망은 어떤 회로인가?

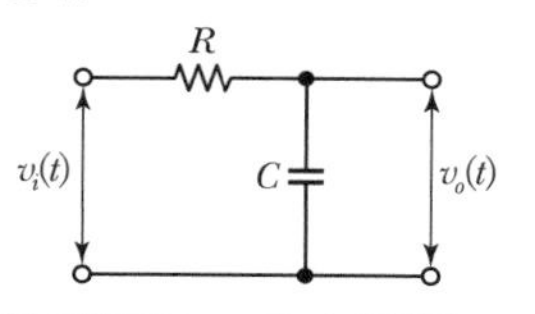

① 가산회로 ② 승산회로
③ 미분회로 ④ 적분회로

해설
그림과 같은 회로는 출력전압 V_o의 위상이 입력전압 V_i의 위상보다 늦는 적분회로이고, 회로망 내에서 지상보상회로 역할을 한다.

정답 ④

핵심기출문제

그림과 같은 회로는 어떤 기능을 하는 회로인가?

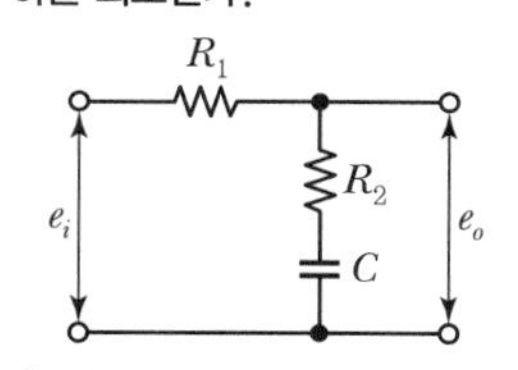

① 미분회로
② 적분회로
③ 가산회로
④ 미분, 적분회로

해설
그림의 회로망은 출력전압 e_o의 위상이 입력전압 e_i의 위상보다 늦는 지상보상회로이다.

정답 ②

4. 1차 지연 진상보상회로(고역필터)

콘덴서(C)가 입력측(v_1)에 R_1과 병렬로 위치하는 회로는, 회로망의 출력전압(v_2)의 위상이 입력전압(v_1)의 위상보다 앞서게 하는 '진상보상기능'을 하는 회로입니다. 진상보상회로는 '진상보상기', '진상제어기', '고역통과 필터(여파기)'로 사용합니다.

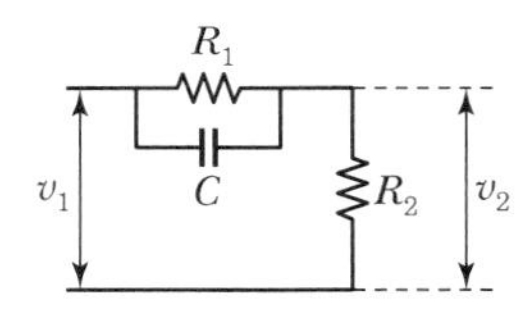

진상보상회로의 전달함수 $G_{(s)} = \dfrac{R_2}{\dfrac{R_1 \cdot \dfrac{1}{Cs}}{R_1 + \dfrac{1}{Cs}} + R_2}$

5. 진 · 지상보상회로 1

입력측(v_1)에 인덕터(L), 출력측(v_2)에 콘덴서(C)가 위치하는 회로로 '진 · 지상보상회로' 기능을 합니다.

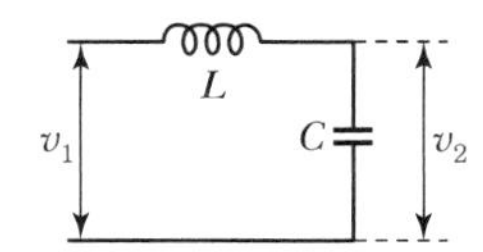

진 · 지상보상회로의 전달함수 $G_{(s)} = \dfrac{\dfrac{1}{Cs} \times Cs}{\left(LR + \dfrac{1}{Cs}\right) \times Cs} = \dfrac{1}{LCs^2 + 1}$

6. 진 · 지상보상회로 2

입력측(v_1)에 R과 L이 직렬로 위치하고, 출력측(v_2)에 콘덴서(C)가 위치하는 회로로 '진 · 지상보상회로' 기능을 합니다.

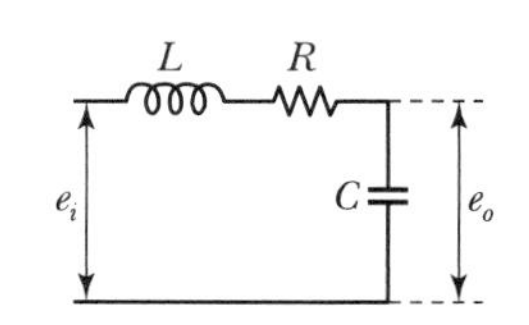

진 · 지상보상회로의 전달함수 $G_{(s)} = \dfrac{\dfrac{1}{Cs} \times Cs}{\left(Ls + R + \dfrac{1}{Cs}\right) \times Cs} = \dfrac{1}{LCs^2 + RCs + 1}$

1. 폐회로 제어계 구성도

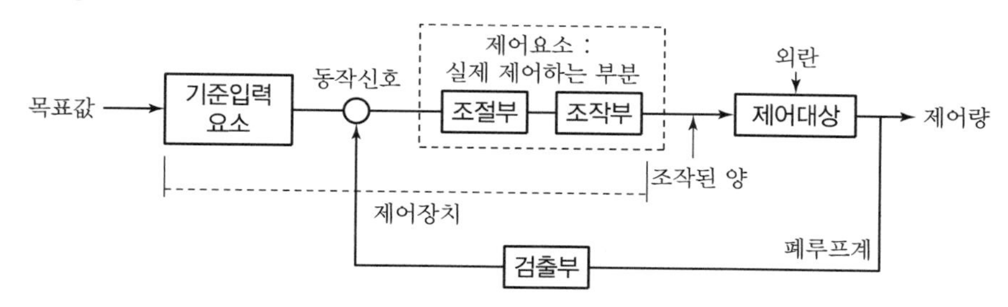

2. 폐회로 제어계의 용어

① **목표값** : 입력 요소로, 피드백제어계에 속하지 않는다.

② **기준입력요소(설정부)** : 목표값에 비례한 기준입력신호를 보내는 곳이다.

③ **동작신호** : 페루프계에 직접 가해지는 신호로, 기준입력과 피드백(Feed back) 신호 간 차이만큼의 신호를 보낸다.

④ **제어요소** : 동작신호를 조작량으로 변환하는 요소이다.

⑤ **제어요소의 '조절부'** : 제어요소가 필요로 하는 신호를 만들어 조작부로 보내는 부분이다.

⑥ **제어요소의 '조작부'** : 조절부에서 받은 신호를 조작량으로 만드는 부분이다.

⑦ **조작량** : 제어요소가 제어대상에 대해 가하는 제어신호로, 에어컨이면 찬바람, 온풍기면 뜨거운 바람, 보일러면 열, 승강기면 모터 회전력의 출력을 내는 곳이다.

⑧ **외란** : 제어시스템에 의한 입력이 아닌 외부입력이다. 외부입력인 외란은 제어대상을 교란시킨다.

⑨ **제어대상** : 제어시스템에 의해 제어를 받는 곳이다.

⑩ **검출부(=비교부)** : 제어량을 검출하고 목표값과 출력값을 비교한다.

⑪ **제어량** : 제어시스템에 의한 제어계의 출력이다.

3. 제어계의 분류

① **목표값**

㉠ 정치 : 목표값이 고정된(정해진) 제어(프로세서 제어, 자동조정 제어)

㉡ 추치

- 추종 : 목표값이 무언가에 종속된 제어(대공포, 레이더, 유도 미사일)
- 프로그램 : 목표값이 선택범위에 종속된 제어(무인 E/L, 무인자판기, 무인열차)
- 비율 : 목표값이 양과 비율의 관계를 갖는 제어(배터리 잔량 표시)

② **제어량**

㉠ 서보기구 : 정밀한 제어(필요조건 : 위치, 방향, 자세, 각도)

㉡ 프로세스 제어 : 공업적 · 물리적인 제어(필요조건 : 압력, 온도, 유량, 액면, 농도, 밀도, 습도)

㉢ 자동조정 기구 : 동력, 전기적인 제어(필요조건 : 속도, 주파수, 전압, 전류, 장력)

③ **동작**

㉠ 불연속 제어 : 스위치와 같은 ON－OFF제어

㉡ 연속제어 : 입력값을 일정 함수에 비례시킨 후 출력한다.

- P제어(비례동작)는 off－set 발생
- PD제어(비례미분동작) : 입력 $x_{(t)}$을 (K 배) 미분 후 출력
  속응성이 빠르지만, off－set(편차)가 소량 발생
- PI제어(비례적분동작) : 입력 $x_{(t)}$을 (K 배) 적분 후 출력
  off－set이 없지만, 속응성이 느림
- PID제어(비례미적분동작) : 입력 $x_{(t)}$을 (K 배) 미 · 적분 후 출력
  off－set이 없지만, 속응성이 빠름

4. 직렬 보상회로(진상 · 지상 보상회로)

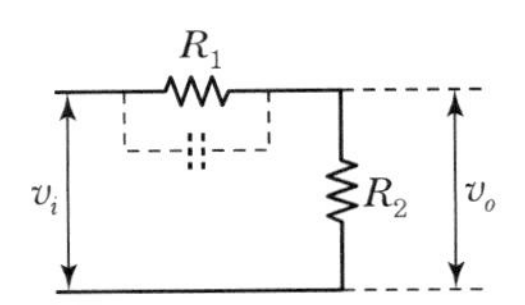

전달함수 $G_{(s)} = \frac{R_2}{R_1 + R_2}$ → 입 · 출력이 저항이므로 위상차가 없다.

① 콘덴서(C)가 입력(v_i) 쪽에 위치하면 **진상 보상회로**가 되고, 이때 회로의 출력전압(v_o)은 입력전압(v_i)보다 위상이 앞선다.

② 콘덴서(C)가 출력(v_o) 쪽에 위치하면 **지상 보상회로**가 되고, 이때 회로의 출력전압(v_o)은 입력전압(v_i)보다 위상이 뒤진다.

③ 콘덴서(C)가 입 · 출력 양쪽에 모두에 위치하면 **진 · 지상 보상회로**가 되고, 이때 회로의 출력과 입력 양쪽 위상을 보상한다.

CHAPTER 02

제어계의 블록선도와 신호흐름선도

(제어계를 블록도형 또는 신호흐름도형으로 표현하기)

01 제어계를 블록 또는 화살표(신호흐름)로 표현하는 이유

사람은 복잡한 제어(수십 개의 조작을 동시다발적으로 하는 제어)를 할 수 없기 때문에, '감각'이 아닌 '논리적으로 제어'를 해야 합니다. 제어를 논리적으로 하기 위해서 다음과 같이 제어계를 논리적인 표현으로 모두 바꿔야 하는데, 이때 제어의 논리적 표현은 '전달함수'입니다.

$$[\text{입력(사람)} \rightarrow \text{제어} \rightarrow \text{출력(모터)}] \xrightarrow[\text{표현}]{\text{논리적}} [x_{(t)\text{입력}} \rightarrow g_{(t)\text{전달함수}} \rightarrow y_{(t)\text{출력}}]$$

입력 $x_{(t)}$ 은 주어지는 것이고, 출력 $y_{(t)}$ 은 제어의 결과이기 때문에 결국 자동제어시스템의 핵심은 '제어'입니다. 그리고 제어의 논리적 표현은 '전달함수 $g_{(t)}$'입니다. 입력과 출력은 단일할 수 있지만, 제어가 이뤄지는 전달함수는 제어과정이 단순하지 않습니다. 복잡한 전달함수가 논리적(수학적)으로만 전개되면(매우 단순한 제어시스템을 제외하고) 제어시스템을 설계하고 수정하는 사람 입장에서 그 제어계의 흐름을 파악할 수 없고, 인지할 수 없습니다. 그래서 제어계의 논리적 전개를 시각적으로 쉽게 파악하기 위해서 제어계의 흐름을 그림과 같은 흐름도(Fallow Chart)로 표현합니다.

이런 제어계의 제어과정을 한눈에 알아볼 수 있는 흐름도(선도)는 크게 두 가지 표현이 있습니다. 바로 '블록에 의한 흐름도(**블록선도**)'와 '화살표에 의한 흐름도(**신호흐름선도**)'입니다. 이것이 본 2장의 내용입니다. 사실 '블록선도'와 '신호흐름선도'는 제어계의 제어과정을 나타내는 표현의 차이일 뿐 동일한 내용입니다.

- 제어계의 흐름을 블록(Block)으로 표현하면 **블록선도**
- 제어계의 흐름을 화살표(Arrow)로 표현하면 **신호흐름선도**

1. 블록선도

제어계를 '블록(Block)'으로 표현하기

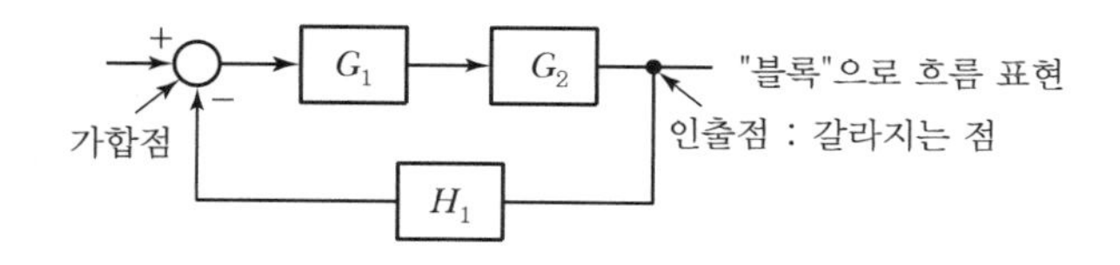

2. 신호흐름선도

제어계를 '신호흐름', '화살표'로 표현하기

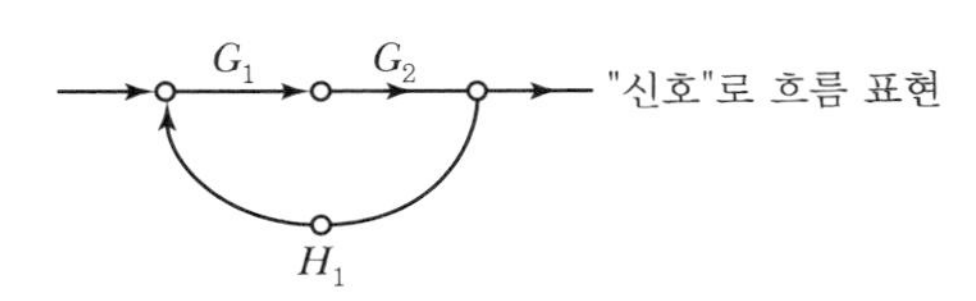

02 제어계의 선도표현과 선도의 특성

1. 제어계의 선도(블록 혹은 신호흐름)표현

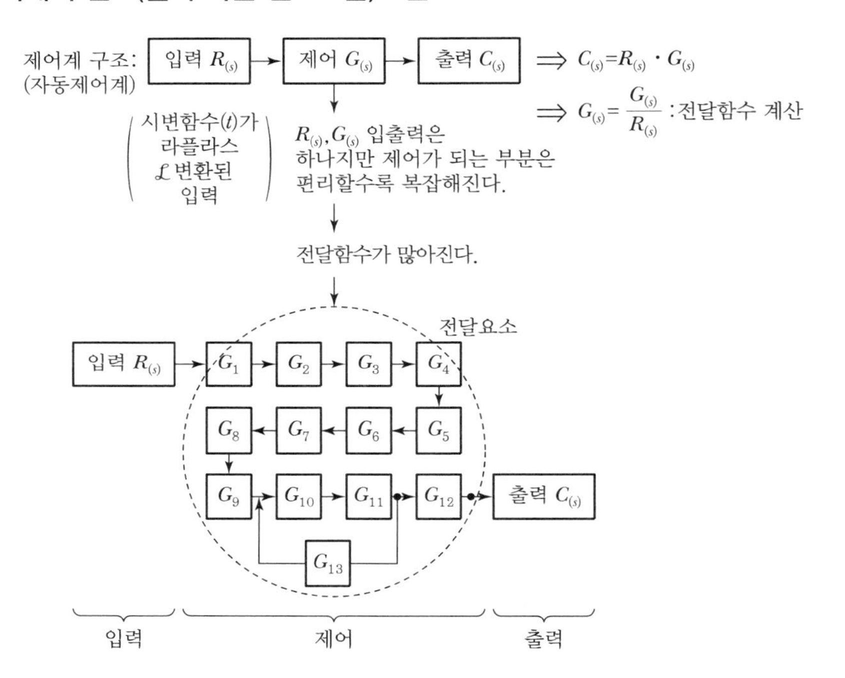

피드백제어계(자동제어계)의 전달함수가 여럿일 경우, 전체 전달함수 수식은 다음과 같습니다.

① **출력** : $C_{(s)} = R_{(s)}M_{(s)}$

② **전체 전달함수** : $M_{(s)} = \dfrac{C_{(s)}}{R_{(s)}} = \dfrac{\sum G_{(s)}}{1+G_{(s)}H_{(s)}}$

$$\left\{ M_{(s)} = \frac{\sum \text{순방향 전달함수}}{1-\text{피드백 전달함수}} = \frac{\sum \text{전향 전달함수}}{1-\text{피드백 전달함수}} = \frac{\sum G_{(s)}}{1-\left(-G_{(s)}H_{(s)}\right)} \right\}$$

핵심기출문제

자동제어계의 각 요소를 Block 선도로 표시할 때 각 요소를 전달함수로 표시하고 신호의 전달경로는 무엇으로 표시하는가?

① 전달함수 ② 단자
③ 화살표 ④ 출력

정답 ③

핵심기출문제

그림에서 전달함수 $G(s)$는?

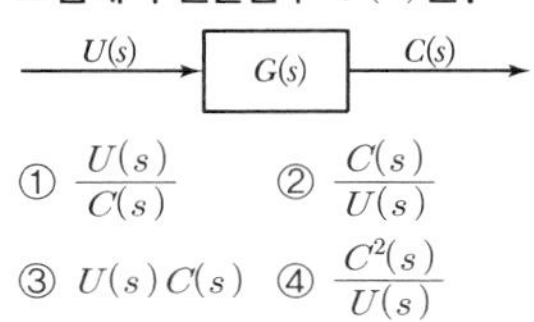

① $\dfrac{U(s)}{C(s)}$ ② $\dfrac{C(s)}{U(s)}$

③ $U(s)C(s)$ ④ $\dfrac{C^2(s)}{U(s)}$

해설

전달함수 $G(s) = \dfrac{\text{출력}}{\text{입력}} = \dfrac{C(s)}{U(s)}$

정답 ②

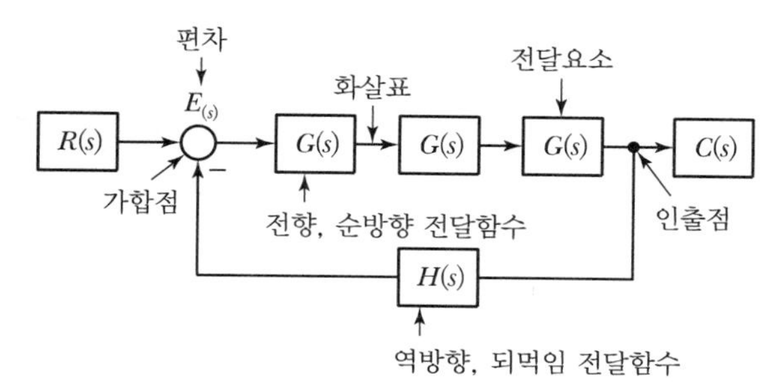

〖 많아진 전달함수의 블록선도 표현 〗

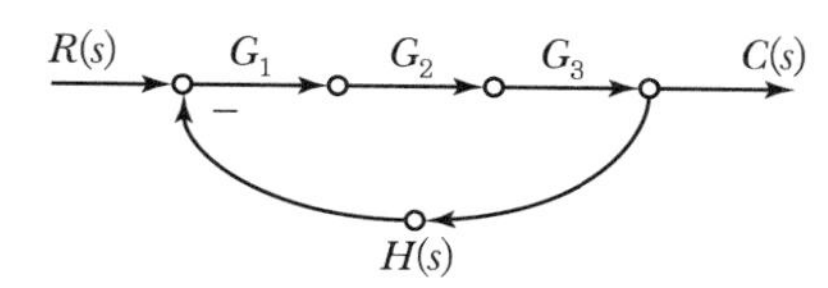

〖 많아진 전달함수의 선호흐름선도 표현 〗

2. 선도의 특성

전달함수의 수가 아무리 많더라도 결국 구조적인 연결은 **직렬** 혹은 **병렬**입니다.

(1) 직렬결합성질

$R(s) \rightarrow G_1(s) \rightarrow G_2(s) \rightarrow C(s) \;=\; R(s) \rightarrow G_1(s)G_2(s) \rightarrow C(s)$

(직렬=AND) $C(s)=R(s)[G_1(s) \cdot G_2(s)]$

〖 블록선도 〗

$R(s) \xrightarrow{G_1} \circ \xrightarrow{G_2} \circ \rightarrow C(s)$

〖 신호흐름선도 〗

직렬결합성질의 예

그림과 같은 신호흐름선도의 전달함수 $\dfrac{y_2}{y_1}$를 구하면,

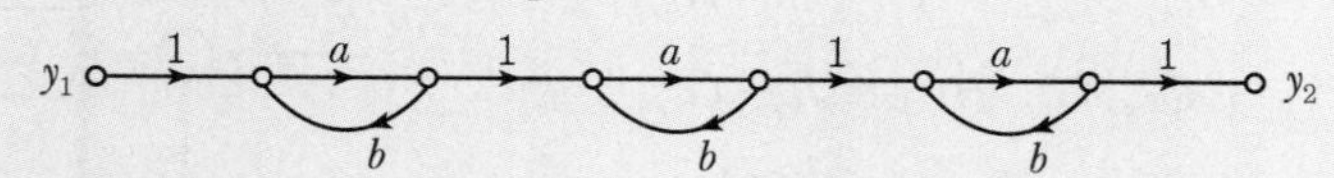

직렬결합성질을 이용하여, 각각의 피드백 전달함수를 '곱하기 연산'으로 나타낸다.

- $G_1 = \dfrac{C}{R} = \dfrac{\text{순방향}}{1-\text{피드백}} = \dfrac{a}{1-ab}$
- $G_2 = \dfrac{C}{R} = \dfrac{\text{순방향}}{1-\text{피드백}} = \dfrac{a}{1-ab}$
- $G_3 = \dfrac{C}{R} = \dfrac{\text{순방향}}{1-\text{피드백}} = \dfrac{a}{1-ab}$

그러므로 전체 전달함수 $G_{(s)} = G_1\,G_2\,G_3 = \left(\dfrac{a}{1-ab}\right)\left(\dfrac{a}{1-ab}\right)\left(\dfrac{a}{1-ab}\right) = \dfrac{a^3}{(1-ab)^3}$

핵심기출문제

다음 시스템의 전달함수 $\dfrac{C}{R}$는?

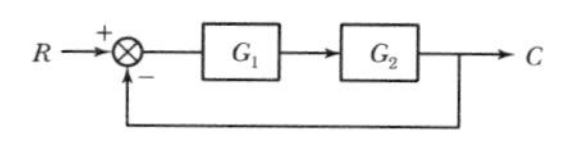

① $\dfrac{C}{R} = \dfrac{G_1G_2}{1+G_1G_2}$

② $\dfrac{C}{R} = \dfrac{G_1G_2}{1-G_1G_2}$

③ $\dfrac{C}{R} = \dfrac{1+G_1G_2}{G_1G_2}$

④ $\dfrac{C}{R} = \dfrac{1-G_1G_2}{G_1G_2}$

해설

전체 전달함수

$G_{(s)} = \dfrac{C}{R} = \dfrac{\text{순방향}}{1-(\text{피드백})}$

$= \dfrac{G_1\,G_2}{1-(-\,G_1\,G_2)}$

$= \dfrac{G_1\,G_2}{1+G_1\,G_2}$

정답 ①

(2) 병렬결합성질

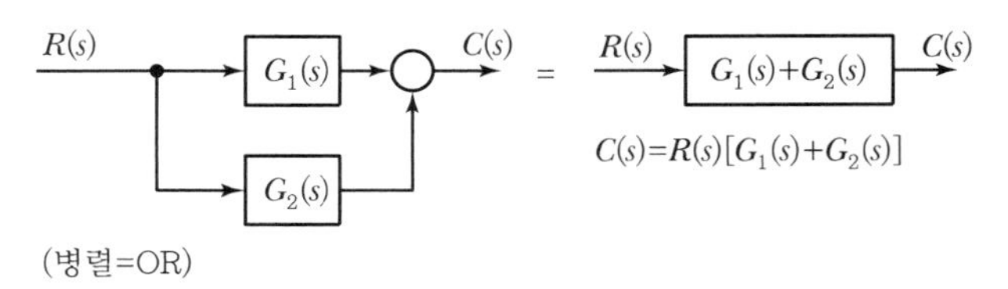

〚 블록선도 〛

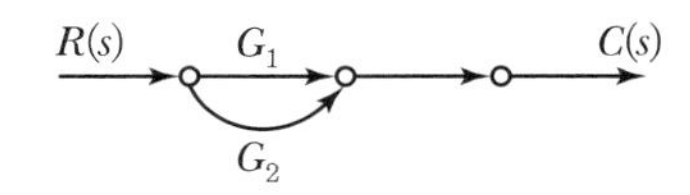

〚 신호흐름선도 〛

병렬결합성질의 예

그림과 같은 신호흐름선도의 전달함수 $\frac{y}{x}$를 구하면,

병렬결합성질을 이용하여, 각각의 피드백 전달함수를 '더하기 연산'으로 나타낸다.

- $G_1 = \frac{C}{R} = \frac{\text{순방향}}{1-\text{피드백}} = \frac{a}{1-ab}$
- $G_2 = \frac{C}{R} = \frac{\text{순방향}}{1-\text{피드백}} = \frac{a}{1-ab}$
- $G_3 = \frac{C}{R} = \frac{\text{순방향}}{1-\text{피드백}} = \frac{a}{1-ab}$

그러므로 전체 전달함수는

$$G_{(s)} = G_1 + G_2 + G_3 = \frac{a}{1-ab} + \frac{a}{1-ab} + \frac{a}{1-ab} = \frac{3a}{1-ab}$$

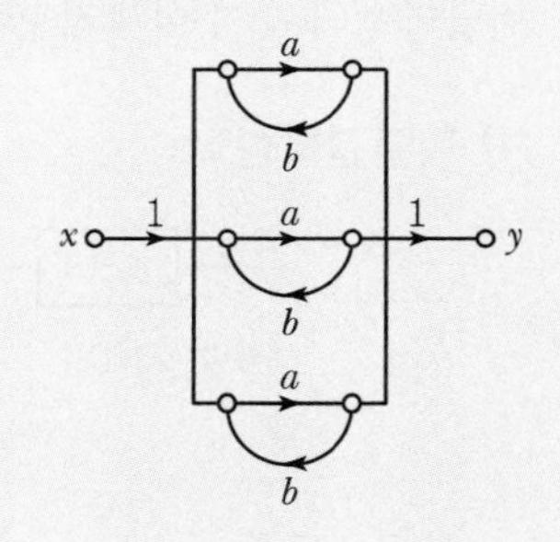

(3) 피드백결합성질(직 · 병렬결합성질)

'블록선도'로 제어계를 나타낼 때, 제어계의 전체 전달함수 $M_{(s)}$는 '직 · 병렬결합성질'을 이용하여 나타냅니다.

$$C_{(s)} = [R_{(s)} G_{(s)}] - [C_{(s)} G_{(s)} H_{(s)}]$$
$$C_{(s)} + C_{(s)} G_{(s)} H_{(s)} = R_{(s)} G_{(s)}$$
$$C_{(s)}[1 + G_{(s)} H_{(s)}] = R_{(s)} G_{(s)}$$

전체 전달함수 $M_{(s)} = \frac{C_{(s)}}{R_{(s)}} = \frac{G_{(s)}}{1 + G_{(s)} H_{(s)}}$

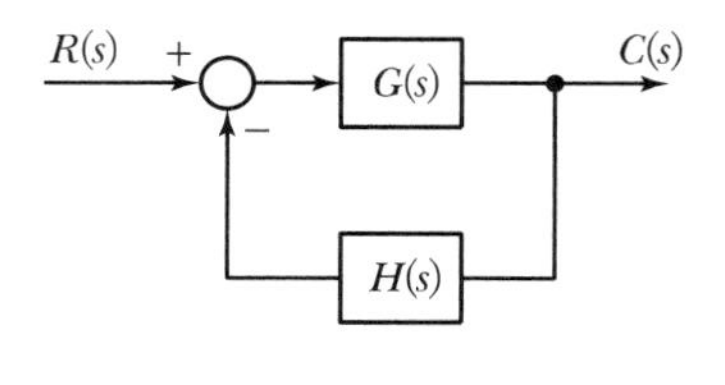

피드백결합성질을 통한 전달함수가 여러 개인 피드백제어계의 전달함수는 다음과 같습니다.

핵심기출문제

그림과 같은 궤환회로의 종합 전달함수는?

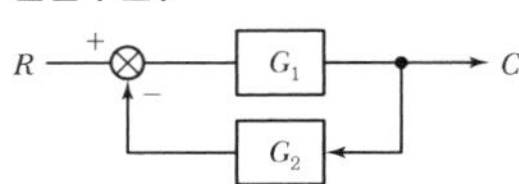

① $\frac{1}{G_1} + \frac{1}{G_2}$ ② $\frac{G_1}{1 - G_1 G_2}$

③ $\frac{G_1}{1 + G_1 G_2}$ ④ $\frac{G_1 G_2}{1 + G_1 G_2}$

해설

전달함수 $G(s)$

$= \frac{\sum \text{전향경로의 이득}}{1 - \sum \text{폐루프의 이득}}$

$= \frac{G_1}{1 - (-G_1 G_2)}$

$= \frac{G_1}{1 + G_1 G_2}$

정답 ③

핵심기출문제

다음과 같은 블록선도의 등가합성 전달함수는?

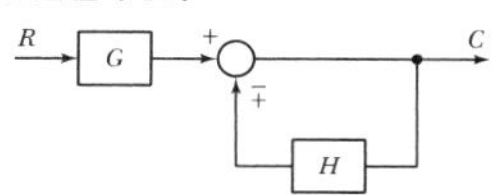

① $\frac{1}{1 \pm GH}$ ② $\frac{G}{1 \pm GH}$

③ $\frac{G}{1 \pm H}$ ④ $\frac{1}{1 \pm H}$

해설

전체 전달함수

$G_{(s)} = \frac{C}{R} = \frac{G}{1 - (-G)}$

$= \frac{G}{1 - (\mp H)} = \frac{G}{1 \pm H}$

정답 ③

① **전체 전달함수** : $M_{(s)} = \dfrac{C_{(s)}}{R_{(s)}} = \dfrac{\sum G_{(s)}}{1+G_{(s)}H_{(s)}}$

$$\left\{ M_{(s)} = \frac{\sum \text{순방향 전달함수}}{1-\text{피드백 전달함수}} = \frac{\sum G_{(s)}}{1-(-G_{(s)}H_{(s)})} = \frac{\sum G_{(s)}}{1+G_{(s)}H_{(s)}} \right\}$$

여기서, $G_{(s)}$: 순방향 전달함수

$H_{(s)}$: 되먹임 전달함수

$H_{(s)} = 1$: 단위 되먹임 전달함수

② **특성방정식** : $1+G_{(s)}H_{(s)} = 0$

(특성방정식이란, 전체 전달함수 $M_{(s)}$의 분모가 0이 되는 상태이다)

외란이 있는 경우, 블록선도 전달함수 표현의 예

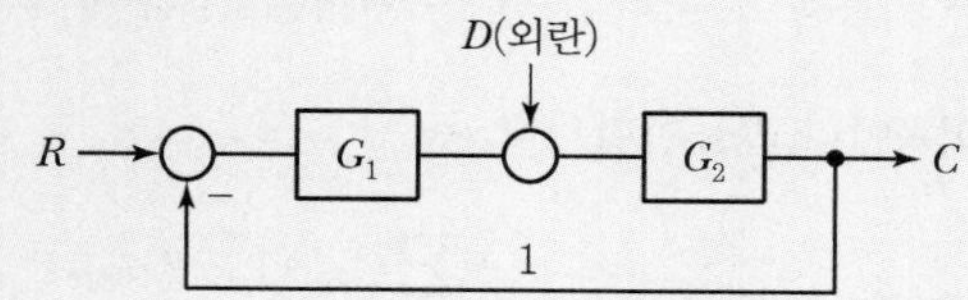

피드백에 함수가 없으면 1이다.

- (외란이 없을 때) $M_{(s)} = \dfrac{C}{R} = \dfrac{G_1G_2}{1-(-G_1G_2)} = \dfrac{G_1G_2}{1+G_1G_2}$
- (외란이 있을 때) $M_{(s)} = \dfrac{C}{R} + \dfrac{C}{D} = \dfrac{G_1G_2+G_2}{1-(-G_1G_2)} = \dfrac{G_1G_2+G_2}{1+G_1G_2}$
- 외란이 있는 경우는 입력이 두 개가 되므로, 제어계의 전체 출력을 알려면 다음과 같이 입력에 대한 출력을 모두 더한다.

$$\begin{bmatrix} D\text{가 없을 때}, \dfrac{\text{출력}}{\text{입력}} = \dfrac{C}{R} = \dfrac{G_1G_2}{1+G_1G_2} \\ R\text{이 없을 때}, \dfrac{\text{출력}}{\text{입력}} = \dfrac{C}{D} = \dfrac{G_2}{1+G_1G_2} \end{bmatrix}$$ 이므로, 전체 출력 $C_{(s)} = \dfrac{G_1G_2}{1+G_1G_2}R + \dfrac{G_2}{1+G_1G_2}D$

(4) 전기시스템(전기회로)의 선도표현

① $R-L-C$ 회로의 시간함수표현과 복소함수표현

전기기본소자	시간함수의 $i-v$ 관계식	라플라스의 $i-v$ 관계식
R, i_R, v_R	$v_{R(t)} = R \cdot i_{R(t)}$	$V_{R(s)} = R \cdot I_{R(s)}$
L, i_L, v_L	$v_{L(t)} = \dfrac{d}{dt} i_{L(t)}$	$V_{R(s)} = R \cdot I_{L(s)}$
C, i_C, v_C	$v_{c(t)} = \dfrac{1}{C}\int i_{c(t)}dt$	$V_{c(s)} = \dfrac{1}{Cs} I_{c(s)}$

핵심기출문제

그림의 전체 전달함수는?

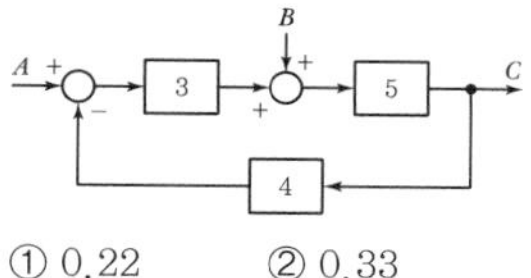

① 0.22 ② 0.33
③ 1.22 ④ 3.1

해설

피드백제어계에 입력 A와 외란 B가 존재하므로, 제어계의 입력이 두 개인 셈이다.

∴ 전체 전달함수

$$G_{(s)} = \frac{C}{A} + \frac{B}{A} = \frac{\text{순방향}}{1-(\text{피드백})}$$
$$= \frac{(3\times5)}{1-(-3\times5\times4)} + \frac{5}{1-(-3\times5\times4)}$$
$$= \frac{15+5}{1-(60)}$$
$$= \frac{20}{1+60} = \frac{20}{61} = 0.3278$$

정답 ②

핵심기출문제

다음 그림의 신호흐름선도에서 전달함수 $\dfrac{C_{(s)}}{R_{(s)}}$ 값은 얼마인가?

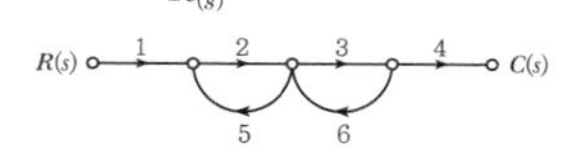

① $-\dfrac{8}{9}$ ② $-\dfrac{4}{5}$
③ 18 ④ 10

해설

전체 전달함수

$$G_{(s)} = \frac{C}{R} = \frac{\sum\text{순방향}}{1-(\text{피드백})}$$
$$= \frac{1\times2\times3\times4}{1-[(2\times5)+(3\times6)]}$$
$$= \frac{24}{1-[28]} = \frac{24}{-27}$$
$$= -\frac{8}{9}$$

정답 ①

② $R-L-C$ 의 블록선도 표현

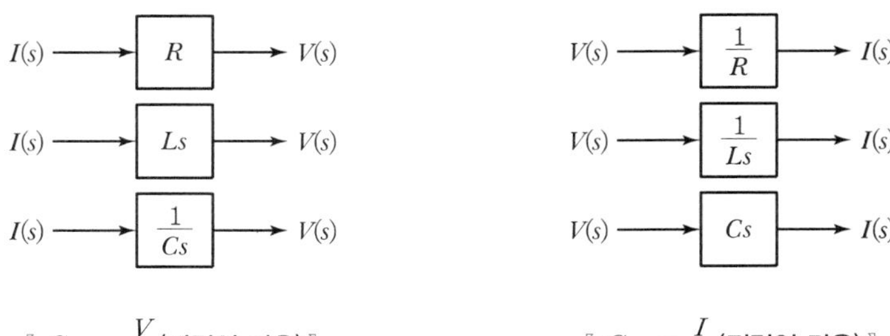

〚 $G_{(s)}=\frac{V}{I}$(병렬인 경우) 〛 〚 $G_{(s)}=\frac{I}{V}$(직렬인 경우) 〛

(5) 메이슨 정리에 의한 신호흐름선도의 전달함수표현

'신호흐름선도'로 제어계를 나타낼 때, 제어계의 전체 전달함수 $M_{(s)}$는 메이슨 정리(Mason's Gain)를 이용하여 나타냅니다. '메이슨 정리'에 의한 전체 전달함수 ($M_{(s)}=\frac{C_{(s)}}{R_{(s)}}$)를 **이득**이라고 표현합니다.

(일반이득공식 T) $M_{(s)}=\frac{C_{(s)}}{R_{(s)}}=\frac{\sum G_{(s)}(1-Loop)}{1-\sum L_1+\sum L_2-\sum L_3}$

여기서, $\sum G_{(s)}$: 순방향 이득의 합

$Loop$: 순방향 경로와 만나지 않는 피드백 전달함수

L_1 : 제어계의 모든 폐루프들의 합

L_2 : 2개의 (순방향 이득과 서로 겹치지 않는) 폐루프 이득 곱에 대한 합

L_3 : 3개의 (순방향 이득과 서로 겹치지 않는) 폐루프 이득 곱에 대한 합

예제

01 메이슨 정리에 의한 이득표현 1

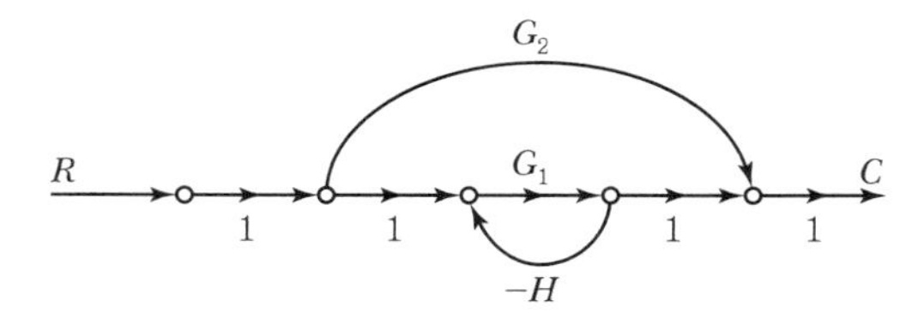

풀이
- 순방향 이득 G_1과 G_2가 있다.
- G_2는 순방향만 있고, 순방향과 만나지 않는 폐루프는 $-G_1H$ 하나뿐이다. 그러므로 이득공식(T)의 L_1만 해당된다.

$\therefore M_{(s)}=\frac{C}{R}=\frac{\sum G_{(s)}(1-Loop)}{1-\sum L_1}=\frac{G_1+G_2[1-(-G_1H)]}{1-(-G_1H)}=\frac{G_1+G_2(1+G_1H)}{1+G_1H}$

예제

02 메이슨 정리에 의한 이득표현 2

다음 제어계 입 · 출력에 대한 전체 전달함수를 찾으시오.

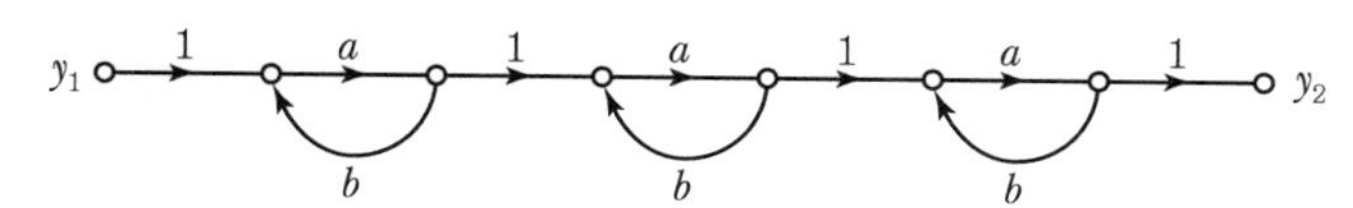

풀이
- $\sum L_1 = ab + ab + ab = 3ab$: 모든 폐루프의 합
- $\sum L_2 = a^2b^2 + a^2b^2 + a^2b^2 = 3a^2b^2$: 만나지 않는 폐루프끼리 곱의 합
- $\sum L_3 = ab \cdot ab \cdot ab = a^3b^3$: 만나지 않는 폐루프가 3개

$$\therefore\ M_{(s)} = \frac{y_2}{y_1} = \frac{\sum G_{(s)}(1-Loop)}{1-\sum L_1 + \sum L_2 - \sum L_3} = \frac{a^3}{1-3ab+3a^2b^2-3a^3b^3} = \frac{a^3}{(1-ab)^3}$$

PART 04

핵 / 심 / 기 / 출 / 문 / 제

01 그림의 신호흐름선도에서 전달함수 $\frac{C}{R}$를 구하시오.

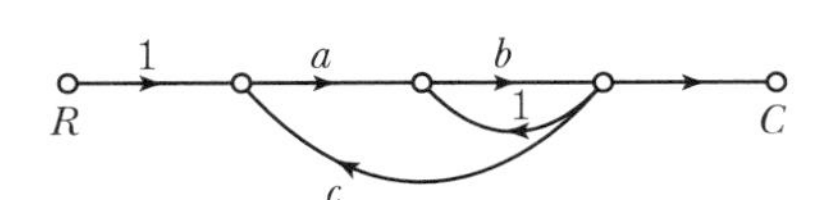

① $\frac{ab}{1+b-abc}$　② $\frac{ab}{1-b-abc}$

③ $\frac{ab}{1-b+abc}$　④ $\frac{ab}{1-ab+abc}$

해설

전체 전달함수 $G_{(s)}=\frac{C}{R}=\frac{\sum 순방향}{1-(피드백)}$

$=\frac{ab}{1-(abc+b)}=\frac{ab}{1-b-abc}$

02 그림과 같은 블록선도에서 출력 C는?

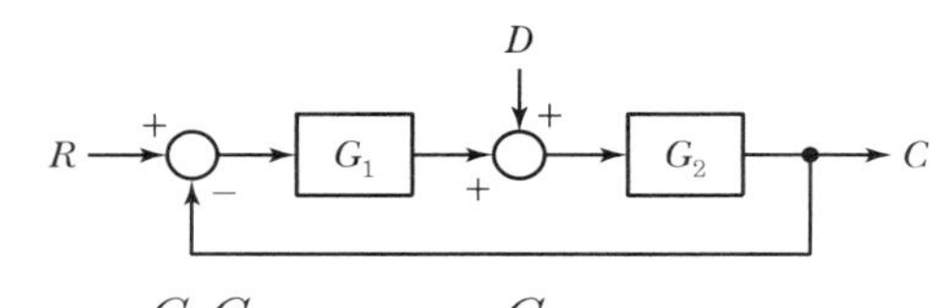

① $C=\frac{G_1G_2}{1+G_1G_2}R+\frac{G_1}{1+G_1G_2}D$

② $C=\frac{G_1G_2}{1+G_1G_2}R+\frac{G_2}{1+G_1G_2}D$

③ $C=\frac{G_1G_2}{1+G_1G_2}R+\frac{G_1G_2}{1+G_1G_2}D$

④ $C=\frac{G_1G_2}{1+G_1G_2}R+\frac{G_1G_2}{1-G_1G_2}D$

해설

전체 전달함수 $G_{(s)}=\frac{C}{R}=\frac{\sum 순방향}{1-(피드백)}$ 인데, 위 제어계처럼 외란이 있는 경우는 입력이 두 개인 셈이다. 각각의 출력을 구하여 더하면 제어계의 전체 출력이 된다.

∴ 전체 출력 $C=\frac{G_1G_2}{1+G_1G_2}R+\frac{G_1G_2}{1+G_1G_2}D$

정답 01 ② 02 ②

CHAPTER
03 시간변화에 따른 제어계의 과도응답과 정상응답 해석

① 제어공학의 내용

제어공학에서는 전기를 동력원으로 자동제어가 되는 시스템을 해석하는 내용을 다룹니다.

- 자동제어 시스템(1장~7장) : 폐루프제어 시스템(자동제어 시스템)은 시스템 스스로가 사람이 설정한 목표값에 맞는 출력동작이 되도록 제어되는 시스템입니다. 그리고 목표값은 사람이 일정 범위 안에서 얼마든지 변경할 수 있습니다(대부분의 최신의 가전, 스마트 폰 또는 공장의 자동제어장치).
- 순차제어 시스템(8장) : 개루프제어 시스템(순차제어 시스템)은 시스템의 동작 또는 출력결과가 정해졌고, 한번 구성된 시스템의 출력은 사람 의지와 상관없이 바뀌지 않습니다. 이러한 순차제어 시스템은 사람이 손으로 스위치를 누르면 정해진 동작이 일방적으로 수행될 뿐입니다(기계적으로 반복되는 동작들 : 신호등의 점멸, 스위치 ON−OFF에 의한 전등설비, 단순 회전기능만 수행하는 전동설비).

② 제3장의 내용

자동제어 시스템에 시변계의 입력값 $f_{(t)}$이 들어오면, 입력값에서 전달함수를 거쳐 출력된 값이 바로 목표값과 일치하지 않습니다. 피드백제어계이기 때문에 출력값과 목표값을 비교하여 입 · 출력이 순환하며 점진적으로 제어계의 출력은 목표값에 도달하게 됩니다. 이 과정에서

- 제어계는 '과도구간'을 거치게 되고, 입력값 $f_{(t)}$이 전달함수를 거치며 발생하는 과도구간을 통해 제어계의 최종적인 동작결과를 예측할 수 있습니다. 이것이 '시간영역에서 제어계의 과도구간 해석'입니다. 그리고
- 최종적인 제어계의 '출력값'이 최초 사람이 설정한 '목표값'에 대해 어느 정도 오차 또는 편차(off−set)를 갖는지를 해석하게 됩니다. 이것이 '시간영역에서 제어계의 정상응답 해석'입니다.

제어공학의 내용은 다른 전기과목들과 다르게 직관적으로 이해되기 어려운 측면이 있어서, 제어공학 전체 내용 중에서 본 3장이 차지하는 부분을 다음과 같이 그림으로 정리하였습니다.

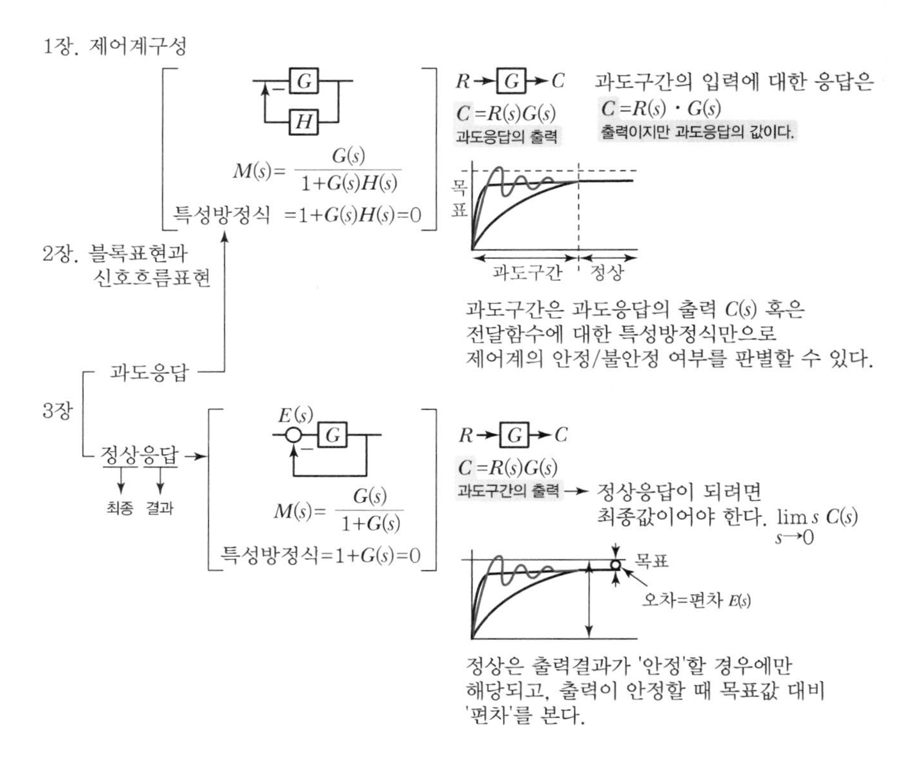

제어공학 3장부터 '응답'이란 용어가 등장합니다. 응답은 곧 출력을 의미합니다. 그래서 시간응답, 과도응답, 정상응답은 다음과 같이 정의할 수 있습니다.

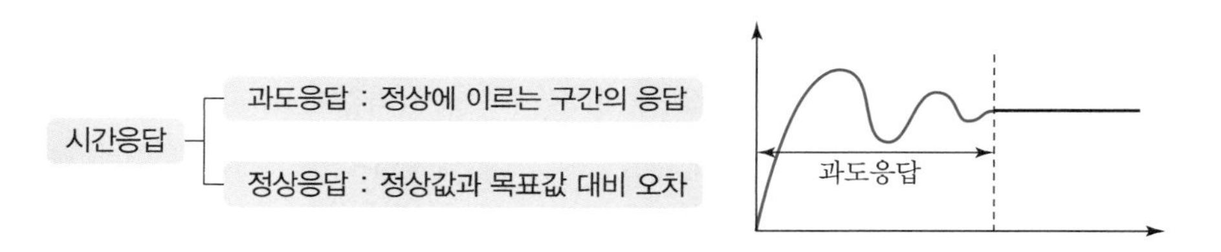

- **시간응답** : 자동제어시스템[입력 – 전달함수 – 출력]에 시간함수 $f_{(t)}$의 입력이 들어올 때, 과도구간과 정상구간 전체의 변화를 본다.
- **과도응답** : 자동제어시스템에 입력 $f_{(t)}$이 들어와서, 전달함수를 거쳐 제어된 값(출력값)이 정상값(또는 목표값)으로 도달할지 못할지를 '안정/불안정'으로 예측한다.
- **정상응답** : 자동제어 시스템에 입력 $f_{(t)}$이 들어와서 전달함수를 거쳐 제어된 값(출력값)이 정상값(또는 목표값)에 도달했다면, 목표값 대비 제어계의 출력값 간에 오차(=편차)가 어느 정도인지를 구체적으로 나타낸다.

01 과도응답 해석

'과도응답'에서 해석하려는 것은, 제어계(자동제어 시스템)에 어떤 입력 $f_{(t)}$이 들어오고, 입력값이 전달함수를 거쳐 제어된 값(출력값)이 발생하는데, 이런 과도구간에서 발생하는 제어계의 출력이 순환반복하며 궁극적으로 목표값에 도달할지 아닐지를 '안정/불안정'으로 예측하는 내용입니다.

[과도응답 해석의 특징]

① 먼저 시변계의 시간함수 입력 $r_{(t)}$을 라플라스 변환하여 시불변계의 복소함수 입력 $R_{(s)}$으로 바꾼다. $\left[c_{(t)} = r_{(t)} \cdot g_{(t)}\right] \rightarrow \left[C_{(s)} = R_{(s)} \cdot G_{(s)}\right]$

② 출력(과도응답) : $\left[C_{(s)} = R_{(s)} \cdot G_{(s)}\right]$

③ 모든 입력 $f_{(t)}$ 요소와 모든 전달함수 $g_{(t)}$ 요소를 해석하지 않는다. 주로 $u_{(t)}$와 t 두 개의 입력과 전달함수 '2차 지연요소'로 과도응답과 정상응답 해석을 한다.

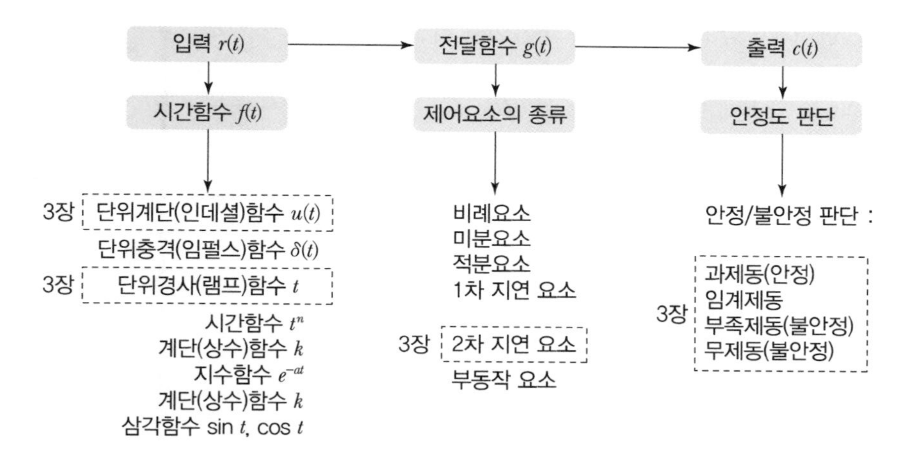

〚 전체 자동제어시스템 중 3장에서 다루는 해석 부분 〛

④ 라플라스로 변환됐던 복소함수 $C_{(s)}$를 다시 원래값인 시간함수 $c_{(t)}$로 되돌리기 위해, 역라플라스 변환을 한다.

$\mathcal{L}^{-1}[(s)] = \mathcal{L}^{-1}[R(s) \cdot G(s)]$ → P 요소, PD 요소, PI 요소 : 안정 / 1차 지연 요소, 2차 지연 요소, 부동작 시간 요소 : 안정/불안정

과도응답에 사용하는 기준시험 입력 $r(t)$ – 계단 입력 $u(t)$
– 등속도 입력 $t \cdot u(t)$
– 등가속도 입력 $t^2 \cdot u(t)$

과도응답 해석에서, P(비례제어요소), PD(비례미분제어요소), PI(비례적분제어요소)에 의한 과도응답은 목표값과 100[%] 일치하는 결과가 나옵니다. 그러므로 과도응답 해석은 '안정'되고, P, PD, PI제어에 대해서 해석할 필요가 없습니다.

핵심기출문제

어떤 제어계에 입력신호를 가하고 난 후, 출력신호가 정상상태에 도달할 때까지 응답을 무엇이라고 하는가?

① 시간응답 ② 선형응답
③ 정상응답 ④ 과도응답

정답 ④

TIP

전달함수 $G_{(s)}$의 종류(회로이론 과목 15장 복습)

- 비례요소 전달함수
  $G_{(s)} = K$
- 비례미분요소 전달함수
  $G_{(s)} = Ks$
- 비례적분요소 전달함수
  $G_{(s)} = \frac{K}{s}$
- 1차 지연요소 전달함수
  $G_{(s)} = \frac{K}{1 + T_s}$
- 2차 지연요소 전달함수
  $G_{(s)} = \frac{\omega_n^{\,2}}{s^2 + 2\delta\omega_n s + \omega_n^{\,2}}$
- 부동작요소 전달함수
  $G_{(s)} = K \cdot e^{-\tau s}$

PART 04

하지만 '1차 지연요소', '2차 지연요소'에 의한 과도응답은 목표값에 일치하는 결과가 나올 수도 있고, 불일치하는 결과가 나올 수도 있습니다. 특히 '1차 지연요소'는 90% 이상으로 '안정'될 가능성이 높은 제어요소이고, '2차 지연요소'는 '안정'될 가능성이 50% 이하이므로, 3장은 가장 불확실한 제어요소인 '2차 지연요소'에 대한 과도응답 해석(안정할지 불안정할지 판별)을 합니다.

1. 과도응답 해석(입력 $u_{(t)}$에 대한 출력 해석)

제어계의 입력이 단위계단함수(또는 인디셜함수) $u_{(t)}$일 때, 과도구간의 제어계 출력을 '단위계단응답'이라고 합니다. $u_{(t)}$의 과도응답 해석은 다음과 같습니다.

$u_{(t)}$ 입력이 1차 지연요소(전달함수) $G_{(s)} = \dfrac{1}{s+1}$를 거친다면, 다음과 같이 제어계를 해석할 수 있습니다.

① 단위계단함수 입력 $r_{(t)} = u_{(t)}$ 이를 라플라스 변환 $\xrightarrow{\mathcal{L}} R_{(s)} = \dfrac{1}{s}$

② $u_{(t)}$ 입력에 대한 출력 $C_{(s)} = R_{(s)}\,G_{(s)} = \dfrac{1}{s}\dfrac{1}{s+1} = \dfrac{1}{s(s+1)}$

③ 원래 입력은 시간함수였으므로 제어계의 출력 $C_{(s)} = \dfrac{1}{s(s+1)}$을 역라플라스 변환한다.

④ $C_{(s)} = \dfrac{1}{s(s+1)} = \dfrac{A}{s} + \dfrac{B}{s+1}$

여기서, $A = \left[\dfrac{1}{s+1}\right]_{s\to 0} = 1$, $B = \left[\dfrac{1}{s}\right]_{s\to -1} = -1$

그러므로 $C_{(s)} = \dfrac{1}{s(s+1)}$의 역변환은

$$\xrightarrow{\mathcal{L}^{-1}} c_{(t)} = L^{-1}\left[\frac{1}{s} + \frac{(-1)}{s+1}\right] = 1 - e^{-t}$$

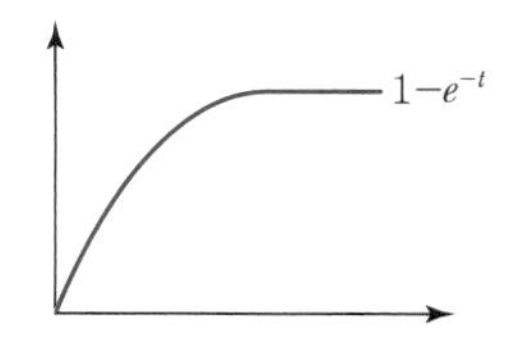

$1-e^{-t}$의 시간함수 출력의 그래프는 그림과 같은 응답곡선을 나타낸다.
따라서 과도구간을 거쳐 결국 정상응답이 '안정'하게 된다.

[정리] $u_{(t)}$ 입력이 전달함수($\dfrac{1}{s+1}$)로 제어된 출력값은 $c_{(t)} = 1 - e^{-t}$입니다. 여기서 원래 시간함수 입력 $f_{(t)} = u_{(s)} = 1$과 제어 그리고 출력 모두 시변계값인데, 계산의 편의상 모두 시불변계값인 복소함수 $F_{(s)}$로 변환하여 제어계의 결과값을

핵심기출문제

단위계단입력 신호에 대한 과도응답을 무엇이라 하는가?

① 임펄스응답
② 인디셜응답
③ 노멀응답
④ 램프응답

정답 ②

얻었고, 출력을 다시 원래 시간함수값인 $c_{(t)} = 1 - e^{-t}$ 으로 되돌린 과정이었습니다.

$$f_{(t)}\text{값}\begin{bmatrix} r_{(t)} = u_{(t)} = 1 \\ g_{(t)} = e^{-t} \end{bmatrix} \xrightarrow{\mathcal{L}} F_{(s)}\text{값}\begin{bmatrix} R_{(s)} = \dfrac{1}{s} \\ G_{(s)} = \dfrac{1}{s+1} \\ C_{(s)} = \dfrac{1}{s(s+1)} \end{bmatrix}$$

$$\rightarrow C_{(s)} = \frac{1}{s(s+1)} \xrightarrow{\mathcal{L}^{-1}} c_{(t)} = 1 - e^{-t}$$

이미 P요소, PD요소, PI요소는 제어계의 정상응답이 100[%] 안정되는 제어요소이고, 1차 지연요소의 정상응답 역시 90[%] 이상 안정되는 제어요소이므로, 위 과도응답 $c_{(t)} = 1 - e^{-t}$ 은 해석할 필요 없이 '안정'되는 정상응답이 됩니다. 다만, '1차 지연요소'는 약간의 오차가 발생하거나 동작속도(속응성)가 느리다는 특징이 있습니다.

2. 과도응답 해석(입력 $u_{(t)}$에 대한 전달함수 해석)

입력이 $u_{(t)}$이고, 출력이 $c_{(t)} = 1 - e^{-2t}$ 인 제어계의 전달함수를 다음과 같이 구할 수 있습니다.

① 입력 $r_{(t)} = 1$에 대한 복소함수는 $r_{(t)} = 1 \xrightarrow{\mathcal{L}} R_{(s)} = \frac{1}{s}$

② 출력 $c_{(t)} = 1 - e^{-2t}$에 대한 복소함수는

$$L[c_{(t)}] = L[1 - e^{-2t}] = \frac{1}{s} - \frac{1}{s+2} = \frac{2}{s(s+2)}$$

그러므로, 전달함수 $G_{(s)}$는 다음과 같이 계산될 수 있습니다.

③ $C_{(s)} = R_{(s)}\, G_{(s)} = \frac{1}{s}\, G_{(s)} \xrightarrow[\text{재전개}]{G_{(s)}} G_{(s)} = s\, C_{(s)} = s\, \frac{2}{s(s+2)} = \frac{2}{s+2}$

∴ 입력 $r_{(t)} = 1$, 출력 $c_{(t)} = 1 - e^{-2t}$,

전달함수 $G_{(s)} = \frac{2}{s+2}$ (또는 $g_{(t)} = 2e^{-2t}$)

[정리] 입력 $r_{(t)} = 1$에 대한 복소함수는 $R_{(s)} = \frac{1}{s}$

전달함수 $g_{(t)} = e^{-2t}$에 대한 복소함수는 $G_{(s)} = \frac{2}{s+2}$ (1차 지연요소 꼴)

출력 $c_{(t)} = 1 - e^{-2t}$에 대한 복소함수는 $C_{(s)} = \frac{2}{s(s+2)}$

원래 시변계의 입력값 $f_{(t)} = u_{(t)} = 1$, 전달함수, 출력값 모두를 해석의 편의를 위해 라플라스 변환을 통한 복소함수 $F_{(s)}$로 바꿉니다. 그리고 출력결과를 해석한 후 라플라스 역변환을 통해 원래 시간함수값으로 되돌립니다.

$$f_{(t)}\text{값}\begin{bmatrix} r_{(t)} = u_{(t)} = 1 \\ g_{(t)} = e^{-2t} \end{bmatrix} \xrightarrow{\mathcal{L}} F_{(s)}\text{값}\begin{bmatrix} R_{(s)} = \dfrac{1}{s} \\ G_{(s)} = \dfrac{2}{s+2} \\ C_{(s)} = \dfrac{2}{s(s+2)} \end{bmatrix}$$

$$\rightarrow C_{(s)} = \frac{2}{s(s+2)} \xrightarrow{\mathcal{L}^{-1}} c_{(t)} = 1 - e^{-2t}$$

여기서, 이 제어계의 과도구간을 통해 알 수 있는 것은 본 제어계의 전달함수가 1차 지연요소의 전달함수라는 것입니다.

- 본 제어계의 전달함수 $G_{(s)} = \dfrac{2}{s+2}$
- 1차 지연요소의 전달함수 $G_{(s)} = \dfrac{K}{1+T_s}$

어떤 입력함수 $f_{(t)}$가 제어계에 들어오더라도 P요소, PD요소, PI요소, 1차 지연요소의 전달함수는 최종적으로 정상응답이 목표값과 일치하는 '안정'상태가 됩니다. 다만, 1차 지연요소의 전달함수의 출력결과(최종값)는 편차가 발생하거나 응답속도가 느릴 수 있습니다. 아울러 과도응답이 안정인 $c_{(t)} = 1 - e^{-2t}$에 대한 그래프는 다음과 같습니다.

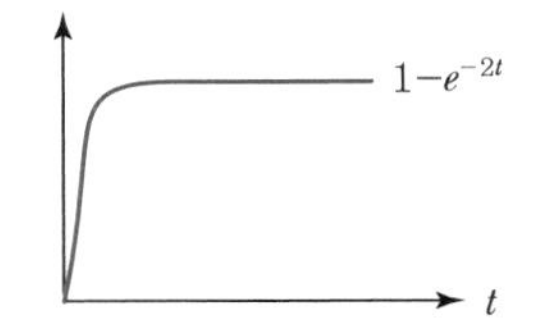

$1 - e^{-2t}$의 시간함수 출력의 그래프는 그림과 같은 응답곡선을 나타낸다.
따라서 과도구간을 거쳐 결국 정상응답이 '안정'하게 된다.

3. 과도응답 해석(입력 $\delta_{(t)}$에 대한 출력 해석)

제어계의 입력이 단위충격함수(또는 임펄스함수) $\delta_{(t)}$일 때, 과도구간의 제어계 출력을 '임펄스응답'이라고 합니다. $\delta_{(t)}$의 과도응답 해석은 다음과 같습니다.

$\delta_{(t)}$ 입력이 1차 제어요소 $G_{(s)} = \dfrac{1}{(s+a)^2}$를 거친다면, 다음과 같이 제어계를 해석할 수 있습니다.

① 단위충격함수입력 $r_{(t)} = \delta_{(t)}$ 라플라스 변환 $\xrightarrow{\mathcal{L}}$ $R_{(s)} = 1$

② 전달함수 $G_{(s)} = \dfrac{1}{(s+a)^2}$

이때 출력은 $C_{(s)} = R_{(s)}\,G_{(s)} = 1 \times \dfrac{1}{(s+a)^2} = \dfrac{1}{(s+a)^2}$ 이다.

복소영역의 출력 $C_{(s)}$을 다시 원리 시간영역으로 되돌리면 다음과 같습니다.

$\therefore\ L^{-1}[C_{(s)}] = L^{-1}\left[\dfrac{1}{(s+a)^2}\right] = te^{-at}$ 이므로

제어계의 실제 출력은 $c_{(t)} = te^{-2t}$ 입니다.

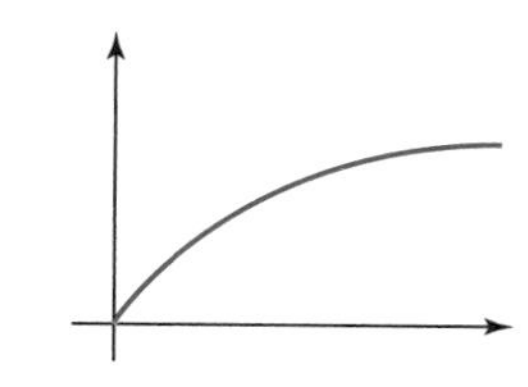

〖출력 $c_{(t)} = te^{-2t}$ 에 대한 그래프〗

4. 2차 지연요소(전달함수)에 대한 과도응답 해석

어떤 입력함수 $f_{(t)}$가 제어계에 들어오더라도 P요소, PD요소, PI요소, 1차 지연요소의 전달함수는 최종적으로 정상응답이 목표값과 일치하는 '안정'상태가 됩니다. 하지만 전달함수가 '2차 지연요소'를 갖는 제어계라면, 제어계의 어떠한 입력 $r_{(t)}$이 들어오더라도 제어계의 출력 $c_{(t)}$은 목표값에 일치하지 않는 결과인 '불안정' 상태가 될 가능성이 높습니다. 그래서 2차 지연요소의 전달함수를 갖는 제어계는 제어결과가 안정할지 불안정할지 판단이 필요합니다.

'2차 지연요소'일 때 제어계의 과도응답 해석은 다음과 같이 '제동비(ξ)'를 통해 제어계 출력결과(안정/불안정)를 예측할 수 있습니다.

(1) 2차 지연 전달함수의 제동비를 이용한 과도응답 해석

① **2차 지연 전달함수** : $G_{(s)} = \dfrac{\omega_n^2}{s^2 + 2\xi\omega_n s + \omega_n^2}$

여기서, ξ(제타) : 감쇠비, 제동비

ω_n : 고유 주파수

만약 단위계단함수 $f_{(t)} = u_{(t)} = 1$이 '2차 지연' 전달함수를 통해 제어과정을 거칠 때, 이를 나타내면 다음과 같습니다.

핵심기출문제

전달함수 $G(s) = \dfrac{C(s)}{R(s)}$ 에서 입력함수를 단위임펄스 $\delta(t)$로 가할 때 계의 응답은?

① $C(s) = G(s)\delta(s)$

② $C(s) = \dfrac{G(s)}{\delta(s)}$

③ $C(s) = \dfrac{G(s)}{s}$

④ $C(s) = G(s)$

해설

입력 : $r(t) = \delta(t)$ 이고,

$\mathcal{L}[r(t)] = \mathcal{L}[\delta(t)] = 1$ 이므로

$R(s) = 1$

∴ 계의 응답(출력)

$C(s) = G(s) \cdot R(s)$

$= G(s) \cdot 1 = G(s)$

정답 ④

PART 04

$$C_{(s)} = R_{(s)}\,G_{(s)} = \frac{1}{s}\frac{{\omega_n}^2}{s^2+2\xi\omega_n s+{\omega_n}^2} = \frac{{\omega_n}^2}{s\left(s^2+2\xi\omega_n s+{\omega_n}^2\right)}$$

분모의 2차 방정식을 풀면 다음과 같습니다.

$$C_{(s)} = \frac{{\omega_n}^2}{s\left(s^2+2\xi\omega_n s+{\omega_n}^2\right)}$$

$$= \frac{{\omega_n}^2}{s\left(s+\xi\omega_n-\omega_n\sqrt{\xi^2-1}\right)\left(s+\xi\omega_n+\omega_n\sqrt{\xi^2-1}\right)}$$

제어계의 과도응답을 해석하는 데 중요한 것은, '2차 지연' 제어계의 특성상 어떠한 입력 $r_{(t)}$ 이 '2차 지연' 전달함수를 가진 제어계에 들어가더라도 제어계의 출력 $c_{(t)}$ 은 특성방정식과 같습니다.

✠ 특성방정식
전달함수 수식의 분모 부분을 통해 그 제어계가 최종적으로 안정할지 불안정할지를 예측할 수 있다. 그래서 자동제어시스템의 결과 특성을 결정한다는 의미로, 전달함수 수식의 분모 부분을 특성방정식이라고 부른다.

그러므로 우리는 '2차 지연' 전달함수 제어계의 과도응답 해석을 제어계의 출력 $C_{(s)}$ 이 아닌 '2차 지연' 전달함수의 상태를 통해 해석하게 됩니다.

결론적으로, '2차 지연' 전달함수 수식의 분모가 허수(j)를 포함하는 상태라면, 그 제어계의 과도응답은 '불안정'의 출력결과를 초래하고, 반대로 수식의 분모가 허수(j)를 포함하지 않은 상태라면, 그 제어계의 과도응답은 '안정'의 출력결과를 초래하게 됩니다.

$$C_{(s)} = \frac{{\omega_n}^2}{s\left(s+\xi\omega_n-\omega_n\sqrt{\xi^2-1}\right)\left(s+\xi\omega_n+\omega_n\sqrt{\xi^2-1}\right)} \text{ 의 } \sqrt{\xi^2-1} \text{ 상태}$$

(허수 j 의 의미 : $j = \sqrt{-1}$)

② 제어계의 출력이 불안정할 때

루트 안 $\sqrt{\xi^2-1}$ 에 제타(ξ)값이 $\xi < 0$ 의 경우

→ $\sqrt{0-1} = \sqrt{-1} = j$ 허수값이 됨

③ 제어계의 출력이 안정할 때

루트 안 $\sqrt{\xi^2-1}$ 에 제타(ξ)값이 $\xi > 0$ 의 경우

→ $\sqrt{2-1} = \sqrt{1} \neq j$ 허수가 아님

(2) 제동비 ξ에 따른 제어계 과도응답

① 제동비 $\xi > 1$ 경우, 제어계의 과도응답은 '과제동(=무진동)' 한다.
과도구간부터 정상응답에 이르기까지 안정된 상태를 보인다.

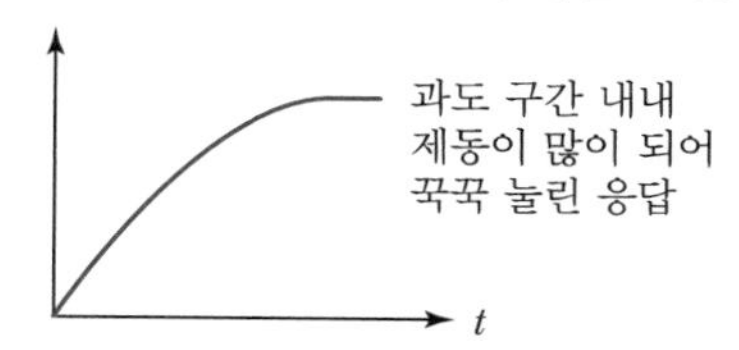

② 제동비 $\xi = 1$ 경우, 제어계의 과도응답은 '임계제동(=임계진동)' 한다.
과도구간에서 급하게 꺾이는 구간은 불안정하다.

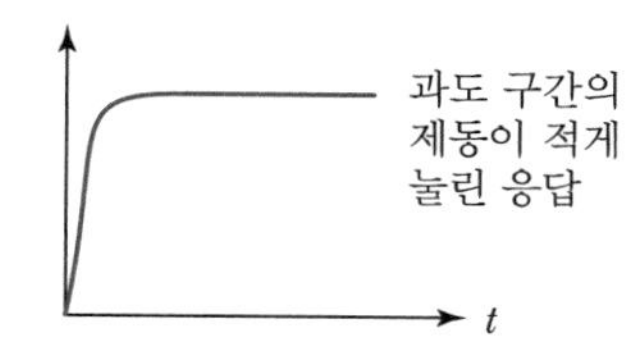

③ 제동비 $0 < \xi < 1$ 경우, 제어계의 과도응답은 '부족제동(=감쇠진동)' 한다.
과도구간에서 반복적으로 진동하는 과도응답은 비록 감쇠진동 하더라도, 제어계의 출력이 발산할 가능성 또는 편차가 커서 목표값에 도달하지 못할 가능성이 크다. 결국 불안정하다.

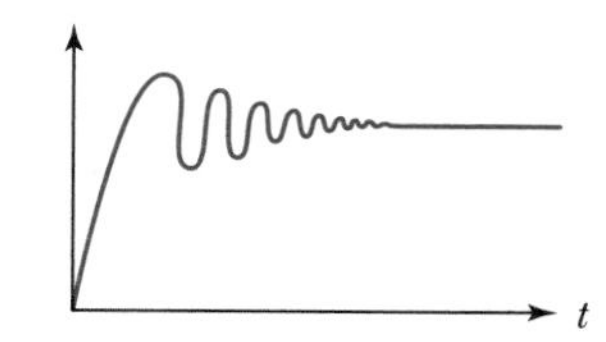

④ 제동비 $\xi = 0$ 경우, 제어계의 과도응답은 '무제동' 한다.
무제동은 제동이 전혀 되지 않는 것을 의미하므로, 제어계의 출력은 무한히 진동한다. 결국 불안정하다.

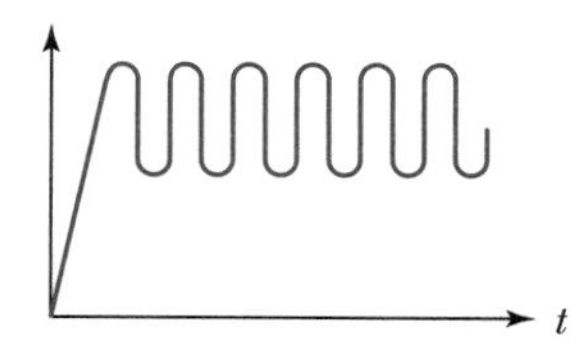

⑤ 제동비 $\xi < 0$ 경우, 제어계의 과도응답은 '무제동(발산)' 한다.
과도구간에서 발산하면 정상응답에 도달할 가능성이 없고 불안정하다.

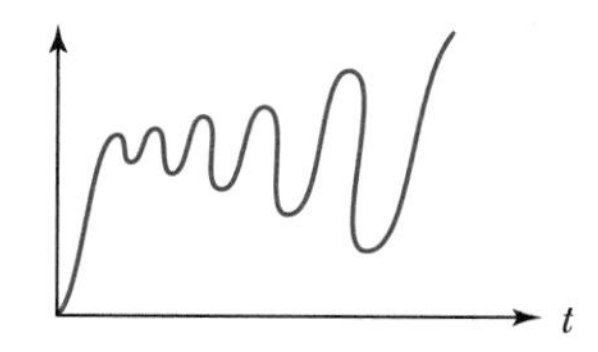

5. 특성방정식을 통한 과도응답 해석

특성방정식을 이용하여 제어계를 해석하면, 자동제어 시스템의 '입력－제어－출력'에 대한 라플라스 변환과 역변환을 하지 않더라도 그 제어계의 출력결과(안정/불안정 여부)를 알 수 있습니다. 특성방정식은 출력결과의 특성을 결정한다는 의미이며, 전달함수를 이용하여 다음과 같이 특성방정식을 만듭니다.

(1) 피드백제어계의 특성방정식

어떤 전체 전달함수 $M_{(s)} = \dfrac{G_{(s)}}{1+G_{(s)}H_{(s)}}$ 의 분모가 0이라고 정의한 수식이 '특성방정식'입니다. → $\left[1+G_{(s)}H_{(s)}=0\right]$

피드백제어계의 특성방정식 : $1+G_{(s)}H_{(s)}=0$

(2) 개루프제어계의 특성방정식

개루프제어계의 개루프 전달함수 표현은 $G_{(s)}H_{(s)}$ 입니다. 개루프제어계의 특성방정식은 전체 전달함수를 '분모＋분자'가 0으로 정의한 수식입니다.

개루프제어계의 특성방정식 : 분모＋분자＝0

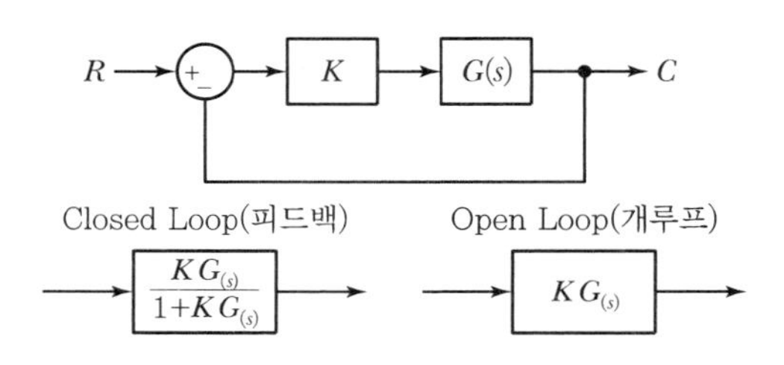

〚 피드백제어계 전달함수와 개루프제어계 전달함수 비교 〛

개루프제어계의 특성방정식은 다음과 같이 증명할 수 있습니다.

임의로 개루프 전달함수 $G_{(s)}H_{(s)} = \dfrac{s+2}{(s+1)(s+3)}$ 가 있다고 가정할 때, 이에 대한 피드백제어계의 특성방정식은 다음과 같습니다.

- 피드백제어계의 특성방정식 공식 : $1+G_{(s)}H_{(s)}=0$
- $G_{(s)}H_{(s)} = \dfrac{s+2}{(s+1)(s+3)}$ 수식이 $1+G_{(s)}H_{(s)}=0$ 의 꼴이 되려면,
- $1+\dfrac{s+2}{(s+1)(s+3)}=0 \xrightarrow{\text{재전개}} \dfrac{(s+1)(s+3)+s+2}{(s+1)(s+3)}=0$
- $\dfrac{(s+1)(s+3)+s+2}{(s+1)(s+3)}=0 \xrightarrow{\text{재전개}} (s+1)(s+3)+s+2=0$ 이를 더 전개하면,

---

핵심기출문제

개루프 전달함수가 $G(s) = \dfrac{s+2}{s(s+1)}$ 일 때 폐루프 전달함수는?

① $\dfrac{s+2}{s^2+s}$　② $\dfrac{s+2}{s^2+2s+2}$

③ $\dfrac{s+2}{s^2+s+2}$　④ $\dfrac{s+2}{s^2+2s+4}$

해설

폐루프 전달함수

$$M_{(s)} = \frac{G_{(s)}}{1+G_{(s)}} = \frac{\left(\frac{s+2}{s(s+1)}\right)}{1+\left(\frac{s+2}{s(s+1)}\right)} = \frac{s+2}{s(s+1)+(s+2)} = \frac{s+2}{s^2+2s+2}$$

정답 ②

핵심기출문제

$G(s) = \dfrac{s+1}{s^2+2s-3}$ 의 특성방정식의 근은 얼마인가?

① −2, 3　② 1, −3

③ 1, 2　④ 1

해설

제어계의 특성방정식은 종합 전달함수의 분모를 0으로 놓은 식이다.

즉, 특성방정식은

s^2+2s-3

$=(s+3)(s-1)=0$

∴ 특성방정식의 근은 $s=1,\ -3$

정답 ②

- $s^2+5s+5=0$ 결과가 된다.

하지만 이렇게 피드백제어계의 특성방정식으로 전개할 필요 없이, 처음부터 개루프제어계의 특성방정식을 사용하여 개루프 전달함수 $G_{(s)}H_{(s)}=\dfrac{s+2}{(s+1)(s+3)}$를 나타내면, 더 효과적인 동일한 결과를 얻을 수 있습니다.

$\dfrac{s+2}{(s+1)(s+3)}$에 대해 분모 + 분자 = 0은 $(s+1)(s+3)+s+2=0$입니다. 그러므로 개루프 전달함수는 개루프제어계의 특성방정식을 사용하여 제어계를 해석하는 것이 효과적입니다.

(3) 2차 지연 전달함수의 특성방정식과 이를 이용한 과도응답 해석

피드백제어계의 특성방정식 $1+G_{(s)}H_{(s)}=0$을 '2차 지연' 전달함수

$G_{(s)}=\dfrac{{\omega_n}^2}{s^2+2\xi\omega_n s+{\omega_n}^2}$에 적용하면, 다음과 같습니다.

2차 지연 전달함수의 특성방정식 : $s^2+2\xi\omega_n s+{\omega_n}^2=0$

여기서 '2차 지연' 전달함수의 특성방정식이 2차 방정식이므로, s 값을 찾기 위해 '근의 공식'을 이용하여 2차식의 근을 구하면 다음과 같습니다.

→ $s^2+2\xi\omega_n s+{\omega_n}^2=0$의 근 s_1, s_2는 $-\xi\omega_n\pm\omega_n\sqrt{\xi^2-1}$ 이다.

> **근의 공식**
>
> $ax^2+bx+c=0$의 2차 방정식 근을 찾는 근의 공식 : $\dfrac{-b\pm\sqrt{b^2-4ac}}{2a}$

이때, 제동비 ξ와 특성방정식의 근(s_1, s_2) 두 관계를 통해 '2차 지연요소' 제어계의 출력 안정/불안정 여부를 예측 · 판단할 수 있습니다.

① 제동비 $\xi>1$ 조건을 근$\left(-\xi\omega_n\pm\omega_n\sqrt{\xi^2-1}\right)$에 대입하면,

- s_1, s_2는 좌표의 **서로 다른 음의 실근**에 존재하고,
- 제어계의 과도응답은 '과제동(=무진동)'한다.

S_1 S_2

② 제동비 $\xi=1$ 조건을 근$\left(-\xi\omega_n\pm\omega_n\sqrt{\xi^2-1}\right)$에 대입하면,

S_1, S_2

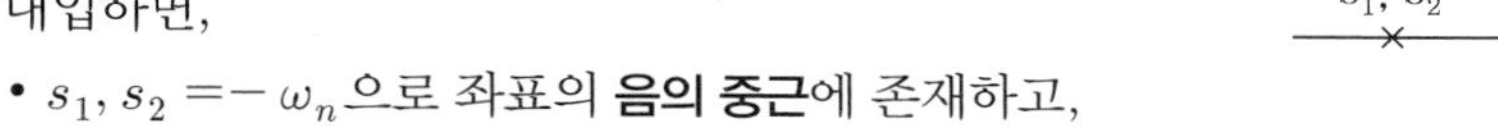

- $s_1, s_2=-\omega_n$으로 좌표의 **음의 중근**에 존재하고,
- 제어계의 과도응답은 '임계제동 (=임계진동)'한다.

핵심기출문제

전달함수 $\dfrac{C(s)}{R(s)}=\dfrac{1}{3s^2+3s+1}$인 제어계는 어느 경우인가?

① 과제동(Over Damped)
② 부족제동(Under Damped)
③ 임계제동(Critical Damped)
④ 무제동(Undamped)

해설

전달함수

$G(s)=\dfrac{1}{4s^2+3s+1}$

$=\dfrac{\frac{1}{4}}{s^2+\frac{3}{4}s+\frac{1}{4}}$

이다. 이는

'2차 지연' 전달함수

$G_{(s)}=\dfrac{\omega_n^2}{s^2+2\zeta\omega_n s+\omega_n^2}$과 유사하므로 다음과 같이 나타낸다.

$2\zeta\omega_n=\dfrac{3}{4}$, $\omega_n^2=\dfrac{1}{4}$ 그러므로,

$\therefore\ \omega_n=\dfrac{1}{2}$, $\zeta=\dfrac{3}{4}<1$

정답 ②

핵심기출문제

2차 제어계에 대한 설명 중 잘못된 것은?

① 제동계수의 값이 작을수록 제동이 적게 걸려 있다.
② 제동계수의 값이 1일 때 가장 알맞게 제동되어 있다.
③ 제동계수의 값이 클수록 제동은 많이 걸려 있다.
④ 제동계수의 값이 1일 때 임계제동되어 있다.

해설

제동계수(제동비)의 값이 1일 때의 제어계 응답은 임계상태(또는 임계제동, 임계진동)이므로, 가장 알맞게 제동되지 않는다.

정답 ②

PART 04

③ 제동비 $0 < \xi < 1$조건을 근$\left(-\xi\omega_n \pm \omega_n\sqrt{\xi^2-1}\right)$에 대입하면, s_1, s_2는 $-a \pm jb$ 꼴이 되므로,

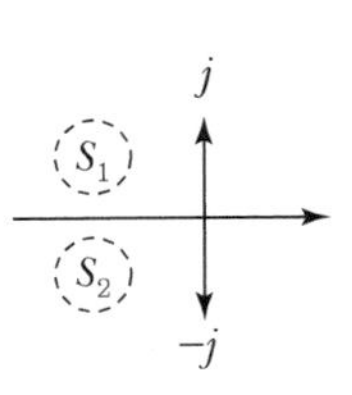

- 좌표의 **서로 다른 공액 복소근**으로 존재하고,
- 제어계의 과도응답은 '부족제동(=감쇠진동)'한다.

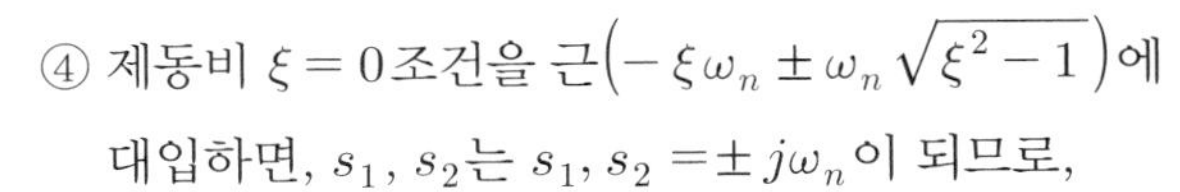

④ 제동비 $\xi = 0$조건을 근$\left(-\xi\omega_n \pm \omega_n\sqrt{\xi^2-1}\right)$에 대입하면, s_1, s_2는 $s_1, s_2 = \pm j\omega_n$이 되므로,

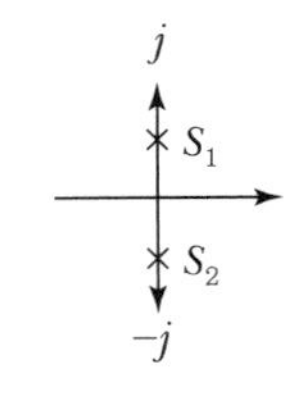

- s_1, s_2 모두는 좌표의 **허수축**에 존재하고,
- 제어계의 과도응답은 '무제동(=진동)'한다.

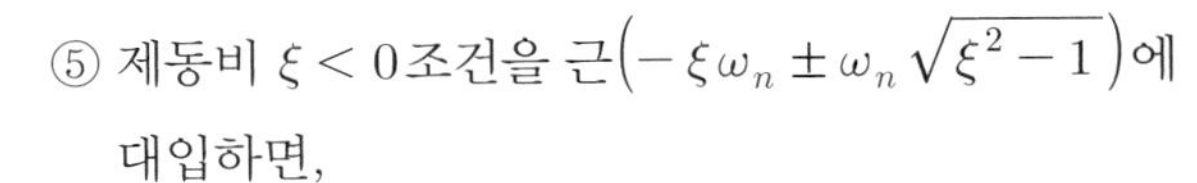

⑤ 제동비 $\xi < 0$조건을 근$\left(-\xi\omega_n \pm \omega_n\sqrt{\xi^2-1}\right)$에 대입하면,

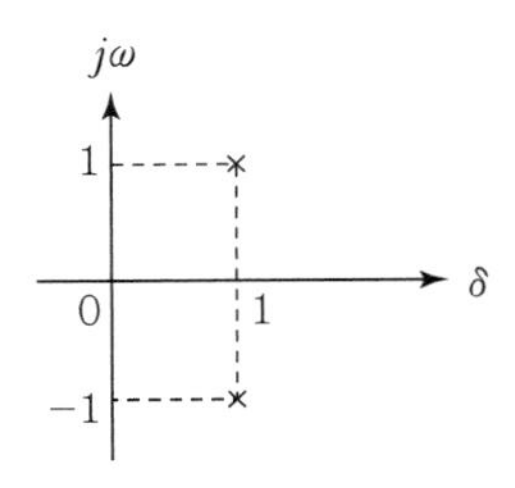

- s_1, s_2는 좌표의 '서로 다른 공액 복소근 (우반평면)'에 존재하고,
- 제어계의 과도응답은 '무제동(=발산)'한다.

6. 2차 지연요소 제어계의 과도응답 시간특성

본 3장의 제어계 과도응답과 '2차 지연' 전달함수의 과도응답 해석을 마쳤고, 과도응답의 마지막 내용으로 해석이 아닌 '2차 지연요소'의 시간특성을 보겠습니다.
어떤 입력이 '2차 지연' 전달함수의 제어계에 들어가면 아래 그래프와 같은 부족제동(=감쇠진동)하는 과도응답 그래프를 그립니다. 여기서 그래프의 가로축이 시간(t)이고, 세로축이 제어계의 응답($c_{(t)}$)일 때, '2차 지연' 전달함수의 과도응답 그래프를 시간에 따라 구간별로 갖는 의미가 있습니다.

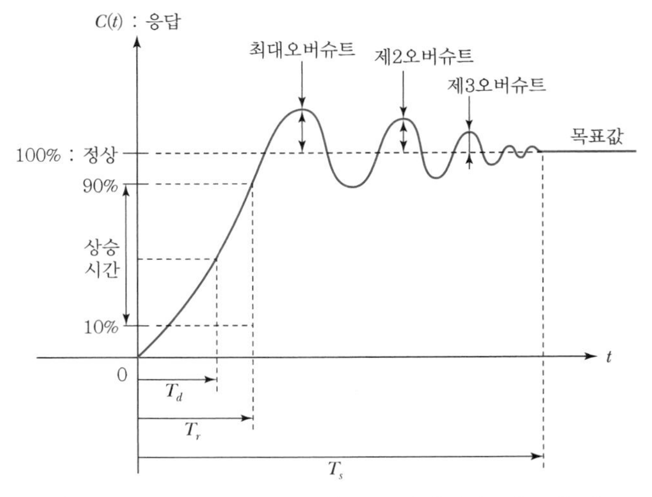

〖 과도응답 2차 지연의 부족제동(감쇠진동)의 시간특성 그래프 〗

핵심기출문제

제동계수 $\delta = 1$인 경우는?

① 임계진동이다.
② 강제진동이다.
③ 감쇠진동이다.
④ 완전진동이다.

해설

- $\delta > 1$: 과제동, 비진동
- $\delta = 1$: 임계제동, 임계상태
- $\delta < 1$: 부족제동, 감쇠진동
- $\delta = 0$: 무제동, 지속진동

정답 ①

핵심기출문제

제동비가 1보다 점점 작아질 때 나타나는 현상은?

① 오버슈트가 점점 작아진다.
② 오버슈트가 점점 커진다.
③ 일정한 진폭을 가지고 무한히 진동한다.
④ 진동하지 않는다.

해설

제동비 ξ가 1보다 점점 작아질수록 응답은 진동이 심해진다. 다시 말해 오버슈트가 점점 커진다.

정답 ②

TIP

국가기술가격시험에서 그래프의 구간별 용어의 의미와 정의를 묻는다.

핵심기출문제

응답이 최초로 희망값의 50[%]까지 도달하는 데 소요되는 시간을 무엇이라 하는가?

① 상승시간(Rise Time)
② 지연시간(Delay Time)
③ 응답시간(Response Time)
④ 정정시간(Setting Time)

해설

지연시간이란 응답이 최초 희망값(정상값)의 50[%]까지 진행되는 데 걸리는 시간이다.

정답 ②

① **오버슈트** : 목표값을 기준으로 제어계의 응답과 목표값의 편차량(=오차량)

공식 : $\text{백분율 오버슈트} = \dfrac{\text{최대 오버슈트}}{\text{최종값(정상값)}}$

② **지연시간(Delay Time, T_d)** : 제어계의 과도응답이 목표값의 50%에 이르는 데 소요되는 시간

③ **상승시간(Rising Time, T_r)** : 제어계의 과도응답이 목표값에 대해 10%부터 90%까지 도달하는데 소요되는 시간

④ **정정시간(Setting Time, T_s)** : 제어계의 출력(응답)이 초기상태에서 목표값의 ±5% 이내로 들어오는 데 걸리는 시간. 사실 제어계의 출력이 초기상태에서 목표값(Setting Time)에 도달하는데 오랜 시간이 걸린다. 그래서 제어 출력이 목표값의 ±5% 이내에 들어오면 정상값(=안정)으로 판단한다.

⑤ **감쇠비(Decay Ratio)** : 제어계의 과도응답이 진동할 때, 진동이 감쇠하는 비율 또는 과도응답이 소멸되는 속도

공식 : $\text{감쇠비} = \dfrac{\text{제2 오버슈트}}{\text{최대 오버슈트}}$

(분자 수치가 작을수록 제어계 출력은 빨리 안정된다)

목표값 = 정상값 = 최종값

핵심기출문제

응답이 최종값의 10[%]에서 90[%]까지 되는 데 소요되는 시간은?

① 상승시간(Rise Time)
② 지연시간(Delay Time)
③ 응답시간(Response Time)
④ 정정시간(Setting Time)

해설

자동제어계의 시간응답 특성에서 상승시간(=입상시간)은 응답이 희망값의 10[%]부터 90[%]까지 도달하는 데 걸리는 시간으로 정의된다.

정답 ①

02 정상응답 해석

'정상응답'이란, 제어계(자동제어시스템)에 어떤 입력 $r_{(t)}$이 가해졌을 때, 제어계의 출력(응답)이 과도구간을 지나고 일정한 값에 도달한 상태를 의미합니다.

중요한 것은, 제어공학 3장부터 7장까지 전부 제어계를 해석하는 내용입니다. 본 3장 '정상응답'에서 해석하려는 것은, 제어계의 정상응답(제어계의 출력)이 목표값과 일치하는데, 여기서 일치한다는 것은 오차 ±5% 이내를 의미하므로 '정상값' 또는 '안정한 제어계'로 판단하더라도 목표값(Setting) 대비 제어계의 응답이 어느 정도 편차를 갖는지 구체적으로 계산하는 방법을 다룹니다.

결론적으로, 정상응답은 최종편차(e_{ss})를 구하는 것이 핵심 내용입니다.

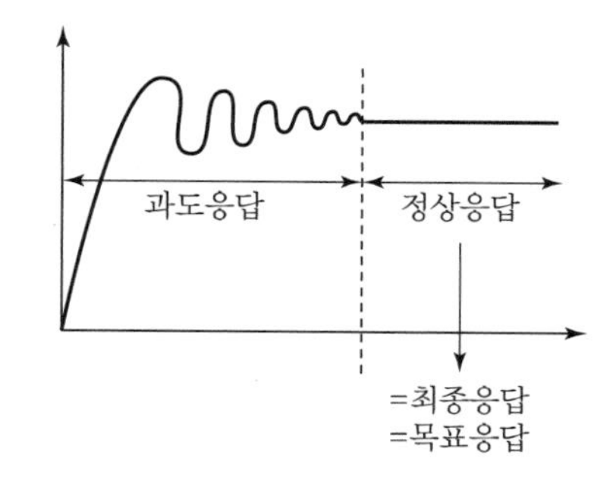

정상응답 관련 공식

- 편차 $E_{(s)} = \frac{1}{1+G_{(s)}} R_{(s)}$ 여기서, $R_{(s)}$는 $u_{(t)}$, $t\,u_{(t)}$, $t^2 u_{(t)}$
- 최종편차 $e_{ss} = \lim_{s \to 0} s \cdot E_{(s)}$ $\left[\begin{array}{l} \to \text{초기값정리 } F_{(s)} = \lim_{s \to \infty} s \cdot F_{(s)} \\ \to \text{최종값정리 } F_{(s)} = \lim_{s \to 0} s \cdot F_{(s)} \end{array} \right]$

1. 정상응답의 편차 $E_{(s)}$와 최종편차 e_{ss} 표현

편차를 설명하기 위해 가장 단순한 기본 제어계 구성을 예시로 사용하였습니다. 다음 제어계 그림은 자동제어시스템이므로 제어된 양에서 출력 $C_{(s)}$으로부터 분기되어 피드백제어를 통해 '동작신호'로 되돌아가는 피드백제어계의 기본구성입니다.
여기서 제어된 양이 되돌아 동작신호에서 만나는 부분이 편차 $E_{(s)}$입니다.
목표값 대비 제어계의 정상응답 출력이 어느 정도 편차 $E_{(s)}$를 갖는지 구체적으로 계산하려면 다음과 같이 편차 $E_{(s)}$를 논리적으로 나타냅니다.

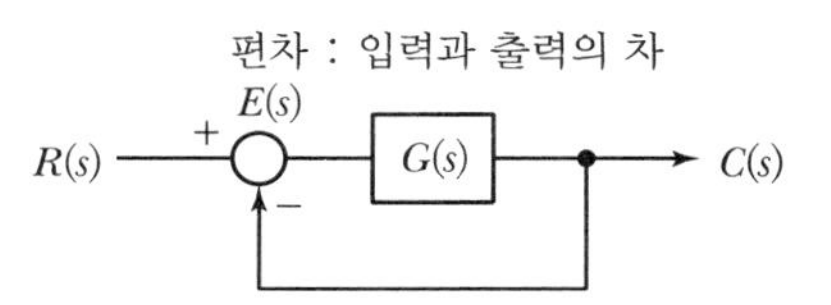

- (그림 속) 기본 제어계의 전달함수 : $M_{(s)} = \frac{C_{(s)}}{R_{(s)}} = \frac{G_{(s)}}{1+G_{(s)}}$
- 일반적인 제어계의 출력 표현 : $C_{(s)} = M_{(s)} R_{(s)}$
- [편차 = 입력 − 출력] → $[E_{(s)} = R_{(s)} - C_{(s)}]$

  여기에 $C_{(s)} = M_{(s)} R_{(s)}$을 대입하면,
- $E_{(s)} = R_{(s)} - [M_{(s)} R_{(s)}]$

  여기서, 전달함수 수식 $M_{(s)} = \frac{G_{(s)}}{1+G_{(s)}}$을 대입하면,
- $E_{(s)} = R_{(s)} - \left[\left(\frac{G_{(s)}}{1+G_{(s)}}\right) R_{(s)}\right]$

  $= R_{(s)} \left[1 - \left(\frac{G_{(s)}}{1+G_{(s)}}\right)\right] = R_{(s)} \frac{1}{1+G_{(s)}}$

  ∴ 편차 전달함수 $E_{(s)} = \frac{1}{1+G_{(s)}} R_{(s)}$

  ∴ 최종편차 $e_{ss} = \lim_{s \to 0} s \cdot E_{(s)} = \lim_{s \to 0} s \cdot \frac{1}{1+G_{(s)}} R_{(s)}$

입력$R_{(s)}$에 대한 제어계의 응답$C_{(s)}$이 과도구간을 지나 정상구간으로 진입했을 때, 오차가 목표값(setting)의 $\pm 5\%$ 이내라면, 편차 수식 $E_{(s)}$을 이용하여 구체적인 편차량을 구할 수 있습니다. 아울러 정상응답이 목표값의 $\pm 5\%$ 이내의 편차를 갖더라도 시간이 지남에 따라 편차는 더욱 줄어들기 때문에 정상응답이 최종적으로 어떤 값을 갖게 될지 최종편차 e_{ss}를 통해 구할 수 있습니다.

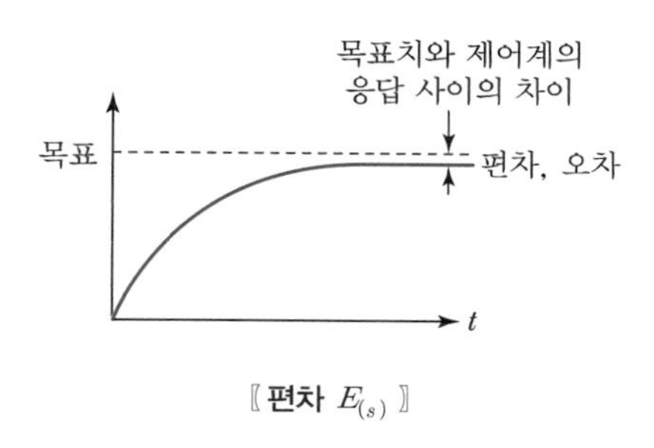

〖편차 $E_{(s)}$〗

〖최종편차 $e_{(ss)}$〗

참고 제어계의 형에 따른 정상응답의 정상편차 분류

전달함수 $G_{(s)}$는 아래 예시처럼 n차 방정식(s^n)으로 나타낼 수 있다.

[예시]

$$G_{(s)} = \frac{(s+d)(s+e)}{s^n(s+a)(s+b)(s+c)}$$

여기서 차수 s^n는 해당 제어계를 복소평면에 나타낼 때, 입력값에 따른 제어계가 그리는 궤적의 위치를 결정하는 요소이므로, (분모의) 복소변수 s의 n이 몇 승(0승, 1승, 2승, 3승)인지에 따라 제어계를 다음과 같이 분류할 수 있다.

- 전달함수 분모s^n의 차수 n이 0승인 경우 : s^0 → '0형' 제어계
- 전달함수 분모s^n의 차수 n이 1승인 경우 : s^1 → '1형' 제어계
- 전달함수 분모s^n의 차수 n이 2승인 경우 : s^2 → '2형' 제어계
- 전달함수 분모s^n의 차수 n이 3승인 경우 : s^3 → '3형' 제어계

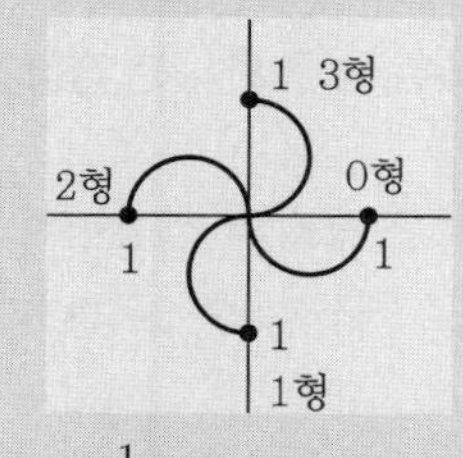

〖차수 $\frac{1}{s^n(\ )}$가 3차일 때 궤적〗

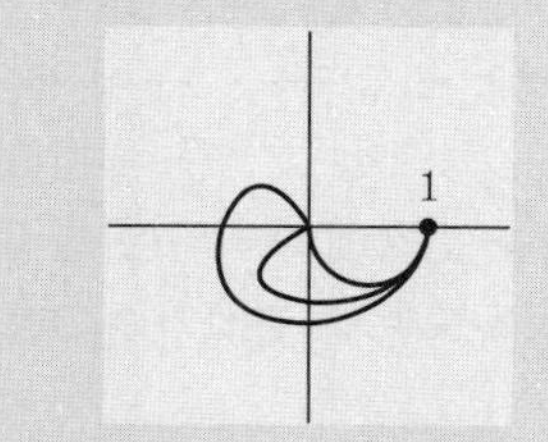

〖괄호 수 $\frac{1}{(s+a)(s+b)(s+c)}$가 3개일 때 궤적〗

2. 정상응답의 최종편차 e_{ss}

3장 정상응답 해석의 핵심은 '최종편차'입니다. 최종편차 e_{ss}를 알려면 목표값과 비교할 수 있는 제어계의 정상응답이 있어야 합니다. 그리고 정상응답이 나올 수 있게 제어계에 넣어 줄 입력 $r_{(t)}$이 필요합니다.

핵심기출문제

그림과 같은 블록선도로 표시되는 제어계는 무슨 형인가?

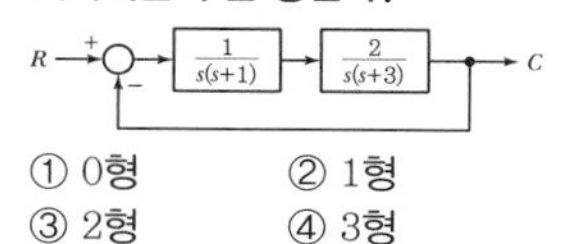

① 0형 ② 1형
③ 2형 ④ 3형

해설

블록선도의 개루프 전달함수

$$GH(s) = \frac{1}{s(s+1)} \times \frac{2}{s(s+3)} = \frac{2}{s^2(s+1)(s+3)}$$

2형 제어계이다.

정답 ③

핵심기출문제

시스템의 전달함수가 $G(s)H(s) = \frac{s^2(s+1)(s^2+s+1)}{s^4(s^4+2s^2+2)}$ 같이 표시되는 제어계는 무슨 형인가?

① 1형 제어계
② 2형 제어계
③ 3형 제어계
④ 4형 제어계

정답 ②

핵심기출문제

시간영역에서 자동제어계를 해석할 때 기본 시험입력에 보통 사용되지 않는 입력은?

① 정속도입력
② 정현파입력
③ 단위계단입력
④ 정가속도입력

해설

자동제어계를 해석하기 위한 기본 시험입력으로는 보통 단위계단입력, 정속도입력, 정가속도입력 등이 사용되고 있다.

정답 ②

제어계에 입력되는 시간함수 $f_{(t)}$는 여럿 있지만, '최종편차'에서 사용하는 시간함수는 다음 3가지 입력으로 한정됩니다.

- **계단입력** $u_{(t)} \rightarrow r_{(t)} = u_{(t)}$ 라플라스 변환 $\xrightarrow{\mathcal{L}} R_{(s)} = \frac{1}{s}$
- **등속도입력** $t\,u_{(t)} \rightarrow r_{(t)} = t\,u_{(t)}$ 라플라스 변환 $\xrightarrow{\mathcal{L}} R_{(s)} = \frac{1}{s^2}$
- **등가속도입력** $t^2 u_{(t)} \rightarrow r_{(t)} = t^2 u_{(t)}$ 라플라스 변환 $\xrightarrow{\mathcal{L}} R_{(s)} = \frac{1}{s^3}$

그래서 최종편차 e_{ss}를 구할 때, 3가지 기준입력 $(\frac{1}{s}, \frac{1}{s^2}, \frac{1}{s^3})$을 이용하여 해석합니다.

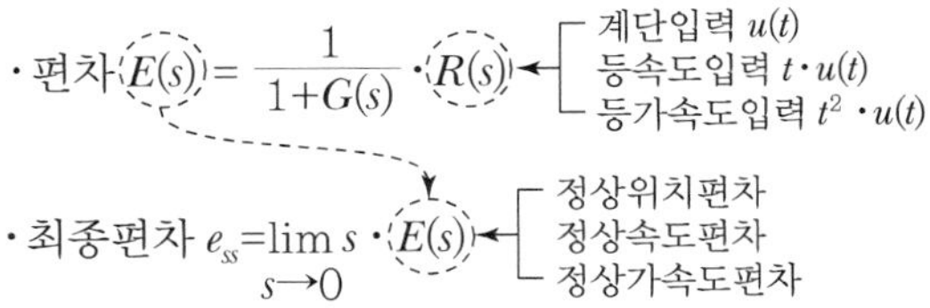

- 편차 $E(s) = \frac{1}{1+G(s)} \cdot R(s)$ ← 계단입력 $u(t)$, 등속도입력 $t \cdot u(t)$, 등가속도입력 $t^2 \cdot u(t)$
- 최종편차 $e_{ss} = \lim_{s \to 0} s \cdot E(s)$ ← 정상위치편차, 정상속도편차, 정상가속도편차

그리고 '제어계 형'과 함께 기준입력 $R_{(s)} = \frac{1}{s}, \frac{1}{s^2}, \frac{1}{s^3}$에 따라서 최종편차 e_{ss}는 다음과 같이 3가지 정상편차로 분류합니다.

- 계단입력 $u_{(t)} \xrightarrow{\mathcal{L}} \frac{1}{s}$이 제어계의 입력일 경우, 최종편차는 **정상위치편차**
- 등속도입력 $t\,u_{(t)} \xrightarrow{\mathcal{L}} \frac{1}{s^2}$이 제어계의 입력일 경우, 최종편차는 **정상속도편차**
- 가속도입력 $t^2 u_{(t)} \xrightarrow{\mathcal{L}} \frac{1}{s^3}$이 제어계의 입력일 경우, 최종편차는 **정상가속도편차**

지금까지 다룬 편차에 대한 이론을 토대로, 입력에 따른 각각의 정상편차들(정상위치편차, 정상속도편차, 정상가속도편차)을 구체적으로 계산할 수 있습니다.

(1) 정상위치편차 e_{ss}

정상위치편차 e_{ss}는 제어계의 입력이 $R_{(s)} = \frac{1}{s}$일 때의 정상편차입니다.

$$e_{ss} = \lim_{s \to 0} s \cdot E_{(s)} = \lim_{s \to 0} s \left[R_{(s)} \frac{1}{1+G_{(s)}} \right]$$
$$= \lim_{s \to 0} s \left[\frac{1}{s} \frac{1}{1+G_{(s)}} \right] = \lim_{s \to 0} \frac{1}{1+G_{(s)}}$$

전달함수 $G_{(s)}$를 기본형 전달함수 $G_{(s)}=\dfrac{s+c}{s^n(s+a)(s+b)}$(단, a, b, c는 상수)로 가정하고 전개하면 다음과 같은 정상편차 수식이 됩니다.

$$e_{ss}=\lim_{s\to 0}\frac{1}{1+G_{(s)}}=\lim_{s\to 0}\frac{1}{1+\left(\dfrac{s+c}{s^n(s+a)(s+b)}\right)}$$

여기서, 정상편차의 특성을 알기 위해 제어계 형(s^n)을 적용하면 다음과 같습니다.

① 0형 제어계(s^0)일 때, $e_{ss}=\dfrac{1}{1+\left(\dfrac{c}{ab}\right)}=\dfrac{1}{1+k_p}$: 편차값 $e_{ss}=\dfrac{1}{1+k_p}$ 존재함

여기서, $\dfrac{c}{ab}=k_p\rightarrow k_p$는 k : 상수, P : Position(위치)라는 의미로 '위치편차 상수'이다.

② 1형 제어계(s^1)일 때, $e_{ss}=\dfrac{1}{1+\left(\dfrac{c}{0}\right)}=\dfrac{1}{\infty}=0$: 편차값 $e_{ss}=0$(없음)

③ 2형 제어계(s^2)일 때, $e_{ss}=\dfrac{1}{1+\left(\dfrac{c}{0}\right)}=\dfrac{1}{\infty}=0$: 편차값 $e_{ss}=0$(없음)

④ 3형 제어계(s^3)일 때, $e_{ss}=\dfrac{1}{1+\left(\dfrac{c}{0}\right)}=\dfrac{1}{\infty}=0$: 편차값 $e_{ss}=0$(없음)

(2) 정상속도편차 e_{ss}

정상속도편차 e_{ss}는 제어계의 입력이 $R_{(s)}=\dfrac{1}{s^2}$일 때의 정상편차입니다.

$$e_{ss}=\lim_{s\to 0}s\cdot E_{(s)}=\lim_{s\to 0}s\left[R_{(s)}\frac{1}{1+G_{(s)}}\right]$$

$$=\lim_{s\to 0}s\left[\frac{1}{s^2}\frac{1}{1+G_{(s)}}\right]=\lim_{s\to 0}\frac{1}{s(1+G_{(s)})}$$

$$=\lim_{s\to 0}\frac{1}{s+s\,G_{(s)}}=\frac{1}{\lim\limits_{s\to 0}s+\lim\limits_{s\to 0}s\,G_{(s)}}=\frac{1}{\lim\limits_{s\to 0}s\,G_{(s)}}$$

전달함수 $G_{(s)}=\dfrac{s+c}{s^n(s+a)(s+b)}$를 대입하면, 다음과 같은 정상편차 수식이 됩니다.

$$e_{ss}=\frac{1}{\lim\limits_{s\to 0}s\,G_{(s)}}=\frac{1}{\lim\limits_{s\to 0}s\left(\dfrac{s+c}{s^n(s+a)(s+b)}\right)}$$

여기서, 정상편차의 특성을 알기 위해 제어계 형(s^n)을 적용하면 다음과 같습니다.

핵심기출문제

어떤 제어계에서 단위계단입력에 대한 정상편차가 유한값이면 이 계는 무슨 형인가?

① 0형　② 1형
③ 2형　④ 3형

정답 ①

핵심기출문제

제어시스템의 정상상태 오차에서 포물선 함수입력에 의한 정상상태 의오차가 $K_s=\lim\limits_{s\to 0}s^2G(s)H(s)$로 표현된다. 이때 K_s를 무엇이라고 부르는가?

① 위치오차상수
② 속도오차상수
③ 가속도오차상수
④ 평면오차상수

정답 ③

PART 04

핵심기출문제

개루프 전달함수 $G(s)$가 다음과 같이 주어지는 단위 피드백계에서 단위속도입력에 대한 정상편차는?

$$G(s) = \frac{10}{s(s+1)(s+2)}$$

① $\frac{1}{2}$ ② $\frac{1}{3}$ ③ $\frac{1}{4}$ ④ $\frac{1}{5}$

해설

단위 피드백제어계에서의 위치편차 상수는

$$K_v = \lim_{s \to 0} s\,G(s) = \lim_{s \to 0} s \times \frac{10}{s(s+1)(s+2)} = 5$$

∴ 속도편차는 $e_p = \frac{1}{K_v} = \frac{1}{5}$

정답 ④

핵심기출문제

그림과 같은 제어계에서 단위계단 입력 D가 인가될 때 외란 D에 의한 정상편차는?

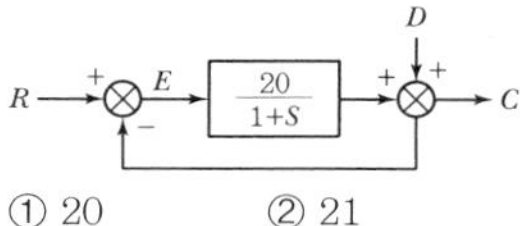

① 20 ② 21
③ $\frac{1}{20}$ ④ $\frac{1}{21}$

해설

제어계에서 단위계단입력의 외란 D가 인가되었을 경우 $R(s) = 0$,

$D(s) = \mathcal{L}\,u(t) = \frac{1}{s}$

따라서, 편차 $E(s) = R(s) - \left(D(s) + E(s) \cdot \frac{20}{1+s}\right)$

여기서,

$$E(s) = -\frac{D(s)}{1+\frac{20}{1+s}} = -\frac{1}{1+\frac{20}{1+s}} \cdot \frac{1}{s}$$

∴ 정상편차

$$e_{ss} = \lim_{s \to 0} s \cdot F(s) = \lim_{s \to 0} \frac{-1}{1+\frac{20}{1+s}} = -\frac{1}{21}$$

그러므로, 정상편차의 크기만을 고려한다면 $e_{ss} = \left|-\frac{1}{21}\right| = \frac{1}{21}$

정답 ④

① 0형 제어계(s^0)일 때, $e_{ss} = \frac{1}{0} = \infty$: 편차값 $e_{ss} = \infty$(무한대)

② 1형 제어계(s^1)일 때, $e_{ss} = \frac{1}{\left(\frac{c}{ab}\right)} = \frac{1}{k_v}$: 편차값 $e_{ss} = \frac{1}{k_v}$ 존재함

여기서, $\frac{c}{ab} = k_v \rightarrow k_v$는 k : 상수, V : Velocity(속도)라는 의미로 '속도편차상수'이다.

③ 2형 제어계(s^2)일 때, $e_{ss} = \frac{1}{\left(\frac{c}{0}\right)} = \frac{1}{\infty} = 0$: 편차값 $e_{ss} = 0$(없음)

④ 3형 제어계(s^3)일 때, $e_{ss} = \frac{1}{\left(\frac{c}{0}\right)} = \frac{1}{\infty} = 0$: 편차값 $e_{ss} = 0$(없음)

(3) 정상가속도편차 e_{ss}

정상가속도편차 e_{ss}는 제어계의 입력이 $R_{(s)} = \frac{1}{s^3}$일 때의 정상편차입니다.

$$e_{ss} = \lim_{s \to 0} s \cdot E_{(s)} = \lim_{s \to 0} s\left[R_{(s)}\frac{1}{1+G_{(s)}}\right]$$

$$= \lim_{s \to 0} s\left[\frac{1}{s^3}\frac{1}{1+G_{(s)}}\right] = \lim_{s \to 0}\frac{1}{s^2(1+G_{(s)})}$$

$$= \lim_{s \to 0}\frac{1}{s^2+s^2 G_{(s)}} = \frac{1}{\lim\limits_{s \to 0} s^2 + \lim\limits_{s \to 0} s^2 G_{(s)}} = \frac{1}{\lim\limits_{s \to 0} s^2 G_{(s)}}$$

전달함수 $G_{(s)} = \frac{s+c}{s^n(s+a)(s+b)}$를 대입하면, 다음과 같은 정상편차 수식이 됩니다.

$$e_{ss} = \frac{1}{\lim\limits_{s \to 0} s^2 G_{(s)}} = \frac{1}{\lim\limits_{s \to 0} s^2\left(\frac{s+c}{s^n(s+a)(s+b)}\right)}$$

여기서, 정상편차의 특성을 알기 위해 제어계 형(s^n)을 적용하면 다음과 같습니다.

① 0형 제어계(s^0)일 때, $e_{ss} = \frac{1}{0} = \infty$: 편차값 $e_{ss} = \infty$(무한대)

② 1형 제어계(s^1)일 때, $e_{ss} = \frac{1}{0} = \infty$: 편차값 $e_{ss} = \infty$(무한대)

③ 2형 제어계(s^2)일 때, $e_{ss} = \frac{1}{\left(\frac{c}{ab}\right)} = \frac{1}{k_a}$: 편차값 $e_{ss} = \frac{1}{k_a}$ 존재함

여기서, $\frac{c}{ab} = k_a \rightarrow k_a$는 k : 상수, a : acceleration(가속도)라는 의미로 '가속도편차상수'이다.

④ 3형 제어계(s^3)일 때, $e_{ss} = \dfrac{1}{\left(\dfrac{c}{0}\right)} = \dfrac{1}{\infty} = 0$: 편차값 $e_{ss} = 0$(없음)

➤ 기준입력값($u_{(t)}$, $t\,u_{(t)}$, $t^2 u_{(t)}$)과 제어계 형에 따른 정상편차 종류

제어계 \ 정상편차 / 형	정상위치편차 ($u_{(t)}$ 계단입력) $e_{ss} = \dfrac{R}{1+k_p}$ (k_p : 오차상수)	정상속도편차 ($t\,u_{(t)}$ 램프입력) $e_{ss} = \dfrac{R}{k_v}$ (k_v : 오차상수)	정상가속도편차 ($t^2 u_{(t)}$ 포물선입력) $e_{ss} = \dfrac{R}{k_a}$ (k_a : 오차상수)
0형	$e_{ss} = \dfrac{R}{1+k_p}$	$e_{ss} = \infty$	$e_{ss} = \infty$
1형	$e_{ss} = 0$ (없음)	$e_{ss} = \dfrac{R}{k_v}$	$e_{ss} = \infty$
2형	$e_{ss} = 0$ (없음)	$e_{ss} = 0$ (없음)	$e_{ss} = \dfrac{R}{k_a}$
3형	$e_{ss} = 0$ (없음)	$e_{ss} = 0$ (없음)	$e_{ss} = 0$ (없음)

※ k_p, k_v, k_a : 모두 편차상수 또는 오차상수

03 궤환제어계와 부궤환제어계

자동제어시스템에서 출력의 일부를 입력측으로 되돌리는 제어계를 '피드백제어계' 또는 '궤환제어계'라고 합니다. 여기서, 궤환제어계는 정궤환과 부궤환으로 나뉩니다.
정궤환과 부궤환의 차이는 입력신호와 출력신호의 위상을 같게 하는냐? 혹은 서로 다른 반대로 하느냐? 에 따라 나뉩니다. 그래서,

- 궤환제어계(=정궤환제어계)는 제어계에서 출력의 일부를 입력측으로 되돌릴 때, 출력신호와 입력신호의 위상이 같은 상태로 되돌리는 자동제어계이고,
- 부궤환제어계는 제어계에서 출력의 일부를 입력측으로 되돌릴 때, 출력신호 위상을 입력신호 위상과 반대로 하여 되돌리는 자동제어계입니다.

정궤환제어계는 주로 '발진기'에 사용하고, 부궤환제어계는 주로 '증폭기'에 사용합니다.

04 제어시스템의 감도(Sensitivity) 계산

감도란, 페루프제어계(=자동제어 시스템)에서, 제어계를 구성하는 구성요소 중 하나의 제어요소 특성이 바뀌면, 그 하나의 변화로 인해 전체 제어계 특성에 어떤 영향을 주는지를 나타내는 것을 말합니다.

구체적으로, 제어계의 구성요소 중에서 검출부가 있는 피드백 전달함수 $H_{(s)}$는 자동 제어시스템의 핵심입니다.

피드백 전달함수 $H_{(s)}$의 값이 변함에 따라 전체 전달함수 $M_{(s)}$ 값이 변하는 정도를 '감도'로 나타냅니다.

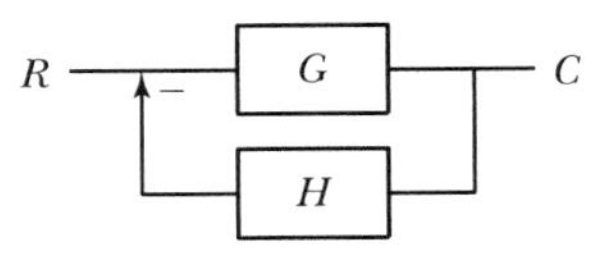

〖 피드백 전달함수가 있는 폐루프제어계 〗

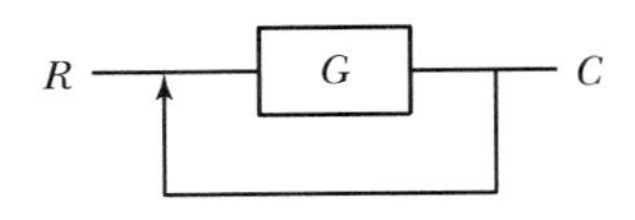

〖 피드백 전달함수가 없는 폐루프제어계 〗

피드백 전달함수가 있는 폐루프제어계에서, $H_{(s)}$에 대한 전체 전달함수 $M_{(s)} = \dfrac{C_{(s)}}{R_{(s)}}$ 의 감도 계산 수식은 다음과 같이 전개됩니다.

$$S\frac{M}{H} = \frac{M_{(s)}}{H_{(s)}} \rightarrow \frac{H_{(s)}}{M_{(s)}}\frac{d}{d_s}M$$

- 감도 $S\dfrac{M}{H}$의 의미

전체 중 일부인 $H_{(s)}$ 변화에 대한 전체 $M_{(s)}$의 변화량(감도)

- 감도 공식 : $S\dfrac{M}{H} = \dfrac{H_{(s)}}{M_{(s)}}\dfrac{d}{d_s}M_{(s)}$

감도 계산방법

감도 계산 공식 $\dfrac{H_{(s)}}{M_{(s)}}\dfrac{d}{d_s}M$은 다음 순서로 전개한다.

① $\dfrac{M_{(s)}}{H_{(s)}} \xrightarrow[\text{뒤집는다}]{\text{분모, 분자를}} \dfrac{H_{(s)}}{M_{(s)}}$

② 전체 전달함수 $M_{(s)}$를 미분 $\left[\dfrac{d}{d_s}M_{(s)} = \quad\right]$한다.

③ 마지막으로 $\dfrac{H_{(s)}}{M_{(s)}}$ 곱하기(×) $\dfrac{d}{d_s}M_{(s)}$(미분한 결과)는 제어계의 '감도'이며, $H_{(s)}$ 변화에 대한 전체 제어계 $M_{(s)}$의 변화를 수치로 보여준다.

분수 미분과 곱하기 연산 미분

- 분수 미분 : $\left(\dfrac{B}{A}\right)' = \dfrac{A' \cdot B - A \cdot B'}{A^2}$
- 곱하기 연산 미분 : $(A \cdot B)' = A' \cdot B - A \cdot B'$

핵심기출문제

그림과 같은 블록선도의 제어계에서 K에 대한 폐루프 전달함수 $T = \dfrac{C}{R}$의 감도는?

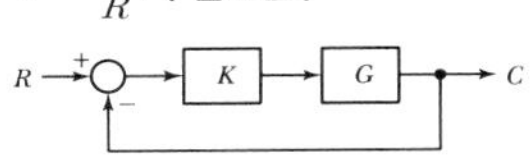

① $S_K^T = 1$

② $S_K^T = \dfrac{1}{1+KG}$

③ $S_K^T = \dfrac{G}{1+KG}$

④ $S_K^T = \dfrac{KG}{1+KG}$

해설

그림과 같은 블록선도의 전달함수는 $T = \dfrac{KG}{1+KG}$

∴ K에 대한 감도

$$S_K^T = \frac{K}{T}\frac{dT}{dK}$$

$$= \frac{K}{\frac{KG}{1+KG}} \times \frac{d}{dK}\left(\frac{KG}{1+KG}\right)$$

$$= \frac{1+KG}{G} \times \frac{G(1+KG) - GKG}{(1+KG)^2}$$

$$= \frac{1}{1+KG}$$

정답 ②

예제

01 그림과 같은 폐루프 전달함수 $T_{(s)} = \dfrac{C_{(s)}}{R_{(s)}}$ 가 있을 때, 전달함수 $H_{(s)}$ 변화에 대한 전체 전달함수 $T_{(s)}$의 감도 $S\dfrac{T}{H}$를 계산하시오.

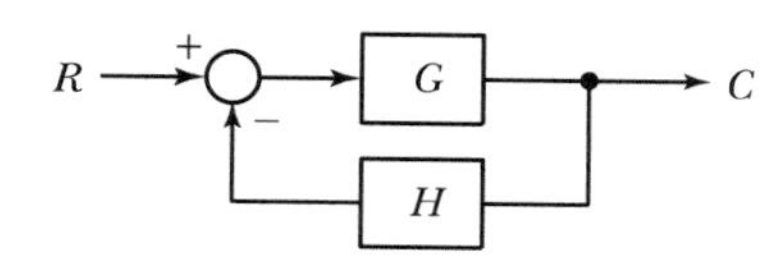

풀이

- 감도($S\dfrac{T}{H}$)의 의미는 $H_{(s)}$에 대한 $T_{(s)}$ 변화 정도를 계산($\dfrac{T_{(s)}}{H_{(s)}}$)하는 것이다.
- 감도($S\dfrac{T}{H}$)에 대한 감도 계산 공식 : $S\dfrac{T}{H} = \dfrac{H}{T}\dfrac{d}{dH}T$
- 감도($S\dfrac{T}{H}$) 계산방법

$$S\frac{T}{H} = \frac{H}{T}\frac{d}{dH}T = \frac{H}{\left(\dfrac{G}{1+GH}\right)}\frac{d}{dH}\left(\frac{G}{1+GH}\right) = \frac{H}{\left(\dfrac{G}{1+GH}\right)}\frac{d}{dH}\left(\frac{G}{1+GH}\right)$$

$$= \frac{H(1+GH)}{G}\frac{G'(1+GH) - G(1+GH)'}{(1+GH)^2}$$

$$= \frac{H}{G}\frac{G'(1+GH) - G(1+GH)'}{(1+GH)} = \frac{H}{G}\frac{(-G)^2}{1+GH} = -\frac{GH}{1+GH}$$

PART 04

1. 과도응답

① **피드백제어계의 특성방정식** : $1+G_{(s)}H_{(s)}=0$

② **개루프제어계[$G_{(s)}H_{(s)}$]의 특성방정식** : 분모 + 분자 = 0

③ **2차 지연 전달함수** : $G_{(s)}=\dfrac{\omega_n^2}{s^2+2\xi\omega_n s+\omega_n^2}$ (ξ : 감쇠비, 제동비, ω_n : 고유 주파수)

④ **2차 지연 전달함수의 특성방정식** : $s^2+2\xi\omega_n s+\omega_n^2=0$

㉠ 제동비 제타(ξ)에 따른 제어계 응답

- 제동비 $\xi>1$ 제어계의 과도응답은 '과제동(=무진동)'
- 제동비 $\xi=1$ 제어계의 과도응답은 '임계제동(=임계진동)'
- 제동비 $0<\xi<1$ 제어계의 과도응답은 '부족제동(=감쇠진동)'
- 제동비 $\xi=0$ 제어계의 과도응답은 '무제동'
- 제동비 $\xi<0$ 제어계의 과도응답은 '무제동(발산)'

㉡ 2차 지연 전달함수의 특성방정식과 특성방정식을 이용한 과도응답 해석

- 제동비 $\xi>1$, s_1, s_2는 좌표의 **서로 다른 음의 실근**에 존재, 제어계의 응답은 '과제동'
- 제동비 $\xi=1$, $s_1, s_2=-\omega_n$으로 좌표의 **음의 중근**에 존재, 제어계의 응답은 '임계제동'
- 제동비 $0<\xi<1$, s_1, s_2는 좌표의 **서로 다른 공액 복소근**으로 존재, 제어계의 응답은 '부족제동'
- 제동비 $\xi=0$, s_1, s_2 모두는 좌표의 **허수축**에 존재, 제어계의 응답은 '무제동(=진동)'
- 제동비 $\xi<0$, s_1, s_2는 좌표의 **서로 다른 공액 복소근**으로 존재, 제어계의 응답은 '무제동(=발산)'

㉢ 2차 지연 제어계의 과도응답 시간특성

- 백분율 오버슈트 $=\dfrac{\text{최대 오버슈트}}{\text{최종값(정상값)}}$
- 감쇠비 $=\dfrac{\text{제2 오버슈트}}{\text{최대 오버슈트}}$
- 오버슈트 : 목표값을 기준으로 제어계의 응답과 목표값의 최대 편차량(=오차량)
- 지연시간(T_d) : 응답이 목표값의 50%에 이르는 데 소요되는 시간
- 상승시간(T_r) : 응답이 목표값의 10%부터 90%까지 도달하는 데 소요되는 시간
- 정정시간(T_s) : 제어계의 응답이 목표값의 ±5% 이내로 들어오는 데 걸리는 시간
- 감쇠비 : 과도응답이 진동할 때, 진동이 감쇠하는 비율 또는 과도응답이 소멸되는 속도

2. 정상응답

① **편차 전달함수** : $E_{(s)} = \dfrac{1}{1+G_{(s)}} R_{(s)}$(여기서, $R_{(s)}$는 $u_{(t)}, tu_{(t)}, tu_{(t)}$)

② **최종편차** : $e_{ss} = \lim\limits_{s \to 0} s \cdot E_{(s)} = \lim\limits_{s \to 0} s \cdot \dfrac{1}{1+G_{(s)}} R_{(s)}$

③ **기준입력값($u_{(t)}$, $tu_{(t)}$, $t^2 u_{(t)}$)과 제어계 형에 따른 정상편차 종류**

제어계 정상편차 / 형	정상위치편차($u_{(t)}$ 계단입력) $e_{ss} = \frac{R}{1+k_p}$(k_p : 오차상수)	정상속도편차($tu_{(t)}$ 램프입력) $e_{ss} = \frac{R}{k_v}$(k_v : 오차상수)	정상가속도편차($t^2 u_{(t)}$ 포물선입력) $e_{ss} = \frac{R}{k_a}$(k_a : 오차상수)
0형	$e_{ss} = \frac{R}{1+k_p}$	$e_{ss} = \infty$	$e_{ss} = \infty$
1형	$e_{ss} = 0$ (없음)	$e_{ss} = \frac{R}{k_v}$	$e_{ss} = \infty$
2형	$e_{ss} = 0$ (없음)	$e_{ss} = 0$ (없음)	$e_{ss} = \frac{R}{k_a}$
3형	$e_{ss} = 0$ (없음)	$e_{ss} = 0$ (없음)	$e_{ss} = 0$ (없음)

3. 감도

감도 $S\dfrac{M}{H} = \dfrac{H_{(s)}}{M_{(s)}} \dfrac{d}{d_s} M_{(s)}$

PART 04

핵 / 심 / 기 / 출 / 문 / 제

01 어떤 자동제어 계통의 극이 그림과 같이 주어지는 경우 이 시스템의 시간 영역에서의 동작특성을 나타낸 것은?

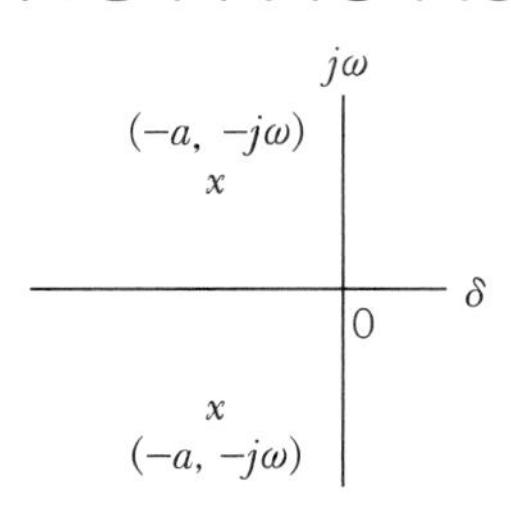

①
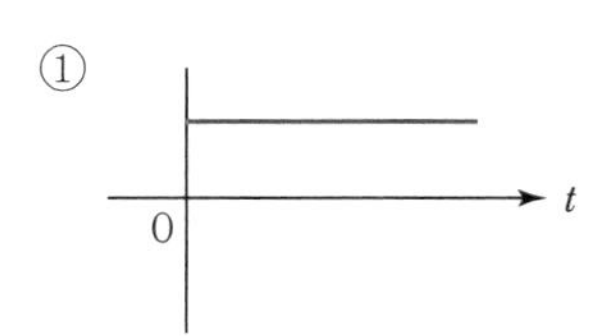

②
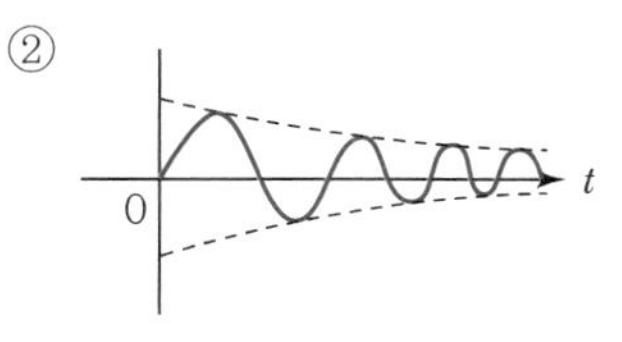

③
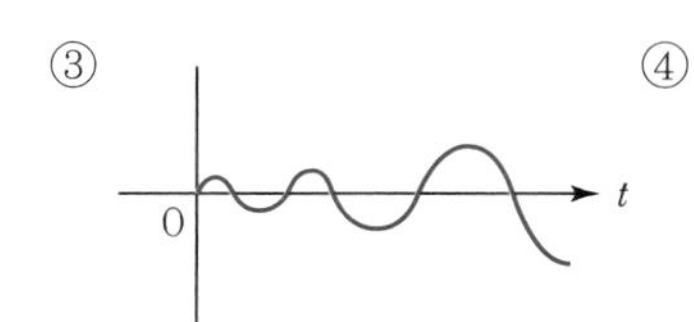

④
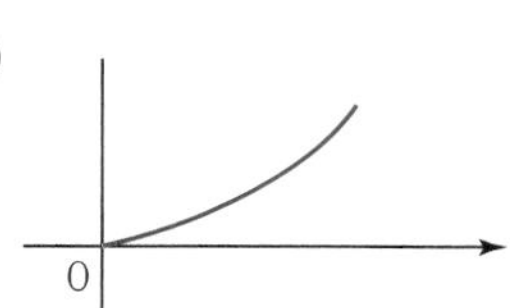

해설

제어계의 극점이 복소평면상의 좌반평면에 존재하는 경우에는 시스템의 동작특성은 지수함수로 감쇠(또는 감쇠진동)한다.

02 s 평면(복소평면)에서의 극점배치가 다음과 같을 경우 이 시스템의 시간 영역에서의 동작은?

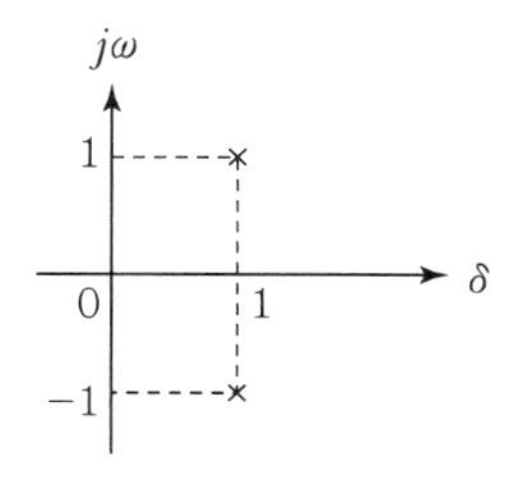

① 감쇠진동을 한다.
② 점점 진동이 커진다.
③ 같은 진폭으로 계속 진동한다.
④ 진동하지 않는다.

해설

제어계의 극점이 복소평면상의 우반평면에 존재하는 경우에는 시스템의 동작특성은 진동하면서 시간과 함께 진폭이 생긴다.

03 특성방정식 $s^2 + 2\delta\omega_n s + \omega_n^2 = 0$에서 δ를 제동비라고 할 때 $\delta < 1$인 경우는?

① 임계진동 ② 강제진동
③ 감쇠진동 ④ 완전진동

04 과도응답이 소멸되는 정도를 나타내는 감쇠비(Decay Ratio)는?

① 최대오버슈트/제2오버슈트
② 제3오버슈트/제2오버슈트
③ 제2오버슈트/최대오버슈트
④ 제2오버슈트/제3오버슈트

해설

감쇠비는 과도응답이 소멸되는 정도를 나타내는 양으로서 최대오버슈트와 다음 주기에 오는 오버슈트와의 비로 정의한다.

즉, $\text{감쇠비} = \dfrac{\text{제2오버슈트}}{\text{최대오버슈트}}$

정답 01 ② 02 ② 03 ③ 04 ③

CHAPTER 04

주파수 변화에 따른 제어계 해석

3장과 같이 4장 내용도 제어계(자동제어시스템)의 출력(응답)이 '안정'할지 '안정하지 않을지' 해석(예측)하는 내용입니다. 다만 3장과 4장은 다음과 같은 약간의 차이가 있습니다.

- 3장의 주 내용은 제어계의 제어(=전달함수)가 **2차 지연 전달함수**로 제어될 때 제어계의 응답을 해석했고,
- 4장의 주 내용은 제어계의 제어(=전달함수)가 **1차 지연 전달함수**로 제어될 때 제어계의 특징을 다룹니다. 그리고 본 4장 내용을 토대로 5장에서 제어계의 안정도(안정/불안정)를 해석합니다.

[제어공학 1~6장 내용 정리]

1. 제어계 해석의 의미

사람이 감각을 이용하여 수동으로 조작하는 시스템, 단순한 ON-OFF 동작만 하는 순차제어시스템은 제어계의 응답이 목표값과 항상 일치하기 때문에 제어계를 해석할 필요가 없습니다. 반면 자동으로 제어되는 자동제어시스템(자동차 자동제어장치, 에어컨, 세탁기, 보일러 등 사람이 원하는 동작 목표를 설정하면, 사람의 조작 없이 시스템 스스로가 설정한 목표상태에 도달하는 시스템)은 수동조작처럼 단순하지 않습니다.

만약 자동차 자율주행시스템(자동제어시스템의 예)을 만들기 위해 시스템 개발과정을 실물 하드웨어로만 진행한다면, '설계-제작-수정-설계-제작-(반복)'의 과정을 수천, 수만 번 반복하며 시행착오를 겪습니다. 이와 함께 엄청난 시간과 돈이 소모됩니다. 그래서 실제로 기업은 좀 더 효율적인 자동제어시스템 개발을 위해 시스템을 논리적[입력 → 제어 → 출력]으로 꾸며서 컴퓨터로 시뮬레이션을 반복하며 시스템을 개발합니다. 동시에 어떤 입력에 대한 제어계의 결과(출력)가 사람이 원하는 목표값에 부응하는 동작(응답)을 하는지 여부 역시 컴퓨터를 이용하여 수학과 시뮬레이션 계산을 하게 됩니다. 이런 자동제어시스템을 만드는 전체적인 맥락에서 4장, 5장에서 여러 가지 그래프(선도)가 등장합니다.

그러므로 제어공학 과목에서 '제어계를 해석'하는 의미는, 제어시스템을 하드웨어로 직접 구현하여 하드웨어 동작이 사람이 원하는 목표동작을 하는지 안 하는지를 감각적으로 확인하는 내용이 아니라, 제어시스템을 논리적인 수식으로 만들고, 그 수식과 관련 수학과 함께 컴퓨터 프로그램을 통해 가상의 시스템으로 확인하는 것입니다. 이때 어떤 변수가 제어계에 입력됐을 때 나온 출력(응답)이 사람이 목표하는 동작과 일치하는 결과가 나오는지 여부를 **안정/불안정**으로 판단합니다. 이것이 제어공학 과목(자동제어시스템) 1장~7장까지의 내용이고, 실제 자동제어해석은 컴퓨터가 진행하는 과정을 통해 이루어집니다.

2. 제어공학에서 미분방정식을 사용하는 이유

제어공학 과목에서 '미분방정식'이란 단어가 자주 등장합니다. 미분방정식을 다음과 같이 이해할 수 있습니다. 단순한 '제어'를 할 때는 그 **제어**를 논리적으로 나타내는 수학도 단순합니다. 여기서 단순한 수학이란 수학적으로 나타낸 실제의 대상이 고정된 상태, 움직이지 않는 상태라는 걸 의미합니다.(단순한 수학 → 4칙연산 : $\times, \div, +, -$)

하지만 자동제어와 같은 복잡한 **제어**를 할 때는 그 제어를 논리적으로 나타내는 수학 역시 복잡합니다. 여기서 복잡한 수학이란 수학적으로 나타낸 실제의 대상이 시간변화에 따라 같이 변하는 상태, 움직이는 상태(자연계, 닫힌계, 과도현상이 존재하는 시스템)를 의미합니다. 움직이는 상태를 수학적으로 나타낼 수 있는 것이 미분($\frac{d}{dt}$)입니다. 미분은 '움직이는 것'에 대한 수학적 표현입니다. 빼기($-$)가 있으면 더하기($+$)가 짝으로 있듯이, 미분($\frac{d}{dt}$)이 있으면 적분($\int dt$)이 쌍으로 동반됩니다. 그래서 자동으로 동작하는 어떤 시스템, 과도현상이 존재하는 시스템, 움직이는 상태의 시스템을 수학으로 표현하려면, 수많은 미분 변수들($\frac{\partial}{\partial t}$)이 등장합니다. 이런 미분 변수들로 조합된 수식이 '미분방정식'입니다.

제어공학 3장부터 2차, 3차, 4차의 n차 미분방정식이 등장합니다. 일반방정식 계산도 어렵지만, n차 미분방정식은 공과대학 교수들도 피하고 싶은 어렵고 복잡한 수학입니다. 하지만 우리는 '라플라스 변환과 역변환'을 통해 중학교 산수 수준의 4칙연산만 하면 됩니다. 우리가 직접적으로 n차 미분방정식을 계산할 일은 없습니다. 우리는 문제에 접근하는 방법만 알면 충분합니다. 이것이 제어공학 과목에서 미분방정식의 의미입니다.

라플라스 변환은 미분연산자($s = \delta + j\omega$)를 이용하여 수많은 미분 변수를 없애고, 독립변수인 복소함수 $F_{(s)}$를 통해 특성방정식이나 대수방정식(행렬)을 이용하여 제어계를 해석(3장~7장)합니다.

3. 1~6장 내용 요약

(1) 1~6장 구성

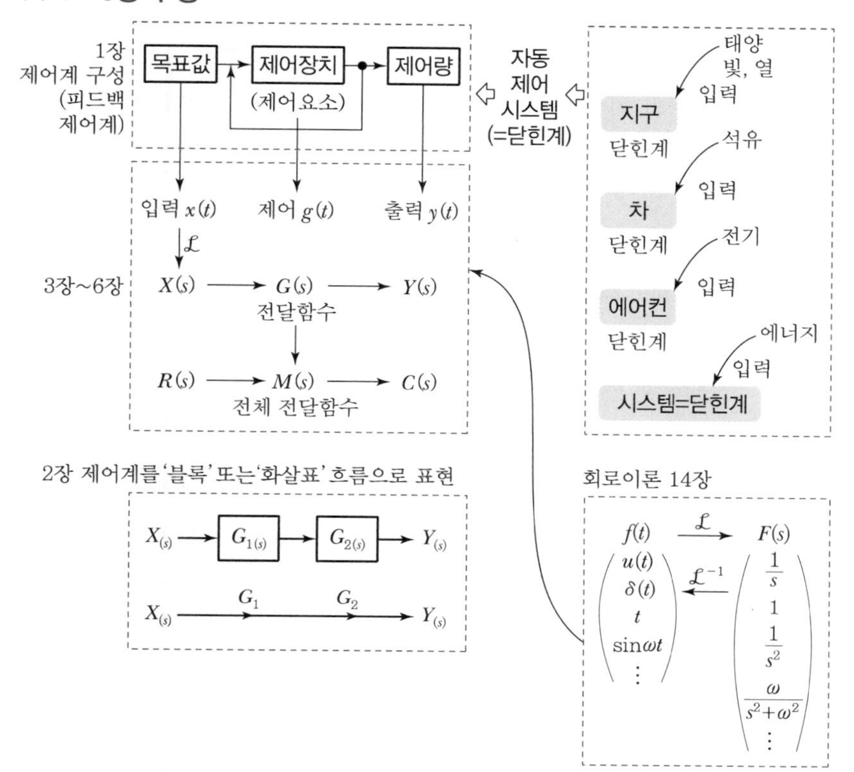

(2) 1~6장 보충설명

① 1장

- 비례제어 동작(P) → $G_{(s)} = k$
- 미분제어 동작(PD) → $G_{(s)} = k \cdot s$
- 적분제어 동작(PI) → $G_{(s)} = \frac{k}{s}$

벡터궤적이 좌표상에서 '직선'을 그리므로 무조건 '안정'되는 제어시스템이다. P, PD, PI제어는 속응성이 느린 문제 혹은 목표값에 대한 응답 **오차**가 생길 뿐, 제어계 자체는 **안정**하므로 해석할 필요가 없다.

- P(비례제어 동작) : 100% 안정하므로 제어계를 해석할 필요 없음
- PD(비례미분제어 동작) : 100% 안정하므로 제어계를 해석할 필요 없음
- PI(비례적분제어 동작) : 100% 안정하므로 제어계를 해석할 필요 없음

② **4장, 6장**

- '1차 지연' 제어계의 해석

  1차 지연 제어 : $G_{(s)} = \dfrac{1}{T_s + 1}$

  이득여유(g)와 위상여유(θ)를 가지고 '벡터궤적'을 그린다. 벡터궤적은 복소평면상에서 궤적을 그리며 궤적모양을 통해 제어시스템의 안정/불안정을 판단한다.

③ **3장**

- '2차 지연' 제어계의 해석

$$G_{(s)} = \frac{{\omega_n}^2}{s\left(s^2 + 2\xi\omega_n s + {\omega_n}^2\right)}$$

$$= \frac{{\omega_n}^2}{s\left(s + \xi\omega_n - \omega_n\sqrt{\xi^2 - 1}\right)\left(s + \xi\omega_n + \omega_n\sqrt{\xi^2 - 1}\right)}$$

$G_{(s)} \propto \sqrt{\xi^2 - 1} \rightarrow$ '2차 지연' 전달함수의 제동비(ξ)값을 통해 제어시스템의 안정도(안정/불안정)를 판별한다.

제동비조건	수학적 조건
$\xi > 1$: 과제동(안정)	= 서로 다른 음의 실수근
$\xi = 1$: 임계제동(안정)	= 음의 중근
$\xi = 0$: 무제동(진동)	= 허수축에 근이 존재
$\xi < 0$: 무제동(발산)	= 서로 다른 공액 복소근
$0 < \xi < 1$: 부족제동(감쇠제동)	= 서로 다른 공액 복소근

④ **4장**

- 부동작 제어

  $G_{(s)} = k \cdot e^{-st} \rightarrow$ 부동작(동작 안 함)이 목표이므로 안정도와 무관하며, 해석할 필요가 없다.

⑤ **5장**

- 3차 지연 제어

  n차 미분방정식 → 제어계가 3차, 4차, 5차 이상의 미분방정식으로 표현되면, s함수(라플라스 함수)의 특성방정식을 세워 '루스－후르비츠 방법'과 '나이퀴스트 선도' 두 해석법으로 안정도(안정/불안정)를 판별한다.

01 주파수 변화 $F_{(j\omega)}$에 따른 제어계 해석

앞서 말했듯이, 주파수 변화에 따른 제어계 해석은 모든 제어요소(P제어, PD제어, PI 제어, 1차 지연제어, 2차 지연제어, 부동작 제어)에 대해서 해석하는 것이 아닙니다. 주파수 진동의 입력값 $r_{(j\omega)}$이 1차 지연 제어계 (1차 지연 전달함수)에 들어올 때 제어계의 출력$c_{(j\omega)}$을 안정/불안정으로 해석 및 판별합니다.

본 4장의 시변계값은 시간함수 $f_{(t)}$가 아닌 주파수함수 $F_{(j\omega)}$입니다. 주파수는 진동하므로 진폭 크기와 진동하며 갖는 방향이 있습니다. 때문에 주파수 전달함수 $F_{(j\omega)}$는 실수와 허수부(j)로 구성됩니다. 그리고 주파수 전달함수의 허수부(j)는 각속도($\omega = 2\pi f$)를 포함하고 있습니다.

주파수 전달함수의 주파수는 어떤 정보를 담은 신호일수도 있고, 전기파형일 수도 있습니다. 주파수의 진동범위[Hz]는 $-\infty \sim 0\,[\mathrm{Hz}]$, $0 \sim \infty\,[\mathrm{Hz}]$의 범위를 갖습니다. 이런 주파수 전달함수의 특징은 교류전기의 벡터표현과 일치합니다.

교류의 표현 : 전압의 크기(V)와 전압 · 전류의 위상차(θ) → $\dot{V} = V\angle\theta$

때문에 주파수영역$F_{(j\omega)}$의 제어계를 (교류의 크기와 위상과 같은) 진폭비$G_{(j\omega)}$와 위상차θ로 표현합니다.

$$\text{주파수영역의 진폭비} : G_{(j\omega)} = \frac{\text{출력의 진폭}(j\omega)}{\text{입력의 진폭}(j\omega)}$$

여기서 주파수 전달함수의 '진폭비', 주파수 전달함수의 '크기', 주파수영역의 '이득(g)' 모두 같은 의미로 사용됩니다. 또한 주파수영역에서 위상차(θ)는 제어계의 입력위상과 출력위상 간의 '차'를 말하며, '위상차' 또는 '벡터 편각'으로도 부릅니다.(주파수 전달함수의 위상차 또는 벡터 편각)

주파수영역의 제어계는 크기와 방향을 갖고 있으므로 진폭비(주파수 전달함수) $\dfrac{\text{출력의 진폭}(j\omega)}{\text{입력의 진폭}(j\omega)}$의 결과는 $a+jb$(직각좌표 함수)로 나타낼 수 있습니다. 그리고 진폭비$G_{(j\omega)}$가 $a+jb$로 나타날 때, $a+jb$의 크기를 주파수 이득(g)으로 부릅니다. 이 모든 것을 종합하여 주파수 전달함수 $G_{(j\omega)}$를 정리하면 다음과 같습니다.

- 진폭비$G_{(j\omega)}$ → 주파수 이득 $g = |G_{(j\omega)}| = a + jb = \sqrt{\text{실수부}^2 + \text{허수부}^2}$
- 위상차 θ → 위상 $\theta = \tan^{-1}\left(\dfrac{\text{허수}\,b}{\text{실수}\,a}\right)$

주파수 영역이 제어계를 논리적으로 나타낼 수 있는 요소들[이득(g)값과 위상(θ)값]을 가지고 어떤 주파수 입력이 제어계에 들어왔을 때 제어된 출력값이 있고, 입력값의 변화($-\infty \sim 0\,[\mathrm{Hz}]$, $0 \sim \infty\,[\mathrm{Hz}]$)에 따라 출력값들이 그리는 복소평면 위에 궤적이 존재하게 됩니다. 이런 이득(g)과 위상(θ)이 그리는 복소평면상의 궤적모양을 '벡터궤적'이라고 부르고, 벡터궤적, 벡터모양으로 제어계의 출력(응답)이 목표값과 일치하는지 여부를 안정/불안정으로 판별(예측)할 수 있습니다. 이것이 주파수영역에서 제어계를 해석하는 방법입니다.

참고 단원별 제어계의 해석방법 차이

- '벡터궤적'(4장) : 이득(g)과 위상(θ)의 값들을 평면에 그리면 궤적이 되고, 궤적모양으로 제어계의 출력을 해석한다.
- '보드선도'(4장) : 이득(g)과 위상(θ)값을 로그(log)값으로 변환하여 평면에 그리고, 로그가 그리는 곡선으로 제어계의 출력을 해석한다.
- '나이퀴스트 선도'(5장) : 이득(g)과 위상(θ)이 그리는 궤적을 안정된 제어계의 특정 좌표 점($-1,\ j0$)을 기준으로 여유 정도를 통해 제어계의 안정도를 해석한다.

02 주파수영역의 전달함수 표현[이득(g)과 위상(θ)]

주파수 전달함수 $G_{(j\omega)}$는 교류의 벡터표현($\dot{V} = V\angle\theta$)처럼 '크기와 위상'으로 표현되기 때문에 직각좌표 형식으로 나타낼 수 있습니다. 직각좌표 형식을 이용하여 주파수 전달함수를 총 4가지 형식으로 구분할 수 있습니다[주파수함수의 크기는 '이득(g)', 주파수함수의 방향은 '위상(θ)'].

① $G_{(j\omega)} = a + jb$일 때, $\begin{bmatrix} \text{크기 } g = \sqrt{a^2+b^2} \\ \text{위상 } \theta = \tan^{-1}\dfrac{b}{a} \end{bmatrix}$ (제어공학에서 다루지 않음)

② $G_{(j\omega)} = \dfrac{1}{a+jb}$일 때, $\begin{bmatrix} \text{크기 } g = \dfrac{1}{\sqrt{a^2+b^2}} \\ \text{위상 } \theta = -\tan^{-1}\dfrac{b}{a} \end{bmatrix}$ (제어공학 4장에서 사용)

제어공학 4장은 전달함수 중 '1차 지연' 전달함수 $G_{(j\omega)} = \dfrac{1}{1+j\omega T}$만을 제어계의 제어요소로 다루기 때문에, ②의 직각좌표 형식으로 표현되는 주파수 전달함수만으로 제어계의 안정/불안정을 판별합니다.

③ $G_{(j\omega)} = \dfrac{a+jb}{c+jd}$일 때, $\begin{bmatrix} \text{크기 } g = \dfrac{\sqrt{a^2+b^2}}{\sqrt{c^2+d^2}} \\ \text{위상 } \theta = \tan^{-1}\dfrac{b}{a} - \tan^{-1}\dfrac{d}{c} \end{bmatrix}$ (제어공학에서 다루지 않음)

④ $G_{(j\omega)} = \dfrac{jb}{c+jd}$ 일 때, $\left[\begin{array}{l} \text{크기 } g = \dfrac{\sqrt{b^2}}{\sqrt{c^2+d^2}} \\ \\ \text{위상 } \theta = 90° - \tan^{-1}\dfrac{d}{c} \end{array}\right]$ (제어공학에서 다루지 않음)

03 벡터궤적[주파수영역의 이득(g)과 위상(θ)이 그리는 궤적]

[입력 → 제어 → 출력]의 제어계에 주파수함수의 입력$r_{(j\omega)}$이 들어오면 제어과정(주파수 전달함수 $G_{(j\omega)}$)을 거치며 이득값(g)과 위상값(θ)을 얻을 수 있습니다. 그리고 주파수함수의 입력이 $0 \sim \infty$ [Hz] 범위로 변화하며 갖게 되는 수많은 이득값(g)과 위상값(θ)을 가지고, 직각좌표(복소평면) 위에 이득(g)과 위상(θ)에 대한 곡선을 그릴 수 있습니다. 이것이 벡터궤적이며 본 4장 주파수영역의 제어계는 '1차 지연' 전달함수에 의한 이득과 위상으로 '벡터궤적'을 그립니다.

[주파수 전달함수 $G_{(jw)}$에 의한 이득과 위상 표현]

- 이득(g) : 주파수 벡터의 크기 $|G_{(j\omega)}|$
- 위상(θ) : 주파수 벡터의 편각 $\angle G_{(j\omega)}$

주파수함수가 전달함수를 거치며 생기는 이득과 위상은 복소평면(또는 s 평면 : 복소수값을 직각좌표에 나타낼 때 좌표 이름)에 점을 찍어 점끼리 선분을 이으면 궤적이 그려집니다. 이 궤적(벡터궤적)모양으로 4장과 6장에서 제어계를 해석(제어계의 안정/불안경을 예측)합니다.

주파수함수의 각주파수(ω)가 0~무한대(∞) 범위로 변화하며 갖는 수많은 이득값(g)과 위상값(θ)을 복소평면($=s$ 평면)에 점을 찍어 궤적을 그리는 작업은 사람이 할 수 있는 일이 아닙니다. 컴퓨터 시뮬레이션 프로그램을 이용하여 제어수식에 따라 모니터상에서 벡터궤적이 그려지며, 여기서 우리는 궤적에 대한 이해와 기본적인 해석 원리만 알면 됩니다.

1. P, PD, PI 제어요소의 벡터궤적(중요도 낮음)

주파수(ω)를 $0 \sim \infty$ [Hz] 범위로 변화시킬 경우, P(비례)제어, PD(비례미분)제어, PI(비례적분)제어가 그리는 벡터궤적은 다음 그림처럼 직선궤적입니다. 직선궤적을 그리는 P, PD, PI 제어요소에 의한 제어계 출력(응답)은 100[%] 안정(제어계의 정상응답이 목표값 오차 이내에 들어감)하게 되므로 제어계를 해석할 필요가 없습니다.

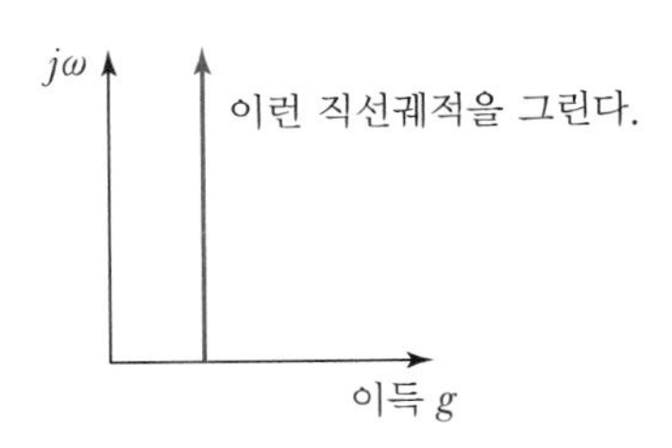

〚P, PD, PI 제어요소에 의한 직선궤적〛

2. 1차 지연 제어요소의 벡터궤적(중요도 높음)

1차 지연요소의 주파수 전달함수는 $G_{(j\omega)} = \dfrac{1}{1+j\omega T}$ 이고, 이 전달함수의 주파수(ω) 변화($0 \sim \infty$ [Hz])에 따른 이득(g)과 위상(θ)값을 '0형 제어계' 기준으로 계산하면 다음과 같습니다.

$$\left[\begin{array}{l} \text{이득 } g = \dfrac{1}{\sqrt{\text{실수}^2 + \text{허수}^2}} = \dfrac{1}{\sqrt{1^2 + (\omega T)^2}} \\ \text{위상 } \theta = -\tan^{-1}\left(\dfrac{\text{허수}}{\text{실수}}\right) = -\tan^{-1}\dfrac{(\omega T)}{1} \end{array}\right]$$

① $\omega = 0$ 일 때, $g = \dfrac{1}{\sqrt{1^2+(0)^2}} = 1$ 이므로 $\lim\limits_{\omega \to 0} G_{(j\omega)} = 1\angle 0°$

$$\theta = -\tan^{-1}\left(\frac{0}{1}\right) = 0°$$

② $\omega = 1$ 일 때, $g = \dfrac{1}{\sqrt{1^2+(1)^2}} = \dfrac{1}{\sqrt{2}}$ 이므로 $\lim\limits_{\omega \to 0} G_{(j\omega)} = \dfrac{1}{\sqrt{2}}\angle -45°$

$$\theta = -\tan^{-1}\left(\frac{1}{1}\right) = -45°$$

③ $\omega = 2$ 일 때, $g = \dfrac{1}{\sqrt{1^2+(2)^2}} = \dfrac{1}{\sqrt{5}}$ 이므로

$$\theta = -\tan^{-1}\left(\frac{2}{1}\right) = -63.43°$$

$$\lim_{\omega \to 0} G_{(j\omega)} = \frac{1}{\sqrt{5}}\angle -63.43°$$

④ $\omega = \infty$ 일 때, $g = \dfrac{1}{\sqrt{1^2+(\infty)^2}} = \dfrac{1}{\infty} = 0$ 이므로 $\lim\limits_{\omega \to 0} G_{(j\omega)} = 0\angle -90°$

$$\theta = -\tan^{-1}\left(\frac{\infty}{1}\right) = -90°$$

핵심기출문제

1차 지연요소의 벡터궤적은?

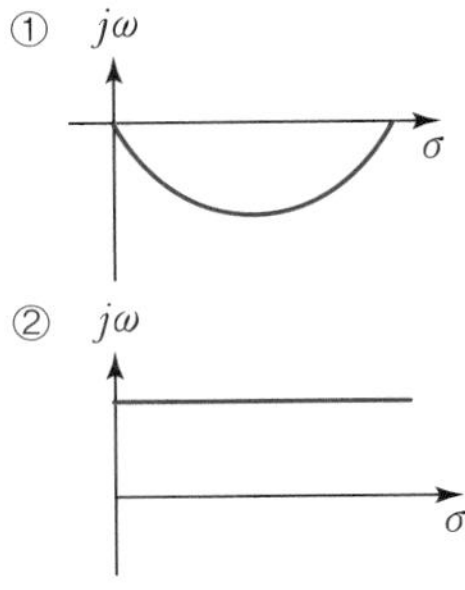

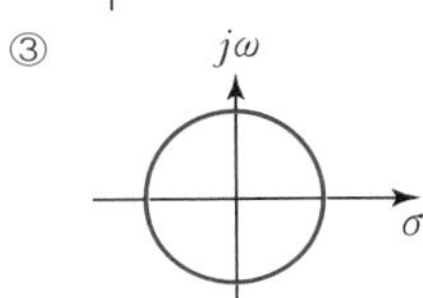

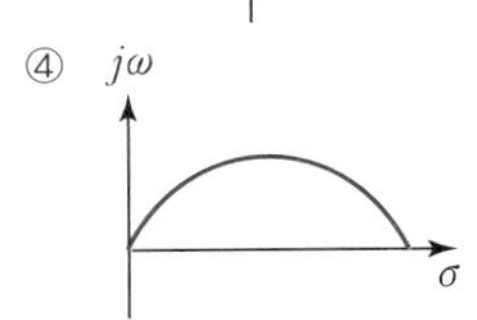

해설

1차 지연요소의 전달함수는

$G(s) = \dfrac{1}{1+Ts}$

여기서, $G(j\omega) = \dfrac{1}{1+j\omega T}$

∴ 이득

$|G(j\omega)| = \dfrac{1}{\sqrt{1+(\omega T)^2}}$

위상 $\angle G(j\omega) = -\tan^{-1}\omega T$

따라서 ω를 0에서 ∞까지 변화시키면 이득은 1에서 0으로, 위상은 0°에서 −90°까지 변화하는 벡터궤적을 그린다.

정답 ①

위에서 얻은 이득(g)과 위상(θ)값을 정리하면,

- 이득(g) : 1∼0
- 위상(θ) : $0^\circ \sim -90^\circ$

이런 이득(g)과 위상(θ)값에 대한 '벡터궤적'을 복소평면(s 평면)에 그리면 다음과 같은 궤적을 그립니다.(0형 제어계 기준)

(수학의 $\tan\theta$ 범위 : $-\frac{\pi}{2} \sim \frac{\pi}{2}$)

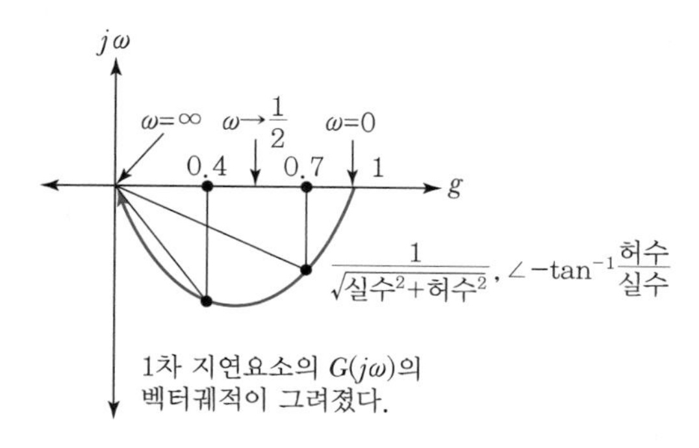

3. 2차 지연 제어요소의 벡터궤적(중요도 낮음)

(1) 2차 지연요소의 이득 · 위상 계산과 벡터궤적

2차 지연요소의 전달함수는 $G_{(s)} = \dfrac{{\omega_n}^2}{s^2 + 2\xi\omega_n s + {\omega_n}^2}$ 이고, 이 전달함수의 주파수(ω) 변화($0 \sim \infty$ [Hz])에 따른 이득(g)과 위상(θ)값을 '0형 제어계' 기준으로 계산하면 다음과 같습니다.(ξ : 감쇠비, 제동비, ω_n : 고유 주파수)

① 먼저 2차 지연요소의 전달함수 모양을 직각좌표 형식에 맞게 바꾼다.

② $G_{(s)} = \dfrac{{\omega_n}^2}{s^2 + 2\xi\omega_n s + {\omega_n}^2} \times \dfrac{\left(\dfrac{1}{{\omega_n}^2}\right)}{\left(\dfrac{1}{{\omega_n}^2}\right)} = \dfrac{1}{\dfrac{s^2}{{\omega_n}^2} + \dfrac{2\xi}{\omega_n}s + 1} \xrightarrow[\text{정리}]{\text{최종}}$

$$G_{(s)} = \frac{1}{1 - \left(\dfrac{\omega}{\omega_n}\right)^2 + j\omega\dfrac{2\xi}{\omega_n}}$$

핵심기출문제

전달함수 $G(s) = \dfrac{10}{(s+1)(s+2)}$ 으로 표시되는 제어계통에서 직류이득은 얼마인가?

① 1 ② 2
③ 3 ④ 5

해설

$G(j\omega) = \dfrac{10}{(j\omega+1)(j\omega+2)}$

여기서, 직류에서는 $\omega = 0$ 이므로

$G(j\omega) = \dfrac{10}{(j0+1)(j0+2)} = 5$

$\therefore |G(j\omega)| = 5$

정답 ④

$$\left[\begin{array}{l} \text{이득 } g = \dfrac{1}{\sqrt{\text{실수}^2 + \text{허수}^2}} = \dfrac{1}{\sqrt{\left[1-\left(\dfrac{\omega}{\omega_n}\right)^2\right]^2 + \left[\dfrac{2\omega\xi}{\omega_n}\right]^2}} \\ \text{위상 } \theta = -\tan^{-1}\left(\dfrac{\text{허수}}{\text{실수}}\right) = -\tan^{-1}\dfrac{\dfrac{2\omega\xi}{\omega_n}}{1-\left(\dfrac{\omega}{\omega_n}\right)^2} \end{array}\right]$$

③ $\omega = 0$일 때, $g = \dfrac{1}{\sqrt{1+0}} = \dfrac{1}{1} = 1$이므로 $\lim\limits_{\omega \to 0} G_{(j\omega)} = 1\angle 0°$

$$\theta = -\tan^{-1}\left(\frac{0}{1}\right) = 0°$$

④ $\omega = 1$일 때, $g = \dfrac{1}{\sqrt{(2\xi)^2}} = \dfrac{1}{2\xi}$이므로 $\lim\limits_{\omega \to 0} G_{(j\omega)} = \dfrac{1}{2\xi}\angle -90°$

$$\theta = -\tan^{-1}\left(\frac{2\xi}{0}\right) \approx -90°$$

⑤ $\omega = \infty$일 때, $g = \dfrac{1}{\sqrt{\infty}} = \dfrac{1}{\infty} = 0$

$$\theta = -\tan^{-1}\left(\frac{\infty}{\infty^2}\right) = -\tan^{-1}\left(\frac{1}{\infty}\right) = -180°$$

이므로 $\lim\limits_{\omega \to 0} G_{(j\omega)} = 0\angle -180°$

위에서 얻은 이득(g)과 위상(θ)값을 정리하면,

- 이득(g) : 1～0
- 위상(θ) : 0°～−180°

이런 이득(g)과 위상(θ)값에 대한 '벡터궤적'을 복소평면(s평면)에 그리면 다음과 같은 궤적을 그립니다.(0형 제어계 기준)

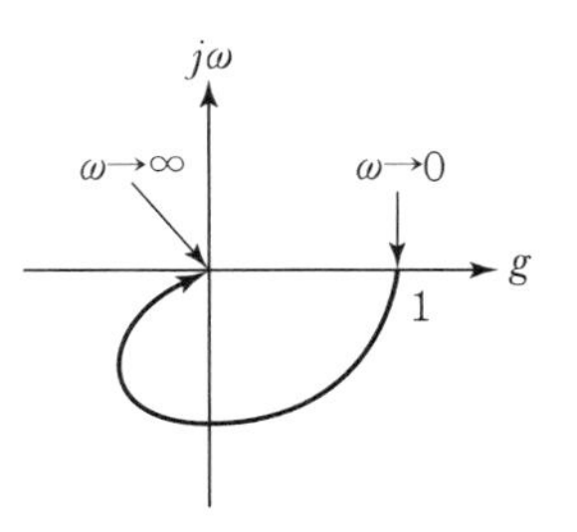

〚 2차 지연요소의 벡터궤적 〛

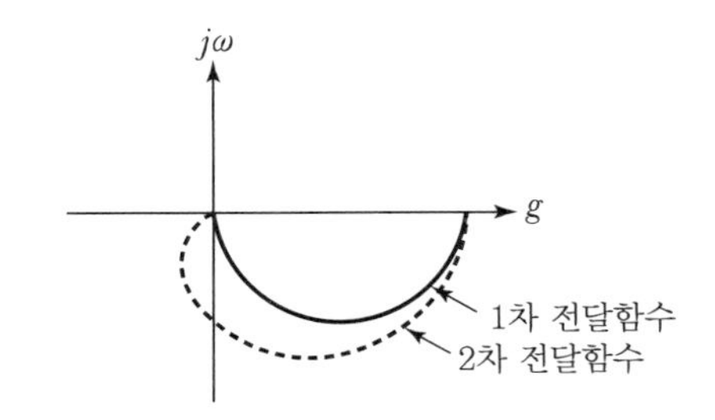

〚 1차, 2차 지연요소의 벡터궤적 〛

(2) 주파수영역에서 2차 지연 제어계의 대역폭 특징

주파수함수가 '2차 지연' 전달함수 제어계로 입력 $r_{(j\omega)}$ 될 때, 주파수 변화에 따른 '2차 지연' 제어계의 특징이 있습니다. 주파수영역의 2차 지연요소에 의한 제어계가 보여주는 주파수영역 특성은 $R-L-C$ 직렬공진회로(회로이론 과목 5장)에서 나타나는 주파수영역 특성과 일치합니다. 그러므로 다음과 같이 정리할 수 있습니다.

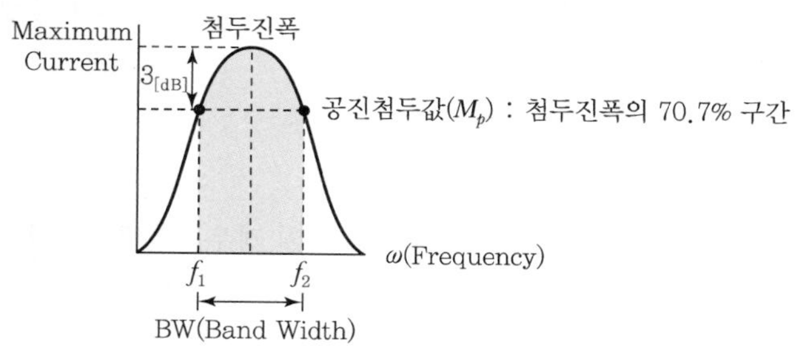

〚 2차 지연 제어계의 주파수응답 곡선의 특징 〛

① 대역폭(Band Width)

㉠ 대역폭의 정의

- 주파수영역의 과도응답 성질을 보여주는 한 척도로 사용된다.
- 제어계 공진첨두값(=공진정점값)의 70.7[%] 또는 $-3[\text{dB}]$에 해당하는 주파수영역이다.
- 전달함수의 크기($g=|G_{(j\omega)}|$)가 주파수 $0[\text{Hz}]$에서 최대값을 갖는 주파수 영역이다.

㉡ 보드선도로 나타낸 대역폭이 좁으면(완만한 기울기) 제어장치의 시간응답이 늦어지고, 반대로 대역폭이 넓으면(급한 기울기) 제어장치의 응답속도가 빨라진다.

> - 공진첨두값 M_p : 제어계의 이득이 최대일 때(70.7[%])에 해당하는 주파수 $-3[\text{dB}]$
> - 2차 지연 제어계의 공진첨두값 : $M_p=\dfrac{1}{2\xi\sqrt{1-\xi^2}}$
>   (ω_n : 고유 각주파수, ξ : 제동비)
> - 공진주파수 ω_p : 제어계의 이득이 최대일 때 주파수
> - 최대오버슈트 발생시간 : $t_p=\dfrac{\pi}{\omega_n\sqrt{1-\xi^2}}$

② 대역폭 관련 2차 지연 제어계의 주파수응답과 응답시간 특성

㉠ 감쇠비(=제동비) ξ가 증가하면 제어장치는 공진치가 감소하게 되므로 대역폭이 감소한다.

㉡ 감쇠비(=제동비) ξ가 감소하면 제어장치는 공진치가 증가하게 되므로 대역폭이 증가한다.

③ 분리도 특징

㉠ 분리도 : 제어계의 주파수영역에서 입력의 신호부분과 잡음부분을 잡아 분리하는 정도를 말하며, 분리 정도를 보드선도로 나타내어 판단할 수 있다.

㉡ 2차 지연 제어계의 주파수 특성곡선에서 분리도가 예리해지면, 공진첨두값(M_p)이 더욱 커지고 분리도가 예리해질수록 제어계는 불안정한 동작을 한다.

㉢ 분리도가 증가하면, 공진첨두값(=공진정점값)도 증가하고 제어계는 불안정에 가깝게 된다.

4. n차 지연 제어요소의 벡터궤적(중요도 높음)

주파수함수의 제어계 전달함수가 n차 방정식일 경우, 이 제어계의 이득(g)과 위상(θ)이 그리는 '벡터궤적'은 다음과 같습니다.(0형 제어계 기준)

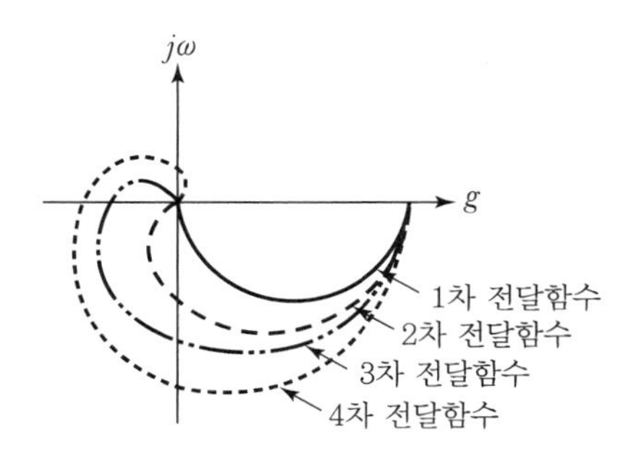

5. 부동작 제어요소의 벡터궤적

부동작 요소의 주파수 전달함수는 $G_{(s)} = e^{-s\tau} \xrightarrow{s \to j\omega} G_{(j\omega)} = e^{-j\omega\tau}$이고, 이 전달함수를 페이저 복소수로 변환하면, 다음과 같이 삼각함수 형식($a+jb$)과 복소수($A\angle\theta$)로 나타낼 수 있습니다.

- $G_{(j\omega)} = e^{-j\omega\tau} = \cos\omega\tau - j\sin\omega\tau$(삼각함수 형식)
- $G_{(j\omega)} = e^{-j\omega\tau} = 1\angle -\omega\tau$(극 형식)

부동작 전달함수의 주파수(ω) 변화($0 \sim \infty$ [Hz])에 따른 이득(g)과 위상(θ)값은 다음과 같이 계산할 수 있습니다.

$$\left[\begin{array}{l} \text{이득 } g = \sqrt{(\cos\omega\tau)^2 + (\sin\omega\tau)^2} \\ \text{위상 } \theta = \tan^{-1}\dfrac{\sin\omega\tau}{\cos\omega\tau} = -\omega\tau \end{array}\right]$$

핵심기출문제

벡터궤적이 그림과 같이 표시되는 요소는?

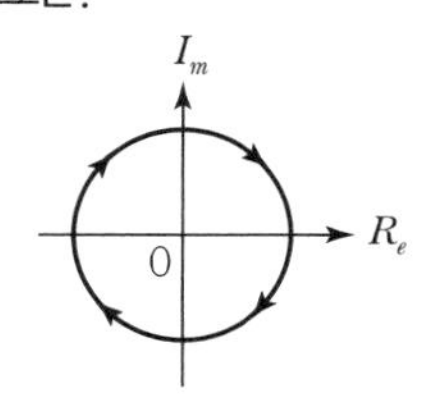

① 비례요소
② 1차 지연요소
③ 부동작 시간요소
④ 2차 지연요소

해설

ω를 0에서 ∞까지 변화시키면 원점을 중심으로 하는 반지름이 1인 원주상을 시계방향으로 회전하는 벡터궤적을 그린다.

정답 ③

계산 수식을 통해 얻은 이득(g)과 위상(θ)값으로 벡터궤적을 복소평면(s 평면)에 그리면, 원점을 중심으로 하는 반지름이 1인 원주이며 시계방향으로 회전하는 '원 벡터궤적'가 됩니다.

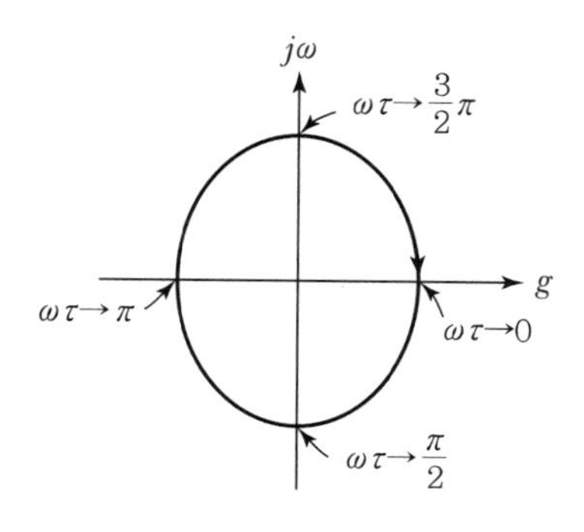

6. 제어계의 형에 따른 벡터궤적 분류(3장에서 이미 다룸)

제어계[입력 → 제어 → 출력]를 주파수 전달함수로 나타내면, 주파수 변화($0 \sim \infty$)에 따라 수많은 이득값(g)과 위상값(θ)이 존재합니다. 제어계의 이득값과 위상값은 곧 벡터(Vector)이므로 제어계의 응답이 갖는 수많은 벡터값들을 직각좌표(복소평면, s 평면)에 그리면 그것이 곧 '벡터궤적'이 됩니다.
여기서, 제어시스템의 전달함수의 방정식 차수에 따라서 벡터궤적이 그려지는 좌표상의 공간(위치)가 달라집니다.

(1) 전달함수 $\frac{1}{s^n(\ )}$ 꼴의 n형 제어계의 벡터궤적

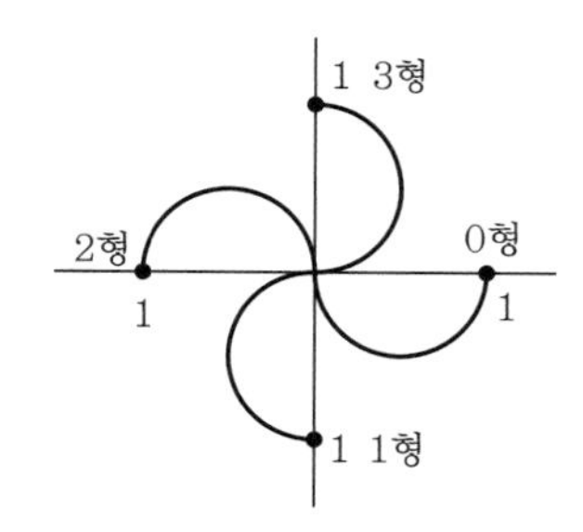

제어계의 전달함수는 다음 예시처럼 n차 방정식(s^n)으로 나타낼 수 있습니다.

[예시]

$$G_{(s)} = \frac{(s+d)(s+e)}{s^n(s+a)(s+b)(s+c)}$$

여기서, s^n의 차수 n은 제어계의 '형'을 의미함

PART 04

제어계 제어요소(전달함수)의 형(s^n의 차수)에 따라 직각좌표(복소평면, s평면)상에 벡터궤적이 위치하는 공간(4분면)이 달라집니다. 그리고 s^n의 차수(n)가 몇 승(0승, 1승, 2승, 3승, ⋯)인지에 따라 제어계 형을 다음과 같이 분류합니다.

① **전달함수 분모 s^n의 차수 n이 0승인 경우 :** s^0 → '0형' 제어계
② **전달함수 분모 s^n의 차수 n이 1승인 경우 :** s^1 → '1형' 제어계
③ **전달함수 분모 s^n의 차수 n이 2승인 경우 :** s^2 → '2형' 제어계
④ **전달함수 분모 s^n의 차수 n이 3승인 경우 :** s^3 → '3형' 제어계

(2) 0형 제어계에서 $G_{(s)}$의 분모에 괄호 수 $\frac{1}{(s+a)(s+b)(s+c)}$ 별 벡터궤적 비교

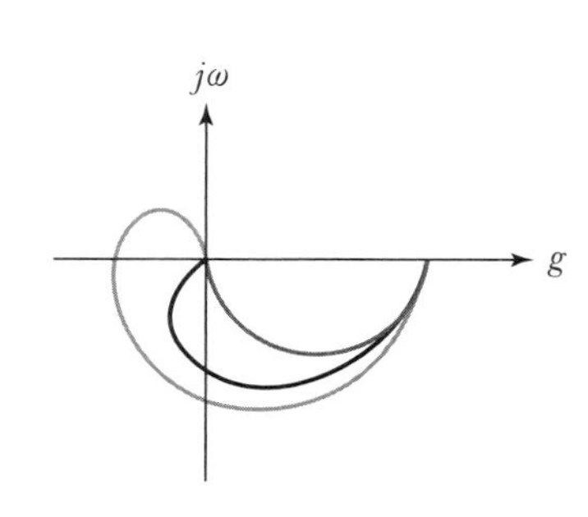

〖괄호가 3개일 때 벡터궤적〗

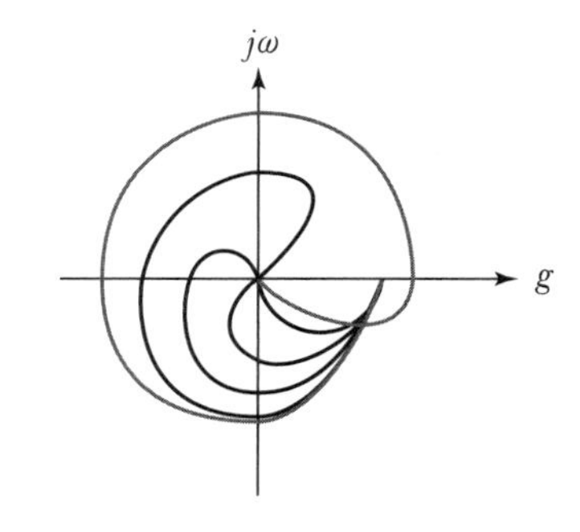

〖괄호가 5개일 때 벡터궤적〗

핵심기출문제

전달함수 $G(j\omega)=\frac{1}{1+j\omega T}$의 크기와 위상각을 구한 값은?(단, $T>0$이다.)

① $G(j\omega)=\frac{1}{\sqrt{1+\omega^2T^2}}\angle -\tan^{-1}\omega T$

② $G(j\omega)=\frac{1}{\sqrt{1-\omega^2T^2}}\angle -\tan^{-1}\omega T$

③ $G(j\omega)=\frac{1}{\sqrt{1+\omega^2T^2}}\angle \tan^{-1}\omega T$

④ $G(j\omega)=\frac{1}{\sqrt{1-\omega^2T^2}}\angle \tan^{-1}\omega T$

해설

$|G_{(j\omega)}|=\frac{1}{\sqrt{1^2+(\omega T)^2}}=\frac{1}{\sqrt{1+(\omega T)^2}}$

$\theta=-\tan^{-1}\frac{\omega T}{1}=-\tan^{-1}\omega T$

정답 ①

04 보드선도(Bode Diagram)

보드선도는 좌표에 나타내는 수의 크기가 너무 커서 수의 기본단위를 큰 단위로 높여 나타내는 그래프를 뜻합니다. 보드선도에서 수의 기본단위를 높이기 위해 사용하는 것이 로그(log)입니다. 한마디로 보드선도는 복소평면에 나타내는 벡터궤적을 log로 변환하여 나타내는 궤적을 말합니다.
주파수함수의 변화범위는 $0\sim\infty$입니다. 무한대의 수까지 변화하는 제어계의 이득값과 위상값은 매우 많습니다.

주파수(ω) 범위가 $0\sim\infty$라면 그 수는 0, 0.1, 0.2, 0.3, ⋯ 1, 5, 10, 15, 20, ⋯ 100, 1000, 10000, 억, 조, 경, 해, ⋯(무한대의 수는 끝이 없다)

무한히 많은 벡터가 좌표(복소평면)에 나타날 때 주파수 변화가 규칙적이며 순차적으로 증가하는 벡터라면, 좌표(복소평면)상에서 같은 크기, 같은 위상으로 반복되는 일정 구간은 변화가 없는 것으로 눈에 보입니다. 여기서 제어계응답에 의해 그려지는 벡

터궤적은 우리가 궤적의 변화추이를 보고 해석하기 위한 도구일 뿐이므로 궤적의 변화가 느리거나 없는 구간을 단축시켜 보기 위해 이득값(g)과 위상값(θ)을 일정한 비율(10배, 100배, 1000배, 만배, …)로 건너 띄어 좌표(복소평면)에 나타낼 필요가 있습니다.

이런 목적에 부합하는 방법이 수학의 로그(log)를 이용하여 이득값과 위상값을 계산하는 것입니다. 그리고 로그로 계산된 결과값으로 좌표에 나타낸 궤적이 **보드선도**입니다.

0	0.1	1	10	100	10,000	100,000,000

〖로그(log)단위로 어떤 값을 나타낼 때 수의 크기 범위〗

보드선도(Bode Diagram)로 궤적을 나타내기 위해 변환된 이득값과 위상값은, '이득곡선'과 '위상곡선'입니다.

① **이득곡선** : 진폭비의 크기인 이득(g)을 로그(log)로 변환했을 때의 값

② **위상곡선** : 로그(log)로 변환된 이득(g)으로 위상(θ)을 나타낼 때의 값

1. 보드선도의 이득곡선과 위상곡선

(1) 이득특성곡선

주파수 변화에 따른 벡터궤적을 로그($\log_{10}\omega$)로 나타낼 때, 직각좌표에서 대수눈금의 횡축(가로 축)이 로그 $\log_{10}\omega$이고, 대수눈금의 종축(세로 축)이 이득(g)인 곡선(이득곡선)을 말합니다.

$$\text{이득곡선 } g = 20\log_{10}|G_{(j\omega)}| = -10\log_{10}[1^2 + (\omega T)^2]\ [\text{dB}]$$

참고 이득곡선 수식

$$\begin{aligned} g &= 20\log_{10}|\text{진폭비}| = 20\log_{10}|G_{(j\omega)}| \\ &= 20\log_{10}\left|\frac{1}{1+j\omega T}\right| = 20\log_{10}\left(\frac{1}{\sqrt{1^2+(\omega T)^2}}\right) \\ &= 20\log_{10}[1^2+(\omega T)^2]^{-\frac{1}{2}} = \left(-\frac{1}{2}\right)\times 20\log_{10}[1^2+(\omega T)^2] \\ &= -10\log_{10}[1^2+(\omega T)^2]\ [\text{dB}] \end{aligned}$$

이득곡선(g)의 단위는 데시벨[dB]이다.

(2) 위상특성곡선

주파수 변화에 따른 벡터궤적을 로그($\log_{10}\omega$)로 나타낼 때, 직각좌표에서 대수눈금 횡축(가로 축)이 로그 $\log_{10}\omega$이고, 대수눈금 종축(세로 축)이 위상(θ)인 곡선(위상곡선)을 말합니다.

핵심기출문제

$G(s) = \frac{1}{1+10s}$ 인 1차 지연요소의 G[dB]는?(단, $\omega = 0.1$ [rad/sec]이다.)

① 약 3 ② 약 −3
③ 약 10 ④ 약 20

해설

$G(j\omega) = \frac{1}{1+10j\omega} = \frac{1}{1+j10\times 0.1} = \frac{1}{1+j}$

여기서, $|G(j\omega)| = \frac{1}{\sqrt{1^2+1^2}} = \frac{1}{\sqrt{2}}$

$\therefore$ 이득 $g = 20\log|G(j\omega)| = 20\log\frac{1}{\sqrt{2}} = -3$[dB]

정답 ②

✠ 데시벨(dB)

데시벨(Decibel)은 진동하는 영역의 값을 수학의 로그(log)로 표현하는 단위이다. 때문에 진동과 관련된 전기공학, 음향공학 등에서 데시벨 단위를 사용한다.

- $10\times\log 10 = 10$ [dB]
- $10\times\log 100 = 20$ [dB]
- $10\times\log 1000 = 30$ [dB]

핵심기출문제

$G(s) = \frac{1}{s}$ 에서 $\omega = 10$[rad/sec]일 때 이득[dB]은?

① −50 ② −40
③ −30 ④ −20

해설

$G(j\omega) = \frac{1}{j\omega} = \frac{1}{j10}$

여기서, $|G(j\omega)| = \frac{1}{10}$

$\therefore$ 이득 $g = 20\log|G(j\omega)| = 20\log\frac{1}{10} = -20$[dB]

정답 ④

위상곡선 $\theta = \angle G_{(j\omega)} = -\tan^{-1}(\omega T)$ [deg]

$$\left\{\theta = \angle G_{(j\omega)} = -\tan^{-1}\left(\frac{\omega T}{1}\right) = -\tan^{-1}(\omega T)\,[\deg]\right\}$$

- 이득곡선 $g = 20\log_{10}|G_{(j\omega)}| = -10\log_{10}[1^2 + (\omega T)^2]$ [dB]
- 위상곡선 $\theta = \angle G_{(j\omega)} = -\tan^{-1}(\omega T)$ [deg]

2. 1차 지연 제어요소의 보드선도

본 4장에서는 모든 전달함수(P제어, PD제어, PI제어, 1차 지연제어, 2차 지연제어, 부동작 제어)에 대해서 해석하지 않고, '1차 지연' 전달함수에 제어된 출력 $c_{(j\omega)}$에 대해서만 해석을 하므로, 1차 지연 주파수 전달함수가 그리는 '보드선도'를 보겠습니다.

1차 지연요소의 주파수 전달함수 $G_{(j\omega)} = \dfrac{1}{1 + j\omega T}$에서 ωT가 0.1, 1, 10, 100일 때, 각각의 이득곡선(g)과 위상곡선(θ)은 다음과 같이 계산됩니다.

① $\omega T = 0.1$일 때, $\begin{bmatrix} g = -10\log_{10}[1^2 + (0.1)^2] \fallingdotseq -0.043\,[\text{dB}] \\ \theta = -\tan^{-1}(0.1) = -5.7° \end{bmatrix}$

② $\omega T = 1$일 때, $\begin{bmatrix} g = -10\log_{10}[1^2 + (1)^2] \fallingdotseq -3\,[\text{dB}] \\ \theta = -\tan^{-1}(1) = -45° \end{bmatrix}$

③ $\omega T = 10$일 때, $\begin{bmatrix} g = -10\log_{10}[1^2 + (10)^2] \fallingdotseq -20\,[\text{dB}] \\ \theta = -\tan^{-1}(10) = -84.2° \end{bmatrix}$

④ $\omega T = 100$일 때, $\begin{bmatrix} g = -10\log_{10}[1^2 + (100)^2] \fallingdotseq -40\,[\text{dB}] \\ \theta = -\tan^{-1}(100) = -89.4° \end{bmatrix}$

그러므로 주파수(ωT)가 0.1, 1, 10, 100일 때, 각 이득곡선(g)에 대한 **보드선도**는 [그림 a]와 같고, 각 위상곡선(θ)에 대한 **보드선도**는 [그림 b]와 같습니다.

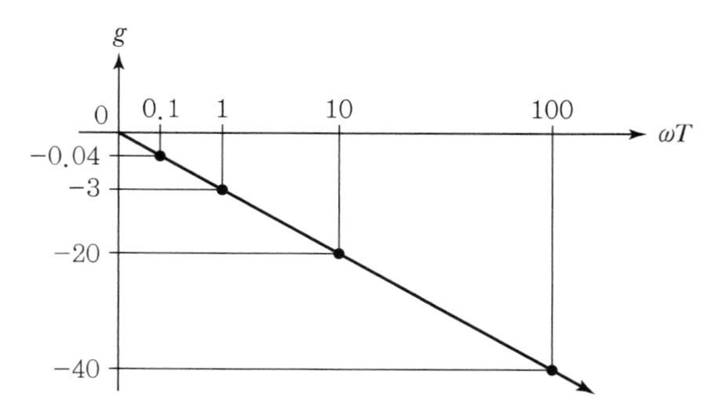

〖a. 이득곡선의 보드선도〗

핵심기출문제

$G(s) = \dfrac{1}{s(s+10)}$ 인 선형 제어계에서 $\omega = 0.1$일 때 주파수 전달함수의 이득은?

① −20[dB] ② 0[dB]
③ 20[dB] ④ 40[dB]

해설

$G(j\omega) = \dfrac{1}{j\omega(j\omega + 10)}$

$= \dfrac{1}{j0.1(j0.1 + 10)}$

여기서,

$|G(j\omega)| = \dfrac{1}{0.1\sqrt{0.1^2 + 10^2}} = 1$

$\therefore$ 이득 $g = 20\log|G(j\omega)|$

$= 20\log 1 = 0$[dB]

정답 ②

핵심기출문제

$G(j\omega) = \dfrac{1}{1 + j2T}$ 이고 $T = 2$[sec]일 때 크기 $|G(j\omega)|$와 위상 $\angle G(j\omega)$는 각각 얼마인가?

① 0.44, −36°
② 0.44, 36°
③ 0.24, −76°
④ 0.24, 76°

해설

전달함수 $G(j\omega) = \dfrac{1}{1 + j2T}$

$= \dfrac{1}{1 + j2 \times 2} = \dfrac{1}{1 + j4}$ 의 크기와 위상은

크기 $|G(j\omega)| = \dfrac{1}{\sqrt{1^2 + 4^2}}$

$= 0.24$

위상 $\angle G(j\omega) = -\tan^{-1}\dfrac{4}{1}$

$= -76°$

정답 ③

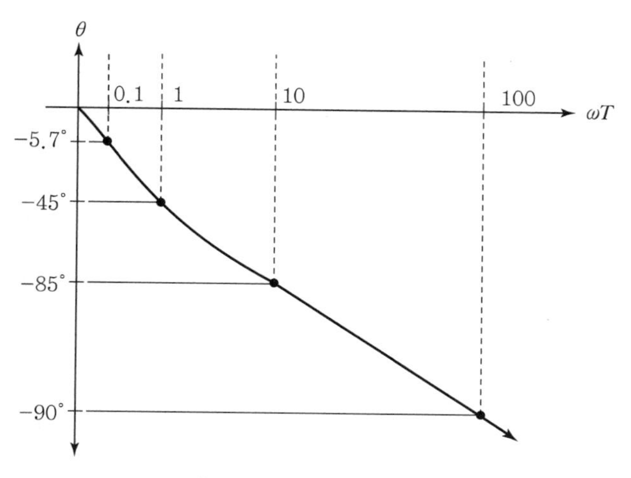

〖 b. 위상곡선의 보드선도 〗

3. 보드선도의 굴곡점과 절점 주파수

마지막으로, 위 보드선도에 정확히 표현되지 못했지만 일반적인 보드선도 그림을 보면, [그림 a]의 '이득특성곡선'에서 갑자기 꺾이는 **굴곡점**이 존재합니다. 이 굴곡점으로 인해 보드선도는 급격히 휘는 궤적을 그리게 됩니다. 중요한 것은 '이득특성곡선'에서 보드선도가 꺾이는 굴곡점이 발생하는 이유입니다.

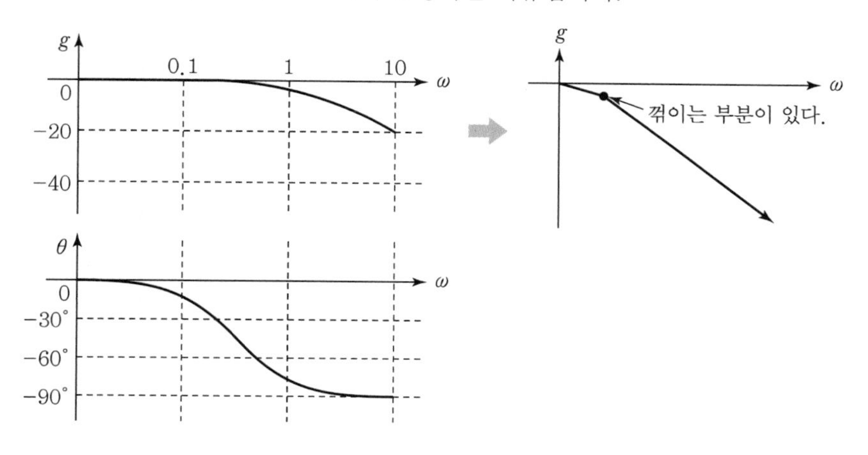

[굴곡점이 발생하는 이유]

'1차 지연' 주파수 전달함수의 이득값 $g = 20\log_{10}\left|\dfrac{1}{1+j\omega T}\right|$에서 실수부의 크기와 허수부($j\omega T$)의 크기가 같을 때, 보드선도($g - j\omega T$ 커브곡선)에 '굴곡점'이 발생하며, 이런 굴곡점이 발생할 때의 주파수($j\omega T$)를 절점 주파수로 부릅니다.
'1차 지연' 제어요소의 전달함수 수식은 정해져 있으므로, 주파수 전달함수의 실수부 크기 1은 변하지 않습니다. 그러므로 사실상 '절점 주파수'가 되는 조건은 허수부의 크기가 1이 되는 조건($\omega T = 1$)일 때, 보드선도에 '굴곡점'을 만들게 됩니다.

핵심기출문제

1차 지연요소 $G(s) = \dfrac{1}{1+Ts}$인 제어계에서 절점 주파수에서의 이득[dB]은?

① −5 ② −4
③ −3 ④ −2

해설

주파수 전달함수

$$G(j\omega) = \frac{1}{1+j\omega T}$$

여기서, 절점 주파수 $\omega = \dfrac{1}{T}$

따라서,

$$\left.|G(j\omega)| = \frac{1}{\sqrt{1+(\omega T)^2}}\right|_{\omega=\frac{1}{T}} = \frac{1}{\sqrt{2}}$$

$\therefore$ 이득 $g = 20\log|G(j\omega)|$

$$= 20\log\frac{1}{\sqrt{2}} = -3[\text{dB}]$$

정답 ③

핵심기출문제

$G(s) = \dfrac{1}{1+5s}$일 때 절점에서 절점 주파수 ω_0를 구하면?

① 0.1[rad/s] ② 0.5[rad/s]
③ 0.2[rad/s] ④ 5[rad/s]

해설

$$G(j\omega) = \frac{1}{1+5j\omega}$$

계의 절점 주파수는 실수부와 허수부와 같을 때의 ω의 값이다.
따라서 $1 = 5\omega$

$\therefore\ \omega = \dfrac{1}{5} = 0.2[\text{rad/sec}]$

정답 ③

✠ 절점 주파수
보드선도에서 굴곡점을 발생시키는 주파수영역으로, 1차 지연 주파수 전달함수의 실수부와 허수부가 같은 크기일 때의 이득곡선(g)에서 발생한다.

1. 주파수 영역의 1차 지연 전달함수

① 주파수영역의 벡터값

- 이득 $g = |G_{(j\omega)}| = a + jb = \sqrt{\text{실수부}^2 + \text{허수부}^2}$
- 위상 $\theta = \tan^{-1}\left(\dfrac{\text{허수}\, b}{\text{실수}\, a}\right)$

② 벡터궤적

- 1차 지연 주파수 전달함수의 벡터궤적 : 벡터궤적은 0점을 통과하는 반원을 그린다.

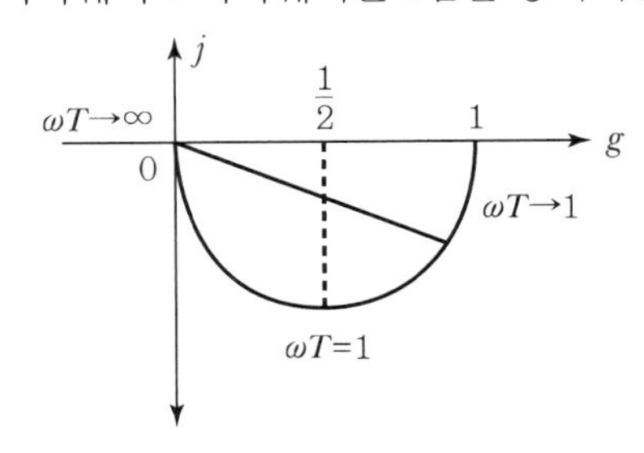

- 2차 지연 주파수 전달함수의 벡터궤적

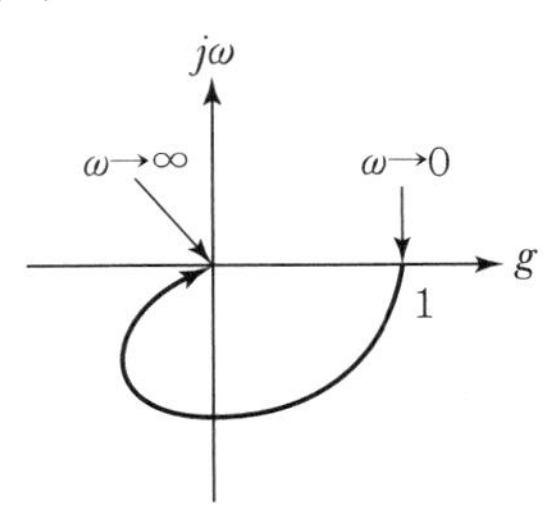

- n차 방정식 주파수 전달함수의 이득(g)과 위상(θ)이 그리는 벡터궤적

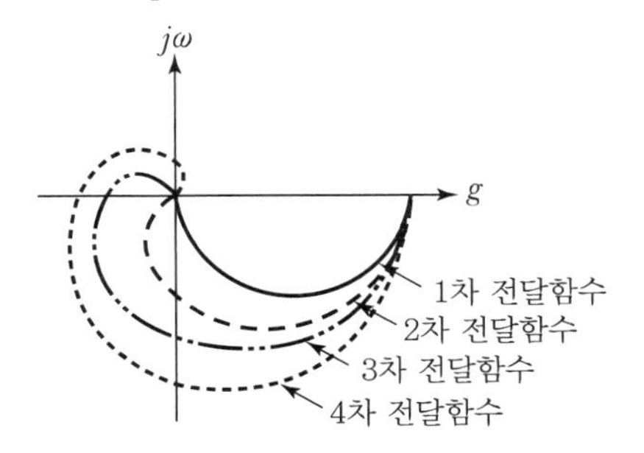

• 부동작 주파수 전달함수의 벡터궤적

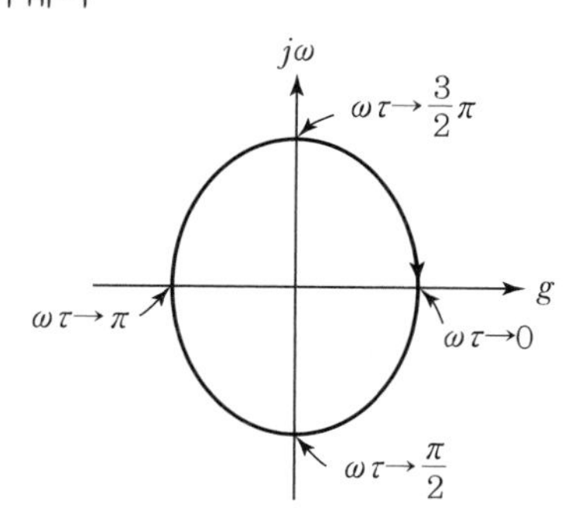

2. 보드선도(Bode Diagram)

1차 지연 주파수 전달함수에 의한 이득곡선(g)과 위상곡선(θ)

① **이득곡선** $g = 20\log_{10}|G_{(j\omega)}| = -10\log_{10}[1^2 + (\omega T)^2]$ [dB]

② **위상곡선** $\theta = \angle G_{(j\omega)} = -\tan^{-1}(\omega T)$ [deg]

③ **절점 주파수** : 보드선도에서 굴곡점을 발생시키는 주파수영역으로, 1차 지연요소 주파수 전달함수의 실수부와 허수부가 같은 이득곡선일 때 발생한다.

PART 04

CHAPTER
05 제어계의 안정도 판별법

5장에서는 제어계의 출력값이 목표값과 일치하는 오차 이내에 들어오는지 여부(자동제어시스템이 목표하는 동작을 하는지 안 하는지)를 판단하는 방법에 대해서 다룹니다. 제어계는 자동제어시스템을 말하고, 자동제어시스템에서 제어가 이뤄지는 부분은 전달함수 $g_{(t)}$ 입니다. 입력 $r_{(t)}$ 과 출력 $c_{(t)}$ 은 제어가 이뤄지는 부분이 아닙니다.

그래서 제어계를 해석하는 핵심은 제어가 이루어지는 전달함수이고, 앞 단원에서 전달함수 종류 6가지를 다뤘습니다.

> 비례제어요소(P), 미분제어요소(PD), 적분제어요소(PI), 1차 지연제어요소, 2차 지연제어요소, 부동작제어요소

전달함수의 수식 표현이 3차, 4차, 5차 이상의 훨씬 복잡한 n차 미분방정식으로 표현되는 제어계의 경우, 4장까지 다룬 제어요소 중에서 가장 복잡한 제어요소는 '2차 미분방정식'으로 표현되는 제어요소이고, 이 경우 제동비(ξ)와 특성방정식을 이용하여 제어계의 출력을 해석(안정/불안정 여부)하였습니다.

하지만 '2차 미분방정식'을 초과하는 제어요소의 제어계는 제어계의 수식표현 계산과정이 인간이 사고할 수 있는 범위를 벗어나므로 제동비(ξ)와 특성방정식을 이용해서도 해석할 수 없습니다.

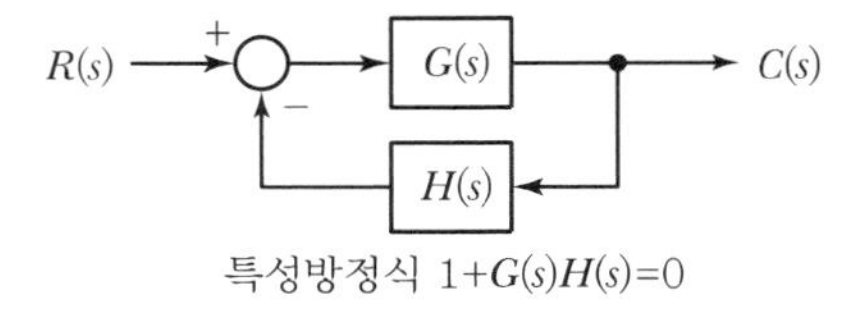

특성방정식 $1+G(s)H(s)=0$

〖 폐루프제어계 〗

제어공학 5장, 6장, 7장에서는 앞서 소개한 6가지 제어요소보다 훨씬 복잡한 n차 미분방정식으로 표현되는 제어요소의 제어계를 기존과 전혀 다른 해석방법을 이용하여 제어계 출력의 안정/불안정 여부를 판단하는 **안정도 판별방법**에 대해서 다룹니다.

01 제어계의 안정 조건

- 제어계가 '안정하다'의 의미 : 어떤 제어계의 출력(응답)이 최종적으로 설정한 목표값의 오차(±5[%]) 이내로 일치하는 제어계를 의미하며, 비유적으로 제품으로서 정상기능, 정상작동하는 시스템을 의미한다.
- 제어계가 '불안정하다'는 의미 : 어떤 제어계의 출력(응답)이 최종적으로 설정한 목표값의 오차(±5[%]) 이내에 들지 못하는 제어계를 의미하며, 이 경우는 비유적으로 제품으로서 제 기능과 정상동작을 하지 못하는 시스템을 의미한다.

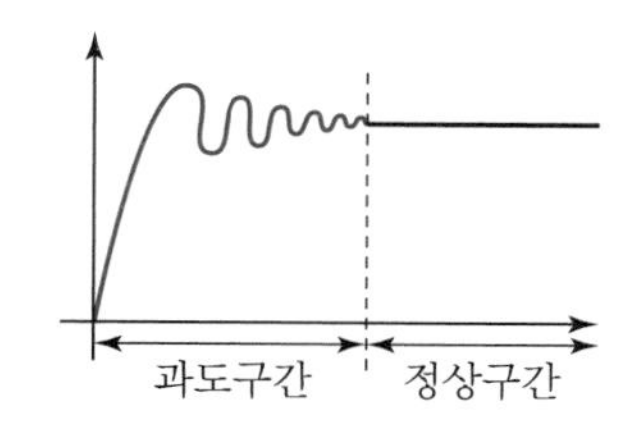

제어계의 안정도는 입력 또는 외란에 대해 제어계의 출력(응답)으로 결정됩니다.

① 안정

예를 들어, 어떤 자동제어시스템에 일정한 크기의 입력 또는 외란이 들어왔을 때, 과도구간을 갖는 초기에 제어계 출력(응답)이 튀거나 요동치는 불안정한 과도응답 특성을 보인다. 하지만 안정되게 설계된 제어시스템의 경우 이러한 과도현상은 시간이 경과함에 따라 점차 감소하고, 제어계의 최종적인 정상응답은 목표값과 오차범위 이내에서 일치하는 상태(→ 안정상태)가 된다.

② 불안정

반대로, 입력 또는 외란이 제어계에 들어왔을 때, 과도응답과 정상응답 모두에서 제어계의 목표값과 일치하지 않는 결과 혹은 목표값을 벗어나 '발산'하거나 지속적으로 '진동'하는 경우 이 제어계는 '불안정'한 제어계(→ 불안정상태)이며, 자동제어시스템 설계가 실패했다고 판단할 수 있다.

③ 임계안정

만약 입력 또는 외란이 제어계에 들어왔을 때, 과도응답에서 제어계의 출력값이 진동하였으나 정상응답에서 진동이 '감소'하였고, 하지만 목표값의 오차 이내에 완전히 들어오는 것도 아니며 목표값 근처에서 일정한 작은 진폭을 반복하며 유지될 경우 이 제어계는 '임계안정'한 제어계(→ 임계안정 상태)라고 판단할 수 있다.
중요한 것은, 자동제어시스템을 설계할 때 목표한 동작을 수행해야 하는 자동제어시스템(제어계)은 모든 시간영역과 주파수영역에 걸쳐서 '안정'한 시스템이어야 한다.
5장에서 제어계의 '안정'상태를 판단하는 조건은 제어계의 특성방정식에 모든 근(s_1, s_2)이 복소평면의 좌반부에 존재해야 한다. 만약 특성방정식의 근이 복소평면의 우반부에 존재하게 되면, 이런 근을 갖는 제어요소의 제어계는 그 출력(응답)이 목표값(정상값)으로부터 벗어나므로 결국 '불안정'한 제어시스템이 된다.

1. 제어계의 안정조건(안정한 제어계의 조건)

5장은 제어계의 안정/불안정 여부를 전달함수의 특성방정식 근이 s 평면에서 어느 사분면에 존재하는가를 안정도 판단기준으로 사용합니다. 5장의 안정도 판단기준을 지난 3장 내용에 적용하면, 과제동(과안정), 임계제동(임계안정), 부족제동(부족안정)의 특성근 모두는 s 평면의 좌반부에 존재했던 공통점을 알 수 있습니다.

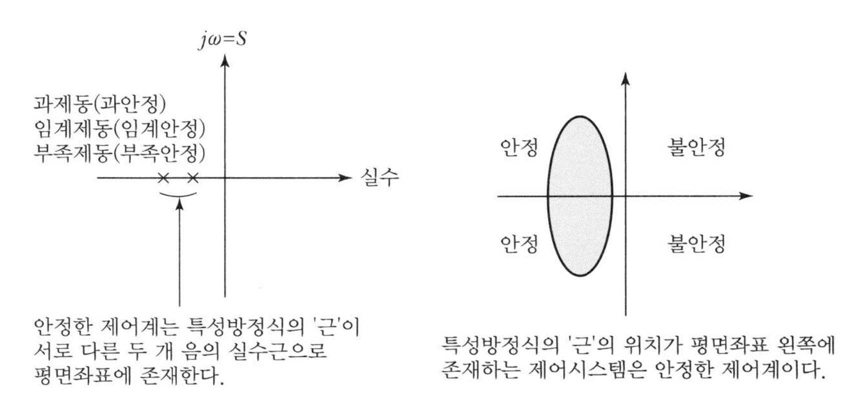

2. 안정도 판별

① **안정** : 시스템이 목표한 동작을 확실히 수행하는 제어계
② **임계안정** : 시스템이 목표한 동작을 수행하지만 확실하지 않은 제어계
③ **불안정** : 시스템이 목표한 동작을 수행하지 않는 제어계

(n차 미분방정식) 제어계의 안정도 판별방법
- 루스 – 후르비츠 방법(Routh Hurwiz Method)에 의한 안정도 판별법
- 나이퀴스트 선도(Nyquist Diagram)에 의한 안정도 판별법
- 보드선도(Bode Diagram)에 의한 안정도 판별법

n차 미분방정식으로 표현되는 제어계의 위 3가지 안정도 판별법을 다시 상대적 판별법과 절대적 판별법으로 구분할 수 있습니다. 다른 것과 비교하여 상대적인 관계로 제어계의 안정/불안정을 판별하는 판별법을 상대 안정도, 비교하지 않고 절대적인 기준에 의해서 제어계의 안정도를 판별하는 판별법을 절대 안정도라고 정의합니다.

3. 안정도 분류

① 절대 안정도 : 루스-후르비츠 판별법

② 상대 안정도 : 나이퀴스트 선도 판별법

③ 보드선도에 의한 안정도 판별법

02 제어계의 안정도 판별방법

1. 루스-후르비츠 방법에 의한 안정도 판별법

제어계의 안정도를 루스-후르비츠 방법(Routh Hurwiz Method)을 이용하여 안정/불안정을 판별할 수 있습니다. 루스-후르비츠 방법은 19세기 말 캐나다 수학자 루스(Routh)와 독일의 수학자 후르비츠(Hurwiz)가 고안한 수학검증 이론입니다.
루스-후르비츠 방법은 간단합니다. 제어계의 특성방정식을 '루스표'로 변환하고, 루스표 계산결과를 통해 절대적인 기준으로 제어계의 안정도를 판별합니다.
특히, 루스-후르비츠 방법은 특성방정식의 방정식 차수가 높은 3차, 4차, 5차, … 이상의 n차 방정식에 적용하여 제어계를 해석하는 데 아주 유용합니다.

- 특성방정식 : 제어시스템의 제어요소인 전달함수를 가지고 전달함수의 특성을 나타내는 방정식으로 나타낼 수 있다. → 폐루프제어계의 특성방정식 : $F_{(s)}=1+G_{(s)}H_{(s)}=0$
- 루스-후르비츠 판별법에서 3차 이상의 특성방정식 표현방법
  $F_{(s)}=1+G_{(s)}H_{(s)}=a_0s^n+a_1s^{n-1}+a_2s^{n-2}+.....+a_{n-1}s+a_n=0$
  (예 1) 차수가 3차인 특성방정식 : $1+G_{(s)}H_{(s)}=ax^3+bx^2+cx+d=0$
  (예 2) 차수가 4차인 특성방정식 : $1+G_{(s)}H_{(s)}=ax^4+bx^3+cx^2+dx+e=0$
  (예 3) 차수가 5차인 특성방정식 : $1+G_{(s)}H_{(s)}=ax^5+bx^4+cx^3+dx^2+ex+f=0$

(1) n차 특성방정식으로 표현되는 제어계의 안정 조건

① **조건 1** : n차 방정식의 모든 차수가 존재해야 한다.

- 만약 방정식 내에 모든 차수가 존재하지 않으면, 빈 차수 자리는 0으로 처리하고 이런 방정식의 제어계 응답은 불안정한 제어계가 된다.
- 특성방정식 $F_{(s)}=ax^3+b0+cx+d=0$: 차수 x^2가 없다. 그러므로 불안정하다.

② **조건 2** : n차 방정식의 모든 차수의 계수가 존재해야 한다.

- 만약 방정식 내에 모든 계수가 존재하지 않으면, 빈 계수 자리는 0으로 처리하고 이런 방정식의 제어계 응답은 불안정한 제어계가 된다.

• 특성방정식 $F_{(s)} = ax^3 + 0x^2 + cx + d = 0$: 계수 b가 없다. 그러므로 불안정하다.

(2) 루스-후르비츠 방법에 의한 제어계의 안정 조건

① **안정조건** : n차 방정식을 **루스표**로 변환하고, 루스표 제1열의 모든 요소들의 부호가 같아야 한다.

② **불안정조건** : 만약 루스표 제1열의 요소들에 부호가 통일되지 못하고 다르게 되면, 부호가 바뀌는 횟수만큼 특성방정식의 근(특성근)이 s 평면 우반부에 존재함을 의미한다.

S^5	+
S^4	+
	1번 부호 바뀜
S^3	−
	2번 부호 바뀜
S^2	+
	3번 부호 바뀜
S^1	−

만약 특성방정식이 5차 방정식이라면, 5차 방정식의 특성방정식의 루스표 변환은 표와 같습니다. 5차 방정식이므로 특성방정식의 근은 총 5개입니다.
여기서 루스표 제1열의 부호가 3번 바뀌었는데, 이것의 의미는 다음과 같습니다.

• 특성방정식의 전체 근 5개 중 3개는 s 평면의 우반부에 존재하고, 나머지 2개 근은 s 평면의 좌반부에 존재한다.
• 단 하나의 근(특성근)이라도 s 평면의 우반부에 존재하면 이 제어계는 불안정한 제어계이다.

(3) 루스-후르비츠 방법에 의한 제어계 임계안정 조건

루스표 제1열의 어떤 행(s^n)의 계수가 0일 경우, 이 제어계는 **임계안정**합니다.

예 다음 루스표 제1열의 4행(s^0)의 계수가 0이므로, 이 제어계는 '임계안정'하다.

s^3	1	1
s^2	1	0
s^1	1	0
s^0	0	0

(4) 루스표 만들기

[경우 1] 특성방정식 $F_{(s)} = 1 + G_{(s)}H_{(s)} = s^4 + 2s^3 + 3s^2 - s + 5 = 0$

핵심기출문제

루스-후르비츠 표(일명 루스표)를 작성할 때, 제1열 요소의 부호 변화는 무엇을 의미하는가?

① s평면의 좌반면에 존재하는 근의 수
② s평면의 우반면에 존재하는 근의 수
③ s평면에 허수축에 존재하는 근의 수
④ s평면의 원점에 존재하는 근의 수

해설
루스표에서, 제1열 요소의 부호가 변하는 횟수만큼 복소평면의 우반평면에 불안정한 특성근의 존재한다는 의미가 된다.

정답 ②

핵심기출문제

다음 특성방정식 중 안정될 필요조건을 갖춘 것은?

① $s^4 + 3s^2 + 10s + 10 = 0$
② $s^3 + s^2 - 5s + 10 = 0$
③ $s^3 + 2s^2 + 4s - 1 = 0$
④ $s^3 + 9s^2 + 20s + 12 = 0$

해설
안정하기 위한 필요조건은 모든 차수 항이 존재하고 모든 차수의 계수가 (+)이어야 한다.

정답 ④

루스표 적용 가능 여부 확인

4차 특성방정식의 모든 차수와 계수가 존재하지만, 방정식의 모든 부호가 같지 않다. 방정식 1차(s^1)의 부호가 (−) 부호이므로($-s$), 이 경우는 루스표 변환을 계속할 필요 없이, 이 제어계는 '불안정'한 제어계라고 바로 판단할 수 있다.

[경우 2] 특성방정식 $F_{(s)} = 1 + G_{(s)} H_{(s)} = s^4 + 2s^3 + 3s^2 + s + 5 = 0$

루스표 적용 가능 여부 확인

- 4차 특성방정식의 모든 차수와 계수가 존재하고, 모든 부호가 같으므로 루스표 변환 가능
- 방정식의 계수 1, 2, 3, 1, 5를 이용하여 루스표 변환

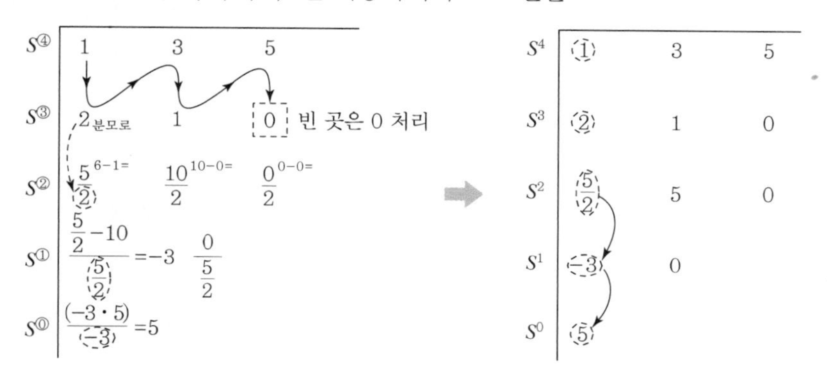

- 루스표 변환결과, 제1열의 부호 중 다른 부호가 존재하며 부호가 바뀐 횟수는 두 번이다.
- 특성방정식은 4차식이므로 특성근도 4가 존재하고, 부호가 바뀐 횟수는 두 번이므로 특성근 4개 중 2개는 s 평면의 좌반부(좌반평면)에 존재한다. 그리고 나머지 2개 특성근은 s 평면의 우반부(우반평면)에 존재한다.
- 특성근이 단 하나라도 우반평면에 존재하면, 이 제어계는 '불안정'하게 된다.

이와 같이 루스－후르비츠 방법을 이용하여 n차 미분방정식으로 표현되는 제어계의 안정/불안정 안정도를 판별하였고, 여기서 사용한 안정도 판별법은 '절대안정도' 판별법입니다.

2. 나이퀴스트 선도에 의한 안정도 판별법

나이퀴스트(Harry Nyquist)는 20세기 중반에 미국에서 활동한 스웨덴 출신의 전기통신분야 과학자입니다. 그가 창안한 전기신호 안정성 판정법(나이퀴스트의 판정조건)을 이용하여 제어공학의 제어계를 다음과 같이 해석합니다.

나이퀴스트 선도(Nyquist Diagram)는 어떤 제어시스템을 특성방정식으로 바꿨을 때, 특성방정식의 '근'이 그리는 궤적(벡터궤적)이 복소평면(s 평면)의 우반부에 존재하는지 여부를 '나이퀴스트 안정도 판별기준'과 비교하여 제어계의 안정도를 판별하는 방법입니다.

핵심기출문제

특성방정식 $s^3 - 4s^3 - 5s + 6 = 0$으로 주어지는 계는 안정한가, 또는 불안정한가? 또 우반평면에 근을 몇 개 가지는가?

① 안정하다, 0개
② 불안정하다, 1개
③ 불안정하다, 2개
④ 임계상태이다, 0개

해설

루스표로 변환하여 제1열의 부호를 통해 안정도를 판별한다.

s^3	1	−5
s^2	−4	6
s^1	−3.5	0
s^0	6	0

제1열, 2행(s^2)에서 부호 변화가 있으므로, 이 제어계는 '불안정'하며, 부호 변화가 2번 있으므로 이는 우반평면에 근이 2개 존재함을 의미한다.

정답 ③

핵심기출문제

특성방정식 $2s^4 + s^3 + 3s^2 + 5s + 10 = 0$일 때, s 평면의 오른쪽 평면에 몇 개의 근을 갖게 되는가?

① 1 ② 2
③ 3 ④ 0

해설

루스표로 변환하여 제1열의 부호를 통해 근의 위치를 판별한다.

s^4	2	3	10
s^3	1	5	0
s^2	−7	10	0
s^1	6.43	0	0
s^0	10	0	0

제1열에서 부호 변화가 있으므로, s 평면의 오른쪽 평면에 2개 근이 존재한다(s 평면의 오른쪽은 불안정한 제어계임을 의미한다).

정답 ②

PART 04

(1) 나이퀴스트 선도에 의한 안정도 판별법

나이퀴스트 선도에 의한 안정도 판별은 다음과 같습니다.

첫째, 제어계에서 제어가 이뤄지는 전달함수를 특성방정식 $\left[F_{(j\omega)} = 1 + G_{(j\omega)} H_{(j\omega)} = 0\right]$ 으로 바꿉니다.

둘째, (임의의 특정방정식 : $F_{(j\omega)} = 1 + \dfrac{(1+j\omega T_3)}{(1+j\omega T_1)(1+j\omega T_2)} = 0$이라고 가정하면) 특정방정식의 주파수($\omega$)를 $0 \sim \infty$ [Hz]로 변화시키며 발생하는 이득과 위상으로 벡터궤적을 그린다.

셋째, 복소평면 $(-1, j0)$ 지점(임계점)을 기준으로, 벡터궤적이 실수축 0과 -1 사이를 지나며 0점으로 수렴하면, 이 제어계는 '안정'한 제어계로 판단한다. 이것이 '나이퀴스트 선도'에 의한 안정도 판별방법이다.

[나이퀴스트 안정도 판별의 예]

임의로 1형 제어계, 괄호가 3개인 전달함수

$F_{(j\omega)} = \dfrac{k}{s(1+j\omega T_1)(1+j\omega T_2)(1+j\omega T_3)} = 0$의 벡터궤적은 다음과 같습니다.

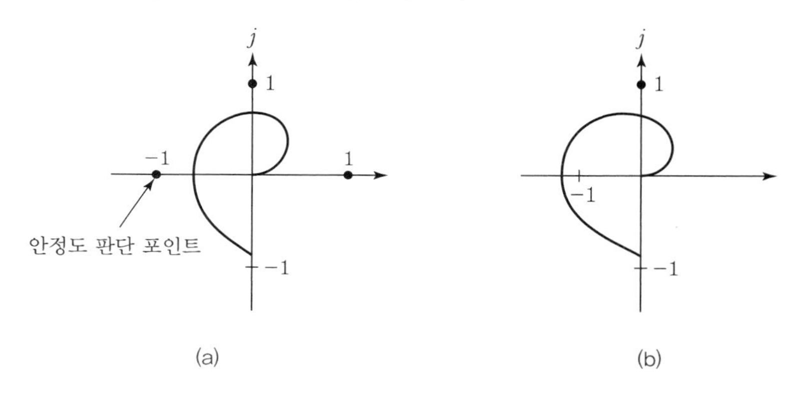

- 3사분면과 2사분면의 실수축 선을 기준으로, 3사분면에서 2사분면으로 지나는 벡터궤적을 본다.
- [그림 a]는 실수축 0과 -1 사이를 지나고, [그림 b]는 실수축 0과 -1 사이를 벗어났다.

> (a)의 벡터궤적은 실수축 -1을 왼쪽을 보며 지나므로, 제어계가 **안정**하고,
> (b)의 벡터궤적은 실수축 -1을 오른쪽을 보며 지나므로, 제어계가 **불안정**하다.

- 그러므로 "[그림 a]의 벡터궤적은 '안정'한 제어계가 되고, [그림 b]의 벡터궤적은 '불안정'한 제어계가 된다."라고 안정도를 판단할 수 있다.

핵심기출문제

피드백제어계의 주파수응답 $G(j\omega)H(j\omega)$의 나이퀴스트 벡터도에서 시스템이 안정한 궤적은?

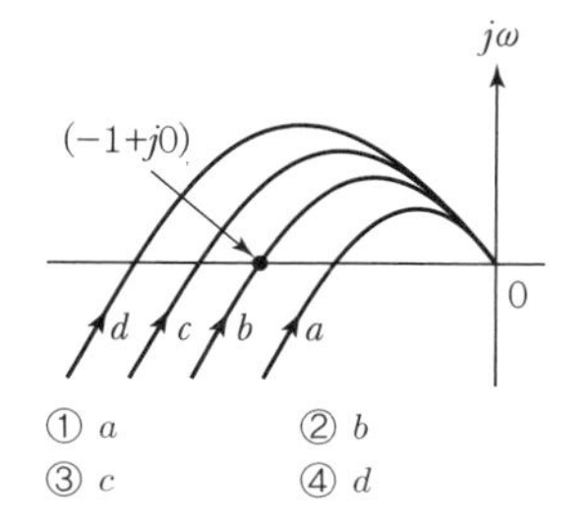

① a ② b
③ c ④ d

해설

벡터궤적이 안정하려면, 벡터궤적 내부에 점$(-1,\ j0)$을 포함하지 않고 회전해야 한다.

정답 ①

이처럼 나이퀴스트 안정도 판별 조건은,

- 복소평면 $(-1, j0)$ 임계점을 기준으로 벡터궤적이 실수축 0과 -1 사이를 지나며 0점으로 수렴할 때 '안정' 또는
- (다른 표현으로) 벡터궤적이 복소평면 $(-1, j0)$ 임계점을 왼쪽으로 보면서 수렴할 때 제어계는 '안정'

(2) 제어계의 안정도를 판단하는 이득여유와 위상여유

나이퀴스트 선도에 의한 제어계의 안정도 판별방법은 상대적 안정도 판별입니다. 때문에 제어계의 **안정한 정도**를 상대적 방법으로 판별하는 방법이 '여유(Margin)' 개념입니다.

4장에서 주파수 변화에 따른 제어계의 출력(응답)을 보드선도 – 전달함수의 이득(g)값과 위상(θ)값을 로그(log)로 계산하여 s 평면에 궤적(이것이 보드선도)으로 나타냈습니다.

상대적 안정도 판별법인 '나이퀴스트 선도'에서는 제어계 전달함수의 이득(g)값과 위상(θ)값을 그림처럼 여유(Margin)를 갖는 궤적으로 나타내어 안정도를 판별합니다.

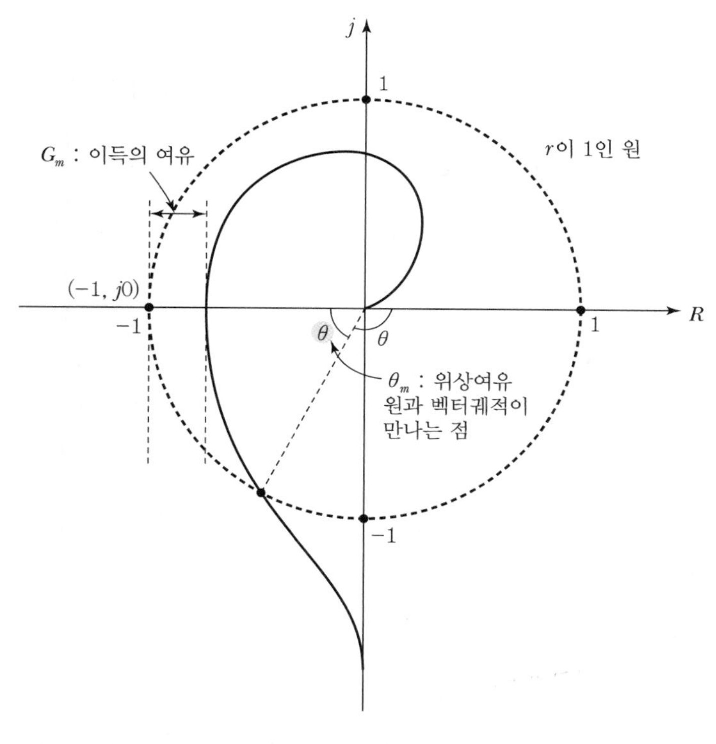

〖 이득여유(g_m)와 위상여유(ϕ_m) 〗

핵심기출문제

$GH(j\omega) = \dfrac{K}{(1+2j\omega)(1+j\omega)}$ 의 이득여유가 20[dB]일 때 K의 값은?

① $K=0$ ② $K=1$
③ $K=10$ ④ $K=\dfrac{1}{10}$

해설

$GH(j\omega)$

$= \dfrac{K}{\sqrt{1^2+(2\omega)^2}\sqrt{1^2+\omega^2}}$

이득여유는 $\omega=0$에서

$G_m = 20\log\left|\dfrac{1}{GH(j\omega)}\right|[\text{dB}]$

이므로

$G_m = 20\log\left|\dfrac{1}{K}\right|[\text{dB}] = 20[\text{dB}]$

$\therefore K = \dfrac{1}{10}$

정답 ④

핵심기출문제

$GH(j\omega) = \dfrac{10}{(j\omega+1)(j\omega+T)}$ 에서 이득여유를 20[dB]보다 크게 하기 위한 T의 범위는?

① $T>1$ ② $T>10$
③ $T>0$ ④ $T>100$

해설

$|G(j\omega)| = \dfrac{10}{\sqrt{\omega^2+1^2}\sqrt{\omega^2+T^2}}$

이득여유는 $\omega=0$에서

$G_m = 20\log\left|\dfrac{1}{GH(j\omega)}\right|[\text{dB}]$

이므로

$G_m = 20\log\left|\dfrac{1}{\frac{10}{T}}\right|[\text{dB}]$

$= 20\log\dfrac{T}{10} > 20[\text{dB}]$

$\therefore T > 100$

정답 ④

위 s 평면 그림은 '제어계가 안정하기 위한 기준점 또는 임계점$(-1, j0)$에 의한 원'과 '제어계가 그리는 궤적' 사이에 제어계가 안정하기 위해 어느 정도 여유가 필요한지 한눈에 확인 및 판단이 됩니다. 그 여유의 정도를 이득여유(g_m)와 위상여유(ϕ_m)로 표현할 수 있습니다. 이득여유(g_m)와 위상여유(ϕ_m) 각 수치가 클수록 **안정**한 제어계임을 의미합니다.

(3) 이득여유(g_m)와 위상여유(ϕ_m) 계산

① 이득여유(g_m)

개루프 전달함수 $G_{(j\omega)}H_{(j\omega)}$의 실수부는 [음의 실수 : $g_{(j\omega)} > 0$]이고, 허수부는 $j0$일 때, 개루프 전달함수 크기의 역수가 이득여유(g_m)의 크기입니다.

- 이득여유 $g_m = 20\log_{10}\dfrac{1}{|G_{(j\omega)}H_{(j\omega)}|}$
- 이득여유값은 실수성분이 $g_{(j\omega)} > 0$ 고, 허수성분이 0일 때 안정하다.

② 위상여유(ϕ_m 또는 θ_m)

개루프 전달함수 $G_{(j\omega)}H_{(j\omega)}$의 실수부에 음의 실수가 $g_{(j\omega)} > 0$와 크기 1인 실수축 점 사이의 위상차를 나타냅니다.

- 위상여유 $\phi_m = (180° - \theta) > 0$
- 위상여유값은 $\theta_m > 0$ 고, 각도가 $180° - \theta$ 사이에 존재할 때 안정하다.

3. 보드선도에 의한 안정도 판별법

보드선도(Bode Diagram)는 제어계의 이득곡선(g)값과 위상곡선(θ)값을 로그(log)로 변환하여 얻은 값으로 s 평면에 그린 궤적입니다. 보드선도의 궤적과 나이퀴스트의 궤적은 서로 다릅니다.

5장에서 다루는 보드선도는 3차 이상의 미분방정식에 의한 전달함수를 보드선도로 나타내고, 나이퀴스트 안정도 기준과 같이 사용하여 제어계의 안정도를 판별합니다.

보드선도의 이득곡선과 위상곡선 수식

- 이득곡선 $g = 20\log_{10}|G_{(j\omega)}| = -10\log_{10}[1^2 + (\omega T)^2]$ [dB]
- 위상곡선 $\theta = \angle G_{(j\omega)} = -\tan^{-1}(\omega T)$ [deg]

(1) 보드선도에 의한 안정한 제어계의 궤적

이득곡선(g [dB])과 위상곡선(θ [deg])이 다음과 같은 궤적을 그리면 그 제어계는 안정합니다.

핵심기출문제

$G(j\omega) = \dfrac{20}{(j\omega+1)(j\omega+2)}$ 의 이득여유[dB]는?

① -20[dB] ② 10[dB]
③ -10[dB] ④ 20[dB]

해설

이득여유는 $\omega = 0$에서

$G_m = 20\log\left|\dfrac{1}{GH(j\omega)}\right|$[dB]

$|GH(j\omega)|$

$= \dfrac{20}{\sqrt{\omega^2+1^2}\sqrt{\omega^2+2^2}} = 10$

∴ 이득여유

$G_m = 20\log\left|\dfrac{1}{GH(j\omega)}\right|$

$= 20\log\left|\dfrac{1}{10}\right| = -20$ [dB]

정답 ①

핵심기출문제

어떤 제어계의 보드선도에서 위상여유(Phase Margin)가 45°일 때 이 계통은?

① 안정하다.
② 불안정하다.
③ 조건부 안정이다.
④ 무조건 불안정이다.

해설

제어계의 보드선도에서 위상여유 $\phi_M = 45° > 0$이면 이 계통은 안정하다.

정답 ①

핵심기출문제

어떤 제어계가 안정하기 위한 이득여유 G_M과 위상여유 ϕ_M은 각각 어떤 조건을 가져야 하는가?

① $G_M > 0$, $\phi_M > 0$
② $G_M < 0$, $\phi_M < 0$
③ $G_M < 0$, $\phi_M > 0$
④ $G_M > 0$, $\phi_M < 0$

해설

제어계가 안정하려면 이득여유 G_M과 위상여유 ϕ_M은 모두 0보다 커야 한다.

정답 ①

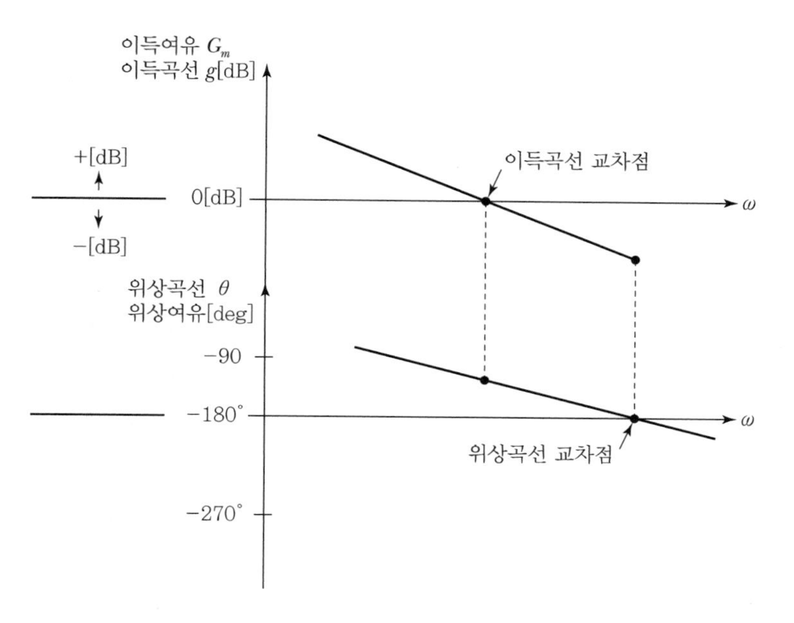

〖 안정한 제어계의 궤적(보드선도) 〗

(2) 보드선도의 안정판별 조건

① 이득곡선(g)이 0[dB]일 때의 각주파수(ω)값과 동일한 각주파수값에 해당하는 위상곡선(θ) 위치(점근선)가 $-180°$보다 위쪽($-90°$)으로 위치하는 한 직선 궤적을 갖고,

② 이득곡선(g)이 $-$[dB]일 때의 각주파수(ω)값과 동일한 각주파수값에 해당하는 위상곡선(θ) 위치(점근선)가 정확히 $-180°$를 지나는 다른 한 직선궤적을 가질 때, ①과 ② 두 개의 사선 직선궤적을 갖는 제어계의 보드선도는 '안정'한 제어계이다.

여기서 n차 지연요소 전달함수의 보드선도에서,

- 이득곡선(g)의 두 점근선이 만나는 점의 주파수를 '고유주파수(ω)'로 부른다.
- 나이퀴스트 선도(Nyquist Diagram)로 표현한 벡터궤적의 임계점 $(-1, j0)$에 대응하는 보드선도(Bode Diagram)의 점은 이득 $g=0$[dB], 위상 $\theta=-180°$가 되는 점이다.

핵심기출문제

보드선도의 안정도 판별에 대한 설명으로 옳은 것은?

① 위상곡선이 $-180°$ 점에서의 이득값이 양(+)이다.
② 이득(0[dB])축과 위상($-180°$)축을 일치시킬 때 위상곡선이 위에 있다.
③ 이득곡선의 0[dB] 점에서 위상차가 180°보다 크다.
④ 이득여유는 음의 값, 위상여유는 양의 값이다.

해설
보드선도의 위상곡선이 $-180°$축의 상부에 있을 때 위상여유는 양(+)의 값이 되어 제어계는 안정하게 된다.

정답 ②

핵심기출문제

n차 지연요소의 보드선도에서 이득곡선의 두 점근선이 만나는 점의 주파수는?

① 영주파수 ② 차단주파수
③ 공진주파수 ④ 고유주파수

정답 ④

핵심기출문제

나이퀴스트 선도에서 임계점 $(-1, j0)$은 보드선도에서 대응하는 이득[dB]과 위상은?

① 1, 0° ② 0, 90°
③ 0, $-180°$ ④ 1, 270°

정답 ③

1. 제어계의 안정 조건

① 안정 조건

- 안정한 제어계는, 제어계의 특성방정식으로 얻은 '근' 모두가 좌반평면(s 평면 좌반부)에 존재해야 한다.
- 과제동(과안정), 임계제동(임계안정), 부족제동(부족안정) 모두 s 평면의 좌반평면에 존재한다.

② 안정도 판별

- 안정 : 시스템이 목표한 동작을 확실히 수행하는 제어계
- 임계안정 : 시스템이 목표한 동작을 수행하지만 확실하지 않은 제어계
- 불안정 : 시스템이 목표한 동작을 수행하지 않는 제어계

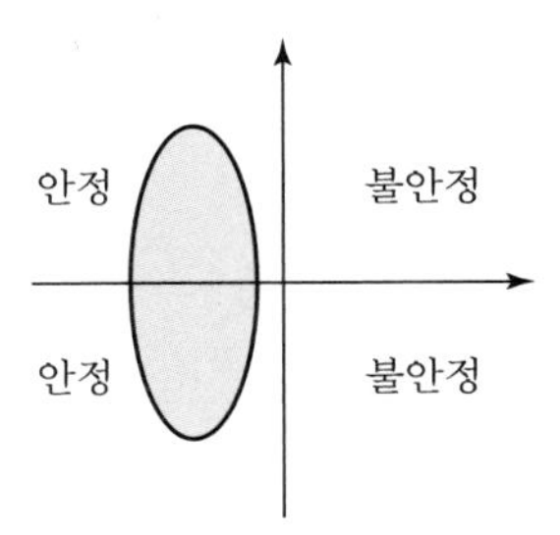

③ 안정도 분류

- 절대 안정도 : 루스－후르비츠 판별법(5장)
- 상대 안정도 : 나이퀴스트선도 판별법(5장)
- 보드선도에 의한 안정도 판별법(5장)

2. 제어계의 안정도 판별방법

① 루스－후르비츠 방법에 의한 안정도 판별방법

㉠ 루스－후르비츠 판별법에서 3차 이상의 특성방정식을 해석한다.

$$F_{(s)} = 1 + G_{(s)}H_{(s)} = a_0 s^n + a_1 s^{n-1} + a_2 s^{n-2} + ... + a_{n-1} s + a_n = 0$$

㉡ 3차 이상의 n차 특성방정식으로 표현되는 제어계가 안정할 조건

[조건 1] n차 방정식의 모든 차수가 존재해야 한다.

- 만약 방정식 내에 모든 차수가 존재하지 않으면, 빈 차수 자리는 0으로 처리하고 이런 방정식의 제어계 응답은 불안정한 제어계가 된다.
- 특성방정식 $F_{(s)} = ax^3 + b0 + cx + d = 0$: 차수 x^2가 없다. 그러므로 불안정

[조건 2] n차 방정식의 모든 차수의 계수가 존재해야 한다.

- 만약 방정식 내에 모든 계수가 존재하지 않으면, 빈 계수 자리는 0으로 처리하고 이런 방정식의 제어계 응답은 불안정한 제어계가 된다.
- 특성방정식 $F_{(s)} = ax^3 + 0x^2 + cx + d = 0$: 계수 b가 없다. 그러므로 불안정

㉢ 루스－후르비츠 방법에 의한 제어계의 안정 조건

- 안정조건 : n차 방정식을 **루스표**로 변환하고, **루스표** 제1열의 모든 요소들의 부호가 같아야 한다.
- 불안정조건 : 만약 **루스표** 제1열의 요소들에 부호가 통일되지 못하고 다르게 되면, 부호가 바뀌는 횟수만큼 특성방정식의 특성근이 s 평면 우반부에 존재함을 의미한다.

② **나이퀴스트 선도에 의한 안정도 판별법**

벡터궤적이 복소평면 $(-1, j0)$의 임계점을 왼쪽을 보면서 수렴하면 이 제어계는 안정한 제어계이다.

㉠ 이득여유(g_m)

개루프 전달함수 $G_{(j\omega)}H_{(j\omega)}$의 실수부는 [음의 실수 : $g_{(j\omega)} > 0$]이고, 허수부는 $j0$]일 때, 개루프 전달함수 크기의 역수가 이득여유(g_m)이다.

- 이득여유 $g_m = 20\log_{10}\dfrac{1}{|G_{(j\omega)}H_{(j\omega)}|}$
- 이득여유값은 실수성분이 $g_{(j\omega)} > 0$ 이고, 허수성분이 0일 때 안정하다.

㉡ 위상여유(ϕ_m 또는 θ_m)

개루프 전달함수 $G_{(j\omega)}H_{(j\omega)}$의 실수부에 음의 실수가 $g_{(j\omega)} > 0$, 크기 1인 실수축의 점 사이의 위상차를 나타낸다.

- 위상여유 $\phi_m = (180° - \theta) > 0$
- 위상여유값은 $\theta_m > 0$ 고, 각도가 $180° - \theta$ 사이에 존재할 때 안정하다.

③ **보드선도에 의한 안정도 판별방법**

㉠ 이득곡선(g)이 $0\,[\text{dB}]$ 일 때의 각주파수(ω) 값과 동일한 각주파수값에 해당하는 위상곡선(θ) 위치(점근선)가 $-180°$보다 위쪽($-90°$)으로 위치하는 한 직선궤적을 갖고,

㉡ 이득곡선(g)이 $-\,[\text{dB}]$ 일 때의 각주파수(ω) 값과 동일한 각주파수값에 해당하는 위상곡선(θ) 위치(점근선)가 정확히 $-180°$를 지나는 다른 한 직선궤적을 갖을 때, ㉠과 ㉡ 두 개의 사선 직선궤적을 갖는 제어계의 보드선도는 '안정'한 제어계이다.

- 여기서, (n차 지연요소 전달함수의 보드선도) 이득곡선(g)의 두 점근선이 만나는 점의 주파수가 고유주파수(ω)이다.
- 여기서, 나이퀴스트 선도(Nyquist Diagram)로 표현한 벡터궤적의 임계점$(-1, j0)$에 대응하는 보드선도(Bode Diagram)의 점은 이득 $g = 0\,[\text{dB}]$, 위상 $\theta = -180°$가 되는 점이다.

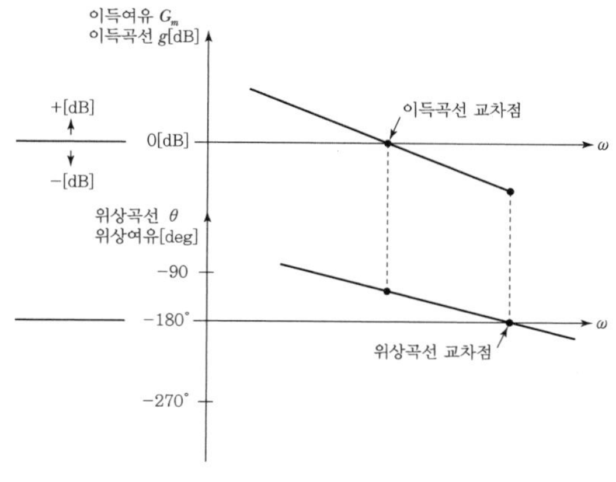

〚 **안정한 제어계의 궤적(보드선도)** 〛

핵 / 심 / 기 / 출 / 문 / 제

01 그림과 같은 제어계가 안정하기 위한 K의 범위는?

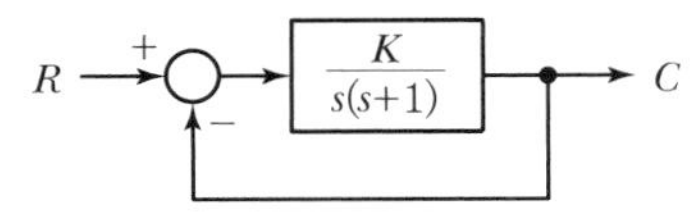

① $K>1$ ② $K<1$

③ $K>0$ ④ $K<0$

해설

전달함수에 대한 특성방정식은 $s(s+1)+K=s^2+s+K=0$이고, 특성방정식을 루스표로 변환하면,

s^2	1	K
s^1	1	0
s^0	K	0

$\therefore K>0$

02 제어계의 종합 전달함수의 값이 $G(s)=\dfrac{s+1}{(s-3)(s^2+4)}$로 표시될 경우 안정성을 판정하면?

① 안정 ② 불안정

③ 임계상태 ④ 알 수 없다.

해설 특성방정식

$(s-3)(s^2+4)=s^3-3s^3+4s-12=0$

∴ 모든 차수의 계수 부호가 같지 않으므로 불안정하다.

03 특성방정식 $s^4+2s^3+5s^2+4s+2=0$로 주어졌을 때 이것을 후르비츠(Hurwitz)의 안정조건으로 판별하면 이 제어계는?

① 안정 ② 불안정

③ 조건부 안정 ④ 임계상태

해설

루스표로 변환하여 제1열의 부호를 통해 안정도를 판별한다.

s^4	1	5	2
s^3	2	4	0
s^2	3	2	0
s^1	2.67	0	0
s^0	2	0	0

제1열의 부호에 변화가 없으므로, 이 제어계는 안정하다.

04 어떤 제어계의 특성방정식이 $s^3+s^2+s=0$일 때, 이 제어계의 안정도는?

① 안정하다. ② 불안정하다.

③ 조건부 안정이다. ④ 임계상태이다.

해설

루스표로 변환하여 제1열의 부호를 통해 안정도를 판별한다.

s^3	1	1
s^2	1	0
s^1	1	0
s^0	0	0

제1열, 4행(s^0)의 모든 원소가 0이므로, 이 제어계는 '임계안정'하다.

정답 01 ③ 02 ② 03 ① 04 ④

05 **보드선도에서 위상선도가 $-180°$축과 교차하지 않을 경우에 옳은 것은?**

① 폐회로계는 항상 안정하다.
② 폐회로계는 항상 불안정하다.
③ 폐회로계는 조건부 안정하다.
④ 폐회로계는 안정 여부를 알 수 없다.

해설

보드선도에서 위상선도가 $-180°$축과 교차하지 않을 경우에 폐회로계는 항상 안정하다.

06 **나이퀴스트 벡터궤적의 임계점$(-1,\ j0)$에 대응하는 보드선도의 점은 이득이 $A[\mathrm{dB}]$, 위상이 B가 되는 점이다. A, B에 알맞은 것은?**

① $A=0[\mathrm{dB}]$, $B=-180°$
② $A=0[\mathrm{dB}]$, $B=0°$
③ $A=1[\mathrm{dB}]$, $B=-180°$
④ $A=1[\mathrm{dB}]$, $B=180°$

해설

벡터궤적의 임계점인 점$(-1,\ j0)$에 대응하는 보드선도의 이득은 $0[\mathrm{dB}]$, 위상은 $-180°$가 되는 점이다.

PART 04

정답 05 ① 06 ①

CHAPTER 06

영점과 극점을 이용한 근궤적 작성방법

4장, 5장의 핵심 내용은 주파수 전달함수 제어계의 이득(g)값과 위상(θ)값을 가지고 궤적(벡터궤적, 보드선도, 나이퀴스트 선도)을 s 평면 위에 그려, 궤적의 모양이나 상태를 통해 제어계 출력(응답)의 안정도를 판별하는 것입니다.
본 6장의 핵심 내용은 4장, 5장의 이득값 계산과 위상값 계산 없이 영점과 극점만을 이용하여 s 평면에 근궤적(제어계로부터 얻은 근으로 그린 궤적)을 그리는 방법과 근궤적을 통해 제어계의 안정/불안정 여부를 해석하는 것입니다.
근궤적을 그려 제어계를 해석하는 데 다음과 같은 방법들을 사용합니다.

① 특성방정식의 상수(k)를 이용하여 제어계의 '근궤적'모양 추측하기
② s 평면의 영점(Zero Plot)과 극점(Pole Plot)을 통해 **특성근** 찾기
③ '근궤적'의 점근선 각도와 교차점을 찾아 '근궤적'모양 추측하기
④ '근궤적'이 실수축으로부터 갈라지는 점(이탈점, 분지점) 찾기

✠ 특성근
특성방정식의 '근'을 의미한다.

핵심기출문제

시간영역에서의 제어계를 해석, 설계하는 데 유용한 방법은?

① 나이퀴스트 판정법
② 니콜스 선도법
③ 보드선도법
④ 근궤적법

해설
근궤적법은 특성방정식의 근이 s 평면상에서 어떻게 이동하는가를 도해적인 방법으로 관찰하여 제어계를 설계하는 데 유용한 방법이다.

정답 ④

핵심기출문제

근궤적이란 s 평면에서 개루프 전달함수의 절대값이 어떤 점들의 집합인가?

① 0 ② −1
③ ∞ ④ 1

해설
특성방정식 $1+GH=0$
여기서, $GH=-1$
$\therefore |GH|=1$

정답 ④

01 특성방정식의 상수(k)를 이용하여 제어계의 근궤적모양 추측하기

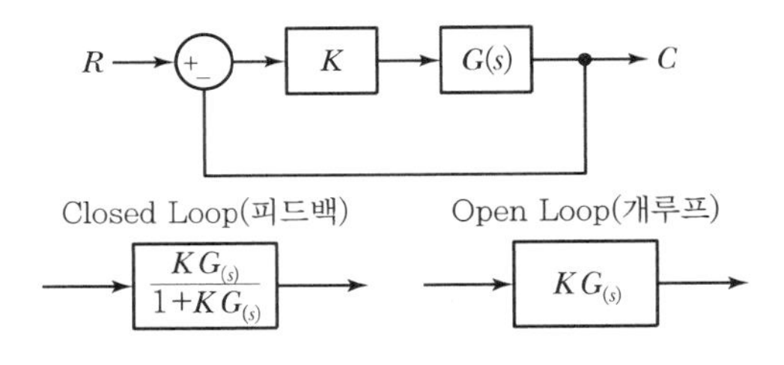

〚 피드백 전달함수와 개루프 전달함수 비교 〛

① 피드백 전달함수의 특성방정식은 '$1+G_{(s)}H_{(s)}=0$'이고,
② 개루프 전달함수의 특성방정식은 '분모 + 분자 = 0'입니다.

1. 특성방정식의 상수(k)를 이용한 제어계의 근궤적 추측

임의의 개루프 전달함수 $G_{(s)}H_{(s)}=\dfrac{K}{s(s+2)}$가 있고, 이 개루프 전달함수의 특

성방정식은 다음과 같습니다.

$$G_{(s)}H_{(s)} = s(s+2)+K=0 \xrightarrow{\text{전개}} G_{(s)}H_{(s)} = s^2+2s+K=0$$

여기서 상수 K가 제어계의 특성근 그리고 '근궤적'에 영향을 주는 요소입니다. 이를 증명해 보기 위해, 위에서 주어진 개루프 전달함수 $G_{(s)}H_{(s)} = \frac{K}{s(s+2)}$의 이득상수 K를 가지고, K 변화에 따른 제어계의 특성근 변화와 '근궤적' 변화를 보겠습니다.

(1) 이득상수(K)의 변화에 따른 계의 특성근 변화

개루프 전달함수 $G_{(s)}H_{(s)} = \frac{K}{s(s+2)}$의 특성방정식

$G_{(s)}H_{(s)} = s(s+2)+K=0$에 대한 '근'은 다음과 같이 구할 수 있습니다.

※ 근의 공식

$s_1,\ s_2 = \frac{-b \pm \sqrt{b^2-4ac}}{2a}$

- $G_{(s)}H_{(s)} = s(s+2)+K = s^2+2s+K=0$

  여기서 특성근 s_1과 s_2는 '근의 공식' 활용

- $\frac{-b \pm \sqrt{b^2-4ac}}{2a} = \frac{-2 \pm \sqrt{4-4K}}{2}$

  $= \frac{-2 \pm 2\sqrt{1-K}}{2} = -1 \pm \sqrt{1-K}$

- 특성근 : $s_1,\ s_2 = -1 \pm \sqrt{1-K}$

여기서 상수 K의 변화에 따른 특성근 변화 범위는 다음과 같습니다.

- 범위가 $K=0$일 때, 특성근 $s_1,\ s_2$: $-2, 0$ (음의 실근)
- 범위가 $0 < K < 1$일 때, ($K=0.5$로 가정) 특성근 $s_1,\ s_2$:

  $-0.29 \sim -1.707$(서로 다른 음의 실근)
- 범위가 $K=1$일 때, 특성근 $s_1,\ s_2$: $-1, 1$ (중근)
- 범위가 $K>1$ 혹은 $K=\infty$일 때, 특성근 $s_1,\ s_2$:

  $-1 \pm \sqrt{1-\infty} \fallingdotseq -1 \pm j$ (공액 복소근)

상수 K의 변화에 따른 계(제어계)의 특성근은 다음과 같이 정리됩니다.

$$\text{특성근 } s_1,\ s_2 : \begin{bmatrix} -2 \sim 0 : (\text{음의 실근}) \\ -1.7 \sim -0.2 : (\text{서로 다른 실근}) \\ -1 : (\text{중근}) \\ -1 \pm \sqrt{-K} : (\text{공액 복소근}) \end{bmatrix}$$

(2) 이득상수 K 의 변화에 따른 계의 근궤적 변화

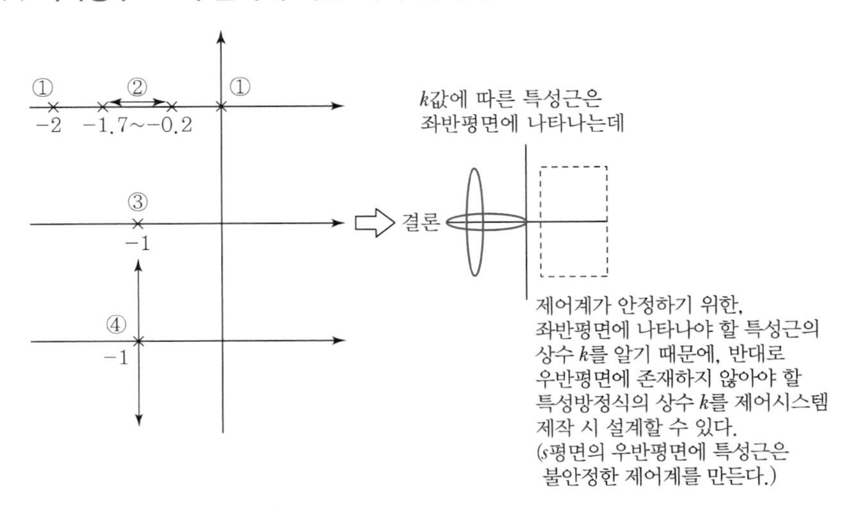

이와 같이, 특성방정식의 상수(k)를 이용하여 제어계의 특성근이 그리는 '근궤적'을 추측할 수 있습니다. 그뿐만 아니라 특성방정식을 통해 제어계가 '안정'할 수 있는 조건도 찾을 수 있습니다.

02 s 평면의 영점과 극점을 통해 특성근 찾기

제어공학 2~4장에서는 제어계의 전달함수를 통해 정상응답을 해석하였고, 5장과 6장에서는 전달함수를 특성방정식으로 변환하여 특성근을 구하고, 특성근을 s 평면에 나타내어 제어계의 안정/불안정 여부를 판별합니다. 결국 제어공학은 8장 시퀀스 단원을 제외하면, 모든 제어시스템의 결과를 전달함수와 s 평면(복소평면)을 통해 해석합니다.
여기서 유일하게 전달함수가 아닌 다른 요소를 가지고 제어계의 '근'을 찾아 s 평면(S−plane)에 나타내어 제어계를 해석하는 방법이 본 '영점'과 '극점' 내용입니다.

1. 영점(Zero Plot)과 극점(Pole Plot)의 의미

수학적으로 변화하는 선형함수(Linear Function)가 있을 때, 이 선형함수가 시간함수 $f_{(t)}$와 주파수함수 $f_{(j\omega)}$입니다. 그리고 이 선형함수들을 라플라스(Laplace) 변환에 의한 입력(In−put)과 출력(Out−put)의 비율(Ratio)로 나타내어 제어의 핵심인 전달함수를 표현합니다. 이런 입·출력의 비율을 통해 시스템을 표현하고 해석하는 방법은 복잡한 전기회로를 해석할 때도 동일하게 사용하는 방법이고 개념입니다.

네트워크 회로

$$Z_{(s)} = \frac{출력}{입력} = \frac{V_{out}(s)}{V_{in}(s)} \quad \overset{비교}{\longleftrightarrow} \quad 전달함수\ M_{(s)} = \frac{출력}{입력} = \frac{C_{(s)}}{R_{(s)}}$$

여기서, 영점과 극점이란 복잡한 제어시스템의 속성을 복소평면 위에 × 기호와 ○ 기호를 이용하여 시스템의 상태를 시각적 나타내는 점(plot)입니다. 이런 영점(Zero Plot : ○ 기호)과 극점(Pole Plot : × 기호)은 전달함수 수식으로부터 찾아낼 수 있으며, 영점과 극점을 찾으면 개략적인 '근궤적'을 그려 제어계의 출력을 해석할 수 있습니다. 아울러 시스템을 인위적으로 단락 또는 개방시킴으로써 전기시스템 또는 제어시스템의 특성을 파악할 수 있습니다.

① **영점(Zero Plot)** : 시스템을 단락시키기 위해 전달함수의 분자가 0이 되는 복소변수 s 값을 의미한다. → 전달함수 $M_{(s)} = 0$ (단락)

② **극점(Pole Plot)** : 시스템을 개방시키기 위해 전달함수의 분모가 0이 되는 복소변수 s 값을 의미한다. → 전달함수 $M_{(s)} = \infty$ (개방)

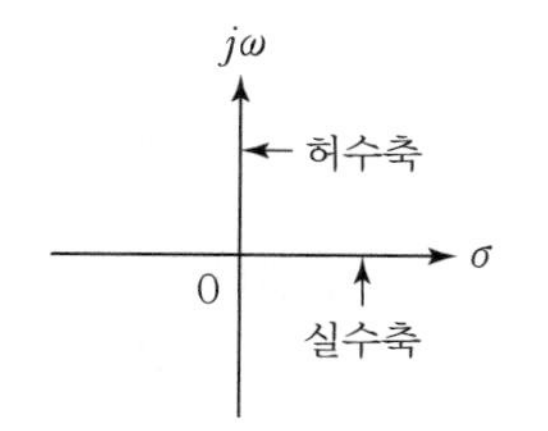

(a) s-plane(s 평면)

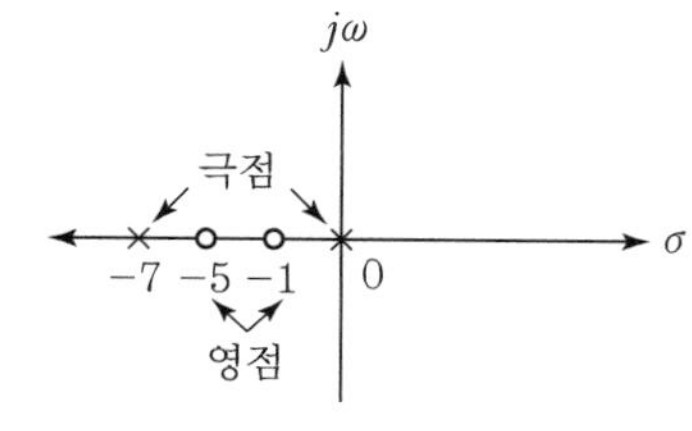

(b) Pole-zero Plot(s 평면에 영점과 극점 범위)

〖 s 평면과 전달함수 $Z_{(s)} = \frac{10(s+1)(s+5)}{s(s+7)}$ 에 대한 s 평면상 극점과 영점의 위치 〗

2. 영점(Z)과 극점(P) 계산

[경우 1]

다음과 같은 전달함수가 있을 때

$$C_{(s)} = M_{(s)}R_{(s)} = \frac{K}{s(s+a)(s+b)} = \frac{k_1}{s} + \frac{k_2}{s+a} + \frac{k_3}{s+b}$$

이에 대한 특성방정식은 $s(s+a)(s+b) = 0$이고, $\begin{bmatrix} 영점: & K_{(아직\ 모름)} \\ 극점: & 0,\ -a,\ -b \end{bmatrix}$이다.

그러므로 영점(Z) 수는 미정, 극점(P) 수는 3개이다.

핵심기출문제

−1, −5에 극점을, 1과 −2에 영점을 가지는 계가 있다. 이 계의 안정도 판별은?

① 불안정하다.
② 안정하다.
③ 임계상태이다.
④ 알 수 없다.

해설

제어계의 안정도 판별방법에서, 극점(P)이 복소평면의 좌반부에 존재하면 제어계는 안정하다.

정답 ②

[경우 2]

다음과 같은 전달함수가 있을 때, $M_{(s)} = \dfrac{(s+c)(s+d)}{s(s+a)(s+b)}$

여기서, 특성방정식은 $s(s+a)(s+b)=0$이고, $\begin{bmatrix} 영점: & -c, -d \\ 극점: & 0, -a, -b \end{bmatrix}$이다.

그러므로 영점(Z) 수는 2개이고, 극점(P) 수는 3개이다.

[경우 3]

다음과 같은 전달함수가 있을 때, $G_{(s)} = \dfrac{s^2(s+3)}{(s+1)(s+2+j)(s+2-j)}$

여기서, 영점과 극점은 $\begin{bmatrix} 영점: & 0, 0, -3 \\ 극점: & -1, (-2-j), (-2+j) \end{bmatrix}$이다.

그러므로 영점(Z) 수는 3개이고, 극점(P) 수도 3개이다.

3. 근궤적을 그리기 위한 영점과 극점의 특성 I

① 영점과 극점을 이용하여 '근궤적'을 작성할 때, 근궤적의 출발점은 '극점'이고, 종착점은 '영점'이다. 이는 영점과 극점으로 근궤적 작성 시, 극점에서 출발하여 극점과 극점 사이에 존재하는 영점들 사이로 궤적이 수렴한다는 의미이다.

② **'근궤적'의 대칭성** : 개루프 전달함수의 극점들은 공액복소수 형태로만 존재하기 때문에, '근궤적'은 항상 s 평면의 실수축에 존재하거나 실수축에 대칭된 형태를 갖는다.

③ **'근궤적'의 범위** : 실수축 위에서 $-\sigma$에서 σ 방향으로 봤을 때, 극점과 영점의 개수가 홀수일 때만 '근궤적'은 실수축의 홀수 구간에 존재한다.

예시

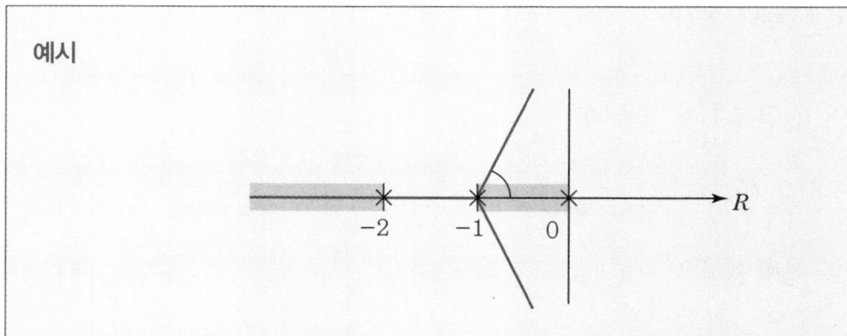

- 좌반평면에서, 왼쪽 가장 끝 $-\sigma$에서 0점 쪽의 σ을 봤을 때, 극점과 영점의 합이 총 3개(−2, −1, 0)이다. 3개는 홀수이므로 '근궤적'이 존재한다.
- −2와 −1 사이에서 0점 쪽의 σ방향을 봤을 때, 극점과 영점의 합이 총 2개(−1, 0)이다. 2개는 짝수이므로 '근궤적'이 존재하지 않는다.
- −1과 0 사이에서 0점 쪽의 σ방향을 봤을 때, 극점과 영점의 합은 총 1개(0)이므로 '근궤적'이 존재한다.

핵심기출문제

어떤 특성방정식이 있다. 특성방정식의 복소변수 s가 실수계수를 갖는 유리함수일 때, 근궤적은 무슨 축에 대칭인가?

① 실수축
② 허수축
③ 대칭축이 없다.
④ 원점

해설

특성방정식의 근은 실근이거나 공액복소근이므로 $G(s)H(s)$의 근궤적은 s 평면상에서 실수축에 대칭이다.

정답 ①

핵심기출문제

개루프 전달함수 $G(s)H(s)$가 다음과 같은 계의 실수축상의 근궤적은 어느 범위인가?

$G(s)H(s) = \dfrac{K}{s(s+4)(s+5)}$

① 0과 −4 사이의 실수축상
② −4와 −5 사이의 실수축상
③ −5와 −8 사이의 실수축상
④ 0와 −4, −5와 −∞ 사이의 실수축상

해설

실수축상의 근궤적 범위는 임의의 구간에서 우측으로 극점과 영점의 총 개수가 홀수인 범위에 존재한다.
여기서, 극점은 $p=0,\ -4,\ -5$, 영점은 없으므로
∴ 원점과 점(−4) 사이, (−5)에서 (−∞) 사이에 존재한다.

정답 ④

4. 근궤적을 그리기 위한 영점과 극점의 특성 II

영점 수와 극점 수 중 점(Plot) 수가 많은 쪽만큼 '근궤적' 수가 존재한다.

> **예시**
>
> 개루프 전달함수 $\left[G_{(s)}H_{(s)} = \dfrac{K}{s^2(s+1)^2}\right]$의 영점과 극점은 $\begin{bmatrix} \text{영점}: 0 \\ \text{극점}: 0, 0, -1, -1 \end{bmatrix}$이다.
>
> 여기서 영점(Z) 수는 0개, 극점(P) 수는 4개이므로, 이 제어계의 '근궤적' 수는 총 4개이다. 이 계의 궤적모양은 출발점(극점)에서 시작하여 0점으로 점점 수렴하는 궤적이 아닌 발산하는 궤적을 그리게 된다.

03 근궤적의 점근선 각도와 교차점을 찾아 근궤적모양 추측하기

1. 점근선 각도

'영점과 극점' 그리고 '점근선 각도 공식'을 이용하여 '근궤적'이 지나가는 대략의 각도를 그릴 수 있습니다.

$$\text{점근선 각도 } \theta = \frac{(2k_n + 1)\pi}{P_n - Z_n} \ [°]$$

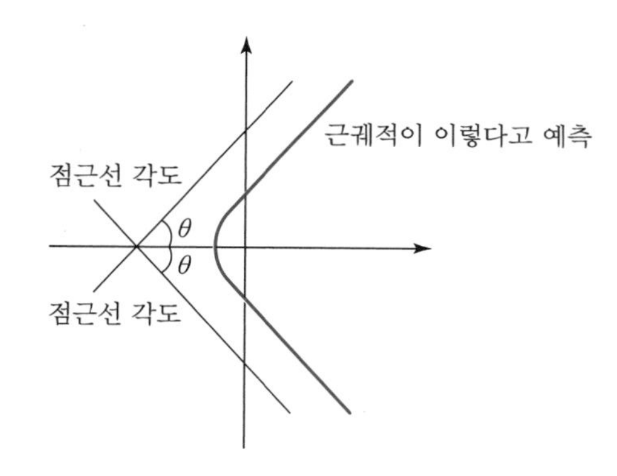

여기서, k_n 값은 0~점근상수(k_n)까지 순차적으로 대입한다.

- 점근상수 : $k_n = [P - Z - 1]_{n=0 \sim k_n}$
- P_n : 극점의 개수
- Z_n : 영점의 개수

이같은 '점근선 각도'를 이용하여 추측한 근궤적모양은 정확하지 않지만, 대략의 궤적 특성을 파악하여 제어계가 그리는 벡터궤적의 모양을 추측할 수 있습니다.

핵심기출문제

근궤적은 개루프 전달함수의 어떤 점에서 출발하여 어떤 점에서 끝나는가?

① 영점에서 출발, 극점에서 끝난다.
② 영점에서 출발, 영점으로 되돌아와서 끝난다.
③ 극점(Pole)에서 출발, 영점에서 끝난다.
④ 극점에서 출발, 극점에서 되돌아와서 끝난다.

해설

근궤적은 극점(p)에서 출발하여 영점(z)에서 종착한다.

정답 ③

핵심기출문제

$G(s)H(s) = \dfrac{K(s+1)}{s(s+2)(s+3)}$ 에서 근궤적의 수는?

① 1　② 2
③ 3　④ 4

해설

근궤적의 수는 극점(p)와 영점(z) 중에서 큰 수와 같다.
개루프 전달함수에서 극점은 3개, 영점은 1개이므로 3개이다.

정답 ③

핵심기출문제

특성방정식 $s(s+4)(s^2+3s+3)+K(s+2)=0$의 $-\infty < K < 0$의 근궤적의 점근선이 실수축과 이루는 각은 각각 몇 도인가?

① 0°, 120°, 240°
② 45°, 135°, 225°
③ 60°, 180°, 300°
④ 90°, 180°, 270°

해설

개루프 전달함수

$GH(s)$

$= \dfrac{K(s+2)}{s(s+4)(s^2+3s+3)}$

여기서, 극점의 수 $p=4$, 영점의 수 $z=1$이므로

점근선의 각도

$\alpha = \dfrac{(2k+1)\pi}{p-z} = \dfrac{(2k+1)\pi}{4-1}$

$\therefore k=0 : \alpha = \dfrac{\pi}{3} = 60°$

$k=1 : \alpha = \pi = 180°$

$k=2 : \alpha = \dfrac{5\pi}{3} = 300°$

정답 ③

핵심기출문제

근궤적을 그리려고 한다.

$G(s)H(s) = \dfrac{K(s-2)(s-3)}{s^2(s+1)(s+2)(s+4)}$에서 점근선의 교차점은 얼마인가?

① −6 ② −4
③ 6 ④ 4

해설

개루프 전달함수 $GH(s)$의 극점과 영점은

극점(P) : $s=0, 0, -1, -2, -4$

영점(Z) : $s=2, 3$

∴ 근궤적의 점근선의 교차점 δ

$\delta = \dfrac{\sum 극점 - \sum 영점}{P-Z}$

$= \dfrac{\{(-1)+(-2)+(-4)\} - \{2+3\}}{5-2}$

$=-4$

정답 ②

예시

영점과 극점이 $\begin{bmatrix} 영점(Z) : 2개 \\ 극점(P) : 5개 \end{bmatrix}$일 때, 점근선 각도는 다음과 같다.

• 점근상수 : $k_n = 5-2-1 = 2$이므로, 0, 1, 2의 수를 순차적으로 k_n에 대입한다.

• $\theta = \dfrac{(2k_n+1)\pi}{P_n - Z_n} = \dfrac{[2(0\sim2)+1]\pi}{5-2} = \dfrac{\pi}{3}, \dfrac{3\pi}{3}, \dfrac{5\pi}{3}$ [rad]

∴ 점근선 각도 $\theta = \dfrac{\pi}{3}, \dfrac{3\pi}{3}, \dfrac{5\pi}{3}$이 된다.

2. 점근선 교차점

점근선 교차점이란, 근의 궤적이 실수축을 지나는 지점을 '점근선 교차점' 공식을 통해 추측할 수 있습니다.

$$점근선\ 교차점\ \delta = \frac{\sum P - \sum Z}{P_n - Z_n}$$

여기서, $\begin{bmatrix} \sum P : \sum G_{(s)} H_{(s)}의\ 극점을\ 모두\ 더한다. \\ \sum Z : \sum G_{(s)} H_{(s)}의\ 영점을\ 모두\ 더한다. \end{bmatrix}$

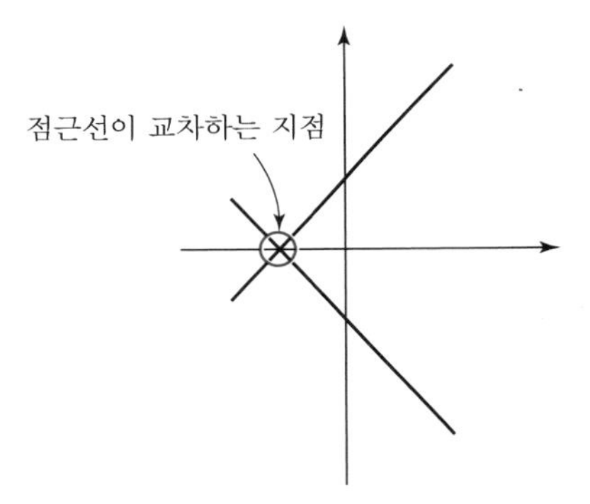

3. 근궤적과 허수축의 교차점 찾기

제어계의 근이 허수축과 접하지 않고, s 평면의 좌반부에만 존재한다면, 그 제어계는 '안정'한 제어계가 될 것입니다.

하지만 본 내용은 '근궤적'과 '허수축'의 교차점을 찾는 내용이므로, 근이 허수축에 존재하는 제어계는 '임계안정'할 수밖에 없습니다.

그러므로 '근궤적'과 '허수축'의 교차점을 찾는다는 것은 제어계의 '임계안정' 지점을 찾는다는 의미입니다.

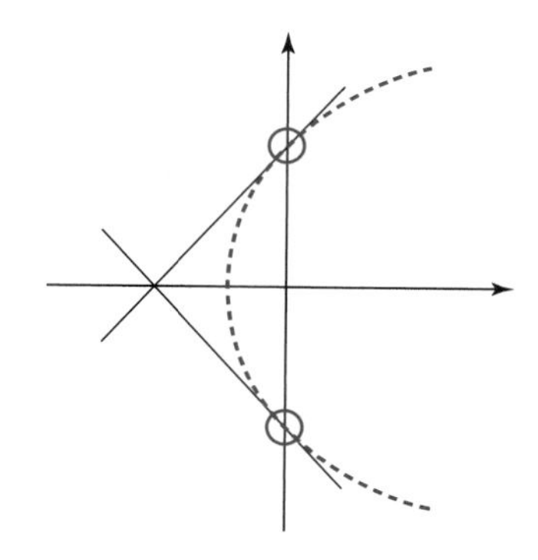

'임계안정' 조건은 5장에서 다룬 '루스 – 후르비츠 방법'에서 루스표 제1열의 계수 값 중 0이 포함되면 그 제어계는 '임계안정'하였습니다.
그래서 본 '근궤적과 허수축의 교차점 찾기'는 특성방정식을 가지고 '루스표'로 변환한 다음, 루스표 제1열에 의해 전개되는 내용을 통해, '근궤적이 허수축과 만나는 지점'을 찾게 됩니다. 이에 대한 예는 이어지는 [예제 2]에서 설명합니다.

정리

제어계의 근이 그리는 궤적인 '근궤적'모양을 추측하기 위해, 다음 3가지 방법을 사용합니다.
① 점근선 각도 θ
② 점근선 교차점 δ
③ 근궤적과 허수축의 교차점

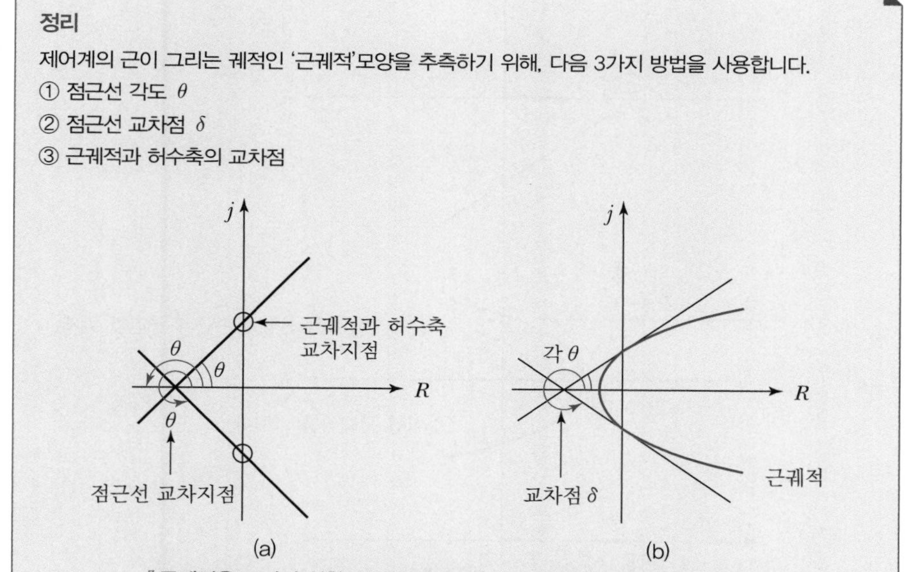

〖 근궤적을 그리기 위한, 점근선의 각도(θ)와 점근선의 교차점(δ) 비교 〗

하지만 위 a, b 그림을 통해 세 가지 방법 모두를 사용할 필요가 없습니다. 실제로는 ① 점근선 각도, ② 점근선 교차점 두 가지만으로도 대략적인 근궤적의 모양을 추측할 수 있습니다.

핵심기출문제

근궤적이 s 평면의 $j\omega$축과 교차할 때 폐루프의 제어계는?
① 안정하다.
② 불안정하다.
③ 임계상태이다.
④ 알 수 없다.

해설
근궤적이 s 평면의 $j\omega$축과 교차할 때 폐루프의 제어계는 임계안정도를 가진다.

정답 ③

예제

01 점근선 각도(θ)와 점근선 교차점(δ)에 의한 근궤적 그리기(추측하기)

다음 개루프 전달함수 $G_{(s)}H_{(s)} = \dfrac{K(s+3)}{s(s+1)(s+2)(s+4)}$ 가 갖는 점근선으로 근궤적을 그리시오.

풀이
- 점근선을 구하라는 것은 점근선의 각도(θ)와 점근선의 교차점(δ)을 찾으라는 뜻이다.
- 영점과 극점은 $\begin{bmatrix} \text{영점}(Z): -3 \\ \text{극점}(P): 0, -1, -2, -4 \end{bmatrix}$ 이므로, 영점(Z)은 1개, 극점(P)은 4개이다.
- 여기서 점근상수 $k_n = 4-1-1 = 2$ 이므로 점근선 각도 수식 k_n에 0, 1, 2를 대입한다.
- 점근선 각도 $\theta = \dfrac{(2k_n+1)\pi}{P_n - Z_n} = \dfrac{[2(0\sim 2)+1]\pi}{4-1} = \dfrac{\pi}{3}, \dfrac{3\pi}{3}, \dfrac{5\pi}{3}$ [rad]
- 점근선 교차점 $\delta = \dfrac{\sum P - \sum Z}{P_n - Z_n} = \dfrac{(-1-2-4)-(-3)}{4-1} = \dfrac{(-7)-(-3)}{3} = \dfrac{-4}{3}$

  ∴ s 평면 실수축의 $\dfrac{-4}{3}$ 지점에서 점근선이 교차한다.

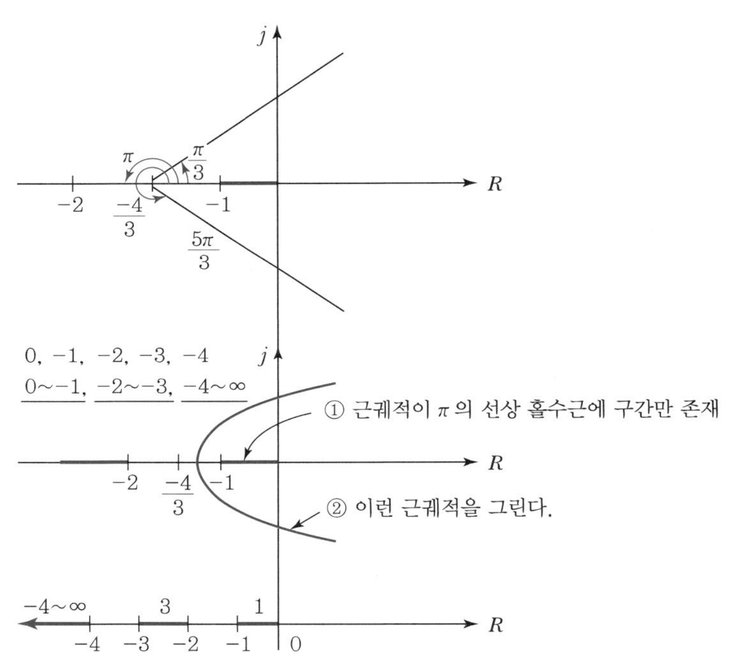

이와 같이 영점과 극점을 이용하여 전달함수 $\dfrac{K(s+3)}{s(s+1)(s+2)(s+4)}$ 의 궤적이 지나간 두 개의 근거를 가지고 근궤적(벡터궤적)을 추측할 수 있다.

예제

02 근궤적과 허수축의 교차점 찾기

다음 개루프 전달함수 $G_{(s)}H_{(s)} = \dfrac{K}{s(s+4)(s+5)}$ 가 그리는 근궤적과 허수축($j\omega$)이 교차하는 점을 찾으시오.

풀이

- 근궤적과 허수축이 만나는 지점(교차점)을 찾으라는 말의 뜻은, 이 제어계가 갖는 특성근이 s 평면의 좌반부에 존재하지 않고 허수축에 접하므로, 제어계의 결과는 '임계안정'한다는 것을 알 수 있다.
- 전달함수가 갖는 특성방정식은 $s(s+4)(s+5)+K=0 \xrightarrow{\text{전개}} s^3+9s^2+20s+K=0$
- 특성방정식 $[s^3+9s^2+20s+K=0]$는 모든 차수가 존재하고, 모든 계수의 부호가 같으므로 루스표 변환을 할 수 있다. 루스표 변환은 다음과 같다.

[루스표에 의한 '임계안정' 조건]

- 제1열의 부호가 모두 같고,
- 제1열의 한 행의 계수가 0이어야 함

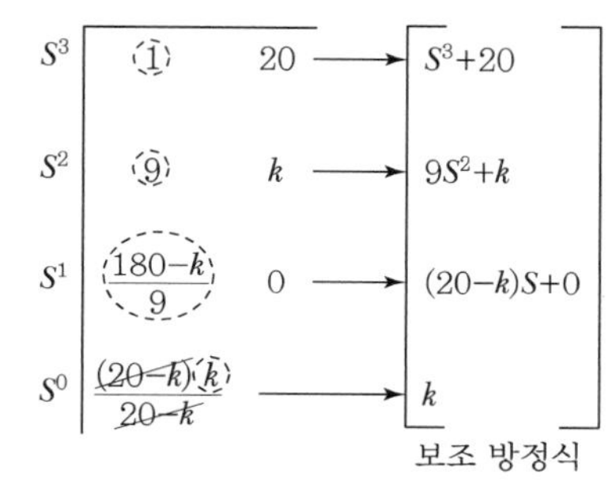

루스표에서 제1열의 어느 한 행을 0으로 만들어야 한다. 하지만 무조건 상수(K)를 0으로 만들 수 없다. 이유는 상수(K)를 0으로 전제하면, 다음처럼 전달함수가 0이 되기 때문이다.

$$\frac{0}{s(s+4)(s+5)}=0$$

이에 대한 특성방정식 $s^3+9s^2+20s+0=0$

그러므로 상수(K)를 0으로 하면, 특성방정식의 모든 차수가 존재하지 않게 되므로, 제어계는 '임계안정'이 아닌 '불안정'한 제어계가 되어 버린다. 그러므로 상수(K)가 0이 아닌 루스표 제1열의 수 중에서 0으로 만들어야 한다($K \neq 0$ 인 다른 임계안정 조건을 찾는다).

루스표 제1열 3행 수식 $\dfrac{180-K}{9}=0$과 루스표 보조방정식을 이용하여 3행을 0으로 만들어 본다.

$$\frac{180-K}{9}=0 \xrightarrow{\text{전개}} 180-K=0 \xrightarrow{\text{전개}} 180=K$$

- $180=K$를 루스표 보조방정식 $(20-K)s+0$에 대입한다.
- $(20-180)s+0=0 \xrightarrow{\text{전개}} -160s+0=0 \xrightarrow{\text{전개}} s=-\dfrac{0}{160}=0$

이 경우에는 허수값을 찾을 수 없으므로 다른 루스표 보조방정식을 사용한다.

$180=K$를 루스표 보조방정식 $9s^2+K=0$에 대입한다.

- $9s^2+180=0 \xrightarrow{\text{전개}} 9s^2=-180 \xrightarrow{\text{전개}} s=\sqrt{\dfrac{-180}{9}}=j\sqrt{20}$ (허수값을 찾음)

허수값 $s=j\sqrt{20}$ 에 의한 근궤적이 허수축과 교차하는 지점은 다음과 같다.

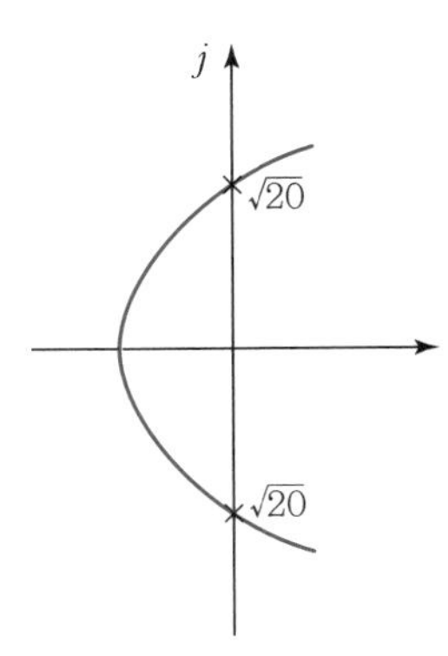

예제 2를 통해서 알 수 있는 사실은, '근궤적과 허수축의 교차점을 찾는 방법'이 복잡하다는 것입니다. 그래서 제어계의 근이 그리는 궤적인 '근궤적'모양을 추측하기 위해 사용하는 3가지 방법 중 ① 점근선 각도(θ), ② 점근선 교차점(δ) 두 가지만을 사용하여 근궤적 모양을 추측하지, ③ 근궤적과 허수축의 교차점방법은 거의 사용하지 않습니다.

04 근궤적의 실수축으로부터 벗어나는 지점(이탈점, 분지점) 찾기

근궤적의 이탈점 찾기는 근궤적모양이 실수축으로부터 이탈하는 지점을 말합니다. 이 이탈지점은 제어계의 전체 전달함수로부터 얻은 특성방정식을 상수(K)에 대해 전개하고, 상수(K)로 재정리된 방정식을 복소변수 s 에 대해 미분($\frac{d}{ds}$)한 결과입니다. 이러한 근궤적(제어계의 근이 그리는 궤적)이 실수축(σ)으로부터 벗어나는 점을 '분지점' 또는 '이탈점'으로 부릅니다.

1. 이탈점 또는 분지점의 특성

① 특성방정식을 상수(K)로 미분한 결과가 0을 만족하는 근이 이탈점(분지점)이다.

$$\frac{d}{ds}K=0$$

② 특성방정식의 상수(K)를 미분한 결과가 0인 값과 전달함수의 분자 K가 0이 되는 값은 서로 같다.

핵심기출문제

특성방정식 $(s+1)(s+2)+K(s+3)=0$**의 완전 근궤적의 이탈점(Breakaway Point)은 각각 얼마인가?**

① $s=-1.5$, $s=-3.5$인 점
② $s=-1.6$, $s=-2.6$인 점
③ $s=-3+\sqrt{2}$, $s=-3-2\sqrt{2}$인 점
④ $s=-3+\sqrt{2}$, $s=-3-\sqrt{2}$인 점

해설

특성방정식에서 이득정수

$$K=-\frac{(s+1)(s+2)}{(s+3)}=-\frac{s^2+3s+2}{s+3}$$

여기서,

$$\frac{dK}{ds}=-\frac{dK}{ds}\frac{s^2+3s+2}{s+3}=\frac{s^2+6s+7}{(s+3)^2}=0$$

$s^2+6s+7=0$

$\therefore s=-3\pm\sqrt{2}$

정답 ④

2. 이탈점(분지점)을 찾는 예

만약 어떤 제어계의 전체 전달함수에 대한 특성방정식이 $s^3+2s^2+s+K=0$이라면, 이 특성방정식을 특성방정식의 상수값 K로 재전개합니다.

① $K=-s^3-2s^2-s$ 여기서 상수 K수식을 복소변수 s로 미분한 결과가 0이 돼야 한다.

② $\dfrac{dK}{ds}=\dfrac{d}{ds}(-s^3-2s^2-s)=0 \xrightarrow{\text{미분계산}} \dfrac{d}{ds}(-s^3-2s^2-s)$

$=-3s^2-4s-1=0$

2차 방정식 $-3s^2-4s-1=0$의 '근'이 근궤적이 실수축으로부터 이탈하는 지점(이탈점)이 된다.

$$s_1,\ s_2=\frac{-b\pm\sqrt{b^2-4ac}}{2a}=\frac{-2\pm1}{3}$$

그러므로 근의 범위는 $s_1:-1<\dfrac{-1}{3}<0$ 와 $s_2:-1$

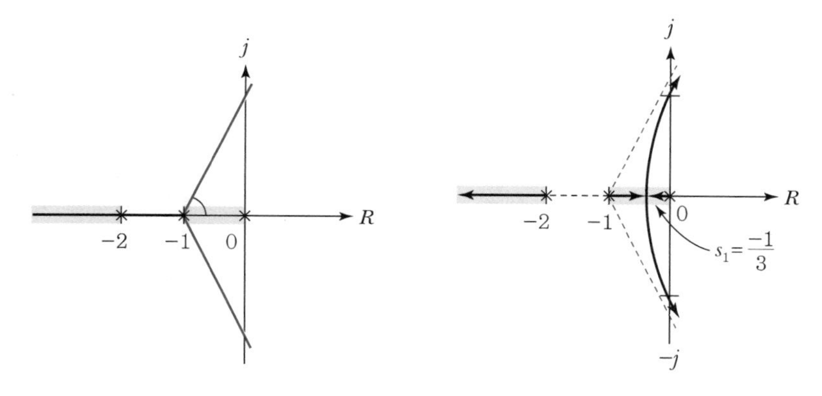

여기서 근궤적이 존재할 수 있는 영역은 실수축에서 홀수 구간뿐이므로, 이 제어계의 근궤적을 작성할 때 이탈점은 $s_1=\dfrac{-1}{3}$뿐이다.

1. 특성방정식의 종류

① **피드백 전달함수의 특성방정식** : $1+G_{(s)}H_{(s)}=0$

② **개루프 전달함수의 특성방정식** : 분모 + 분자 = 0

2. 영점(Zero Plot)과 극점(Pole Plot)을 통해 특성근 찾기

① **영점** : 시스템을 단락시키기 위해 전달함수의 분자가 0이 되는 복소변수 s 값을 의미한다.
전달함수 $M_{(s)}=0$ (단락)

② **극점** : 시스템을 개방시키기 위해 전달함수의 분모가 0이 되는 복소변수 s 값을 의미한다.
전달함수 $M_{(s)}=\infty$ (개방)

③ **근궤적을 그리기 위한 영점과 극점의 특성**

- 영점과 극점을 이용하여 '근궤적'을 작성할 때, 근궤적의 출발점은 '극점'이고, 종착점은 '영점'이다. 이는 영점과 극점으로 근궤적 작성 시, 극점에서 출발하여 극점과 극점 사이에 존재하는 영점들 사이로 궤적이 수렴한다는 의미이다.
- '근궤적'의 대칭성 : 개루프 전달함수의 극점들은 공액복소수 형태로만 존재하기 때문에, '근궤적'은 항상 s 평면의 실수축에 존재하거나 실수축에 대해 대칭된 형태를 갖는다.
- '근궤적'의 범위 : 실수축 위에서 $-\sigma$에서 σ 방향으로 봤을 때, 극점과 영점의 개수가 홀수일 때만, '근궤적'은 실수축의 홀수 구간에 존재한다.

3. 근궤적의 점근선 각도와 교차점을 찾아 근궤적모양 추정하기

① **점근선 각도** $\theta=\dfrac{(2k_n+1)\pi}{P_n-Z_n}$ [°]

② **점근선 교차점** $\delta=\dfrac{\sum P-\sum Z}{P_n-Z_n}$

4. 이탈점 또는 분지점의 특성

① 특성방정식을 상수(K)로 미분한 결과가 0을 만족하는 근이 이탈점(분지점)이다.

$$\frac{d}{ds}K=0$$

② 특성방정식의 상수(K)를 미분한 결과가 0인 값과 전달함수의 분자 K가 0이 되는 값은 서로 같다.

CHAPTER 07 상태공간과 $\mathcal{Z}$ 변환을 이용한 시스템 해석

[복잡계를 상태공간과 $\mathcal{Z}$ 변환(펄스변환)으로 해석하기]

제어공학을 크게 두 부분으로 나누면 다음과 같습니다.

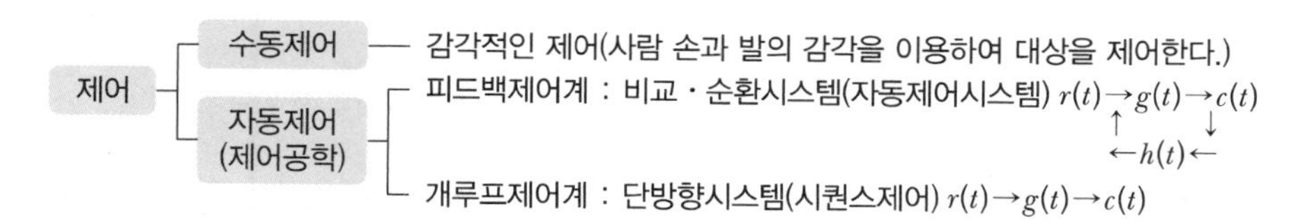

제어공학의 1장부터 본 7장까지에서 '자동제어시스템'을 설계하는 방법과 제어계 출력을 해석 · 예측하는 내용에 대해서 다룹니다. 그리고 마지막 8장에서는 '개루프제어'에 해당하는 시퀀스제어(순차제어)를 다루게 됩니다.

$R-L-C$ 전기회로는 2차 미분방정식으로 표현되는 제어계입니다 하지만 수많은 R, L, C 소자들로 구성되어 복잡한 제어(전달함수)가 이뤄지는 제어계는 '고차 미분방정식'으로 표현됩니다. 이런 고차의 미 · 적분으로 구성된 방정식을 사람이 계산하기 매우 어렵기 때문에, 우리는 라플라스 변환과 다양한 해석방법을 동원하여 5장, 6장에서 제어계를 해석하였습니다. 본 7장 역시 5장, 6장과 같은 고차 미분방정식으로 표현되는 자동제어시스템을 해석하는 내용입니다.

(수많은 R, L, C소자로 구성된 전기회로 외에도 한 도시, 한 국가의 전력시스템, 기상예보, 천문현상 예측과 같은 자연계에서 일어나는 현상, 핸드폰, 사물인터넷과 같이 인공지능 첨단기기 등이 복잡계에 해당합니다)

다만, 7장이 5 · 6장과 다른 것은 5 · 6장에서는 제어요소가 3차, 4차, 5차, n차 미분방정식으로 표현되는 제어계를 해석(루스-후르비츠 방법)하는 내용이었습니다. 정확히 5 · 6장에서 사용한 가장 높은 차수는 5차 미분방정식이었습니다. 반면 본 7장의 상태방정식은 n차 미분방정식보다 훨씬 더 고차 미분방정식으로 구성된 제어계를 해석할 때 사용하는 해석방법입니다.

- 1장, 2장 : 자동제어시스템과 시스템 표현 소개
- 3장, 4장 : 2차 미분방정식으로 제어되는 제어계 해석
- 5장, 6장 : 3차, 4차, 5차, n차 미분방정식으로 제어되는 제어계 해석
- 7장 : 고차 미분방정식으로 표현되는 복잡계 해석

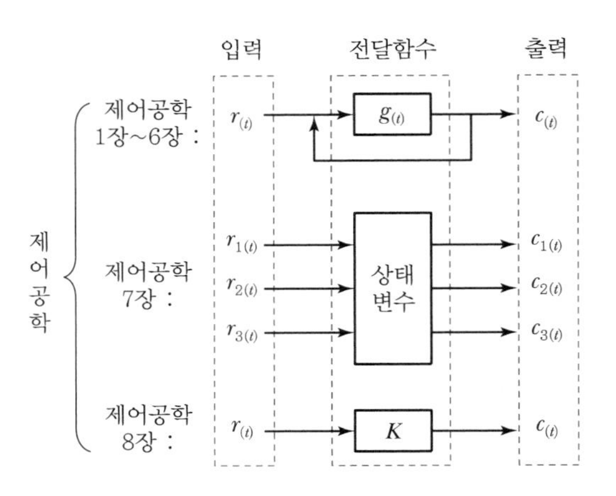

〖 각 단원별 제어계의 구조와 상태방정식으로 표현되는 7장의 계 비교 〗

그림에서 비교해 볼 수 있듯이, 하나의 입력과 하나의 출력에 대응하는 전달함수 해석 방법이 1장에서 6장까지 다룬 제어계의 구조입니다.
반면, 다수의 입력과 다수의 출력이 동시에 발생하는 계(제어계보다 포괄적인 의미)가 7장에서 다루는 내용입니다. 고차 미분방정식의 '복잡계'는 앞서 사용한 제어계 해석법(라플라스 변환, 특성방정식, 궤적 해석, 루스－후르비츠 해석 등)으로 해석하기 사실상 불가능에 가깝습니다. 고차 미분방정식의 '복잡계'는 라플라스 변환을 사용하지 않으므로 계를 복소변수 s (복소영역)로 나타내지도 않습니다. 그래서 등장한 새로운 방법이 고차 미분방정식으로 표현되는 복잡계를 Z 변환(Z 영역)하여 상태변수(다변수계)로 바꾸고, 고차 미분방정식을 여러 개의 1차 미분방정식으로 분산시키는 **상태방정식**을 세워 복잡한 시스템을 해석합니다.
7장에서는 총 3가지 내용을 다룹니다.

① 상태방정식
② 상태천이행렬(상태변화행렬)
③ Z 변환[system의 아날로그 신호를 펄스(Pulse)로 변환하기]

01 상태방정식

상태방정식은 어떤 시스템 혹은 복잡한 계를 논리적으로 나타냈을 때 '고차 미분방정식'으로 표현된다면, 이 시스템 계를 여러 개(n개)의 '1차 미분방정식'으로 바꿔 행렬식으로 표현한 '계(System)' 해석방법입니다.

① **상태방정식** $\dot{x} = A\,x_{(t)} + B\,r_{(t)}$

여기서, $\dot{x} = \dfrac{d}{dt}x_{(t)}$: 상태방정식, A : 시스템행렬, B : 제어행렬

② 상태방정식($\dot{x}$)을 행렬식으로 변환한 형태

$$\begin{bmatrix}\dot{x}_1(t)\\ \dot{x}_2(t)\\ \dot{x}_3(t)\end{bmatrix} = \begin{bmatrix}\square & \square & \square\\ \square & \square & \square\\ \square & \square & \square\end{bmatrix}\begin{bmatrix}x_1(t)\\ x_2(t)\\ x_3(t)\end{bmatrix} + \begin{bmatrix}\square\\ \square\\ \square\end{bmatrix} r_{(t)}$$

$\dot{x}(t)$ (상태방정식) A (시스템행렬) $x(t)$ B (제어행렬)

예제

01 다음 고차 미분방정식 $\frac{d^3(t)}{dt^3}+3\frac{d^2(t)}{dt^2}+2\frac{d(t)}{dt}+c_{(t)}=r_{(t)}$을 상태방정식과 상태행렬로 변환하시오.

풀이 문제에서 제시한 3차 미분방정식을 x_1, x_2, x_3의 상태변수로 나타내면 다음과 같다.
상태변수를 정리

$$\frac{d^3(t)}{dt^3}+3\underbrace{\frac{d^2(t)}{dt^2}}_{x_3}+2\underbrace{\frac{d(t)}{dt}}_{x_2}+\underbrace{c(t)}_{x_1}=r(t) \rightarrow \begin{bmatrix} x_1 = c_{(t)} \\ x_2 = 2\frac{d}{dt}(t) \\ x_3 = 3\frac{d^2}{dt^2}(t)\end{bmatrix}$$

상태방정식 $\dot{x}_1(t)$는 x_1을 미분한 것으로 x_2가 된다. → $\dot{x}_1(t)=x_2$
상태방정식 $\dot{x}_2(t)$는 x_2을 미분한 것으로 x_3가 된다. → $\dot{x}_2(t)=x_3$
상태방정식 $\dot{x}_3(t)$는 x_3을 미분한 것으로 $\frac{d^3(t)}{dt^3}$를 미분하면 된다.

여기서, $\frac{d^3(t)}{dt^3}$를 미분하기 위해서 미분방정식을 이항한다.

- 상태방정식 : $\dot{x}_3(t)=-x_1(t)-2x_2(t)-3x_3(t)+r(t)$
- 상태방정식을 행렬로 나타내기 위해 '상태행렬'로 전개하면 다음과 같다.

$$\begin{bmatrix}\dot{x}_1(t)=x_2\\ \dot{x}_2(t)=x_3\\ \dot{x}_3(t)=x_1(t)-2x_2(t)-3x_3(t)+r(t)\end{bmatrix} \rightarrow \begin{bmatrix}\dot{x}_1(t)\\ \dot{x}_2(t)\\ \dot{x}_3(t)\end{bmatrix} = \begin{bmatrix}0 & 1 & 0\\ 0 & 0 & 1\\ -1 & -2 & -3\end{bmatrix}\begin{bmatrix}x_1\\ x_2\\ x_3\end{bmatrix} + \begin{bmatrix}0\\ 0\\ 1\end{bmatrix} r(t)$$

x_1자리 x_2자리 x_3자리

$\dot{x}_1(t)=r(t)$ 없다.
$\dot{x}_2(t)=r(t)$ 없다.
$\dot{x}_3(t)=r(t)$ 있다.

그러므로

∴ 상태방정식 : $\dot{x}_3(t)=-x_1(t)-2x_2(t)-3x_3(t)+r(t)$

∴ 상태행렬 : $\begin{bmatrix}\dot{x}_1(t)\\ \dot{x}_2(t)\\ \dot{x}_3(t)\end{bmatrix} = \begin{bmatrix}0 & 0 & 0\\ 0 & 0 & 1\\ -1 & -2 & -3\end{bmatrix}\begin{bmatrix}x_1\\ x_2\\ x_3\end{bmatrix} + \begin{bmatrix}0\\ 0\\ 1\end{bmatrix} r_{(t)}$

핵심기출문제

다음 미분방정식으로 표시되는 계의 계수 행렬 A는 어떻게 표시되는가?

$$\frac{d^2c(t)}{dt^2}+3\frac{dc(t)}{dt}+2c(t)=r(t)$$

① $\begin{bmatrix}-2 & -3\\ 0 & 1\end{bmatrix}$ ② $\begin{bmatrix}1 & 0\\ -3 & -2\end{bmatrix}$
③ $\begin{bmatrix}0 & 1\\ -2 & -3\end{bmatrix}$ ④ $\begin{bmatrix}-3 & -2\\ 1 & 0\end{bmatrix}$

해설

$$\frac{d^2c(t)}{dt^2}=-3\frac{dc(t)}{dt}-2c(t)+r(t)$$

그리고, 상태방정식

$$\frac{d}{dt}x(t)=Ax(t)+Br(t)$$

$$\begin{bmatrix}\dot{x}_1\\ \dot{x}_2\end{bmatrix}=\begin{bmatrix}0 & 1\\ -2 & -3\end{bmatrix}\begin{bmatrix}x_1\\ x_2\end{bmatrix}+\begin{bmatrix}0\\ 1\end{bmatrix}r$$

상태방정식에 대한 행렬이 이와 같으므로

∴ 계수행렬 $A=\begin{bmatrix}0 & 1\\ -2 & -3\end{bmatrix}$

정답 ③

핵심기출문제

미분방정식 $\ddot{x}+2\dot{x}+5x=r(t)$로 표시되는 계의 상태방정식을 $\dot{x}=Ax+Bu$라 하면 계수행렬 A, B는?(단, $x_1=x$, $x_2=\dot{x}_1$이다.)

① $\begin{bmatrix}0 & 1\\ -5 & -2\end{bmatrix}\begin{bmatrix}0\\ 1\end{bmatrix}$
② $\begin{bmatrix}1 & 0\\ -5 & -2\end{bmatrix}\begin{bmatrix}1\\ 0\end{bmatrix}$
③ $\begin{bmatrix}0 & 1\\ -2 & -5\end{bmatrix}\begin{bmatrix}0\\ 1\end{bmatrix}$
④ $\begin{bmatrix}1 & 0\\ -2 & -5\end{bmatrix}\begin{bmatrix}1\\ 0\end{bmatrix}$

해설

$$\frac{d^2x(t)}{dt^2}+2\frac{dx(t)}{dt}+5x(t)=r(t)$$

$$\frac{d^2x(t)}{dt^2}=-2\frac{dx(t)}{dt}-5x(t)+r(t)$$

그리고, 상태방정식

$$\frac{d}{dt}x(t)=Ax(t)+Br(t)$$

이를 행렬로 변환하면,

$$\begin{bmatrix}\dot{x}_1\\ \dot{x}_2\end{bmatrix}=\begin{bmatrix}0 & 1\\ -5 & -2\end{bmatrix}\begin{bmatrix}x_1\\ x_2\end{bmatrix}+\begin{bmatrix}0\\ 1\end{bmatrix}r$$

$\therefore A=\begin{bmatrix}0 & 1\\ -5 & -2\end{bmatrix}$, $B=\begin{bmatrix}0\\ 1\end{bmatrix}$

정답 ①

02 상태천이행렬(상태변화행렬, State Transition Matrix)

1. 상태천이행렬의 정의

'상태천이행렬' 용어를 살펴보면 '상태'는 어떤 '계(시스템)'의 공간을 뜻하고, '천이행렬'이란 그 '계'의 변화과정(천이과정)을 행렬로 나타내는 것입니다.

그래서 상태천이행렬이란, 어떤 복잡한 '계(시스템)'를 초기상태(입력 $r_{(t)}=0$)에서부터 시간에 따라 변화하는 과정을 상태방정식을 이용하여 행렬로 나타낸 것입니다. 어떤 복잡계를 상태천이행렬로 해석하면 $t=0$에서부터 어떤 특정 시간 t까지의 그 계(시스템)의 변화결과가 어떤지 알 수 있습니다.

- 상태천이행렬 $\phi_{(t)}=\mathcal{L}^{-1}\left[(sI-A)^{-1}\right]$

  여기서, $\mathcal{L}^{-1}$: 역라플라스

  s : 복소함수

  A : 시스템 행렬

  I : 단위행렬

- 단위행렬(I) 계산 : $I=\begin{bmatrix}1 & 0\\0 & 1\end{bmatrix}$, $I=\begin{bmatrix}1 & 0 & 0\\0 & 1 & 0\\0 & 0 & 1\end{bmatrix}$

  여기서, 단위행렬(I)은 2×2매트릭스 행렬의 대각 원소가 1이고, 나머지 원소가 모두 0인 행렬을 의미한다.

상태천이행렬 $\phi_{(t)}$은 먼저 행렬($sI-A$)을 계산하고, 그 행렬결과에 역행렬 $(sI-A)^{-1}$을 계산한 다음, 역라플라스 변환 $\mathcal{L}^{-1}\left[(sI-A)^{-1}\right]$을 함으로써 어떤 복잡계 시스템의 변화결과(상태천이행렬 결과)를 알 수 있습니다.

- 복소함수(s)가 포함된 단위행렬 : $sI=\begin{bmatrix}s & 0\\0 & s\end{bmatrix}$

참고 어떤 시스템(닫힌계)의 상태가 입력 $r_{(t)}=0$일 때, 상태방정식 도출 과정

상태방정식 $\frac{d}{dt}x_{(t)}=Ax_{(t)}+Br_{(t)}$에 입력 $r_{(t)}=0$ 적용 → $\frac{d}{dt}x_{(t)}=Ax_{(t)}$

- 초기상태의 상태방정식 $\frac{d}{dt}x_{(t)}=Ax_{(t)}$ 라플라스 변환 $\xrightarrow{\mathcal{L}}$ $sX_{(s)}-x_{(0)}=AX_{(s)}$
- $X_{(s)}$로 재정리하면 $(sI-A)X_{(s)}=x_{(0)}$이고, 양 변에 $(sI-A)$의 역함수를 취하면,
- $X_{(s)}=(sI-A)^{-1}x_{(0)}$ 역라플라스 변환 $\xrightarrow{\mathcal{L}^{-1}}$ $x_{(t)}=\mathcal{L}^{-1}\left[(sI-A)^{-1}\right]x_{(0)}$

∴ 상태방정식 $x_{(t)}=\phi_{(t)}x_{(0)}$(여기서 $\phi_{(t)}$는 상태천이행렬)

핵심기출문제

상태방정식이 다음과 같은 계의 천이행렬 $\phi(t)$는 어떻게 표시되는가?

$$\dot{x}(t)=Ax(t)+Bu$$

① $\mathcal{L}^{-1}\{(sI-A)\}$
② $\mathcal{L}^{-1}\{(sI-A)^{-1}\}$
③ $\mathcal{L}^{-1}\{(sI-B)\}$
④ $\mathcal{L}^{-1}\{(sI-B)^{-1}\}$

해설

$\dot{x}=Ax+Bu$의 특성방정식은 $|sI-A|=0$이며 천이행렬은 $\mathcal{L}^{-1}\{(sI-A)^{-1}\}$이다.

정답 ②

참고 어떤 시스템(닫힌계)의 상태가 $t \geq 0$일 때, 상태방정식 도출 과정

먼저 상태방정식을 라플라스 변환하고, 수식을 재정리한 후, 그 결과를 라플라스 역변환한다.

- (라플라스 변환) $\frac{d}{dt}x_{(t)} = A\,x_{(t)} + Br_{(t)} \xrightarrow{\mathcal{L}} sX_{(s)} - x(0^+) = AX_{(s)} + BR_{(s)}$
- (재정리) $X_{(s)}$로 재정리하면 $X_{(s)} = [sI-A]^{-1}x(0^+) + [sI-A]BR_{(s)}$이다.
- (다시 역변환) $X_{(s)} \xrightarrow{\mathcal{L}^{-1}} x_{(t)} = \phi_{(t)}\,x(0^+) + \int_0^t \phi(t-\tau)BR_{(\tau)}\,d_\tau$

∴ 상태방정식 $x_{(t)} = \phi_{(t)}\,x(0^+) + \int_0^t \phi(t-\tau)BR_{(\tau)}\,d_\tau$ (여기서 $\phi_{(t)}$는 상태천이행렬)

2. 상태천이행렬의 성질

① **상태천이행렬 : $\phi_{(t)}$**

라플라스 변환을 통해 상태방정식 $\dot{x} = A\,x_{(t)} + B\,r_{(t)}$을 전개하는 과정에서 상태천이행렬 $\phi_{(t)}$가 도출된다. $\phi_{(t)}$는 '상태천이행렬'이다.

② **$\phi_{(0)} = I$ 성질**

상태천이행렬 $\phi_{(t)}$의 초기상태(시스템 해석을 $t=0$에서 시작)에서 상태천이행렬은 곧 단위행렬(I)이 된다. → $\phi_{(t)} = e^{At} \xrightarrow{t=0} \phi_{(0)} = I$

③ **$\phi_{(t)}{}^{-1} = \phi_{(-t)} = e^{-At}$ 성질**

$\phi_{(t)}$는 상태천이행렬이고, $\phi_{(t)}{}^{-1}$은 $\phi_{(t)}$의 역행렬이다.

④ **$\phi_{(t2-t1)}\phi_{(t1-t0)} = \phi_{(t2-t0)}$ 성질**

⑤ **$[\phi_{(t)}]^k = \phi_{(kt)}$ 성질**

⑥ **상태천이행렬의 고유값**

상태천이행렬 계산을 통해 얻은 $\phi_{(t)}$ 값은 특성방정식의 '근'에 해당한다.

예제

02 $\begin{bmatrix}\dot{X}_1\\ \dot{X}_2\end{bmatrix} = \begin{bmatrix}0 & 1\\ -2 & -3\end{bmatrix}\begin{bmatrix}\dot{X}_1\\ \dot{X}_2\end{bmatrix}$ **로 표현되는 시스템의 상태천이행렬 $\phi_{(t)}$을 구하시오.**

풀이 상태천이행렬은 $\phi_{(t)} = \mathcal{L}^{-1}\left[(sI-A)^{-1}\right]$이고, 단위행렬은 $sI = \begin{bmatrix}s & 0\\ 0 & s\end{bmatrix}$이다.

$$\rightarrow sI - A = \begin{bmatrix}s & 0\\ 0 & s\end{bmatrix} - \begin{bmatrix}0 & 1\\ -2 & -3\end{bmatrix} = \begin{bmatrix}s & -1\\ 2 & s+3\end{bmatrix} = s(s+3) - (-1\times 2) = s(s+3) + 2$$

※행렬 곱셈과 행렬 덧셈·뺄셈은 다르다.

TIP

난해한 내용이므로 이해하기 보다는 암기해야 한다.

핵심기출문제

상태천이행렬(State Transition Matrix) $\phi(t) = e^{At}$에서 $t=0$일 때의 값은?

① e ② I
③ e^{-1} ④ 0

해설

상태천이행렬 $\phi(t)$는 초기시간 $t=0$일 때 $\phi(0) = I$이다.

정답 ②

핵심기출문제

천이행렬(Transition Matrix)에 관한 서술 중 옳지 않은 것은?(단, $\dot{x} = Ax + Bu$이다.)

① $\phi(t) = e^{At}$
② $\phi(t) = \mathcal{L}^{-1}[sI-A]$
③ 천이행렬은 기본행렬(Fundamental Matrix)이라고도 한다.
④ $\phi(s) = [sI-A]^{-1}$

해설

천이행렬
$\phi(t) = \mathcal{L}^{-1}[sI-A]^{-1}$

정답 ②

핵심기출문제

상태방정식 $x(t) = Ax(t) + Br(t)$인 제어계의 특성방정식은?

① $|sI - A| = 0$
② $|sI - B| = 0$
③ $|sI - A| = I$
④ $|sI - B| = I$

해설

선형 시불변계의 상태방정식

$\frac{d}{dt}x(t) = Ax(t) + Br(t)$

여기서, 특성방정식 $|sI - A| = 0$

정답 ①

$$\rightarrow [sI-A]^{-1} = \begin{bmatrix} s & -1 \\ 2 & s+3 \end{bmatrix}^{-1} = [s(s+3)+2]^{-1} = [s^2+3s+2]^{-1}$$

$$= \frac{1}{s^2+3s+2}\begin{bmatrix} s+3 & 1 \\ -2 & s \end{bmatrix}$$

$$\rightarrow \phi_{(t)} = \mathcal{L}^{-1}[(sI-A)^{-1}] = L^{-1}\left(\frac{1}{s^2+3s+2}\begin{bmatrix} s+3 & 1 \\ -2 & s \end{bmatrix}\right)$$

$$= L^{-1}\left(\begin{bmatrix} \frac{s+3}{s^2+3s+2} & \frac{1}{s^2+3s+2} \\ \frac{-2}{s^2+3s+2} & \frac{s}{s^2+3s+2} \end{bmatrix}\right)$$

※역행렬 계산에서 대각 ↘방향으로 위치를 맞바꿔 행렬 계산을 한다.

① $L^{-1}\left(\frac{s+3}{s^2+3s+2}\right) \rightarrow \frac{A}{(s+1)} + \frac{B}{(s+2)}\begin{bmatrix} A = \frac{s+3}{s+2}_{(s\rightarrow -1)} = 2 \\ B = \frac{s+3}{s+1}_{(s\rightarrow -2)} = -1 \end{bmatrix}$ 이므로,

$$= \frac{2}{(s+1)} + \frac{-1}{(s+2)} \xrightarrow{\mathcal{L}^{-1}} 2e^{-t} + (-e^{-2t}) \xrightarrow{\phi_{(t)}} \begin{bmatrix} 2e^{-t}-e^{-2t} & \\ & \end{bmatrix}$$

② $L^{-1}\left(\frac{1}{s^2+3s+2}\right) \rightarrow$ ①처럼 $\phi_{(t)}$의 1×2 계산 $\xrightarrow{\phi_{(t)}} \begin{bmatrix} 2e^{-t}-e^{-2t} & e^{-t}-e^{-2t} \\ & \end{bmatrix}$

③ $L^{-1}\left(\frac{-2}{s^2+3s+2}\right) \rightarrow$ ①처럼 $\phi_{(t)}$의 2×1 계산 $\xrightarrow{\phi_{(t)}} \begin{bmatrix} 2e^{-t}-e^{-2t} & e^{-t}-e^{-2t} \\ -2e^{t}+2e^{-2t} & \end{bmatrix}$

④ $L^{-1}\left(\frac{s}{s^2+3s+2}\right) \rightarrow$ ①처럼 $\phi_{(t)}$의 2×2 계산 $\xrightarrow{\phi_{(t)}} \begin{bmatrix} 2e^{-t}-e^{-2t} & e^{-t}-e^{-2t} \\ -2e^{t}+2e^{-2t} & -e^{-t}+2e^{-2t} \end{bmatrix}$

∴ 상태행렬 $\begin{bmatrix} \cdot \\ \cdot \end{bmatrix} = \begin{bmatrix} \cdot & \cdot \\ \cdot & \cdot \end{bmatrix}\begin{bmatrix} \cdot \\ \cdot \end{bmatrix}$에 대한 상태천이행렬 $\phi_{(t)}$ 변환 결과

$$\begin{bmatrix} \dot{X}_1 \\ \dot{X}_2 \end{bmatrix} = \begin{bmatrix} 0 & 1 \\ -2 & -3 \end{bmatrix}\begin{bmatrix} \dot{X}_1 \\ \dot{X}_2 \end{bmatrix} \xrightarrow{\phi_{(t)}} \begin{bmatrix} 2e^{-t}-e^{-2t} & e^{-t}-e^{-2t} \\ -2e^{t}+2e^{-2t} & -e^{-t}+2e^{-2t} \end{bmatrix}$$

예제

03 상태방정식 $\dot{X} = AX + BU_{(t)}$에서 시스템행렬 $A = \begin{bmatrix} 0 & 1 \\ -2 & -3 \end{bmatrix}$, 제어행렬 $B = \begin{bmatrix} 0 \\ 1 \end{bmatrix}$일 때, 고유값을 구하시오(단, '고유값'이란 상태천이행렬을 통해 얻은 값으로 특성방정식의 '근'에 해당한다).

풀이 먼저, 단위행렬 $sI = \begin{bmatrix} s & 0 \\ 0 & s \end{bmatrix}$을 이용하여 고유값을 구하기 위한 특성방정식을 세울 수 있다.

$$\rightarrow sI - A = \begin{bmatrix} s & 0 \\ 0 & s \end{bmatrix} - \begin{bmatrix} 0 & 1 \\ -2 & -3 \end{bmatrix} = \begin{bmatrix} s & -1 \\ 2 & s+3 \end{bmatrix} = s(s+3) - (-1\times2) = s(s+3)+2$$

$$\rightarrow [sI-A]^{-1} = \begin{bmatrix} s & -1 \\ 2 & s+3 \end{bmatrix}^{-1} = [s(s+3)+2]^{-1} = [s^2+3s+2]^{-1}$$

$$= \frac{1}{s^2+3s+2}\begin{bmatrix} s+3 & 1 \\ -2 & s \end{bmatrix}$$

여기서 고유값은 특성방정식의 근에 해당하므로 특성방정식 $s^2+3s+2=0$으로부터 고유값을 찾는다.

∴ 고유값 s_1, s_2 : $-1, -2$

예제

04 상태방정식 $\frac{d}{dt}x_{(t)} = Ax_{(t)} + Bu_{(t)}$에서 시스템행렬 $A = \begin{bmatrix} -6 & 7 \\ 2 & -1 \end{bmatrix}$일 때, 시스템행렬($A$)의 고유값이 얼마인지 구하시오(단, 고유값은 특성방정식의 '근'에 해당한다).

풀이 먼저, 단위행렬 $sI = \begin{bmatrix} s & 0 \\ 0 & s \end{bmatrix}$을 이용하여 A의 고유값을 구하기 위한 특성방정식을 세울 수 있다.

$$\rightarrow sI-A = \begin{bmatrix} s & 0 \\ 0 & s \end{bmatrix} - \begin{bmatrix} -6 & 7 \\ 2 & -1 \end{bmatrix} = \begin{bmatrix} s+6 & -7 \\ -2 & s+1 \end{bmatrix} = (s+6)(s+1)-14$$

$$\rightarrow [sI-A]^{-1} = \frac{1}{(s+6)(s+1)-14}\begin{bmatrix} s+1 & 7 \\ 2 & s+6 \end{bmatrix} = \frac{1}{s^2+7s-8}\begin{bmatrix} s+1 & 7 \\ 2 & s+6 \end{bmatrix}$$

여기서 고유값은 특성방정식의 근이므로 역행렬에서 특성방정식을 세우면 $s^2+7s-8=0$

∴ 고유값 s_1, s_2 : $1, -8$

03 Z 변환

먼저 Z 변환은 의미상 상당히 난해한 내용입니다. 하지만 국가기술자격시험과 관련하여 일부 기본개념과 변환공식표만 암기하면 문제를 푸는 데 아무런 지장이 없으므로 국가기술자격시험 또는 공무원, 공기업 필기시험을 앞둔 수험생은 걱정하지 않아도 됩니다.

1. Z 변환의 개념

Z 변환에서 'Z'는 Z－transform 용어를 줄여서 붙인 것입니다. 그래서 Z 변환(Z－transform)이란 시스템의 아날로그 신호를 펄스(Pulse)로 변환한다는 의미에서 Z 변환이라고 합니다. 이와 같은 Z 변환은 통신방식에서 사용하는 양자화, 샘플링, CDMA 등의 개념과 같습니다. 통신방식과 제어공학의 복잡계 해석이 무관한 것 같지만, 수많은 변수 및 신호(아날로그 : 시간함수, 주파수함수)를 담고 있는 한 시스템을 해석하기 위해 논리적으로 표현 및 변환(디지털 : 라플라스 변환, 특성방정식, 행렬)하여 해석한다는 의미에서 통신분야와 전기 · 전자 · 제어분야 등 기타 여러

핵심기출문제

$A = \begin{bmatrix} 0 & 1 \\ -3 & -2 \end{bmatrix}$, $B = \begin{bmatrix} 4 \\ 5 \end{bmatrix}$인 상태방정식 $\frac{dx}{dt} = Ax + Br$에서 제어계의 특성방정식은?

① $s^2+4s+3=0$
② $s^2+3s+2=0$
③ $s^2+3s+4=0$
④ $s^2+2s+3=0$

해설

상태방정식의 특성방정식은

$|sI-A| = 0$

$|sI-A|$

$= \left| \begin{bmatrix} s & 0 \\ 0 & s \end{bmatrix} - \begin{bmatrix} 0 & 1 \\ -3 & -2 \end{bmatrix} \right|$

$= \begin{vmatrix} s & -1 \\ 3 & s+2 \end{vmatrix}$

$= s(s+2)+3 = 0$

∴ $s^2+2s+3=0$

정답 ④

PART 04

분야에서 사용할 수 있는 계 해석방법 중 하나입니다. 이런 맥락에서 내용을 보면 도움이 될 것입니다.
구체적으로, Z 변환은 일종의 펄스변환 또는 신호변환으로 이해할 수 있습니다. Z 변환은 연속된 수열로 나타나는 시간영역(시변계)의 신호(진동하는 신호, 움직이는 신호, 변화하는 신호)를 아날로그의 복소 주파수영역으로 변환하고, 주파수영역의 연속된 아날로그 신호를 다시 이산화 및 샘플링(Sampling)할 수 있습니다. 입 · 출력이 존재하고 시간에 따라 변화하는 어떤 계(시스템)의 신호변화를 논리적 · 수학적으로 계산하고자, 이산수학을 사용하여 [과정 I]처럼 샘플링을 합니다.
이 샘플링 과정을

- 계에 대한 샘플링 과정을 공학용어로 표현하면 "시간영역을 라플라스 복소영역으로 변환하고, 다시 복소영역을 펄스변환을 하여 샘플링한다."라고 말할 수 있고,
- 그림으로 표현하면, [과정 I]으로 나타낼 수 있고,
- (복소영역을 펄스변환하여 샘플링하는 과정을) 수학적으로 표현하면 'Z 변환' 공식과 Z 변환표가 됩니다.

(1) Z 변환 과정 I

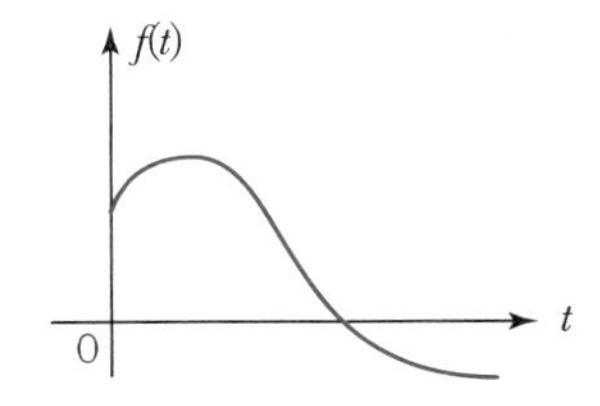

(a) 어떤 '계(system)'의 아날로그 신호

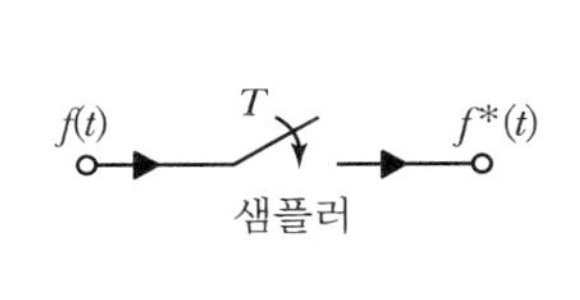

(b) 어떤 '계(System)'에 흐르는 신호를 계산하기 위해 Sampling(양자화)이 필요하고, 샘플링(z 변화)해 주는 과정

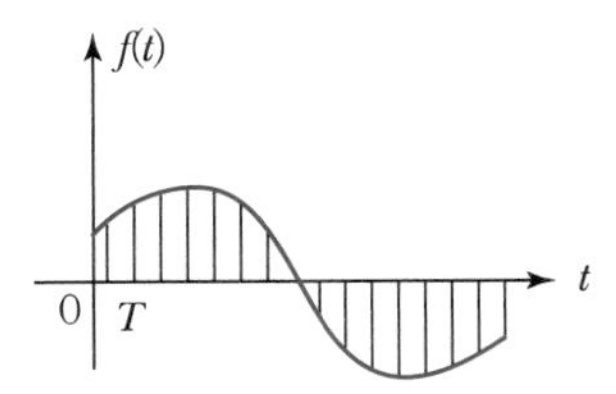

(c) 아날로그 신호가 디지털 수치화된 샘플링모양. z변환이 본 단계에 해당된다.

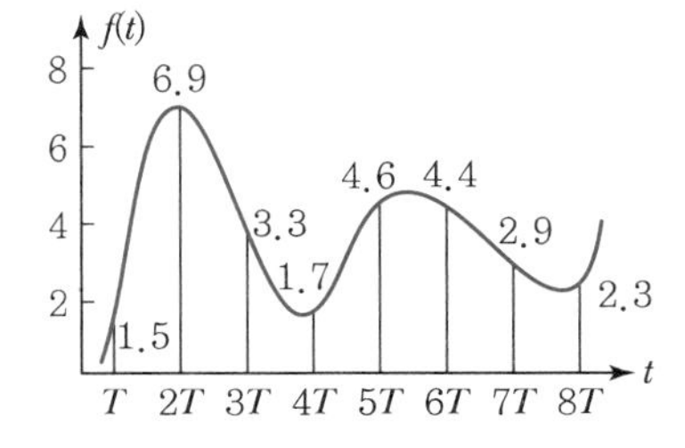

(d) 더욱 수치화된 샘플링 상태

(e) 더더욱 수치화된 샘플링 상태. 어떤 '계(시스템)'에 입력되는 아날로그 신호를 수치화했기 때문에 계산할 수 있다.

〚 샘플링(양자화) 변환 과정 〛

위 [그림 b]는 시간변화 $f_{(t)}$에 따라 변화하는 어떤 '계'의 아날로그 신호가 샘플러(시간 $t=0$부터 τ초 동안만 닫혔다가 τ초 후에 다시 열리는 샘플러)를 통해, T초 간격으로 반복하여 τ에 대한 출력($f_{(t)}{}^*$)이 0, T, $2T$, $3T$, ⋯ 간격으로 펄스(Pulse)가 되는 샘플링 과정을 보여 줍니다.

(2) $\mathbb{Z}$ 변환 과정 II

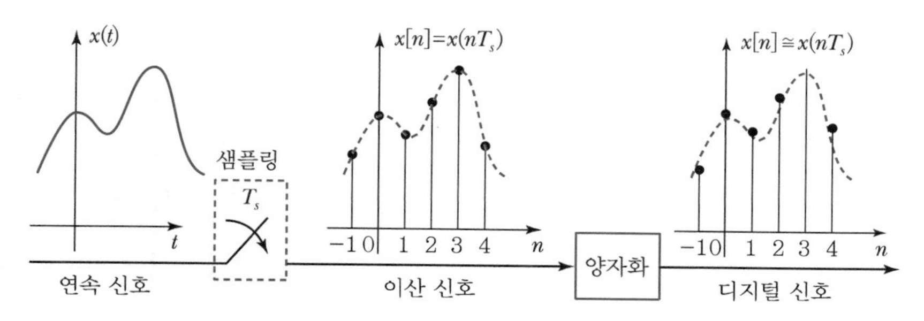

〖 계(시스템)의 아날로그 신호가 수치로 바뀌는 과정(양자화) 〗

(3) $\mathbb{Z}$ 변환 과정 III

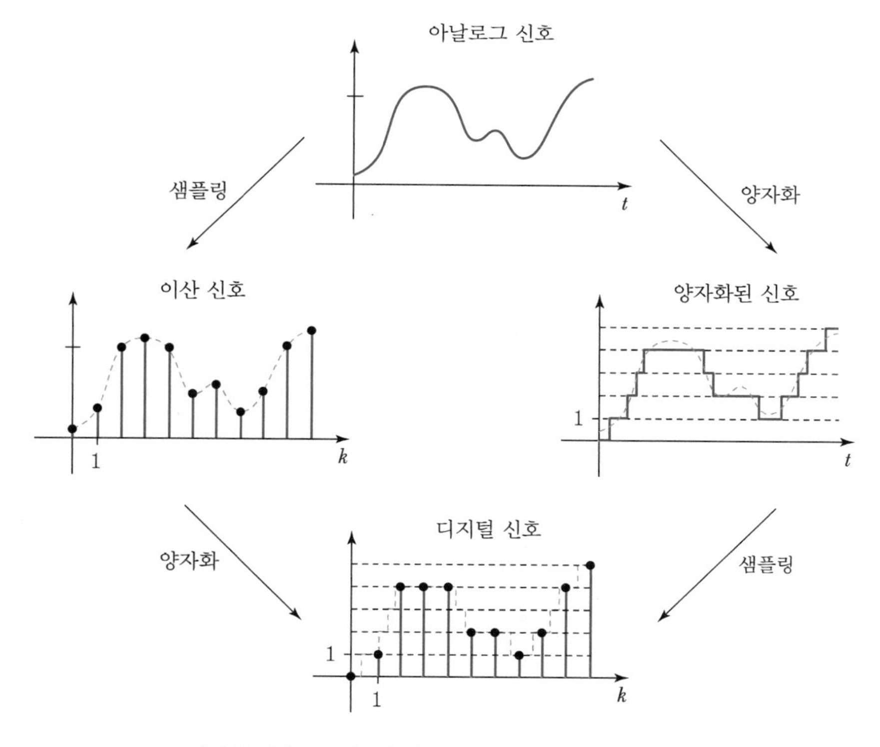

〖 계의 아날로그 신호가 결국 디지털화되는 과정(샘플링) 〗

이런 어떤 크고 작은 복잡한 시스템을 해석하는 $\mathbb{Z}$ 변환방법은 제어계(자동제어시스템)뿐만 아니라 의학분야, 생명공학분야에서도 사용됩니다.

핵심기출문제

$e(t)$의 초기치는 $e(t)$의 z변환을 $E(z)$라 했을 때 다음 어느 방법으로 얻는가?

① $\lim_{z \to 0} zE(z)$ ② $\lim_{z \to 0} E(z)$

③ $\lim_{z \to \infty} zE(z)$ ④ $\lim_{z \to \infty} E(z)$

해설

초기값 정리

$\lim_{t \to 0} e(t) = \lim_{z \to \infty} E(z)$

정답 ④

핵심기출문제

$C^*(s) = R^*(s)G^*(s)$의 z변환 $C(z)$는 어느 것인가?

① $R(z)\,G(z)$

② $R(z) + G(z)$

③ $\dfrac{R(z)}{G(z)}$

④ $R(z) - G(z)$

해설

$C^*(s) = R^*(s)G^*(s)$
$= R(z)G(z)$

정답 ①

핵심기출문제

단위계단함수의 라플라스 변환과 z변환함수는 어느 것인가?

① $\dfrac{1}{s}$, $\dfrac{z}{z-1}$

② s, $\dfrac{z}{z-1}$

③ $\dfrac{1}{s}$, $\dfrac{z-1}{z}$

④ s, $\dfrac{z-1}{z}$

해설

단위계단함수 $u(t)$의 라플라스 변환과 z변환함수는

$\mathcal{L}\,u(t) = \dfrac{1}{s}$

z변환 $F^*(z) = \dfrac{z}{z-1}$

정답 ①

Z 변환[어떤 선형의 고차 미분방정식으로 표현되는 복잡한 계(system)를 풀어야 하는 문제를 쉽게 접근하는 방법] 아이디어를 19세기 라플라스(Laplace)와 1947년 후레비치(Witold Hurewicz)가 처음 제시했습니다. 그리고 지금 사용하는 'Z 변환' 체계는 1952년에 미국 컬럼비아 대학의 두 연구원(Sampled－data Control Group에 속한 Ragazzini와 Zadeh)이 완성하여 오늘날 사용되고 있습니다.

2. Z 변환의 정의

라플라스 변환의 정의($F_{(s)} = \int_0^\infty f_{(t)}\, e^{-st} dt$)는 시간함수를 복소함수로 바꾸는 변환입니다. 반면 Z 변환의 정의($F_{(z)} = \sum_{k=0}^{\infty} f_{(k)}\, z^{-k}$)는 함수 $f_{(k)}$의 k를 $0 \sim \infty$ 무한대까지 변화시켜 계산하며 Z 변환의 수학적 표현 $F_{(z)}$가 된다는 의미입니다.

① Z **변환의(수학적) 정의** : $F_{(z)} = \sum_{k=0}^{\infty} f(k)\, z^{-k}\,(k=0,\ 1,\ 2,\ \ldots)$

② Z **변환의 성질**

㉠ 시간추이 정리 : $F_{(z)}\, z^{-n} = z\,[\,f\,(kT - nT)\,]$

㉡ 복소추이 정리 : $F\left(z\, e^{\pm aT}\right) = z\left[\,f\,(kT)\, e^{\pm akT}\right]$

㉢ 초기값 정리 : $\lim_{t \to 0} f_{(t)} = \lim_{s \to \infty} s\, F_{(s)} = \lim_{k \to \infty} F_{(z)}$

(시간함수 － 복소함수 － Z 함수)

㉣ 최종값 정리 : $\lim_{t \to \infty} f_{(t)} = \lim_{s \to 0} s\, F_{(s)} = \lim_{k \to 1} \left(1 - z^{-1}\right) F_{(z)}$

(시간함수 － 복소함수 － Z 함수)

(1) Z 변환과 $\mathcal{L}$ 변환의 대응관계

다음은 라플라스 $\mathcal{L}$ 변환과 펄스영역 Z 변환 사이의 대응관계를 정리한 것입니다.

시간영역 $f_{(t)}$	복소영역 $F_{(s)}$	펄스영역 $F_{(z)}$
$\delta_{(t)}$	1	1
$u_{(t)}$, 1	$\dfrac{1}{s}$	$\dfrac{Z}{Z-1}$
t	$\dfrac{1}{s^2}$	$\dfrac{T_Z}{(Z-1)^2}$
e^{-at}	$\dfrac{1}{s+a}$	$\dfrac{Z}{Z-e^{-at}}$

(2) 복소영역의 s 평면과 펄스영역의 Z 평면의 대응관계

s평면 특징	Z평면 특징
• s평면의 허수축은 임계안정이다. • 좌반평면은 '안정영역'이다. • 우반평면은 '불안정영역'이다.	• Z평면은 반지름이 1인 원주상이다. • 원 내부영역은 '안정영역'이다. • 원 바깥영역은 '불안정영역'이다.

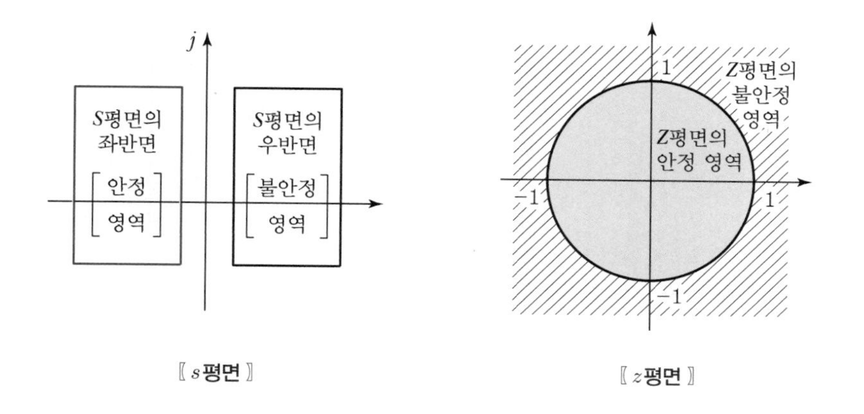

〚 s평면 〛 〚 z평면 〛

핵심기출문제

Z변환함수 $\dfrac{Z}{(Z-e^{-aT})}$에 대응하는 라플라스 변환과 이에 대응하는 시간함수는?

① $\dfrac{1}{(s+a)^2}$, te^{-at}

② $\dfrac{1}{(1-e^{-Ts})}$, $\sum_{n=0}^{\infty}\delta(t-nT)$

③ $\dfrac{1}{(s+a)}$, e^{-at}

④ $\dfrac{a}{\{s(s+a)\}}$, $1-e^{-at}$

해설

지수함수 e^{-at}에서의 라플라스 변환함수는 $\mathcal{L}\, e^{-at} = \dfrac{1}{s+a}$

z변환함수는 $F e^{-at} = \dfrac{z}{z-e^{-aT}}$

정답 ③

PART 04

1. 상태방정식

① **상태방정식** $\dot{x} = A\,x_{(t)} + B\,r_{(t)}$

여기서, $\dot{x} = \dfrac{d}{dt}x_{(t)}$: 상태방정식

A : 시스템행렬

B : 제어행렬

② **상태방정식** $\dot{x}$ **의 행렬 표현**

$$\underbrace{\begin{bmatrix}\dot{x}_1(t)\\ \dot{x}_2(t)\\ \dot{x}_3(t)\end{bmatrix}}_{\dot{x}(t)} = \underbrace{\begin{bmatrix}\square & \square & \square\\ \square & \square & \square\\ \square & \square & \square\end{bmatrix}}_{A}\underbrace{\begin{bmatrix}x_1(t)\\ x_2(t)\\ x_3(t)\end{bmatrix}}_{x(t)} + \underbrace{\begin{bmatrix}\square\\ \square\\ \square\end{bmatrix}}_{B} r_{(t)}$$

2. 상태천이행렬(상태변화행렬)

① **상태천이행렬** $\phi_{(t)} = \mathcal{L}^{-1}\left[(s\,I - A)^{-1}\right]$

여기서, $\mathcal{L}^{-1}$: 역라플라스, s : 복소함수, A : 시스템행렬, I : 단위행렬

② **단위행렬(I) 계산** : $I = \begin{bmatrix}1 & 0\\ 0 & 1\end{bmatrix}$, $I = \begin{bmatrix}1 & 0 & 0\\ 0 & 1 & 0\\ 0 & 0 & 1\end{bmatrix}$

③ **복소함수(s)가 포함된 단위행렬** : $s\,I = \begin{bmatrix}s & 0\\ 0 & s\end{bmatrix}$

④ **상태천이행렬의 성질**

- $\phi_{(t)}$의 의미는 '상태천이행렬'이고, 상태방정식 $\dot{x} = A\,x_{(t)} + B\,r_{(t)}$ 으로부터 도출된다.
- $\phi_{(0)} = I$ 성질
- ${\phi_{(t)}}^{-1} = \phi_{(-t)} = e^{-At}$ 성질
- $\phi_{(t2-t1)}\phi_{(t1-t0)} = \phi_{(t2-t0)}$ 성질
- $\left[\phi_{(t)}\right]^k = \phi_{(kt)}$ 성질
- 상태천이행렬 계산을 통해 얻은 $\phi_{(t)}$ 값은 특성방정식의 '근'에 해당한다.

3. Z 변환

① Z 변환의(수학적) 정의

$$F_{(z)} = \sum_{k=0}^{\infty} f(k)\, z^{-k} (k = 0,\ 1,\ 2,\ \ldots)$$

② Z 변환과 $\mathcal{L}$ 변환의 대응관계

시간영역 $f_{(t)}$	복소영역 $F_{(s)}$	펄스영역 $F_{(z)}$
$\delta_{(t)}$	1	1
$u_{(t)}$, 1	$\frac{1}{s}$	$\frac{Z}{Z-1}$
t	$\frac{1}{s^2}$	$\frac{T_Z}{(Z-1)^2}$
e^{-at}	$\frac{1}{s+a}$	$\frac{Z}{Z-e^{-at}}$

③ 복소영역의 s 평면과 펄스영역의 Z 평면의 대응관계

s평면 특징	Z 평면 특징
• s평면의 허수축은 임계안정이다. • 좌반평면은 '안정영역'이다. • 우반평면은 '불안정영역'이다.	• Z 평면은 반지름이 1인 원주상이다. • 원 내부영역은 '안정영역'이다. • 원 바깥 영역은 '불안정영역'이다.

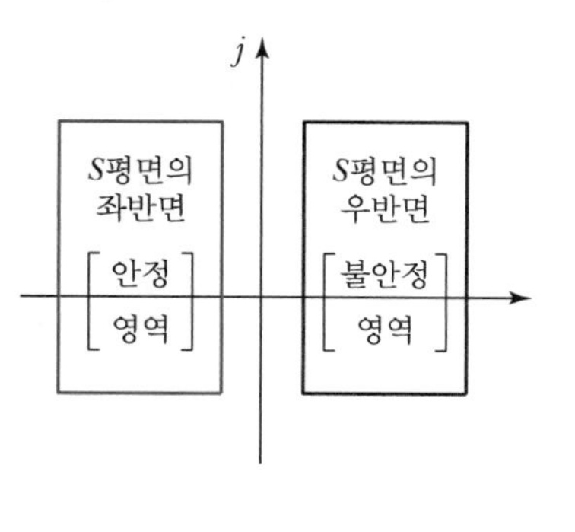

〖 s평면 〗

〖 z평면 〗

핵 / 심 / 기 / 출 / 문 / 제

01 s평면의 우반면은 z평면의 어느 부분으로 사상(Mapping)되는가?

① z평면의 좌반면
② z평면의 우반면
③ z평면의 원점을 중심으로 한 단위원 내부
④ z평면의 원점을 중심으로 한 단위원 외부

해설

특성방정식 $1+G(s)H(s)=0$의 근 중에서 s평면의 우반평면에 존재하는 근은 z평면상에서는 원점을 중심으로 하는 단위원의 외부에 존재한다.

02 샘플값(Sampled－Data) 제어계통이 안정되기 위한 필요충분 조건은?

① 전체(Over－all) 전달함수의 모든 극점이 z평면의 원점에 중심을 둔 단위원 내부에 위치해야 한다.
② 전체 전달함수의 모든 영점이 z평면의 원점에 중심을 둔 단위원 내부에 위치해야 한다.
③ 전체 전달함수의 모든 극점이 z평면 좌반면에 위치해야 한다.
④ 전체 전달함수의 모든 극점이 z평면 우반면에 위치해야 한다.

해설 안정조건

전체 전달함수의 모든 극점이 z평면의 원점에 중심을 둔 단위원 내부에 위치해야 한다.

03 샘플러의 주기를 T라 할 때 s평면상의 모든 점은 식 $z=e^{sT}$에 의하여 z평면상에 사상된다. s평면의 좌반평면상의 모든 점은 z평면상 단위원의 어느 부분으로 사상되는가?

① 내점 ② 외점
③ 원주상의 점 ④ z평면 전체

해설

샘플러 제어계의 안정도 판별에서 s평면의 좌반평면상에 사상되는 안정한 근은 z평면상에서 단위원의 내부(내점)에 사상된다.

정답 01 ④ 02 ① 03 ①

CHAPTER 08

시퀀스제어(순차제어회로)

시퀀스제어(순차제어회로)는 '개루프제어계'에 속하는 제어방식으로 피드백이 되지 않는 일방적 동작의 제어방식입니다. 제어공학 과목의 전체적인 내용을 다시 한 번 정리하며, 본 시퀀스제어가 이전에 다룬 자동제어시스템과 어떻게 다른지 보겠습니다.

① **제어**

- 인간이 시스템으로부터 원하는 출력을 얻는 것
- 원하는 출력을 얻으려면 제어를 해야 한다.

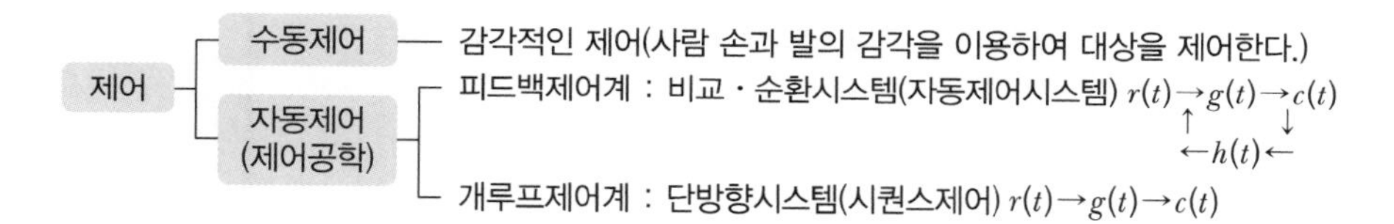

② **제어공학**

- 폐루프제어시스템(자동제어시스템 : 1～7장)
- 개루프제어시스템(시퀀스제어 : 8장)

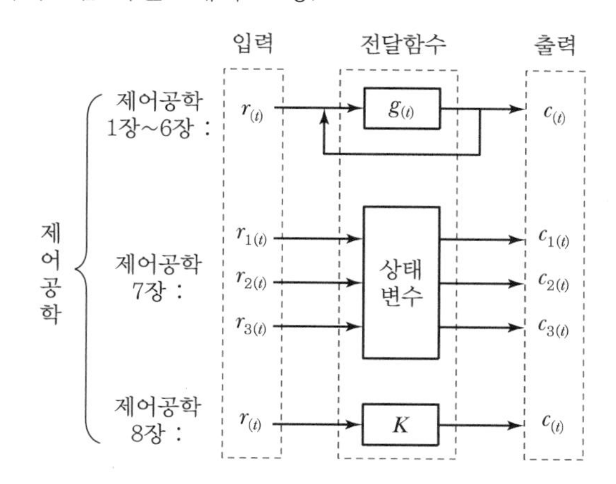

〖 자동제어시스템(1～7장)과 시퀀스제어(8장) 비교 〗

③ **자동제어시스템**

㉠ 개회로시스템(Open Loop Control System, 개루프제어)

- 입 · 출력 간에 Feed Back이 안 되는 시스템

- 출력결과가 원하는 출력이 아니더라도 사용해야 하는 시스템
- 단순하며 값싼 시스템
- 개회로 제어계의 응용 : 시퀀스제어
- 개회로시스템 구조 : [입력] → [제어] → [출력]

ⓛ **폐회로시스템(Close loop Control System, 폐루프제어)**
- 입 · 출력 간에 Feed Back이 가능한 시스템
- 사람이 원하는 출력결과를 얻을 수 있는 시스템
- 설정한 목표값에 도달하도록 수정에 수정을 반복하는 시스템
- 복잡하며 값비싼 시스템
- 폐회로 제어계의 응용 : 자동제어시스템

④ **시퀀스제어**
- 접점'에 의해서만 동작하므로 '접점'을 이해해야 한다.
- 접점과 스위치에 의해서 순서대로만 동작하는 '순차제어'이다.
- 항상 정해진 동작을 100 [%] 수행한다. 안정도가 존재하지 않는다.
- 시퀀스제어의 '접점'은 **유접점**과 **무접점**으로 나뉜다.

01 유접점 이론(시퀀스제어의 접점과 접점기구 이론)

1. 시퀀스제어에 사용되는 입 · 출력기구 종류

① **입력기구** : (사람에 의한) 수동스위치, 검출스위치(센서스위치)
② **출력기구** : 램프, 전자접촉기, 버저(Buzzer)
③ **보조기구** : 릴레이, 타이머 릴레이, PLC 장치

2. 접점(Electric Contact)

'접점'은 전기회로를 열고 닫는 기능을 한다.

① a **접점** : 평소 OFF, 기구 작동 시 ON
② b **접점** : 평소 ON, 기구 작동 시 OFF

3. 수동스위치(Switch)

① **복귀형 수동스위치** : 기구 작동은 자동이지만, 원상태 복귀는 수동으로 조작한다.
② **유지형 수동스위치** : 수동으로만 조작 가능하다.

4. 검출스위치(Sensor Switch)

검출스위치는 흔히 말하는 '센서'이다.

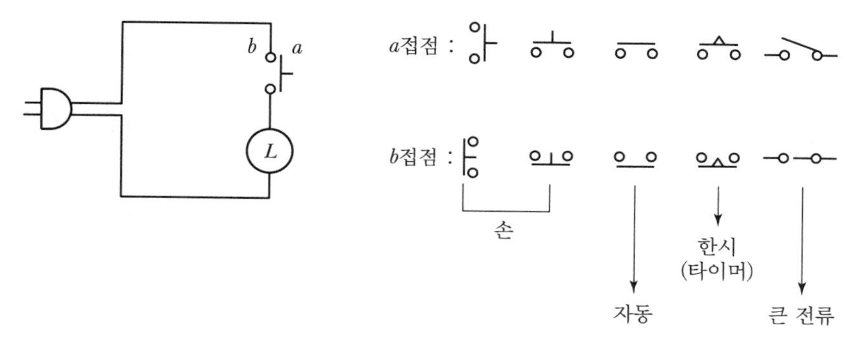

〖 유접점 〗

02 무접점 이론(회로소자 이론)

유접점은 전선과 기계기구에 의한 전기회로에서 물리적으로 붙고 떨어지는 운동을 합니다. 반면 무접점은 논리소자(반도체소자)이기 때문에 반도체소자 내부에서 아주 미시적인 전자의 작용으로 논리적 조건에 맞으면 회로에 전류가 흐르고 조건에 맞지 않으면 흐르지 않습니다.

무접점 회로는 디지털 2진수의 1과 0을 이용하여 논리적 동작을 합니다. 논리회로의 ON은 디지털 1, OFF는 0을 의미하고, 1과 0 중간이나 1 이상 혹은 0 이하는 존재하지 않습니다.

1. AND회로

접점 A, B 입력이 모두 1일 때만 출력 1(ON)이 된다.

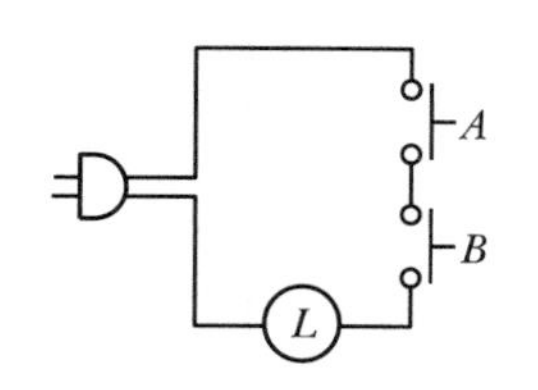

〖 회로 〗

A	B	Ⓛ
0	1	0
1	0	0
0	0	0
1	1	1

〖 진리표 〗

논리식 : $X = A \cdot B$

논리기호 : A, B → L

〖 논리적 표현 〗

핵심기출문제

다음 그림과 같은 논리(Logic)회로는?

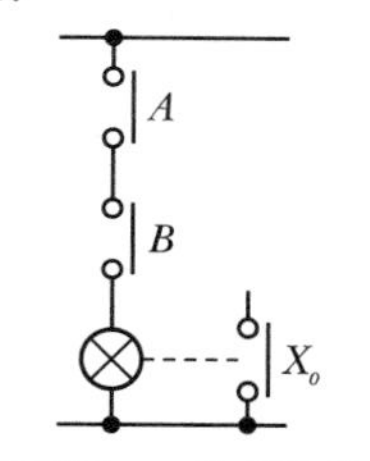

① OR회로 ② AND회로
③ NOT회로 ④ NOR회로

해설

- 직렬회로 : A와 B 모두 ON일 때만 출력이 발생한다.
- 직렬회로 = AND회로

정답 ②

핵심기출문제

다음 그림과 같은 논리회로는?

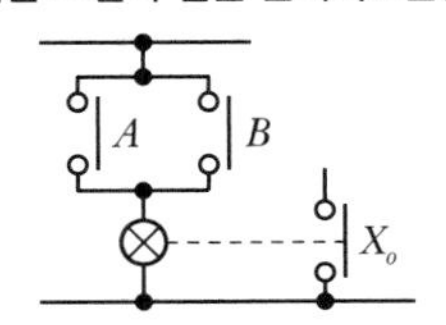

① OR회로 ② AND회로
③ NOT회로 ④ NOR회로

해설

- 병렬회로 : A와 B 중 어느 하나 이상이 입력되면 출력이 발생한다.
- 병렬회로=OR회로

정답 ①

핵심기출문제

그림과 같은 계전기 접점회로의 논리식은?

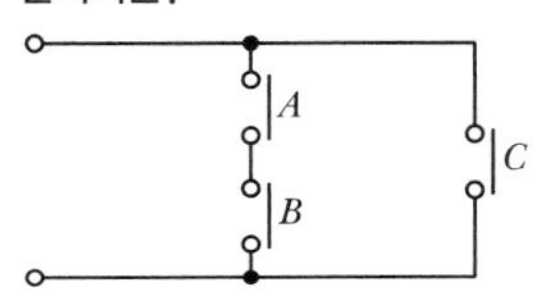

① $A+B+C$ ② $(A+B)C$
③ $A \cdot B+C$ ④ $A \cdot B \cdot C$

정답 ③

핵심기출문제

다음 논리회로의 출력 X_0은?

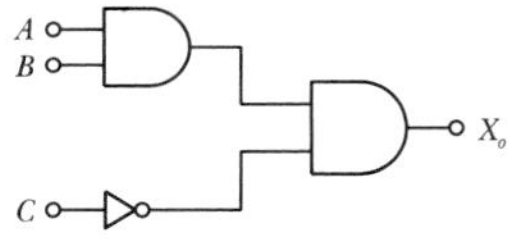

① $A \cdot B+\overline{C}$ ② $(A+B)\overline{C}$
③ $A+B+C$ ④ $AB\overline{C}$

해설

논리회로의 출력

$X_0=(A \cdot B) \cdot \overline{C}=AB\overline{C}$

정답 ④

2. OR회로

접점 A, B 입력 중 하나만 1이면, 출력 1(ON)이 된다.

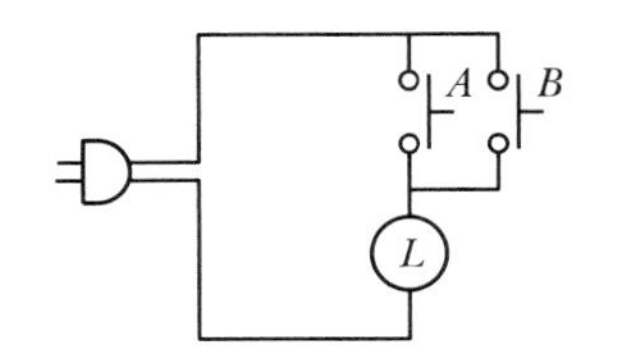

〖회로〗

A	B	Ⓛ
0	1	1
1	0	1
0	0	0
1	1	1

〖진리표〗

논리식 : $X=A+B$

논리기호 : A, B — L

〖논리적 표현〗

3. NOT회로

접점 A, B 입력에 대해 반대의 출력을 만든다.

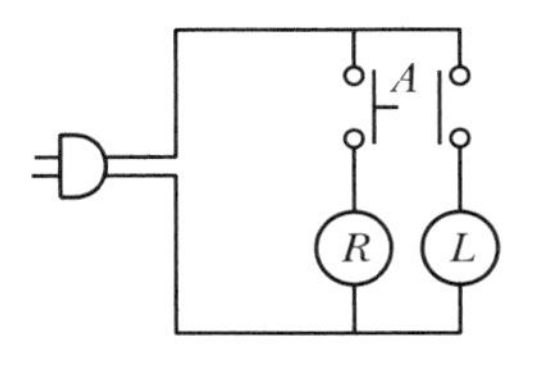

〖회로〗

A	Ⓛ
0	1
1	0

〖진리표〗

논리식 : $X=\overline{A}$

논리기호 : A — X

〖논리적 표현〗

4. NAND회로

AND회로의 출력을 부정하는 회로로, 'AND+NOT'의 개념이다.

A	B	Ⓛ	NAND
0	1	0	1
1	0	0	1
0	0	0	1
1	1	1	0

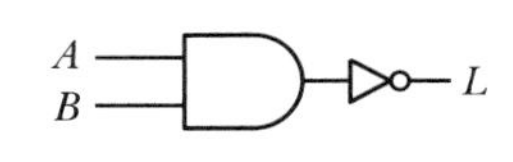

〖AND 결과의 반대 결과〗

5. NOR회로

OR회로의 출력을 부정하는 회로로, 'OR+NOT'의 개념이다.

A	B	Ⓛ	NOR
0	1	1	0
1	0	1	0
0	0	0	1
1	1	1	0

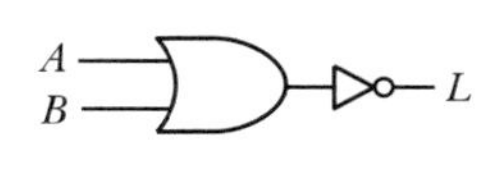

〖OR 결과의 반대 결과〗

6. EOR회로

EOR(Exclusive OR)은 A, B 입력의 출력이 다를 때만 출력된다.

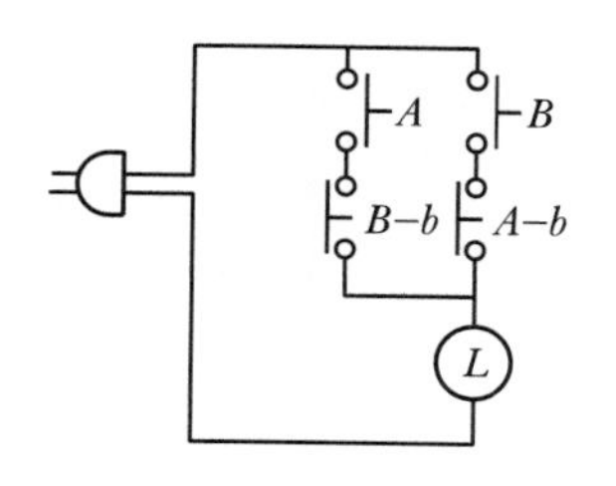

〖 회로 〗

A	B	Ⓛ
0	1	1
1	0	1
0	0	0
1	1	1

〖 진리표 〗

논리식 : $X=\overline{A}B+A\overline{B}$

논리기호 : A, B → L

〖 논리적 표현 〗

03 논리회로의 특성

논리회로는 다음과 같은 등가특성을 이용하여 논리회로 내에서 등가 변환할 수 있다.

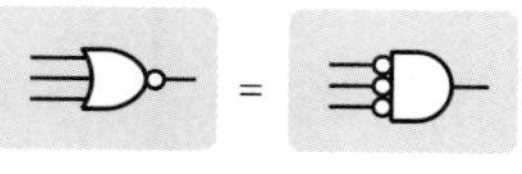

→ 서로 같은 결과를 내므로 같은 논리회로이다.

A : $\overline{A}$
=
A : $\overline{A}$
=
A : $\overline{A}$

→ 서로 같은 결과를 내는 같은 논리회로 표현이다.

→ 서로 같은 결과를 내는 같은 논리회로 표현이다.

04 회로소자의 논리회로 연산

1. 분배법칙

$$A+(B\cdot C)=(A+B)\cdot(A+C)$$
$$A(B+C)=(A\cdot B)+(A\cdot C)$$

핵심기출문제

다음 회로는 무엇을 나타낸 것인가?

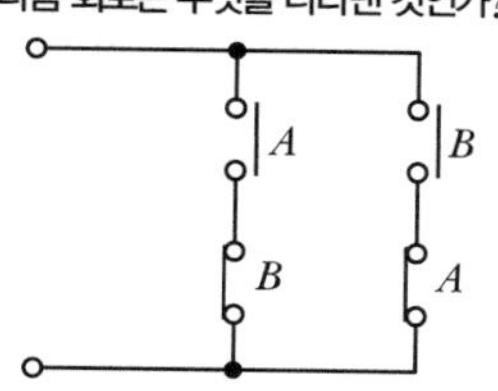

① AND
② OR
③ Exclusive OR
④ NAND

해설

문제에서 제시된 유접점 회로망의 출력은 $Y=A\cdot\overline{B}+\overline{A}\cdot B$, 이 논리식은 Exclusive OR 회로이다.

정답 ③

핵심기출문제

그림과 같은 계전기 접점회로의 논리식은?

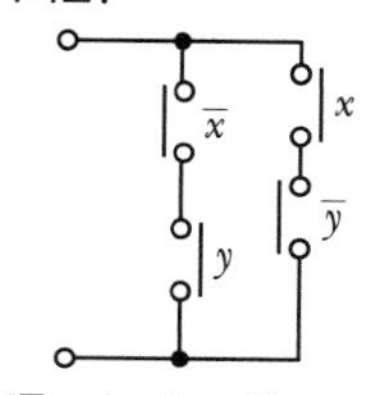

① $(\overline{x}+y)\cdot(x+\overline{y})$
② $(\overline{x}+\overline{y})\cdot(x+y)$
③ $\overline{x}\cdot y+x\cdot\overline{y}$
④ $x\cdot y$

정답 ③

핵심기출문제

논리식 $A\cdot(A+B)$를 간단히 하면?

① A　② B
③ $A\cdot B$　④ $A+B$

해설

$A\cdot(A+B)=A\cdot A+A\cdot B$
$=A+A\cdot B$
$=A\cdot(1+B)=A$

정답 ①

핵심기출문제

논리식 $L = X + \overline{X}Y$를 간단히 한 식은?

① X ② $\overline{X}$
③ $X+Y$ ④ $\overline{X}+Y$

해설

$X + \overline{X}Y = (X+\overline{X})(X+Y)$
$= X+Y$

정답 ③

핵심기출문제

다음 식 중 드 모르간의 정리를 나타낸 식은?

① $A+B = B+A$
② $A \cdot (B \cdot C) = (A \cdot B) \cdot C$
③ $\overline{A \cdot B} = \overline{A} \cdot \overline{B}$
④ $\overline{A \cdot B} = \overline{A} + \overline{B}$

해설

드 모르간의 정리

$\overline{A \cdot B} = \overline{A} + \overline{B}$
$\overline{A + B} = \overline{A} \cdot \overline{B}$

정답 ④

핵심기출문제

논리식 $L = \overline{x} \cdot y + \overline{x} \cdot \overline{y}$를 간단히 한 식은?

① $\overline{x}$ ② x
③ $\overline{y}$ ④ y

해설

$L = \overline{x} \cdot y + \overline{x} \cdot \overline{y} = \overline{x}(y + \overline{y})$
$= \overline{x}$

정답 ①

2. 불(Boole)의 논리대수 연산법칙

$A = 1 \xrightarrow[\text{일 때}]{} \overline{A} = 0$

$A = 0 \xrightarrow[\text{일 때}]{} \overline{A} = 1$

$A + 0 = A \xrightarrow[\text{일 때}]{} 1 + 0 = 1$: ON + 0 = ON

$A + A = A \xrightarrow[\text{일 때}]{} 1 + 1 = 1$: ON + ON = ON

$A + 1 = 1 \xrightarrow[\text{일 때}]{} 1 + 1 = 1$: ON + ON = ON

$A + \overline{A} = 1 \xrightarrow[\text{일 때}]{} 1 + 0 = 1$

$\overline{0} = 1$

$\overline{1} = 0$

$0 + 0 = 0$

$0 + 1 = 1$

$0 \cdot 1 = 0$

$1 \cdot 1 = 1$

$A \cdot A = A$

$A \cdot 0 = 0$

$A \cdot \overline{A} = 0 \xrightarrow[\text{일 때}]{} 1 \cdot 0 = 0$

3. 드 모르간(De Morgan)의 정리

$\overline{A + B} = \overline{A}\;\overline{B}$

$\overline{\overline{A}\;\overline{B}} = A + B$ 또는 $\overline{\overline{A}} + \overline{\overline{B}} = \overline{A}\;\overline{B} = A + B$

$\overline{A\,B} = \overline{A} + \overline{B}$

$\overline{\overline{A} + \overline{B}} = A\,B$ 또는 $\overline{\overline{A}}\;\overline{\overline{B}} = \overline{A} + \overline{B} = A\,B$

※ — (Bar)가 쪼개지면(− −) 논리연산이 반대로 바뀐다.

기출 및 예상문제

PART 03 회로이론

PART 04 제어공학

기출 및 예상문제

01 일정 전압의 직류전원에 저항을 접속하고 전류를 흘릴 때 이 전류값을 20[%] 증가시키기 위해서는 저항값을 몇 배로 하여야 하는가?

① 1.25배 ② 1.20배
③ 0.83배 ④ 0.80배

해설

$I=\frac{V}{R}$, 저항 $R=\frac{V}{I}\propto\frac{1}{I}$

$\therefore\ R=\frac{1}{1+0.2}=0.833$

02 $i=2t^2+8t$[A]로 표시되는 전류가 도선에 3[s] 동안 흘렀을 때 통과한 전 전기량은 몇 [C]인가?

① 18 ② 48
③ 54 ④ 61

해설

$$Q=\int_0^t i\,dt=\int_0^3(2t^2+8t)dt=\left[\frac{2}{3}t^3+4t^2\right]_0^3=54\,[\mathrm{C}]$$

03 그림과 같은 회로에서 I는 몇 [A]인가?(단, 저항의 단위는 [Ω]이다.)

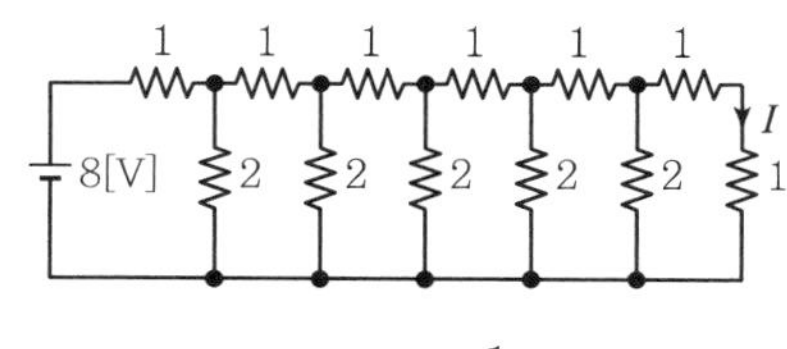

① 1 ② $\frac{1}{2}$
③ $\frac{1}{4}$ ④ $\frac{1}{8}$

해설

합성저항 $R=2[\Omega]$, 전체 전류 $I=\frac{V}{R}=\frac{8}{2}=4$[A]

여기서, 전류 4[A]는 각 지로의 접속점에서 각각 $\frac{1}{2}$씩 분류가 된다.

따라서, 마지막 지로에는 $I=\frac{1}{8}$[A]가 흐른다.

04 이상적인 전류원의 전압(V) – 전류(I) 특성곡선은?

①
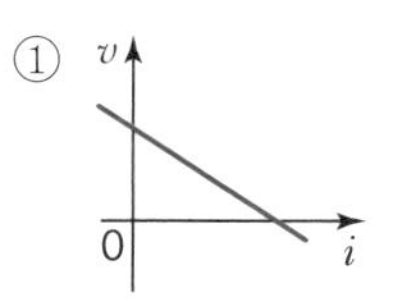

②
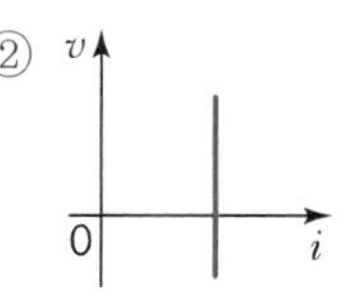

③
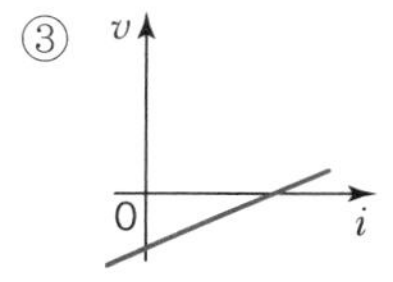

④
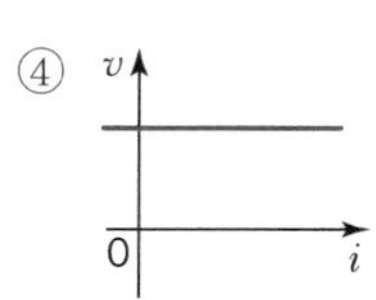

해설

이상적인 전류원은 부하의 상태와 관계없이 일정한 전류를 무한히 공급할 수 있는 정전류원을 말한다.

05 실제적인 전류원의 전압(V) – 전류(I) 특성곡선은?

①
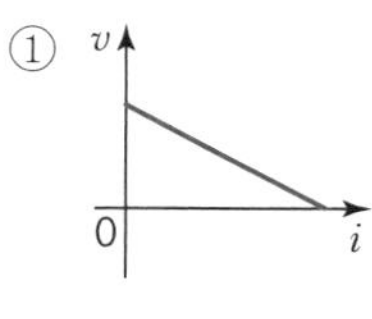

②
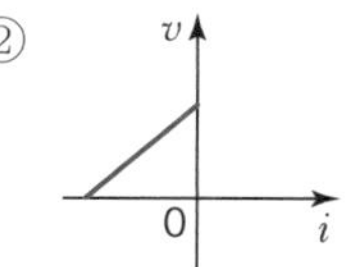

③
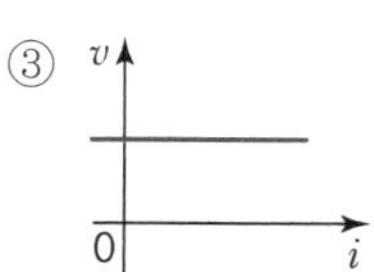

④
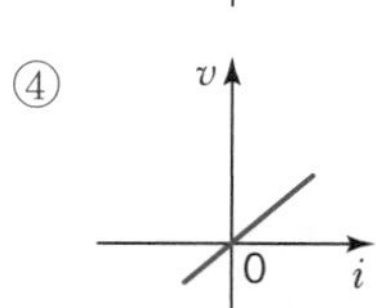

해설

현실의 실제 전압원은 부하전류 변화에 따라 전원의 단자전압이 변하는 (주로 감소하는) 전압원이다.

정답 01 ③ 02 ③ 03 ④ 04 ② 05 ①

06 그림 (a), (b)와 같은 특성을 갖는 전압원은 다음 중 어느 것에 속하는가?

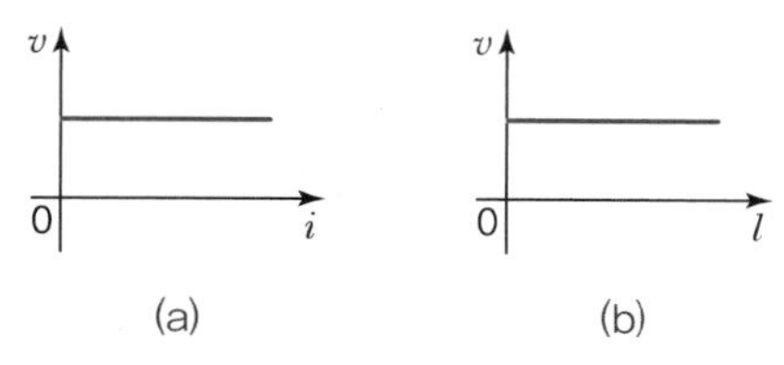

① 시변, 선형 소자 ② 시불변, 선형 소자
③ 시변, 비선형 소자 ④ 시불변, 비선형 소자

해설

그림 (a)는 전류 변화에 대해 전압 변화가 없으므로, 이상적인 전압원의 그래프를 보여주고, 그림 (b)는 시간 변화에 대한 전압 변화가 없으므로, 이는 비선형 소자이면서 시불변(시간 변화에 대해 변화가 없는) 전원을 의미한다.

07 선형 회로와 가장 관계있는 것은?

① 중첩의 원리
② 테브난의 정리
③ 키르히호프의 원리
④ 패러데이의 전자유도법칙

해설

보기 4개 모두 선형 회로이지만, 그중에서 회로망 정리에 속하는 '중첩의 원리'는 시변성과 시불변성에 관계없이 모든 회로망에 적용되는 정리로, 가장 선형회로적이다.

08 다음 회로에서 전류 I의 값은?

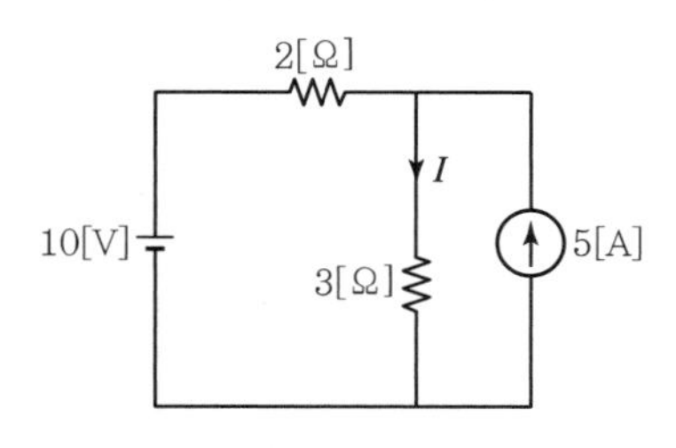

① 4[A] ② 3.5[A]
③ 2[A] ④ 1.5[A]

해설

중첩의 원리를 적용할 수 있고, 전원이 두 개이므로 두 개의 회로를 그린다. 마지막으로 구하고자 하는 전류 $I=I_1+I_2$[A]를 구할 수 있다.

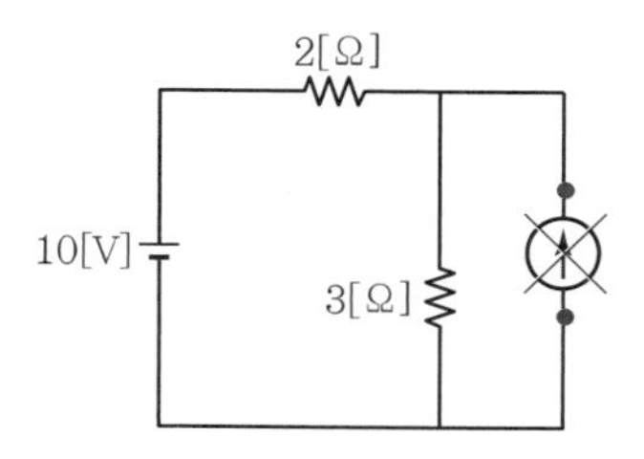

KCL에 의해 직렬회로의 전류는 일정하다. 때문에 다음과 같이 간단히 좌측 회로에 대한 전류를 구할 수 있다.

$I=\frac{V}{R}=\frac{10}{(2+3)}=\frac{10}{5}=2[A]$

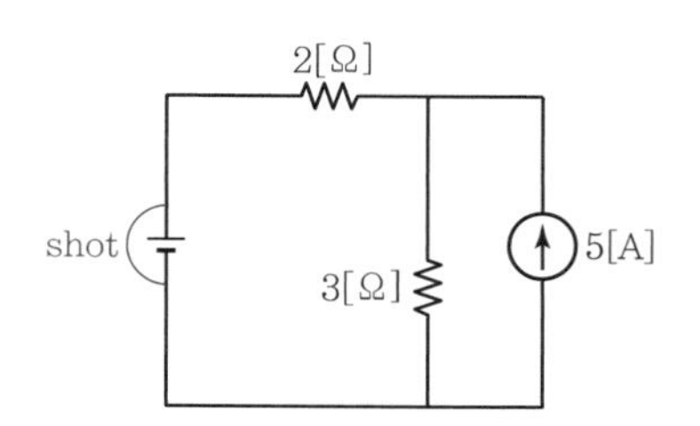

KVL에 의해 병렬회로의 전류는 분배된다. 때문에 다음과 같이 좌측 회로의 3[Ω]에 흐르는 전류를 구할 수 있다.

$I_{3[\Omega]}=\frac{R_{2[\Omega]}}{R_{2[\Omega]}+R_{3[\Omega]}}I_{5[A]}=\frac{2}{2+3}\times 5=\frac{10}{5}=2[A]$

∴ 구하고자 하는 가지의 전류 $I=I_1+I_2=2+2=4[A]$

09 그림과 같은 회로에서 2[Ω]의 단자전압[V]은?

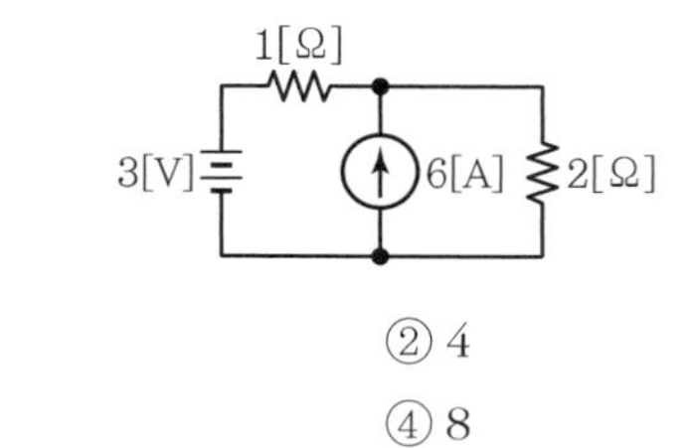

① 3 ② 4
③ 6 ④ 8

해설

여러 개의 전압원과 전류원이 함께 존재하는 회로망에서 회로 내 전류는 각 전압원이나 전류원이 각각 단독으로 존재할 때 흐르는 전류를 합한 것과 같다는 것은 '중첩의 원리'로 해석할 수 있다.

- 주어진 그림의 전원은 2개이므로, 2개의 회로를 통해 2[Ω]에 흐르는 각각의 전압을 구한다.
- 각각의 전압을 더하여 구하려는 2[Ω]에 걸리는 전압을 구한다.
  $V=V_1+V_2$

정답 06 ④ 07 ① 08 ① 09 ③

3[V] 전압원에 의한 2[Ω] 양단의 전압은

$$V_{2[\Omega]} = \frac{R_{2[\Omega]}}{R_{1[\Omega]} + R_{2[\Omega]}} V$$
$$= \frac{2}{1+2} \times 3 = \frac{6}{3} = 2[V]$$

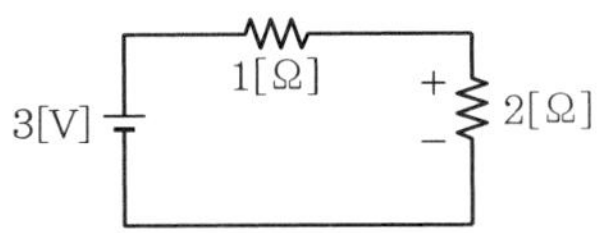

6[A] 전류원에 의한 2[Ω] 양단의 전압은

$$V_{2[\Omega]} = I \cdot R_0 = I\left(\frac{R_{1[\Omega]} \cdot R_{2[\Omega]}}{R_{1[\Omega]} + R_{2[\Omega]}}\right)$$
$$= 6 \times \frac{1 \times 2}{1+2} = 6 \times \frac{2}{3} = 4[V]$$

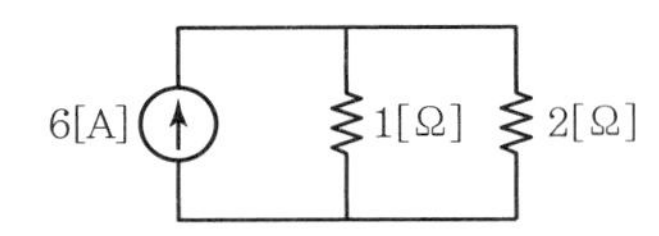

∴ 중첩의 원리에 의한 전압 $V = V_1 + V_2 = 2 + 4 = 6[V]$

10 그림과 같은 회로에서 단자 a, b에 걸리는 전압 V_{ab}는 몇 [V]인가?

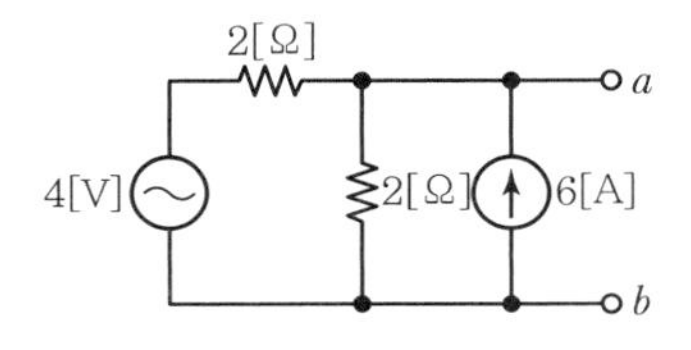

① 4[V] ② 6[V]
③ 8[V] ④ 10[V]

해설

중첩의 원리를 적용하여,
4[V] 전압원만 있는 회로에서 걸리는 전압은

$$V_{ab} = \frac{R_{2[\Omega]}}{R_{2[\Omega]} + R_{2[\Omega]}} V = \frac{2}{2+2} \times 4 = 2[V]$$

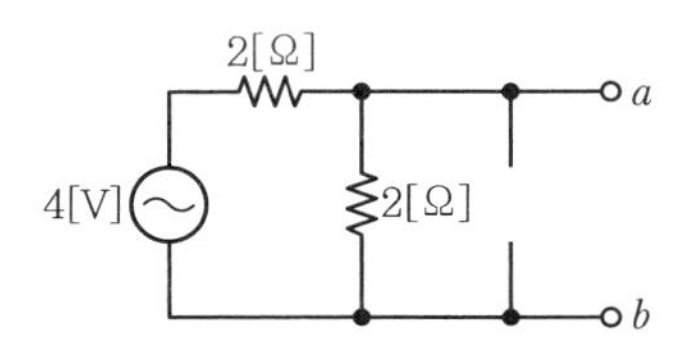

6[A] 전류원만 있는 회로에서 $a-b$ 양단에 걸리는 전압은

$$V_{ab} = I \cdot R = 6 \times \left(\frac{2 \times 2}{2+2}\right) = 6 \times \frac{4}{4} = 6[V]$$

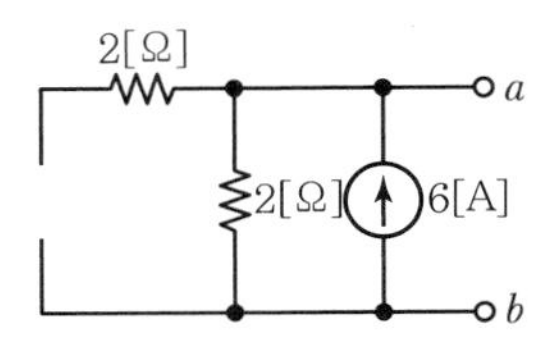

∴ 중첩의 원리에 의한 $a-b$ 간 전압 $V_{ab} = V_1 + V_2 = 2 + 6 = 8[V]$

11 그림 (a)의 회로를 그림 (b)와 같은 등가회로로 구성하고자 한다. 등가변환된 직렬회로의 전압[V]과 저항[Ω] 값을 구하면?

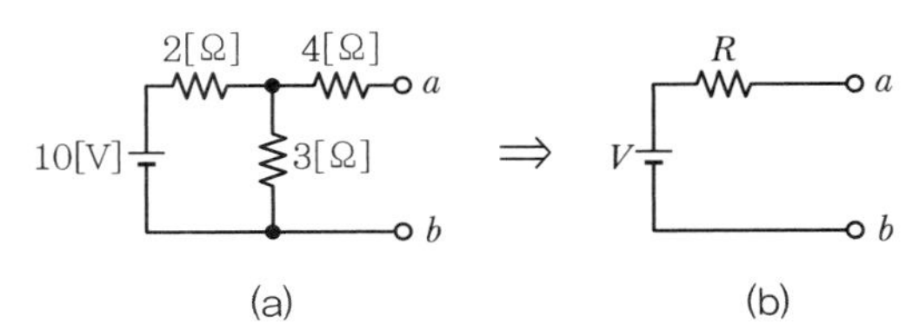

① 19[V], 5.2[Ω] ② 20[V], 5.5[Ω]
③ 22[V], 5.8[Ω] ④ 24[V], 6[Ω]

해설

정리된 회로는 간단한 직렬회로이므로 '테브난의 정리'에 의해, 테브난 저항 R_{th}과 테브난 전압 V_{th}을 구해야 한다.
테브난 저항을 구하기 위해 그림 (a)에서 전압원을 단락시키고 $a-b$ 단자에서 본 합성저항은,

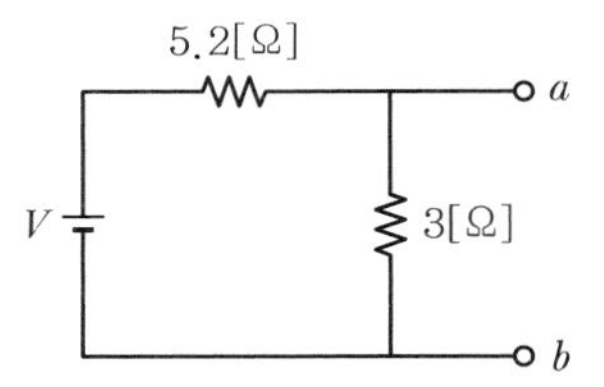

직병렬 합성저항 $R_{th} = 4 + \frac{2 \times 3}{2+3} = 5.2[\Omega]$

여기서, 테브난 저항 5.2[Ω]은 우측 그림에 위치한 저항이다. 그리고 테브난 전압은 테브난 저항 R_{th}이 있을 때, $a-b$ 양단의 전압 V_{th}이다.

테브난 전압 $V_{th} = \left(\frac{5.2 \times 3}{5.2+3}\right) \times 10 = 19[V]$

∴ $V_{th} = 19[V]$, $R_{th} = 5.2[\Omega]$

정답 10 ③ 11 ①

12 그림에서 $a-b$ 단자의 전압이 100[V], $a-b$ 단자에서 본 능동회로망 N의 임피던스가 15[Ω]일 때, $a-b$ 단자에 10[Ω]의 저항을 접속하면 $a-b$ 단자 사이에 흐르는 전류는 몇 [A]인가?

① 2
② 4
③ 6
④ 8

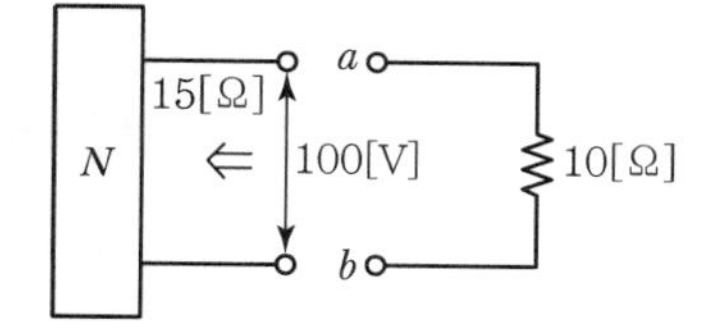

해설
$a-b$ 단자 사이에 흐르는 전류는 '테브난의 정리'에 의해,

$$I_{ab}=\frac{V_{ab}}{Z_0+Z_{ab}}=\frac{100}{15+10}=4[A]$$

13 두 개의 회로망 N_1과 N_2가 있다. a, b 단자, a', b' 단자 각각의 전압은 50[V], 30[V]이다. 또한, 양 단자에서 N_1과 N_2측에서 본 임피던스가 각각 15[Ω], 25[Ω]이다. a와 a', b와 b'을 연결하면 이때 흐르는 전류[A]는?

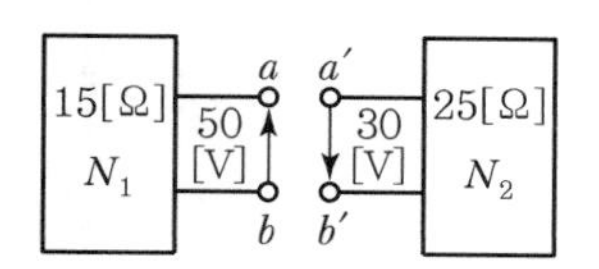

① 0.5　　② 1
③ 2　　④ 4

해설
N_1과 N_2 각각의 $a-b$ 단자를 더했을 때 흐르는 전류를 구하면 되므로, N_1과 N_2의 $a-b$ 단자 합성회로는 다음과 같다.

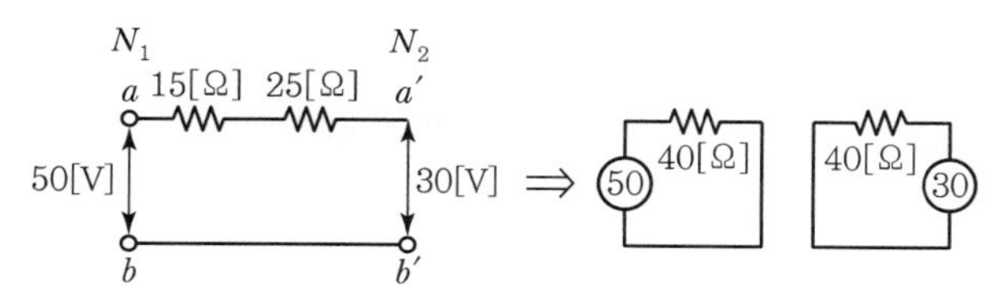

여기서, 50[V] 전압원에 의한 전류는 $I_{50[V]}=\frac{50}{40}=\frac{5}{4}$[A]이고,

30[V] 전압원에 의한 전류는 $I_{30[V]}=\frac{30}{40}=\frac{3}{4}$[A]이다.

그러므로, N_1과 N_2의 두 $a-b$ 단자를 연결했을 때 흐르는 합성전류
$I=\frac{5}{4}+\frac{3}{4}=\frac{8}{4}=2[A]$

14 테브난의 정리와 쌍대의 관계를 갖는 것은?

① 밀만의 정리　　② 중첩의 원리
③ 노튼의 정리　　④ 보상의 정리

15 그림 (a), (b)가 등가가 되기 위한 I_g[A]와 R[Ω]의 값은?

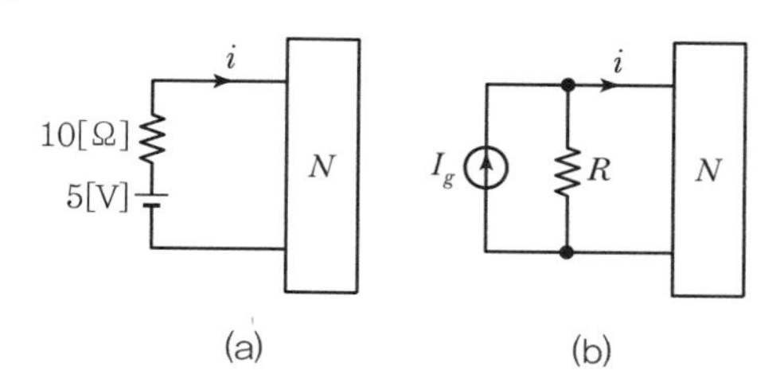

① 0.5[A], 10[Ω]　　② 0.5[A], $\frac{1}{10}$[Ω]
③ 5[A], 10[Ω]　　④ 10[A], 10[Ω]

해설
정리된 회로가 간단한 병렬회로이므로 '노튼의 정리'에 의해,
전류원 $I_g=\frac{V}{R}=\frac{5}{10}=0.5$[A]이고, 저항 $R=10$[Ω]이다.

16 다음 회로의 $a-b$ 단자에서 나타나는 전압[V]은 얼마인가?

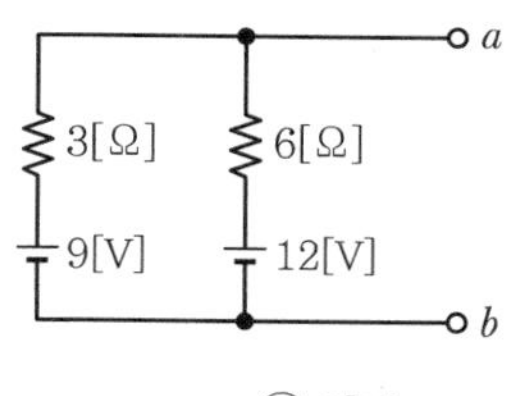

① 3[V]　　② 9[V]
③ 10[V]　　④ 12[V]

해설
여러 전압원이 존재하는 복잡한 회로에서, 최종 단일 전압을 구하고자 할 때 '밀만의 정리'를 적용할 수 있다.

$$V_{ab}=I\cdot Z=\frac{I}{Y}=\frac{\frac{V_1}{R_1}+\frac{V_2}{R_2}}{\frac{1}{R_1}+\frac{1}{R_2}}=\frac{\frac{9}{3}+\frac{12}{6}}{\frac{1}{3}+\frac{1}{6}}=\frac{\frac{30}{6}}{\frac{3}{6}}=\frac{180}{18}=10[V]$$

정답 12 ② 13 ③ 14 ③ 15 ① 16 ③

17 그림과 같은 회로망에서 Z_a 지로에 300[V]의 전압을 가할 때, Z_b 지로에 30[A]의 전류가 흘렀다. 만약 Z_a 지로에 200[V]의 전압을 가한다면, Z_b 지로에 흐르는 전류[A]는?

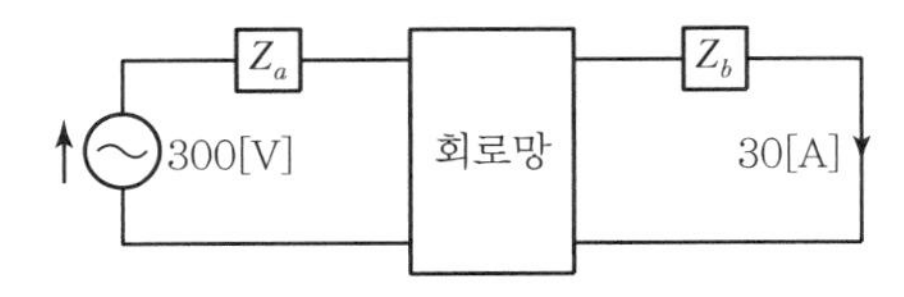

① 10[A] ② 20[A]
③ 30[A] ④ 40[A]

해설
회로망을 기준으로 1, 2차 전력 P가 존재하므로, 가역정리를 적용할 수 있다.
가역정리 : $E_1 \cdot I_1 = E_2 \cdot I_2$

$\therefore$ Z_a 지로에 흐르는 전류 $I_1 = \dfrac{E_2 \cdot I_2}{E_1} = \dfrac{200 \times 30}{300} = 20[\mathrm{A}]$

18 정현파 순시전압 값이 $v = 141\sin\left(377t - \dfrac{\pi}{6}\right)$[V]인 파형의 주파수는 몇 [Hz]인가?

① 377 ② 100
③ 60 ④ 50

해설
각주파수 $\omega = 2\pi f$이므로, 주파수 $f = \dfrac{\omega}{2\pi} = \dfrac{377}{2\pi} = 60[\mathrm{Hz}]$

19 정현파 교류의 실효값을 구하는 식으로 잘못된 것은?

① $\sqrt{\dfrac{1}{T}\displaystyle\int_0^T i^2 dt}$ ② 파고율×평균치
③ $\dfrac{\text{최대값}}{\sqrt{2}}$ ④ $\dfrac{\pi}{2\sqrt{2}}$×평균치

해설 정현파 교류의 실효값
- 순시값의 제곱의 평균의 제곱근 : $i = \sqrt{\dfrac{1}{T}\displaystyle\int_0^T i^2 dt}$
- 실효값은 최대값의 $\dfrac{1}{\sqrt{2}}$(약 0.707)배이다. 즉, $I = \dfrac{1}{\sqrt{2}} I_m$
- 파형률 $= \dfrac{\text{실효값}}{\text{평균값}} = \dfrac{I}{I_{av}} = \dfrac{\dfrac{1}{\sqrt{2}}I_m}{\dfrac{2}{\pi}I_m} = \dfrac{\pi}{2\sqrt{2}}$

$\therefore$ 실효값 = 파형률 × 평균값

20 교류의 파형률이란 무엇을 의미하는가?

① $\dfrac{\text{실효값}}{\text{평균값}}$ ② $\dfrac{\text{평균값}}{\text{실효값}}$
③ $\dfrac{\text{실효값}}{\text{최대값}}$ ④ $\dfrac{\text{최대값}}{\text{실효값}}$

해설 파형률
파형률은 교류의 파형이 어떠한 형태를 이루고 있는가를 알기 위한 것으로 다른 비정현 주기파에 대한 정현파로부터의 일그러짐의 정도를 판단하는 기준이 된다.

$\therefore$ 파형률 $= \dfrac{\text{실효값}}{\text{평균값}}$

21 파고율의 관계를 바르게 표시한 것은?

① $\dfrac{\text{최대값}}{\text{실효값}}$ ② $\dfrac{\text{실효값}}{\text{최대값}}$
③ $\dfrac{\text{평균값}}{\text{실효값}}$ ④ $\dfrac{\text{실효값}}{\text{평균값}}$

해설 파고율
파고율은 어떤 비정현 주기의 파형에 대해서, 정현파의 일그러진 정도를 판단하는 데 기준이 된다.

$\therefore$ 파고율 $= \dfrac{\text{최대값}}{\text{실효값}}$

22 다음과 같은 반파 정류파의 파고율은?

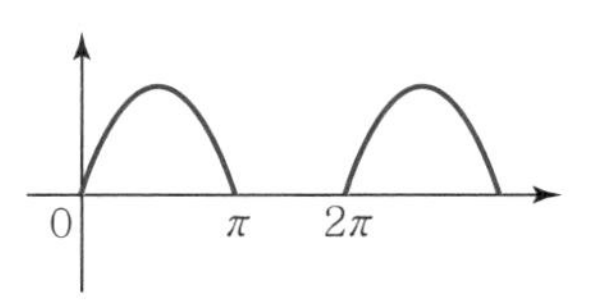

① 2 ② 1
③ $\sqrt{3}$ ④ $\sqrt{2}$

정답 17 ② 18 ③ 19 ② 20 ① 21 ① 22 ①

해설

반파 정류파의 실효값과 평균값은, 실효값 $V=\frac{1}{2}V_m$, 평균값 $V_a=\frac{1}{\pi}V_m$이므로,

$$\therefore \text{파고율}=\frac{\text{최대값}}{\text{실효값}}=\frac{V_m}{V}=\frac{V_m}{\frac{1}{2}V_m}=2$$

23 그림과 같은 파형의 파고율은 얼마인가?

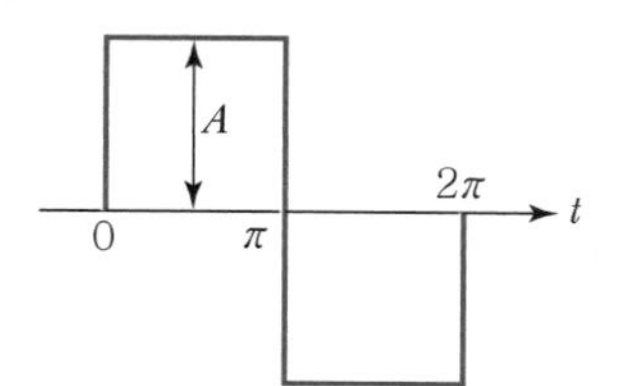

① 2.828
② 1.732
③ 1.414
④ 1

해설

그림과 같은 구형파는 최대값과 실효값과 평균값 모두가 같다. 따라서, 구형파의 파고율과 파형률은 모두 1이다.

24 그림과 같은 파형의 파고율은 얼마인가?

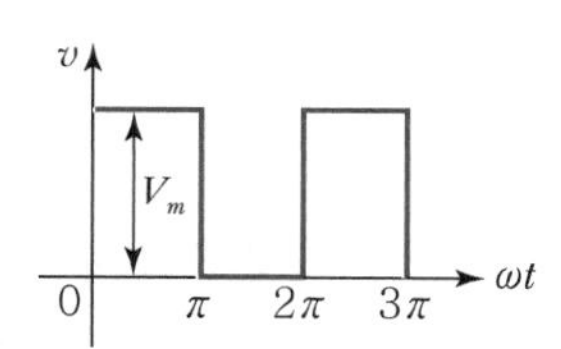

① 1
② 1.414
③ 1.732
④ 2.440

해설

반파 구형파의 실효값은 $V=\frac{1}{\sqrt{2}}V_m$

$$\therefore \text{파고율}=\frac{\text{최대값}}{\text{실효값}}=\frac{V_m}{V}=\frac{V_m}{\frac{1}{\sqrt{2}}V_m}=\sqrt{2}=1.414$$

25 파형의 파형률 값이 잘못된 것은?

① 정현파의 파형률은 1.414이다.
② 구형파의 파형률은 1.0이다.
③ 전파 정류파의 파형률은 1.11이다.
④ 반파 정류파의 파형률은 1.571이다.

해설

정현파 교류에서 실효값 $I=\frac{1}{\sqrt{2}}I_m$, 평균값 $I_a=\frac{2}{\pi}I_m$

$$\therefore \text{정현파의 파형률}=\frac{\text{실효값}}{\text{평균값}}=\frac{V}{V_a}=\frac{\left(\frac{1}{\sqrt{2}}V_m\right)}{\left(\frac{2}{\pi}V_m\right)}=\frac{\pi}{2\sqrt{2}}=1.11$$

26 정현파 순시전류 값이 $i=10\sqrt{2}\sin\left(\omega t+\frac{\pi}{3}\right)$[A]이다. 이를 복소수의 극좌표 형식으로 표현하면?

① $10\sqrt{2}\angle\frac{\pi}{3}$
② $10\angle 0$
③ $10\angle\frac{\pi}{3}$
④ $10\angle-\frac{\pi}{3}$

해설

복소수의 극좌표 형식(Phasor 복소수)은, 전류 페이저 = 실효값 ∠ 위상각

$$\therefore I=\frac{10\sqrt{2}}{\sqrt{2}}\angle\frac{\pi}{3}=10\angle\frac{\pi}{3}$$

27 그림과 같은 브릿지 회로가 평형되어 있다. 미지 코일의 저항 R_4 및 인덕턴스 L_4의 값은?

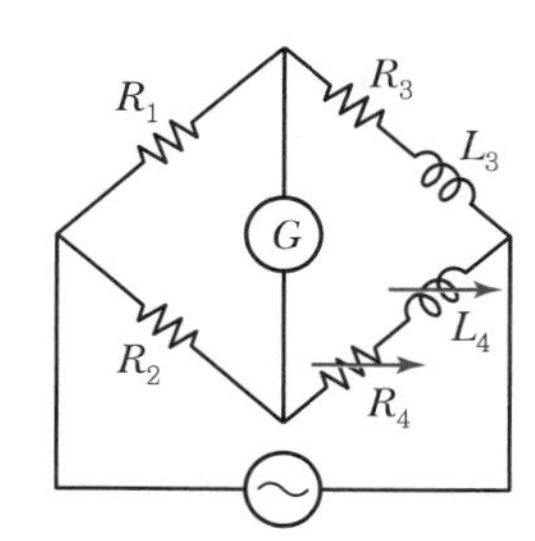

① $R_4=\frac{R_1}{R_2}R_3,\ L_4=\frac{R_1}{R_2}L_3$
② $R_4=\frac{R_1}{R_2}R_3,\ L_4=\frac{R_1R_2}{L_3}$
③ $R_4=R_1R_2R_3,\ L_4=R_1R_2L_3$
④ $R_4=\frac{R_2}{R_1}R_3,\ L_4=\frac{R_2}{R_1}L_3$

정답 23 ④ 24 ② 25 ① 26 ③ 27 ④

해설

그림과 같은 브릿지 회로가 평형이 되려면 서로 마주보는 두 변의 임피던스 곱 결과가 같아야 한다.

$R_1 \cdot (R_4 + j\omega L_4) = R_2(R_3 + j\omega L_3)$

$R_1R_4 + j\omega L_4 R_1 = R_2R_3 + j\omega L_3 R_2$

여기서, $R_1R_4 = R_2R_3$, $L_4R_1 = L_3R_2$

$\therefore R_4 = \dfrac{R_2R_3}{R_1}$, $L_4 = \dfrac{R_2L_3}{R_1}$

28 정전용량 값이 서로 같은 콘덴서 2개를 병렬회로로 연결했을 때 합성 정전용량은 그 두 개를 직렬회로로 연결했을 때의 몇 배의 정전용량이 되는가?

① 2　② 4
③ 5　④ 8

해설

정전용량 값이 서로 같은 두 개의 콘덴서를 직렬로 접속시킨 회로의 합성 정전용량은

$C_1 = \dfrac{C \times C}{C + C} = \dfrac{1}{2}C$ 또는 $C_1 = \dfrac{C\text{ 한 개의 용량}}{C\text{ 개수}} = \dfrac{C_{1\text{개의 용량}}}{n} = \dfrac{C}{2}$

정전용량 값이 서로 같은 두 개의 콘덴서를 병렬로 접속시킨 회로의 합성 정전용량은

$C_2 = C + C = 2C$

$\therefore C_2$는 C_1의 4배 용량이 된다.

29 어떤 커패시턴스의 정전용량 값이 $3[\mu F]$이고, 용량성 리액턴스 값이 $50[\Omega]$이었다면, 이 커패시턴스에 작용한 주파수[Hz]는?

① 2.06×10^3　② 1.06×10^3
③ 3.06×10^3　④ 4.06×10^3

해설

용량성 리액턴스 $X_C = \dfrac{1}{2\pi f C}[\Omega]$을 이용하면

$f = \dfrac{1}{2\pi C \cdot X_C} = \dfrac{1}{2 \times 3.14 \times 3 \times 10^{-6} \times 50} = 1.06 \times 10^3[\text{Hz}]$

30 정전용량 C만의 회로에 100[V], 60[Hz]의 교류전원을 가해서 회로에 60[mA]가 흐르고 있다. 이때 정전용량 C의 크기는?

① $5.26[\mu F]$　② $4.32[\mu F]$
③ $3.59[\mu F]$　④ $1.59[\mu F]$

해설

C만의 교류회로에서 전류 $I = \dfrac{V}{X_C} = \omega C V = 2\pi f C V[\text{A}]$이므로

$\therefore C = \dfrac{I}{2\pi f V} = \dfrac{60 \times 10^{-3}}{2\pi \times 60 \times 100} = 1.59 \times 10^{-6}[\text{F}]$

31 자기 인덕턴스 값이 0.1[H]인 솔레노이드 코일에 실효값 100[V], 60[Hz], 위상각 0[°]인 전압을 가했다. 이때 회로에 흐르는 전류의 실효값[A]은?

① 1.25　② 2.24
③ 2.65　④ 3.41

해설

전류 $I = \dfrac{V}{X_L} = \dfrac{V}{\omega L} = \dfrac{V}{2\pi f L} = \dfrac{100}{2\pi \times 60 \times 0.1} = 2.65[\text{A}]$

32 어떤 회로에 전압 $\dot{V} = 100 + j20[\text{V}]$을 가했을 때, 전류 $\dot{I} = 4 + j3[\text{A}]$가 흘렀다. 이 회로의 임피던스는?

① $18.4 - j8.8[\Omega]$
② $18.4 - j15.2[\Omega]$
③ $45.8 - j31.4[\Omega]$
④ $65.7 - j54.3[\Omega]$

해설

$Z = \dfrac{V}{I} = \dfrac{100 + j20}{4 + j3}$

여기서, 분모에 허수를 없애기 위해 유리화를 한다.

$\dfrac{100 + j20}{4 + j3} \times \dfrac{4 - j3}{4 - j3} = \dfrac{(100 + j20)(4 - j3)}{(4 + j3)(4 - j3)}$

$= \dfrac{400 - j220}{25}$

$= 18.4 - j8.8[\Omega]$

정답 28 ② 29 ② 30 ④ 31 ③ 32 ①

33 인덕턴스 $L=20[mH]$인 코일에 실효값 $V=50[V]$, 주파수 $f=60[Hz]$인 정현파 전압을 인가했을 때 코일에 축적되는 평균 자기에너지 $W_L[J]$은?

① 6.3　② 0.63
③ 4.4　④ 0.44

해설

솔레노이드 코일에 축적되는 자기에너지 $W_L=\frac{1}{2}LI^2[J]$이므로,

$$W_L=\frac{LI^2}{2}=\frac{L}{2}\left(\frac{V}{2\pi fL}\right)^2=\frac{V^2}{8\pi^2f^2L}=\frac{50^2}{8\pi^2\times60^2\times20\times10^{-3}}$$
$$=0.44[J]$$

34 인덕턴스 $L=20[mH]$인 코일에 실효값 $|E|=50[V]$, $f=60[Hz]$인 정현파 전압을 가했을 때 코일에 축적되는 평균 자기에너지 $W_L[J]$은?

① 0.44　② 4.4
③ 0.63　④ 6.3

해설

인덕턴스 L에 흐르는 전류는 $I=\frac{E}{X_L}[A]$이다.

$$I=\frac{E}{X_L}=\frac{E}{\omega L}=\frac{E}{2\pi fL}=\frac{50}{2\pi\times60\times20\times10^{-3}}=6.63[A]$$

∴ 축적 에너지 $W=\frac{1}{2}LI^2=\frac{1}{2}\times20\times10^{-3}\times6.63^2=0.44[J]$

35 저항 $8[\Omega]$과 용량 리액턴스 $X_C[\Omega]$이 직렬로 접속된 회로에 $100[V]$, $60[Hz]$의 교류를 가하니 $10[A]$의 전류가 흘렀다. 이때 $X_C[\Omega]$의 값은?

① 10　② 8
③ 6　④ 4

해설

$R-L$ 직렬회로의 임피던스는 $Z=\sqrt{R^2+(X_C)^2}[\Omega]$이다.

여기서, 회로에 흐르는 전류 $i=\frac{V}{Z}[A]$

임피던스 $Z=\frac{V}{I}=\frac{100}{10}=10[\Omega]$

∴ 용량성 리액턴스 $X_C=\sqrt{Z^2-R^2}=\sqrt{10^2-8^2}=6[\Omega]$

36 저항 R과 유도성 리액턴스 X_L이 병렬로 접속된 회로의 역률은?

① $\frac{\sqrt{R^2+X_L^2}}{R}$　② $\frac{\sqrt{R^2+X_L^2}}{X_L}$
③ $\frac{R}{\sqrt{R^2+X_L^2}}$　④ $\frac{X_L}{\sqrt{R^2+X_L^2}}$

해설

$R-L$ 병렬회로의 역률 $\cos\theta=\frac{X_L}{Z}=\frac{X_L}{\sqrt{R^2+(X_L)^2}}$

37 $R=100[\Omega]$, $C=30[\mu F]$인 $R-C$ 직렬회로에 $f=60[Hz]$, $V=100[V]$의 교류전압을 가할 때 전류 $[A]$는?

① 0.45　② 0.56
③ 0.75　④ 0.96

해설

전류 $I=\frac{V}{Z}[A]$를 구하기 위해서는 임피던스를 알아야 한다. $R-C$ 직렬회로의 임피던스는

$$Z=\sqrt{R^2+(X_C)^2}=\sqrt{R^2+\left(\frac{1}{\omega C}\right)^2}$$
$$=\sqrt{100^2+\left(\frac{1}{2\pi\times60\times30\times10^{-6}}\right)^2}=133.5[\Omega]$$

∴ $I=\frac{V}{Z}=\frac{100}{133.5}=0.75[A]$

38 다음 그림과 같은 회로의 역률은 어떻게 표현되는가?

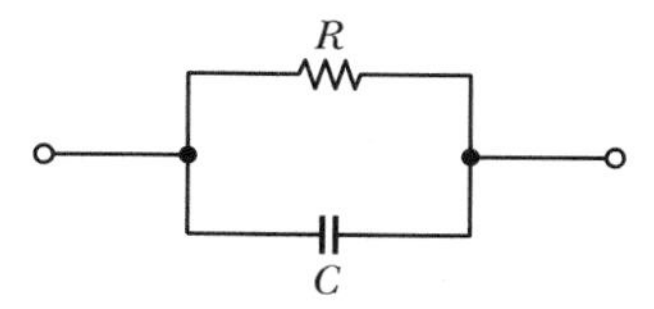

① $1+(\omega RC)^2$　② $\sqrt{1+(\omega RC)^2}$
③ $\frac{1}{\sqrt{1+(\omega RC)^2}}$　④ $\frac{1}{1+(\omega RC)^2}$

정답 33 ④ 34 ① 35 ③ 36 ④ 37 ③ 38 ③

해설

$R-C$ 병렬회로의 역률 $\cos\theta = \dfrac{\frac{1}{R}}{\frac{1}{Z}}$ 이므로 $\cos\theta = \dfrac{Z}{R}$ 가 된다.

$$\cos\theta = \frac{Z}{R} = \frac{\left(\dfrac{R \cdot X_C}{R+X_C}\right)}{R} = \frac{X_C}{R+X_C} \rightarrow \frac{jX_C}{R+jX_C}$$

여기에 $\times \dfrac{\frac{1}{jX_C}}{j\frac{1}{X_C}}$ 하면,

$$\frac{jX_C}{R+jX_C} \times \frac{\frac{1}{jX_C}}{j\frac{1}{X_C}} = \frac{1}{\dfrac{R}{jX_C}+1} = \frac{1}{\sqrt{\left(\dfrac{R}{X_C}\right)^2+1^2}}$$

$$= \frac{1}{\sqrt{\left(\dfrac{R}{\frac{1}{\omega C}}\right)^2+1}} = \frac{1}{\sqrt{1+\omega^2 C^2 R^2}}$$

39 $R-L-C$ 직렬회로의 공진조건은?

① $\dfrac{1}{\omega L} = \omega C + R$
② 직류전원을 가할 때
③ $\omega L = \omega C$
④ $\omega L = \dfrac{1}{\omega C}$

해설

직렬회로의 공진조건은 $\omega L = \dfrac{1}{\omega C}$이고, 병렬회로의 공진조건은 $\omega C = \dfrac{1}{\omega L}$이다.

40 어느 $R-L-C$ 병렬회로가 병렬공진이 되었을 때, 이 회로의 합성전류는 어떻게 되는가?

① 최소가 된다.
② 최대가 된다.
③ 전류는 흐르지 않는다.
④ 전류는 무한대가 된다.

해설

병렬공진$\left(\dfrac{1}{X_C} = \dfrac{1}{X_L} \rightarrow \omega C = \dfrac{1}{\omega L}\right)$이 되면,

$Y = \dfrac{1}{Z} = \dfrac{1}{R} + j\left(\dfrac{1}{X_C} - \dfrac{1}{X_L}\right) = \dfrac{1}{R} + j\left(\omega C - \dfrac{1}{\omega L}\right)$에서 어드미턴스의 허수부가 0이 되므로, Y는 최소가 된다.

$Y = \dfrac{1}{Z} = \dfrac{1}{R} + 0[℧]$

여기서, 전류와 어드미턴스의 관계는 $I = \dfrac{V}{Z} = YV \rightarrow I \propto Y$(비례관계)이므로, 병렬공진회로의 어드미턴스 Y가 최소이면, 전류 I도 최소가 된다.

41 $R = 5[\Omega]$, $L = 10[\mathrm{mH}]$, $C = 1[\mu\mathrm{F}]$의 직렬회로에서 공진주파수 $f_r[\mathrm{Hz}]$는 약 얼마인가?

① 3181 ② 1820
③ 1592 ④ 1432

해설

$R-L-C$ 직렬회로의 공진조건은 $\omega L = \dfrac{1}{\omega C}$이고, 공진주파수는 $f_c = \dfrac{1}{2\pi\sqrt{LC}}$이다.

$$f_c = \frac{1}{2\pi\sqrt{LC}} = \frac{1}{2\pi\sqrt{(10\times10^{-3})(1\times10^{-6})}} = 1592[\mathrm{Hz}]$$

42 $R = 5[\Omega]$, $L = 20[\mathrm{mH}]$ 및 가변 콘덴서 C로 구성된 $R-L-C$ 직렬회로에 주파수 $1000[\mathrm{Hz}]$인 교류를 가한 다음, C를 가변하여 직렬공진시킬 때 C의 값은 약 얼마인가?

① $1.27[\mu\mathrm{F}]$ ② $2.54[\mu\mathrm{F}]$
③ $3.52[\mu\mathrm{F}]$ ④ $4.99[\mu\mathrm{F}]$

해설 $R-L-C$ 직렬회로의 공진조건

$\omega L = \dfrac{1}{\omega C} \rightarrow$ 이항 : $C = \dfrac{1}{\omega\omega L}[\mu\mathrm{F}]$

$$C = \frac{1}{\omega\omega L} = \frac{1}{\omega^2 L} = \frac{1}{(2\pi\times1000)^2\times(20\times10^{-3})} = 1.27[\mu\mathrm{F}]$$

정답 39 ④ 40 ① 41 ③ 42 ①

43 $R-L-C$ 직렬회로에서 L 및 C의 값을 고정시켜 놓고 저항 R의 값만 큰 값으로 변화시킬 때 옳게 설명한 것은?

① 이 회로의 Q(선택도)는 커진다.
② 공진주파수는 커진다.
③ 공진주파수는 작아진다.
④ 공진주파수는 변화하지 않는다.

해설

R과 공진주파수 f_c는 무관하며, 선택도 $Q=\frac{1}{R}\sqrt{\frac{L}{C}}$ 에서 $Q\propto\frac{1}{R}$(반비례)이므로, R을 크게 하면 Q는 감소한다.

44 어떤 회로에 $e=50\sin(\omega t+\theta)$[V]를 인가했을 때 $i=4\sin(\omega t+\theta-30°)$[A]가 흘렀다면 유효전력은 약 몇 [W]인가?

① 50 ② 57.7
③ 86.6 ④ 100

해설

유효전력 $P=VI\cos\phi=\frac{V_m}{\sqrt{2}}\frac{I_m}{\sqrt{2}}\cos\phi$[W]
여기서, V, I 모두 실효값이므로
$P=\frac{V_m}{\sqrt{2}}\frac{I_m}{\sqrt{2}}\cos\phi=\frac{50}{\sqrt{2}}\frac{4}{\sqrt{2}}\cos 30°=86.6$[W]

45 어느 회로에서 전압과 전류의 실효값이 각각 50[V], 10[A]이고 역률이 0.8이면 소비전력[W]은?

① 400 ② 500
③ 300 ④ 600

해설

소비전력은 유효전력이므로, $P=VI\cos\phi=50\times10\times0.8=400$[W]

46 정격 600[W]의 전열기에 정격전압의 80[%]를 인가하였을 때의 소비전력은 얼마인가?

① 614 ② 545
③ 486 ④ 384

해설

전열기의 소비전력 $P=\frac{V^2}{R}$[W]이고 여기서 소비전력은 $P\propto V^2$로 비례관계임을 알 수 있다. $P\propto V^2$ 관계를 이용하여 비율식을 세워 정격전압 V의 80[%]일 때 소비전력 P_2을 구할 수 있다.
$(V_1)^2 : P_1=(V_2)^2 : P_2$ 비율식에 정격전압의 80[%] 감소비율을 적용하면,
$(1)^2 : 600=(0.8)^2 : P_2 \rightarrow 600\times(0.8)^2=P_2 \rightarrow 384=P_2$
∴ 정격전압이 80[%]로 감소하면, 소비전력은 600[W]에서 384[W]로 감소한다.

47 피상전력이 20[kVA], 유효전력이 8.08[kW]이면 역률은?

① 1.414 ② 1
③ 0.707 ④ 0.404

해설

역률 $\cos\theta=\frac{P}{P_a}=\frac{\text{유효전력}}{\text{피상전력}}=\frac{8.08}{20}=0.404$

48 $R=40[\Omega]$, $L=80$[mH]의 코일이 있다. 이 코일에 100[V], 60[Hz]의 전압을 가할 때에 소비되는 전력[W]은?

① 100 ② 120
③ 160 ④ 200

해설

유도성 리액턴스 $X_L=\omega L=2\pi fL=2\pi\times60\times80\times10^{-3}\fallingdotseq30[\Omega]$
∴ 소비전력 $P=I^2\cdot R=\frac{V^2R}{R^2+X^2}=\frac{100^2\times40}{40^2+30^2}=160$[W]

49 저항 $R=3[\Omega]$과 유도 리액턴스 $X_L=4[\Omega]$이 직렬로 연결된 회로에 $v=100\sqrt{2}\sin\omega t$[V]인 전압을 가하였다. 이 회로에서 소비되는 전력[kW]은?

① 1.2 ② 2.2
③ 3.5 ④ 4.2

정답 43 ④ 44 ③ 45 ① 46 ④ 47 ④ 48 ③ 49 ①

해설

소비전력 $P=\dfrac{V^2R}{R^2+X^2}=\dfrac{100^2\times3}{3^2+4^2}=1200[\text{W}]=1.2[\text{kW}]$

50 $R-L-C$ **직렬회로에서 일정 각주파수의 전압을 가하여 R만을 변화시켰을 때 R의 어떤 값에서 소비전력이 최대가 되는가?**

① $\dfrac{V^2R}{R^2+X^2}$ ② $\dfrac{V^2X}{R^2+X^2}$

③ $\omega L+\dfrac{1}{\omega C}$ ④ $\omega L-\dfrac{1}{\omega C}$

해설 최대전력 전송조건

- 내부 임피던스 = 외부 임피던스
- 전원측 임피던스 = 부하측 임피던스

$\therefore R=\omega L-\dfrac{1}{\omega C}$이 되어야 한다.

51 **95[%]의 기기효율을 가진 단상 유도전동기 1대가 있다. 이 전동기의 역률이 80[%]일 때 역률을 100[%]로 개선하기 위해 전원에 설치할 병렬 콘덴서의 용량[VA]은?(단, 단상 유도전동기의 정격은 60[Hz], 220[V], 출력 5[HP])**

① $-j1865$ ② $-j2147$

③ $-j2556$ ④ $-j2944$

해설

현재 기기의 역률(PF)을 100[%]로 사용하기 위해 전원에 설치할 역률 개선용 콘덴서 용량[VA]을 구하는 문제이다.

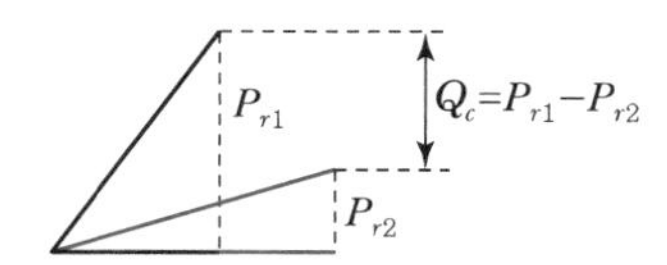

먼저, $Q_c=P_{r1}-P_{r2}=P\left(\dfrac{\sin\theta_1}{\cos\theta_1}-\dfrac{\sin\theta_2}{\cos\theta_2}\right)$[VA]를 이용하여 역률을 개선할 콘덴서 용량을 계산할 수 있다.

하지만, 먼저 유효전력 P[W]를 알아야 한다. 문제에서 유효전력은 전동기의 입력이다. 그리고 전동기뿐만 아니라 수용가 전기설비의 입력에는 무효분이 없으므로 [VA] = [W]이다.

전동기 출력 $P=P_a\cos\theta\cdot\eta$[W]인데, 문제에서 출력을 [W]가 아닌 [HP]로 제시했으므로, [HP] $\xrightarrow{\text{변환}}$ [W]하면, 1[HP] = 746[W]이고 5[HP] = 3730[W]이다.

$\eta=\dfrac{\text{출력}}{\text{입력}}\rightarrow$ 입력 $=\dfrac{\text{출력}}{\eta}=\dfrac{3730}{0.95}=3926.3[\text{W}]$

$Q_c=P\left(\dfrac{\sin\theta_1}{\cos\theta_1}-\dfrac{\sin\theta_2}{\cos\theta_2}\right)=3926.3\left(\dfrac{0.6}{0.8}-\dfrac{0}{1}\right)=2944.7[\text{W}]$

이를 복소전력으로 나타내면,

2944.7[VA] → $-j2944$ (전동기 전원측에 2944.7[VA] 용량의 콘덴서를 설치한다.)

52 **어떤 회로가 있다. 이 회로에 전압 $\dot{E}=30+j40$[V]를 인가하면, 전류 $\dot{I}=20+j10$[A]가 흐른다. 이때 회로의 역률은 어떻게 되는가?**

① 0.959 ② 0.894

③ 0.746 ④ 0.685

해설

역률 $\cos\theta=\dfrac{P}{P_a}$ 공식으로 답을 찾을 수 있지만, 먼저 피상전력 P_a와 유효전력 P를 구하기 위해서는 복소전력 계산을 해야 한다.

$P_a=\dot{E}\cdot\overline{\dot{I}}$ [VA]

$P_a=(30+j40)(\overline{20+j10})=(30+j40)(20-j10)$

$=1000+j500$[VA]

복소전력 결과는 유효전력 1000[W], 유도성 무효전력 500[Var]이다.

$\therefore \cos\theta=\dfrac{P}{P_a}=\dfrac{P}{\sqrt{P^2+Q^2}}=\dfrac{1000}{\sqrt{1000^2+500^2}}=0.894$

53 **$R=4[\Omega]$과 $X_c=3[\Omega]$이 직렬로 접속된 회로에 10[A]의 전류를 통할 때의 교류전력은 몇 [VA]인가?**

① $400+j300$ ② $400-j300$

③ $420+j360$ ④ $360+j420$

해설

$R-X$ 직렬회로의 임피던스는 $Z=R-jX_C[\Omega]$이고, 임피던스 Z에서 소비되는 교류전력은 $P_a=I^2\cdot Z$[VA]이다. 이를 복소전력으로 계산하면 다음과 같다.

$P_a=\dot{V}\cdot\overline{\dot{I}}=I^2\cdot\overline{\dot{Z}}=10^2\times(4+j3)=400+j300[\text{VA}]$

정답 50 ④ 51 ④ 52 ② 53 ①

54 부하에 $100\angle30°$[V]의 전압을 가하였을 때, 회로에 $10\angle60°$[A]의 전류가 흘렀다. 부하에서 소비되는 유효전력[W]과 무효전력[Var]은 각각 얼마인가?

① $P=500,\ Q=866$　② $P=866,\ Q=500$
③ $P=680,\ Q=400$　④ $P=400,\ Q=680$

해설

복소전력 $P_a=\dot{V}\cdot\overline{\dot{I}}$ [VA]
$=(100\angle30°)\times(10\angle-60°)$
$=100\times10\angle(30°-60°)$
$=1000\angle-30°$[VA]

$P_a=1000\angle-30° \xrightarrow[\text{형식}]{\text{직각좌표}} P_a=2000[\cos(-30°)+j\sin(-30°)]$

$=866-j500$[VA]이므로(4사분면에서 cos 각도는 +부호를 갖는다.)

∴ 유효전력 $P=866$[W], 무효전력 $P_r=500$[Var]

55 코일이 2개 있다. 한 코일의 전류가 매초 150[A]일 때 다른 코일에는 75[V]의 기전력이 유기된다. 이때 두 코일의 상호 인덕턴스는?

① 1[H]　② $\frac{1}{2}$[H]
③ $\frac{1}{4}$[H]　④ 0.75[H]

해설

$V_L=M\frac{di(t)}{dt}$

$M=\frac{V_L}{\frac{di(t)}{dt}}=\frac{75}{150}=\frac{1}{2}$[H]

56 두 코일의 자기 인덕턴스가 L_1[H], L_2[H]이고 상호 인덕턴스가 M일 때 결합계수 K는?

① $\frac{\sqrt{L_1L_2}}{M}$　② $\frac{M}{\sqrt{L_1L_2}}$
③ $\frac{M^2}{L_1L_2}$　④ $\frac{L_1L_2}{M^2}$

해설

상호 인덕턴스 $M=K\sqrt{L_1L_2}$

∴ 결합계수 $K=\frac{M}{\sqrt{L_1L_2}}$

57 다음 중 [Ω · sec]와 같은 단위는?

① [Farad]　② [Farad/m]
③ [Henry]　④ [Henry/m]

58 두 코일이 있다. 한 코일의 전류가 매초 40[A]의 비율로 변화할 때 다른 코일에는 20[V]의 기전력이 발생하였다면 두 코일의 상호 인덕턴스는 몇 [H]인가?

① 0.2[H]　② 0.5[H]
③ 0.8[H]　④ 1.0[H]

해설

두 코일 간의 상호 유도 작용에 의해 2차 코일에 유도되는 기전력은

$e_2=M\frac{di_1}{dt}$

∴ 상호 인덕턴스 $M=e_2\times\frac{dt}{di_1}=\frac{20}{40}=0.5$[H]

59 그림과 같은 회로에서 $i_1=I_m\sin\omega t$[A]일 때 개방된 2차 단자에 나타나는 유기기전력 e_2는?

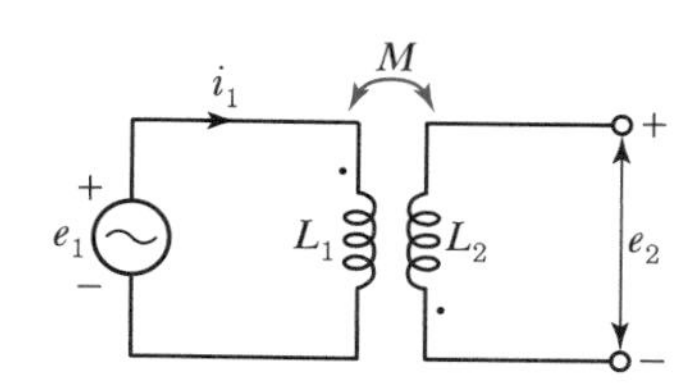

① $\omega M\sin\omega t$[V]
② $\omega M\cos\omega t$[V]
③ $\omega MI_m\sin(\omega t-90°)$[V]
④ $\omega MI_m\sin(\omega t+90°)$[V]

정답 54 ② 55 ② 56 ② 57 ③ 58 ② 59 ③

해설

두 회로의 상호 유도 작용에 의해 개방된 2차 단자에 나타나는 유기기전력 e_2는

$$e_2 = -M\frac{di_1}{dt} = -M\frac{d}{dt}I_m \sin\omega t = -\omega M I_m \cos\omega t$$
$$= -\omega M I_m \sin(\omega t - 90°)[\mathrm{V}]$$

60 코일 A 및 코일 B가 있다. 코일 A의 전류가 $\frac{1}{100}$초 동안 5[A] 변화할 때 코일 B에 20[V]의 기전력을 유도한다고 한다. 이때의 상호 인덕턴스는 몇 [H]인가?

① 0.01 ② 0.02
③ 0.04 ④ 0.08

해설

코일 A에 흐르는 전류에 의하여 코일 B에 유기되는 기전력

$e_B = M\frac{dI_A}{dt}$에서 $20 = M\frac{5}{\frac{1}{100}}$

$\therefore M = 0.04[\mathrm{H}]$

61 그림과 같은 코일 1과 2가 있고 인덕턴스가 각각 L_1, L_2라 할 때 상호 인덕턴스 M_{12}는?(단, k는 결합계수이다.)

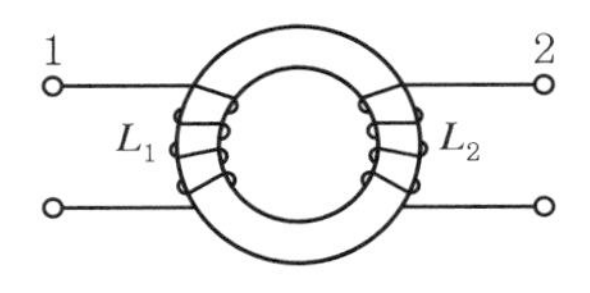

① $M_{12}^2 = kL_1L_2$ ② $M_{12}^2 = k^2L_1L_2$
③ $M_{12}^2 = \frac{L_1L_2}{k}$ ④ $M_{12}^2 = k\frac{L_1}{L_2}$

62 그림과 같이 고주파 브리지를 가지고 상호 인덕턴스를 측정하고자 한다. 그림 (a)와 같이 접속하면 합성 자기 인덕턴스는 30[mH]이고, 그림 (b)와 같이 접속하면 14[mH]이다. 상호 인덕턴스[mH]는?

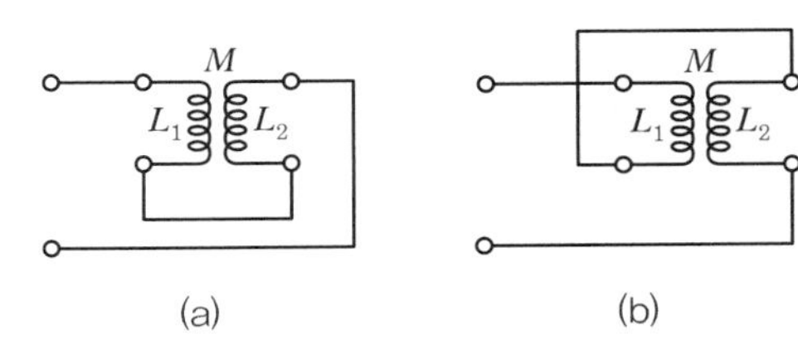

① 2 ② 4
③ 3 ④ 16

해설

상호 인덕턴스를 M이라 하면 그림 (a), (b)에서

$30 = L_1 + L_2 + 2M$ ……… ㉠

$14 = L_1 + L_2 - 2M$ ……… ㉡

식 ㉠, ㉡에서 $M = \frac{1}{4}(30-14) = 4[\mathrm{mH}]$

63 그림과 같은 회로에서 a, b 간의 합성 인덕턴스 L_0의 값은?

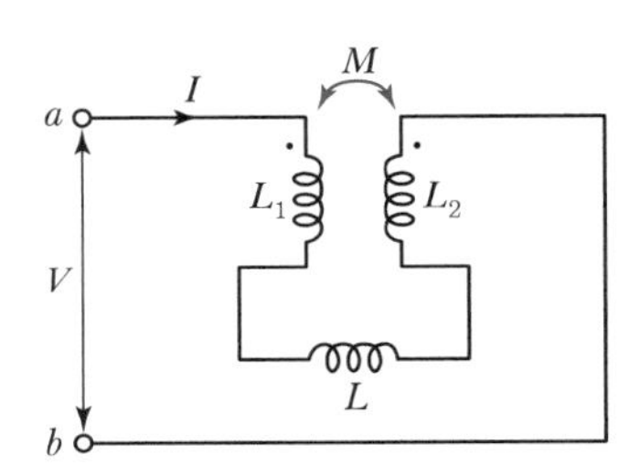

① $L_1 + L_2 + L$ ② $L_1 + L_2 - 2M + L$
③ $L_1 + L_2 + 2M + L$ ④ $L_1 + L_2 - M + L$

해설

L_1과 L_2의 결합이 차동결합 형태이므로 $L_0 = L_1 + L_2 - 2M + L$
만약에 (dot)의 방향이 L_2의 반대 방향이면 가동(화동)결합이므로 $L_0 =$
$= L_1 + L_2 + 2M + L$이다.

64 20[mH]의 두 자기 인덕턴스가 있다. 결합계수를 0.1부터 0.9까지 변화시킬 수 있다면 이것을 접속시켜 얻을 수 있는 합성 인덕턴스의 최대값과 최소값의 비는?

① 9 : 1 ② 13 : 1
③ 16 : 1 ④ 19 : 1

정답 60 ③ 61 ② 62 ② 63 ② 64 ④

해설 상호 인덕턴스

$M = K\sqrt{L_1 L_2}$

- 합성 인덕턴스의 최대값(가동결합)

  $L_{\oplus} = L_1 + L_2 + 2M = 20 + 20 + 2 \times 0.9\sqrt{20 \times 20} = 76[\text{mH}]$

- 합성 인덕턴스의 최소값(차동결합)

  $L_{\ominus} = L_1 + L_2 - 2M = 20 + 20 - 2 \times 0.9\sqrt{20 \times 20} = 4[\text{mH}]$

∴ 최대값 : 최소값 = 76 : 4 = 19 : 1

65 그림과 같은 이상변압기의 권선비가 $n_1 : n_2 = 1 : 3$ 일 때 a, b 단자에서 본 임피던스[Ω]는?

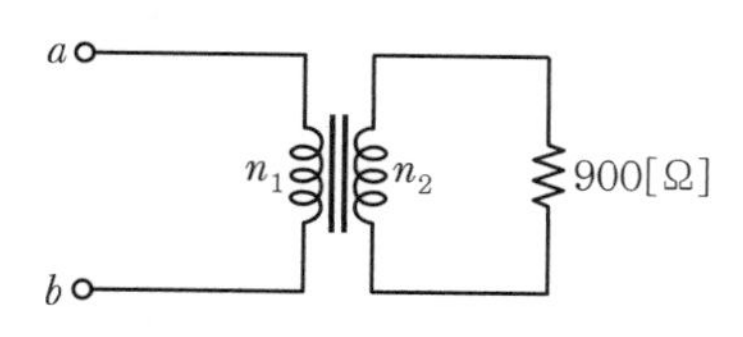

① 50　② 100
③ 200　④ 400

해설

$$n = \sqrt{\frac{Z_1}{Z_2}} \rightarrow n^2 = \frac{Z_1}{Z_2}$$

$$\therefore Z_1 = Z_2 n^2 = 900 \times \left(\frac{1}{3}\right)^2 = 100[\Omega]$$

66 대칭 다상 교류에 의한 회전자계의 설명 중 옳지 않은 것은?

① 대칭 3상 교류에 의한 회전자계는 원형 회전자계이다.
② 대칭 2상 교류에 의한 회전자계는 타원형 회전자계이다.
③ 3상 교류에서 어느 두 코일의 전류의 상순을 바꾸면 회전자계의 방향도 바뀐다.
④ 회전자계의 회전속도는 일정 각속도 ω이다.

해설 대칭 다상 교류의 회전자계

- 대칭 3상 교류의 회전자계는 원형 회전자계이다.
- 비대칭 3상 교류의 회전자계는 타원형 회전자계이다.
- 대칭 3상 교류에서 임의의 두 상(Phase)을 맞바꾸면 회전자계의 회전 방향이 바뀐다.
- 회전자계의 방향은 시계방향으로 ω[rad/sec]의 각속도로 회전한다.

67 전원과 부하가 △ - △ 결선인 평형 3상 회로의 선간전압이 220[V], 선전류가 30[A]이었다면 부하 1상의 임피던스[Ω]는?

① 9.7　② 10.7
③ 11.7　④ 12.7

해설

△ - △ 결선 시 상전압과 선간전압은 같고, 선전류는 상전류의 $\sqrt{3}$ 배이므로,

$$\text{부하 1상의 임피던스} = \frac{\text{상전압}}{\text{상전류}} = \frac{220}{\frac{30}{\sqrt{3}}} = \frac{220\sqrt{3}}{30} = 12.7[\Omega]$$

68 그림과 같은 평형 Y형 결선에서 각 상이 8[Ω]의 저항과 6[Ω]의 리액턴스가 직렬로 접속된 부하에 걸린 선간전압이 $100\sqrt{3}$ [V]이다. 이때 선전류는 몇 [A]인가?

① 5
② 10
③ 15
④ 20

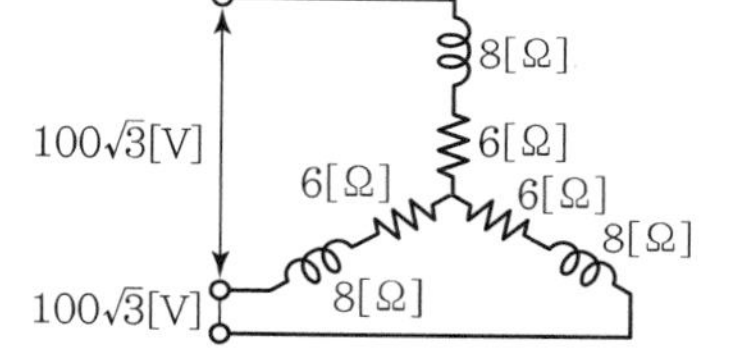

해설

$$I_p = \frac{E}{Z} = \frac{\left(\frac{100\sqrt{3}}{\sqrt{3}}\right)}{\sqrt{6^2 + 8^2}} = \frac{100}{10} = 10[\text{A}]$$

69 대칭 n상에서 선전압과 상전압(상기전력) 사이의 위상차는 몇 [rad]인가?

① $\frac{\pi}{2}\left(1 - \frac{2}{n}\right)$　② $2\left(1 - \frac{2}{n}\right)$
③ $\frac{n}{2}\left(1 - \frac{2}{n}\right)$　④ $\frac{n}{2}\left(1 - \frac{n}{2}\right)$

해설

대칭 n상은 Y결선과 같은 성형결선이므로, 성형결선의 선전압와 상전압 사이의 위상차는 $\frac{\pi}{2}\left(1 - \frac{2}{n}\right)$°[rad] 이다.

정답 65 ② 66 ② 67 ④ 68 ② 69 ②

70 성형 대칭 5상 기전력의 선간전압과 상전압(상기전력)의 위상차는 얼마인가?

① 27° ② 36°
③ 54° ④ 72°

해설
대칭 5상 교류에서 선전압과 상전압 사이의 위상차는

$\theta = \frac{\pi}{2}\left(1 - \frac{2}{n}\right) = 90\left(1 - \frac{2}{5}\right) = 54°$

71 대칭 n상 성형결선에서 선간전압의 크기는 상전압의 몇 배인가?

① $\sin\frac{\pi}{n}$ ② $\cos\frac{\pi}{n}$
③ $2\sin\frac{\pi}{n}$ ④ $2\cos\frac{\pi}{n}$

해설
대칭 n상 성형결선에서 선간전압 $V_l = 2\sin\frac{\pi}{n}\ V_p \angle \frac{\pi}{2}\left(1 - \frac{2}{n}\right)$°[V]이므로, 선간전압의 크기는 $2\sin\frac{\pi}{n}$ 이다.

72 대칭 6상 성형 상전압이 220[V]일 때, 선간전압은 몇 [V]인가?

① 220 ② 150
③ 100 ④ 50

해설
대칭 3상 성형결선의 선간전압 $V_l = 2\sin\frac{\pi}{n}\ V_p$[V]이므로,

$V_l = 2\sin\frac{\pi}{n}\ V_p = 2\sin\frac{\pi}{6} \times 220 = 220$[V]

73 대칭 3상 Y 결선에서 선간전압이 $100\sqrt{3}$ 이고, 각 상의 임피던스 $Z = 30 + j40[\Omega]$의 평형부하일 때 선전류는 몇 [A]인가?

① 2 ② $2\sqrt{3}$
③ 5 ④ $5\sqrt{3}$

해설
평형 3상 부하가 Y 결선일 때의 선전류는 $I_l = I_p$ 관계이므로,

$I_p = \frac{V_p}{Z} = \frac{\left(\frac{V_l}{\sqrt{3}}\right)}{Z} = \frac{\left(\frac{100\sqrt{3}}{\sqrt{3}}\right)}{\sqrt{30^2 + 40^2}} = 2$[A]

74 $R[\Omega]$인 3개의 저항을 같은 전원에 △결선으로 접속시킬 때와 Y결선으로 접속시킬 때, 선전류의 크기의 비 $I_\triangle / I_Y$는?

① 1/3
② $\sqrt{6}$
③ $\sqrt{3}$
④ 3

해설
저항이 $R[\Omega]$인 3개의 저항을 같은 전원에 △결선으로 접속할 때와 Y결선으로 접속할 때의 선전류 크기의 비는,

$\frac{I_\triangle}{I_Y} = \frac{\sqrt{3}\,I_\triangle}{I_Y} = \frac{\sqrt{3}\,\frac{V_p}{Z}}{\frac{V_Y}{Z}} = \frac{\sqrt{3}\,\frac{V_l}{R}}{\left(\frac{\frac{V_l}{\sqrt{3}}}{R}\right)} = 3$

$\therefore I_\triangle = 3I_Y,\ I_Y = \frac{1}{3}I_\triangle$

75 △결선된 3상 회로에서 상전류가 $I_{12} = 4\angle -36°$[A], $I_{23} = 4\angle -156°$[A], $I_{31} = 4\angle 84°$[A]이다. 선전류 I_1, I_2, I_3 중에서 그 크기가 가장 큰 것은?

① 2.31 ② 4.0
③ 6.93 ④ 8.0

해설
△결선에서, 선전류 $I_l = \sqrt{3}I_p \angle -30°$(선전류 I_l은 상전류 I_p의 $\sqrt{3}$ 배이고, 위상은 30° 느리다.)

$\therefore I_l = \sqrt{3}I_p = \sqrt{3} \times 4 = 6.93$[A]

정답 70 ③ 71 ③ 72 ① 73 ① 74 ④ 75 ③

76 평형 3상 3선식 회로가 있다. 부하는 Y결선이고 $V_{ab}=100\sqrt{3}\angle 0°$[A]일 때 $I_a=20\angle -120°$[A]이었다. Y결선된 부하 한 상의 임피던스는 몇 [Ω]인가?

① $50\angle 60°$ ② $5\sqrt{3}\angle 60°$
③ $5\angle 90°$ ④ $5\sqrt{3}\angle 90°$

해설

상전압은 선간전압보다 30° 뒤지고, a상의 상전압을 V_a이라 하면,

$$Z_a=\frac{V_a}{I_a}=\frac{100\angle -30°}{20\angle -120°}=5\angle 90°[\Omega]$$

77 대칭 3상 Y부하에서 각 상의 임피던스가 $Z=3+j4$[Ω]이고, 부하전류가 20[A]일 때 이 부하에서 소비되는 전력[W]은?

① 3600 ② 1400
③ 1600 ④ 1800

해설

소비전력, 부하전력, 유효전력은 $P=\sqrt{3}\,VI\cos\theta$[W] 또는 $P=3{I_p}^2R$[W]이다.

$\therefore P=3{I_p}^2R=3\times 20^2\times 3=3600$[W]

78 평형 3상 부하에 전력을 공급할 때 선전류 값이 20[A]이고 부하의 소비전력이 4[kW]이다. 이 부하의 등가 Y회로에 대한 각 상의 저항[Ω]은?

① $\frac{10}{3}$ ② $\frac{10}{\sqrt{3}}$
③ 10 ④ $10\sqrt{3}$

해설

Y결선에 흐르는 전류는 선전류와 상전류가 동일하므로, 일반적인 저항의 소비전력 수식으로 계산할 수 있다.

소비전력 $P=3I^2R$[W]이므로

$$\therefore R=\frac{P}{3I^2}=\frac{4000}{3\times 20^2}=\frac{10}{3}[\Omega]$$

79 한 상의 임피던스 $Z=6+j8$[Ω]인 평형 Y부하에 평형 3상 전압 200[V]를 인가할 때 무효전력[Var]은?

① 1330 ② 1848
③ 2381 ④ 3200

해설

평형 3상 회로의 무효전력은 $P_r=3I^2X=3\frac{V^2}{X}$[Var]이다.

먼저 상전류부터 구하면 $I_p=\frac{V_p}{Z}=\frac{\left(\frac{V_l}{\sqrt{3}}\right)}{Z}=\frac{\left(\frac{200}{\sqrt{3}}\right)}{\sqrt{6^2+8^2}}=11.55$[A]

이므로, 무효전력 $P_r=3I^2X=3\times 11.55^2\times 8=3200$[Var]

80 그림에서 저항 R이 접속되고, 여기에 3상 평형전압 V가 가해져 있다. 그림의 ×표시된 곳에서 1선이 단선되었다고 하면 소비전력은 몇 배로 되는가?

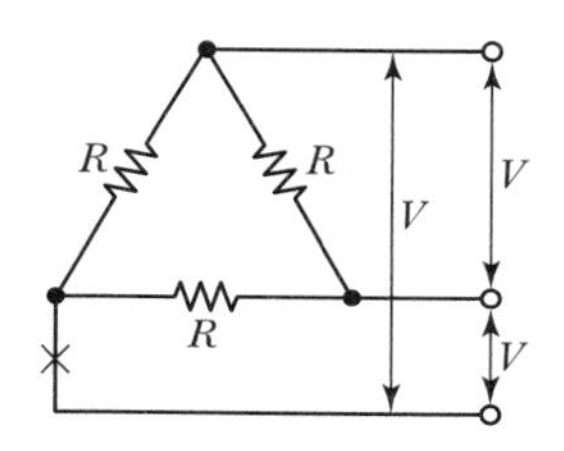

① 1 ② 0.5
③ $\frac{1}{4}$ ④ $\frac{1}{\sqrt{2}}$

해설

단선이 되기 전의 소비전력은 $P=3I^2R=3\frac{V^2}{R}$[W]

단선 후의 저항은 $R_0=\frac{R\times 2R}{R+2R}=\frac{2}{3}R$

단선 후의 소비전력은 $P=\frac{V^2}{\frac{2}{3}R}=\frac{3V^2}{2R}$[W]

그러므로, 단선 전의 소비전력 $P=3\frac{V^2}{R}$와 단선 후의 소비전력

$P=\frac{3}{2}\frac{V^2}{R}$를 비교하면,

$3\frac{V^2}{R}:\frac{3}{2}\frac{V^2}{R}=1:\frac{1}{2}$

$\therefore$ 단선 후 $\frac{1}{2}$배가 된다.

정답 76 ③ 77 ① 78 ① 79 ④ 80 ②

81 용량 30[kVA]의 단상 변압기 2대를 V결선하여 역률 0.8, 전력 20[kW]의 평형 3상 부하에 전력을 공급할 때 변압기 1대가 분담하는 피상전력[kVA]은 얼마인가?

① 14.4 ② 15
③ 20 ④ 30

해설

단상 변압기 2대로 V결선 상태에서 부하에 전력을 공급할 때 출력은

V결선 변압기 용량 $P_V = \sqrt{3}\,P_1$[VA]

$\therefore$ 변압기 1대의 용량 $P_1 = \dfrac{P_V}{\sqrt{3}} = \dfrac{1}{\sqrt{3}}\dfrac{20}{0.8} = 14.4$[kVA]

$\left(\text{변압기 2대 용량 } P_V = \dfrac{P}{\cos\theta} = \dfrac{20}{0.8}[\text{VA}]\right)$

82 그림과 같은 순저항 회로에서 대칭 3상 전압을 가할 때, 각 선에 흐르는 전류가 같으려면 저항 R의 값은 어떻게 되는가?

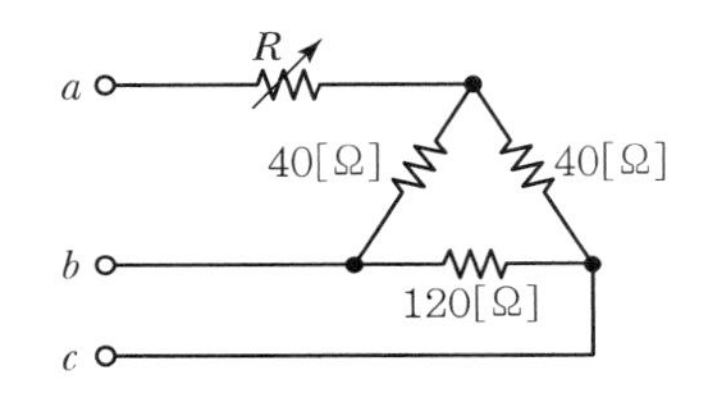

① 4[Ω] ② 8[Ω]
③ 12[Ω] ④ 16[Ω]

해설

그림의 △결선을 Y결선으로 변환하면,

$$Z_A = \frac{Z_{ab}\cdot Z_{ac}}{Z_{ab}+Z_{bc}+Z_{ca}}[\Omega] = \frac{40\times40}{40+40+120} = 8[\Omega]$$

$$Z_B = \frac{Z_{ab}\cdot Z_{bc}}{Z_{ab}+Z_{bc}+Z_{ca}}[\Omega] = \frac{40\times120}{40+40+120} = 24[\Omega]$$

$$Z_C = \frac{Z_{bc}\cdot Z_{ca}}{Z_{ab}+Z_{bc}+Z_{ca}}[\Omega] = \frac{40\times120}{40+40+120} = 24[\Omega]$$

여기서 각 선에 흐르는 전류가 같으려면, 3상의 각 선의 저항이 같으면 된다.

$\therefore\ R = 24-8 = 16[\Omega]$

83 그림과 같이 접속한 회로에 평형 3상 전압 E를 가할 때, 상전류 I_2[A]는 얼마인가?

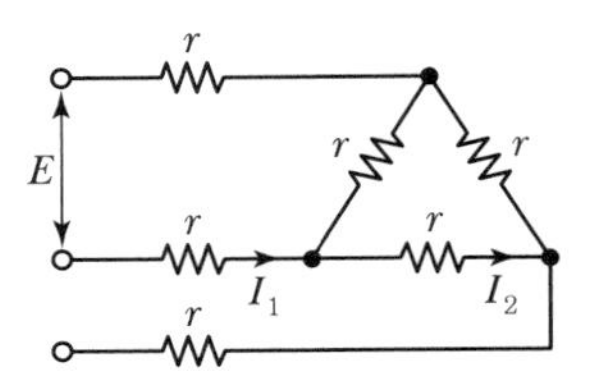

① $\dfrac{E}{4r}$ ② $\dfrac{\sqrt{3}\,E}{4r}$
③ $\dfrac{E}{3r}$ ④ $\dfrac{2E}{3r}$

해설

△결선을 Y결선으로 환산하면 등가저항 r 값과 I_1, I_2는 다음과 같다.

Y결선 한 상의 저항 $R_Y = \dfrac{r\times r}{r+r+r} = \dfrac{r^2}{3r} = \dfrac{r}{3}$

Y결선 한 상의 선전류

$$I_1 = \frac{V}{R_0} = \frac{\left(\frac{E}{\sqrt{3}}\right)}{\left(r+\frac{r}{3}\right)} = \frac{3E}{\sqrt{3}\times4r}$$

$$\xrightarrow{\text{유리화}} \frac{3E}{\sqrt{3}\times4r}\times\frac{\sqrt{3}}{\sqrt{3}} = \frac{\sqrt{3}\,E}{4r}[\text{A}]$$

그러므로, 상전류 $I_2 = \dfrac{I_2}{\sqrt{3}} = \dfrac{\left(\frac{\sqrt{3}\,E}{4r}\right)}{\sqrt{3}} = \dfrac{E}{4r}$[A]이다.

84 △결선된 부하를 Y결선으로 바꾸면 소비전력은 어떻게 되겠는가?(단, 선간전압은 일정하다.)

① $\dfrac{1}{3}$배 ② $\dfrac{1}{9}$배
③ 9배 ④ 3배

해설

△결선 시의 소비전력 $P_\triangle = 3I^2R = 3\left(\dfrac{V}{R}\right)^2R = 3\dfrac{V^2}{R}$[W]

Y결선 시의 소비전력 $P_Y = 3I^2R = 3\left(\dfrac{V/\sqrt{3}}{R}\right)^2R = \dfrac{V^2}{R}$[W]

$P_\triangle = 3P_Y$

$\therefore\ P_Y = \dfrac{1}{3}P_\triangle$

정답 81 ① 82 ④ 83 ① 84 ①

85 2개의 전력계에 의해서 3상 전력을 계측할 때, 3개 상 전체의 전력 W는?

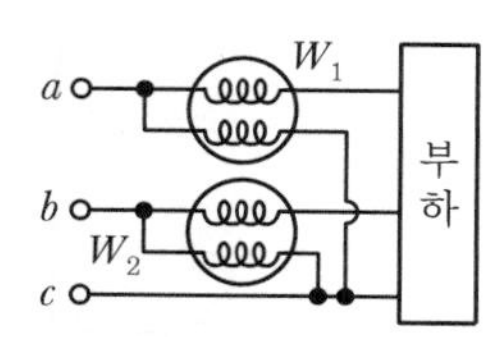

① $\sqrt{3}(|W_1|+|W_2|)$ ② $3(|W_1|+|W_2|)$

③ $|W_1|+|W_2|$ ④ $\sqrt{W_1^2+W_2^2}$

해설

2전력계법에 의한 3상 전력 측정에서 3상 전력값(유효전력) $P=W_1+W_2$[W]

86 2전력계법을 써서 3상 전력을 측정하였더니 각 전력계가 +500[W], +300[W]를 지시하였다. 전 전력[W]은?

① 800 ② 200

③ 500 ④ 300

해설

2전력계법에 의한 3상 전력 측정에서 3상 전력(유효전력) $P=W_1+W_2$[W]이므로, $P=W_1+W_2=500+300=800$[W]

87 두 대의 전력계를 사용하여 평형부하의 3상 교류회로의 역률을 측정하려고 한다. 전력계의 지시가 각각 P_1, P_2라 할 때 이 회로의 역률은?

① $\dfrac{\sqrt{P_1+P_2}}{P_1+P_2}$

② $\dfrac{P_1+P_2}{P_1^2+P_2^2-2P_1P_2}$

③ $\dfrac{P_1+P_2}{2\sqrt{P_1^2+P_2^2-2P_1P_2}}$

④ $\dfrac{2P_1P_2}{\sqrt{P_1^2+P_2^2-2P_1P_2}}$

해설

2전력계에 의한 유효전력 $P=W_1+W_2$[W], 무효전력 $P_r=\sqrt{3}(W_1-W_2)$[Var]을 이용하면,

역률 $\cos\theta=\dfrac{P}{P_a}=\dfrac{W_1+W_2}{2\sqrt{(W_1^2+W_2^2)-W_1W_2}}$

또는 $\cos\theta=\dfrac{P_1+P_2}{2\sqrt{(P_1^2+P_2^2)-P_1P_2}}$

88 대칭좌표법에 관한 설명으로 옳지 않은 것은?

① 대칭좌표법은 일반적인 비대칭 n상 교류회로의 계산에도 이용된다.

② 대칭 3상 전압의 영상분과 역상분은 0이고, 정상분만 남는다.

③ 비대칭 n상 교류회로는 영상분, 역상분 및 정상분의 3성분으로 해석한다.

④ 비대칭 3상 회로의 접지식 회로에는 영상분이 존재하지 않는다.

해설

비접지식(△결선 방식) 3상 교류는 중성선이 없으므로 영상분, 영상전류(I_0)가 존재하지 않는다.

89 대칭좌표법에 사용되는 용어 중에서 각 상이 공통성분임을 나타내는 것은?

① 공통분 ② 역상분

③ 영상분 ④ 정상분

해설

비대칭성의 3상 불평형 전압과 전류를 대칭되는 3가지로 분해하여 해석한 대칭좌표법에서, 각 상전압과 상전류의 영상분에는 공통성분(V_0, I_0)이 포함되어 있다.

정답 85 ③ 86 ① 87 ③ 88 ④ 89 ③

90 상순이 a, b, c인 불평형 3상 전류 I_a, I_b, I_c의 대칭분을 I_0, I_1, I_2라 할 때 대칭분과의 관계식 중 옳지 않은 것은?

① $\frac{3}{1}(I_a + I_b + I_c)$

② $\frac{3}{1}(I_a + I_b \angle 120° + I_c \angle -120°)$

③ $\frac{3}{1}(I_a + I_b \angle -120° + I_c \angle 120°)$

④ $\frac{3}{1}(I_a - I_b - I_c)$

해설 전류 영상분의 크기

영상분의 크기 $I_0 = \frac{1}{3}(I_a + I_b + I_c)$ [A]

정상분의 크기 $I_1 = \frac{1}{3}(I_a + aI_b + a^2 I_c)$ [A]

역상분의 크기 $I_2 = \frac{1}{3}(I_a + a^2 I_b + aI_c)$ [A]

91 상순이 a－b－c인 경우 V_a, V_b, V_c를 3상 불평형 전압이라 하면 정상전압은?

① $\frac{1}{3}(V_a + V_b + V_c)$

② $\frac{1}{3}(V_a + a^2 V_b + a V_c)$

③ $\frac{1}{3}(V_a + a V_b + a^2 V_c)$

④ $3(V_a + a V_b + a^2 V_c)$

92 V_a, V_b, V_c가 3상 전압일 때 역상전압은?(단, $a = e^{j\frac{2}{3}\pi}$ 이다.)

① $\frac{1}{3}(V_a + a V_b + a^2 V_c)$

② $\frac{1}{3}(V_a + a^2 V_b + a V_c)$

③ $\frac{1}{3}(V_a + V_b + V_c)$

④ $\frac{1}{3}(V_a + a^2 V_b + V_c)$

93 대칭좌표법에 관한 설명으로 옳지 않은 것은?

① 불평형 3상 회로 비접지식에서는 영상분이 존재한다.
② 대칭 3상 전압에서 영상분은 0이 된다.
③ 대칭 3상 전압은 정상분만 존재한다.
④ 불평형 3상 회로의 접지식 회로에서는 영상분이 존재한다.

해설

영상분, 영상전류는 중성선, 접지선이 존재하는 Y결선 방식의 3상 교류에, 특히 지락사고 시 영상분(I_0)이 존재한다. → $\dot{I}_1 + \dot{I}_2 + \dot{I}_3 \neq 0$[V]
반면, 비접지식(△결선 방식) 3상 교류는 중성선이 없으므로 영상분, 영상전류(I_0)가 존재하지 않는다. → $\dot{I}_1 + \dot{I}_2 + \dot{I}_3 = 0$[V]이므로,

$I_0 = \frac{1}{3}(I_a + I_b + I_c) = 0$[A], 영상분은 0이 된다.

$\left(\text{영상분 } I_0 = \frac{1}{3}(I_a + I_b + I_c) = \frac{1}{3} \times 0 = 0[A]\right)$

94 불평형 회로에서 영상분이 존재하는 3상 회로의 구성은?

① △－△결선의 3상 3선식
② △－Y결선의 3상 3선식
③ Y－Y결선의 3상 3선식
④ △－Y결선의 3상 4선식

해설

땅(대지)과 선(전력선)이 접속되는 지락사고는 영상전류와 함께 제3고조파를 발생시키므로, 교류 정현파의 왜형과 통신선 유도장해를 일으킨다. 그러므로 Y－Y결선의 3상 4선식은 중성섬을 접지하므로 영상분이 존재한다. 또한 우리나라는 계통의 중성선을 다중접지한다.

정답 90 ④ 91 ③ 92 ② 93 ① 94 ④

95 비접지 3상 Y부하의 각 선에 흐르는 비대칭 선전류를 각각 I_a, I_b, I_c라 할 때 전류의 영상분 I_0는?

① $I_a + I_b$ ② $I_a + I_b + I_c$

③ $\frac{1}{3}(I_a + I_b + I_c)$ ④ 0

해설

영상분은 접지선, 중성선이 존재하는 계통에 존재하므로, 비접지된 부하(비접지 3상 Y부하)는 영상분이 존재하지 않는다. → $I_0 = 0$[A]

96 3상 △부하에서 각 선전류를 I_a, I_b, I_c라 하면 전류의 영상분은?

① ∞ ② −1

③ 1 ④ 0

해설

중성점 비접지식에서 전류의 영상분 I_0는

영상분의 크기 $I_0 = \frac{1}{3}(I_a + I_b + I_c)$[A]에서 $\dot{I}_a + \dot{I}_b + \dot{I}_c = 0$[A]이므로,

$\therefore\ I_0 = \frac{1}{3} \times 0 = 0$[A], 영상분은 0이다.

97 중성선이 접지된 3상 4선식 선로의 불평형 전류가 다음과 같을 때 영상전류 I_0는?

$$I_a = 10 + j2\text{[A]}$$
$$I_b = -20 - j24\text{[A]}$$
$$I_c = -5 + j10\text{[A]}$$

① $15 + j2$[A] ② $-5 - j4$[A]

③ $-15 - j12$[A] ④ $-45 - j36$[A]

해설

대칭좌표법에 의한 전류의 영상분 크기는,

$$I_0 = \frac{1}{3}(I_a + I_b + I_c) = \frac{1}{3}\{(10 + j2) + (-20 - j24) + (-5 + j10)\}$$
$$= \frac{1}{3}(-15 - j12) = -5 - j4\text{[A]}$$

98 3상 불평형 전압에서 역상전압이 10[V], 정상전압이 50[V], 영상전압이 200[V]이면 전압의 불평형률은?

① 0.1 ② 0.05

③ 0.2 ④ 0.5

해설 3상 불평형 전압에서 불평형률

$$\text{불평형률} = \frac{\text{역상분}}{\text{정상분}} \times 100[\%] \rightarrow \text{불평형률} = \frac{V_2}{V_1} = \frac{10}{50} = 0.2$$

99 비정현파를 여러 개의 정현파의 합으로 표시하는 방법은?

① 키르히호프의 법칙 ② 노튼의 정리

③ 푸리에 분석 ④ 테일러의 분석

해설

푸리에 전개, 푸리에 급수, 푸리에 분석은 모두 같은 의미이며, 이는 비정현파를 여러 개의 정현파의 합으로 나타낸다.

100 주기적인 구형파의 신호는 그 주파수 성분이 어떠한가?

① 무수히 많은 주파수의 성분을 가진다.

② 주파수 성분을 갖지 않는다.

③ 직류분만으로 구성된다.

④ 교류 합성을 갖지 않는다.

해설

비정현 주기파와 관련하여 푸리에 급수에 의한 전개에서, 주기적인 구형파의 신호는 주파수와 진폭이 다른 무수히 많은 정현파의 합성으로 표시할 수 있다.

101 비정현파 $f(x)$가 반파대칭 및 정현대칭일 때의 함수식으로 옳은 것은?

① $f(-x) = f(x),\ f(x+\pi) = f(x)$

② $f(-x) = -f(x),\ -f(x+\pi) = f(x)$

③ $f(-x) = f(x),\ f(x+2\pi) = f(x)$

④ $f(-x) = -f(x),\ -f(x+\pi) = f(x)$

정답 95 ④ 96 ④ 97 ② 98 ③ 99 ③ 100 ① 101 ④

해설

- 반파대칭 : $f(t) = -f(t+\pi)$
- 여현대칭 : $f(t) = f(-t)$
- 정현대칭 : $f(t) = -f(-t) \rightarrow f(-t) = -f[-(-t)] = -f(t)$

102 다음 그림의 왜형파 주기 함수에 대한 설명으로 옳지 않은 것은?

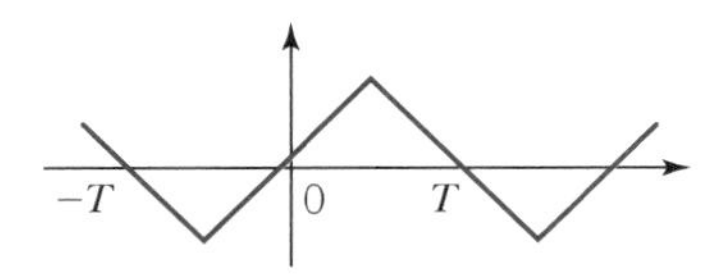

① 기수차의 정현항 계수는 0이다.
② 기함수파이다.
③ 반파 대칭파이다.
④ 직류 성분은 존재하지 않는다.

해설

그림의 파형은 반파 정현대칭 함수이므로, $f(t) = -f(t+\pi)$와 $f(t) = -f(-t)$의 두 조건을 만족하는 기함수파이다.

103 그림과 같은 삼각파를 푸리에 급수로 전개했을 때에 대한 설명으로 옳은 것은?

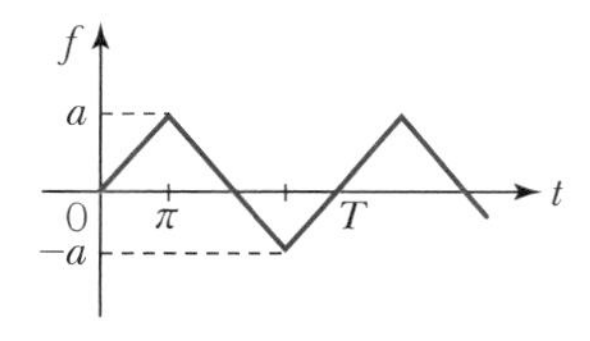

① 반파 정현대칭으로 기수파만 포함한다.
② 반파 정현대칭으로 우수파만 포함한다.
③ 반파 여현대칭으로 기수파만 포함한다.
④ 반파 여현대칭으로 우수파만 포함한다.

해설

그림의 삼각파형을 통해 판단할 수 있는 것을 정리하면 다음과 같다.

- x축(원점인 0)에 대해 대칭 혹은 상하 대각으로 대칭되는 왜형파이다.
- 반파 정현대칭 혹은 정현대칭이므로, 최소한 직류분과 cos항은 0이고, sin항만 존재한다. → $a_0 = a_n = 0$이다.

이를 종합하여 보기에서 찾으면, 반파 정현대칭으로 sin항 기함수만 존재하는 왜형파가 된다.

104 다음의 비정현 주기파 중 고조파의 감소율이 가장 작은 것은?(단, 정류파는 정현파를 정류한 파형을 말한다.)

① 구형파　② 삼각파
③ 반파 정류파　④ 전파 정류파

해설

비정현 주기파 중 고조파의 감소율은 파형이 급격히 변화할수록 감소율이 작고, 파형이 완만하게 변화할수록 감소율이 크다.
따라서, 파형이 가장 급격히 변화하는 구형파의 고조파 감소율이 가장 작고, 그 다음으로 삼각파>정현파로 갈수록 고조파 감소율이 커진다.

105 비정현파의 전압 $v = \sqrt{2} \cdot 100\sin\omega t + \sqrt{2} \cdot 50\sin 2\omega t + \sqrt{2} \cdot 30\sin 3\omega t$[V]일 때 실효전압[V]은?

① $100 + 50 + 30 = 180$
② $\sqrt{100 + 50 + 30} = 13.4$
③ $\sqrt{100^2 + 50^2 + 30^2} = 115.8$
④ $\dfrac{\sqrt{100^2 + 50^2 + 30^2}}{3} = 38.6$

해설

비정현파 교류의 전압 실효값 $V = \sqrt{(V_0)^2 + \left(\frac{V_{m1}}{\sqrt{2}}\right)^2 + \left(\frac{V_{m2}}{\sqrt{2}}\right)^2}$ [V]

$\therefore\ V = \sqrt{V_0^2 + V_1^2 + V_2^2} = \sqrt{100^2 + 50^2 + 30^2} = 115.8$[V]

106 비정현파 교류의 일그러짐의 정도를 표시하는 양으로서 왜형률이란?

① 평균치/실효치
② 실효치/최대치
③ 고조파만의 실효치/기본파의 실효치
④ 기본파의 실효치/고조파만의 실효치

해설

비정현파에서 왜형률이란 기본파에 대하여 고조파 성분이 어느 정도 포함되어 있는가를 나타내는 것이다.

$$\text{왜형률} = \frac{\text{전체 고조파 교류의 실효값}}{\text{기본파 교류의 실효값}}$$

정답 102 ① 103 ① 104 ① 105 ③ 106 ③

107 기본파의 20[%]인 제3고조파와 30[%]인 제5고조파를 포함한 전류의 왜형률은?

① 0.5　　② 0.36
③ 0.33　　④ 0.26

해설

$$왜형률=\frac{전체\ 고조파\ 교류의\ 실효값}{기본파\ 교류의\ 실효값}$$

$$=\frac{\sqrt{I_2^{\ 2}+I_3^{\ 2}}}{I_1}=\frac{\sqrt{0.2^2+0.3^2}}{1}=0.36$$

108 왜형률을 옳게 표현한 것은?

① $\frac{전고조파의\ 실효값}{기본파의\ 실효값}$

② $\frac{전고조파의\ 실효값}{기본파의\ 평균값}$

③ $\frac{제3고조파의\ 실효값}{기본파의\ 실효값}$

④ $\frac{우수고조파의\ 실효값}{기수고조파의\ 실효값}$

해설

$$왜형률=\frac{전체\ 고조파\ 교류의\ 실효값}{기본파\ 교류의\ 실효값}$$

109 왜형파 전압 $v=100\sqrt{2}\sin\omega t+50\sqrt{2}\sin 2\omega t+30\sqrt{2}\sin 3\omega t$의 왜형률을 구하면?

① 1.0　　② 0.8
③ 0.6　　④ 0.3

해설

$$왜형률=\frac{전체\ 고조파\ 교류의\ 실효값}{기본파\ 교류의\ 실효값}$$

$$=\frac{\sqrt{V_2^{\ 2}+V_3^{\ 2}}}{V_1}=\frac{\sqrt{\left(\frac{50\sqrt{2}}{\sqrt{2}}\right)^2+\left(\frac{30\sqrt{2}}{\sqrt{2}}\right)^2}}{\left(\frac{100\sqrt{2}}{\sqrt{2}}\right)}$$

$$=\frac{\sqrt{50^2+30^2}}{100}=0.58\fallingdotseq 0.6$$

110 다음 설명 중 잘못된 것은?

① 역률 $\cos\phi=\frac{유효전력}{피상전력}$

② 파형률 $=\frac{실효값}{평균값}$

③ 파고율 $=\frac{실효값}{최대값}$

④ 왜형률 $=\frac{전고조파의\ 실효값}{기본파의\ 실효값}$

해설

$$파고율=\frac{최대값}{실효값}$$

111 10[Ω]의 저항에 흐르는 전류가 $i=5+14.5\sin t+7.07\sin 2t$일 때 저항에서 소비되는 평균전력[W]은?

① 2000　　② 1500
③ 1000　　④ 750

해설

$$P=I_0^{\ 2}R+I_1^{\ 2}R+I_2^{\ 2}R=5^2\times 10+10^2\times 10+5^2\times 10=1500[\mathrm{W}]$$

112 전압 $v=20\sin\omega t+30\sin 3\omega t[\mathrm{V}]$이고 전류 $i=30\sin\omega t+20\sin 3\omega t[\mathrm{A}]$인 왜형파 교류전압과 전류 간의 역률은 얼마인가?

① 0.92　　② 0.86
③ 0.46　　④ 0.43

해설

실효전력 $P=V_1I_1\cos\theta_1+V_3I_3\cos\theta_3$

$$=\frac{20}{\sqrt{2}}\cdot\frac{30}{\sqrt{2}}\cos 0°+\frac{30}{\sqrt{2}}\cdot\frac{20}{\sqrt{2}}\cos 0°$$

$$=600[\mathrm{W}]$$

$$P_a=VI=\sqrt{V_1^{\ 2}+V_3^{\ 2}}\cdot\sqrt{I_1^{\ 2}+I_3^{\ 2}}$$

$$=\sqrt{\frac{20^2+30^2}{2}}\cdot\sqrt{\frac{30^2+20^2}{2}}$$

$$=650[\mathrm{VA}]$$

$$\therefore \cos\theta=\frac{P}{P_a}=\frac{600}{650}\fallingdotseq 0.923$$

정답 107 ② 108 ① 109 ③ 110 ③ 111 ② 112 ①

113 어떤 비선형 저항소자에 교류전원을 인가하면, 이 저항에 걸리는 단자전압의 파형과 여기에 흐르는 전류의 파형은 일반적으로 어떤 특성을 갖는가?

① 동일하다.
② 전혀 다르다.
③ 닮은꼴이 된다.
④ 파형은 같으나 위상차가 있다.

해설
전압과 전류의 관계가 비선형적인 소자에 정현파 전압을 인가하면, 전류 파형에 다수의 고조파를 포함한 왜형파이어서 전압 파형과 전혀 다른 형태를 갖는다.

114 일반적으로 대칭 3상 교류회로의 전압, 전류에 포함되는 고조파는 n을 임의의 정수로 하여 $(3n+1)$일 때의 상회전이 어떻게 되는가?

① 상회전은 기본파와 동일
② 각 상이 동위상
③ 정지 상태
④ 상회전은 기본파와 반대

해설
일반적인 대칭 3상 회로에서, 전압과 전류의 고조파 성분에 대한 상회전은,
- $3n$고조파 성분은 각 상이 동위상이다.
- $(3n+1)$고조파 성분은 기본파와 상회전 방향이 동일하다.
- $(3n-1)$고조파 성분은 기본파와의 상회전 방향이 반대이다.

115 리액턴스 구동점 임피던스 $Z(s)$가 리액턴스 2단자망의 구동점 임피던스가 되기 위한 필요충분조건이 아닌 것은?

① $Z(s)$의 극은 항상 실수축상에 존재한다.
② $Z(s)$의 영점은 단순근이다.
③ $Z(s)$는 s의 정의 실수계 유리 함수이다.
④ $\dfrac{dZ(s)}{ds}$는 항상 실수이다.

해설
$Z(s)$의 극은 항상 허수축상에 존재한다.

116 구동점 임피던스에 있어서 영점(Zero)은?

① 전류가 흐르지 않는 경우이다.
② 회로를 개방한 것과 같다.
③ 회로를 단락한 것과 같다.
④ 전압이 가장 큰 상태이다.

해설
$Z(s)=0$인 경우는 임피던스가 0이므로 회로를 단락한 상태이다.

117 그림과 같은 2단자망의 구동점 임피던스는 얼마인가?(단, $s=j\omega$이다.)

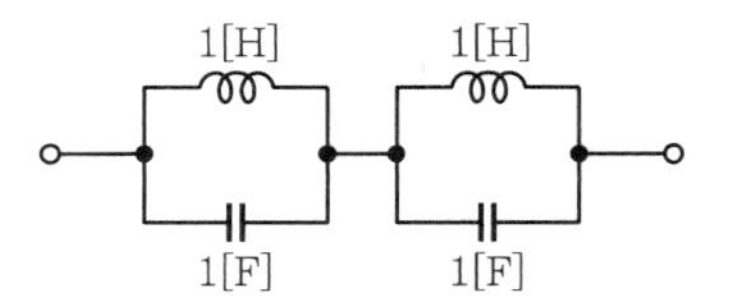

① $\dfrac{s}{s^2+1}$　② $\dfrac{1}{s^2+1}$
③ $\dfrac{2s}{s^2+1}$　④ $\dfrac{3s}{s^2+1}$

해설
라플라스 변환의 실미적분 정리에 의해 저항의 직병렬처럼 회로의 임피던스를 계산할 수 있다.

$$Z(s)=\frac{\left(\frac{s}{s}\right)}{\left(s+\frac{1}{s}\right)}\times 2=\frac{2s}{s^2+1}\ [\Omega]$$

118 그림과 같은 회로의 구동점 임피던스 Z_{ab}는?

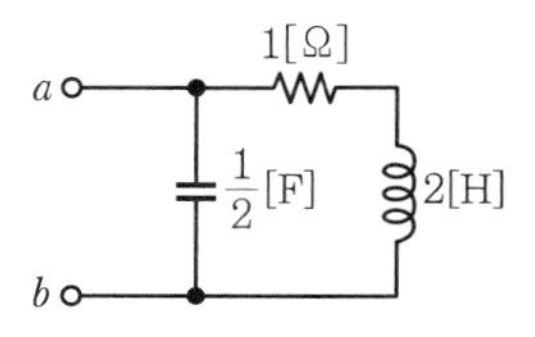

① $\dfrac{2(2s+1)}{2s^2+s+2}$　② $\dfrac{2s+1}{2s^2+s+2}$
③ $\dfrac{2(2s-1)}{2s^2+s+2}$　④ $\dfrac{2s^2+s+2}{2(2s-1)}$

정답 113 ② 114 ① 115 ① 116 ③ 117 ③ 118 ①

해설

$$Z(s)=\frac{(1+2s)\cdot\frac{2}{s}}{(1+2s)+\frac{2}{s}}=\frac{2(2s+1)}{2s^2+s+2}$$

119 구동점 임피던스 함수에 있어서 극점(Pole)은?

① 단락회로 상태를 의미한다.
② 개방회로 상태를 의미한다.
③ 아무 상태도 아니다.
④ 전류가 많이 흐르는 상태를 의미한다.

해설
$Z(s)=\infty$가 되는 경우이며 이때는 회로를 개방한 상태가 되어 전류가 흐르지 못한다.

120 임피던스 함수가 $Z(s)=\dfrac{3s+3}{s}$로 표시되는 2단자 회로망은?

① 3[Ω] 1/3[F]
② 3[H] 1/3[F]
③ 3[Ω] 3[H]
④ 3[Ω] 3[H] 1[F]

해설
임피던스 함수를 연분수 전개하면

$$Z(s)=\frac{3s+3}{s}=3+\frac{3}{s}=3+\frac{1}{\frac{1}{3}s}$$

$\therefore R=3[\Omega]$과 $C=\dfrac{1}{3}[F]$이 직렬인 2단자 회로망이 된다.

121 다음 회로의 임피던스가 R이 되기 위한 조건은?

① $Z_1Z_2=R$
② $\dfrac{Z_2}{Z_1}=R$
③ $Z_1Z_2=R^2$
④ $\dfrac{Z_1}{Z_2}=R^2$

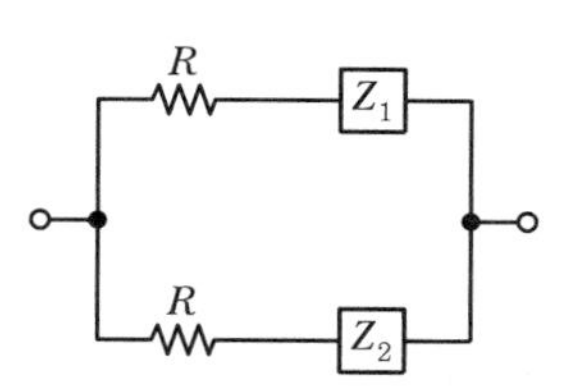

해설
정저항회로가 되기 위한 조건은 $R^2=Z_1\cdot Z_2=\dfrac{L}{C}$

122 그림과 같은 회로에서 $L=4[\text{mH}]$, $C=0.1[\mu\text{F}]$일 때, 이 회로가 정저항회로가 되려면 $R[\Omega]$의 값은 얼마이어야 하는가?

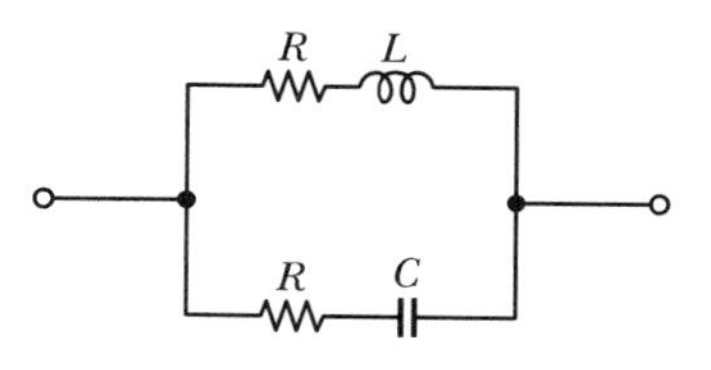

① 100[Ω]
② 50[Ω]
③ 200[Ω]
④ $4\times10^{-2}[\Omega]$

해설 정저항회로의 조건

$$R^2=\frac{L}{C}$$

$$\therefore R=\sqrt{\frac{L}{C}}=\sqrt{\frac{4\times10^{-3}}{0.1\times10^{-6}}}=200[\Omega]$$

123 그림과 같은 T형 4단자 회로망의 임피던스 파라미터 Z_{11}은?

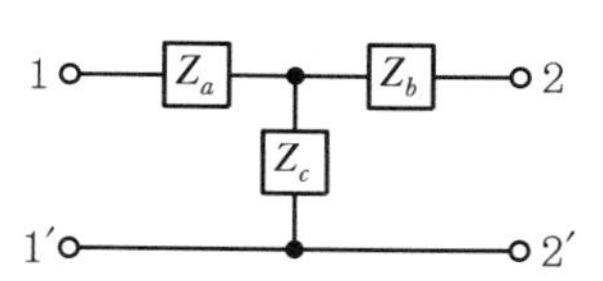

① Z_b+Z_c
② Z_a+Z_c
③ Z_a+Z_b
④ Z_b

해설

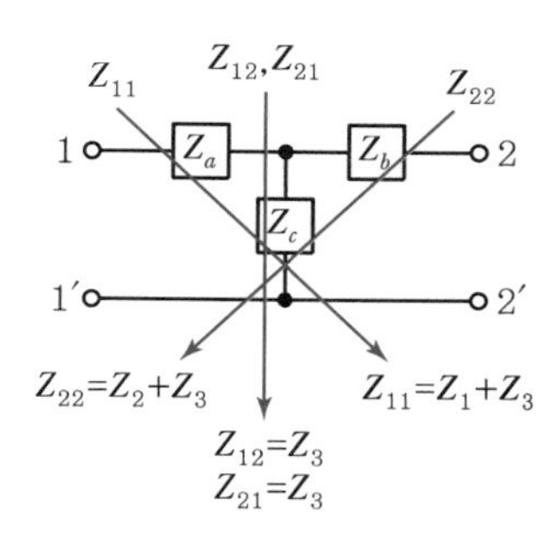

정답 119 ② 120 ① 121 ③ 122 ③ 123 ②

124 4단자 정수 A, B, C, D 중에서 임피던스의 차원(Dimension)을 가진 정수는?

① A ② B
③ C ④ D

해설

4단자 정수 중에서 $B=\left(\frac{V_1}{I_2}\right)_{V_2=0}$

단락 역방향 전달 임피던스($Z[\Omega]$)이다.

125 그림과 같은 회로의 임피던스 파라미터 Z_{11}을 구하면?

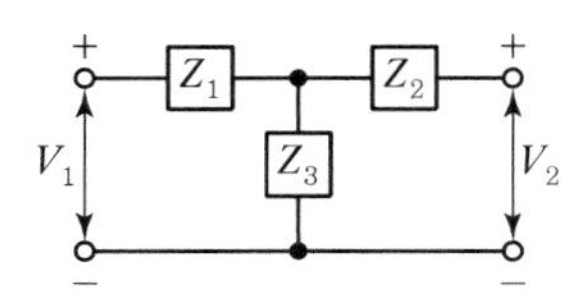

① Z_3 ② Z_1+Z_2
③ Z_2+Z_3 ④ Z_1+Z_3

해설

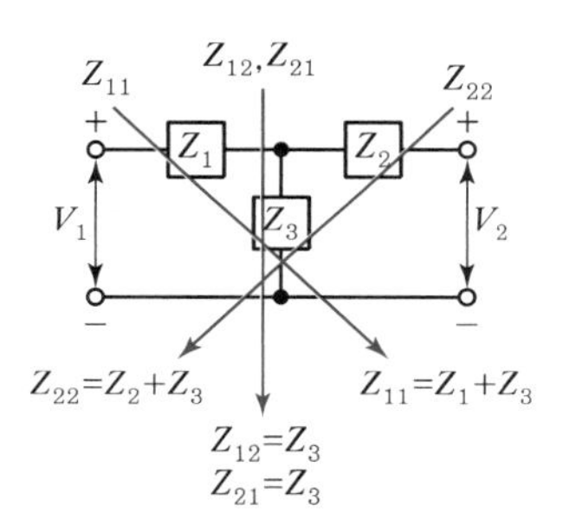

$$Z_{11}=\left.\frac{V_1}{I_1}\right|_{I_2=0}=Z_1+Z_3$$

$$Z_{12}=\left.\frac{V_1}{I_2}\right|_{I_1=0}=Z_3$$

$$Z_{21}=\left.\frac{V_2}{I_1}\right|_{I_2=0}=Z_3$$

$$Z_{22}=\left.\frac{V_2}{I_2}\right|_{I_1=0}=Z_2+Z_3$$

126 그림과 같은 π형 4단자 회로의 어느 회로의 상수 중 Y_{22}는?

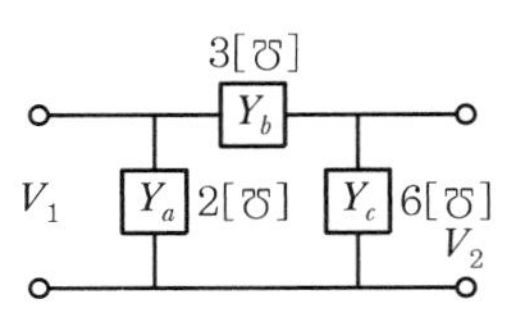

① 5[℧] ② 6[℧]
③ 9[℧] ④ 11[℧]

해설

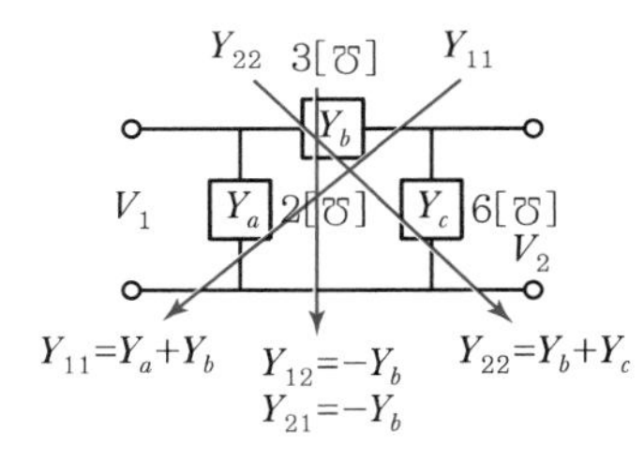

$\therefore\ Y_{22}=Y_b+Y_c=3+6=9$[℧]

127 그림과 같은 임피던스 회로의 4단자 정수는?

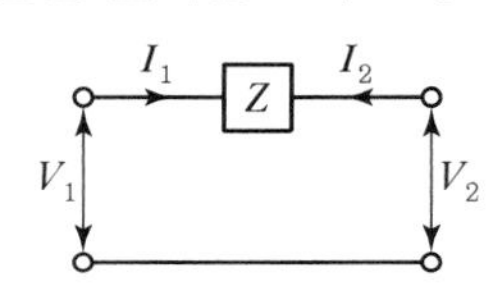

① $A=Z,\ B=0,\ C=1,\ D=0$
② $A=0,\ B=1,\ C=Z,\ D=1$
③ $A=1,\ B=Z,\ C=0,\ D=1$
④ $A=1,\ B=0,\ C=1,\ D=Z$

해설

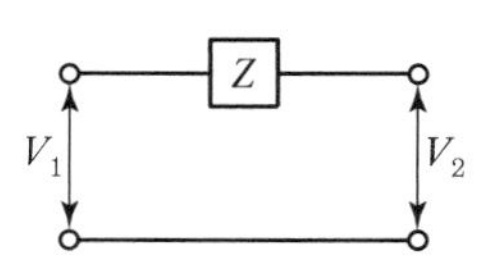

$$\begin{bmatrix} A & B \\ C & D \end{bmatrix}=\begin{bmatrix} 1 & z \\ 0 & 1 \end{bmatrix}$$

$$A=\left.\frac{V_1}{V_2}\right|_{I_2=0}=\frac{V_1}{V_1}=1,\ B=\left.\frac{V_1}{I_2}\right|_{V_2=0}=\frac{ZI_2}{I_2}=Z$$

$$C=\left.\frac{I_1}{V_2}\right|_{I_2=0}=\frac{0}{V_2}=0,\ D=\left.\frac{I_1}{I_2}\right|_{V_2=0}=\frac{I_2}{I_2}=1$$

정답 124 ② 125 ④ 126 ③ 127 ③

128 4단자 정수 A, B, C, D의 관계를 올바르게 나타낸 것은?

① $AB-CD=1$　　② $AD-BC=1$
③ $AB+CD=1$　　④ $AD+BD=1$

해설

4단자 회로망의 4단자 정수 A, B, C, D의 관계에서 $AB-CD=1$은 항상 성립한다.

129 그림과 같은 4단자 회로망에서 정수 행렬은?

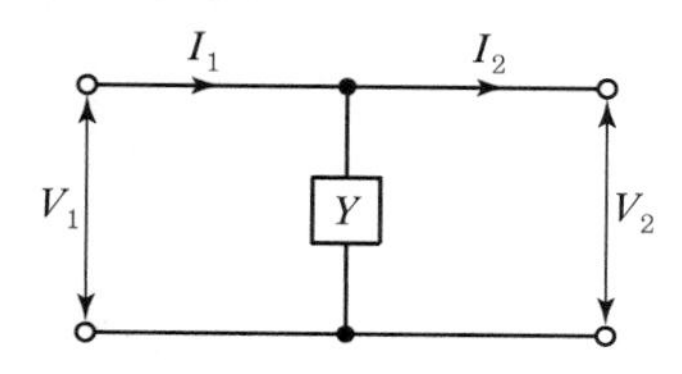

① $\begin{bmatrix} 1 & 0 \\ Y & 1 \end{bmatrix}$　　② $\begin{bmatrix} 1 & Y \\ 0 & 1 \end{bmatrix}$

③ $\begin{bmatrix} Y & 1 \\ 1 & 0 \end{bmatrix}$　　④ $\begin{bmatrix} 1 & 0 \\ \frac{1}{Y} & 1 \end{bmatrix}$

해설

$\begin{bmatrix} A & B \\ C & D \end{bmatrix} = \begin{bmatrix} 1 & 0 \\ \frac{1}{z} & 1 \end{bmatrix}$ 또는 $\begin{bmatrix} 1 & 0 \\ Y & 1 \end{bmatrix}$

130 그림과 같은 회로의 4단자 정수 중 A는?

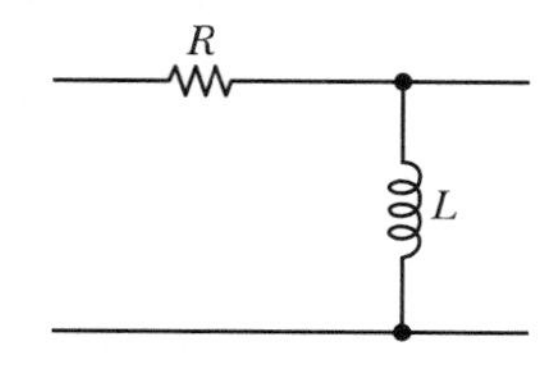

① $1+\dfrac{R}{sL}$　　② R

③ $\dfrac{R}{sL}$　　④ sL

해설

$A=1+\dfrac{Z_1}{Z_2}=1+\dfrac{R}{sL}$

131 그림과 같은 T형 회로망의 4단자 정수가 아닌 것은?

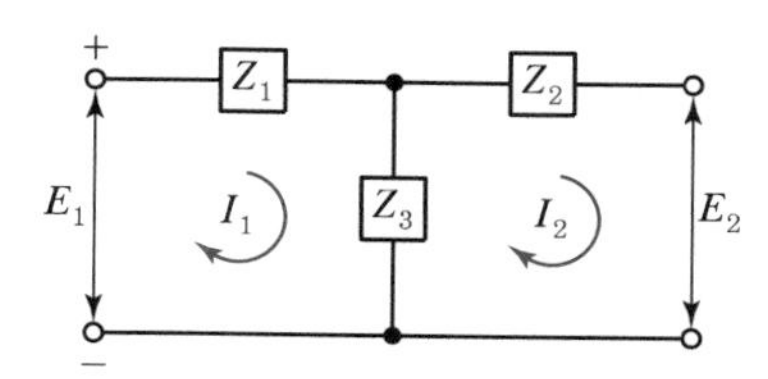

① $1+\dfrac{Z_1}{Z_3}$　　② $1+\dfrac{Z_2}{Z_3}$

③ $Z_1+Z_2+\dfrac{Z_1Z_2}{Z_3}$　　④ $1+\dfrac{Z_3}{Z_2}$

해설

그림과 같은 T형 회로망의 4단자 정수

$A=1+\dfrac{Z_1}{Z_3}$, $B=Z_1+Z_2+\dfrac{Z_1Z_2}{Z_3}$, $C=\dfrac{1}{Z_3}$, $D=1+\dfrac{Z_2}{Z_3}$

132 그림과 같은 이상 변압기의 4단자 정수 A, B, C, D는 어떻게 표시되는가?

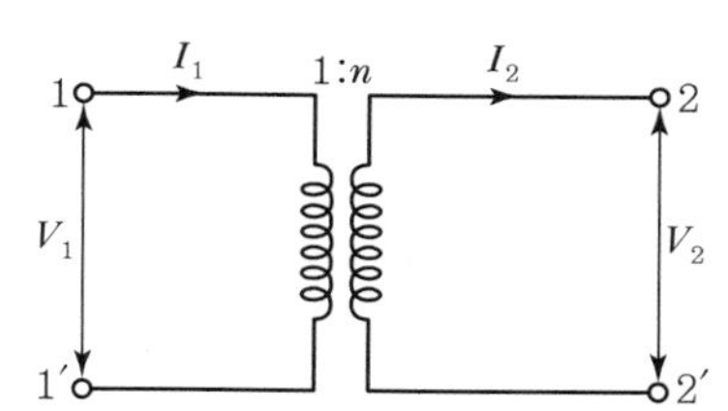

① n, 0, 0, $\dfrac{1}{n}$　　② $\dfrac{1}{n}$, 0, 0, $\dfrac{1}{n}$

③ $\dfrac{1}{n}$, 0, 0, n　　④ n, 0, 1, $\dfrac{1}{n}$

해설

그림과 같은 이상 변압기의 권수비는 $a=\dfrac{n_1}{n_2}=\dfrac{1}{n}$

여기서, A, B, C, D 파라미터 행렬은 $\begin{bmatrix} A & B \\ C & D \end{bmatrix} = \begin{bmatrix} \frac{1}{n} & 0 \\ 0 & n \end{bmatrix}$

$\therefore A=\dfrac{1}{n}$, $B=0$, $C=0$, $D=n$

정답 128 ② 129 ① 130 ① 131 ④ 132 ③

133 4단자 회로에서 4단자 정수를 A, B, C, D라 하면 영상 임피던스 Z_{01}과 Z_{02}는?

① $Z_{01}=\sqrt{\dfrac{AB}{CD}}$, $Z_{02}=\sqrt{\dfrac{BD}{AC}}$
② $Z_{01}=\sqrt{AB}$, $Z_{02}=\sqrt{CD}$
③ $Z_{01}=\sqrt{\dfrac{CD}{AB}}$, $Z_{02}=\sqrt{\dfrac{BD}{AC}}$
④ $Z_{01}=\sqrt{\dfrac{BD}{AC}}$, $Z_{02}=\sqrt{ABCD}$

해설
4단자 회로망의 영상 임피던스는

$Z_{01}=\sqrt{\dfrac{AB}{CD}}[\Omega]$, $Z_{02}=\sqrt{\dfrac{BD}{AC}}[\Omega]$

134 4단자 회로에서 4단자 정수를 $\dot{A}$, $\dot{B}$, $\dot{C}$, $\dot{D}$라 할 때 전달정수 θ는 어떻게 되는가?

① $\log_e(\sqrt{\dot{A}\dot{B}}+\sqrt{\dot{B}\dot{C}})$
② $\log_e(\sqrt{\dot{A}\dot{B}}-\sqrt{\dot{C}\dot{D}})$
③ $\log_e(\sqrt{\dot{A}\dot{D}}+\sqrt{\dot{B}\dot{C}})$
④ $\log_e(\sqrt{\dot{A}\dot{D}}-\sqrt{\dot{B}\dot{C}})$

해설 4단자 회로에서 전달정수

$\theta=\log_e(\sqrt{\dot{A}\dot{D}}+\sqrt{\dot{B}\dot{C}})=\cosh^{-1}\sqrt{\dot{A}\dot{D}}=\sinh^{-1}\sqrt{\dot{B}\dot{C}}$

135 그림과 같은 4단자 회로망의 영상전달정수 θ는?

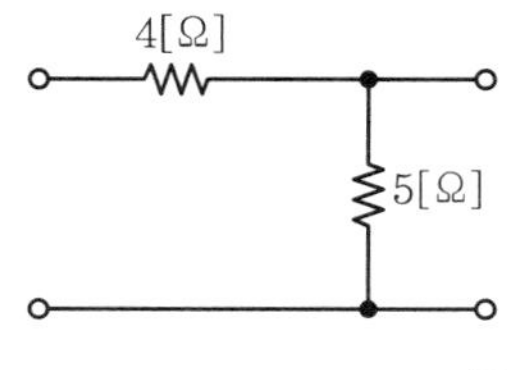

① $\sqrt{5}$　② $\log_e\sqrt{5}$
③ $\log_e\dfrac{1}{\sqrt{5}}$　④ $5\log_e\sqrt{5}$

해설

$$\begin{bmatrix} A & B \\ C & D \end{bmatrix}=\begin{bmatrix} 1+\dfrac{4}{5} & 4 \\ \dfrac{1}{5} & 1 \end{bmatrix}$$

$\therefore\ \theta=\log_e(\sqrt{AD}+\sqrt{BC})=\log_e\left(\sqrt{\dfrac{9}{5}\times1}+\sqrt{4\times\dfrac{1}{5}}\right)=\log_e\sqrt{5}$

136 전달정수 θ를 4단자 정수 A, B, C, D로 나타낼 때 올바르게 표시된 것은?

① $\cosh\theta=\sqrt{BD}$　② $\sinh\theta=\sqrt{BC}$
③ $\cosh\theta=\sqrt{\dfrac{AD}{BC}}$　④ $\sinh\theta=\sqrt{AD}$

해설

$\cosh\theta=\sqrt{AD}$, $\sinh\theta=\sqrt{BC}$, $\tanh\theta=\sqrt{\dfrac{BC}{AD}}$

137 T형 4단자 회로망에서 영상 임피던스가 $Z_{01}=50[\Omega]$, $Z_{02}=2[\Omega]$이고, 전달정수가 0일 때 이 회로의 4단자 정수 D의 값은?

① 10　② 5
③ 0.2　④ 0

해설 4단자 회로망에서의 영상전달정수

$\theta=\log_e(\sqrt{AD}+\sqrt{BC})$

영상전달정수와 4단자 정수 그리고 영상 임피던스와의 관계에서

$\therefore$ 4단자 정수 $D=\sqrt{\dfrac{Z_{02}}{Z_{01}}}\cdot\cosh\theta=\sqrt{\dfrac{2}{50}}\cdot\cosh\theta=\dfrac{1}{5}\times1=0.2$

138 영상 임피던스 및 전달정수 Z_{01}, Z_{02}, θ와 4단자 회로망의 정수 A, B, C, D와의 관계식 중 옳지 않은 것은?

① $A=\sqrt{\dfrac{Z_{01}}{Z_{02}}}\cosh\theta$　② $B=\sqrt{Z_{01}Z_{02}}\sinh\theta$
③ $C=\dfrac{1}{\sqrt{Z_{01}Z_{02}}}\cosh\theta$　④ $D=\sqrt{\dfrac{Z_{02}}{Z_{01}}}\cosh\theta$

정답 133 ① 134 ③ 135 ② 136 ② 137 ③ 138 ③

해설

$A=\sqrt{\frac{Z_{01}}{Z_{02}}}\cosh\theta,\ B=\sqrt{Z_{01}Z_{02}}\sinh\theta,\ C=\frac{1}{\sqrt{Z_{01}Z_{02}}}\sinh\theta,$

$D=\sqrt{\frac{Z_{02}}{Z_{01}}}\cosh\theta$

139 선로의 단위 길이의 분포 인덕턴스, 저항, 정전용량, 누설 컨덕턴스를 각각 L, r, C 및 g로 할 때 특성 임피던스는?

① $(r+j\omega L)(g+j\omega C)$

② $\sqrt{(r+j\omega L)(g+j\omega C)}$

③ $\sqrt{\frac{r+j\omega L}{g+j\omega C}}$

④ $\sqrt{\frac{g+j\omega C}{r+j\omega L}}$

해설 특성 임피던스

$Z_0=\sqrt{\frac{Z}{Y}}[\Omega]=\sqrt{\frac{r+j\omega L}{g+j\omega C}}$

140 단위 길이당 인덕턴스 L[H], 커패시턴스 $C[\mu\text{F}]$인 가공선의 특성 임피던스[Ω]는?

① $\sqrt{\frac{C}{L}}\times 10^2$　② $\sqrt{\frac{C}{L}}\times 10^3$

③ $\sqrt{\frac{L}{C}}\times 10^3$　④ $\sqrt{\frac{1}{LC}}\times 10^2$

해설 특성 임피던스

$Z_0=\sqrt{\frac{Z}{Y}}=\sqrt{\frac{j\omega L}{j\omega C\times 10^{-6}}}=\sqrt{\frac{L}{C}}\times 10^3[\Omega]$

141 무손실 분포정수 선로에 대한 설명 중 옳지 않은 것은?

① 전파 정수 γ는 $j\omega\sqrt{LC}$이다.

② 진행파의 전파속도는 $\sqrt{LC}$이다.

③ 특성 임피던스는 $\sqrt{\frac{L}{C}}$이다.

④ 파장은 $\frac{1}{f\sqrt{LC}}$이다.

해설

분포정수 회로가 무손실 선로일 때 $R=0,\ G=0$이므로

$Z_0=\sqrt{\frac{Z}{Y}}=\sqrt{\frac{R+j\omega L}{G+j\omega C}}=\sqrt{\frac{L}{C}}$

$\gamma=\alpha+j\beta=\sqrt{ZY}+\sqrt{(R+j\omega L)(G+j\omega C)}=j\omega\sqrt{LC}$

$\lambda=\frac{2\pi}{\beta}=\frac{2\pi}{\omega\sqrt{LC}}=\frac{1}{f\sqrt{LC}}$

$v=f\lambda=\frac{2\pi f}{\beta}=\frac{\omega}{\beta}=\frac{1}{\sqrt{LC}}$

142 무왜형 선로를 설명한 것 중 옳은 것은?

① 특성 임피던스가 주파수의 함수이다.

② 감쇠정수는 0이다.

③ $LR=CG$의 관계가 있다.

④ 위상속도 v는 주파수에 관계가 없다.

해설

$v=f\lambda=f\frac{2\pi}{\beta}=\frac{\omega}{\beta}=\frac{\omega}{\omega\sqrt{LC}}=\frac{1}{\sqrt{LC}}[\text{m/s}]$

143 다음 분포정수 전송회로에 대한 서술에서 옳지 않은 것은?

① $\frac{R}{L}=\frac{G}{C}$인 회로를 무왜 회로라 한다.

② $R=G=0$인 회로를 무손실 회로라 한다.

③ 무손실 회로, 무왜 회로의 감쇄정수는 $\sqrt{RC}$이다.

④ 무손실 회로, 무왜 회로에서의 위상속도는 $\frac{1}{\sqrt{LC}}$이다.

해설

분포정수 회로의 특성에서 무손실 선로의 조건은 $R=0,\ G=0$이므로 무손실 회로에서의 감쇠정수 $\alpha=\sqrt{RG}=0$이다.

정답 139 ③ 140 ③ 141 ② 142 ④ 143 ③

144 무손실 선로가 되기 위한 조건 중 옳지 않은 것은?

① $Z_0 = \sqrt{\frac{L}{C}}$　② $\gamma = \sqrt{ZY}$

③ $\alpha = \omega\sqrt{LC}$　④ $v = \frac{1}{\sqrt{LC}}$

해설

무손실 선로의 조건은 $R=0$, $G=0$이므로 감쇠정수 $\alpha=\sqrt{RG}=0$이다.

145 분포정수 회로에서 선로정수가 R, L, C, G이고, 무왜형 조건이 $RC=LG$과 같은 관계가 성립될 때 선로의 특성 임피던스 Z_0는?

① $\sqrt{LC}$　② $\frac{1}{\sqrt{LC}}$

③ $\sqrt{RG}$　④ $\sqrt{\frac{L}{C}}$

해설

분포정수 회로에서 무왜형 선로의 조건은

$\frac{R}{L}=\frac{G}{C}$, 즉 $RC=LG$

∴ 특성 임피던스 $Z_0=\sqrt{\frac{Z}{Y}}=\sqrt{\frac{R+j\omega L}{G+j\omega C}}=\sqrt{\frac{L}{C}}$ [Ω]

146 다음 중 무손실 전송회로의 특성 임피던스를 나타낸 것은?

① $Z_0 = \sqrt{\frac{C}{L}}$　② $Z_0 = \sqrt{\frac{L}{C}}$

③ $Z_0 = \frac{1}{\sqrt{LC}}$　④ $Z_0 = \sqrt{LC}$

147 위상정수가 $\frac{\pi}{8}$[rad/m]인 선로의 1[MHz]에 대한 전파속도[m/s]는?

① 1.6×10^7　② 9×10^7

③ 10×10^7　④ 11×10^7

해설

분포정수 회로에서의 전파속도는,

$$v=\frac{\omega}{\beta}=\frac{2\pi f}{\beta}=\frac{2\pi\times1\times10^6}{\left(\frac{\pi}{8}\right)}=1.6\times10^7\text{[m/sec]}$$

148 전송선로의 특성 임피던스가 50[Ω]이고 부하저항이 150[Ω]이면 부하에서의 반사계수는?

① 0　② 0.5

③ 0.7　④ 1

해설

$$\rho=\frac{Z_L-Z_0}{Z_L+Z_0}=\frac{150-50}{150+50}=0.5$$

149 길이 l인 유한장 선로의 4단자 정수 중 틀린 것은?

① $A=\cosh rl$　② $B=Z_0\cosh rl$

③ $C=\frac{1}{Z_0}\sinh rl$　④ $D=\cosh rl$

해설

$A=\cosh\alpha l$, $B=Z_0\sinh\alpha l$, $C=\frac{1}{Z_0}\sinh\alpha l$, $D=\cosh\alpha l$

150 다음 관계식 중 옳지 않은 것은?

① $\mathcal{L}\left[af_1(t)+bf_2(t)\right]=aF_1(s)+bF_2(s)$

② $\mathcal{L}\left[f(t-a)\right]=eF(s)$

③ $\mathcal{L}\left[d^{-at}f(t)\right]=F(s+a)$

④ $\mathcal{L}\left[f\left(\frac{t}{a}\right)\right]=aF(as)(a>0)$

해설 라플라스 변환의 성질

- 선형성의 정리 : $\mathcal{L}\left[af_1(t)+bf_2(t)\right]=aF_1(s)+bF_2(s)$
- 시간추이 정리 : $\mathcal{L}\left[f(t-a)\right]=e^{-as}F(s)$
- 복소추이 정리 : $\mathcal{L}\left[e^{-at}f(t)\right]=F(s+a)$
- 상사 정리 : $\mathcal{L}\left[f(at)\right]=\frac{1}{a}F\left(\frac{s}{a}\right)$, $\mathcal{L}\left[f\left(\frac{t}{a}\right)\right]=aF(as)$

정답 144 ③ 145 ④ 146 ② 147 ① 148 ② 149 ② 150 ②

151 단위램프함수 $\rho(t)=tu(t)$의 라플라스 변환은?

① $\dfrac{1}{s^2}$　② $\dfrac{1}{s}$

③ $\dfrac{1}{s^3}$　④ $\dfrac{1}{s^4}$

해설

$\mathcal{L}[t]=\dfrac{1}{s^2}$

152 단위계단함수 $u(t)$의 라플라스 변환은?

① e^{-ls}　② $\dfrac{1}{s}e^{-ls}$

③ $\dfrac{1}{e^{-st}}$　④ $\dfrac{1}{s}$

해설

$\mathcal{L}[u(t)]=\int_0^\infty e^{-st}dt=\left[\dfrac{e^{-st}}{-s}\right]_0^\infty=\dfrac{1}{s}$

153 $e^{j\omega t}$의 라플라스 변환은?

① $\dfrac{1}{s-j\omega}$　② $\dfrac{1}{s+j\omega}$

③ $\dfrac{1}{s^2+\omega^2}$　④ $\dfrac{\omega}{s^2+\omega^2}$

154 어떤 제어계의 입력 $r(t)$이 $\sin t$일 때, 라플라스 변환된 입력 $R(s)$은?

① $\dfrac{1}{s+1}$　② $\dfrac{1}{s^2+1}$

③ $\dfrac{s}{s+1}$　④ $\dfrac{s}{s^2+1}$

155 $\cos\omega t$의 라플라스 변환은?

① $\dfrac{s}{s^2-\omega^2}$　② $\dfrac{s}{s^2+\omega^2}$

③ $\dfrac{\omega}{s^2-\omega^2}$　④ $\dfrac{\omega}{s^2+\omega^2}$

156 $f(t)=\sin t\cos t$를 라플라스 변환하면?

① $\dfrac{1}{s^2+4}$　② $\dfrac{1}{s^2+2}$

③ $\dfrac{1}{(s+2)^2}$　④ $\dfrac{1}{(s+4)^2}$

해설 삼각함수의 가법 정리(공식)

$\sin t\cos t=\dfrac{1}{2}\sin 2t$

$\therefore F(t)=\mathcal{L}[\sin t\cos t]=\mathcal{L}\left[\dfrac{1}{2}\sin 2t\right]=\dfrac{1}{2}\times\dfrac{2}{s^2+2^2}=\dfrac{1}{s^2+4}$

157 그림과 같은 파형의 단위계단함수는?

① $u(t)$

② $u(t-a)$

③ $u(a-t)$

④ $-u(t-a)$

해설

단위계단함수 $u(t)$가 시간 $t=a$만큼 지연된 파형이다.

$\therefore f(t-a)=u(t-a)$

158 그림과 같은 펄스 파형의 라플라스 변환은?

① $\dfrac{1}{b}\left(\dfrac{1-e^{-bs}}{s}\right)$

② $\dfrac{1}{b}\left(\dfrac{1+e^{-bs}}{s}\right)$

③ $\dfrac{1}{s}(1-e^{-bs})$

④ $\dfrac{1}{s}(1+e^{-bs})$

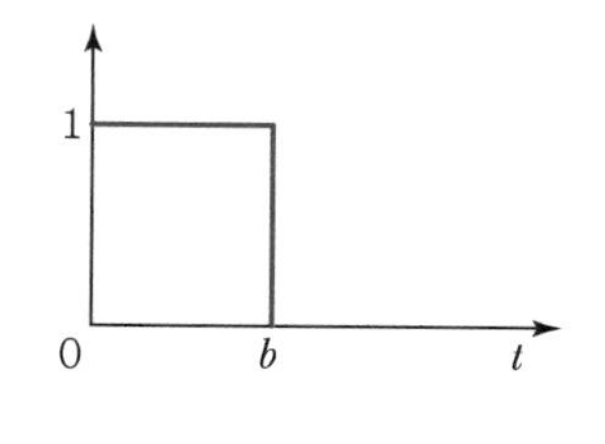

정답 151 ① 152 ④ 153 ① 154 ② 155 ② 156 ① 157 ② 158 ③

해설

그림과 같은 구형파 펄스의 파형 함수는

$f(t) = u(t) - u(t-b)$

$\therefore \mathcal{L} f(t) = \mathcal{L}[u(t) - u(t-b)] = \frac{1}{s} - \frac{1}{s}e^{-bs} = \frac{1}{s}(1 - e^{-bs})$

159 그림과 같이 표시되는 파형을 함수로 표현하면?

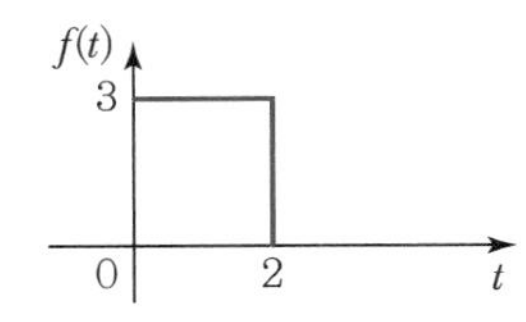

① $3u(t) - u(t-2)$　② $3u(t) - 3u(t-2)$
③ $3u(t) + 3u(t-2)$　④ $3u(t+2) - 3u(t)$

해설

구형파로 표현되는 파형 함수는 $f(t) = 3\,u(t) - 3\,u(t-2)$이다.

160 그림과 같이 높이가 1인 라플라스 변환은?

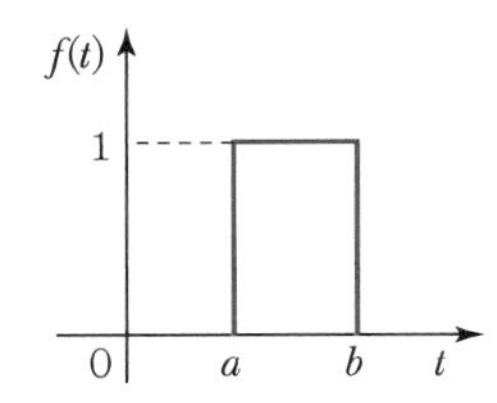

① $\frac{1}{s}(e^{-as} + e^{-bs})$

② $\frac{1}{s}(e^{-as} - e^{-bs})$

③ $\frac{1}{a-b}\left(\frac{e^{-as} + e^{-bs}}{s}\right)$

④ $\frac{1}{a-b}\left(\frac{e^{-as} - e^{-bs}}{s}\right)$

해설

함수 $f(t) = u(t-a) - u(t-b)$

$\therefore \mathcal{L}[f(t)] = \mathcal{L}[u(t-a)] - \mathcal{L}[u(t-b)] = \left(\frac{e^{-as}}{s} - \frac{e^{-bs}}{s}\right)$

$= \frac{1}{s}(e^{-as} - e^{-bs})$

161 $f(t) = t^2 e^{at}$의 $F(s)$ 값은 얼마인가?

① $\frac{1}{(s-a)^2}$　② $\frac{2}{(s-a)^2}$
③ $\frac{1}{(s-a)^3}$　④ $\frac{2}{(s-a)^3}$

해설

복소추이 정리에 의해,

$\mathcal{L}[t^2 e^{at}] = \left[\frac{2}{s^3}\right]_{s=s-a} = \frac{2}{(s-a)^3}$

162 시간함수 $e^{-2t}\cos 3t$의 라플라스 변환은?

① $\frac{s+2}{(s+2)^2 + 3^2}$　② $\frac{s-2}{(s-2)^2 + 3^2}$
③ $\frac{s}{(s+2)^2 + 3^2}$　④ $\frac{s}{(s-2)^2 + 3^2}$

해설

복소추이 정리에 의해,

$\mathcal{L}[e^{-2t} \cdot \cos 3t] = \left[\frac{s}{s^2 + 3^2}\right]_{s=s+2} = \frac{s+2}{(s+2)^2 + 3^2}$

163 $F(s) = \frac{s^2 + s + 3}{s^3 - 2s^2 + 5s}$일 때 $f(t)$의 초기값은?

① 1　② 2
③ 3　④ 5

해설

라플라스 변환의 초기값 정리에 의해,

$\lim_{t \to 0} f(t) = \lim_{s \to \infty} sF(s) = \lim_{s \to \infty} s\frac{s^2 + s + 3}{s(s^2 + 2s + 5)}$

$= \lim_{s \to \infty} s\frac{1 + \frac{1}{s} + \frac{3}{s^2}}{1 + \frac{2}{s} + \frac{5}{s^2}} = 1$

정답 159 ② 160 ② 161 ④ 162 ① 163 ①

164 $F(s)=\dfrac{3s+10}{s^3+2s^2+5s}$ 일 때 $f(t)$의 최종값은?

① 0 ② 1
③ 2 ④ 8

해설
라플라스 변환에서 최종값 정리에 의해,

$\lim_{t\to\infty} f(t)=\lim_{s\to 0} s\cdot F(s)=\lim_{s\to 0}\cdot\dfrac{3s+10}{s(s^2+2s+5)}=2$

165 주어진 회로에서 어느 가지 전류 $i(t)$를 라플라스 변환하였더니 $I(s)=\dfrac{2s+5}{s(s+1)(s+2)}$였다. $t=\infty$에서 전류 $i(\infty)$를 구하면?

① 2.5 ② 0
③ 5 ④ ∞

해설
최종값 정리 $\lim_{t\to\infty} f(t)=\lim_{t\to 0} sF(s)$에 의해

$\lim_{t\to\infty} i(t)=\lim_{s\to 0} s\cdot I(s)=\lim_{s\to 0} s\dfrac{2s+5}{s(s+1)(s+2)}=\dfrac{5}{2}=2.5$

166 $\mathcal{L}^{-1}\left[\dfrac{s}{(s+1)^2}\right]$는?

① $e^{-t}-te^{-t}$ ② $e^{-t}+2te^{-t}$
③ $e^{t}-te^{-t}$ ④ $e^{t}+te^{-t}$

해설
$\mathcal{L}^{-1}\dfrac{s}{(s+1)^2}=\dfrac{s+1-1}{(s+1)^2}=\dfrac{1}{s+1}+\dfrac{-1}{(s+1)^2}$

$\therefore f(t)=e^{-t}-t\cdot e^{-t}$

167 $\mathcal{L}^{-1}\left[\dfrac{1}{s^2+2s+5}\right]$의 값은?

① $e^{-t}\sin 2t$ ② $\dfrac{1}{2}e^{-t}\sin t$
③ $\dfrac{1}{2}e^{-t}\sin 2t$ ④ $e^{-t}\sin t$

해설
$\mathcal{L}^{-1}\left[\dfrac{1}{s^2+2s+5}\right]=\mathcal{L}^{-1}\left[\dfrac{1}{(s+1)^2+2^2}\right]=\dfrac{1}{2}e^{-t}\sin 2t$

168 $\dfrac{dx}{dt}+x=1$의 라플라스 변환 $X(s)$의 값은?

① $s(s+1)$ ② $s+1$
③ $\dfrac{1}{s}(s+1)$ ④ $\dfrac{1}{s(s+1)}$

해설
초기값을 0으로 하고, 라플라스 변환을 하면, $sX+X=\dfrac{1}{s}$

간단히 재정리하면, $X(s+1)=\dfrac{1}{s}$이므로, $X=\dfrac{1}{s(s+1)}$가 된다.

$\therefore X(s)=\dfrac{1}{s(s+1)}$

169 $e_i(t)=Ri(t)+L\dfrac{d}{dt}i(t)+\dfrac{1}{C}\int i(s)dt$에서 모든 초기값을 0으로 할 때, 라플라스 변환한 함수 $I(s)$는 어떻게 전개되는가?

① $\left(R+Ls+\dfrac{1}{Cs}\right)E_i(s)$

② $\dfrac{1}{R+Ls+Cs^2}E_i(s)$

③ $\dfrac{1}{R+Ls+\dfrac{s}{C}}E_i(s)$

④ $\dfrac{Cs}{LCs^2+RCs+1}E_i(s)$

해설
미분방정식을 라플라스 변환하면,

$E_i(s)=RI(s)+Ls\,I(s)+\dfrac{1}{Cs}I(s)$가 된다.

$I(s)$에 대해서 전개하면, $E_i(s)=I(s)\left[R+Ls+\dfrac{1}{Cs}\right]$이므로

$\therefore$ 전류 $I(s)=\dfrac{E_i(s)}{R+Ls+\dfrac{1}{Cs}}=\dfrac{Cs}{LCs^2+RCs+1}E_i(s)$

정답 164 ③ 165 ① 166 ① 167 ③ 168 ④ 169 ④

170 어떤 제어계의 입력으로 단위 임펄스가 가해졌을 때 출력이 te^{-3t}이었다. 이 제어계의 전달함수를 구하면?

① $\dfrac{1}{(s+3)^2}$ ② $\dfrac{1}{(s+1)(s+2)}$

③ $s(s+2)$ ④ $(s+1)(s+2)$

해설

제어계에 임펄스 함수가 입력으로 가해졌을 때 전달함수는 출력의 라플라스 변환과 같다.

∴ 전달함수 $G(s) = \mathcal{L}\,te^{-3t} = \dfrac{1}{(s+3)^2}$

171 어떤 제어계에 임펄스 함수가 입력으로 가해졌을 때 시간함수 e^{-2t}가 출력으로 나타났다. 이 제어계의 전달함수는?

① $\dfrac{1}{s+2}$ ② $\dfrac{1}{s-2}$

③ $\dfrac{2}{s+2}$ ④ $\dfrac{2}{s-2}$

해설

제어계에 임펄스 함수가 입력으로 가해졌을 때의 전달함수는 출력의 라플라스 변환과 같다.

∴ 전달함수 $G(s) = \mathcal{L}\,e^{-2t} = \dfrac{1}{s+2}$

172 어떤 제어계에 단위계단입력을 가하였더니 출력이 $1-e^{-2t}$로 나타났다. 이 계의 전달함수는?

① $\dfrac{1}{s+2}$ ② $\dfrac{2}{s+2}$

③ $\dfrac{1}{s(s+2)}$ ④ $\dfrac{2}{s(s+2)}$

해설

단위계단입력 $r(t) = u(t)$의 라플라스 변환 $\xrightarrow{\mathcal{L}} R(s) = \dfrac{1}{s}$

출력 $c(t) = 1-e^{-2t}$의 역라플라스 변환 $\xrightarrow{\mathcal{L}^{-1}} C(s) = G(s)R(s) = \dfrac{1}{s} - \dfrac{1}{s+2} = \dfrac{2}{s(s+2)}$

∴ 전달함수 $G(s) = \dfrac{C(s)}{R(s)} = \dfrac{2}{s+2}$

173 $\dfrac{di(t)}{dt} + i(t) = 1$일 때, $i(t)$는?(단, $t=0$에서 $i(0)=0$이다.)

① $1+e^{-t}$ ② $1-e^{-t}$

③ $1+e^{t}$ ④ $1-e^{t}$

해설

미분방정식을 라플라스 변환하면

$sI(s) + I(s) = (s+1)I(s) = \dfrac{1}{s}$

여기서, $I(s) = \dfrac{1}{s(s+1)}$

∴ $i(t) = \mathcal{L}^{-1}I(s) = \mathcal{L}^{-1}\dfrac{1}{s(s+1)} = 1-e^{-t}$

174 어떤 제어계의 임펄스 응답이 $\sin t$일 때, 이 계의 전달함수는?

① $\dfrac{1}{s+1}$ ② $\dfrac{1}{s^2+1}$

③ $\dfrac{s}{s+1}$ ④ $\dfrac{s}{s^2+1}$

해설

제어계의 임펄스 응답에서의 전달함수는 출력의 라플라스 변환과 같다.

∴ 전달함수 $C(s) = \mathcal{L}\sin t = \dfrac{1}{s^2+1^2}$

175 그림과 같은 회로의 전달함수를 구하면?(단, $e_i(t)$는 입력, $e_o(t)$는 출력 신호이다.)

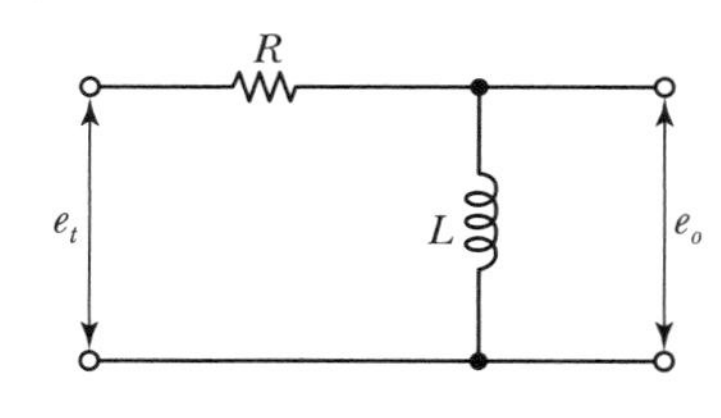

① $\dfrac{L}{R+Ls}$

② $\dfrac{Ls}{R+Ls}$

③ $\dfrac{Rs}{R+Ls}$

④ $\dfrac{RLs}{R+L}$

해설

회로망의 전달함수 $G(s) = \dfrac{E_o(s)}{E_i(s)} = \dfrac{Ls}{R+Ls}$

정답 170 ① 171 ① 172 ② 173 ② 174 ② 175 ②

176 그림과 같은 $R-C$ 저역필터회로의 전달함수를 구하면?(단, $s=j\omega$이다.)

① $\dfrac{1}{Ts^2+1}$

② $\dfrac{1}{Ts+1}$

③ Ts^2+1

④ $Ts+1$

해설

회로망의 전달함수 $G(s)=\dfrac{\frac{1}{Cs}}{R+\frac{1}{Cs}}=\dfrac{1}{RCs+1}=\dfrac{1}{Ts+1}$

177 그림과 같은 회로망의 전달함수는?

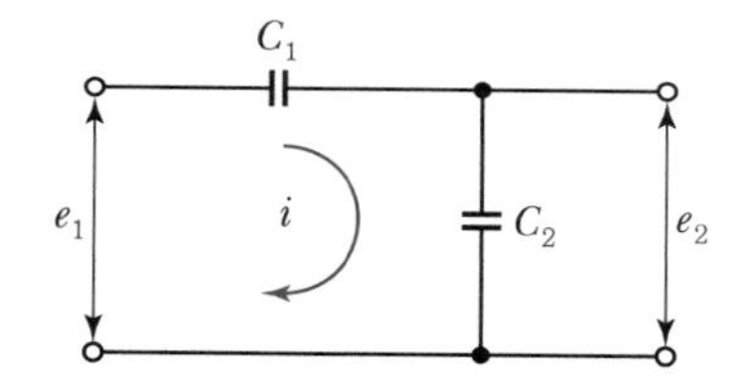

① C_1+C_2

② $\dfrac{C_2}{C_1}$

③ $\dfrac{C_1}{C_1+C_2}$

④ $\dfrac{C_2}{C_1+C_2}$

해설

그림과 같은 회로망에서 입력과 출력에 대한 전압 방정식은,

$v_1(t)=\dfrac{1}{C_1}\int i(t)dt+\dfrac{1}{C_2}\int i(t)dt$

$v_2(t)=\dfrac{1}{C_2}\int i(t)dt$

위 식을 라플라스 변환하면,

$V_1(s)=\dfrac{1}{C_1}\dfrac{1}{s}I(s)+\dfrac{1}{C_2}\dfrac{1}{s}I(s)=\left(\dfrac{1}{C_1}+\dfrac{1}{C_2}\right)\dfrac{1}{s}I(s)$

$V_2(s)=\dfrac{1}{C_2}\dfrac{1}{s}I(s)$

$\therefore$ 전달함수 $G(s)=\dfrac{V_2(s)}{V_1(s)}=\dfrac{\frac{1}{C_2}}{\frac{1}{C_1}+\frac{1}{C_2}}=\dfrac{C_1}{C_1+C_2}$

178 그림과 같은 회로의 전달함수를 구하면?(단, 초기 조건은 0이다.)

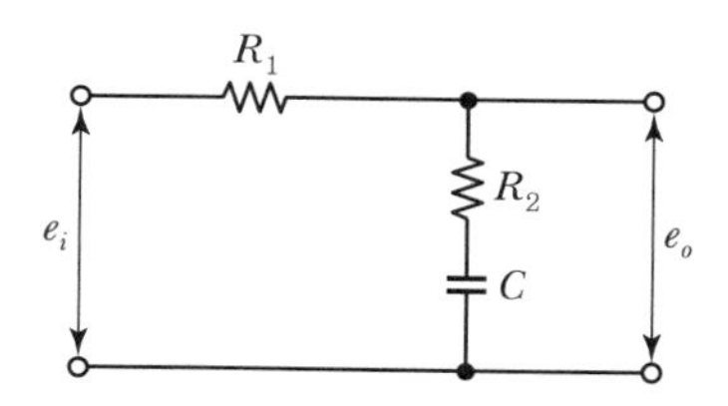

① $\dfrac{R_2+Cs}{R_2+R_2+Cs}$

② $\dfrac{R_1+R_2+Cs}{R_1+Cs}$

③ $\dfrac{R_2Cs+1}{R_2Cs+R_1Cs+1}$

④ $\dfrac{R_1Cs+R_2Cs+1}{R_2Cs+1}$

해설

전달함수 $G(s)=\dfrac{E_o(s)}{E_i(s)}=\dfrac{R_2+\frac{1}{Cs}}{R_1+R_2+\frac{1}{Cs}}=\dfrac{R_2Cs+1}{(R_1+R_2)Cs+1}$

$=\dfrac{R_2Cs+1}{R_1Cs+R_2Cs+1}$

179 어떤 계를 표시하는 미분 방정식이 $\dfrac{d^3c(t)}{dt^3}+4\dfrac{d^2c(t)}{dt^2}+5\dfrac{dc(t)}{dt}+c(t)=5r(t)$라고 한다. 여기서, $r(t)$는 입력, $c(t)$는 출력이라고 한다면 이 계의 전달함수는?

① $\dfrac{5}{s^3+4s^2+5s+1}$

② $\dfrac{s^3+4s^2+5s+1}{5s}$

③ $\dfrac{5s}{s^3+4s^2+5s+1}$

④ s^3+4s^2+5s+1

해설

미분방정식에서 모든 초기 조건을 0으로 하고, 라플라스 변환을 하면 다음과 같다.

$s^2c(s)+4s^2c(s)+5sc(s)+c(s)=5R(s)$

$\xrightarrow[\text{묶는다}]{c(s)\text{로}} c(s)(s^2+4s^2+5s+1)=5R(s)$

$\therefore G(s)=\dfrac{c(s)}{R(s)}=\dfrac{5}{s^3+4s^2+5s+1}$

정답 176 ② 177 ③ 178 ③ 179 ①

180 회로에서 $t=0$[sec]에 전압 $v_1(t)=e^{-4t}$[V]를 인가하였을 때 $v_2(t)$는 몇 [V]인가?(단, $R=2[\Omega]$, $L=1$[H]이다.)

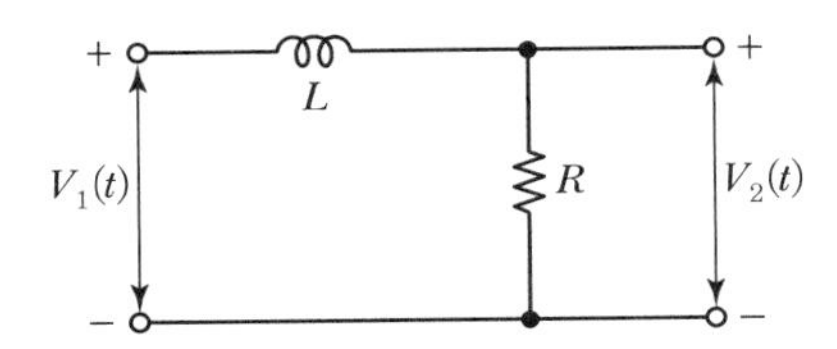

① $e^{-2t}-e^{-4t}$
② $2e^{-2t}-2e^{-4t}$
③ $-2e^{-2t}+2e^{-4t}$
④ $-2e^{-2t}-2e^{-4t}$

해설

전달함수 $G(s)=\dfrac{V_2(s)}{V_1(s)}=\dfrac{RI(s)}{LsI(s)+RI(s)}=\dfrac{R}{Ls+R}=\dfrac{2}{s+2}$

$V_1(s)=\dfrac{4}{s+4}$

$V_2(s)=\dfrac{2}{s+2}-\dfrac{4}{s+4}\xrightarrow{\mathcal{L}^{-1}} v_2(t)=e^{-2t}-e^{-4t}$

181 다음 그림과 같은 회로에서 스위치 S를 닫을 때의 전류 $i(t)$는 얼마인가?

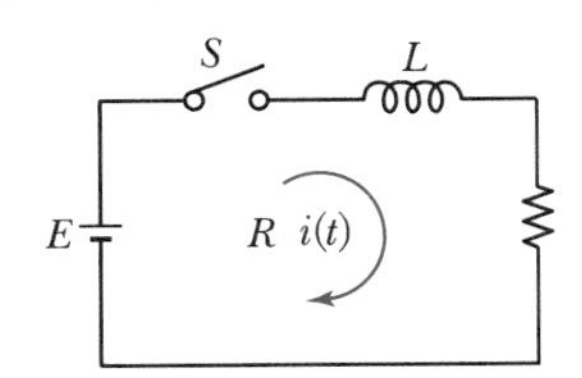

① $\dfrac{E}{R}e^{-\frac{R}{L}t}$
② $\dfrac{E}{R}\left(1-e^{-\frac{R}{L}t}\right)$
③ $\dfrac{E}{R}e^{-\frac{L}{R}t}$
④ $\dfrac{E}{R}\left(1-e^{-\frac{L}{R}t}\right)$

해설

그림은 $R-L$ 직렬회로이고, 스위치를 닫고 시간이 $t=[0\sim\infty]$까지 $R-L$ 직렬회로에 나타나는 모든 전류를 표현한 식은 $i(t)=\dfrac{E}{R}\left(1-e^{-\frac{R}{L}t}\right)$[A]이다.

182 $R-L$ 직렬회로에서 스위치 S를 닫아 직류전압 E[V]를 회로 양단에 급히 가한 후 $\dfrac{L}{R}$[s] 후의 전류 I[A] 값은?

① $0.632\dfrac{E}{R}$
② $0.5\dfrac{E}{R}$
③ $0.368\dfrac{E}{R}$
④ $\dfrac{E}{R}$

해설

$R-L$ 직렬회로의 과도전류는 $i(t)=\dfrac{E}{R}\left(1-e^{-\frac{R}{L}t}\right)$[A]이고, 여기서 지수감쇠함수의 τ는 시정수를 의미한다. 이 시정수가 $\tau=\dfrac{L}{R}$[sec][초]일 때, $R-L$ 직렬회로의 전류값은 다음과 같다.

$i(t)=\dfrac{E}{R}\left(1-e^{-\frac{R}{L}t}\right)_{t=\frac{L}{R}}=\dfrac{E}{R}\left(1-e^{-\frac{R}{L}\cdot\frac{L}{R}}\right)=\dfrac{E}{R}(1-e^{-1})$

$=\dfrac{E}{R}0.632$[A]

183 다음 그림의 회로에서 $L=50$[mH], $R=20$[kΩ]일 때, 회로의 시정수는?

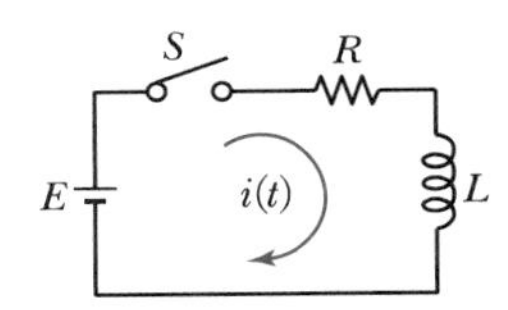

① 4.0[$\mu\cdot$sec]
② 3.5[$\mu\cdot$sec]
③ 3.0[$\mu\cdot$sec]
④ 2.5[$\mu\cdot$sec]

해설

$\tau=\left|-\dfrac{L}{R}\right|=\dfrac{50\times10^{-3}}{20\times10^{3}}=2.5\times10^{-6}$[sec]$=2.5[\mu\cdot$sec]

184 유도 코일의 시정수가 0.04[sec], 저항이 15.8[Ω]일 때 코일의 인덕턴스[mH]는?

① 12.6
② 632
③ 2.53
④ 395

해설

$\tau=\left|-\dfrac{L}{R}\right|$에서 $L=\tau R=0.04\times15.8=0.632$[H]이므로, $L=0.632$[mH]

정답 180 ① 181 ② 182 ① 183 ④ 184 ②

185 $Ri(t)+L\frac{di(t)}{dt}=E$의 계통 방정식에서 정상 전류는?

① 0 ② $\frac{E}{RL}$

③ $\frac{E}{R}$ ④ E

해설

$R-L$ 직렬회로의 과도전류 $i(t)=\frac{E}{R}\left(1-e^{-\frac{R}{L}t}\right)$[A]이고, 정상전류 $I=\frac{E}{R}$[A]이다. 여기서 정상정류는 시정수 $\tau=\infty$ 경우의 전류이다.

186 $R-L$ 직렬회로에서 시정수의 값이 클수록 과도현상이 소멸되는 시간은 어떠한가?

① 짧아진다.

② 길어진다.

③ 과도기가 없어진다.

④ 관계없다.

해설

$R-L$ 직렬회로를 포함한 과도현상이 나타나는 전기 직렬회로의 시정수가 크면 클수록, 과도현상은 오랫동안 지속된다. 다시 말해, 시정수 값이 클수록 과도현상이 소멸되는 시간은 길어진다.

187 $R-L$ 직렬회로에서 시정수의 값이 작을수록 과도현상이 소멸되는 시간은 어떠한가?

① 짧아진다.

② 길어진다.

③ 과도기가 없어진다.

④ 관계없다.

해설

$R-L$ 직렬회로를 포함한 과도현상이 나타나는 전기 직렬회로의 시정수가 작을수록 과도현상은 빨리 사라진다. 다시 말해, 시정수 값이 작을수록 과도현상이 소멸되는 시간은 짧다.

188 그림과 같은 회로에서 스위치를 닫아 기전력 E가 인가된다. 이때 스위치를 닫고 $t=0$인 순간에 인덕턴스에 걸리는 전압 v_L을 구하면?

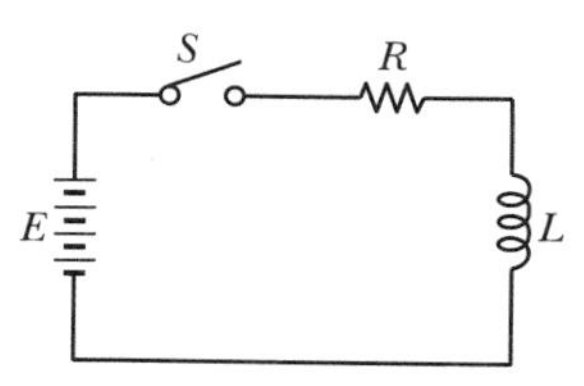

① 0 ② E

③ $\frac{LE}{R}$ ④ $\frac{E}{R}$

해설

$R-L$ 직렬회로의 과도구간에서 인덕턴스 L[H]의 양단 전압 $v_L(t)$는

$v_L=L\frac{d}{dt}i(t)=Ee^{-\frac{R}{L}t}=Ee^{-\frac{R}{L}\times 0}Ee^0=E$[V]

189 그림과 같이 저항 R_1, R_2 및 인덕턴스 L의 직렬회로가 있다. 이 회로에 대한 서술로 옳은 것은?

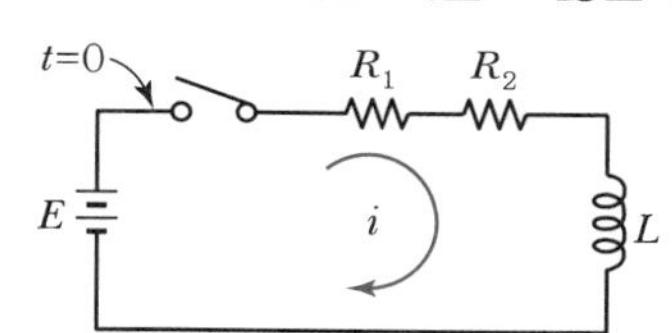

① 이 회로의 시정수는 $\frac{L}{R_1+R_2}$[s]이다.

② 이 회로의 특성근은 $\frac{R_1+R_2}{L}$이다.

③ 정상전류값은 $\frac{E}{R_2}$이다.

④ 이 회로의 전류값은 $i(t)=\frac{E}{R_1+R_2}\left(1-e^{-\frac{L}{R_1+R_2}t}\right)$ 이다.

해설

그림의 $R-L$ 직렬회로의 시정수는

$\tau=\left|-\frac{L}{R_1+R_2}\right|=\frac{L}{R_1+R_2}$[sec]

정답 185 ③ 186 ② 187 ① 188 ② 189 ①

190 다음과 같은 회로의 10[mH] 인덕턴스에 흐르는 전류는 일반적으로 $i(t)=A+Be^{-at}$로 표현된다. 여기서 a의 값은 얼마인가?

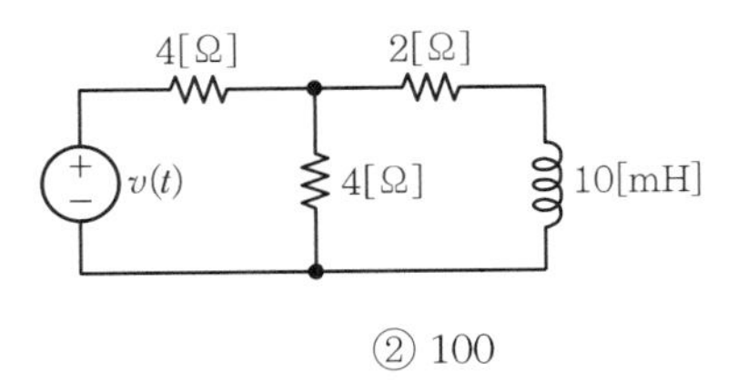

① 50 ② 100
③ 200 ④ 400

해설

주어진 회로에 대한 등가회로는 다음과 같은 직렬회로이다.

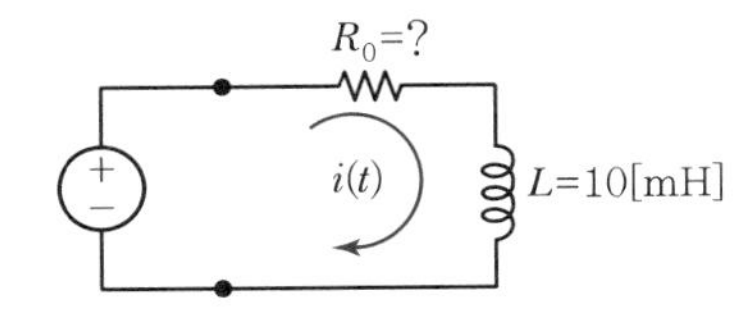

합성저항 $R=2+\frac{4\times4}{4+4}=4\,[\Omega]$

여기서 제시된 수식 $i(t)=A+Be^{-at}$와 $R-L$ 직렬회로의 전류 공식 $i(t)=\frac{E}{R}\left(1-e^{-\frac{R}{L}t}\right)$는 같은 꼴이다. 그러므로 $R-L$ 직렬회로에 대한 과도전류를 전개하면 a값을 알 수 있다.

$$i(t)=\frac{E}{R}\left(1-e^{-\frac{R}{L}t}\right)=\frac{v(t)}{4}\left(1-e^{-\frac{4}{10\times10^{-3}}t}\right)=\frac{v(t)}{4}-\frac{v(t)}{4}e^{-400t}$$

∴ a값은 400이 된다.

191 콘덴서 소자와 솔레노이드 코일 소자를 각각 회로로 꾸며놓고 전원(AC/DC)을 인가했을 때, 실제로 급격히 변화가 불가능한 요소가 있다. 그 급격히 변화할 수 없는 요소는 무엇인가?

① 코일에서 전압, 콘덴서에서 전류
② 코일에서 전류, 콘덴서에서 전압
③ 코일, 콘덴서 모두 전압
④ 코일, 콘덴서 모두 전류

해설

L 회로의 L 양단 전압은 $v_L=L\frac{di}{dt}$[V]이고, C 회로의 C 양단 전류는 $i_C=C\frac{dv}{dt}$[A]이다. 여기서 $t=0$인 순간, L 회로 과도구간의 i가 급격히 변화하면 v_L은 무한대(∞) 전압이 되고, C 회로 과도구간의 v가 급격히 변화하면 i_C도 무한대(∞) 전류가 되므로, 솔레노이드 코일의 전류 i와 콘덴서의 전압 v 모두 급변할 수 없다. 그리고 실제로 점진적인 변화의 과도현상을 거치게 된다.

192 $R-C$ 직렬회로의 시정수는 RC이다. 시정수의 단위는?

① [Ω · F] ② [Ω · μF]
③ [sec] ④ [Ω · F]

해설

직류가 공급되는 $R-C$ 직렬회로에서 지수함수로 증감하는 과도구간의 전류는 시간에 비례한다. 이 시간특성이 시정수이다. → $\tau=RC$[sec]

193 다음 그림과 같은 회로에서, 저항 $R[\Omega]$과 정전용량 C[F]의 직렬회로에 대한 표현이 잘못된 것은?

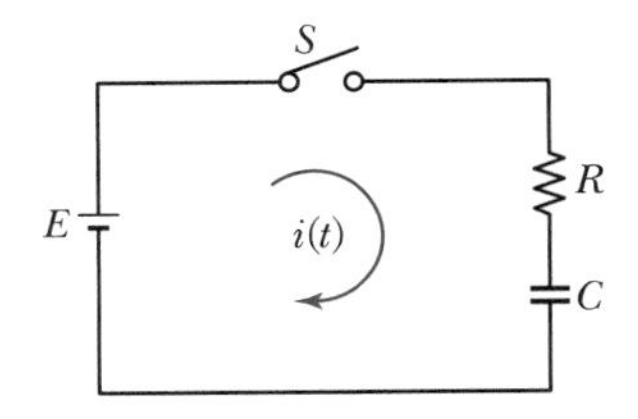

① 회로의 시정수는 $\tau=RC$[s]이다.

② $t=0$에서 직류전압 E[V]를 가했을 때 t[s] 후의 전류 $i(t)=\frac{E}{R}e^{-\frac{1}{RC}t}$[A]이다.

③ $t=0$에서 직류전압 E[V]를 가했을 때 t[s] 후의 전류 $i(t)=\frac{E}{R}\left(1-e^{-\frac{1}{RC}t}\right)$[A]이다.

④ $R-C$ 직렬회로의 직류전압 E[V]를 충전하는 경우 회로의 전압 방정식은 $Ri+\frac{1}{C}\int idt=E$이다.

해설

$R-C$ 직렬회로에 직류기전력 E를 가했을 때, t[sec] 후에 회로에 흐르는 전류는 과도전류 $i(t)$이다.

$$i(t)=\frac{E}{R}e^{-\frac{1}{RC}t}\,[\text{A}]$$

정답 190 ④ 191 ② 192 ③ 193 ③

194 그림과 같은 회로에서 스위치 S를 닫을 때, 방전 전류 $i(t)$는?

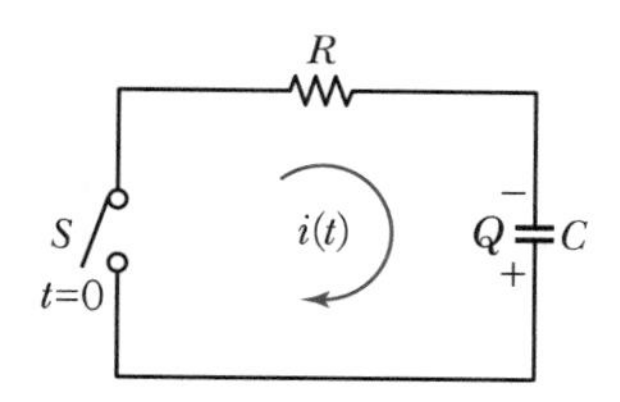

① $-\dfrac{Q}{RC}e^{-\frac{1}{RC}t}$ ② $\dfrac{Q}{RC}e^{-\frac{1}{RC}t}$

③ $-\dfrac{Q}{RC}\left(1-e^{-\frac{1}{RC}t}\right)$ ④ $\dfrac{Q}{RC}\left(1+e^{-\frac{1}{RC}t}\right)$

해설

그림은 $R-C$ 직렬회로이고, 스위치를 닫고 $t=0$에서 방전 전류는 아직 콘덴서 C의 역기전력이 저항 R에 의해 에너지 소비가 이루어지고 있는 상태이다. 그러므로 방전전류는 다음과 같다.

- 기전력 E 제거로 인해 C에서 방전되는 방전전류

$$i(t)=-\frac{1}{R}\frac{Q}{C}e^{-\frac{1}{RC}t}[\mathrm{A}]$$

- 기전력 E 공급 시 C에 충전되는 충전전류 $i(t)=\dfrac{1}{R}\dfrac{Q}{C}e^{-\frac{1}{RC}t}[\mathrm{A}]$

195 그림과 같은 회로에서, 정전용량 C[F]를 충전한 후 스위치 S를 닫은 후 콘덴서가 방전할 때, 회로의 과도전류는 어떻게 나타나는가?

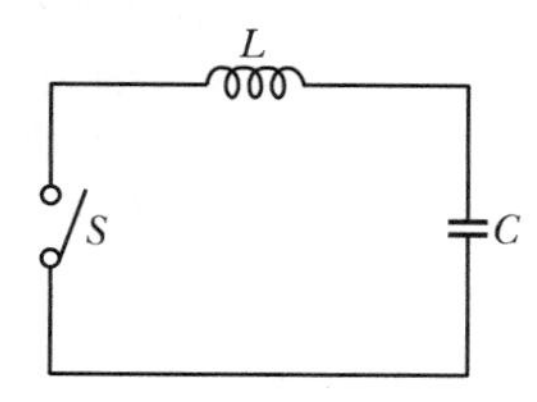

① 불변의 진동 전류

② 감쇠하는 전류

③ 감쇠하는 진동 전류

④ 일정값까지는 증가하고 그 후 감쇠하는 전류

해설

$L-C$ 직렬회로의 전류는 정현적으로 진동하는 불변의 진동 전류를 나타낸다.

196 그림과 같은 직류 $L-C$ 직렬회로에 대한 설명으로 옳은 것은?

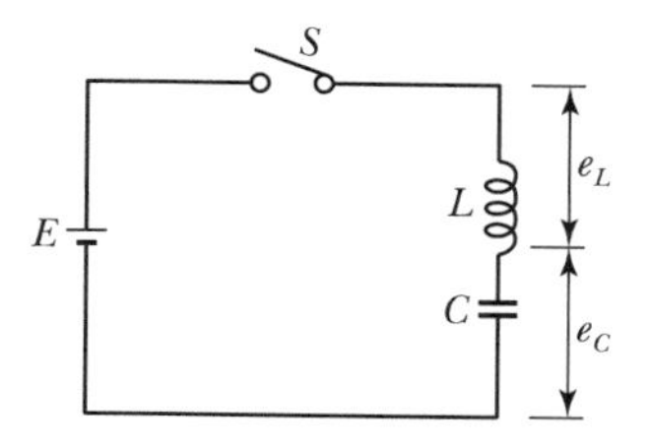

① e_L는 진동함수이나 e_C는 진동하지 않는다.

② e_L의 최대치는 $2E$까지 될 수 있다.

③ e_C의 최대치는 $2E$까지 될 수 있다.

④ C의 충전 전하 q는 시간 t에 무관하다.

해설

$L-C$ 직렬회로에서 콘덴서 C의 양단에 걸리는 전압은

$$v_c=\frac{1}{C}\int i(t)\,dt=\frac{1}{C}\int\left[\frac{E}{\sqrt{\frac{L}{C}}}\cdot\sin\frac{1}{\sqrt{LC}}t\right]dt$$

$$=E\left(1-\cos\frac{1}{\sqrt{LC}}t\right)_{t=0\sim\pi}=E\left(1-\cos\frac{1}{\sqrt{LC}}(0°\sim180°)\right)$$

여기서, 최대값은 $E(1-\cos180°)=E(1-(-1))=2E$[V]

197 $R-L-C$ 직렬회로에서 부족제동인 경우 감쇠진동의 고유주파수 f는?

① 공진주파수보다 크다.

② 공진주파수보다 작다.

③ 공진주파수에 관계없이 일정하다.

④ 공진주파수와 같이 증가한다.

해설

$R-L-C$ 직렬회로에서 감쇠진동의 고유주파수는

$$f=\frac{1}{2\pi}\sqrt{\frac{1}{LC}-\left(\frac{R}{2L}\right)^2}$$

∴ 공진주파수인 $f_r=\dfrac{1}{2\pi}\sqrt{\dfrac{1}{LC}}$ 보다 작다.

정답 194 ② 195 ① 196 ③ 197 ②

198 다음 중 시간[sec]의 차원을 갖지 않는 것은?(단, R은 저항, L은 인덕턴스, C는 커패시턴스이다.)

① RC　　② RL

③ $\frac{L}{R}$　　④ $\sqrt{LC}$

해설

① $R-C$ 직렬회로의 시정수 $\tau = RC$[sec]
② RL의 단위는 [Ω · H]
③ $R-L$ 직렬회로의 시정수 $\tau = \frac{L}{R}$[sec]
④ 주기 $T = \frac{1}{f} = 2\pi\sqrt{LC}$[sec]

199 $R-L-C$ 직렬회로의 출력이 진동하는 조건은 어느 것인가?

① $R < 2\sqrt{\frac{C}{L}}$

② $R < 2\sqrt{\frac{L}{C}}$

③ $R < 2\sqrt{LC}$

④ $R < \frac{1}{2\sqrt{LC}}$

해설

$R-L-C$ 직렬회로의 출력이 진동(불안정, 부족제동)하는 조건은, $R-L-C$ 직렬회로의 과도전류에 대한 특성근 식의 루트가 $\left(\frac{R}{2L}\right)^2 < \frac{1}{LC}$ 또는 $R < 2\sqrt{\frac{L}{C}}$ 관계일 때이다.

200 $R-L-C$ 직렬회로에서 $L = 5\times10^{-2}$[H], $C = 5\times10^{-6}$[F]일 때, 회로 출력이 진동하는 과도현상을 나타내는 저항 R[Ω]의 값은?

① 100[Ω] 이하
② 100[Ω] 이상
③ 200[Ω] 이하
④ 200[Ω] 이상

해설

주어진 L, C 값으로부터 $R-L-C$ 직렬회로의 출력이 진동(불안정)하는 전류 과도현상을 나타내는 저항을 찾으려면, $R-L-C$ 직렬회로 전류 $i(t)$의 특성근 내의 루트 식을 통해 답을 찾을 수 있다.

전류 $i(t)$의 특성근 $-\frac{R}{2L} \pm \sqrt{\left(\frac{R}{2L}\right)^2 - \frac{1}{LC}}$ 에서 진동조건 또는 불안정조건은 $\left(\frac{R}{2L}\right)^2 < \frac{1}{LC}$ 또는 $R < 2\sqrt{\frac{L}{C}}$ 이다. 주어진 L, C 값을 대입하면,

$R < 2\sqrt{\frac{5\times10^{-2}}{5\times10^{-6}}}$

$R < 200$이므로, 저항 R은 200보다 작아야 회로 출력이 진동하는 전류 과도현상을 보이게 된다.

201 그림과 같은 $R-L-C$ 직렬회로가 있고, 스위치 S를 닫았을 때, 과도현상이 발생하지 않기 위한 저항 R[Ω]은?

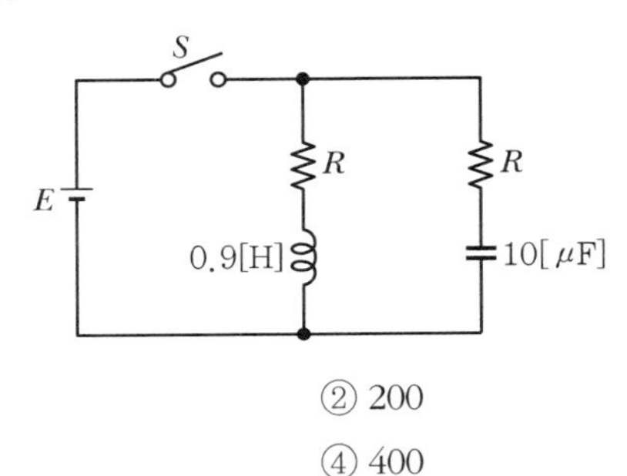

① 100　　② 200
③ 300　　④ 400

해설

과도현상이 발생하지 않기 위해서는 정저항 회로 조건을 만족하면 된다. 정저항 조건은, R, L, C가 있는 2단자 회로망에서 허수부 $j = \sqrt{-1}$에 어떠한 주파수가 있어도 허수부 값은 0이 되고, 실수부는 주파수에 관계없이 항상 일정한 값을 유지하는 회로이다. 그러므로 문제의 조건을 정저항 조건으로 해석하면,

정저항 $R = \sqrt{\frac{L}{C}} = \sqrt{\frac{0.9}{10\times10^{-6}}} = 300$[Ω]

정답 198 ② 199 ② 200 ③ 201 ③

기출 및 예상문제

01 다음 그림에서 ㉠에 알맞은 신호는?

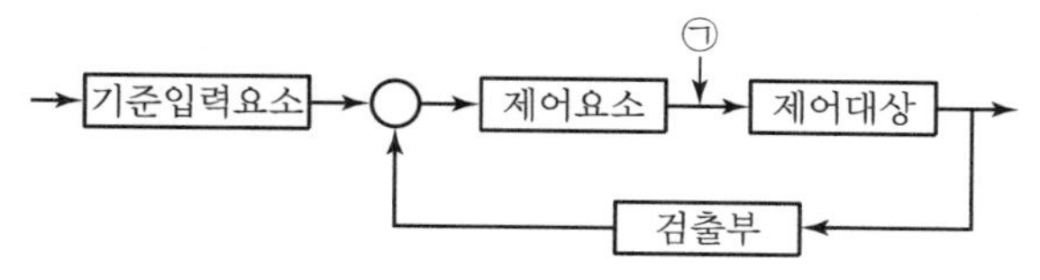

① 기준입력 ② 동작신호
③ 조작량 ④ 제어량

해설
조작량은 제어장치(제어요소)가 제어대상에 가하는 제어신호로, 제어장치의 출력인 동시에 제어대상의 입력이 된다.

02 제어요소가 제어대상에 주는 양은?

① 기준입력 ② 동작신호
③ 제어량 ④ 조작량

03 다음 요소 중 피드백 제어장치에 속하지 않는 것은?

① 설정부 ② 조절부
③ 검출부 ④ 제어대상

해설
피드백제어계에서 제어장치는 설정부, 조작부, 조절부 그리고 검출부로 구성된다.

04 제어장치가 제어대상에 가하는 제어신호로 제어장치의 출력인 동시에 제어대상의 입력인 신호는?

① 목표값 ② 조작량
③ 제어량 ④ 동작신호

05 인가 직류전압을 변환시켜서 전동기의 회전수를 800[rpm]으로 하고자 한다. 이 경우 회전수는 무엇에 해당하는가?

① 목표값 ② 조작량
③ 제어량 ④ 제어대상

06 목표값이 미리 정해진 시간적 변화를 하는 경우 제어량을 그것에 추종시키기 위한 제어는?

① 프로그램제어 ② 정치제어
③ 추종제어 ④ 비율제어

07 잔류편차가 있는 제어계는?

① 비례제어계(P제어계)
② 적분제어계(I제어계)
③ 비례적분제어계(PI제어계)
④ 비례적분미분제어계(PID제어계)

해설
잔류편차는 비례제어를 할 경우 정상상태에서 발생하는 오차이다.

08 다음 중 off－set을 제거하기 위한 제어법은?

① 비례제어 ② 적분제어
③ On－off 제어 ④ 미분제어

해설
적분제어(PI제어)는 잔류편차(off－set)를 소멸시킨다.

정답 01 ③ 02 ④ 03 ④ 04 ② 05 ③ 06 ① 07 ① 08 ②

09 정상특성과 응답 속응성을 동시에 개선시키려면 다음 어느 제어를 사용해야 하는가?

① P제어 ② PI제어
③ PD제어 ④ PID제어

해설
자동제어계에서 PID제어는 정상특성과 응답의 속응성을 동시에 개선시킨다.

10 진상보상기의 설명 중 옳은 것은?

① 일종의 저주파 통과 필터의 역할을 한다.
② 2개의 극점과 2개의 영점을 가지고 있다.
③ 과도응답속도를 개선시킨다.
④ 정상상태에서의 정확도를 현저히 개선시킨다.

해설
진상보상기는 과도응답특성 중 속응성을 향상시킨다.

11 그림과 같은 회로망은 어떤 보상기로 사용할 수 있는가?(단, $1 \ll R_1 C$인 경우로 한다.)

① 진상보상기
② 지상보상기
③ 지 · 진상보상기
④ 진 · 지상보상기

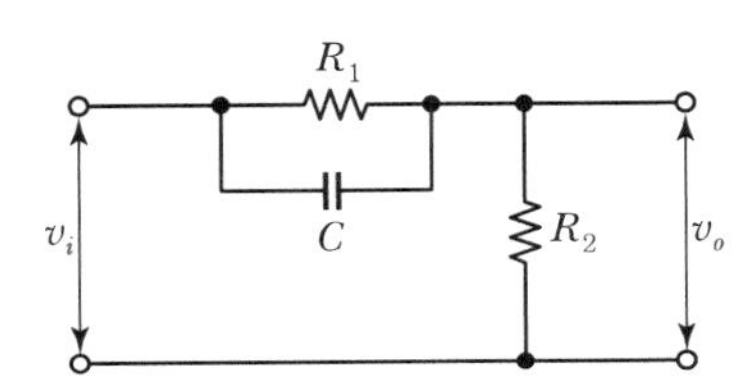

해설
그림의 회로망은 출력전압 v_o의 위상이 입력전압 v_i의 위상보다 앞서는 진상보상기로 사용할 수 있다.

12 어떤 계의 계단응답이 지수함수적으로 증가하고 일정값으로 된 경우 이 계는 어떤 요소인가?

① 1차 뒤진 요소 ② 미분요소
③ 부동작요소 ④ 2차 뒤진 요소

해설
1차 지연요소(1차 뒤진 요소)는 단위계단응답이 지수함수적으로 증가하고 출력이 입력의 변화에 따라 일정한 값이 되며 시간의 늦음이 있는 요소이다.

13 그림과 같은 피드백제어계의 폐루프 전달함수는?

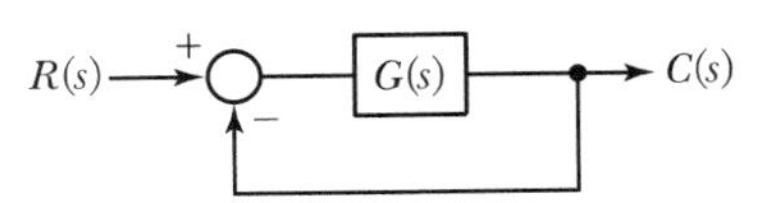

① $\dfrac{R(s)C(s)}{1+G(s)}$ ② $\dfrac{G(s)}{1+R(s)}$
③ $\dfrac{C(s)}{1+R(s)}$ ④ $\dfrac{G(s)}{1+G(s)}$

해설
전체 전달함수 $G(s) = \dfrac{C}{R} = \dfrac{\text{순방향}}{1-\text{피드백}} = \dfrac{G(s)}{1-(-G(s))} = \dfrac{G(s)}{1+G(s)}$

14 다음과 같은 블록선도의 입출력비는?

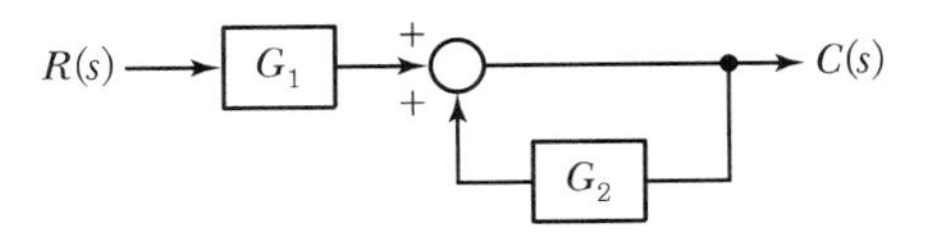

① $\dfrac{1}{1+G_1G_2}$ ② $\dfrac{G_1G_2}{1-G_2}$
③ $\dfrac{G_1}{1-G_2}$ ④ $\dfrac{G_1}{1+G_2}$

해설
전체 전달함수 $G(s) = \dfrac{C}{R} = \dfrac{G}{1-(-G)} = \dfrac{G_1}{1-(+G_2)} = \dfrac{G_1}{1-G_2}$

15 그림의 블록선도에서 $\dfrac{C}{R}$를 구하면?

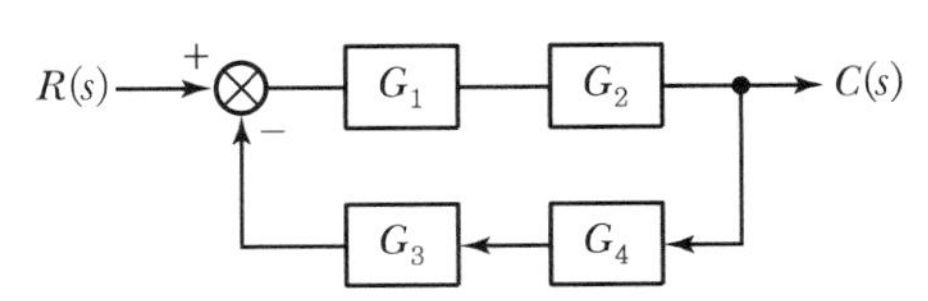

① $\dfrac{G_1+G_2}{1+G_1G_2+G_3G_4}$ ② $\dfrac{G_1G_2}{1+G_1G_2G_3G_4}$
③ $\dfrac{G_3G_4}{1+G_1G_2G_3G_4}$ ④ $\dfrac{G_1G_2}{1+G_1G_2+G_3G_4}$

정답 09 ④ 10 ③ 11 ① 12 ① 13 ④ 14 ③ 15 ②

해설

전체 전달함수 $G(s)=\frac{C}{R}=\frac{\text{순방향}}{1-\text{피드백}}=\frac{G_1 G_2}{1+G_1 G_2 G_3 G_4}$

16 그림과 같은 블록선도에서 $\frac{C}{R}$의 값은?

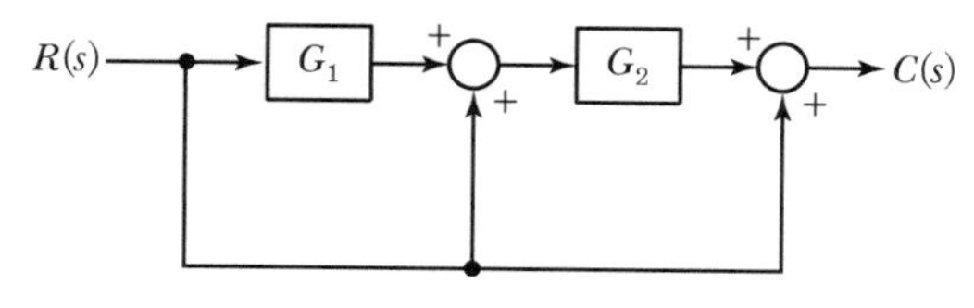

① $1+G_1+G_1G_2$

② $1+G_2+G_1G_2$

③ $\frac{G_1+G_2}{1-G_2-G_1G_2}$

④ $\frac{(1+G_1)G_2}{1-G_2}$

해설

전체 전달함수 $G(s)=\frac{C}{R}=\frac{\text{순방향}}{1-\text{피드백}}$

여기서, 제어계에 피드백 전달함수가 없고, 3가지 순방향 경로가 존재한다.

$\therefore\ G(s)=\frac{C}{R}=$ 순방향 전달함수 $=1+G_2+G_1G_2$

17 그림의 신호흐름선도의 전달함수 $\frac{C}{R}$는 어떻게 되는가?

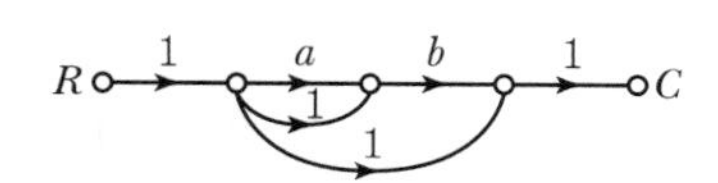

① $a+ab+b$ ② $ab+b+1$

③ $1+ab+a$ ④ $a+b$

해설

그림의 신호흐름선도는 순방향 경로만 존재하므로,

전달함수 $G(s)=\frac{C}{R}=\Sigma$순방향 $=ab+b+1$

18 다음에서 서로 등가관계가 옳지 않은 것은?

① 인디셜 응답 = 단위계단응답

② 임펄스 응답 = 하중함수

③ 전달함수 = 임펄스 응답의 라플라스 변환

④ 비례동작 = D동작

해설

비례동작은 P동작이라고 하며 잔류편차가 생긴다.

19 과도응답에 관한 설명 중 옳지 않은 것은?

① 지연시간은 응답이 최초로 목표값의 50[%]가 되는 데 소요되는 시간이다.

② 백분율 오버슈트는 최종 목표값과 최대 오버슈트와의 비를 [%]로 나타낸 것이다.

③ 감쇠비는 최종 목표값과 최대 오버슈트와의 비를 나타낸 것이다.

④ 응답시간은 응답이 요구하는 오차 이내로 정착되는 데 걸리는 시간이다.

해설

제어계의 과도응답특성에서 감쇠비는 과도응답의 소멸되는 정도를 나타내는 양으로서 최대 오버슈트와 다음 주기에 오는 오버슈트와의 비로 정의한다.

20 다음 과도응답에 관한 설명 중 틀린 것은?

① 오버슈트는 응답 중에 생기는 입력과 출력 사이의 최대 편차를 말한다.

② 시간 늦음(Time Delay)이란 응답이 최초로 희망값의 10[%]가 진행되는 데 요하는 시간을 말한다.

③ 감쇠비 $=\frac{\text{제2오버슈트}}{\text{최대오버슈트}}$

④ 입상시간(Rise Time)은 응답이 희망값의 10[%]에서 90[%]까지 도달하는 데 요하는 시간을 말한다.

해설

시간 늦음(지연시간)은 응답이 최초로 희망값(정상값)의 50[%]가 진행되는 데 요하는 시간이다.

정답 16 ② 17 ② 18 ④ 19 ③ 20 ②

21 지연시간이란 제어계에 계단입력을 가하였을 때 계통응답 (　　)의 (　　)[%]에 도달할 때까지의 시간을 말한다. (　　) 안에 알맞은 말을 순서대로 나타낸 것은?

① 최고값, 50　　② 정상값, 50
③ 평균값, 90　　④ 평균값, 10

해설
지연시간이란 응답이 최초 응답값(정상값)의 50[%]에 도달하는 데 요하는 시간으로 정의한다.

22 과도응답에서 상승시간 t_r는 응답이 최종값의 몇 [%]까지의 시간으로 정의되는가?

① 1～100　　② 10～90
③ 20～80　　④ 30～70

해설
입상시간(상승시간)이란 응답이 희망값의 10～90[%]까지 도달하는 데 요하는 시간을 말한다.

23 그림과 같은 궤환(피드백 제어계)의 감쇠계수(제동비)는?

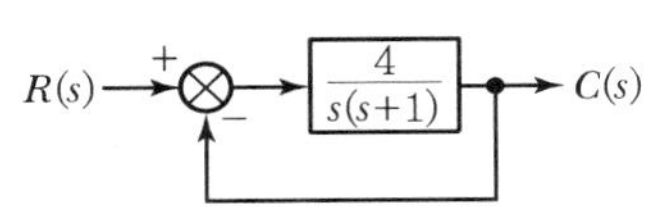

① 1　　② $\frac{1}{2}$
③ $\frac{1}{3}$　　④ $\frac{1}{4}$

해설
그림과 같은 궤환제어계의 특성방정식은 $s(s+1)+4=s^2+s+4=0$
여기서, $2\zeta\omega_n=1$, $\omega_n^2=4$
$\therefore\ \omega_n=2,\ \zeta=\frac{1}{4}$

24 비례대가 20[%]의 값일 때 P동작의 비례이득은?

① 1　　② 5
③ 10　　④ 20

해설
P동작에서 비례이득(K_p)은 비례대(PB)의 역수이다.

$$K_p=\frac{1}{PB}=\frac{1}{0.2}=5$$

25 다음 중 위치편차상수로 정의된 것은?(단, 개루프 전달함수는 $G(s)$이다.)

① $\lim_{s\to 0} s^3G(s)$　　② $\lim_{s\to 0} s^2G(s)$
③ $\lim_{s\to 0} sG(s)$　　④ $\lim_{s\to 0} G(s)$

26 정상편차(e_{ss})와 위치편차상수(K_p)와의 관계는? (단, 입력은 $R(s)=\frac{1}{s}$이다.)

① $e_{ss}=\frac{1}{1+sK_p}$　　② $e_{ss}=\frac{1}{1+K_p}$
③ $e_{ss}=\frac{1}{K_p}$　　④ $e_{ss}=\frac{1}{1-K_p}$

27 $G(s)H(s)=\frac{K}{Ts+1}$일 때 이 계통은 어떤 형인가?

① 0형　　② 1형
③ 2형　　④ 3형

28 다음 그림과 같은 블록선도의 제어계통에서 속도편차상수 K_v는 얼마인가?

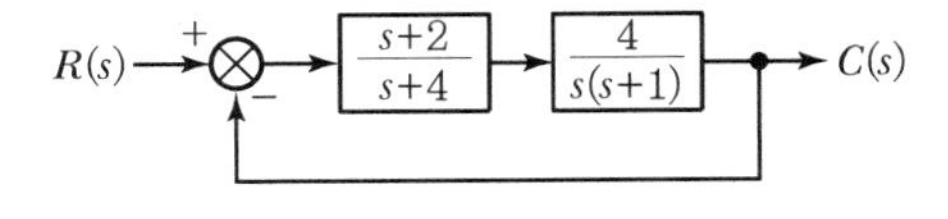

① 2　　② 0
③ 0.5　　④ ∞

정답 21 ② 22 ② 23 ④ 24 ② 25 ④ 26 ② 27 ① 28 ①

해설

블록선도의 개루프 전달함수는

$G(s) = \dfrac{4(s+2)}{s(s+1)(s+4)}$

$\therefore$ 속도편차상수 $K_v = \lim_{s\to 0} sG(s) = \lim_{s\to 0} s \times \dfrac{4(s+2)}{s(s+1)(s+4)} = 2$

29 계단오차상수를 K_p라 할 때 1형 시스템의 계단입력 $u(t)$에 대한 정상상태 오차 e_{ss}는?

① 1 ② $\dfrac{1}{K_p}$

③ 0 ④ ∞

30 단위램프입력에 대하여 속도편차상수가 유한한 값을 갖는 제어계는?

① 3형 ② 2형

③ 1형 ④ 0형

31 $G(j\omega) = 5j\omega$이고, $\omega = 0.02$일 때 이득[dB]은?

① 20 ② 10

③ -20 ④ -10

해설

$G(j\omega) = 5j\omega = j5 \times 0.02 = j0.1$

$\therefore$ 이득 $g = 20\log|G(j\omega)| = 20\log 0.1 = -20$[dB]

32 전달함수 $G(s) = \dfrac{20}{3+2s}$을 갖는 요소가 있다. 이 요소에 $\omega = 2$인 정현파를 인가했을 때 $|G(j\omega)|$를 구하면?

① 8 ② 6

③ 4 ④ 2

해설

전달함수 $G(j\omega) = \dfrac{30}{3+2j\omega} = \dfrac{20}{3+j2\times 2} = \dfrac{20}{3+j4}$

$\therefore |G(j\omega)| = \dfrac{20}{\sqrt{3^2+4^2}} = 4$

33 $G(s) = 0.1s$에서 $\omega = 10$[rad/sec]일 때 이득과 위상각은?

① -20[dB], 90° ② 10[dB], 90°

③ -40[dB], 90° ④ 0[dB], 90°

해설

$G(j\omega) = 0.1j\omega = j0.1 \times 10 = j1$

여기서, $|G(j\omega)| = 1$

$\therefore$ 이득 $g = 20\log|G(j\omega)| = 20\log 1 = 0$[dB]

위상 $\theta = \tan^{-1}\dfrac{1}{0} = 90°$

34 $G(s) = e^{-Ls}$에서 $\omega = 100$[rad/sec]일 때 이득[dB]은?

① 0 ② 20

③ 30 ④ 40

해설

$G(j\omega) = e^{-Lj\omega} = e^{-j\omega L} = \cos\omega L - j\sin\omega L$

여기서, $|G(j\omega)| = \sqrt{(\cos\omega L)^2 + (\sin\omega L)^2} = 1$

$\therefore$ 이득 $g = 20\log|G(j\omega)| = 20\log 1 = 0$[dB]

35 $G(s) = Ks$의 보드선도는?

① $+20$[dB/sec]의 경사를 가지며 위상각 90°

② -20[dB/sec]의 경사를 가지며 위상각 $-90°$

③ 40[dB/sec]의 경사를 가지며 위상각 180°

④ -40[dB/sec]의 경사를 가지며 위상각 $-180°$

해설

- 이득 $g = 20\log|G(j\omega)| = 20\log\omega$[dB]이므로 보드선도는 $+20$[dB/sec]의 기울기(경사)를 갖는다.
- 위상 $\theta = \angle G(j\omega) = \tan^{-1}\dfrac{\omega}{0} = 90°$

36 $G(j\omega) = K(j\omega)^2$인 보드선도의 기울기는 몇 [dB/dec]인가?

① -40 ② 20

③ 40 ④ -20

정답 29 ③ 30 ③ 31 ③ 32 ③ 33 ④ 34 ① 35 ① 36 ③

해설

이득 $g = 20\log|G(j\omega)| = 20\log K\omega^2 = 20\log K + 40\log\omega$ 이므로 기울기는 $20\log K$에서 40[dB]만큼 기울어진다.

37 $G(j\omega) = \dfrac{1}{1+j10\omega}$ 로 주어지는 계의 절점 주파수는 몇 [rad/sec]인가?

① 0.1 ② 1
③ 10 ④ 11

해설

계의 절점 주파수는 실수부와 허수부가 같을 때의 ω의 값이다.
따라서, $1 = 10\omega$

$\therefore\ \omega = \dfrac{1}{10} = 0.1$[rad/sec]

38 특성방정식의 근이 모두 복소 s평면의 좌반부에 있으면 이 계의 안정 여부는?

① 조건부 안정 ② 불안정
③ 임계안정 ④ 안정

해설

특성방정식의 근이 모두 s평면(복소평면)에 존재하면, 이 제어계는 안정하다.

39 다음 중 불안정한 제어계의 특성방정식은?

① $s^3 + 7s^2 + 14s + 8 = 0$
② $s^3 + 2s^2 + 3s + 6 = 0$
③ $s^3 + 5s^2 + 11s + 15 = 0$
④ $s^3 + 2s^2 + 2s + 2 = 0$

40 특성방정식 $s^4 + 2s^3 + s^2 + 4s + 2 = 0$일 때 이 계를 후르비츠 방법으로 안정도를 판별하면?

① 불안정 ② 안정
③ 임계안정 ④ 조건부 안정

해설

루스표로 변환하여 제1열의 부호를 통해 안정도를 판별한다.

s^4	1	1	2
s^3	2	4	0
s^2	−1	2	
s^1	8	0	
s^0	2		

제1열의 부호에 변화가 있으므로, 이 제어계는 불안정하다.

41 특성방정식의 근이 모두 복소 s평면의 좌반부에 있으면 이 계의 안정 여부는?

① 조건부 안정 ② 불안정
③ 임계안정 ④ 안정

해설

특성방정식의 근이 모두 s평면(복소평면)의 좌반평면에 존재하면, 이 제어계는 안정하다.

42 특성방정식 $s^4 + 7s^3 + 17s^2 + 17s = 0$의 특성근 중에는 양의 실부수를 갖는 근이 몇 개 있는가?

① 1 ② 2
③ 3 ④ 없다.

해설

루스표로 변환하여 제1열의 부호를 통해 실수부 위치를 판별한다.

s^4	1	17	0
s^3	7	17	0
s^2	14.57	6	0
s^1	14.12	0	0
s^0	6	0	0

제1열에서 부호 변화가 없으므로, 이는 양의 실수부 특성근이 존재하지 않음을 의미한다.(양의 실수부는 우반평면이다.)

43 Nyquist 경로에 포위되는 영역에 특정 방정식의 근이 존재하지 않으면 제어계는 어떻게 되는가?

① 안정 ② 불안정
③ 진동 ④ 발산

정답 37 ① 38 ④ 39 ② 40 ① 41 ④ 42 ④ 43 ①

해설

제어계가 안정하려면, Nyquist Diagram에 포위되는 영역에 특성방정식의 근이 존재하지 않아야 한다.

44 보드선도에서 이득여유는 어떻게 구하는가?

① 크기선도에서 0～20[dB] 사이에 있는 크기선도의 길이이다.
② 위상선도가 0°축과 교차되는 점에 대응되는 [dB]값의 크기이다.
③ 위상선도가 −180°축과 교차하는 점에 대응되는 이득의 크기[dB]값이다.
④ 크기선도에서 −20～20[dB] 사이에 있는 크기[dB]값이다.

45 자동제어계에서 이득을 높일 때 나타나는 현상 중 옳지 않은 것은?

① 정성오차가 감소한다.
② 과도응답이 크게 진동하거나 불안정하다.
③ 상승시간이 길어진다.
④ 정정시간이 짧아진다.

해설

제어계에서 이득을 높이면 상승시간이 짧아져서 응답이 빨라지나 계는 불안정하게 된다.

46 근궤적의 성질 중 옳지 않은 것은?

① 근궤적은 실수축에 관해 대칭이다.
② 근궤적은 개루프 전달함수의 극으로부터 출발한다.
③ 근궤적의 가지수는 특성방정식의 차수와 같다.
④ 점근선은 실수축과 허수축상에서 교차한다.

해설

근궤적의 점근선은 실수축 위에서만 교차한다.

47 근궤적의 출발점 및 도착점과 관계되는 $G(s)H(s)$의 요소는?(단, $K>0$이다.)

① 영점, 분기점
② 극점, 영점
③ 극점, 분기점
④ 지지점, 극점

해설

근궤적 $G(s)H(s)$의 극점(p)으로부터 출발하여 영점(z)에서 종착한다.

48 $G(s)H(s)=\dfrac{k}{s^2(s+1)^2}$에서 근궤적의 수는?

① 4
② 2
③ 1
④ 0

49 n차 선형 시불변 시스템의 상태방정식을 $\dfrac{d}{dt}x(t)=Ax(t)+Br(t)$로 표시할 때 상태천이행렬 $\phi(t)$ ($n\times n$ 행렬)에 관하여 잘못 기술된 것은?

① $\dfrac{d\phi(t)}{dt}=A\phi(t)$
② $\phi(t)=L^{-1}\{(sI-A)^{-1}\}$
③ $\phi(t)=d^{At}$
④ $\phi(t)$는 시스템의 정상상태응답을 나타낸다.

해설

상태천이행렬 $\phi(t)$는 시스템의 자유응답을 나타낸다.

50 상태방정식 $\dot{x}=Ax(t)+Bu(t)$에서 $A=\begin{bmatrix}0 & 1\\-2 & -3\end{bmatrix}$, $B=\begin{bmatrix}0\\1\end{bmatrix}$일 때 고유값은?

① −1, −2
② 1, 2
③ −2, −3
④ 2, 3

해설

고유값은 특성방정식의 근(s의 값)이므로 상태방정식의 특성방정식은

$$|sI-A|=\left[\begin{bmatrix}s & 0\\0 & s\end{bmatrix}-\begin{bmatrix}0 & 1\\-2 & -3\end{bmatrix}\right]=\begin{bmatrix}s & -1\\2 & s+3\end{bmatrix}$$

$$=s(s+3)-(-2)=s^2+3s+2=0$$

∴ 고유값 $s=-1,\ -2$

정답 44 ③ 45 ③ 46 ④ 47 ② 48 ① 49 ④ 50 ①

51 z변환법을 사용한 샘플값 제어계가 안정하려면 $1+GH(z)=0$의 근의 위치는?

① z평면의 좌반면에 존재하여야 한다.
② z평면의 우반면에 존재하여야 한다.
③ $|z|=1$인 단위원 내에 존재하여야 한다.
④ $|z|=1$인 단위원 밖에 존재하여야 한다.

해설
샘플값 제어계가 안정하기 위하여는 특성방정식 $1+GH(z)=0$의 근이 z평면상에서 원점을 중심으로 하는 $|z|=1$인 단위원의 내부에 존재하여야 한다.

52 s평면의 점의 허수축은 z평면의 어느 부분에 사상(Mapping)되는가?

① 원점을 중심으로 하여 $1\angle 0°$에서 $1\angle 180°$로 반시계방향인 반원상
② 원점을 중심으로 하여 $1\angle 180°$에서 $1\angle 0°$로 시계방향인 반원상
③ 원점을 중심으로 한 단위원상
④ 원점을 중심으로 한 무한소 원주상

해설
특성방정식 $1+G(s)H(s)=0$의 근 중에서 s평면의 허수축상에 존재하는 근은 z평면상에서는 원점을 중심으로 하는 단위원의 원주상에 사상된다.

53 z평면상의 원점에 중심을 둔 단위원주상에 Mapping 되는 것은 s평면의 어느 성분인가?

① 양의 반평면 ② 음의 반평면
③ 실수축 ④ 허수축

해설
특성방정식 $1+G(s)H(s)=0$의 근 중에서 z평면상의 원점을 중심으로 하는 단위원의 원주상에 사상되는 근은 s평면의 허수축상에 존재하는 근이다.

54 $f(t)=e^{-at}$의 z변환은?

① $\dfrac{1}{z-e^{-aT}}$ ② $\dfrac{1}{z+e^{-aT}}$
③ $\dfrac{z}{z-e^{-aT}}$ ④ $\dfrac{z}{z+e^{-aT}}$

해설
$Fe^{-at}=\dfrac{z}{z-e^{-aT}}$

55 그림과 같은 계전기 접점회로의 논리식은?

① $x\cdot(x-y)$
② $x+x\cdot y$
③ $x+(x-y)$
④ $x\cdot(x+y)$

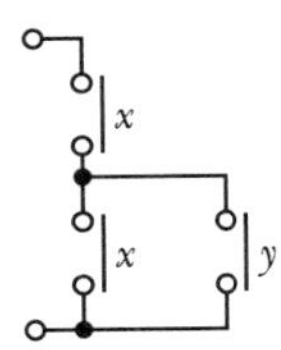

56 다음 논리식 중 옳지 않은 것은?

① $A+A=A$ ② $A\cdot A=A$
③ $A+\overline{A}=1$ ④ $A\cdot\overline{A}=1$

57 다음의 불 대수(드 모르간) 계산에서 옳지 않은 것은?

① $\overline{A\cdot B}=\overline{A}+\overline{B}$ ② $\overline{A+B}=\overline{A}\cdot\overline{B}$
③ $A+A=A$ ④ $A+A\overline{B}=1$

해설
$A+A\overline{B}=A(1+\overline{B})=A$

58 다음 논리식을 간단히 하면?

$$X=\overline{A}\,\overline{B}C+A\overline{B}\,\overline{C}+A\overline{B}C$$

① $\overline{B}(A+C)$ ② $\overline{C}(A+B)$
③ $\overline{A}(B+C)$ ④ $C(A+\overline{B})$

해설
$X=\overline{A}\overline{B}C+A\overline{B}\overline{C}+A\overline{B}C=\overline{A}\overline{B}C+A\overline{B}(\overline{C}+C)$
$=\overline{A}\overline{B}C+A\overline{B}=\overline{B}(\overline{A}C+A)=\overline{B}(A+C)$

정답 51 ③ 52 ③ 53 ④ 54 ③ 55 ④ 56 ④ 57 ④ 58 ①